# 零基础学 PLC 编程与应用

韩雪涛　主　编
吴　瑛　韩广兴　副主编

机械工业出版社

本书以市场就业为导向，采用“图解”的方式，全面系统地讲解了PLC的专业知识和实操技能。

本书首先从入门知识讲起，夯实基本理论；之后给出了西门子PLC的基本介绍和梯形图、语句表说明，以及西门子PLC的编程指令，然后对西门子PLC的编程方式、编程软件等，结合具体实例进行了分析；之后又针对三菱PLC的使用进行了全面的论述说明，同时还给出了触摸屏的相关操作知识说明；最后分别针对西门子PLC和三菱PLC进行了实际案例分析。

本书各模块之间的知识技能循序渐进，图解演示和案例训练相互补充，基本覆盖了 PLC 使用操作的就业需求，可帮助读者高效地完成 PLC 的学习和技能的提升。

本书可供电工技术入门人员、自动化技术入门人员学习使用，也可供相关职业院校师生和相关电工电子技术爱好者阅读。

**图书在版编目（CIP）数据**

零基础学PLC编程与应用 / 韩雪涛主编. -- 北京 ：机械工业出版社，2024. 12. -- ISBN 978-7-111-77027-5

Ⅰ. TM571.61

中国国家版本馆 CIP 数据核字第 20249J0W05 号

机械工业出版社（北京市百万庄大街22号　邮政编码100037）

策划编辑：任　鑫　　　　责任编辑：任　鑫

责任校对：郑　雪　王　延　　封面设计：马精明

责任印制：常天培

固安县铭成印刷有限公司印刷

2025年3月第1版第1次印刷

184mm×260mm・24.75印张・775千字

标准书号：ISBN 978-7-111-77027-5

定价：108.00 元

电话服务　　　　　　网络服务

客服电话：010-88361066　　机　工　官　网：www.cmpbook.com

010-88379833　　机　工　官　博：weibo.com/cmp1952

010-68326294　　金　　书　　网：www.golden-book.com

**封底无防伪标均为盗版**　　机工教育服务网：www.cmpedu.com

# 前 言

随着国民经济的发展和城乡现代化建设步伐的加快，各种电气设备大量增加，社会对电工电子技能人员的需求越来越强烈，电气行业的就业前景十分广阔。

然而，电气自动化程度的提高，电工从业人员不仅需要具备过硬的动手能力，还需要掌握扎实、全面的电路知识，以及 PLC 自动化知识。而且，随着技术的不断更新，摆在电工从业人员面前的首要任务就是如何能够在短时间内掌握 PLC 自动化设备的规范的操作使用技能和实用的编程知识。

经过大量的市场调研，我们发现社会特别需要具有明显技术特色的新型电工人才。而相关的专业化培训严重脱节。尤其是 PLC 培训教材存在严重的知识单一、内容滞后、理论与实际严重脱节的情况。学习者很难通过一本图书的学习达到市场对 PLC 人才的需求。

为解决这一问题，我们特组织编写了《零基础学 PLC 编程与应用》一书。本书重点以岗位就业作为目标，所针对的读者对象为广大 PLC 初级和中级学习者，主要目的是帮助学习者完成对 PLC 知识技能从初级到专业的进阶。需要特别提醒广大读者注意的是，为尽量与广大读者的从业习惯一致，本书在部分专业术语和图形符号等表达方面，并没有严格按照国家标准进行统一改动，而是尽量采用行业内的通用习惯。

本书力求打造 PLC 自动化领域的“全新”教授模式，无论是在编写初衷、内容编排，还是表现形式和后期服务上，本书都进行了大胆的调整，**内容超丰富、特色超鲜明**。

## 在定位上——【明确】

从市场定位上，本书以国家职业资格为标准，以岗位就业为出发点，对 PLC 自动化从业市场的岗位需求进行充分的调研。定位在从事和希望从事自动化行业的初中级读者。从零基础出发，通过本书的学习实现从零基础到全精通的“飞跃”。

## 在内容上——【全面】

本书内容全面，章节安排充分考虑本行业读者的特点和学习习惯，在知识的架构设计上结合岗位就业培训的特色，明确从业范围、从业目标、岗位需求、学习目的，让读者的学习更具针对性。全书的内容安排也全部由实际工作中“移植”而来，书中大量的案例和数据均来源于实际的工作，确保学习的实用性。

## 在表现上——【新颖】

本书充分发挥“全图解”的讲解特色。采用全彩印刷方式，运用大量的实物图、效果图、电路图及实操演示图等辅助知识技能的讲解，让读者能够更加直观、生动地了解生涩的 PLC 知识，“看会”复杂的编程操作。不仅使阅读更加轻松，更重要的是节省学习时间、提升学习效率，并达到最佳的学习效果。让 PLC 技术中的难点和编程技能中的关键点都通过图解的方式清晰地展现在读者面前，让读者一看就懂。

## 在服务上——【超值】

本书的编写得到了数码维修工程师鉴定指导中心的大力支持，为读者在学习过程中和以后的技能进阶方面提供全方位立体化的配套服务。读者在学习和工作过程中有什么问题，可登录数码维修工程师鉴定指导中心官方网站（www. chinadse. org）获得超值技术服务。

另外，本书将数字媒体与传统纸质载体完美结合，读者通过手机扫描书中的二维码，即可开启相应知识点的动态视频学习资源，教学内容与书中的图文资源相互衔接，确保读者在短时间内获得最佳的学习效果。这也是图书内容的“延伸”。

当然，专业的知识技能我们也一直在学习和探索，由于水平有限，书中难免会出现一些疏漏甚至错误，欢迎读者指正，也期待与您的技术交流。

读者可以通过以下方式与我们联系。

**数码维修工程师鉴定指导中心**

网　　址：http://www. chinadse. org

联系电话：022-83715667、13114807267

地　　址：天津市南开区榕苑路 4 号天发科技园 8-1-401

邮　　编：300384

编　者

# 目　录

前　言

P50, P58

P73, P83, P84, P86

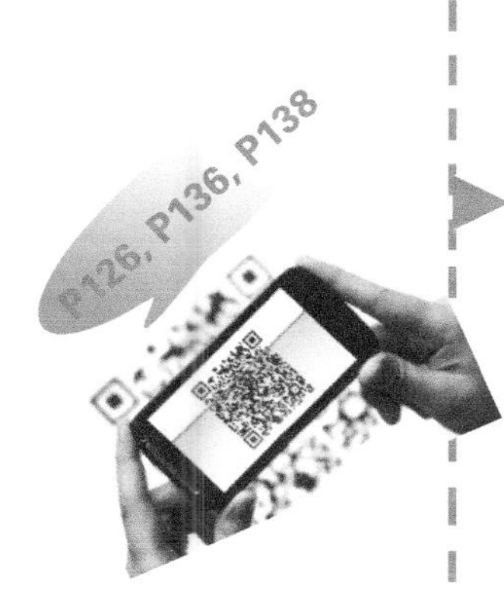
P126, P136, P138

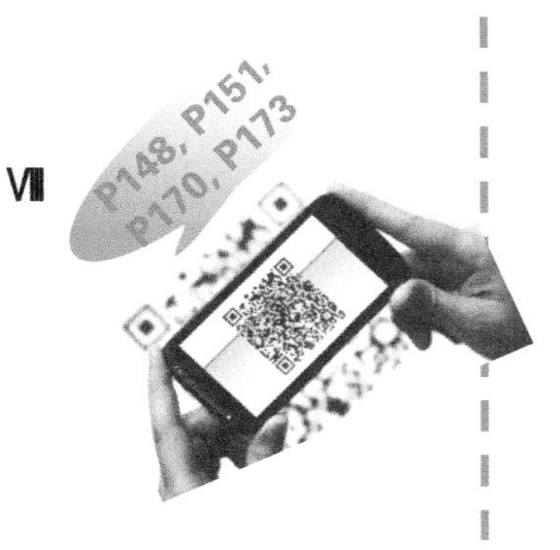
P148, P151,
P170, P173

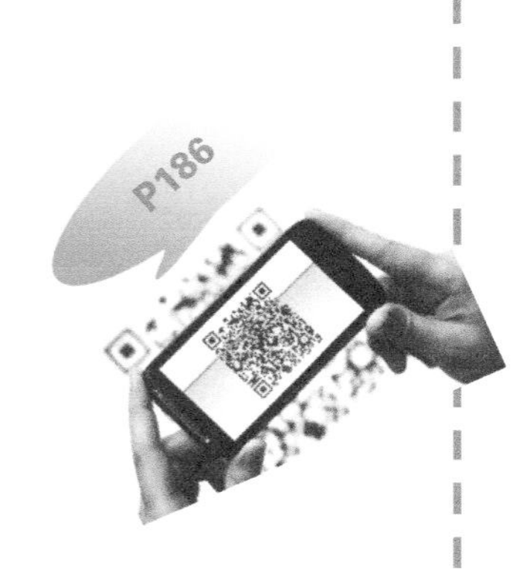
P186

P194, P198, P206,
P209, P229

P259, P295

P334, P336, P352

# 第1章 PLC种类和功能特点

## 1.1 PLC的种类

PLC的英文全称为Programmable Logic Controller，即可编程序控制器。它是一种将计算机技术与继电器控制技术结合起来的现代化自动控制装置，广泛应用于农机、机床、建筑、电力、化工、交通运输等行业中。

随着PLC的发展和应用领域的扩展，PLC的种类越来越多，可从结构和功能等方面进行分类。

### 1.1.1 PLC结构分类

PLC根据结构形式的不同可分为整体式和组合式。

#### 1 整体式PLC

整体式PLC是将CPU、I/O接口、存储器、电源等部分全部固定安装在一块或几块印制电路板上，使之成为统一的整体。目前小型、超小型PLC多采用这种结构。图1-1所示为常见整体式PLC实物图。

图1-1 常见整体式PLC实物图

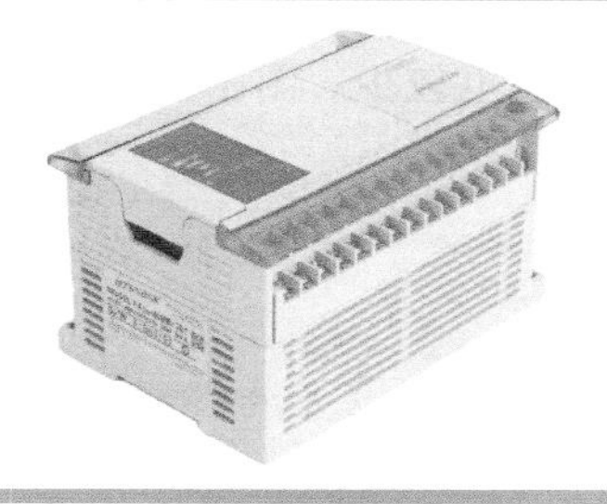

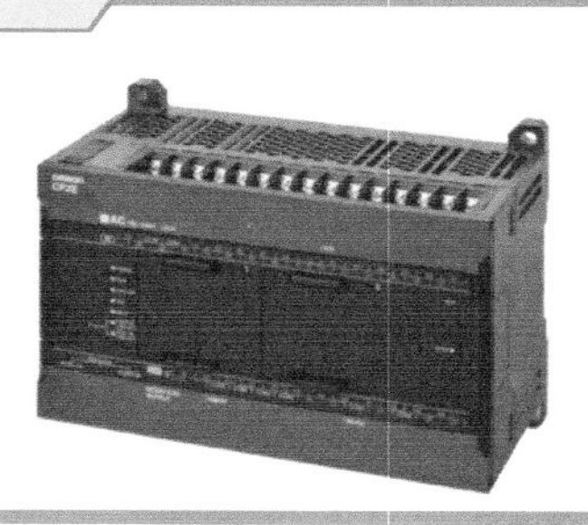

当整体式PLC的控制点数不符合要求时，可连接扩展单元，如图1-2所示，以实现较多点数的控制。

图1-2 整体式PLC的扩展

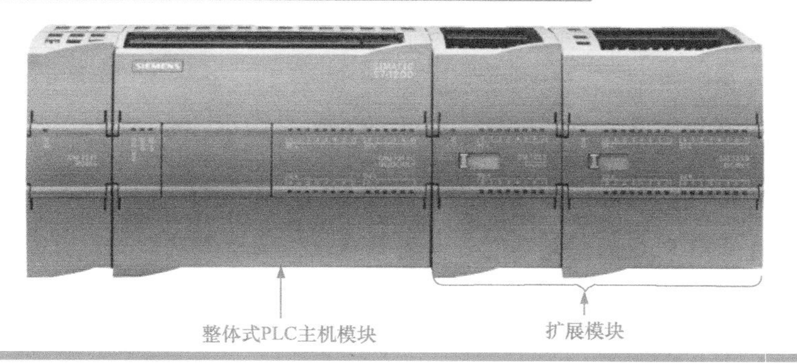


#### 2 组合式PLC

组合式PLC的CPU、I/O接口、存储器、电源等部分都是以模块形式按一定规则组合配置而成（因此也称为模块式PLC）。这种PLC可以根据实际需要进行灵活配置，目前中型或大型PLC多采用组合式结构。图 1-3 所示为常见组合式 PLC 实物图。

图 1-3　常见组合式 PLC 实物图

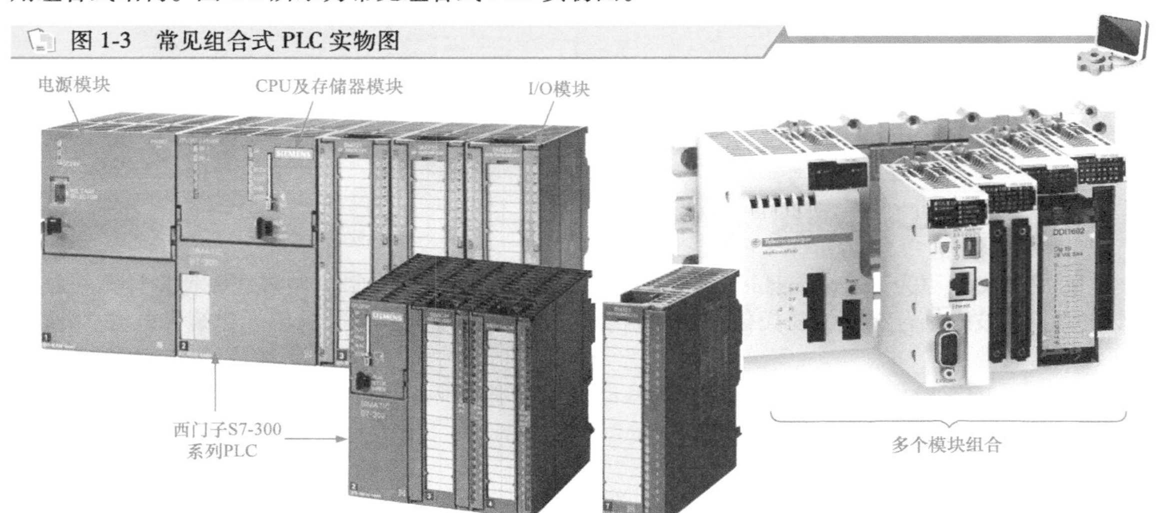




## 1.1.2　PLC 功能分类

PLC 根据功能的不同可分为低档 PLC、中档 PLC 和高档 PLC 三种。

### 1　低档 PLC

具有简单的逻辑运算、定时、计算、监控、数据传送和通信等基本控制功能和运算功能的 PLC 称为低档 PLC，这种 PLC 工作速度较慢，能带动 I/O 模块的数量也较少。图 1-4 所示为常见低档 PLC 实物图。

图 1-4　常见低档 PLC 实物图

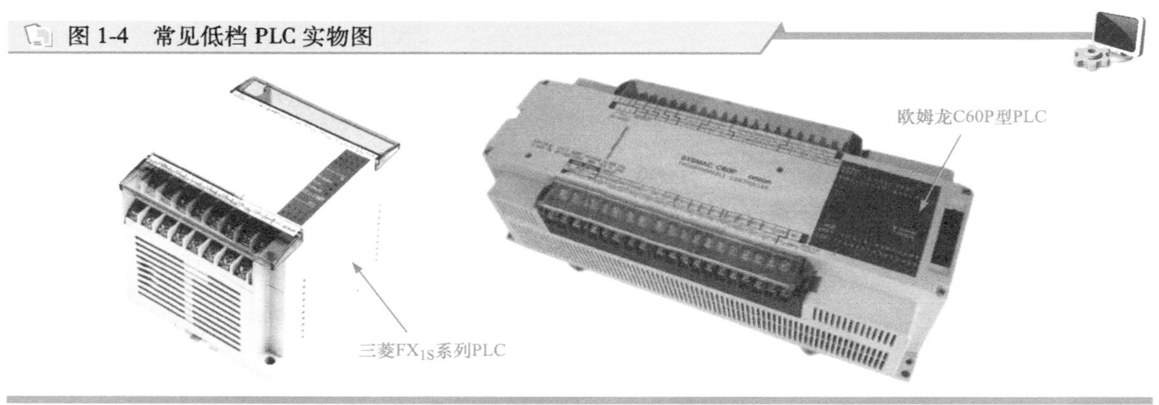


### 2　中档 PLC

中档 PLC 除具有低档 PLC 的控制功能外，还具有较强的控制功能和运算能力，如比较复杂的三角函数、指数和 PID 运算等，同时还具有远程 I/O、通信联网等功能，这种 PLC 工作速度较快，能带动 I/O 模块的数量也较多。图 1-5 所示为常见中档 PLC 实物图。

### 3　高档 PLC

高档 PLC 除具有中档 PLC 的功能外，还具有更为强大的控制功能、运算功能和联网功能，如矩阵运算、位逻辑运算、平方根运算及其他特殊功能函数运算等，这种 PLC 工作速度很快，能带动 I/O 模块的数量也很多。图 1-6 所示为常见高档 PLC 实物图。

图 1-5 常见中档 PLC 实物图

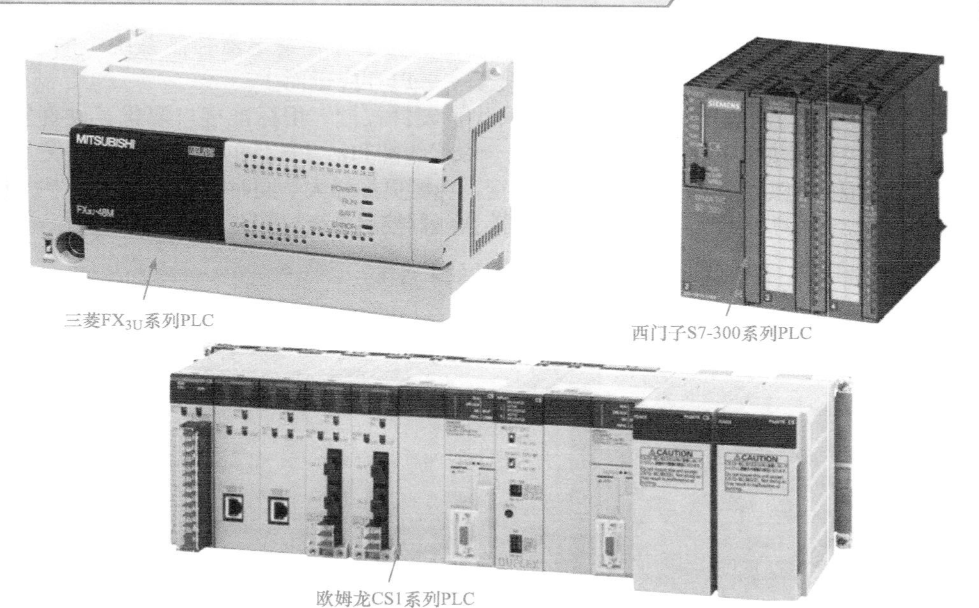


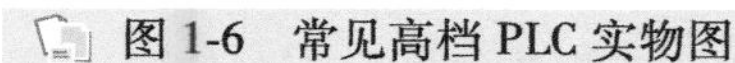

图 1-6 常见高档 PLC 实物图

## 1.2 PLC 的功能

PLC 的发展极为迅速，随着技术的不断更新，PLC 的控制功能，数据采集、存储、处理功能，可编程、调试功能，通信联网功能，人机界面功能等也逐渐变得强大，这使得 PLC 的应用领域得到进一步的急速扩展，广泛应用于各行各业的控制系统中。

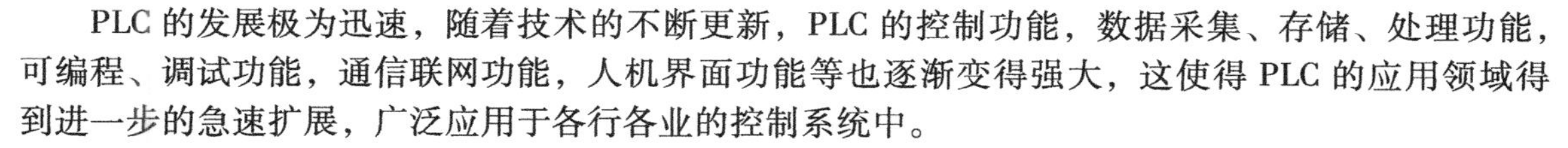

### 1.2.1 继电器控制与 PLC 控制

早在 PLC 问世以前，继电器控制是工业控制领域的主导方式，结构简单、价格低廉、容易操作。但是，该控制方式适应性差，变更调整不够灵活，一旦任务和工艺发生变化，必须重新设计，

扫一扫看视频

还必须改变硬件结构。

现代生产设备和流水线控制必须适应多变的市场需求，固定的工作模式和简单的控制逻辑已不能满足社会生产的需求。为了弥补继电器控制系统中的不足，同时降低成本，更加先进的自动控制装置——PLC 应运而生。

PLC 控制系统通过软件控制取代了硬件控制，用标准接口取代了硬件安装连接，用大规模集成电路与可靠元件的组合取代线圈和活动部件的搭配。这样不仅大大简化了整个控制系统，而且也使得控制系统的性能更加稳定，功能更加强大。同时在拓展性和抗干扰能力方面也有了显著的提高。图 1-7 所示为工业控制中继电器-接触器控制系统与 PLC 控制系统的效果对比。

图 1-7　继电器-接触器控制系统与 PLC 控制系统的效果对比

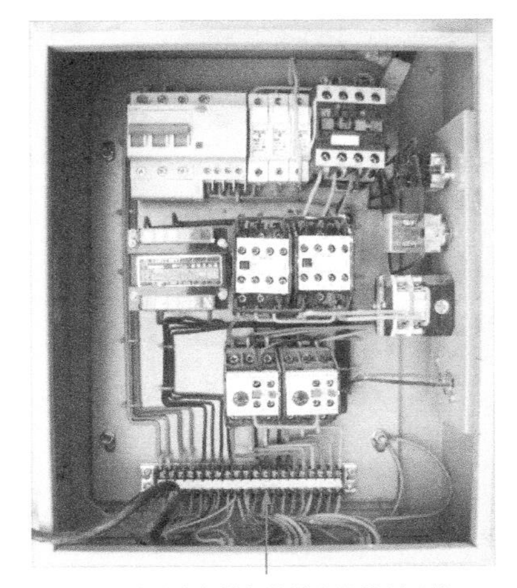

小型电气设备的继电器控制系统

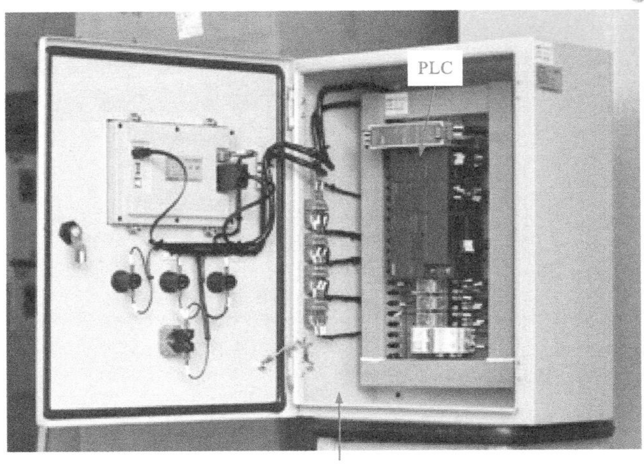


小型电气设备的PLC控制系统

中、大型电气设备的继电器控制系统

中、大型电气设备的PLC控制系统



PLC 不仅实现了控制系统的简化，而且在改变控制方式和效果时不需要改动电气部件的物理连接线路，只需要重新编写 PLC 内部的程序即可。下面通过不同控制方式的系统连接示意图的对比来了解 PLC 控制方式的优点和基本功能。

继电器-接触器控制系统是通过许多开关、控制按钮、继电器和接触器的连接组合来实现对两台电动机的控制。单从连接的线路来看，虽然电路功能比较简单，但线路连接比较复杂。图 1-8 所示为十分典型的继电器-接触器控制系统连接示意图。

图 1-8 继电器-接触器控制系统连接示意图

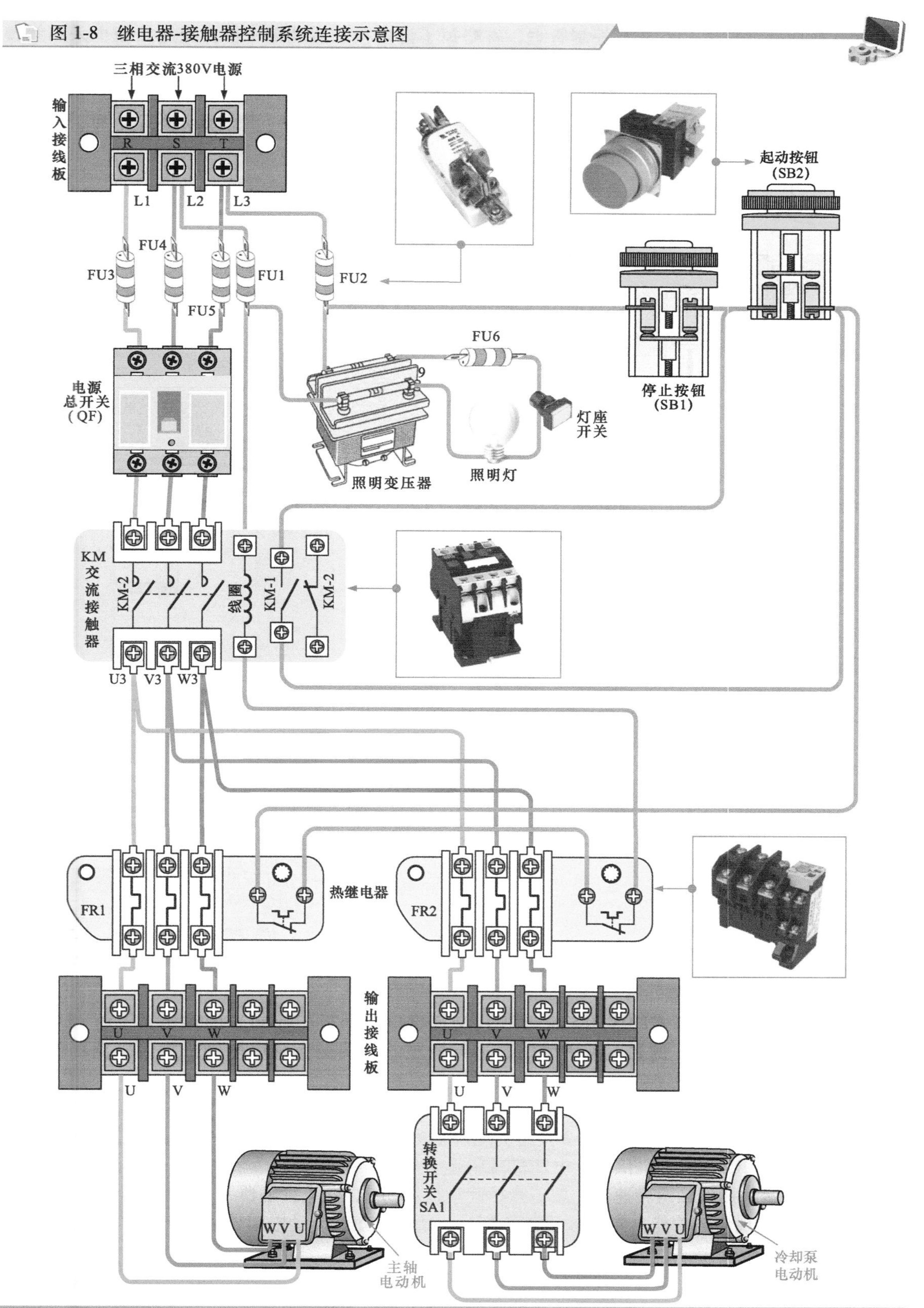

相比较而言，采用 PLC 进行控制管理，省略掉了许多接触器和继电器，控制按钮也采用触摸屏方式，线路连接更加简化，各输入、输出设备都通过相应的 I/O 接口连接，图 1-9 所示为十分典型的 PLC 控制系统连接示意图。若整个控制过程需要改造，只需将编制程序重新输入到 PLC 内部，输入、输出部件直接通过 I/O 接口即可实现增减。无论是系统的连接、控制还是改造、维护，都十分简便。

图 1-9　PLC 控制系统连接示意图

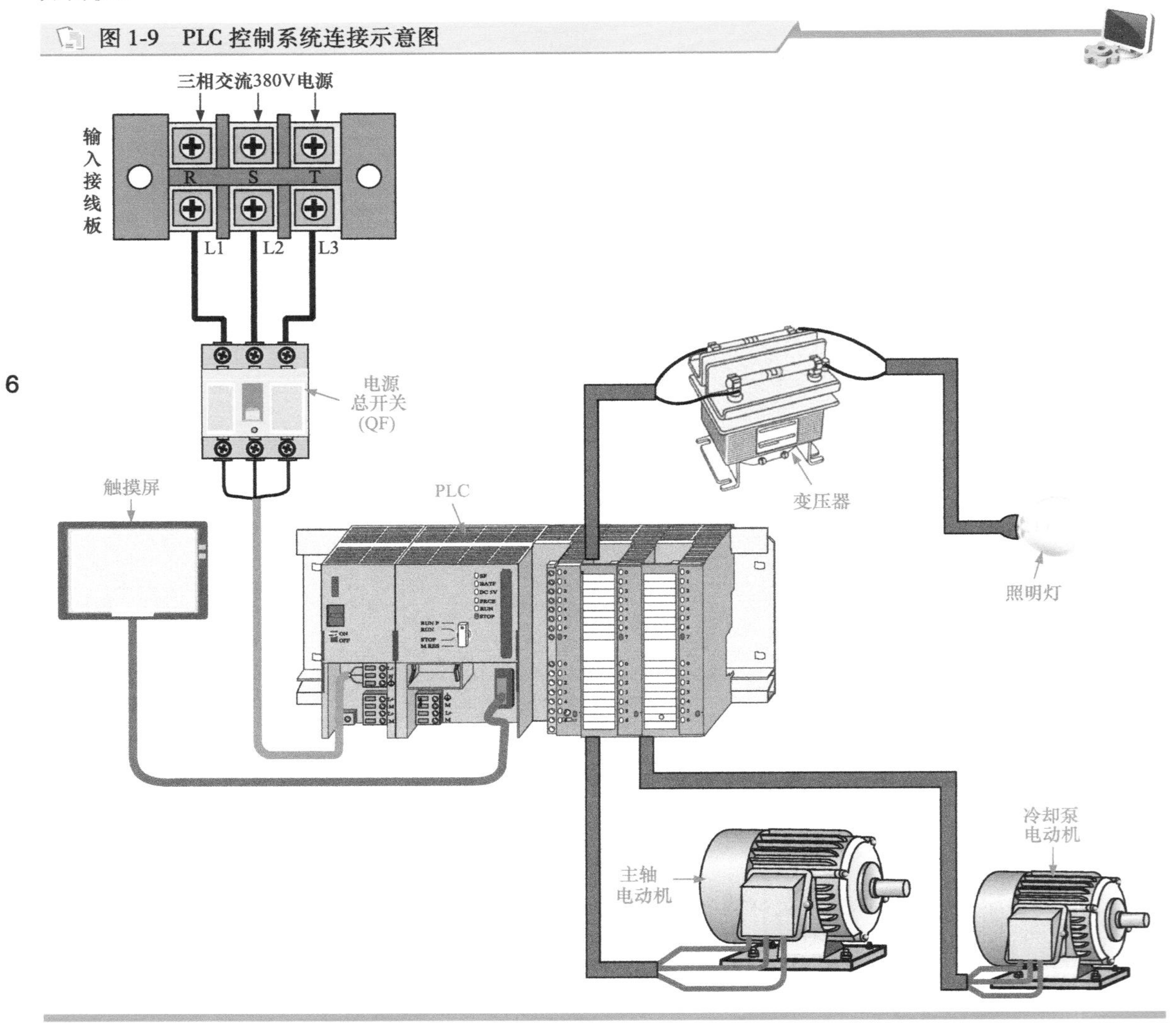




下面通过不同控制方式的实用案例（三相交流感应电动机的控制）的对比来了解 PLC 控制方式的优点和基本功能。例如，采用继电器进行控制的三相交流感应电动机控制电路如图 1-10 所示。

图 1-10 中灰色阴影的部分即为控制电路部分，合上电源总开关，按下起动按钮 SB1，交流接触器 KM1 线圈得电，其常开触点 KM1-2 接通实现自锁功能；同时常开触点 KM1-1 接通，电源经串联电阻器 R1、R2、R3 为电动机供电，电动机减压起动开始。

当电动机转速接近额定转速时，按下全压起动按钮 SB2，交流接触器 KM2 的线圈得电，常开触点 KM2-2 接通实现自锁功能；同时常开触点 KM2-1 接通，短接起动电阻器 R1、R2、R3，电动机在全压状态下开始运行。

当需要电动机停止工作时，按下停机按钮 SB3，接触器 KM1、KM2 的线圈将同时失电断开，接着接触器的常开触点 KM1-1、KM2-1 同时断开，电动机停止运转。

图 1-10 采用继电器进行控制的三相交流感应电动机控制电路（电阻器式减压起动）

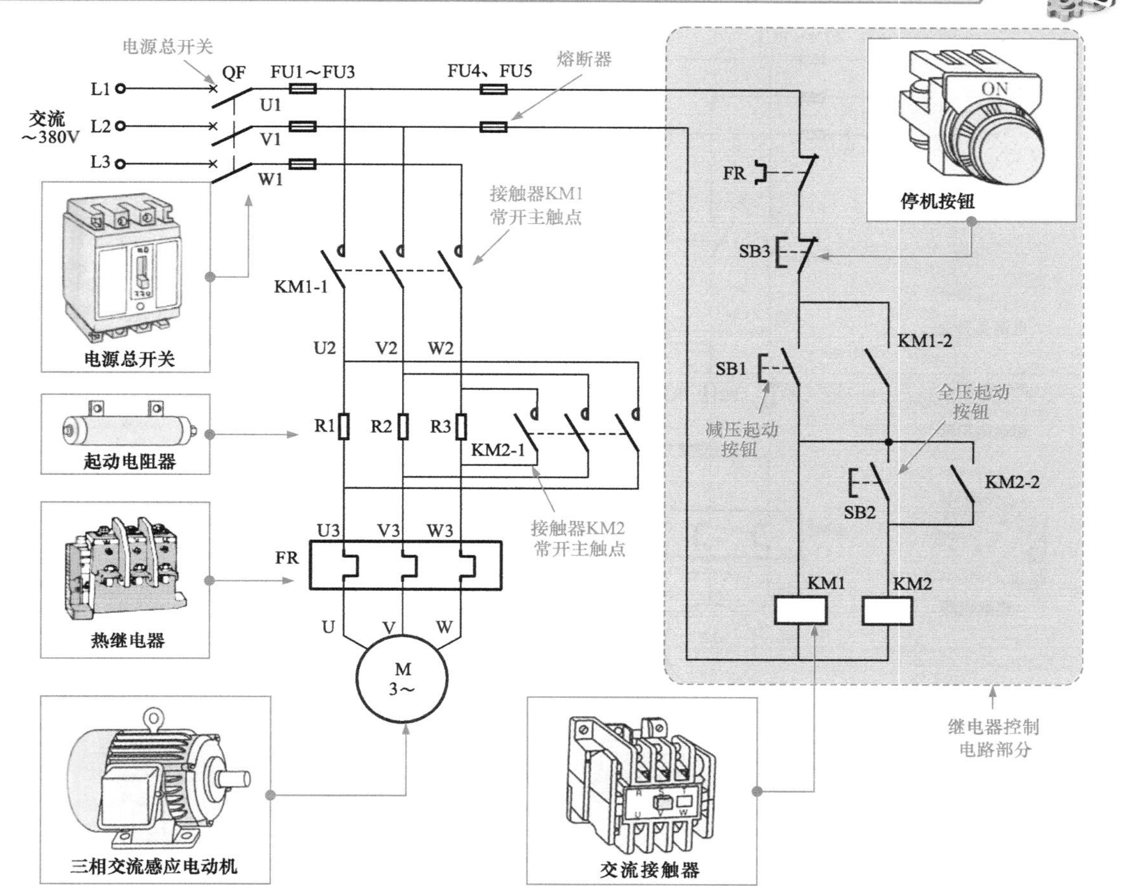


如果需要改变电动机的起动和运行方式，就必须将控制电路中的接线重新连接，根据需要进行设计、连接和测试，由此引起的操作过程繁杂、耗时。

而对于 PLC 控制系统来说，仅仅需要改变 PLC 中的应用程序即可，下面通过图示进行说明。采用 PLC 进行控制的三相交流感应电动机控制系统如图 1-11 所示。

图 1-11 中灰色阴影的部分即为控制电路部分，在该电路中，若需要对电动机的控制方式进行调整，无需改变电路中交流接触器、起动/停止开关以及接触器线圈的物理连接方式，只需要将 PLC 内部的控制程序重新编写，改变对外部物理器件的控制和起动顺序即可。

## 1.2.2 PLC 特点

国际电工委员会（IEC）将 PLC 定义为“数字运算操作的电子系统”，专为在工业环境下应用而设计。它采用可编程序的存储器，存储执行逻辑运算、顺序控制、定时、计数和算术运算等操作指令，并通过数字的或模拟的输入和输出，控制各种类型的机械或生产过程。

作为专门为工业生产过程提供自动化控制的控制装置，PLC 采用了全新的控制理念。如图 1-12 所示，PLC 通过其强大的输入、输出接口与工业控制系统中的各种部件（如控制按钮、继电器、传感器、电动机、指示灯等）相连。

然后通过编程器编写控制程序（PLC 语句），将控制程序存入 PLC 中的存储器并在微处理器（CPU）的作用下执行逻辑运算、顺序控制、计数等操作指令。这些指令会以数字信号（或模拟信号）的形式送到输入、输出端，从而控制输入、输出端接口上连接的设备，协同完成生产过程。图 1-13 所示为典型的 PLC 控制系统模型。

图 1-11　采用 PLC 进行控制的三相交流感应电动机控制系统

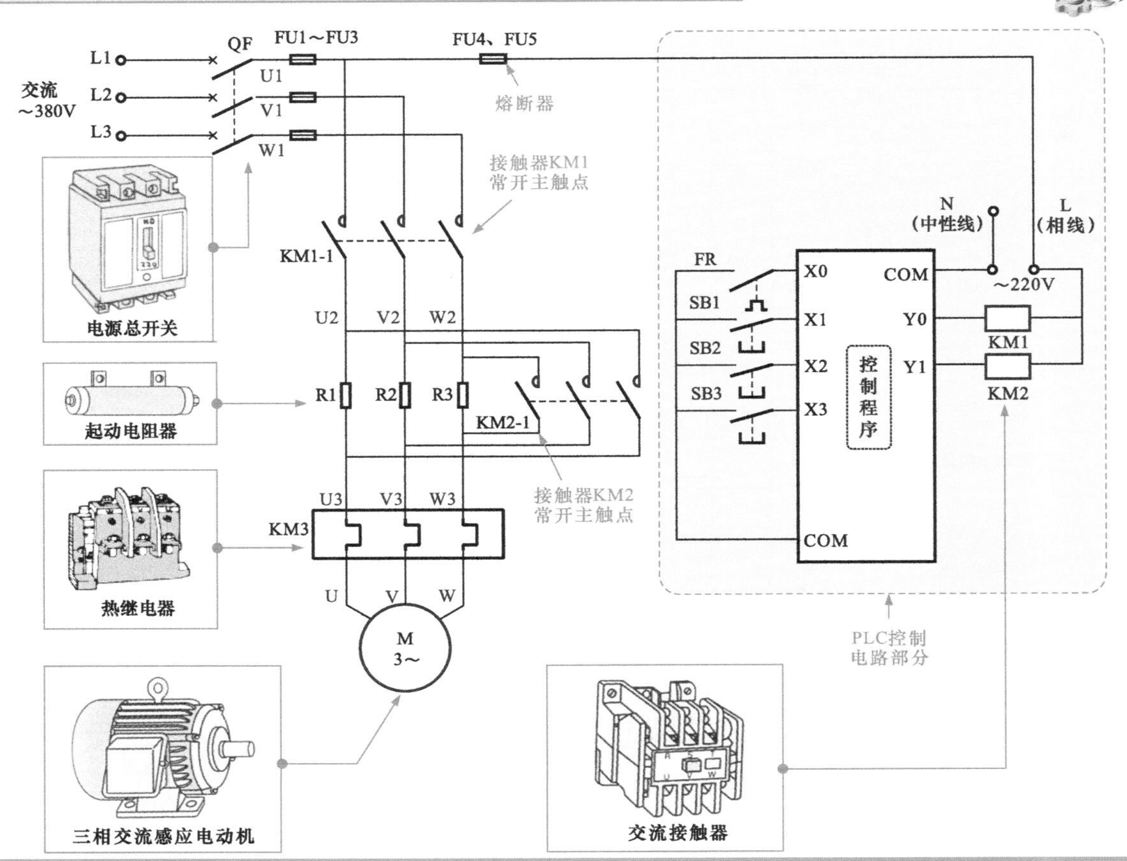


图 1-12　PLC 的功能框图

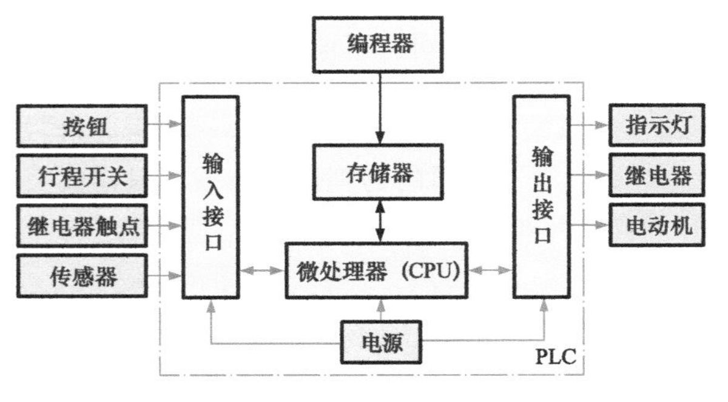


图 1-13　典型的 PLC 控制系统模型

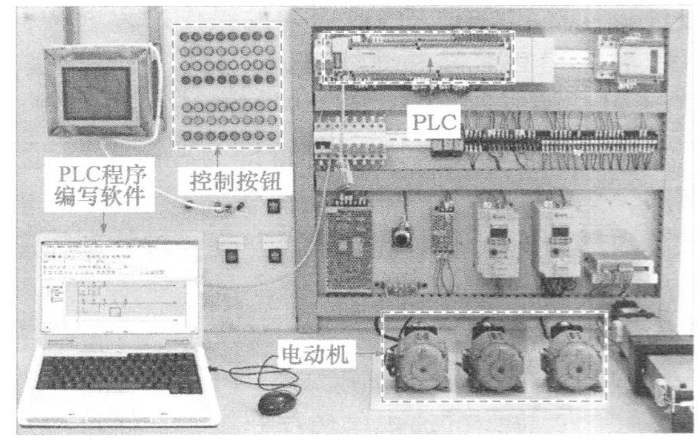




## 1　PLC 具有控制功能

生产过程的物理量由传感器检测后，经变压器变成标准信号，经多路开关和 A-D 转换器变成适合 PLC 处理的数字信号，经光电耦合器送给 CPU，光电耦合器具有隔离功能，数字信号经 CPU 处理后，再经 D-A 转换器变成模拟信号输出。模拟信号经驱动电路驱动控制泵电动机、加热器等设备，可实现自动控制。图 1-14 所示为 PLC 的控制功能框图。

图 1-14　PLC 的控制功能框图

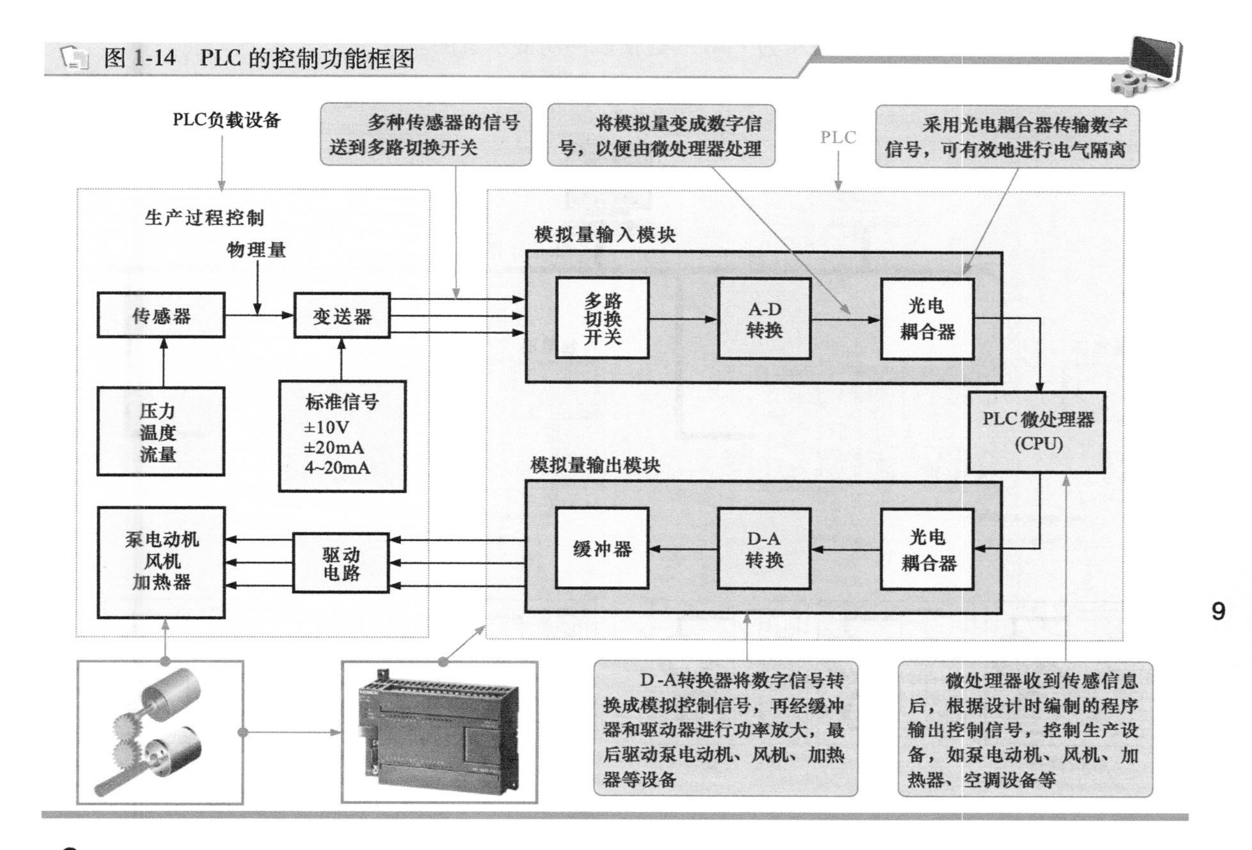


## 2　PLC 具有数据采集、存储、处理功能

PLC 具有数学运算、数据的传送、转换、排序、数据移位等功能，可以完成数据的采集、分析、处理等。这些数据还可以与存储在存储器中的参考值进行比较，完成一定的控制操作，也可以将数据进行传输或直接打印输出。图 1-15 所示为 PLC 的数据采集、存储、处理功能框图。

图 1-15　PLC 的数据采集、存储、处理功能框图

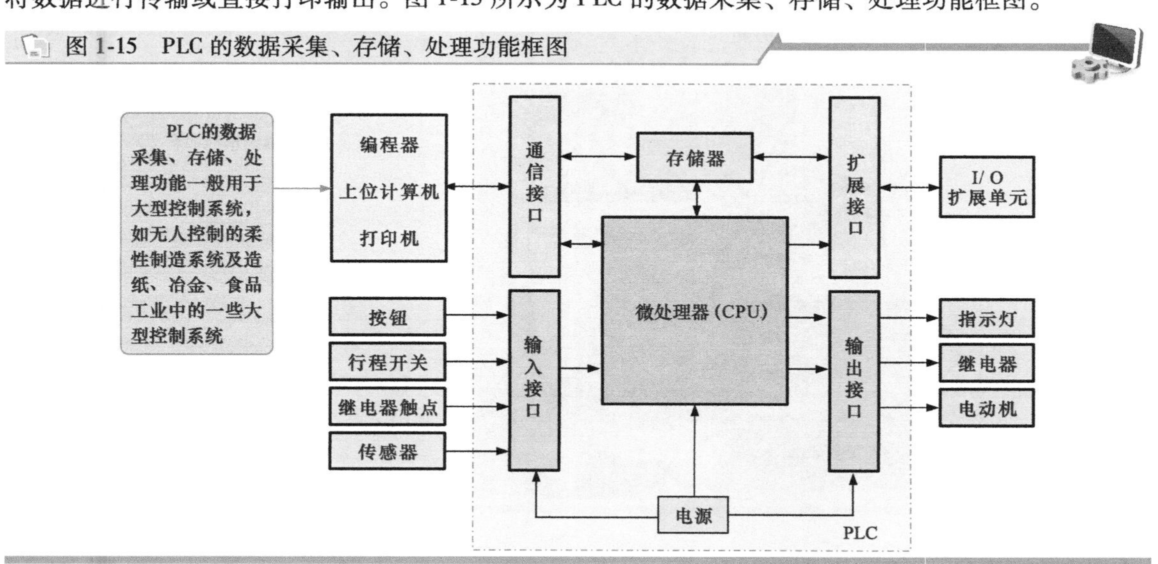




## 3　PLC 具有通信联网功能

PLC 具有通信联网功能，可以与远程 I/O、其他 PLC、计算机、智能设备（如变频器、数控装

置等）之间进行通信。图 1-16 所示为 PLC 的通信联网功能示意图。

图 1-16　PLC 的通信联网功能示意图

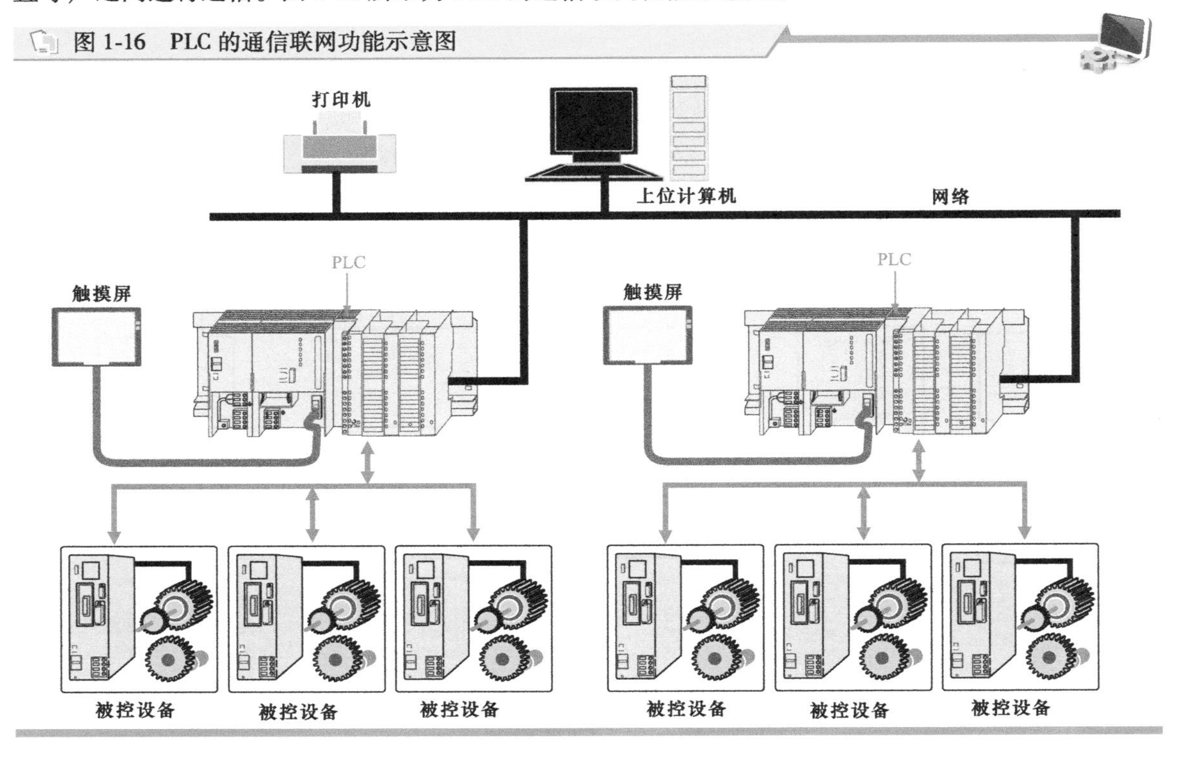




## 4　PLC 具有可编程、调试功能

PLC 通过存储器中的程序对 I/O 接口外接的设备进行控制，存储器中的程序可根据实际情况和应用进行编写，一般可将 PLC 与计算机通过编程电缆进行连接，实现对其内部程序的编写、调试、监视、实验和记录，如图 1-17 所示。这也是 PLC 区别于继电器等其他控制系统最大的功能优势。

图 1-17　PLC 的可编程、调试功能

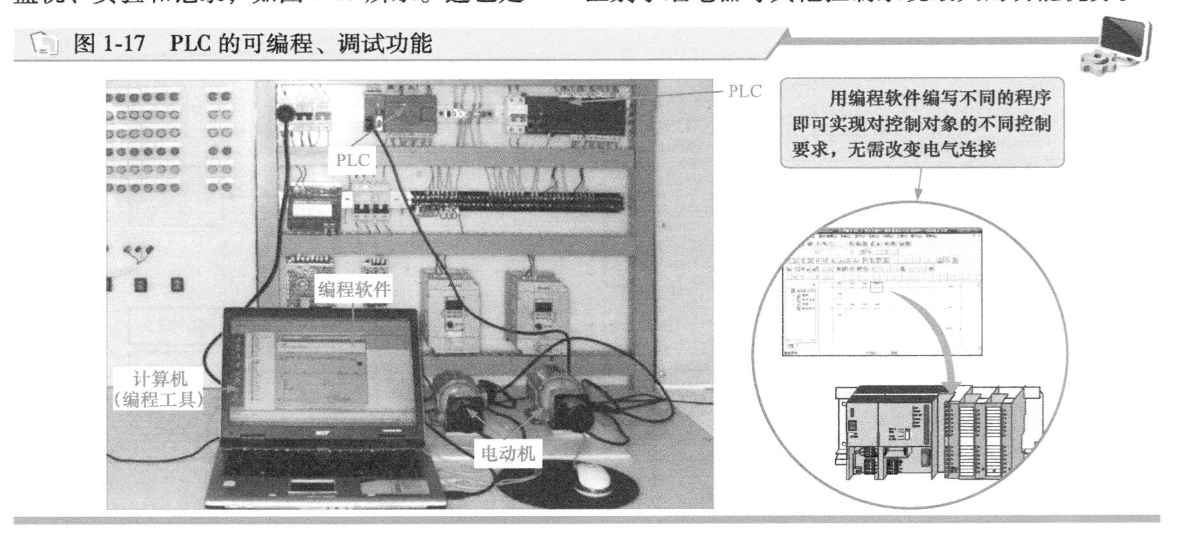


## 5　PLC 其他功能特点

1）运动控制功能：PLC 使用专用的运动控制模块，对直线运动或圆周运动的位置、速度和加速度进行控制。该控制功能广泛应用于机床、机器人、电梯等。

2）过程控制功能：过程控制是指对温度、压力、流量、速度等模拟量的闭环控制。作为工业控制计算机，PLC 能编制各种各样的控制算法程序，完成闭环控制。另外，为了使 PLC 能够完成加工过程中对模拟量的自动控制，还可以实现模拟量和数字量之间的 A-D 及 D-A 转换。该控制功能广泛应用于冶金、化工、热处理、锅炉控制等场合。

3）监控功能：操作人员可通过 PLC 的编程器或监视器对定时器、计数器以及逻辑信号状态、数据区的数据进行设定，同时还可对 PLC 各部分的运行状态进行监视。

4）停电记忆功能：PLC 内部设置停电记忆功能，该功能是在内部的存储器所使用的 RAM 中设置了停电保持器件，使断电后该部分存储的信息不变，电源恢复后，可继续工作。

5）故障诊断功能：PLC 内部设有故障诊断功能，该功能可对系统构成、硬件状态、指令的正确性等进行诊断。当发现异常时，会控制报警系统发出报警提示声，同时在监视器上显示错误信息；当故障严重时，则会发出控制指令停止系统运行，从而提高 PLC 控制系统的安全性。

### 1.2.3 PLC 应用

目前，PLC 已经成为生产自动化、现代化的重要标志。众多电子器件生产厂商都投入到了 PLC 产品的研发中，PLC 的品种越来越丰富，功能越来越强大，应用也越来越广泛，无论是生产、生活、制造还是管理、检验，都可以看到 PLC 的身影。



例如，PLC 在电子产品制造、波峰焊、电路板清洗、纺织或包装设备以及民用电梯系统中作为控制中心，使元件的输送定位驱动电动机、加工深度调整电动机、旋转电动机、输出电动机和曳引电动机等能够协调运转，相互配合实现自动化工作。图 1-18 所示为 PLC 应用示意图。

图 1-18 PLC 应用示意图

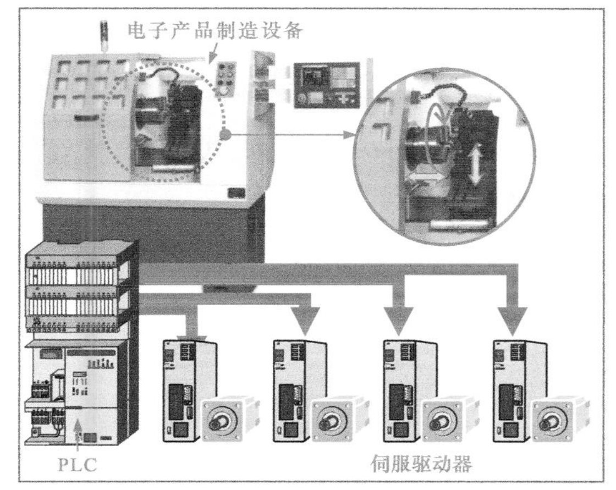


PLC在电子产品制造设备中的应用

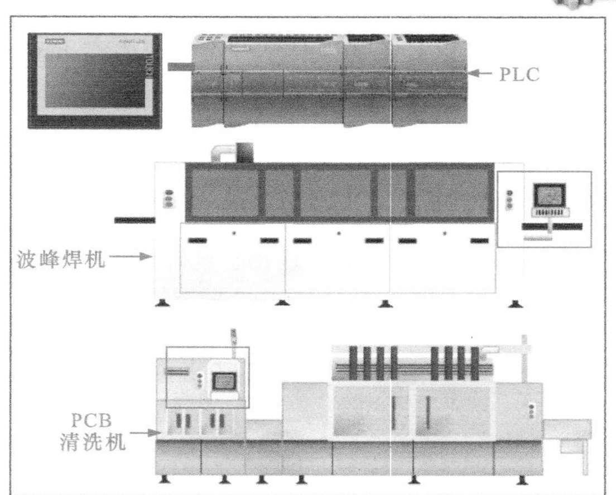


PLC在波峰焊机、电路板清洗机中的应用

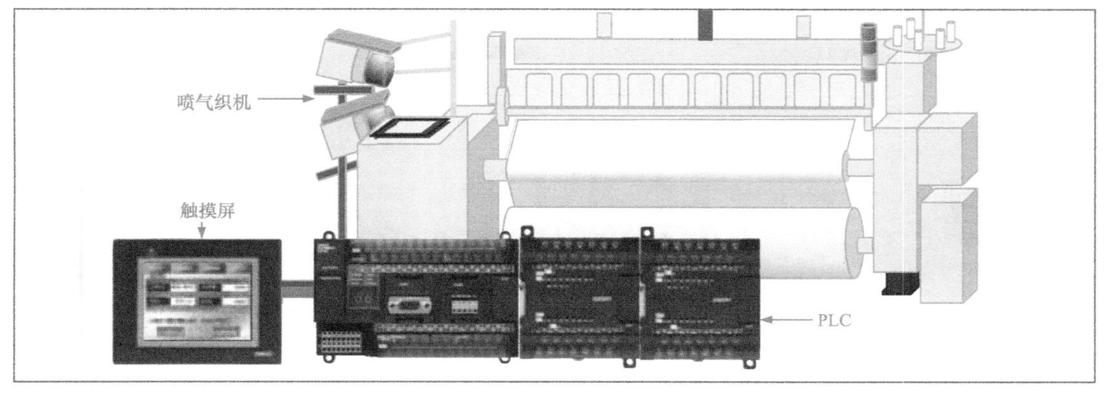


PLC在喷气织机中的应用

图 1-18　PLC 应用示意图（续）

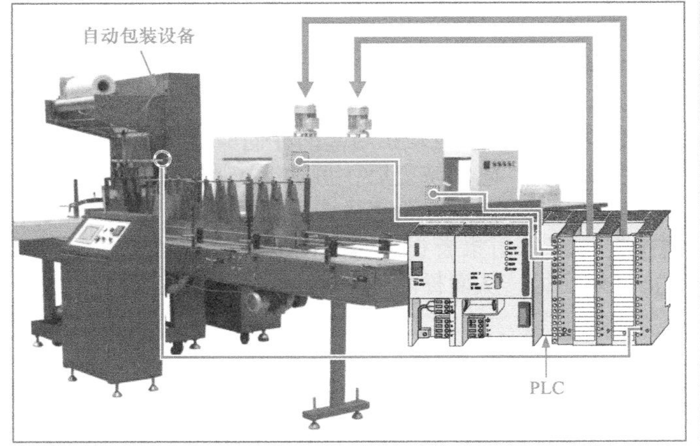


PLC在自动包装设备中的应用

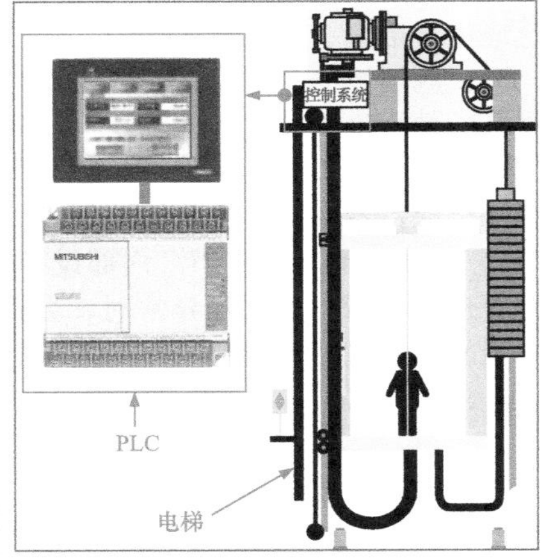


PLC在电梯控制系统中的应用



## 1.3　PLC 的产品介绍

随着 PLC 的广泛应用，PLC 的生产厂商也不断涌现。其中，三菱、西门子、欧姆龙、松下等公司都是目前市场上极具代表性的 PLC 生产厂商。

### 1.3.1　三菱 PLC

市场上，三菱 PLC 常见的系列产品主要有 $FX_{1N}$系列、$FX_{2N}$系列、$FX_{1S}$系列、Q 系列、$FX_{3U/5U}$系列等。图 1-19 所示为几种常见的三菱 PLC 系列产品的实物图。

图 1-19　几种常见的三菱 PLC 系列产品的实物图

三菱$FX_{1N}$系列PLC　　三菱$FX_{2N}$系列PLC　　三菱$FX_{1S}$系列PLC

三菱$FX_{3U}$系列PLC

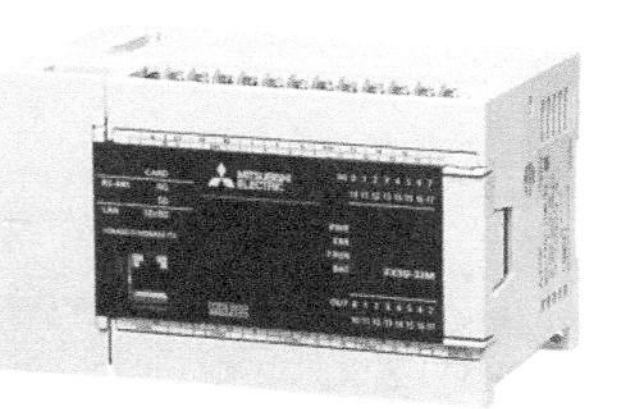

三菱$FX_{5U}$系列PLC

三菱Q系列PLC

三菱 $FX_{1N}$系列 PLC 是一种微型 PLC，可扩展多达 128 I/O 点，具有扩展输入输出、模拟量控制和通信、链接功能等扩展性，广泛应用于一般的顺序控制系统中。

三菱 $FX_{2N}$系列 PLC 属于超小型程序装置，是 FX 家族中较先进的系列，处理速度快，在基本单元上连接扩展单元或扩展模块，可进行 16～256 点的灵活输入/输出组合，为工厂自动化应用提供最大的灵活性和控制能力。

三菱 $FX_{1S}$系列 PLC 属于集成型小型单元式 PLC。

$FX_{3U}$系列 PLC 是第三代三菱 PLC，内置 64KB 大容量存储器、高速处理指令、内置定位功能，并增加新的定位指令，使定位控制功能更加强大，控制规模可达 384 点，可连接扩展模块进行扩展。

$FX_{5U}$系列 PLC 是 $FX_{3U}$系列 PLC 的升级版，其运算速度比 $FX_{3U}$更快，同时也可以安装更多的模块，在轴控制方面也具有显著的优势。

三菱 Q 系列 PLC 是三菱公司原 A 系列的升级产品，属于中大型 PLC 系列的产品。Q 系列 PLC 采用模块化的结构形式，系列产品的组成与规模灵活多变，最大输入、输出点数可达 4096 点；最大程序的存储器容量可达 252KB；采用扩展存储器后可达 32MB；基本指令的处理速度可达 34ns。升级后整个系统的处理速度得到了很大的提升，多个 CPU 模块可以在同一基板上安装，CPU 模块间可以通过自动刷新进行定期通信，或通过特殊指令进行瞬时通信。三菱 Q 系列 PLC 被广泛应用于各种中大型复杂机械、自动生产线的控制场合。

### 1.3.2 西门子 PLC



目前，市场上的西门子 PLC 主要为西门子 S7 系列产品，包括小型 S7-200 系列 PLC、S7-200 SMART 系列 PLC、S7-1200 系列 PLC，中型 S7-300 系列 PLC，大型 S7-400 系列 PLC、S7-1500 系列 PLC 等。图 1-20 所示为几种常见的西门子 PLC 系列产品的实物图。

图 1-20 几种常见的西门子 PLC 系列产品的实物图

西门子S7-200系列PLC

西门子S7-200 SMART系列PLC

西门子S7-1200系列PLC

西门子S7-300系列PLC

西门子S7-400系列PLC

西门子 PLC 的主要功能特点如下：

1）采用了模块化紧凑设计，可按积木式结构进行系统配置，功能扩展非常灵活、方便。

2）能以极快的速度处理自动化控制任务，S7-200 和 S7-300 的扫描速度为 0.37μs。

3）具有很强的网络功能，可以将多个 PLC 按照工艺或控制方式连接成工业网络，构成多级完整的生产控制系统，既可实现总线联网，又可实现点到点通信。

4）在软件方面，允许在 Windows 操作平台下使用相关的程序软件包、标准的办公软件和工业通信网络软件，可识别 C++等高级语言环境。

5）编程工具更为开放，可使用普通计算机或便携式计算机。

**相关资料**

**德国西门子（SIEMENS）公司的 SIMATIC S5 系列 PLC 产品在中国推广较早，在很多工业生产自动化控制领域都曾有过经典应用。西门子公司还开发了一些起标准示范作用的硬件和软件，从某种意义上说，西门子系列 PLC 决定了现代 PLC 的发展方向。**

### 1.3.3 欧姆龙 PLC

日本欧姆龙（OMRON）公司的 PLC 进入中国市场的时间较早，开发了最大 I/O 点数在 140 点以下的 C20P、C20 等微型 PLC 以及最大 I/O 点数为 2048 点的 C2000H 等大型 PLC，并广泛应用于自动化系统设计的产品中。图 1-21 所示为常见的欧姆龙 PLC 产品的实物图。

图 1-21 常见的欧姆龙 PLC 产品的实物图

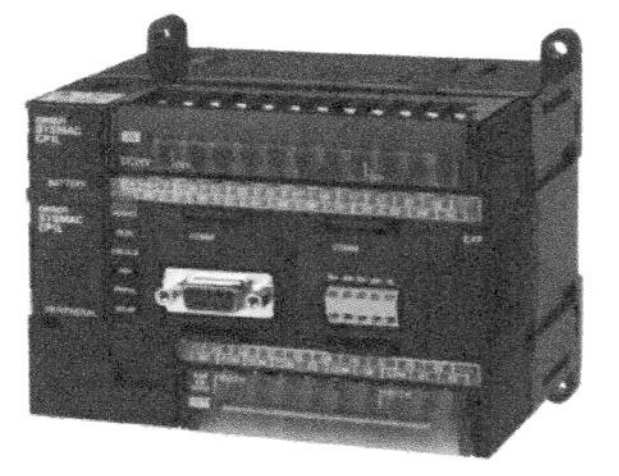

欧姆龙CP1L系列PLC

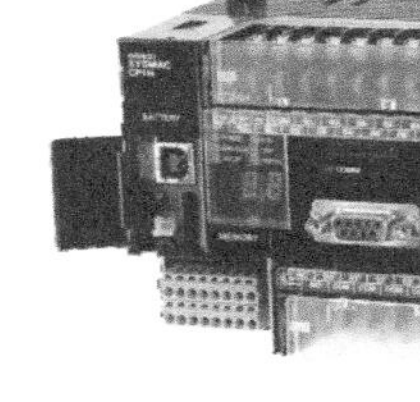

欧姆龙CP1H系列PLC

欧姆龙CPM2A系列PLC

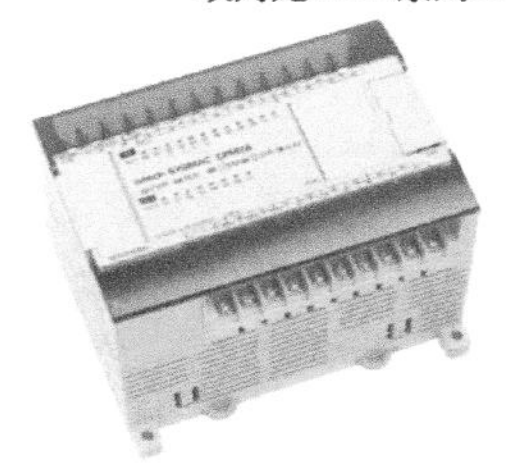

欧姆龙 CPM1A-V1系列PLC

欧姆龙CJ1M系列PLC

欧姆龙CJ1系列PLC

欧姆龙公司对 PLC 及其软件的开发有自己的特殊风格。例如，欧姆龙大型 PLC 将系统存储器、用户存储器、数据存储器和实际的输入/输出端子、功能模块等统一按绝对地址的形式组成系统，把数据存储和电气控制使用的术语合二为一，并命名数据区为 I/O 继电器、内部负载继电器、保持继电器、专用继电器、定时器/计数器。

### 1.3.4 松下 PLC

松下 PLC 是目前国内比较常见的 PLC 产品之一，功能完善、性价比高，常见型号有小型 FP-X、FP0、FP1、FPΣ、FP-e 系列 PLC，中型 FP2、FP2SH、FP3 系列 PLC，以及大型 FP5、FP10、FP20 系列 PLC 等。图 1-22 所示为常见的松下 PLC 产品的实物图。

图 1-22 常见的松下 PLC 产品的实物图

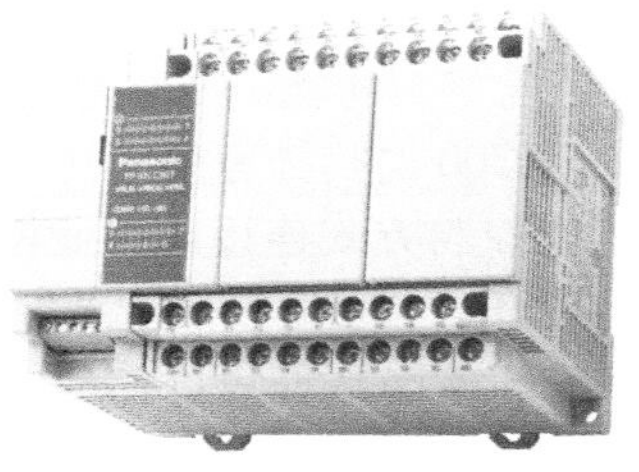

松下FP-X系列PLC

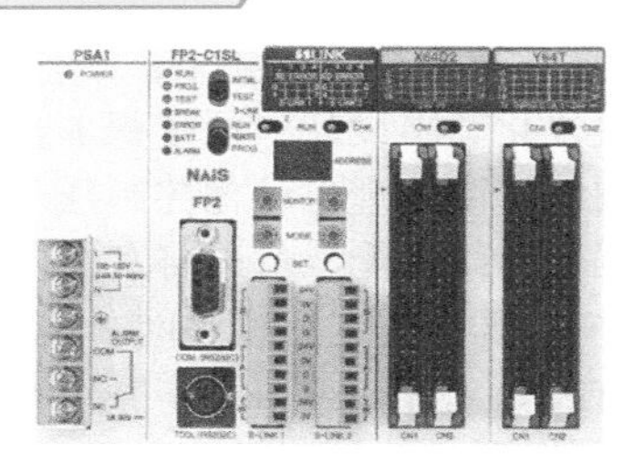

松下FP2系列PLC

## 1.3.5 施耐德 PLC

施耐德电气是法国的工业先锋之一。施耐德 PLC 主要有原 Modicon 旗下的 Quantum 系列、Premium 系列和 ePAC 系列等。图 1-23 所示为常见的施耐德 PLC 产品的实物图。

图 1-23 常见的施耐德 PLC 产品的实物图

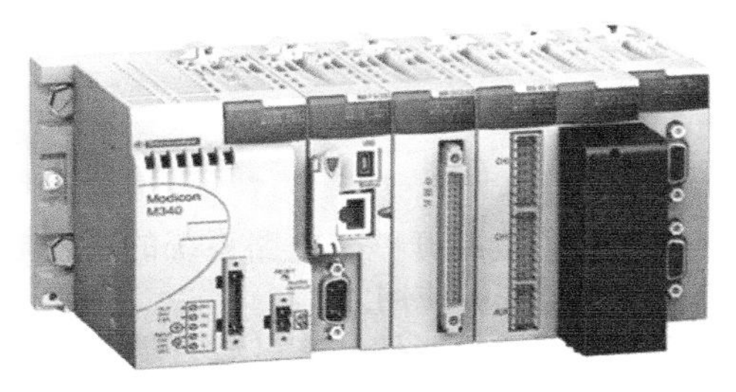


施耐德Modicon (Quantum系列)

施耐德Modicon (Premium系列)

施耐德Modicon (ePAC系列)

目前，施耐德的 ePAC 系列已经成为 Quantum 系列逻辑控及 Premium 系列的升级替代产品。

# 第2章 电气部件与电气控制

## 2.1 电源开关特点与控制

### 2.1.1 电源开关

扫一扫看视频

电源开关在PLC控制电路中主要用于接通或断开整个电路系统的供电电源。目前，在PLC控制电路中常采用断路器作为电源开关使用。

断路器是一种切断和接通负荷电路的器件，该器件具有过载自动断路保护的功能，如图2-1所示。

断路器作为电路的通断控制部件，从外观来看，主要由输入端子、输出端子、操作手柄构成，如图2-2所示。其中，输入、输出端子分别连接供电电源和负载设备，开关手柄用于控制断路器内开关触点的通断状态。

图2-1　PLC控制电路中的电源开关（断路器）

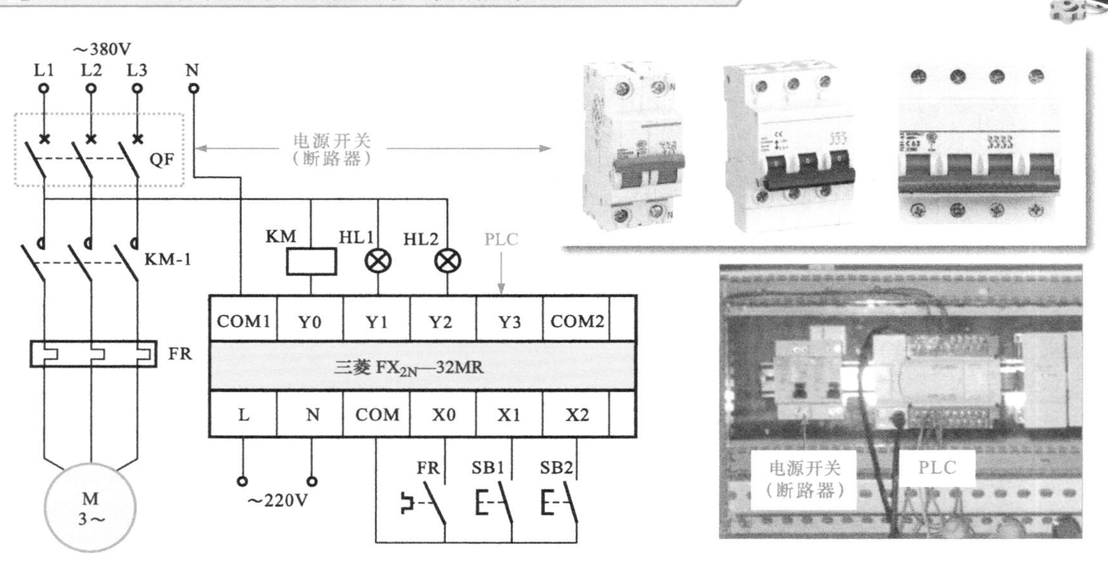


图2-2　电源开关（断路器）的外部结构

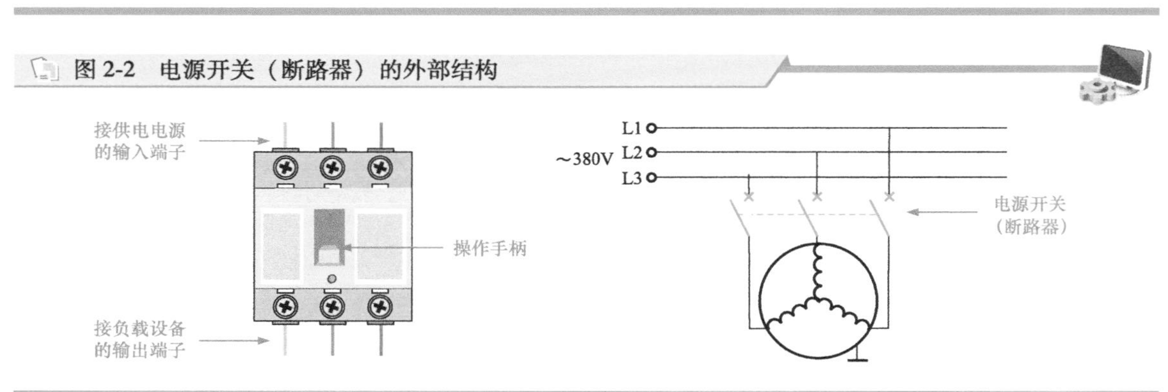

拆开断路器的塑料外壳可以看到，其主要是由塑料外壳、脱扣装置、触点、接线端子、操作手柄等部分构成的，如图 2-3 所示。

图 2-3　电源开关（断路器）的内部结构

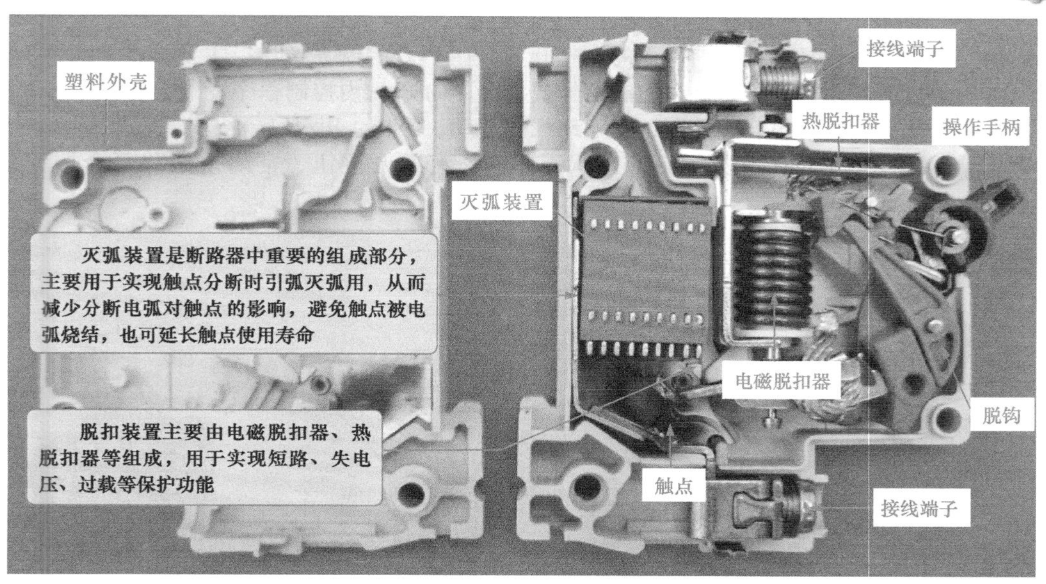




## 2.1.2 电源开关控制

电源开关的控制过程就是其内部触点接通或切断两侧电路的过程，如图 2-4 所示。当电源开关未动作时，其内部常开触点处于断开状态，切断供电电源，负载设备无法获得电源；拨动电源开关的操作手柄，其内部常开触点闭合，供电电源经电源开关后送入电路中，负载设备得电。

图 2-4　电源开关（断路器）的控制过程

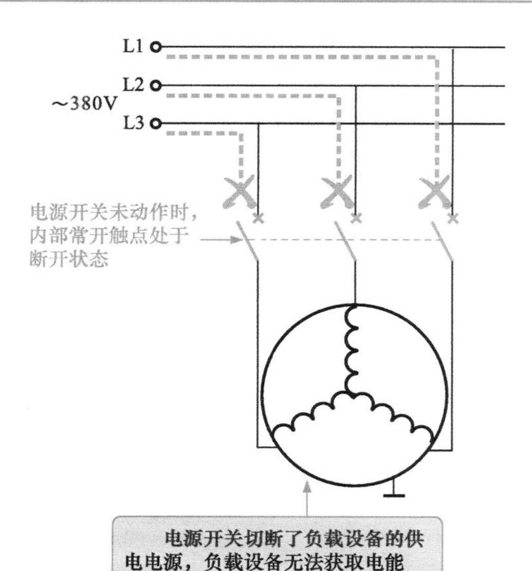


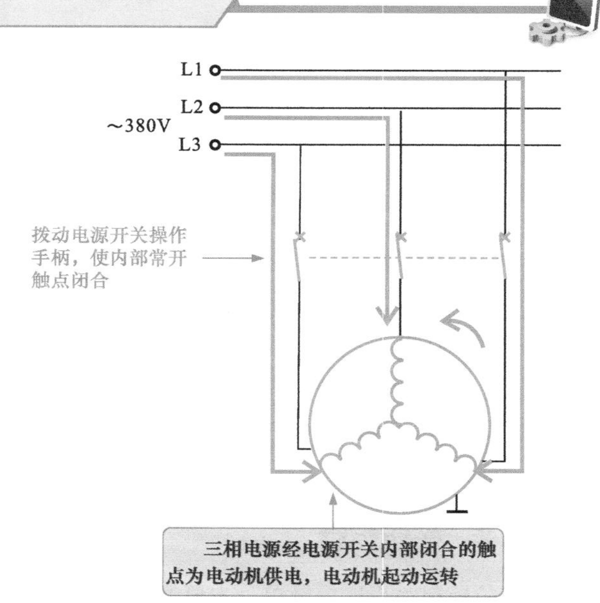

# 2.2 按钮特点与控制

## 2.2.1 按钮

扫一扫看视频

按钮是一种手动操作的电气开关。在 PLC 控制系统中，主要接在 PLC 的输入接口上，用来发出远距离控制信号或指令，向 PLC 内控制程序发出起动、停止等指令，从而达到对负载的控制，如电动机的起动、停止、正/反转。

常见按钮根据触点通断状态不同，有常开按钮、常闭按钮和复合按钮三种，如图 2-5 所示。

图 2-5 常见的按钮

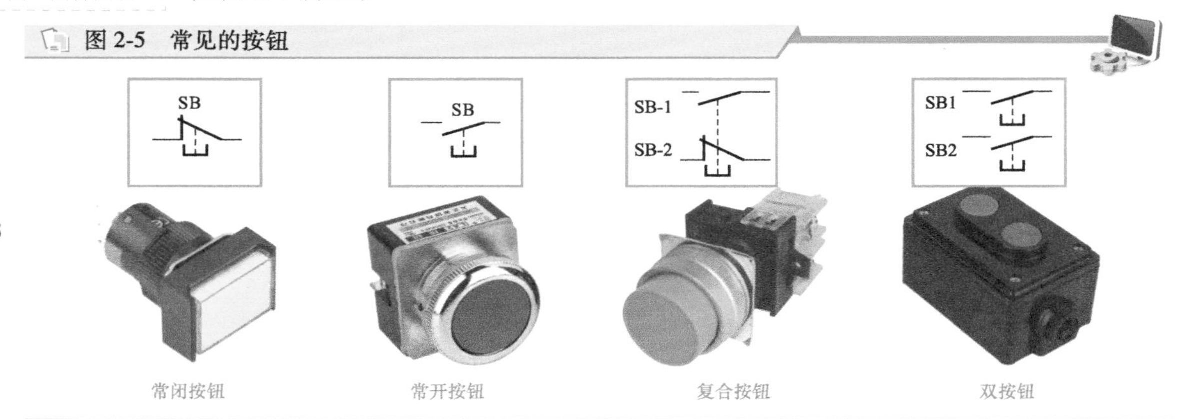




不同类型的按钮，内部触点的初始状态不同。拆开外壳可以看到其主要是由按钮帽（操作头）、连杆、复位弹簧、动触点、常开静触点或常闭静触点等组成的，如图 2-6 所示。

图 2-6 常见按钮的结构

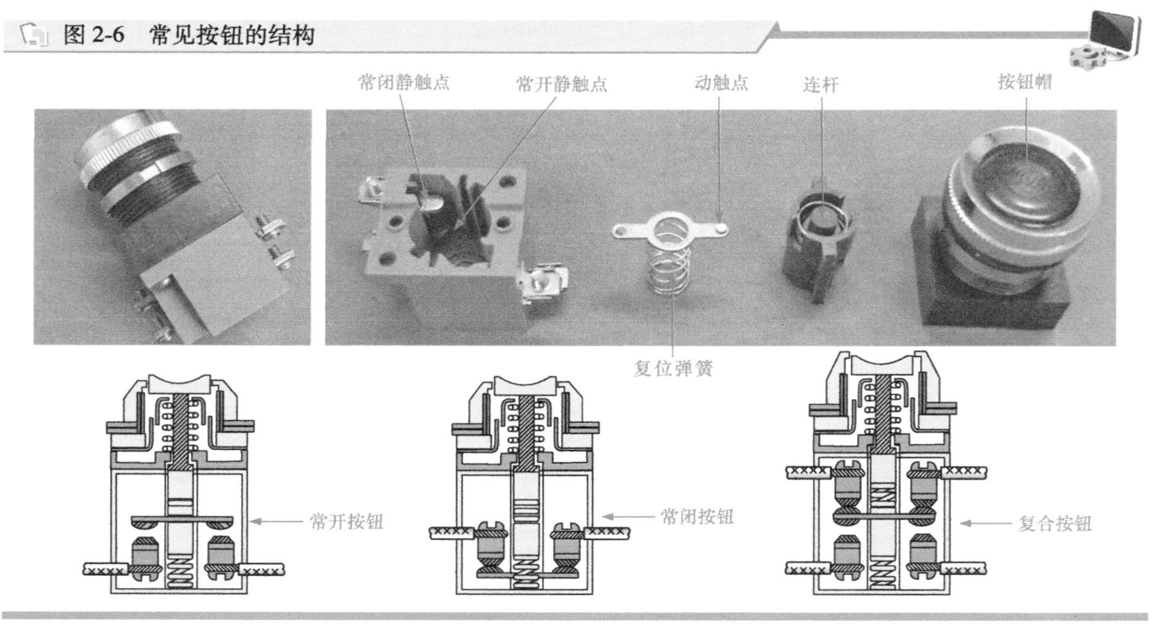


## 2.2.2 按钮控制

按钮的控制关系比较简单，主要通过其内部触点的闭合、断开状态来控制电路的接通、断开。根据按钮的结构不同，其控制过程有一定差别。

## 1 常开按钮的控制过程

PLC 控制电路中，常用的常开按钮主要为不闭锁的常开按钮，如图 2-7 所示。

图 2-7 常开按钮的电气连接关系

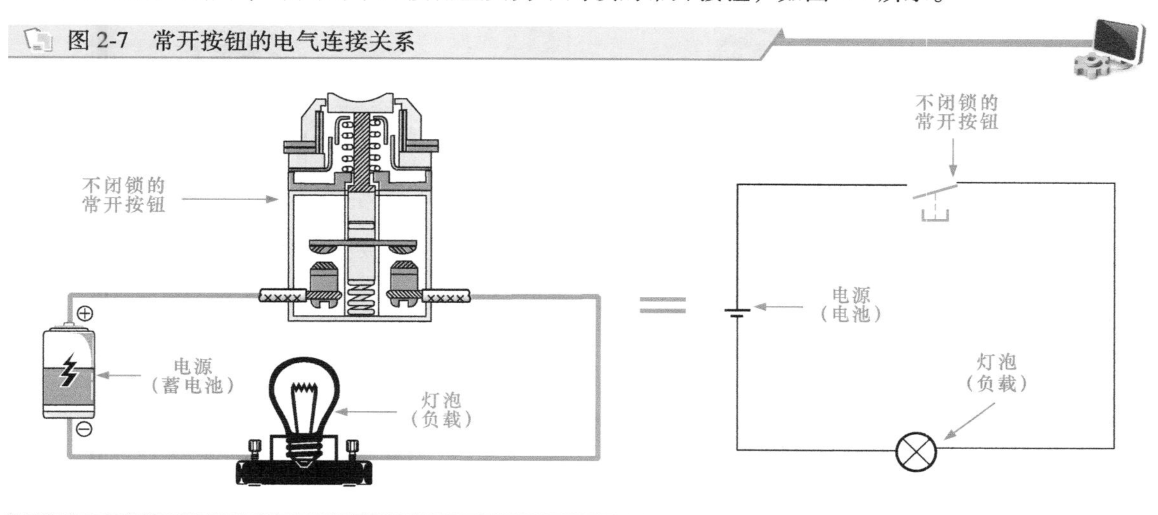




在按下按钮前内部触点处于断开状态，按下时内部触点处于闭合状态；当手指放松后，按钮自动复位断开，常用作起动控制按钮，如图 2-8 所示。

图 2-8 常开按钮的控制过程

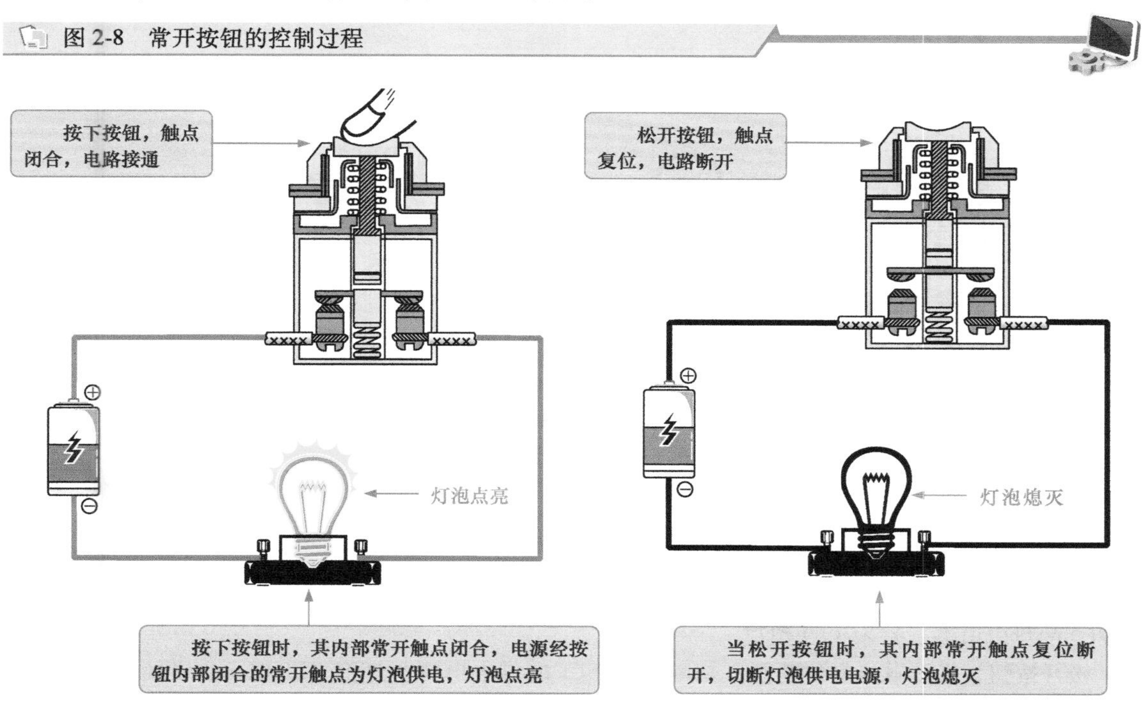


## 2 常闭按钮的控制过程

PLC 控制电路中，常用的常闭按钮主要为不闭锁的常闭按钮，在按下按钮前内部触点处于闭合状态；按下按钮后，内部触点断开；松开按钮后，触点又自动复位闭合，常被用作停止控制按钮，如图 2-9 所示。

图 2-9　常闭按钮的控制过程

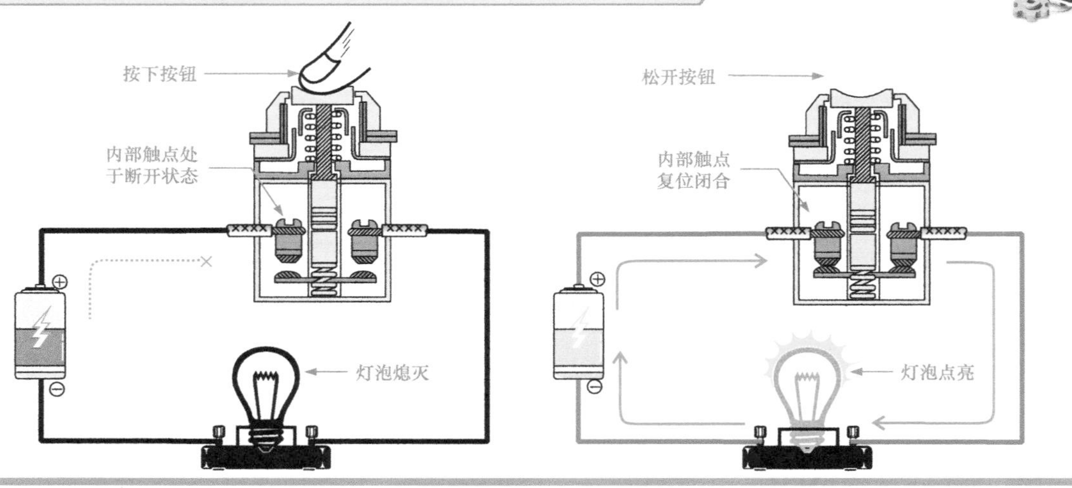




### 3　复合按钮的控制过程

复合按钮内部有两组触点，分别为常开触点和常闭触点。操作前，常闭触点闭合、常开触点断开；按下按钮后，常闭触点断开、常开触点闭合；松开按钮后，常闭触点复位闭合、常开触点复位断开，如图 2-10 所示。

图 2-10　复合按钮的控制过程

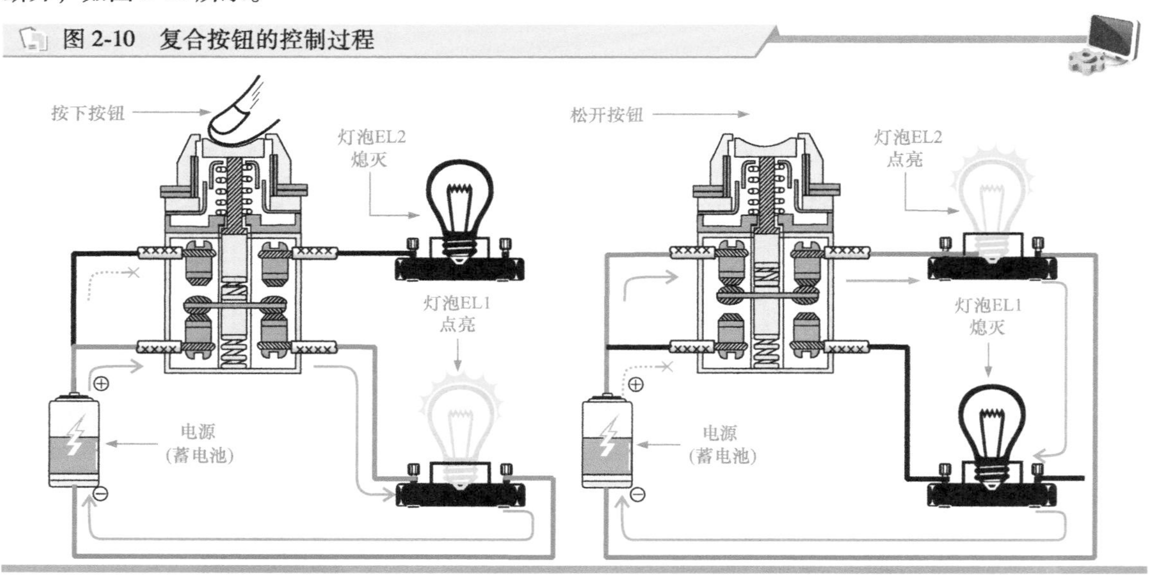


按下按钮，常开触点闭合，接通灯泡 EL1 的供电电源，灯泡 EL1 点亮；常闭触点断开，切断灯泡 EL2 的供电电源，灯泡 EL2 熄灭。

松开按钮，常开触点复位断开，切断灯泡 EL1 的供电电源，灯泡 EL1 熄灭；常闭触点复位闭合，接通灯泡 EL2 的供电电源，灯泡 EL2 点亮。

## 2.3　限位开关特点与控制

### 2.3.1　限位开关

限位开关又称为行程开关或位置检测开关，是一种小电流电气开关，可用来限制机械运动的行程或位置，使运动机械实现自动控制。

按限位开关结构不同，可以将其分为按钮式、单轮旋转式和双轮旋转式三种，如图 2-11 所示。

图 2-11 常见的限位开关

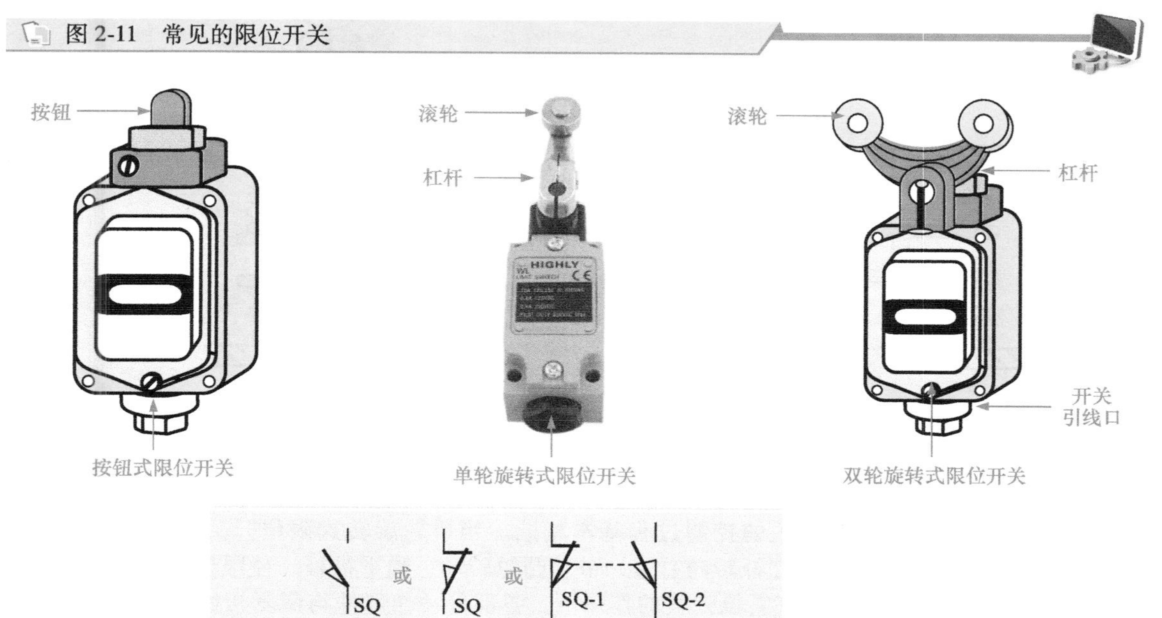




限位开关根据其类型不同，内部结构也有所不同，但基本都是由触杆（或滚轮及杠杆）、复位弹簧、常开和常闭触点等部分构成的，如图 2-12 所示。

图 2-12 限位开关的结构

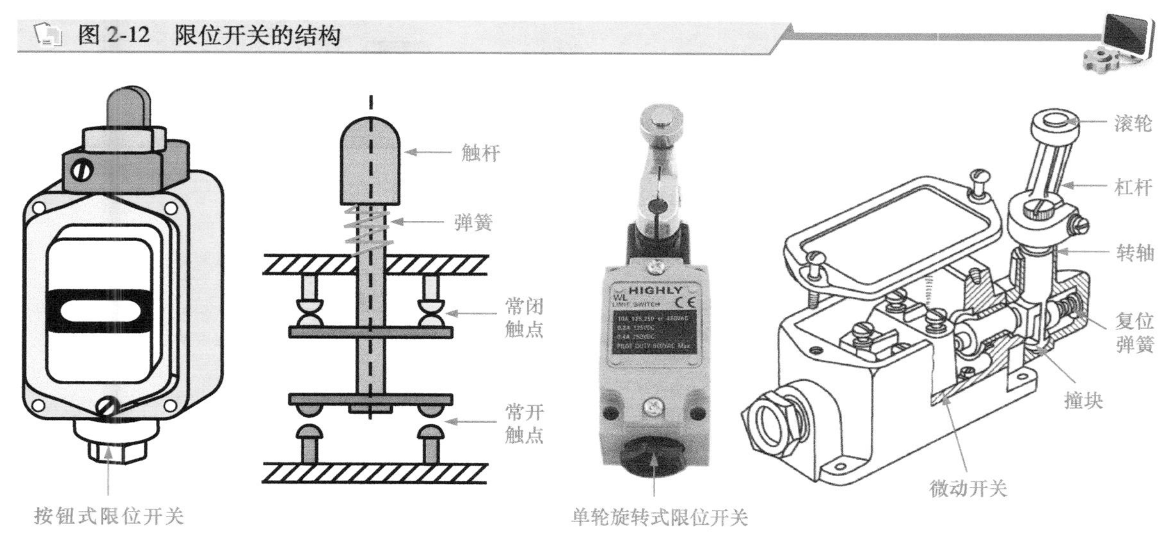


## 2.3.2 限位开关控制

按钮式限位开关由按钮触杆的按压状态控制内部常开触点和常闭触点的断开或闭合。当撞击或按下按钮式限位开关的触杆时，触杆下移使常闭触点断开，常开触点闭合；当运动部件离开后，在复位弹簧的作用下，触杆恢复到原来位置，各触点恢复常态，如图 2-13 所示。

图 2-13　按钮式限位开关的控制过程

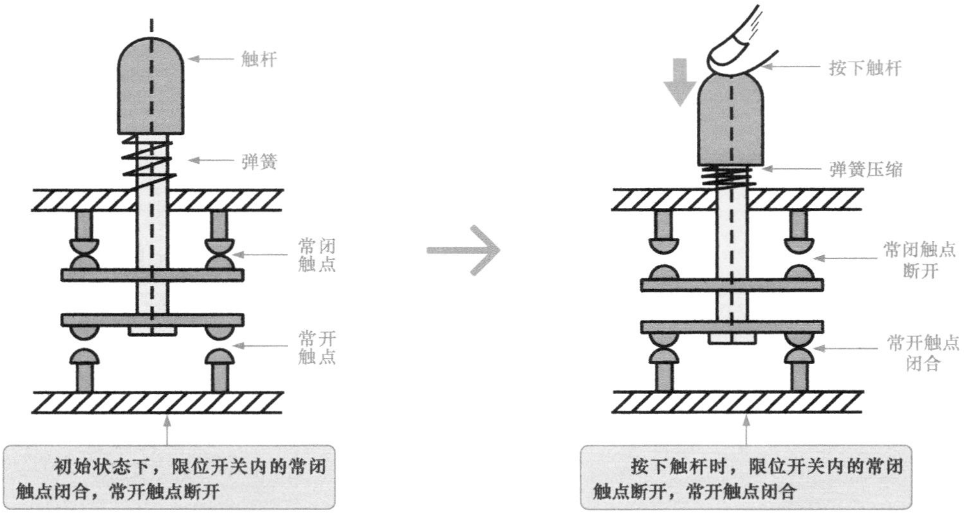

单轮或双轮旋转式限位开关的控制过程基本相同。当单轮旋转式限位开关被运动机械上的撞块撞击带有滚轮的杠杆时，杠杆转向右边，带动凸轮转动，顶下推杆，使限位开关中的触点迅速动作。当运动机械返回时，在复位弹簧的作用下，各部分动作部件均恢复初始状态，如图 2-14 所示。

图 2-14　单轮旋转式限位开关的控制过程

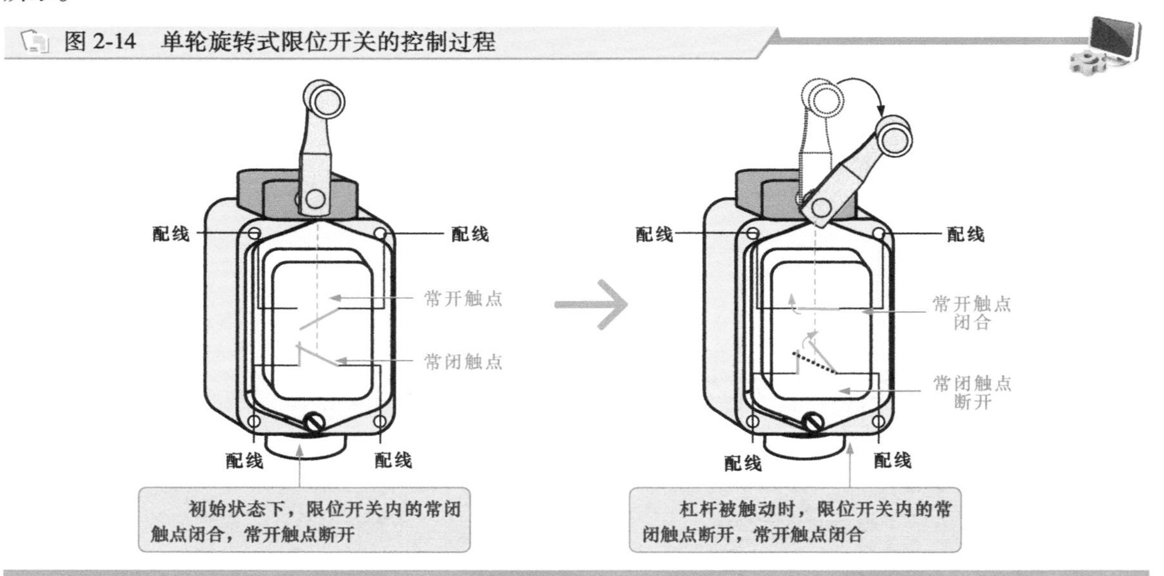


## 2.4 接触器特点与控制

### 2.4.1 接触器

接触器是一种由电压控制的开关装置，适用于远距离频繁地接通和断开交直流电路的系统。接触器属于一种控制类器件，是电力拖动系统、机床设备控制电路、PLC 自动控制系统中使用最广泛的低压电器之一。

根据接触器触点通过电流的种类，主要可分为交流接触器和直流接触器两类，如图 2-15 所示。

图 2-15　常见的接触器

CJ10型
交流接触器

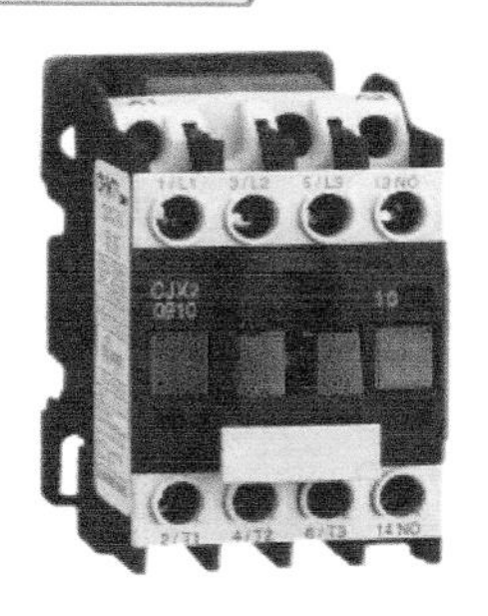


CJX2-0910型
交流接触器

CJ40系列
交流接触器

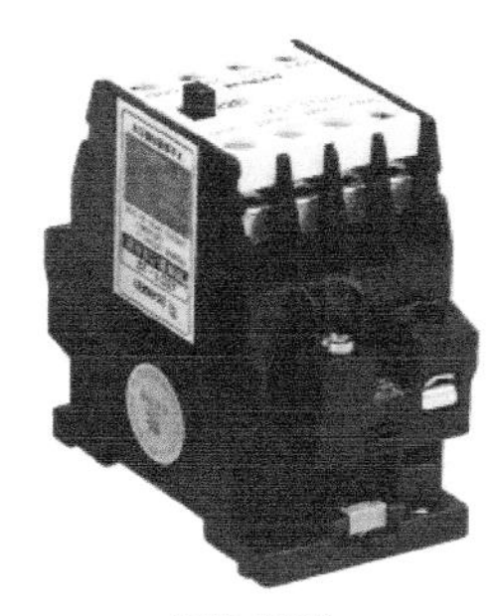

JZC1-22型
直流接触器

ZLW型
直流接触器

接触器作为一种电磁开关，其内部主要是由控制电路接通与断开的主触点、辅助触点及电磁线圈、静铁心、动铁心等部分构成的。一般来说，拆开接触器的塑料外壳即可看到其内部结构，如图 2-16 所示。

图 2-16　接触器的结构

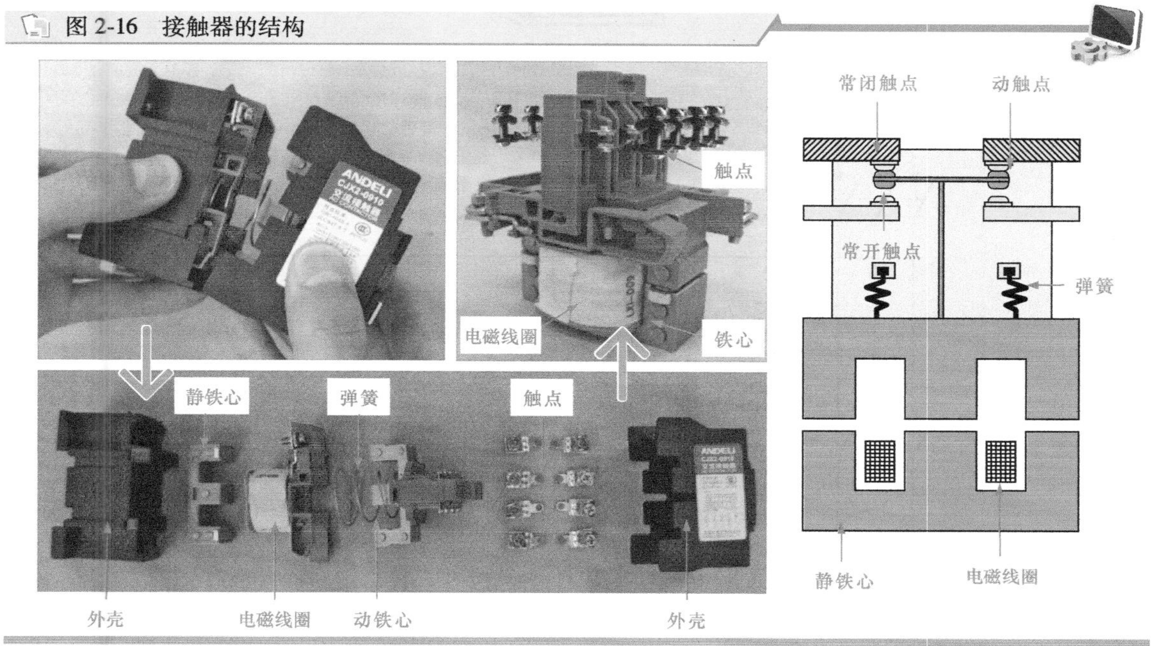

## 2.4.2 接触器控制

接触器的工作过程就是指通过其内部线圈的得电、失电来控制铁心吸合、释放，从而带动其触点动作的过程。

一般情况下，接触器线圈连接在控制电路或 PLC 输出接口上，接触器的主触点连接在主电路中，用以控制设备的通断电，如图 2-17 所示。

图 2-17 接触器在典型点动控制电路中的控制关系



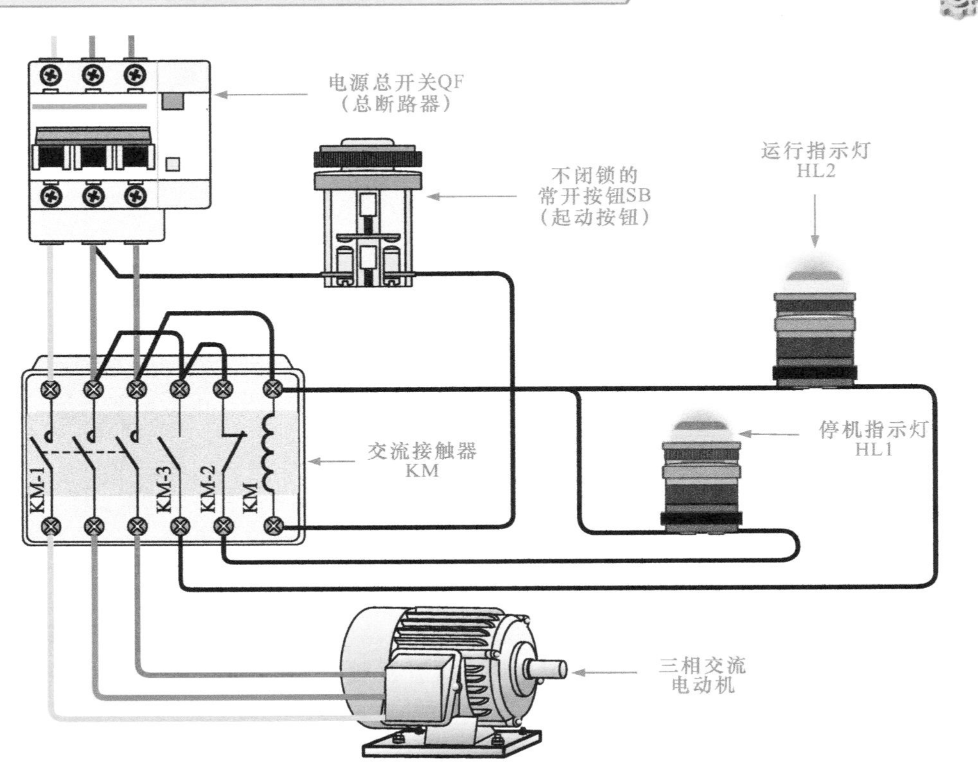


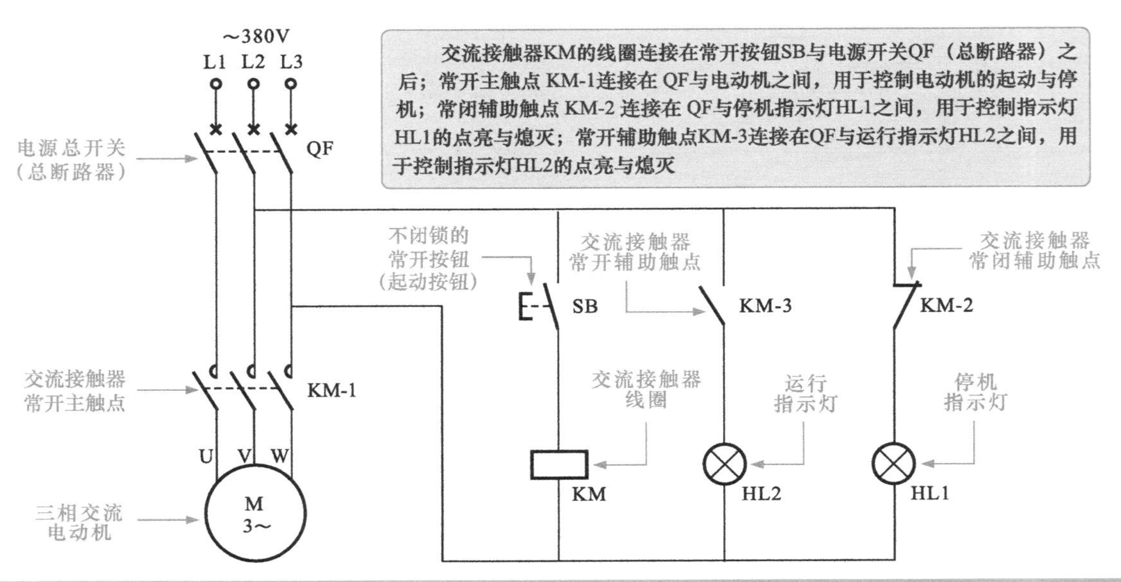

当操作接触器所在电路中的起动按钮，接触器线圈得电时，其铁心吸合，带动常开触点闭合，常闭触点断开；当线圈失电时，其铁心释放，所有触点复位，如图 2-18 所示。

图 2-18　接触器在典型点动控制电路中的控制过程

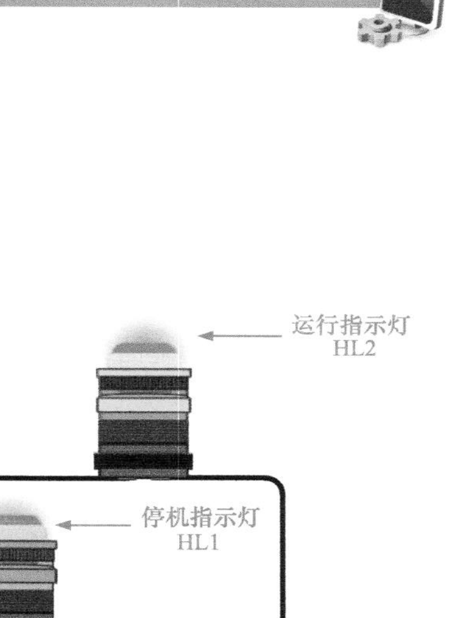


合上电源总开关QF，电源经交流接触器KM的常闭辅助触点 KM-2为停机指示灯HL1供电，HL1点亮

按下起动按钮SB时，电路接通，交流接触器KM线圈得电，常开主触点KM-1闭合，三相交流电动机接通三相电源起动运转；常闭辅助触点KM-2断开，切断停机指示灯HL1的供电电源，指示灯HL1熄灭；常开辅助触点KM-3闭合，运行指示灯HL2点亮，指示三相交流电动机处于工作状态

松开起动按钮SB 时，电路断开，交流接触器KM线圈失电，常开主触点KM-1复位断开，切断三相交流电动机的供电电源，电动机停止运转；常闭辅助触点KM-2复位闭合，停机指示灯HL1点亮，指示三相交流电动机处于停机状态；常开辅助触点KM-3复位断开，切断运行指示灯HL2的供电电源，指示灯HL2熄灭



**| 提示说明 |**

接触器线圈得电后，铁心吸合；接触器线圈失电后，铁心释放，如图 2-19 所示。

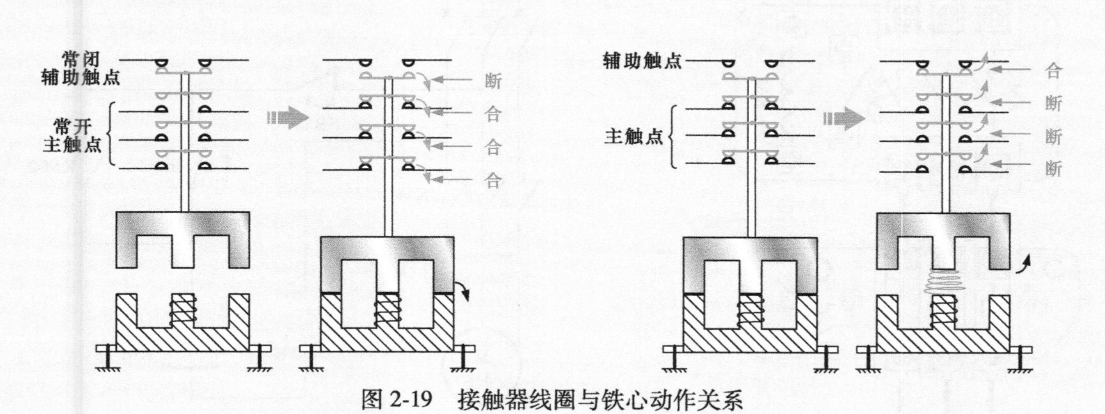


图 2-19　接触器线圈与铁心动作关系

# 2.5 热继电器特点与控制

## 2.5.1 热继电器

扫一扫看视频

热继电器是利用电流的热效应原理实现过热保护的一种继电器。它是一种电气保护元件，主要由复位按钮、热感应器件（双金属片）、触点、动作机构等部分组成，如图 2-20 所示。

热继电器利用电流的热效应来推动动作机构使触点闭合或断开，主要用于电动机及其他电气设备的过载保护。

图 2-20 热继电器的结构

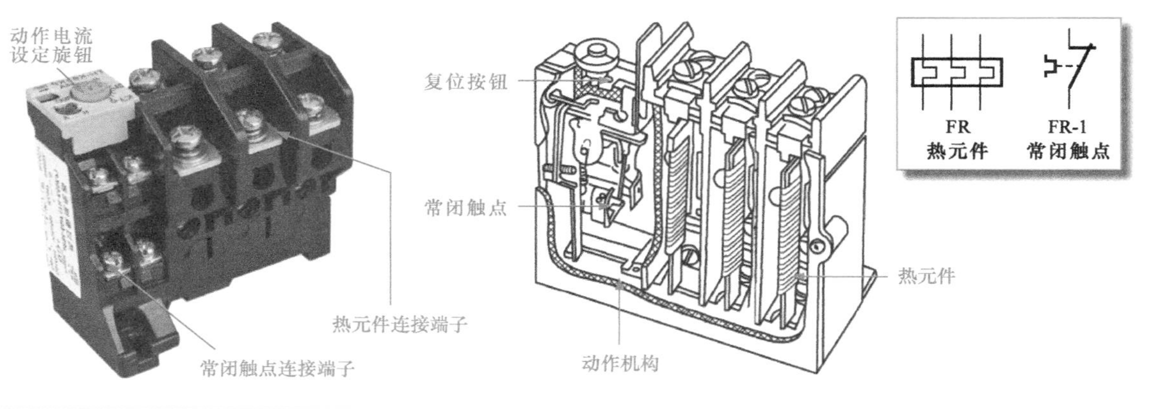




## 2.5.2 热继电器控制

热继电器一般安装在主电路中，用于主电路中负载电动机（或其他电气设备）的过载保护，如图 2-21 所示。

图 2-21 热继电器的控制过程

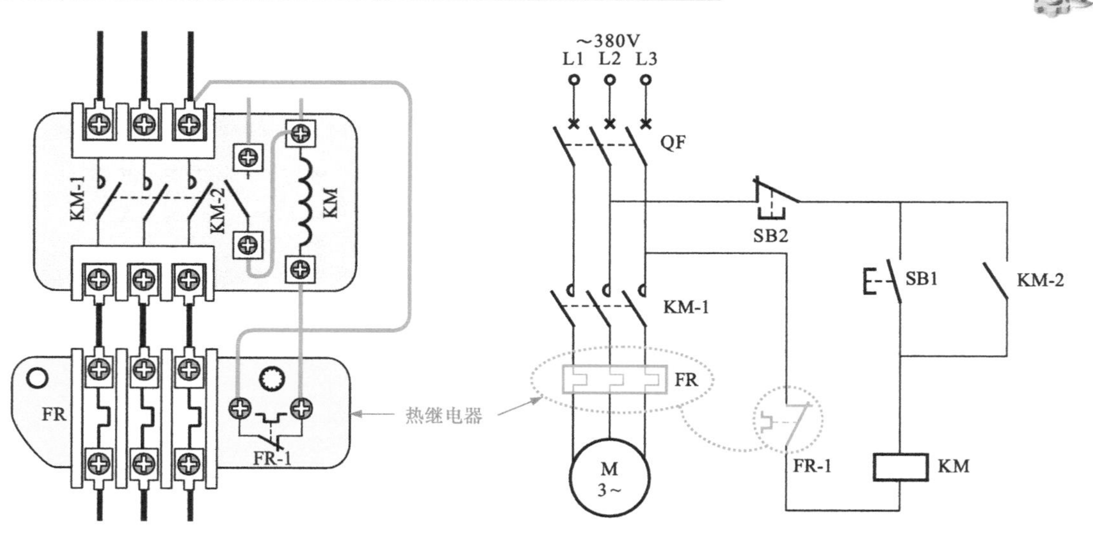

在电路中，热继电器根据运行状态（正常情况和异常情况）起到控制作用。

当电路正常工作，未出现过载过热故障时，热继电器的热元件和常闭触点都相当于通路串联在电路中，如图 2-22 所示。

图 2-22 电路正常时热继电器的工作状态

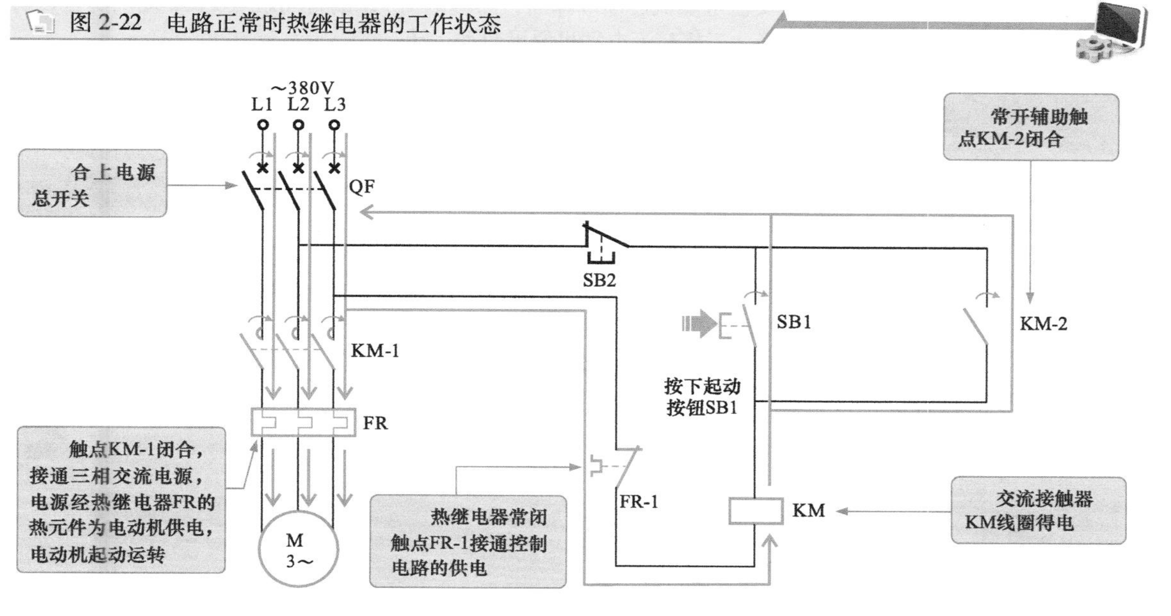


正常情况下，合上电源总开关 QF，按下起动按钮 SB1，热继电器的常闭触点 FR-1 接通控制电路的供电，交流接触器 KM 线圈得电，常开主触点 KM-1 闭合，接通三相交流电源，电源经热继电器 FR 的热元件为三相交流电动机供电，三相交流电动机起动运转；常开辅助触点 KM-2 闭合，实现自锁功能，即使松开起动按钮 SB1，三相交流电动机仍能保持运转状态。

当电路异常导致电路电流过大时，其引起的热效应将引起热继电器中的热元件动作，热继电器常闭触点将断开，断开控制部分，切断主电路电源，起到保护作用，如图 2-23 所示。

图 2-23 电路异常时热继电器的工作状态

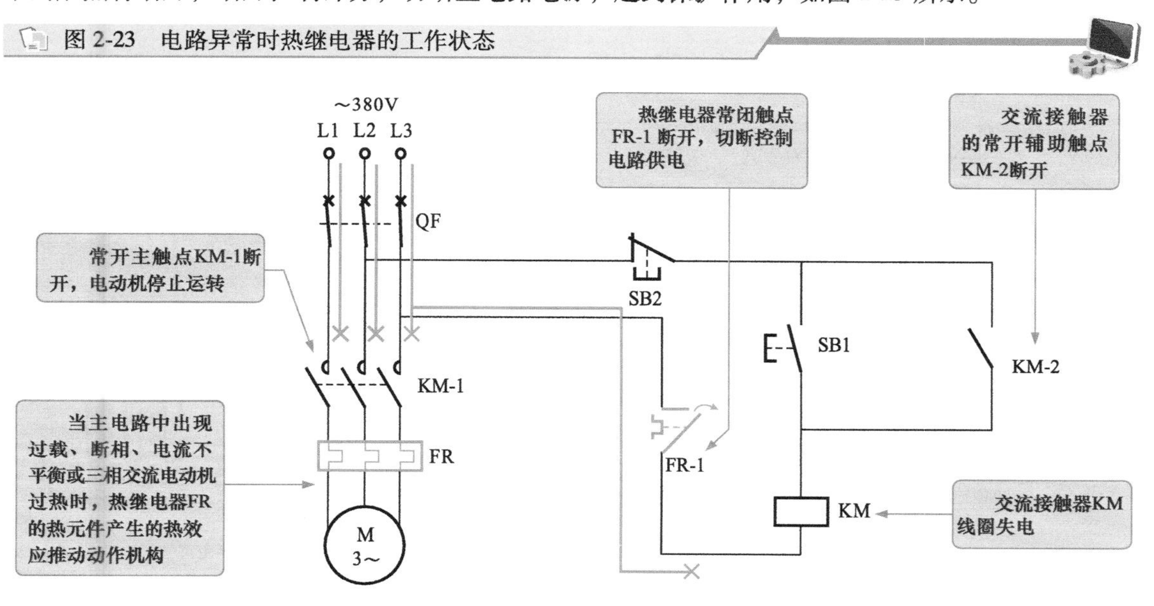


主电路中出现过载或过热故障，会导致电流过大。当电流超过热继电器的设定值，并达到一定

时间后，热继电器 FR 的热元件产生的热效应来推动动作机构使其常闭触点 FR-1 断开，切断控制电路供电电源，交流接触器 KM 线圈失电，常开主触点 KM-1 复位断开，切断电动机供电电源，电动机停止运转，常开辅助触点 KM-2 复位断开，解除自锁功能，从而实现了对电路的保护作用。

待主电路中的电流正常或三相交流电动机逐渐冷却后，热继电器 FR 的常闭触点 FR-1 复位闭合，再次接通电路，此时只需重新起动电路，三相交流电动机便可起动运转。

## 2.6 其他常用电气部件的特点

### 2.6.1 传感器件的特点

传感器件是用于检测信号和变换信号的器件，它可以将各种环境参量（如物理量）转换成电信号。传感器件是指能感受并能按一定规律将所感受的被测物理量或化学量等（如温度、湿度、亮度、速度、浓度、位移、重量、压力、声压等）转换成便于处理与传输的电量的器件或装置。简单说，传感器是一种将感测信号转换为电信号的器件。图 2-24 所示为几种常见的传感器件。



图 2-24　几种常见的传感器件

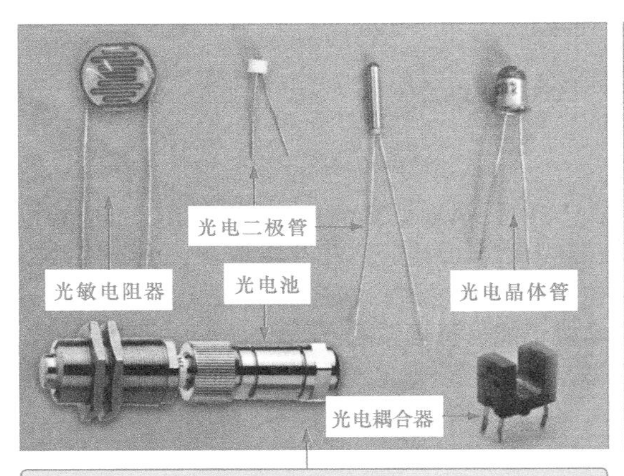


光电传感器是指能够将可见光转换成电量的传感器。光电传感器也叫作光电器件，可以将光信号直接转换成电信号

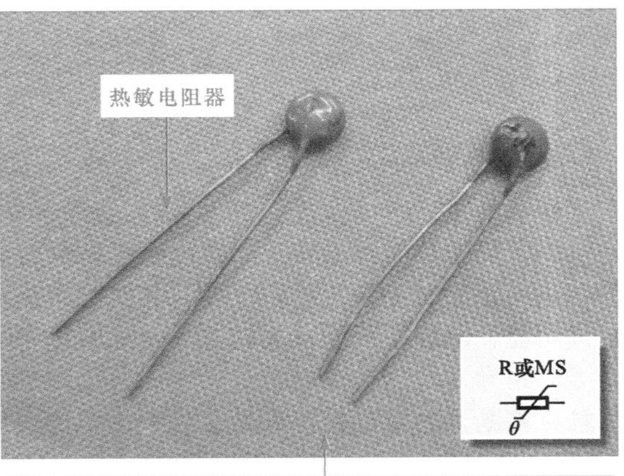


温度传感器也称为热-电传感器，用于各种需要对温度进行控制、测量、监视及补偿等场合

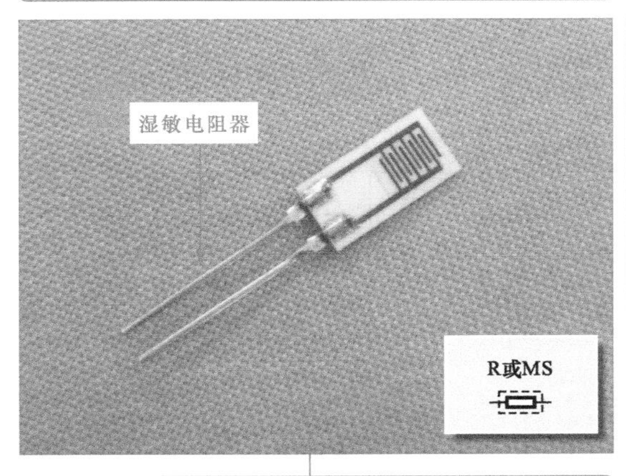


湿度传感器是对环境湿度比较敏感的器件，电阻值会随环境湿度的变化而变化，多用于对环境湿度进行测量及控制

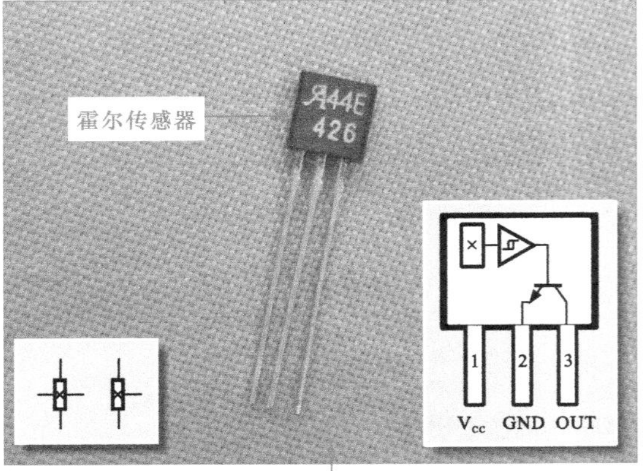


霍尔传感器又称为磁电传感器，主要由霍尔元件构成。目前广泛应用于机械测试及自动化测量领域

## 2.6.2 速度继电器的特点

速度继电器主要与接触器配合使用，实现电动机控制系统的反接制动。常用的速度继电器主要有 JY1 型、JFZ0-1 型和 JFZ0-2 型，如图 2-25 所示。

图 2-25 常用速度继电器

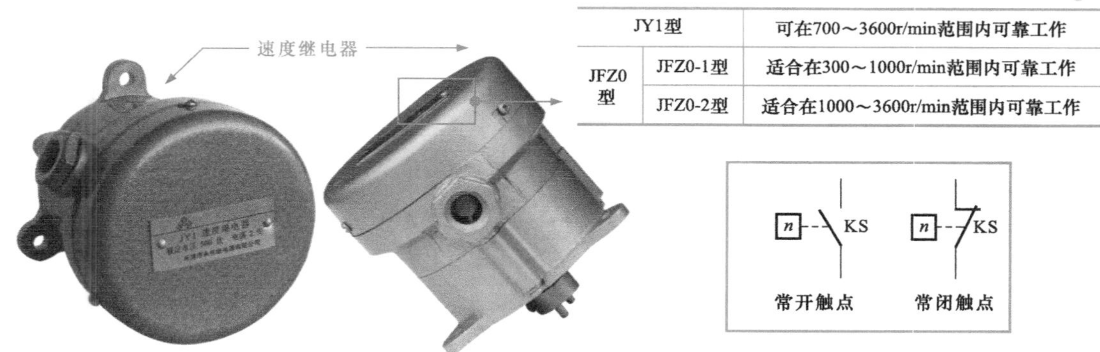

| JY1型 | | 可在700～3600r/min范围内可靠工作 |
|---|---|---|
| JFZ0型 | JFZ0-1型 | 适合在300～1000r/min范围内可靠工作 |
| | JFZ0-2型 | 适合在1000～3600r/min范围内可靠工作 |





**| 提示说明 |**

**如图 2-26 所示，速度继电器主要是由转子、定子和触点三部分组成的，在电路中，通常用字母“KS”表示。速度继电器常用于三相感应电动机反接制动电路中，工作时其转子和定子是与电动机相连接的。当电动机的相序改变，反向转动时，速度继电器的转子也随之反转，由于产生与实际转动方向相反的旋转磁场，从而产生制动转矩，这时速度继电器的定子就可以触动另外一组触点，使之断开或闭合。**

**当电动机停止时，速度继电器的触点即可恢复原来的静止状态。**

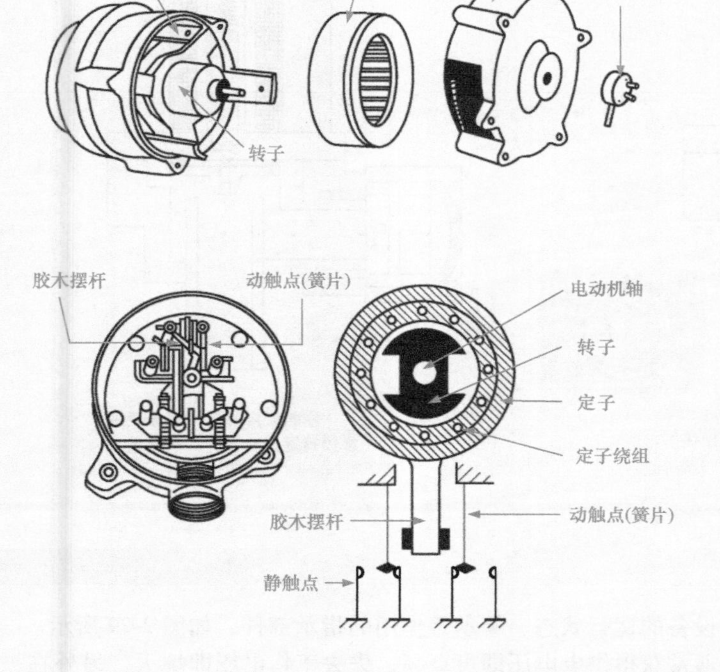



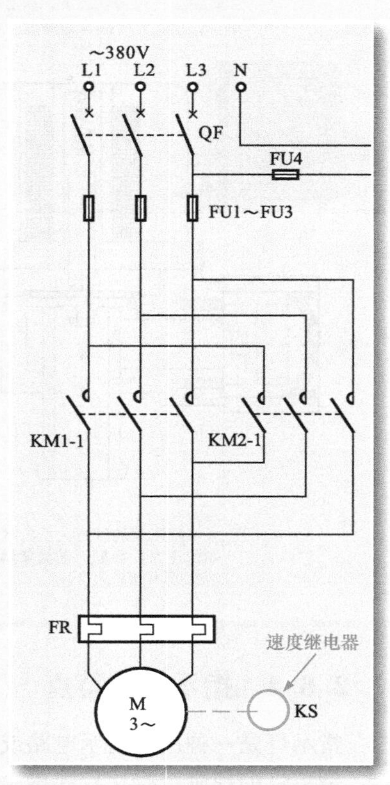



图 2-26 速度继电器的结构和应用

## 2.6.3 电磁阀的特点

电磁阀是一种用电磁控制的电气部件，可作为控制流体的自动化基础执行器件。在 PLC 自动化控制领域中，可用于调整介质（液体、气体）的方向、流量、速度等参数，如图 2-27 所示。

图 2-27 典型电磁阀实物外形

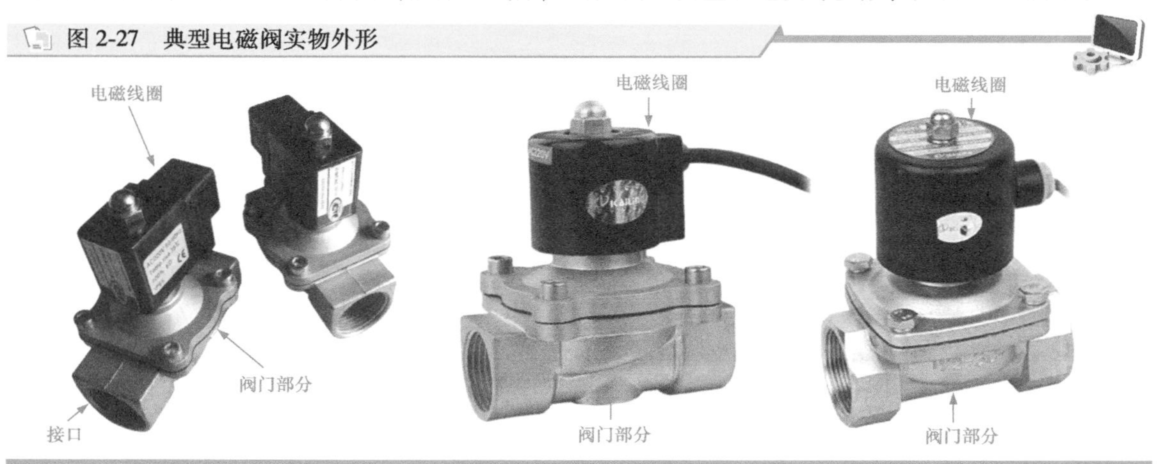




电磁阀的种类多种多样，具体的控制过程也不相同。以常见的给排水用的弯体式电磁阀为例，电磁阀工作的过程就是通过电磁线圈的得电、失电来控制内部机械阀门开、闭的过程，如图 2-28 所示。

图 2-28 典型弯体式电磁阀的控制过程

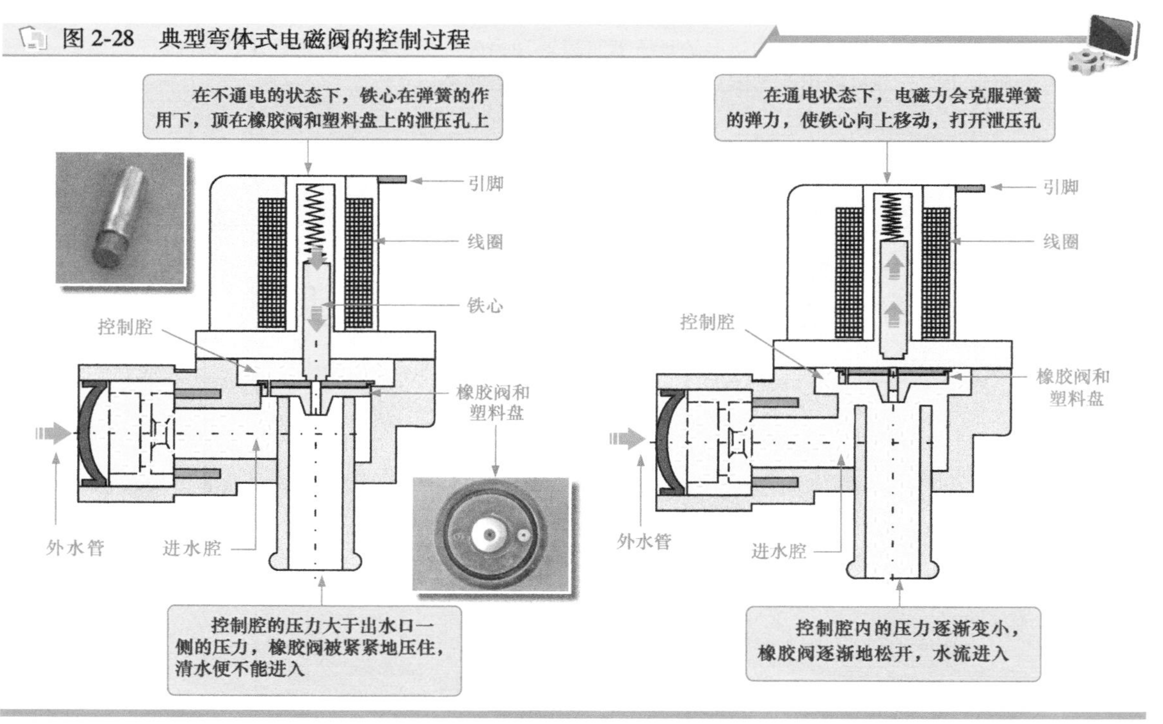


## 2.6.4 指示灯的特点

指示灯是一种用于指示电路或设备的运行状态、警示等作用的指示部件，如图 2-29 所示。

指示灯的控制过程比较简单，通常获得供电电压即可点亮，失去工作电压即熄灭。另外在一定设计程序的控制下还可实现闪烁状态，用以指示某种特定含义，如图 2-30 所示。

图 2-29　典型指示灯的实物外形

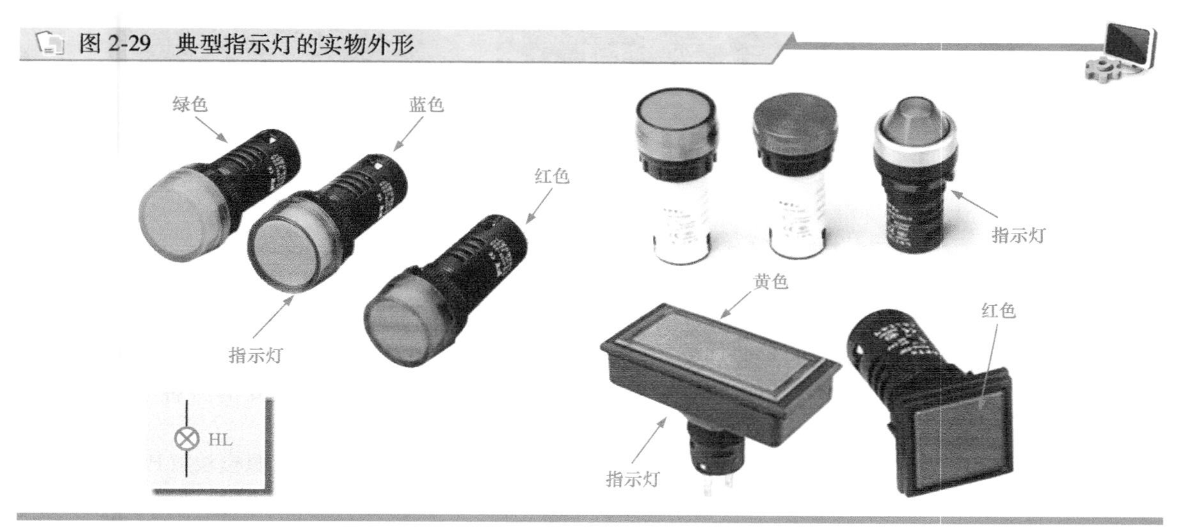

图 2-30　指示灯的控制关系

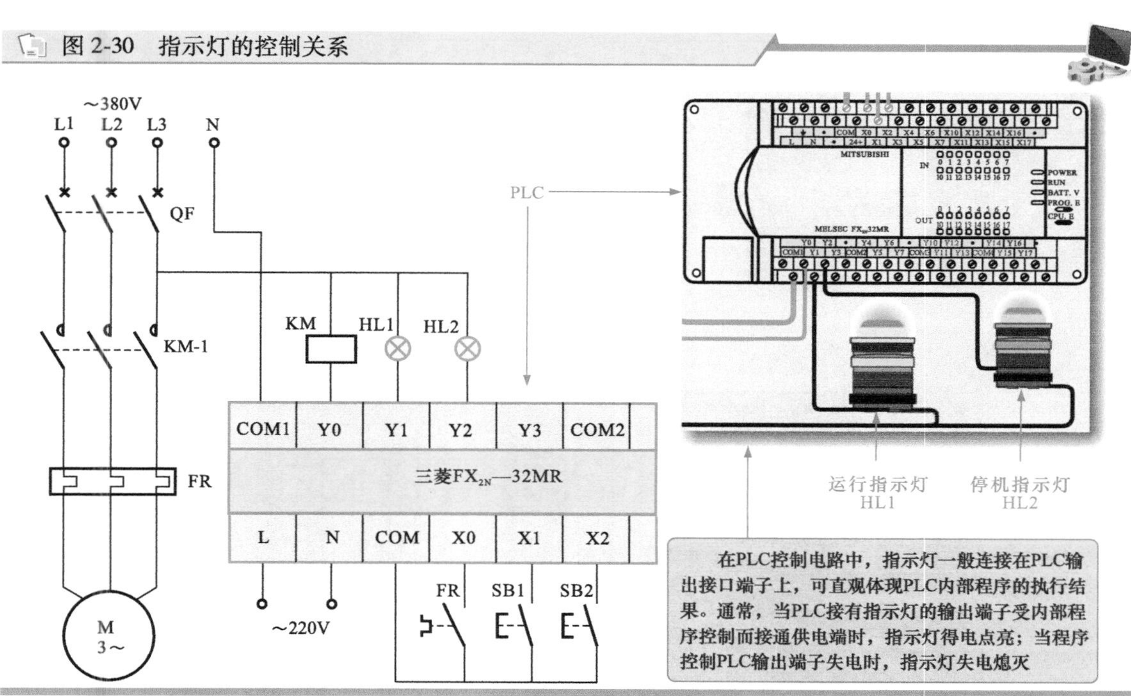


在PLC控制电路中，指示灯一般连接在PLC输出接口端子上，可直观体现PLC内部程序的执行结果。通常，当PLC接有指示灯的输出端子受内部程序控制而接通供电端时，指示灯得电点亮；当程序控制PLC输出端子失电时，指示灯失电熄灭

# 第3章 西门子PLC介绍

## 3.1 西门子 PLC 的主机

西门子 PLC 凭借其先进的技术和稳定的性能，在工业自动化控制领域有着广泛的应用。

扫一扫看视频

为适应不同的工业场景和用户需求，西门子 PLC 产品种类多样。其中以 S7 系列最具代表性。S7-200、S7-200 SMART、S7-1200、S7-300、S7-400 等各种不同型号的 PLC 产品各具特点。

西门子 PLC 的硬件系统主要包括 PLC 主机（CPU 模块）、电源模块（PS）、信号模块（SM）、通信模块（CP）、功能模块（FM）、接口模块（IM）等部分，如图 3-1 所示。

图 3-1 西门子 PLC 硬件系统的组成

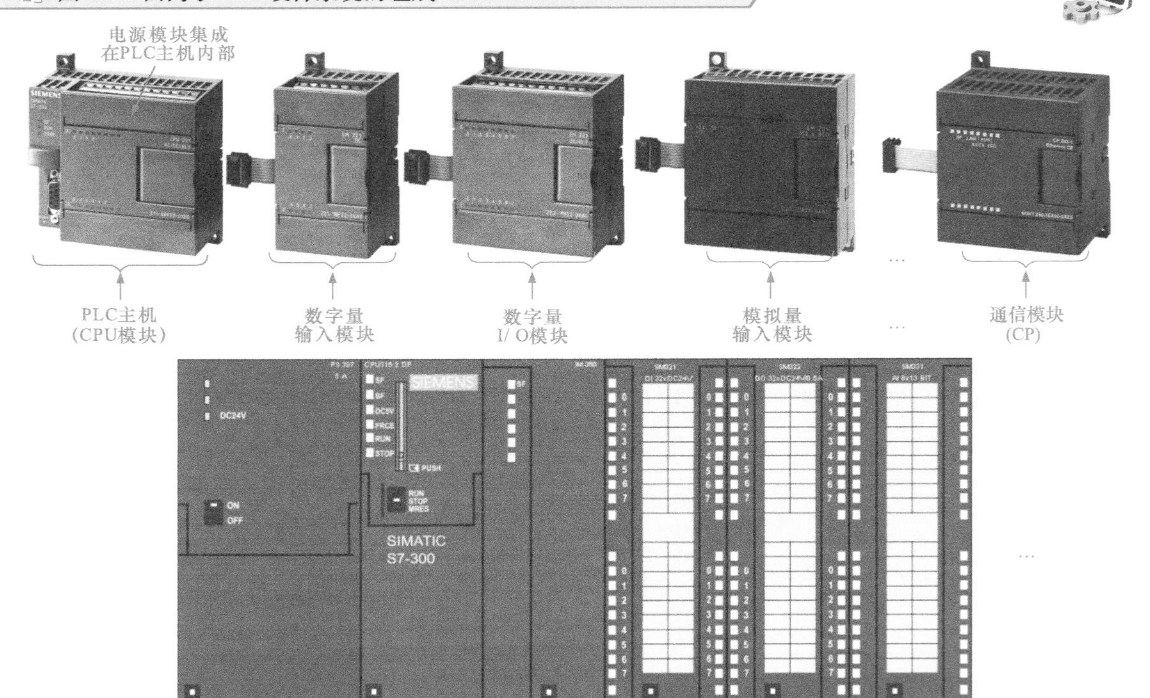


PLC 主机是构成西门子 PLC 硬件系统的核心单元，由于其包括了负责执行程序和存储数据的微处理器，所以也称为 CPU（中央处理器）模块。

西门子各系列 PLC 主机的类型和功能各不相同，且每一系列的主机又都包含多种类型的 CPU，以适应不同的应用要求。

### 3.1.1 S7-200 系列 PLC 的主机（CPU 模块）

西门子 S7-200 系列 PLC 的主机将 CPU、基本输入/输出（I/O）和电源等集成封装在一个独立、紧凑的设备中，从而构成了一个完整的微型 PLC 系统。因此，该系列的 PLC 主机可以单独构成一个独立的控制系统，并实现相应的控制功能。

西门子 S7-200 系列 PLC 主机的 CPU 包括多种型号，主要有 CPU221、CPU222、CPU224、CPU224XP/CPUXPsi 和 CPU226 等，如图 3-2 所示。

图 3-2　西门子 S7-200 系列 PLC 中不同型号 CPU 主机

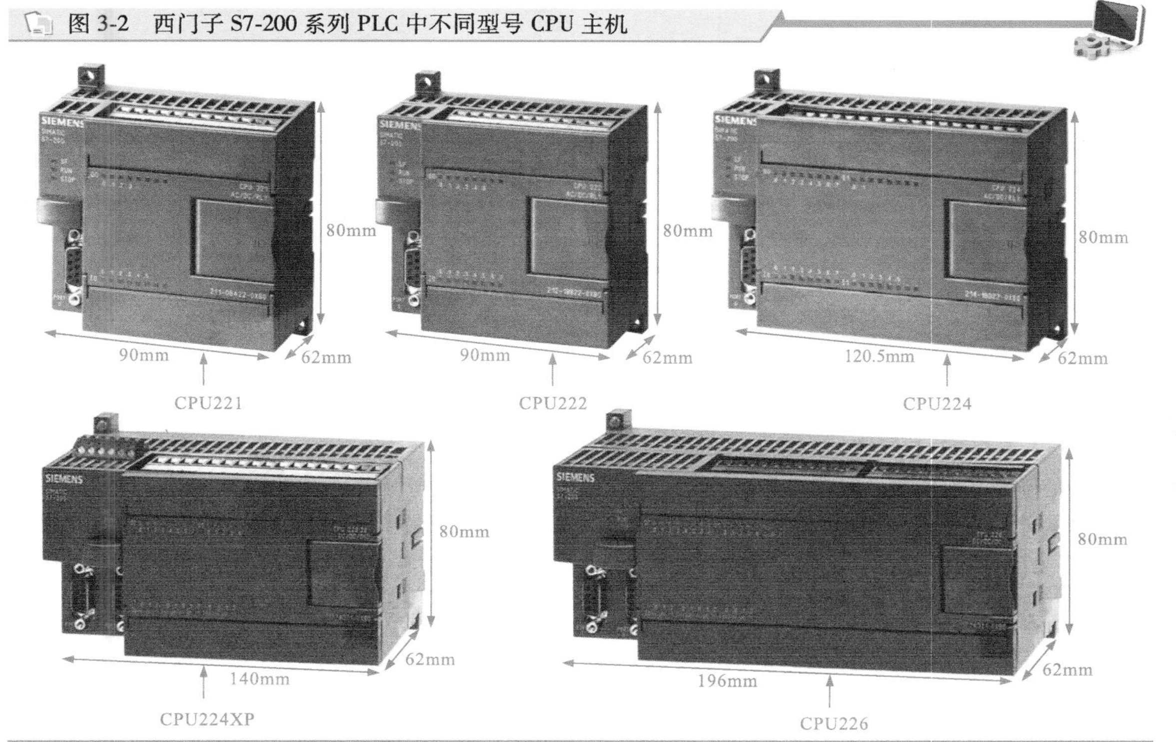




西门子 S7-200 系列 PLC 中，不同型号的 CPU 具有不同的规格参数，见表 3-1。

**表 3-1　西门子 S7-200 系列 PLC 不同型号 CPU 的规格参数**

| 型号 | | CPU221 | CPU222 | CPU224 | CPU224XP/CPUXPsi | CPU226/CPU226XM |
|---|---|---|---|---|---|---|
| 内置 | 数字量 I/O | 6 DI/4 DO | 8 DI/6 DO | 14 DI/10 DO | 14 DI/10 DO | 24 DI/16 DO |
| | 模拟量 I/O | — | — | — | 2 AI/1 AO | — |
| | 脉冲输出 | 2（20kHz） | 2（20kHz） | 2（20kHz） | 2（100kHz） | 2（20kHz） |
| | 高速计数器 | 4（30kHz） | 4（30kHz） | 6（30kHz） | 2（200kHz）+4（30kHz） | 6（30kHz） |
| 程序存储器容量 | | 4KB | 4KB | 8KB | 12/16KB | 16/24KB |
| 数据存储器容量 | | 2KB | 2KB | 8KB | 10KB | 10KB |
| 执行时间（位指令） | | 0.22μs | | | | |
| 通信接口 RS-485 | | 1 | 1 | 1 | 2 | 2 |
| 最大扩展模块数量 | | 0 | 2 | 7 | 7 | 7 |
| 电源电压 | | DC 24V　AC 85~264V | | | | |
| 输入电压 | | DC 24V | | | | |
| 输出电压 | | DC 24V　AC 24~230V | | | | |

（续）

| 输出电流 | 0.75A，晶体管；2A，继电器 | | | | |
|---|---|---|---|---|---|
| 集成的 24V 负载电源（可直接连接到传感器和变送器） | 最大 180mA 输出 | 最大 180mA 输出 | 最大 280mA 输出 | 最大 280mA 输出 | 最大 480mA 输出 |
| 集成 8 位模拟电位器（用于调试、改变值） | 1 个 | 1 个 | 2 个 | 2 个 | 2 个 |
| 应用 | 小型 PLC，价格较低，能满足多种需要 | S7-200 系列中低成本的单元。通过可连接的扩展模块，即可处理模拟量 | 具有更多的输入、输出点及更大的存储器 | | 功能最强的模块，可完全满足一些中大型复位控制系统的要求 |

## 3.1.2 S7-200 SMART 系列 PLC 的主机（CPU 模块）



S7-200 SMART 是一款高性价比小型 PLC 产品。该系列 PLC 具有结构紧凑、组态灵活、指令集功能强大等特点和优势，可实现小型自动化应用控制。

S7-200 SMART 系列 PLC 的主机（CPU 模块）将微处理器、集成电源、输入电路和输出电路组合到一个结构紧凑的外壳中形成功能强大的 Micro PLC。下载用户程序后，CPU 将包含监控应用中的输入和输出设备所需的逻辑。

S7-200 SMART 系列 PLC 的主机包括标准型和经济型两种。其中，标准型作为可扩展 CPU 模块，可满足对 I/O 规模有较大需求、逻辑控制较为复杂的应用；经济型 CPU 模块直接通过单机本体满足相对简单的控制需求。

标准型 CPU 主机型号主要有 CPU SR20/SR30/SR40/SR60、CPU ST20/ST30/ST40/ST60，经济型 CPU 主机型号主要有 CPU CR40/CR60，如图 3-3 所示。

图 3-3　S7-200 SMART 系列 PLC 中不同型号的 CPU 主机

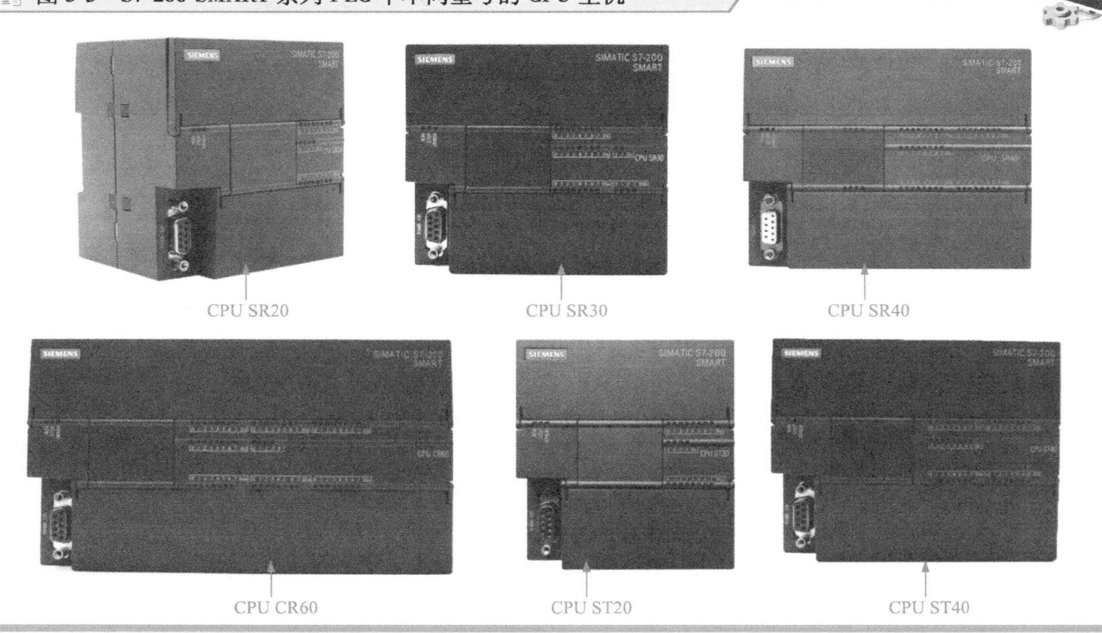

西门 S7-200 SMART 系列 PLC 中，不同型号的 CPU 具有不同的规格参数，见表 3-2。

**表 3-2　西门子 S7-200 SMART 系列 PLC 不同型号 CPU 的规格参数**

| 特性 | | 紧凑型不可扩展 CPU | |
|---|---|---|---|
| | | CPU CR40 | CPU CR60 |
| 尺寸：(W/mm)×(H/mm)×(D/mm) | | 125×100×81 | 175×100×81 |
| 用户储存器 | 程序 | 12KB | 12KB |
| | 用户数据 | 8KB | 8KB |
| | 保持性 | 最大 10KB | 最大 10KB |
| 板载数字量 I/O | 输入 | 24DI | 36DI |
| | 输出 | 16DQ 继电器 | 24DQ 继电器 |
| 扩展模块 | | 无 | 无 |
| 信息板 | | 无 | 无 |
| 高速计数器 | | • 100kHz 时 4 个，针对单相<br>• 500kHz 时 2 个，针对 A/B 相 | • 100kHz 时 4 个，针对单相<br>• 500kHz 时 2 个，针对 A/B 相 |
| PID 回路 | | 8 | 8 |
| 实时时钟，备用时间 7 天 | | 无 | 无 |

| 特性 | | 标准型可扩展 CPU | | | |
|---|---|---|---|---|---|
| | | CPU SR20/CPU ST20 | CPU SR30/CPU ST30 | CPU SR40/CPU ST40 | CPU SR60/CPU ST60 |
| 尺寸：(W/mm)×(H/mm)×(D/mm) | | 90×100×81 | 110×100×81 | 125×100×81 | 175×100×81 |
| 用户存储器 | 程序 | 12KB | 18KB | 24KB | 30KB |
| | 用户数据 | 8KB | 12KB | 16KB | 20KB |
| | 保持性 | 最大 10KB | 最大 10KB | 最大 10KB | 最大 10KB |
| 板载数字量 I/O | 输入 | 12DI | 18DI | 24DI | 36DI |
| | 输出 | 8DQ | 12DQ | 16DQ | 24DQ |
| 扩展模块 | | 最多 6 个 | 最多 6 个 | 最多 6 个 | 最多 6 个 |
| 信号板 | | 1 | 1 | 1 | 1 |
| 高速计数器 | | • 200kHz 时 4 个，针对单相<br>或<br>• 100kHz 时 2 个，针对 A/B 相 | • 200kHz 时 4 个，针对单相<br>或<br>• 100kHz 时 2 个，针对 A/B 相 | • 200kHz 时 4 个，针对单相<br>或<br>• 100kHz 时 2 个，针对 A/B 相 | • 200kHz 时 4 个，针对单相<br>或<br>• 100kHz 时 2 个，针对 A/B 相 |
| 脉冲输出 | | 2 个，100kHz | 3 个，100kHz | 3 个，100kHz | 3 个，100kHz |
| PID 回路 | | 8 | 8 | 8 | 8 |
| 实时时钟，备用时间 7 天 | | 有 | 有 | 有 | 有 |

## 3.1.3 S7-1200 系列 PLC 的主机（CPU 模块）

西门子 S7-1200 系列 PLC 是一款结构紧凑的中小型模块化控制器，功能全面，具有较高性能和较强的扩展能力，主要面向简单而高精度的自动化任务，可用于控制各种各样的设备。

S7-1200 系列 PLC 集成有 PROFINET 以太网接口，具备灵活的可扩展性，主要由 PLC 主机、通信模块、信号板和扩展模块组成。

S7-1200 主机（CPU 模块）主要由微处理器和存储器组成，CPU 包括多种型号，主要有 CPU1211C、CPU1212C、CPU1214C、CPU1215C 和 CPU1217C 等，每一种 CPU 都有不同的类型，如图 3-4 所示。

图 3-4 西门子 S7-1200 系列 PLC 中不同型号 CPU 主机

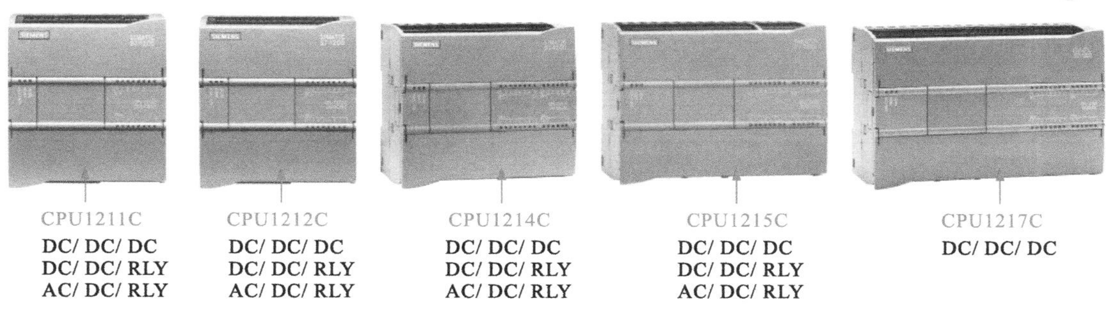


**| 相关资料 |**

**CPU 主机上的 DC/DC/DC、DC/DC/RLY、AC/DC/RLY 分别表示不同类型，含义如下：**

**DC/DC/DC 是指需要 DC 24V 电源供电，自带 DC 24V 的漏型/源型输入（只能选一种），自带 DC 24V 的晶体管源型输出。**

**DC/DC/RLY 是指需要 DC 24V 电源供电，自带 DC 24V 的漏型/源型输入（只能选一种），自带继电器输出。**

**AC/DC/RLY 是指需要 AC 120V/230V 电源供电，自带 DC 24V 的漏型/源型输入（只能选一种），自带继电器输出。**

西门 S7-1200 系列 PLC 中，不同型号的 CPU 具有不同的规格参数，见表 3-3。

**表 3-3 西门子 S7-1200 系列 PLC 不同型号 CPU 的规格参数**

| 特性 | | CPU1211C | CPU1212C | CPU1214C | CPU1215C | CPU1217C |
|---|---|---|---|---|---|---|
| 尺寸：(W/mm)×(H/mm)×(D/mm) | | 90×100×75 | | 110×100×75 | 130×100×75 | 150×100×75 |
| 用户存储器 | 工作 | 50KB | 75KB | 100KB | 125KB | 150KB |
| | 负载 | 1MB | | 4MB | | |
| | 保持性 | 10KB | | | | |
| 板载 I/O | 数字量 | 6 点输入/4 点输出 | 8 点输入/6 点输出 | 14 点输入/10 点输出 | | |
| | 模拟量 | 2 点输入 | | | 2 点输入/2 点输出 | |
| 最大本地 I/O | 数字量 | 14 | 82 | 284 | | |
| | 模拟量 | 3 | 19 | 67 | 69 | |

（续）

| 特性 | | CPU1211C | CPU1212C | CPU1214C | CPU1215C | CPU1217C |
|---|---|---|---|---|---|---|
| 过程映像大小 | 输入（I） | 1024B | | | | |
| | 输出（Q） | 1024B | | | | |
| 位存储器（M） | | 4096B | | 8192B | | |
| 信号模块（SM）扩展 | | 无 | 2 | 8 | | |
| 信号板（SB） | | 1 | | | | |
| 电池板（BB） | | | | | | |
| 通信板（CB） | | | | | | |
| 通信模块（CM）（左侧扩展） | | 3 | | | | |
| PROFINET 以太网通信端口 | | 1 | | | | 2 |
| 实数数学运算执行速度 | | 2.3μs/指令 | | | | |
| 布尔运算执行速度 | | 0.08μs/指令 | | | | |



### 3.1.4 S7-300 系列 PLC 的主机（CPU 模块）

西门子 S7-300 系列 PLC 采用模块式结构，有多种不同型号的 CPU 模块，不同型号的 CPU 模块有不同的性能，如有些模块集成了数字量和模拟量的 I/O 端子，有些则集成了现场总线通信接口（PROFIBUS）。

西门子 S7-300 系列 PLC 常见 CPU 型号主要有 CPU313、CPU314、CPU315/CPU315-2DP、CPU316-2DP、CPU312IFM、CPU312C、CPU313C 和 CPU315F 等，如图 3-5 所示。

图 3-5 西门子 S7-300 系列 PLC 中不同型号 CPU 主机

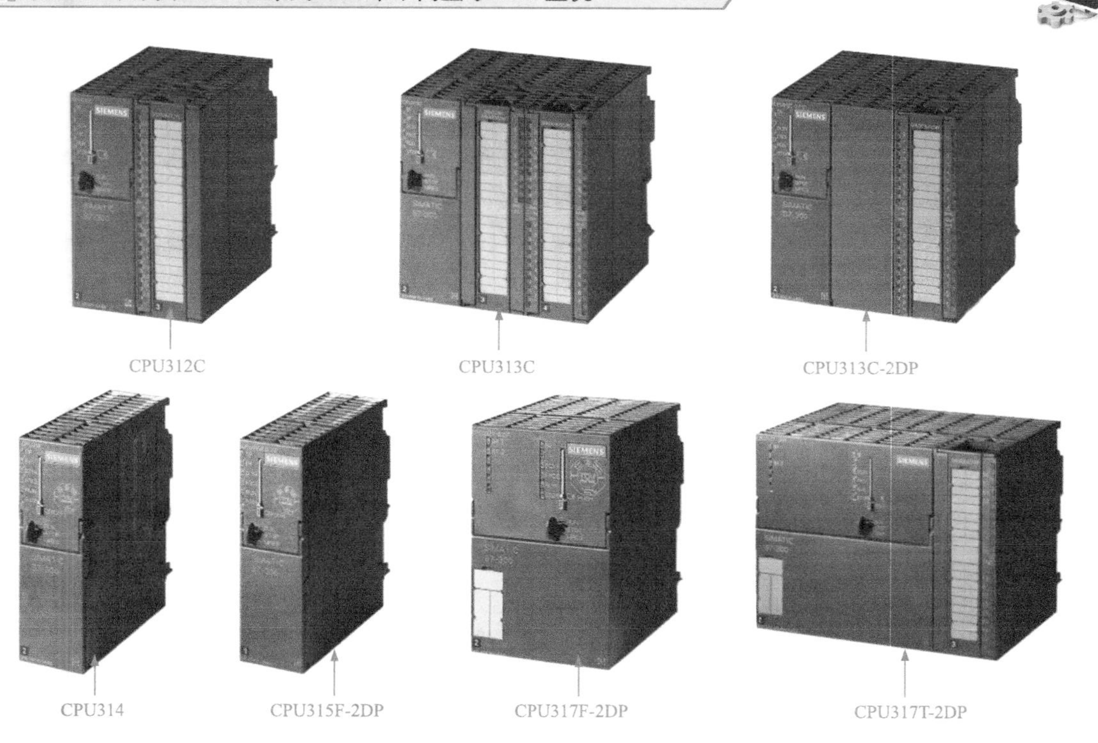

西门子 S7-300 系列 PLC 中，不同型号的 CPU 具有不同的规格及应用特点，见表 3-4。

**表 3-4 西门子 S7-300 系列 PLC 不同型号 CPU 的规格及特点**

| 分类/型号 | | 规格 | 特点 |
| --- | --- | --- | --- |
| 紧凑型（型号后缀带有字母 C） | CPU312C | 带有集成的数字量 I/O | 比较适用于具有较高要求的小型应用 |
| | CPU313C | 带有集成的数字量和模拟量 I/O | 能够满足对处理能力和响应时间要求较高的场合 |
| | CPU313C-2PtP | 带有集成的数字量 I/O 及一个 RS-422/485 串口 | 能够满足处理量大、响应时间要求高的场合 |
| | CPU313C-2DP | 带有集成的数字量 I/O 及 PROFIBUS DP 主/从接口 | 可以完成具有特殊功能的任务，可以连接标准 I/O 设备 |
| | CPU314C-2PtP | 带有集成的数字量和模拟量 I/O 及一个 RS-422/485 串口 | 能够满足对处理能力和响应时间要求较高的场合 |
| | CPU314C-2DP | 带有集成的数字和模拟量 I/O 及 PROFIBUS DP 主/从接口 | 可以完成具有特殊功能的任务，可以连接单独的 I/O 设备 |
| 标准型 | CPU313 | 内置 12KB RAM，可用存储卡扩展程序存储区，最大容量 256KB | 适用于需要高速处理的小型设备 |
| | CPU314 | 内置 24KB RAM，可扩展最大容量 512KB | 适用于安装中等规模的程序以及中等指令执行速度的程序 |
| | CPU315 | 具有 48KB、80KB 程序存储器，可扩展最大容量 512KB | 比较适用于大规模的 I/O 配置 |
| | CPU315-2DP | 具有 64KB、96KB 程序存储器和 PROFIBUS DP 主/从接口 | 比较适用于大规模的 I/O 配置或建立分布式 I/O 系统 |
| | CPU316-2DP | 具有 128KB 程序存储器和 PROFIBUS DP 主/从接口 | 比较适用于具有分布式或集中式 I/O 配置的工厂应用 |
| 户外型 | CPU312IFM | 集成有 10 个数字量 I/O（4 个/6 个），内置 6KB 的 RAM | 适用于恶劣环境下的小系统，且只能装在一个机架上 |
| | CPU314IFM | 集成有 36 个数字量 I/O（20 个/16 个），内置 32KB 的 RAM | 适用于恶劣环境下且对响应时间和特殊功能有较高要求的系统 |
| 故障安全型 | CPU315F | 集成有 PROFIBUS DP 主/从接口 | 可以组成故障安全型系统，满足安全运行的需要，可实现与安全相关的通信 |
| | CPU315F-2DP | 集成有一个 MPI 接口、一个 DP/MPI 接口 | 可组成故障安全型自动化系统，满足安全运行需要。可实现与安全无关的通信 |
| | CPU317F-2DP | 集成有一个 PROFIBUS DP 主/从接口、一个 DP 主/从 MPI 接口，两个接口可用于集成故障安全模块 | 可以与故障安全型 ET200M I/O 模块进行集中式和分布式连接；与故障安全型 ET200S PROFIsafe I/O 模块可进行分布式连接；标准模块的集中式和分布式使用，可满足与故障安全无关的应用 |

（续）

| 分类/型号 | | 规格 | 特点 |
|---|---|---|---|
| 特种型 | CPU317T-2DP | 具有 CPU317-2DP 的全部功能外，增加了智能技术/运动控制功能；增加了本机 I/O；增加了 PROFIBUS DP（DRIVE）接口 | 能够满足系列化机床、特殊机床以及车间应用的多任务自动化系统。适用于同步运动序列（如与虚拟/实际主设备的耦合、减速器同步、凸轮盘或印刷点修正等）；可实现快速技术功能（如凸轮切换、参考点探测等）；可用作生产线中央控制器；在 PROFIBUS DP 上，可实现基于组件的自动化分布式智能系统 |
| | CPU317-2PN/DP | 具有大容量程序存储器，可用于要求很高的应用；对二进制和浮点数运算具有较高的处理能力 | 能够满足系列化机床、特殊机床以及车间应用的多任务自动化系统；可用作生产线上的中央控制器；可用于大规模的 I/O 配置、建立分布式 I/O 结构 |

## 3.1.5 S7-400 系列 PLC 的主机（CPU 模块）



西门子 S7-400 系列 PLC 采用大模块结构，一般适用于对可靠性要求极高的大型复杂的控制系统。

西门子 S7-400 系列 PLC 常见的 CPU 型号主要有 CPU412-1、CPU413-1/413-2、CPU414-1/414-2DP 和 CPU416-1 等，如图 3-6 所示。

图 3-6 西门子 S7-400 系列 PLC 中不同型号 CPU 主机

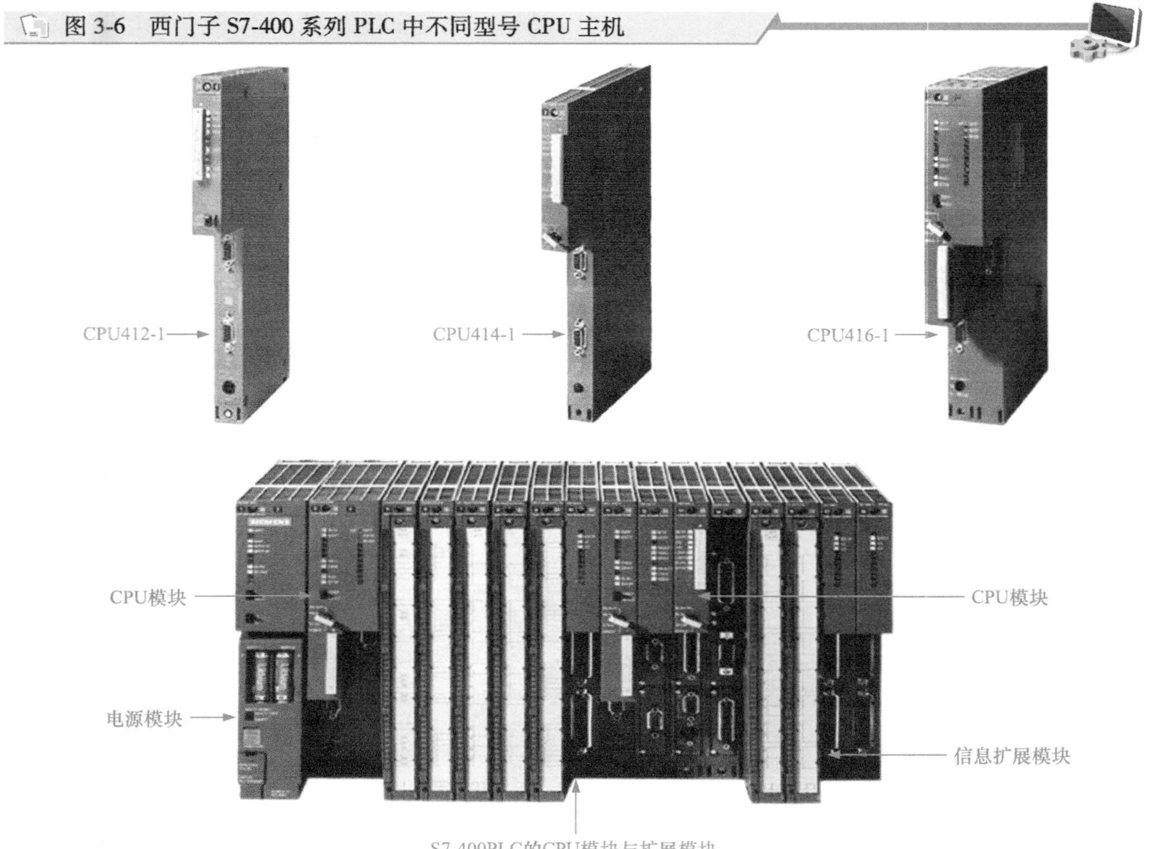

西门子 S7-400 系列 PLC 中，不同型号的 CPU 具有不同的规格参数及特点，见表 3-5。

**表 3-5 西门子 S7-400 系列 PLC 不同型号 CPU 的规格及特点**

| 型号 | 特点 | 特性 |
| --- | --- | --- |
| CPU412-1 | 适用于中等性能的经济型中小项目 | 1. CPU 模块均安装在中央机架上，可扩展 21 个扩展机架<br>2. 多 CPU 处理时最多安装 4 个 CPU<br>3. 均可扩展功能模块和通信模块<br>4. 具有定时器/计数器功能<br>5. 实时时钟功能<br>6. CPU 模块内置两个通信接口功能 |
| CPU413-1/CPU413-2 | 适用于中等性能的较大系统 | |
| CPU414-1/CPU414-2DP | 适用于中等性能，对程序规模、指令处理机通信要求较高的场合 | |
| CPU416-1 | 适用于高性能要求的复杂场合 | |

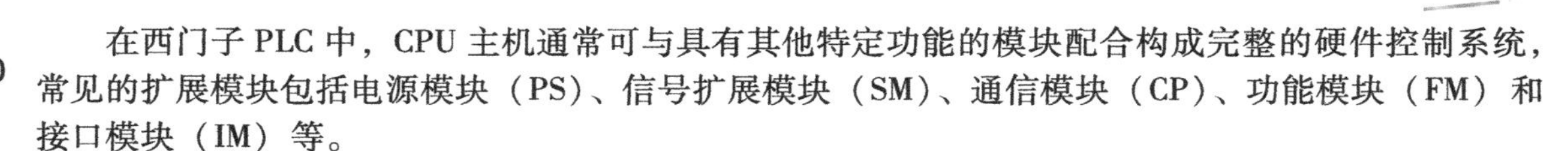

## 3.2 西门子 PLC 扩展模块



在西门子 PLC 中，CPU 主机通常可与具有其他特定功能的模块配合构成完整的硬件控制系统，常见的扩展模块包括电源模块（PS）、信号扩展模块（SM）、通信模块（CP）、功能模块（FM）和接口模块（IM）等。

### 3.2.1 电源模块（PS）

电源模块是指由外部为 PLC 供电的功能单元。不同类型的 CPU 主机所需的供电电压不同，电源模块的规格也有所不同。

#### 1 西门子 S7-200 系列 PLC 的电源模块

西门子 S7-200 系列 PLC 作为一体化紧凑型 PLC，其电源模块集成在 PLC 主机内部，与 CPU 模块封装在一起，并通过连接总线为 CPU 模块、扩展模块提供 5V 的直流电源，如图 3-7 所示。

图 3-7 西门子 S7-200 系列 PLC 内部的电源模块

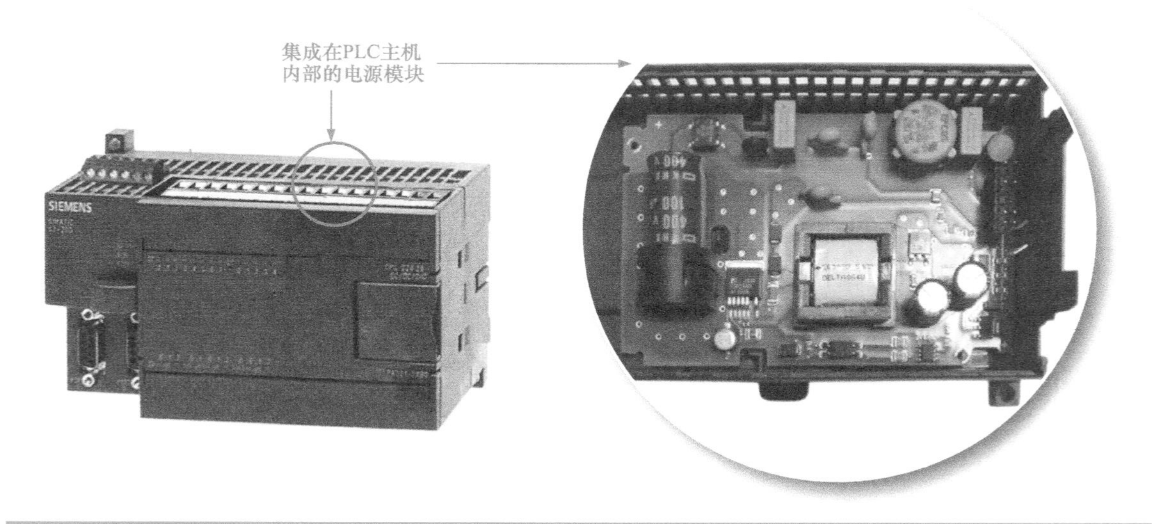


西门子 S7-200 系列 PLC 内部的电源模块，在容量允许时，还可通过 I/O 接口提供给外部 24V 的直流电压，供本机输入点和扩展模块继电器线圈使用。

根据信号不同一般有 DC24V 和 AC220V 两种规格，相关参数信息见表 3-6。

**表 3-6　西门子 S7-200 系列 PLC 内部电源模块的规格参数**

| 电源类型 | 电压允许范围 | 冲击电流 | 内部熔断器 |
|---|---|---|---|
| DC24V（直流） | 20.4～28.8V | 10A，28.8V | 3A，250V |
| AC220V（交流） | 85～264V，47～63Hz | 20A，254V | 2A，250V |

**| 提示说明 |**

**西门子 S7-200 系列 PLC 中，由于其内置电源的特点，若需连接扩展模块时需考虑扩展模块对 5V 直流供电电源的需求量，若此需求量过大（超过 CPU 的 5V 电源模块的容量）时，必须减少扩展模块的数量。另外，若内置电源输出的 24V 直流电源不能满足需求时，可增加一个外部 24V 直流电源，用于为扩展模块供电，但需注意的是，该外部电源不能与 S7-200 的传感器电源并联使用。**

## 2　西门子 S7-200 SMART 系列 PLC 的电源模块

西门子 S7-200 SMART 系列 PLC 的 CPU 有一个内部电源，用于为 CPU、扩展模块、信号板提供电源和满足其他 DC 24V 用户电源需求。



**| 提示说明 |**

**西门子 S7-200 SMART 系列 PLC 的 CPU 还提供 DC 24V 传感器电源，该电源可以为输入点、扩展模块上的继电器线圈电源或其他需求提供 DC 24V 电源。如果功率要求超出传感器电源的预算，则必须给系统增加外部 DC 24V 电源。必须手动将 DC 24V 电源连接到输入点或继电器线圈。**

## 3　西门子 S7-1200 系列 PLC 的电源模块

西门子 S7-1200 系列 PLC 的电源模块主要有 PM1207，如图 3-8 所示，该电源模块输入 AC 120/230V，输出 DC 24V/2.5A，可为 S7-1200 提供稳定电源。

图 3-8　电源模块 PM1207

PM1207

## 4　西门子 S7-300/400 系列 PLC 的电源模块

西门子 S7-300/400 系列 PLC 均属于模块式结构，其电源供电部分均属于独立的模块单元。不同型号的 PLC 所采用的电源模块不相同，西门子 S7-300 系列 PLC 采用的电源模块主要有 PS305 和 PS307 两种，西门子 S7-400 系列 PLC 采用的电源模块主要有 PS405 和 PS407 两种，如图 3-9 所示。

图 3-9　西门子 S7-300/400 系列 PLC 的电源模块

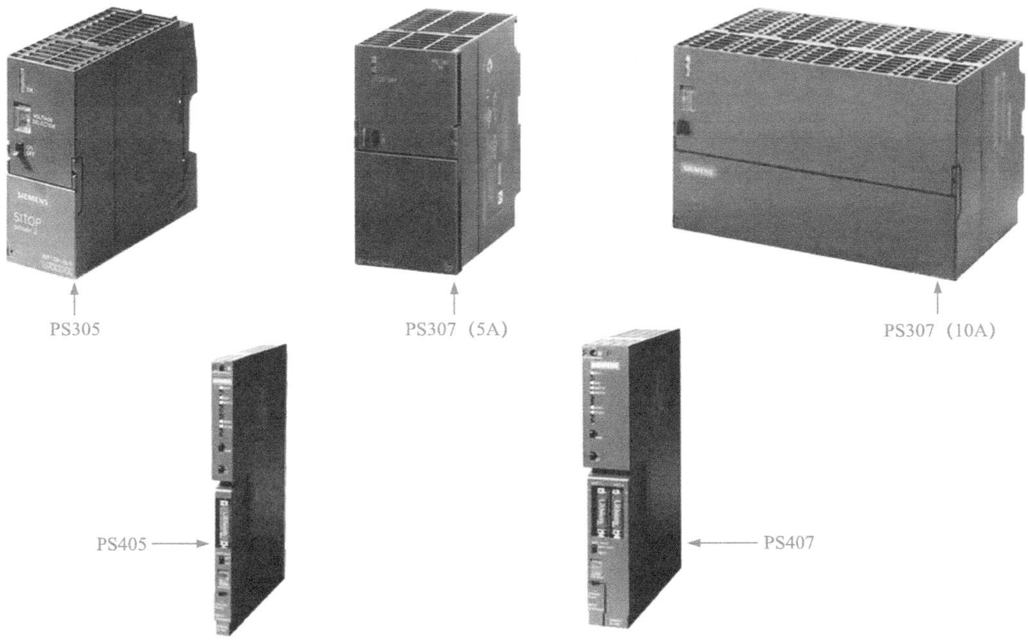

PS305　PS307（5A）　PS307（10A）　PS405　PS407



西门子 S7-300/400 系列 PLC 中，不同型号的电源模块具有不同的规格参数和应用场合，见表 3-7。

**表 3-7　西门子 S7-300/400 系列 PLC 内部电源模块的规格参数**

| 电源模块类型 | | 供电方式 | 输出电压 | 输出电流 | 应用 |
|---|---|---|---|---|---|
| S7-300 电源模块 | PS305 | 直流供电 | 直流 24V | 2A | 属于户外型电源模块 |
| | PS307 | 交流 120/230V 供电 | 直流 24V | 2A、5A 和 10A 三种规格 | 适用于大多数场合，既可提供给 PLC 使用，也可作为负载电源 |
| S7-400 电源模块 | PS405 | 直流供电 | 直流 24V 和 5V | 4A、10A 和 20A 三种规格 | 不可为信号模块提供负载电压 |
| | PS407 | 直流供电或交流供电 | 直流 24V 和 5V | | |

### 3.2.2　数字量扩展模块（DI/DO）

各类型的西门子 PLC 在实际应用中，为了实现更强的控制功能可以采用扩展 I/O 点的方法扩展其系统配置和控制规模，其中各种扩展用的 I/O 模块统称为信号扩展模块（SM）。不同类型的 PLC 所采用的信号扩展模块不同，但基本都包含了数字量扩展模块和模拟量扩展模块两种。

西门子 PLC 除本机集成的数字量 I/O 端子外，可连接数字量扩展模块（DI/DO）用以扩展更多的数字量 I/O 端子。数字量扩展模块包括数字量输入模块和数字量输出模块。

其中，数字量输入模块的作用是将现场过程送来的数字高电平信号转换成 PLC 内部可识别的信号电平。通常情况下数字量输入模块可用于连接工业现场的机械触点或电子式数字传感器。图 3-10 所示为西门子 S7 系列 PLC 中常见数字量输入模块。

图 3-10 西门子 S7 系列 PLC 中常见数字量输入模块

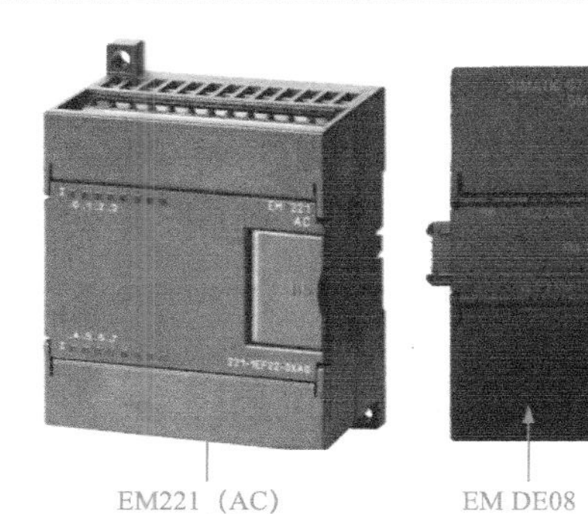

EM221（AC）
S7-200系列PLC
数字量输入模块

EM DE08
S7-200 SMART系列PLC
数字量输入模块

SM1221
S7-1200 系列PLC
数字量输入模块

EM221（DC）
S7-200系列PLC
数字量输入模块

SM321
S7-300系列PLC
数字量输入模块

SM421
S7-400系列PLC
数字量输入模块

数字量输出模块的作用是将 PLC 内部信号电平转换成过程所要求的外部信号电平。通常情况下可用于直接驱动电磁阀、接触器、指示灯、变频器等外部设备和功能部件。图 3-11 所示为西门子 S7 系列 PLC 中常见数字量输出模块。



图 3-11 西门子 S7 系列 PLC 中常见数字量输出模块

EM222（AC）
S7-200系列PLC
数字量输出模块

EM223（DC）
S7-200系列PLC
数字量I/O模块

EM DR16
S7-200 SMART系列PLC
数字量I/O模块

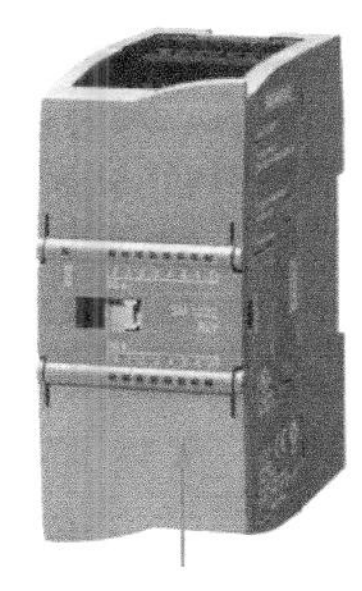

SM1222
S7-1200系列PLC
数字量输出模块

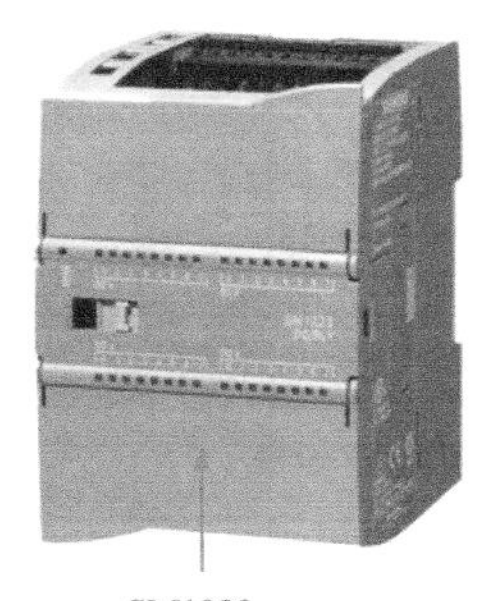

SM1223
S7-1200系列PLC
数字量I/O模块

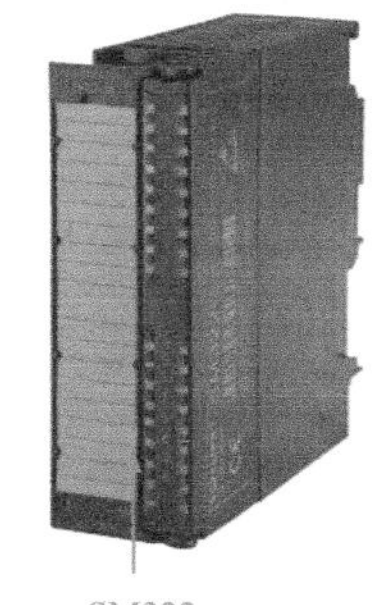

SM322
S7-300系列PLC
数字量输出模块

SM323
S7-300系列PLC
数字量I/O模块

SM422
S7-400系列PLC
数字量输出模块

**| 提示说明 |**

**PLC 的数字量输入模块与现场输入元件连接后，输入信号进入模块一般首先经光电隔离和滤波、缓冲后，再经数据接口和连接电缆或模块背板的总线接口与 CPU 连接，并等待 CPU 取样。PLC 数字量输出模块首先经背板的总线接口接收到 CPU 输出的开关量信号，经光电隔离及内部输出元件（晶闸管 VTH）处理后输出。图 3-12 所示为 PLC 的数字量输入模块、数字量输出模块工作过程示意图。**

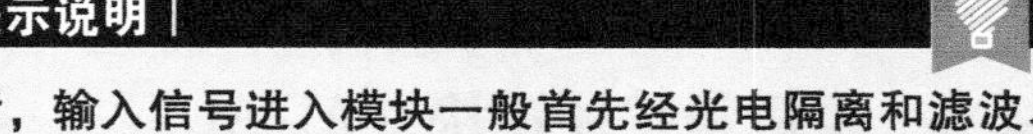

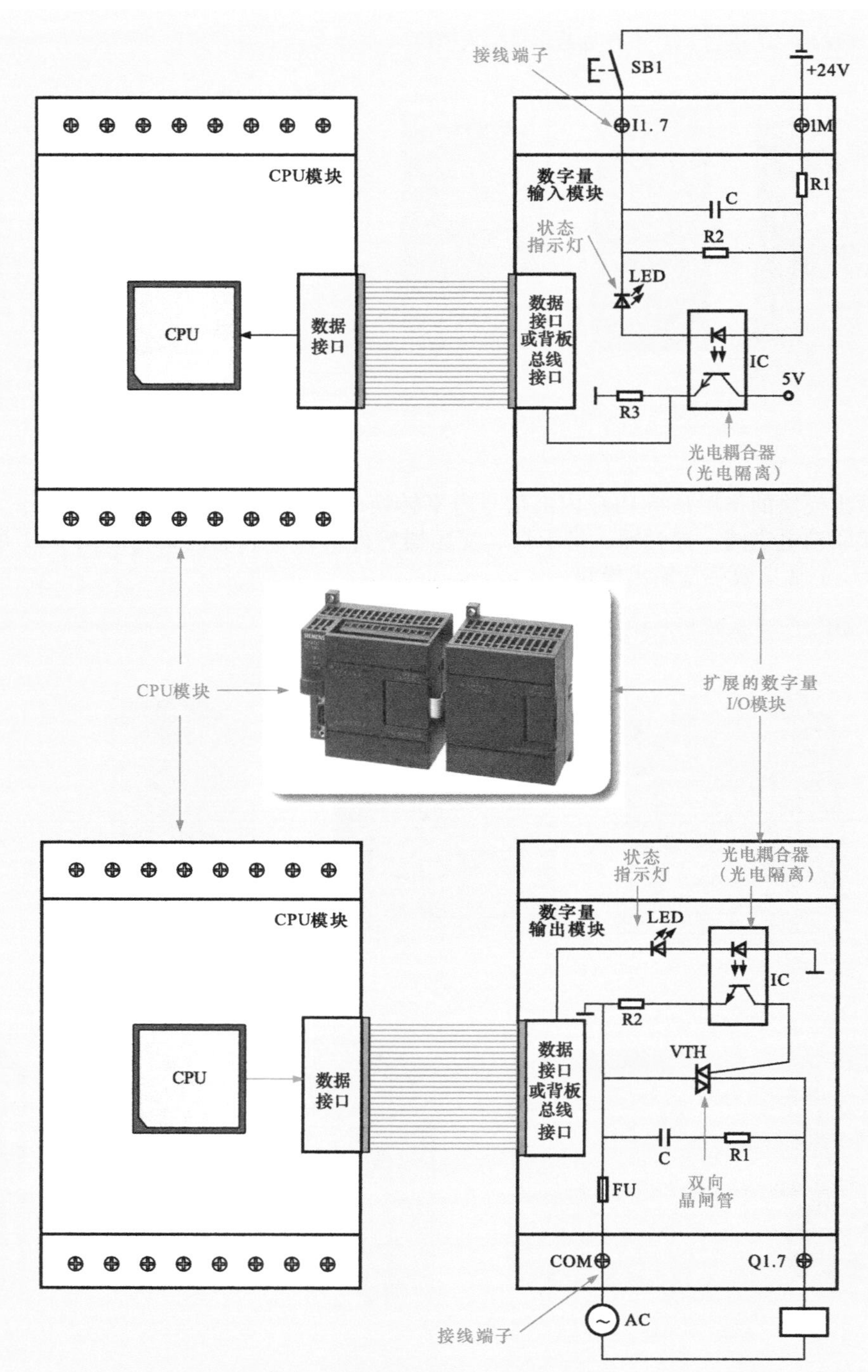


图 3-12　PLC 的数字量输入模块、数字量输出模块工作过程示意图

西门子 S7 各系列可匹配使用的数字量输入、输出模块类别及其相关参数、特性不同，具体根据模块的规格参数而定。

### 3.2.3　模拟量扩展模块（AI/AO）

在 PLC 的数字系统中，不能输入和处理连续的模拟量信号，但很多自动控制系统所控制的量为模拟量，因此为使 PLC 的数字系统可以处理更多的模拟量，除本机集成的模拟量 I/O 端子外，可连接模拟量扩展模块（AI/AO）用以扩展更多的模拟量 I/O 端子。模拟量扩展模块包括模拟量输入模块和模拟量输出模块两种。

其中，模拟量输入模块用于将现场各种模拟量测量传感器输出的直流电压或电流信号转换为 PLC 内部处理用的数字信号（核心为 A-D 转换）。电压和电流传感器、热电偶、电阻或电阻式温度计均可作为传感器与之连接。图 3-13 所示为西门子 S7 系列 PLC 中常见模拟量输入模块实物外形。

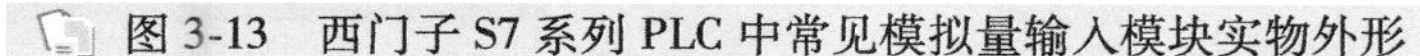

图 3-13　西门子 S7 系列 PLC 中常见模拟量输入模块实物外形

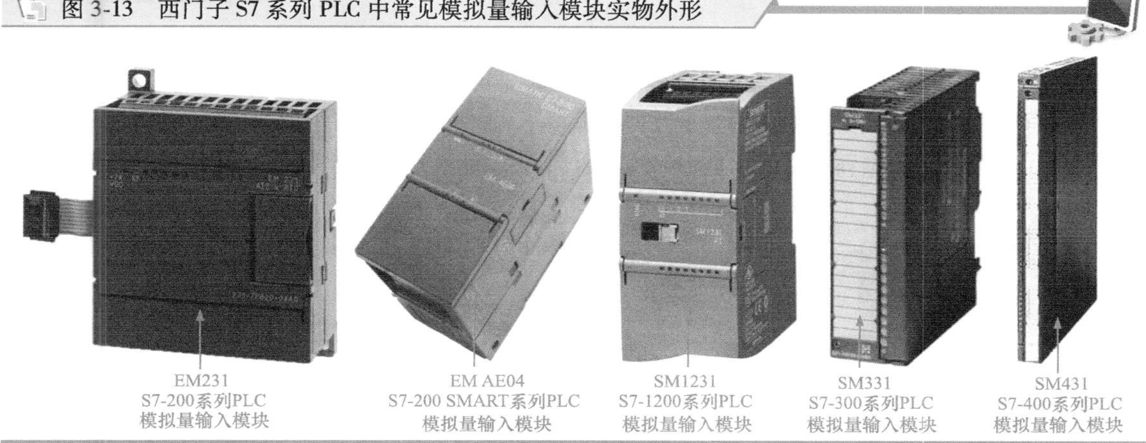




模拟量输出模块的作用是将 PLC 内部的数字信号转换为系统所需要的模拟量信号，用于控制模拟量执行器件（核心为 D-A 转换），如图 3-14 所示。

图 3-14　西门子 S7 系列 PLC 中常见模拟量输出模块

**提示说明**

**PLC 的各种扩展模块均没有 CPU 部分，作为 CPU 模块 I/O 点数的扩充，不能单独使用，只可与 CPU 模块连接使用。**

## 3.2.4 通信模块（CP）

西门子 PLC 有很强的通信功能，除其 CPU 模块本身集成的通信接口外，还可以扩展连接通信模块，用以实现 PLC 与 PLC、计算机、其他功能设备之间的通信。

不同型号的 PLC 可扩展不同类型或型号的通信模块，用以实现强大的通信功能，如图 3-15 所示。

图 3-15　西门子 S7 系列 PLC 中常见通信模块

EM277
S7-200系列PLC
PROFIBUS-DP从站通信模块

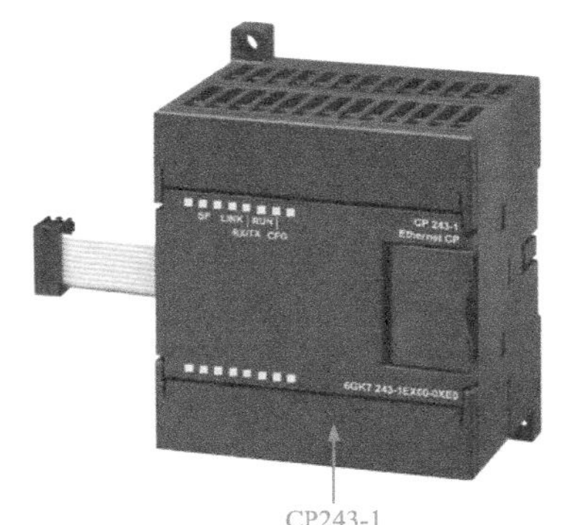

CP243-1
S7-200系列PLC
工业以太网通信模块

CP243-2
S7-200系列PLC
AS-i接口模块

CM1241 RS232/RS485
S7-1200系列PLC
通信模块

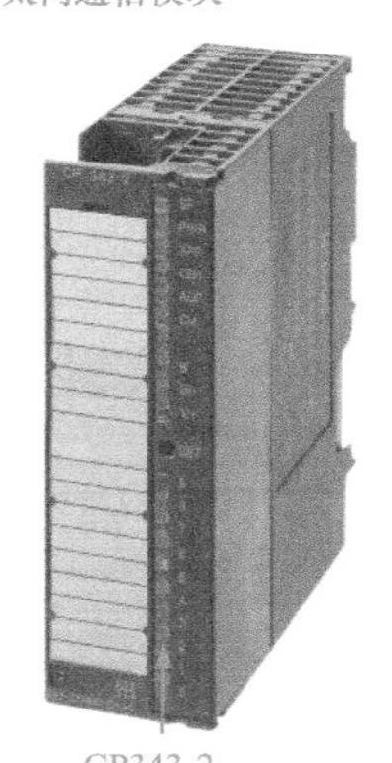

CP343-2
S7-300系列PLC
工业以太网通信模块

CP443
S7-400系列PLC
工业以太网通信模块

通信模块型号不同，相应的规格参数及应用特点也不同。实际使用和连接时需要详细了解西门子各系列 PLC 可扩展的通信模块相关参数，见表 3-8。

**表 3-8　西门子各系列 PLC 可扩展的通信模块相关参数**

| PLC 系列及通信模块 | | 特点 |
| --- | --- | --- |
| S7-200 | PROFIBUS-DP 从站通信模块 EM277 | 可将 S7-200 作为现场总线 PROFIBUS-DP 从站的通信模块，带有一个 RS-485 接口 |
| | 调制解调器通信模块 EM241 | 支持 Tele-service（远程维护或远程诊断）、Communication（CPU-TO-CPU，其他通信设备的通信）、Message（发送短消息给手机或寻呼机） |

（续）

| PLC 系列及通信模块 | | 特点 |
|---|---|---|
| S7-200 | 工业以太网通信模块 CP243-1、CP243-1 1T | 带有一个标准的 RJ-45 接口，传输速率 10/100Mbit/s，支持以太网通信 |
| | AS-i 接口模块 CP243-2 | 主站接口模块，最多可连接 31 个 AS-i 从站，可显著增加 S7-200 的数字量输入和输出端子数 |
| S7-1200 | 通信模块 CM1241 | 用于执行强大的点对点高速串行通信，可直接使用 ASCII 协议、Modbus 协议、USS 驱动协议 |
| S7-300/400 | 点对点通信模块 | 两个节点之间直接通信 |
| | PROFIBUS DP 从站通信模块 | 使用 PROFIBUS DP 从站通信模块可以作为一个智能 DP 从站设备与任何 PROFIBUS DP 主站设备通信 |
| | 工业以太网通信模块 CP343/CP443 | 用于工业以太网连接的西门子 S7-300 通信模板 |



## 3.2.5 功能模块（FM）

功能模块（FM）主要用于要求较高的特殊控制任务，西门子 PLC 中常用的功能模块主要有计数器模块、进给驱动位置控制模块、步进电动机定位模块、伺服电动机定位模块、定位和连续路径控制模块、闭环控制模块、称重模块、位置输入模块和超声波位置解码器等。图 3-16 所示为西门子 S7 系列 PLC 中常见的功能模块。

图 3-16 西门子 S7 系列 PLC 中常见的功能模块

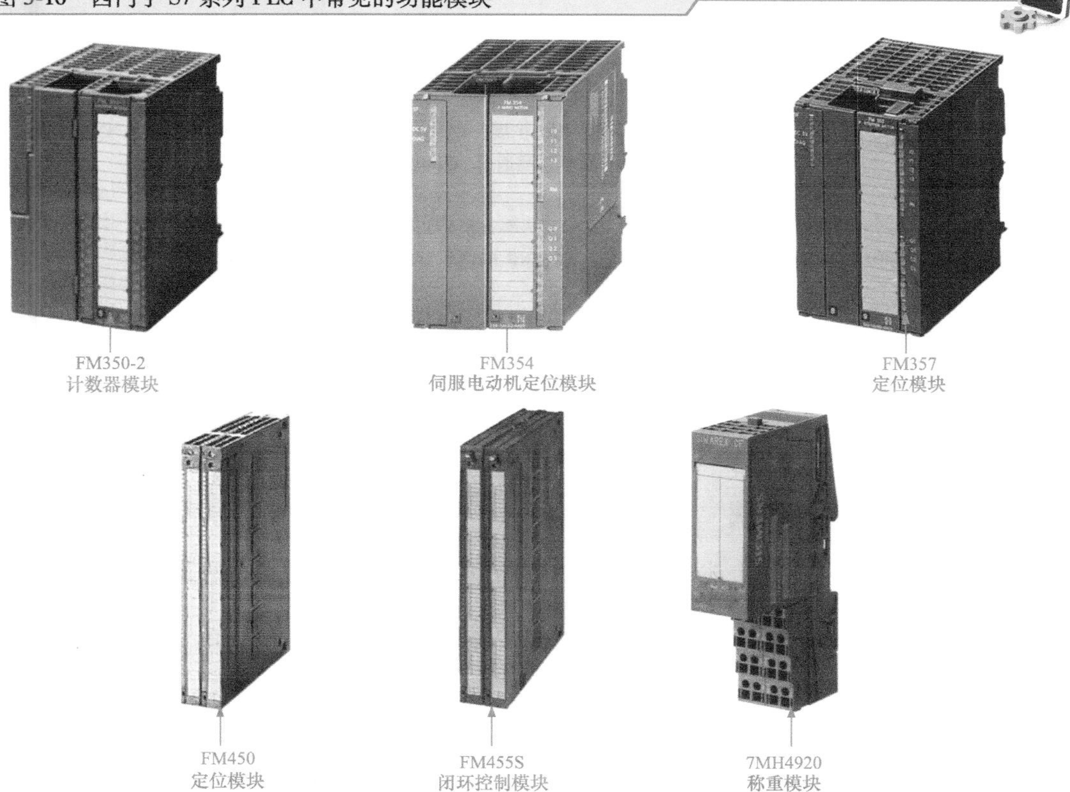

## 3.2.6 接口模块（IM）

接口模块（IM）用于组成多机架系统时连接主机架（CR）和扩展机架（ER），多应用于西门子 S7-300/400 系列 PLC 系统中。图 3-17 所示为西门子 S7 系列 PLC 中常见的接口模块。

图 3-17 西门子 S7 系列 PLC 中常见的接口模块

IM360
S7-300系列PLC
多机架扩展接口模块

IM361
S7-300系列PLC
多机架扩展接口模块

IM460
S7-400系列PLC
中央机架发送接口模块

不同型号的接口模块，其规格参数及应用特点也不同，在选用接口模块时需要详细了解相应接口模块的特点及应用场合，见表 3-9。

**表 3-9 西门子 S7-300/400 系列常用的接口模块的特点及应用**

<table>
<tr><th colspan="2">PLC 系列及接口模块</th><th colspan="2">特点及应用</th></tr>
<tr><td rowspan="2">S7-300</td><td>IM365</td><td colspan="2">专用于 S7-300 的双机架系统扩展，IM365 发送接口模块安装在主机架中；IM365 接收模块安装在扩展机架中，两个模块之间通过 368 电缆连接</td></tr>
<tr><td>IM360<br>IM361</td><td colspan="2">IM360 和 IM361 接口模块必须配合使用，用于 S7-300 的多机架系统扩展。其中，IM360 必须安装在主机架中；IM361 安装在扩展机架中，通过 368 电缆连接</td></tr>
<tr><td rowspan="2">S7-400</td><td>IM460-X</td><td>用于中央机架的发送接口模块</td><td rowspan="2">IM460-0 与 IM461-0 配合使用，属于集中式扩展，最大距离 3m<br>IM460-1 与 IM461-1 配合使用，属于集中式扩展，最大距离 1.5m<br>IM460-3 与 IM461-3 配合使用，属于分布式扩展，最大距离 100m<br>IM460-4 与 IM461-4 配合使用，属于分布式扩展，最大距离 605m</td></tr>
<tr><td>IM461-X</td><td>用于扩展机架的接收接口模块</td></tr>
</table>

## 3.2.7 其他扩展模块

西门子 PLC 系统中，除上述的基本组成模块和扩展模块外，还有一些其他功能的扩展模块，该类模块一般作为一系列 PLC 专用的扩展模块。

例如，热电偶或热电阻扩展模块（EM231），该模块是专门与 S7-200（CPU224、CPU224XP、CPU226、CPU226XM）PLC 匹配使用的。它是一种特殊的模拟量扩展模块，可以直接连接热电偶（TC）或热电阻（RTD）以测量温度，该温度值可通过模拟量通道直接被用户程序访问。

另外较常见的还有电子凸轮控制器模块 FM352、高速布尔处理器模块 FM352-5、超声波位置解码器模块 FM338 等，如图 3-18 所示。

图 3-18 西门子 S7 系列 PLC 中一些其他常用扩展模块

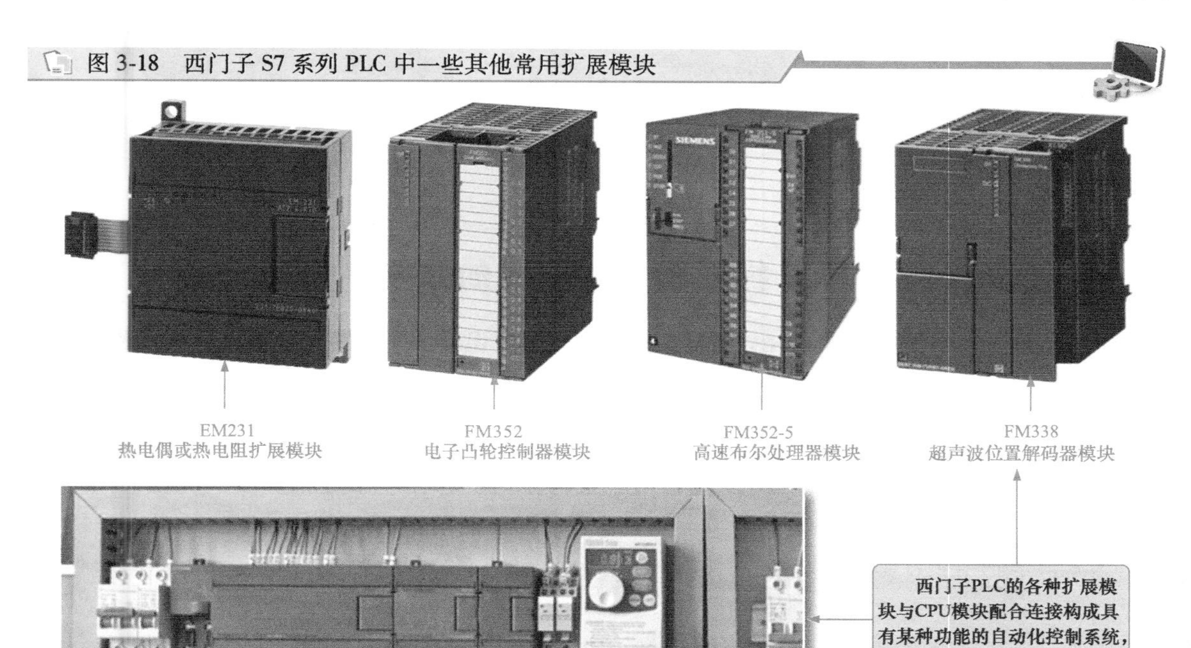

# 第4章 西门子PLC梯形图和语句表

## 4.1 西门子 PLC 梯形图（LAD）的结构

扫一扫看视频

在 PLC 梯形图中，特定的符号和文字标识标注了控制电路各电气部件及其工作状态。整个控制过程由多个梯级来描述，也就是说每一个梯级通过能流线上连接的图形、符号或文字标识反映了控制过程中的一个控制关系。在梯级中，控制条件表示在左面，然后沿能流线逐渐表现出控制结果，这就是 PLC 梯形图。这种编程设计非常直观、形象，与电气电路图十分对应，控制关系一目了然。图 4-1 所示为西门子 PLC 梯形图的特点。

图 4-1 西门子 PLC 梯形图的特点

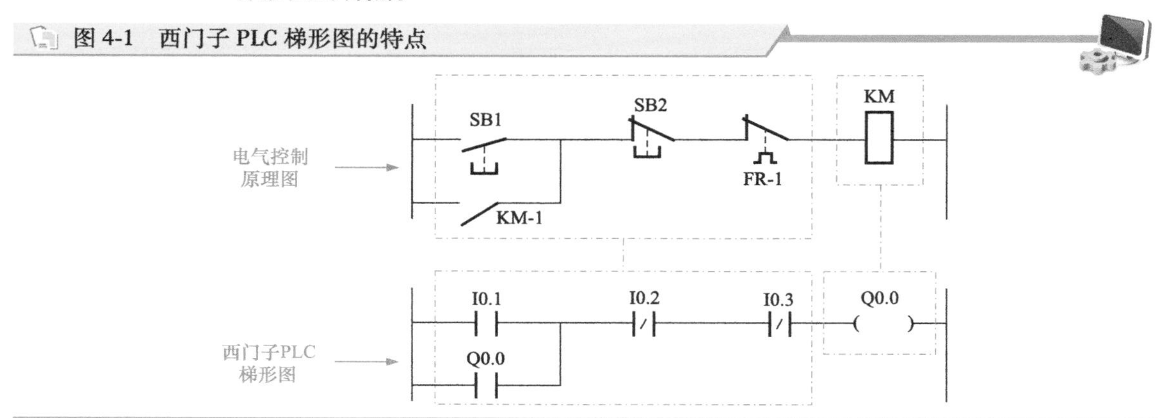


西门子 PLC 梯形图主要由母线、触点、线圈、指令框构成，如图 4-2 所示。

图 4-2 西门子 PLC 梯形图的结构

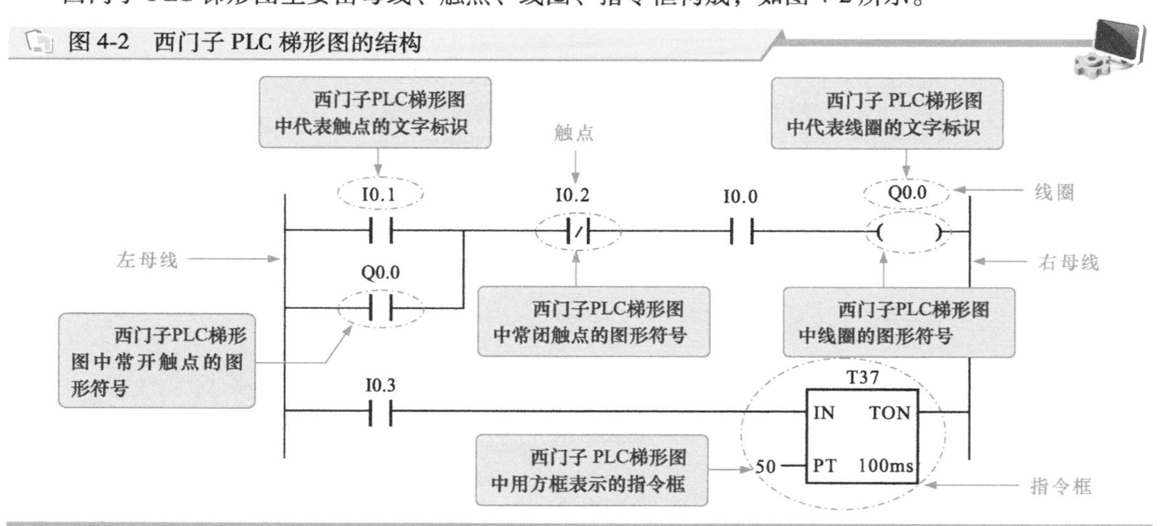


### 4.1.1 母线

西门子 PLC 梯形图编程时，习惯性地只画出左母线，省略右母线，但其所表达梯形图程序中的能流仍是由左母线经程序中触点、线圈等至右母线的，如图 4-3 所示。

图 4-3　西门子 PLC 梯形图母线的含义及特点

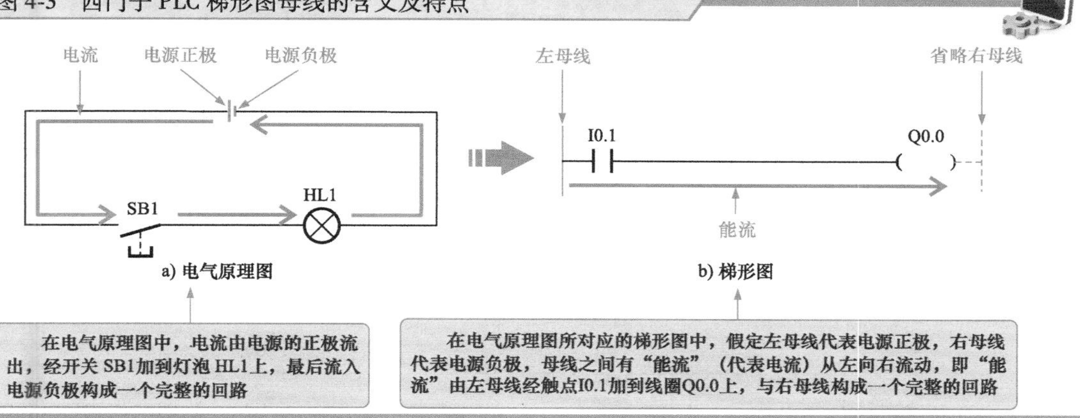


## 4.1.2 触点

触点表示逻辑输入条件，如开关、按钮或内部条件。在西门子 PLC 梯形图中，触点地址用 I、Q、M、T、C 等字母表示，格式为 IX. X、QX. X 等，如常见的 I0. 0、I0. 1、I1. 1，Q0. 0、Q0. 1、Q0. 2、M0. 0 等，如图 4-4 所示。

图 4-4　西门子 PLC 梯形图中的触点

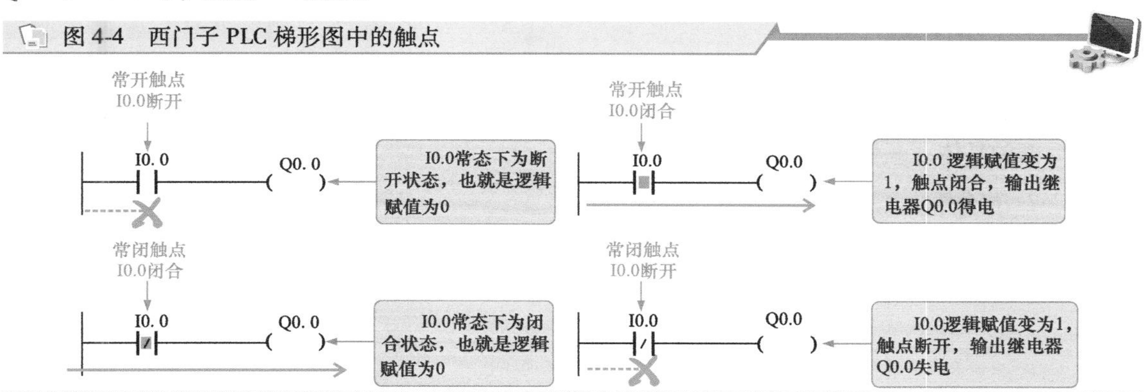


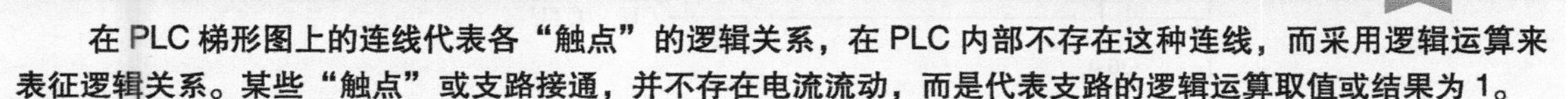

**| 提示说明 |**

**在 PLC 梯形图上的连线代表各“触点”的逻辑关系，在 PLC 内部不存在这种连线，而采用逻辑运算来表征逻辑关系。某些“触点”或支路接通，并不存在电流流动，而是代表支路的逻辑运算取值或结果为 1。**

## 4.1.3 线圈

线圈通常表示逻辑输出结果。西门子 PLC 梯形图中的线圈种类有很多，如输出继电器线圈、辅助继电器线圈等，线圈的得、失电情况与线圈的逻辑赋值有关，如图 4-5 所示。

图 4-5　线圈的含义及特点

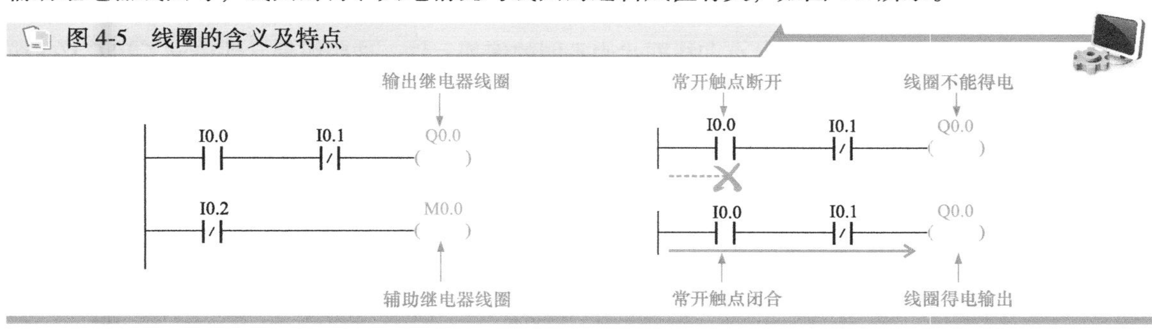

**提示说明**

在西门子 PLC 梯形图中，表示触点和线圈名称的文字标识（字母+数字）信息一般均写在图形符号的正上方，如图 4-6 所示，用以表示该触点所分配的编程地址编号，且习惯性将数字编号起始数设为 0.0，如 I0.0、Q0.0、M0.0 等，然后依次以 0.1 间隔递增，以 8 位为一组，如 I0.0、I0.1、I0.2、I0.3、I0.4、I0.5、I0.6、I0.7；I1.0、I1.1、…、I1.7；I2.0、I2.1、…、I2.7；Q0.0、Q0.1、Q0.2、…、Q0.7；Q1.0、Q1.1、…Q1.7。

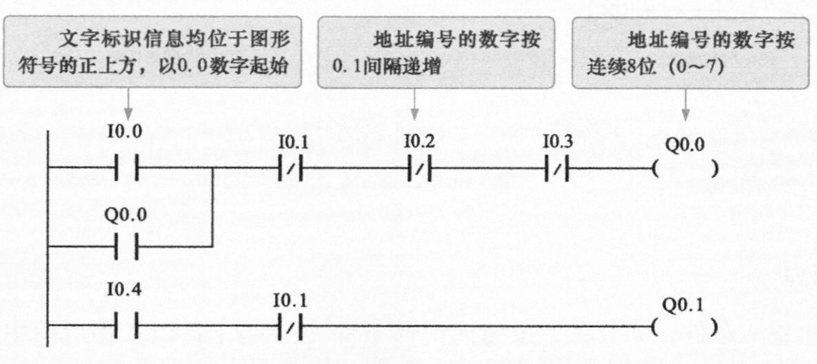


图 4-6　西门子 PLC 梯形图中触点和线圈名称文字（地址）标识方法



### 4.1.4　指令框

在西门子 PLC 梯形图中，除上述的母线、触点、线圈等基本组成元素外，还通常使用一些指令框（也称为功能块）来表示定时器、计数器或数学运算、逻辑运算等附加指令，如图 4-7 所示，不同指令框的具体含义将在后面章节中介绍。

图 4-7　指令框的含义

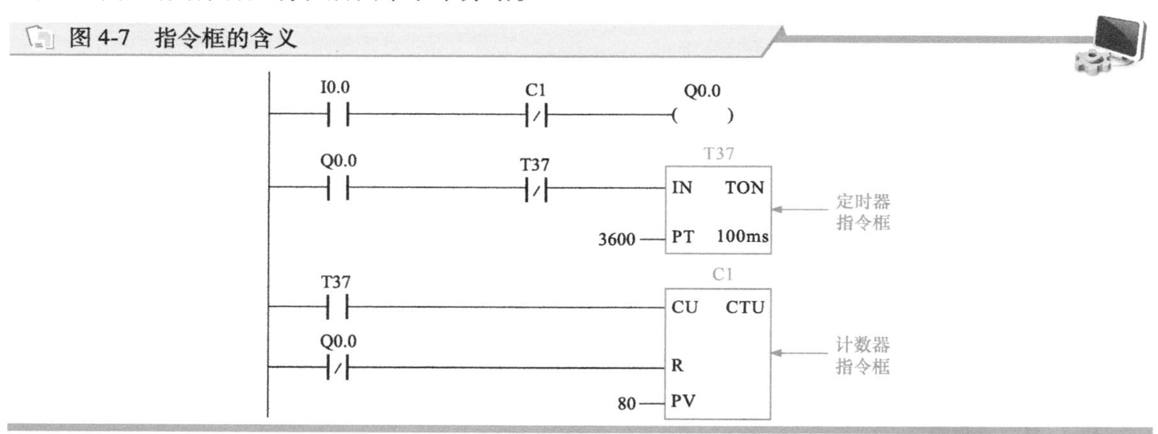


## 4.2　西门子 PLC 梯形图的编程元件

西门子 PLC 梯形图中，各种触点和线圈代表不同的编程元件，这些编程元件构成了 PLC I/O 端子所对应的存储区，以及内部的存储单元、寄存器等。

根据编程元件的功能，其主要有输入继电器、输出继电器、辅助继电器、定时器、计数器、变量存储器、局部变量存储器、顺序控制继电器等，但它们都不是真实的物理继电器，而是一些存储单元（或称为缓冲区、软继电器等）。

### 4.2.1　输入继电器（I）

输入继电器又称为输入过程映像寄存器。在西门子 PLC 梯形图中，输入继电器用“字母 I+数字”进行标识，每一个输入继电器均与 PLC 的一个输入端子对应，用于接收外部开关信号，如图 4-8 所示。

图 4-8 西门子 PLC 梯形图中的输入继电器

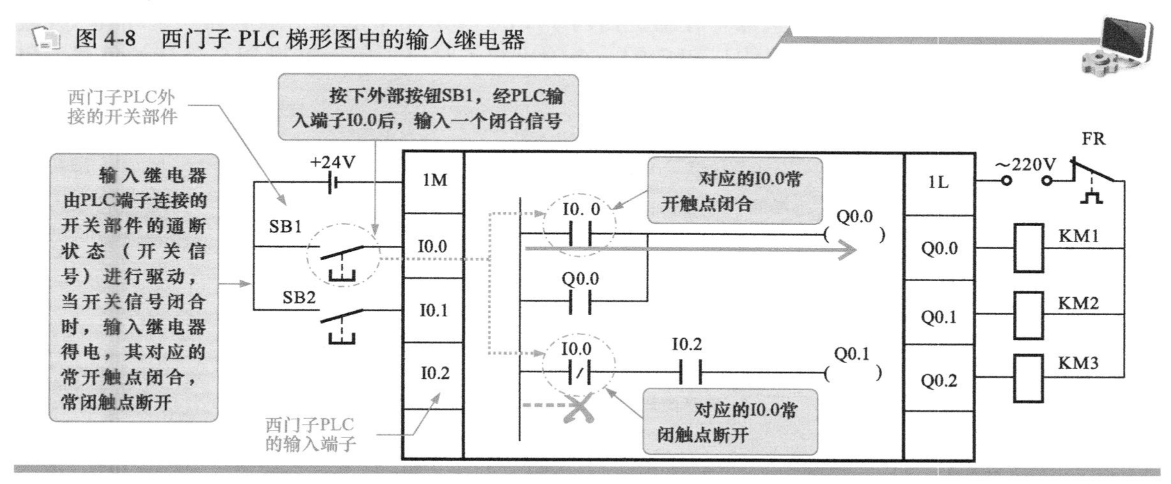




表 4-1 为西门子 S7-200 SMART 系列 PLC 中，一些常用型号 PLC 的输入继电器地址。

**表 4-1 西门子 S7-200 SMART 系列 PLC 中，一些常用型号 PLC 的输入继电器地址**

| 型号 | SR20（12 入/8 出） | SR30（18 入/12 出） | SR40（24 入/16 出） | SR60（36 入/24 出） |
|---|---|---|---|---|
| 输入继电器 | I0.0、I0.1、I0.2、I0.3、I0.4、I0.5、I0.6、I0.7<br>I1.0、I1.1、I1.2、I1.3 | I0.0、I0.1、I0.2、I0.3、I0.4、I0.5、I0.6、I0.7<br>I1.0、I1.1、I1.2、I1.3、I1.4、I1.5、I1.6、I1.7<br>I2.0、I2.1 | I0.0、I0.1、I0.2、I0.3、I0.4、I0.5、I0.6、I0.7<br>I1.0、I1.1、I1.2、I1.3、I1.4、I1.5、I1.6、I1.7<br>I2.0、I2.1、I2.2、I2.3、I2.4、I2.5、I2.6、I2.7 | I0.0、I0.1、I0.2、I0.3、I0.4、I0.5、I0.6、I0.7<br>I1.0、I1.1、I1.2、I1.3、I1.4、I1.5、I1.6、I1.7<br>I2.0、I2.1、I2.2、I2.3、I2.4、I2.5、I2.6、I2.7<br>I3.0、I3.1、I3.2、I3.3、I3.4、I3.5、I3.6、I3.7<br>I4.0、I4.1、I4.2、I4.3 |
| 型号 | ST20（12 入/8 出） | ST30（18 入/12 出） | ST40（24 入/16 出） | ST60（36 入/24 出） |
| 输入继电器 | I0.0、I0.1、I0.2、I0.3、I0.4、I0.5、I0.6、I0.7<br>I1.0、I1.1、I1.2、I1.3 | I0.0、I0.1、I0.2、I0.3、I0.4、I0.5、I0.6、I0.7<br>I1.0、I1.1、I1.2、I1.3、I1.4、I1.5、I1.6、I1.7<br>I2.0、I2.1 | I0.0、I0.1、I0.2、I0.3、I0.4、I0.5、I0.6、I0.7<br>I1.0、I1.1、I1.2、I1.3、I1.4、I1.5、I1.6、I1.7<br>I2.0、I2.1、I2.2、I2.3、I2.4、I2.5、I2.6、I2.7 | I0.0、I0.1、I0.2、I0.3、I0.4、I0.5、I0.6、I0.7<br>I1.0、I1.1、I1.2、I1.3、I1.4、I1.5、I1.6、I1.7<br>I2.0、I2.1、I2.2、I2.3、I2.4、I2.5、I2.6、I2.7<br>I3.0、I3.1、I3.2、I3.3、I3.4、I3.5、I3.6、I3.7<br>I4.0、I4.1、I4.2、I4.3 |
| 型号 | — | — | CR40（24 入/16 出） | CR60（36 入/24 出） |
| 输入继电器 | — | — | I0.0、I0.1、I0.2、I0.3、I0.4、I0.5、I0.6、I0.7<br>I1.0、I1.1、I1.2、I1.3、I1.4、I1.5、I1.6、I1.7<br>I2.0、I2.1、I2.2、I2.3、I2.4、I2.5、I2.6、I2.7 | I0.0、I0.1、I0.2、I0.3、I0.4、I0.5、I0.6、I0.7<br>I1.0、I1.1、I1.2、I1.3、I1.4、I1.5、I1.6、I1.7<br>I2.0、I2.1、I2.2、I2.3、I2.4、I2.5、I2.6、I2.7<br>I3.0、I3.1、I3.2、I3.3、I3.4、I3.5、I3.6、I3.7<br>I4.0、I4.1、I4.2、I4.3 |

## 4.2.2 输出继电器（Q）

输出继电器又称为输出过程映像寄存器。西门子 PLC 梯形图中的输出继电器用“字母 Q+数字”进行标识，每一个输出继电器均与 PLC 的一个输出端子对应，用于控制 PLC 外接的负载，如图 4-9 所示。

图 4-9 西门子 PLC 梯形图中的输出继电器

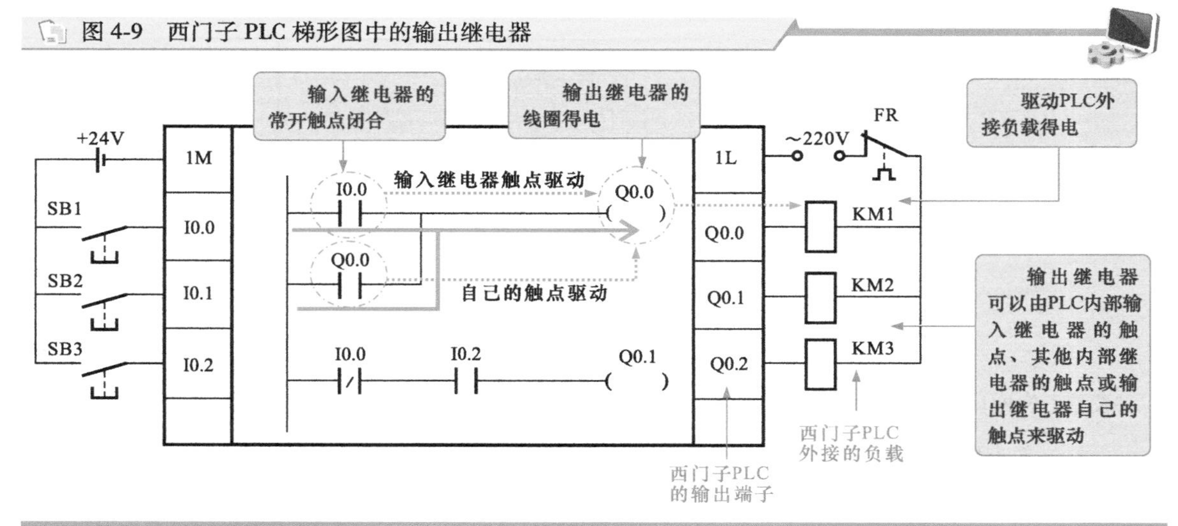


表 4-2 为西门子 S7-200 SMART 系列 PLC 中，一些常用型号 PLC 的输出继电器地址。

**表 4-2 西门子 S7-200 SMART 系列 PLC 中，一些常用型号 PLC 的输出继电器地址**

| 型号 | SR20（12 入/8 出） | SR30（18 入/12 出） | SR40（24 入/16 出） | SR60（36 入/24 出） |
|---|---|---|---|---|
| 输出继电器 | Q0.0、Q0.1、Q0.2、Q0.3、Q0.4、Q0.5、Q0.6、Q0.7 | Q0.0、Q0.1、Q0.2、Q0.3、Q0.4、Q0.5、Q0.6、Q0.7<br>Q1.0、Q1.1、Q1.2、Q1.3 | Q0.0、Q0.1、Q0.2、Q0.3、Q0.4、Q0.5、Q0.6、Q0.7<br>Q1.0、Q1.1、Q1.2、Q1.3、Q1.4、Q1.5、Q1.6、Q1.7 | Q0.0、Q0.1、Q0.2、Q0.3、Q0.4、Q0.5、Q0.6、Q0.7<br>Q1.0、Q1.1、Q1.2、Q1.3、Q1.4、Q1.5、Q1.6、Q1.7<br>Q2.0、Q2.1、Q2.2、Q2.3、Q2.4、Q2.5、Q2.6、Q2.7 |
| 型号 | ST20（12 入/8 出） | ST30（18 入/12 出） | ST40（24 入/16 出） | ST60（36 入/24 出） |
| 输出继电器 | Q0.0、Q0.1、Q0.2、Q0.3、Q0.4、Q0.5、Q0.6、Q0.7 | Q0.0、Q0.1、Q0.2、Q0.3、Q0.4、Q0.5、Q0.6、Q0.7<br>Q1.0、Q1.1、Q1.2、Q1.3 | Q0.0、Q0.1、Q0.2、Q0.3、Q0.4、Q0.5、Q0.6、Q0.7<br>Q1.0、Q1.1、Q1.2、Q1.3、Q1.4、Q1.5、Q1.6、Q1.7 | Q0.0、Q0.1、Q0.2、Q0.3、Q0.4、Q0.5、Q0.6、Q0.7<br>Q1.0、Q1.1、Q1.2、Q1.3、Q1.4、Q1.5、Q1.6、Q1.7<br>Q2.0、Q2.1、Q2.2、Q2.3、Q2.4、Q2.5、Q2.6、Q2.7 |
| 型号 | — | — | CR40（24 入/16 出） | CR60（36 入/24 出） |
| 输出继电器 | — | — | Q0.0、Q0.1、Q0.2、Q0.3、Q0.4、Q0.5、Q0.6、Q0.7<br>Q1.0、Q1.1、Q1.2、Q1.3、Q1.4、Q1.5、Q1.6、Q1.7 | Q0.0、Q0.1、Q0.2、Q0.3、Q0.4、Q0.5、Q0.6、Q0.7<br>Q1.0、Q1.1、Q1.2、Q1.3、Q1.4、Q1.5、Q1.6、Q1.7<br>Q2.0、Q2.1、Q2.2、Q2.3、Q2.4、Q2.5、Q2.6、Q2.7 |

| 提示说明 |

编程元件都不是真实的物理继电器，而是一些存储单元，也称为缓冲区，如图 4-10 所示。

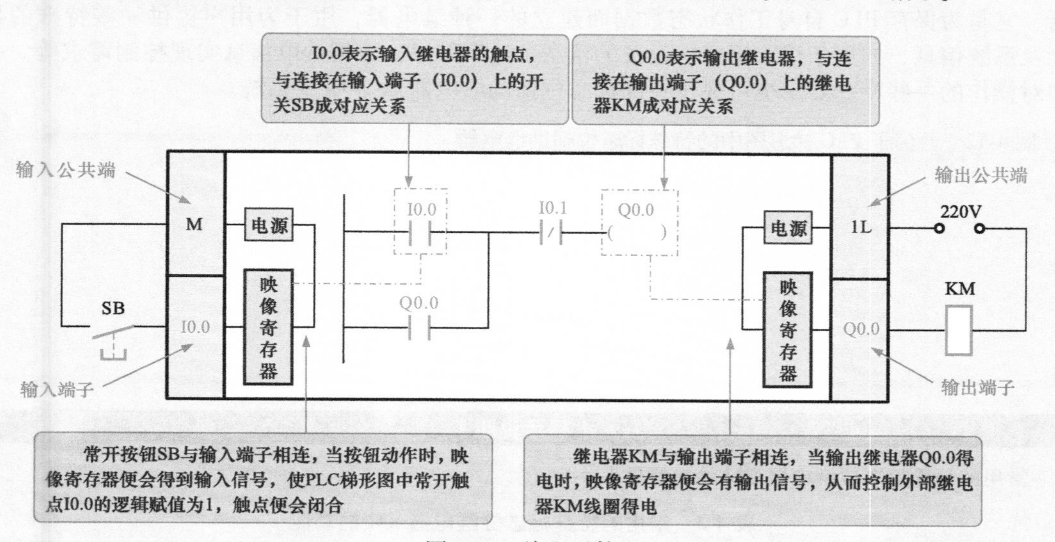


图 4-10　编程元件



## 4.2.3　辅助继电器（M、SM）

在西门子 PLC 梯形图中，辅助继电器有两种，一种为通用辅助继电器，另一种为特殊标志位辅助继电器。

### 1　通用辅助继电器

通用辅助继电器，也称为内部标志位存储器，如同传统继电器控制系统中的中间继电器，用于存放中间操作状态，或存储其他相关数字，用“字母 M+数字”进行标识，如图 4-11 所示。

图 4-11　西门子 PLC 梯形图中的通用辅助继电器

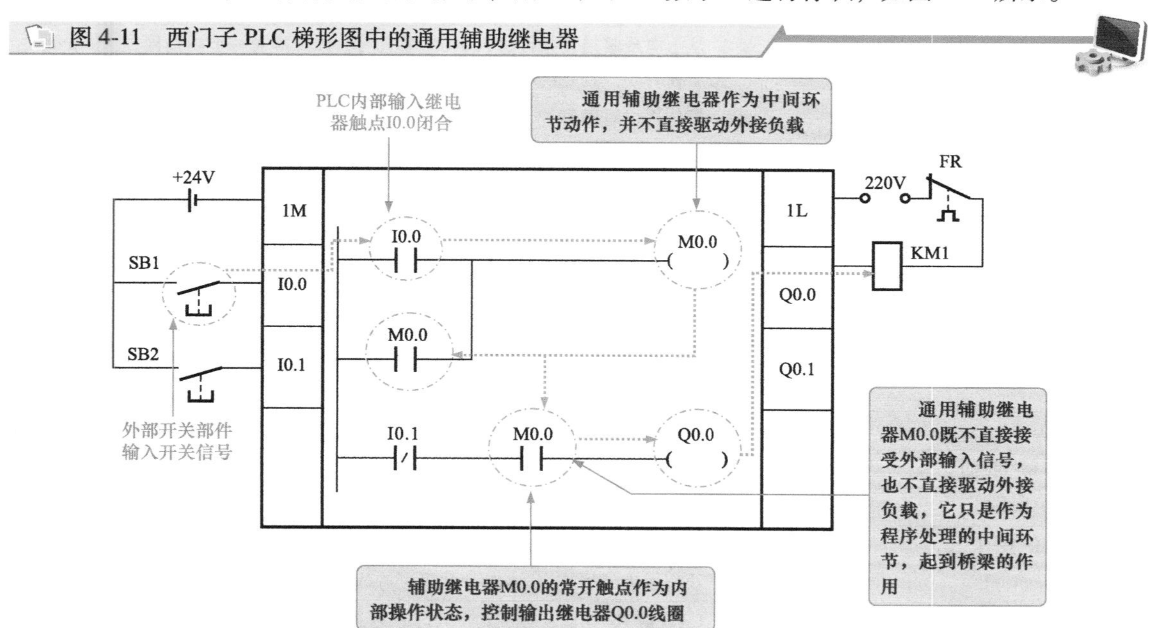

## 2 特殊标志位辅助继电器

特殊标志位辅助继电器用“字母 SM+数字”标识，如图 4-12 所示，通常简称为特殊标志位继电器，它是为保存 PLC 自身工作状态数据而建立的一种继电器，用于为用户提供一些特殊的控制功能及系统信息，如用于读取程序中设备的状态和运算结果，根据读取信息实现控制需求等。一般用户对操作的一些特殊要求也可通过特殊标志位辅助继电器通知 CPU 系统。

图 4-12　西门子 PLC 梯形图中的特殊标志位辅助继电器

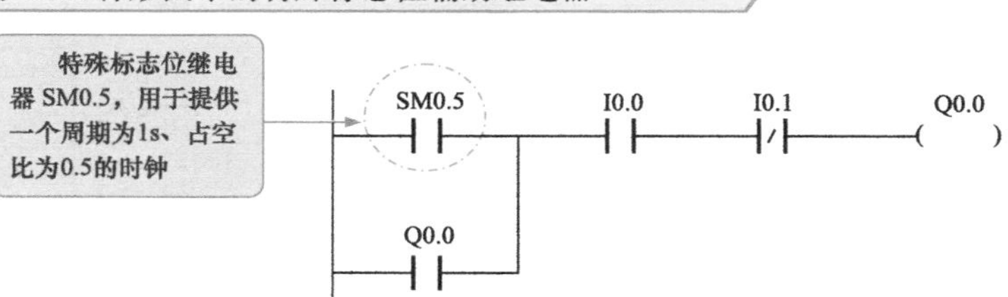

| 提示说明 |



常用的特殊标志位继电器 SM 的功能见表 4-3。

表 4-3　常用的特殊标志位继电器 SM 的功能

| S7-200 SMART 符号名 | SM 地址 | 说明 |
|---|---|---|
| Always_On | SM0. 0 | 该位始终接通（设置为 1） |
| First_Scan_On | SM0. 1 | 该位在第一个扫描周期接通，然后断开。该位的一个用途是调用初始化子例程 |
| Retentive_Lost | SM0. 2 | 在以下操作后，该位会接通一个扫描周期：<br>● 重置为出厂通信命令<br>● 重置为出厂存储卡评估<br>● 评估程序传送卡（在此评估过程中，会从程序传送卡中加载新系统块）<br>● NAND 闪存上保留的记录出现问题<br>该位可用作错误存储器位或用作调用特殊启动顺序的机制 |
| RUN_Power_Up | SM0. 3 | 从上电或暖启动条件进入 RUN 模式时，该位接通一个扫描周期。该位可用于在开始操作之前给机器提供预热时间 |
| Clock_60s | SM0. 4 | 该位提供时钟脉冲，该脉冲的周期时间为 1min，OFF（断开）30s，ON（接通）30s。该位可简单轻松地实现延时或 1min 时钟脉冲 |
| Clock_1s | SM0. 5 | 该位提供时钟脉冲，该脉冲的周期时间为 1s，OFF（断开）0. 5s，然后 ON（接通）0. 5s。该位可简单轻松地实现延时或 1s 时钟脉冲 |
| Clock_Scan | SM0. 6 | 该位是扫描周期时钟，接通一个扫描周期，然后断开一个扫描周期，在后续扫描中交替接通和断开。该位可用作扫描计数器输入 |
| RTC_Lost | SM0. 7 | 如果实时时钟设备的时间被重置或在上电时丢失（导致系统时间丢失），则该位将接通一个扫描周期。该位可用作错误存储器位或用来调用特殊启动顺序 |
| Result_0 | SM1. 0 | 执行某些指令时，如果运算结果为零，该位将接通 |
| Overflow_Illegal | SM1. 1 | 执行某些指令时，如果结果溢出或检测到非法数字值，该位将接通 |
| Neg_Result | SM1. 2 | 数学运算得到负结果时，该位接通 |
| Divide_By_0 | SM1. 3 | 尝试除以零时，该位接通 |
| Table_Overflow | SM1. 4 | 执行添表（ATT）指令时，如果参考数据表已满，该位将接通 |
| Table_Empty | SM1. 5 | LIFO 或 FIFO 指令尝试从空表读取时，该位接通 |

（续）

| S7-200 SMART 符号名 | SM 地址 | 说明 |
| --- | --- | --- |
| Not_BCD | SM1.6 | 将 BCD 值转换为二进制值期间，如果值非法（非 BCD），该位将接通 |
| Not_Hex | SM1.7 | 将 ASCII 码转换十六进制（ATH）值期间，如果值非法（非十六进制 ASCII 数），该位将接通 |
| Receive_Char | SM2.0 | 该字节包含在自由端口通信过程中从端口 0 或端口 1 接收的各字符 |
| Parity_Err | SM3.0 | 该位指示端口 0 或端口 1 上收到奇偶校验、帧、中断或超限错误（0=无错误；1=有错误） |
| Comm_Int_Ovr | SM4.0① | 1=通信中断队列已溢出 |
| Input_Int_Ovr | SM4.1① | 1=输入中断队列已溢出 |
| Timed_Int_Ovr | SM4.2① | 1=定时中断队列已溢出 |
| RUN_Err | SM4.3 | 1=检测到运行时间编程非致命错误 |
| Int_Enable | SM4.4 | 1=中断已启用 |
| Xmit0_Idle | SM4.5 | 1=端口 0 发送器空闲（0=正在传输） |
| Xmit1_Idle | SM4.6 | 1=端口 1 发送器空闲（0=正在传输） |
| Force_On | SM4.7 | 1=存储器位置被强制 |
| IO_Err | SM5.0 | 如果存在任何 I/O 错误，该位将接通 |

① 只能在中断例程中使用状态位 4.0、4.1 和 4.2。队列变空时这些状态位复位，控制权返回到主程序。



### 4.2.4 定时器（T）

在西门子 PLC 梯形图中，定时器是一个非常重要的编程元件，图形符号用指令框形式表示；文字标识用“字母 T+数字”表示，其中，数字为 0~255，共 256 个。

在西门子 S7-200 SMART 系列 PLC 中，定时器分为 3 种类型，即接通延时定时器（TON）、保留性接通延时定时器（TONR）、关断延时定时器（TOF），具体含义将在 5.2 节中具体介绍。

### 4.2.5 计数器（C）

在西门子 PLC 梯形图中，计数器的结构和使用与定时器基本相似，也用指令框形式标识，用来累计输入脉冲的次数，经常用来对产品进行计数。用“字母 C+数字”进行标识，数字为 0~255，共 256 个。

在西门子 S7-200 SMART 系列 PLC 中，计数器常用类型主要有加计数器（CTU）、减计数器（CTD）和加/减计数器（CTUD），一般情况下，计数器与定时器配合使用。具体含义将在 5.3 节中具体介绍。

### 4.2.6 其他编程元件（V、L、S、AI、AQ、HC、AC）

西门子 PLC 梯形图中，除上述 5 种常用编程元件外，还包含一些其他基本编程元件，如变量存储器（V），局部变量存储器（L），顺序控制继电器（S），模拟量输入、输出映像寄存器（AI、AQ），高速计数器（HC），累加器（AC）。这些编程元件的具体用法和含义将在后面相应指令中具体介绍。

**| 提示说明 |**

**西门子 PLC 梯形图中，各种继电器中除输入继电器只包含触点外，其他继电器都可包含触点和线圈，不同的继电器有着不同的文字标识，但在同一个梯形图程序中，表示同一个继电器的触点和线圈的文字标识相同，如图 4-13 所示。**

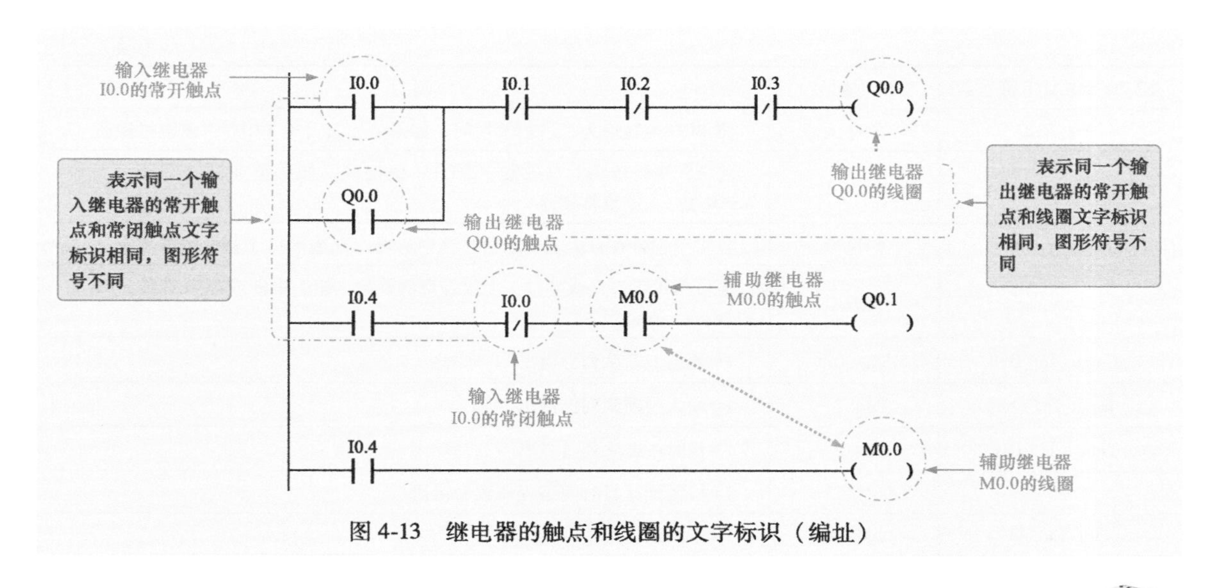


图 4-13 继电器的触点和线圈的文字标识（编址）



## 4.3 西门子 PLC 语句表（STL）的结构

语句表（STL）是一种与汇编语言类似的助记符编程表达式，也称为指令表，是由一系列操作指令（助记符）组成的控制流程。

西门子 PLC 语句表也是电气技术人员普遍采用的编程方式，这种编程方式适用于需要使用编程器进行工业现场调试和编程的场合。

在西门子 PLC 中，语句表主要由操作码和操作数构成，如图 4-14 所示。

图 4-14 西门子 PLC 语句表的结构

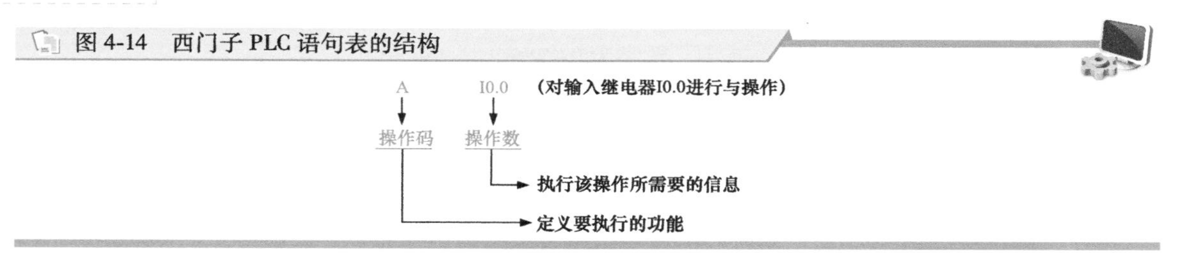


### 4.3.1 操作码

操作码又称为编程指令，由各种指令助记符（指令的字母标识）表示，用于表明 PLC 要完成的操作功能，如图 4-15 所示。

图 4-15 西门子 PLC 语句表中的操作码

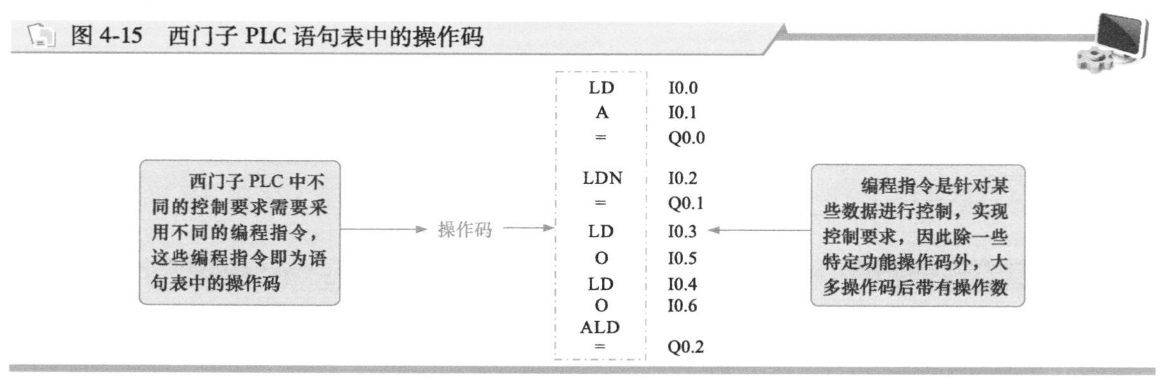


西门子 PLC 的编程指令主要包括基本逻辑指令、运算指令、程序控制指令、数据处理指令、

数据转换指令和其他常用功能指令等。

### 4.3.2 操作数

操作数则用于标识执行操作的地址编码，即表明执行此操作的数据是什么，用于指示 PLC 操作数据的地址，相当于梯形图中软继电器的文字标识。

不同厂商生产的 PLC 其语句表使用的操作数也有所差异。表 4-4 所列为西门子 S7-200 SMART 系列 PLC 中常用的操作数。

表 4-4 西门子 S7-200 SMART 系列 PLC 中常用的操作数

| 名称 | 地址编码 |
| --- | --- |
| 输入继电器 | I |
| 输出继电器 | Q |
| 定时器 | T |
| 计数器 | C |
| 通用辅助继电器 | M |
| 特殊标志继电器 | SM |
| 变量存储器 | V |
| 顺序控制继电器 | S |



## 4.4 西门子 PLC 语句表的特点

### 4.4.1 西门子 PLC 梯形图与语句表的关系

对比 PLC 梯形图的直观形象的图示化特色，PLC 语句表正好相反，它的编程最终以“文本”的形式体现，对于控制过程全部依托语句表来表达。尽管仅仅是各种表示指令的字母以及操作码字母与数字的组合，如果不了解指令的含义以及该语言的一些语法规则，几乎无法了解到程序所表达的任何内容和信息，也因此使一些初学者在学习和掌握该语言编程时，遇到了一定的难度。图 4-16 所示为西门子 PLC 梯形图和语句表的特点。

图 4-16 西门子 PLC 梯形图和语句表的特点

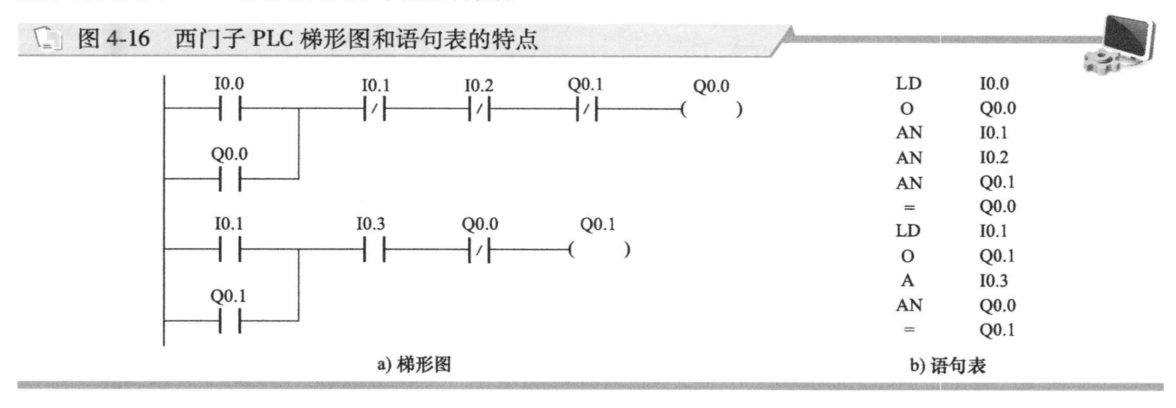


PLC 梯形图中的每一条程序都与语句表中若干条语句相对应，且每条程序中的每一个触点、线圈都与 PLC 语句表中的操作码和操作数相对应。除此之外，梯形图中的重要分支点，如并联电路块串联、串联电路块并联、进栈、读栈、出栈触点处等，在语句表中也会通过相应指令指示出来，如图 4-17 所示。

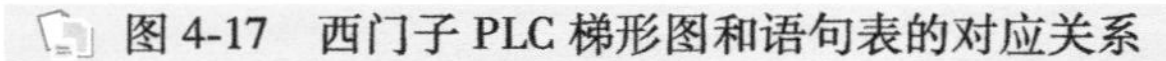

图 4-17　西门子 PLC 梯形图和语句表的对应关系

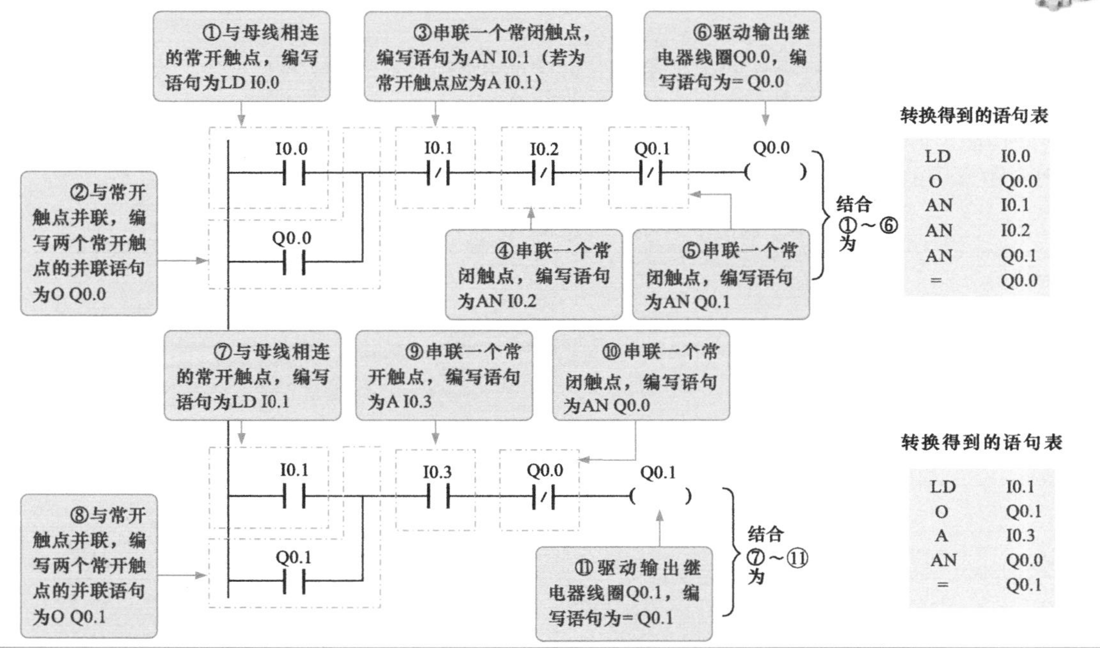




## | 资料链接 |

**大部分编程软件中都能够实现梯形图和语句表的自动转换，因此可在编程软件中绘制好梯形图，然后通过软件进行“梯形图/语句表”转换，如图 4-18 所示。**

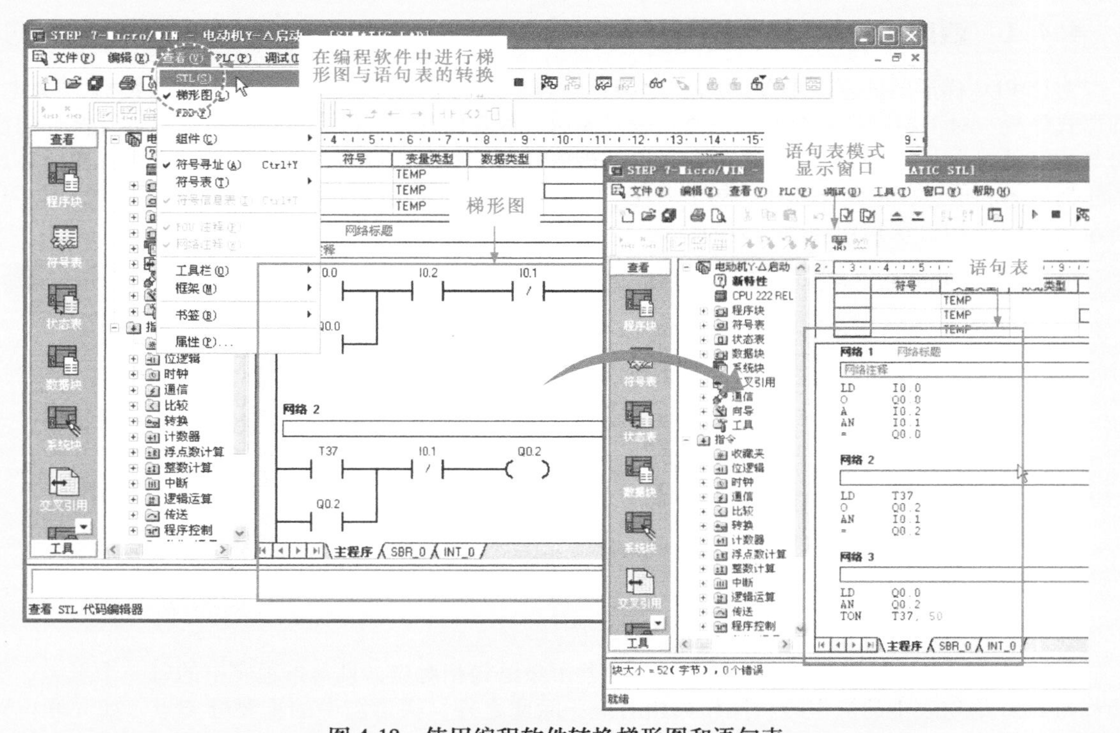


图 4-18　使用编程软件转换梯形图和语句表

**值得注意的是，在编程软件中，梯形图和语句表之间可以相互转换，基本所有的梯形图都可直接转换为对应的语句表；但语句表不一定全部可以直接转换为对应的梯形图，需要注意相应的格式及指令的使用。**

## 4.4.2 西门子 PLC 语句表编程

图 4-19 所示为电动机反接制动 PLC 控制语句表程序。

图 4-19 电动机反接制动 PLC 控制语句表程序

```
LD   I0.0    // 如果按下起动按钮SB1
O    Q0.0    // 起动运行自锁
AN   I0.1    // 并且制动按钮SB2未动作
AN   I0.2    // 并且电动机未过热，热继电器FR未动作
AN   Q0.1    // 并且反接制动接触器KM2未接通
=    Q0.0    // 电动机接触器KM1得电，电动机起动运转

LD   I0.1    // 如果按下制动按钮SB2
O    Q0.1    // 起动反接制动自锁
A    I0.3    // 并且速度继电器已动作（起动运行中控制）
AN   Q0.0    // 并且接触器KM1未接通
=    Q0.1    // 电动机接触器KM2得电，电动机反接制动
```



在编写语句程序时，根据上述控制要求可知，输入设备主要包括：控制信号的输入 4 个，即起动按钮 SB1、制动按钮 SB2，热继电器热元件 FR 和速度继电器触点 KS，因此，应有 4 个输入信号。

输出设备主要包括 2 个交流接触器，即控制电动机 M 起动的交流接触器 KM1 和反接制动的交流接触器 KM2，因此，应有 2 个输出信号。

将输入设备和输出设备的元件编号与西门子 PLC 语句表中的操作数（编程元件的地址编号）进行对应，填写西门子 PLC 语句表的 I/O 分配表，见表 4-5。

**表 4-5 电动机反接制动控制的西门子 PLC 语句表的 I/O 分配表**

| 输入信号及地址编号 | | | 输出信号及地址编号 | | |
|---|---|---|---|---|---|
| 名称 | 代号 | 输入点地址编号 | 名称 | 代号 | 输出点地址编号 |
| 起动按钮 | SB1 | I0. 0 | 交流接触器 | KM1 | Q0. 0 |
| 制动按钮 | SB2 | I0. 1 | 交流接触器 | KM2 | Q0. 1 |
| 热继电器热元件 | FR | I0. 2 | | | |
| 速度继电器触点 | KS | I0. 3 | | | |

**| 资料链接 |**

**除了根据控制要求划分功能模块，并分配 I/O 表外，还可根据功能分析并确定两个功能模块中器件的初始状态，类似 PLC 梯形图的 I/O 分配表，相当于为程序中的编程元件“赋值”，以此来确定使用什么编程指令。例如，若原始状态为常开触点，其读指令用 LD，串并联关系指令用 A、O；若原始状态为常闭触点，其相关指令为读反指令 LDN，串并联关系指令 AN、ON 等。**

**确定两个功能模块中器件的初始状态，为编程元件“赋值”，如图 4-20 和表 4-6 所示。**



图 4-20 分析功能模块中器件的初始状态

表 4-6　各功能部件对应编程元件的“赋值”表

| | 地址分配 | 初始状态 |
|---|---|---|
| 起动按钮 SB1 | I0. 0 | 常开触点 |
| 制动按钮（复合按钮）SB2-1 | I0. 1 | 常闭触点 |
| 热继电器触点 FR | I0. 2 | 常闭触点 |
| KM1 的自锁触点 KM1-2 | Q0. 0 | 常开触点 |
| KM1 的互锁触点 KM1-3 | Q0. 0 | 常闭触点 |
| KM1 的线圈 | Q0. 0 | 输出继电器 |
| 制动按钮（复合按钮）SB2-2 | I0. 1 | 常开触点 |
| 速度继电器触点 KS | I0. 3 | 常开触点 |
| KM2 的自锁触点 KM2-2 | Q0. 1 | 常开触点 |
| KM2 的互锁触点 KM2-3 | Q0. 1 | 常闭触点 |
| KM2 的线圈 | Q0. 1 | 输出继电器 |



电动机反接制动控制模块划分和 I/O 分配表绘制完成后，便可根据各模块的控制要求进行语句表的编写，最后将各模块语句表进行组合。

根据上述分析分别编写电动机起动控制和反接制动控制两个模块的语句表。

## 1　电动机起动控制模块语句表的编程

控制要求：按下起动按钮 SB1，控制交流接触器 KM1 得电，电动机 M 起动运转，且当松开起动按钮 SB1 后，仍保持连续运转；按下制动按钮 SB2，交流接触器 KM1 失电，电动机失电；交流接触器 KM1、KM2 不能同时得电。电动机起动控制模块语句表的编程如图 4-21 所示。

图 4-21　电动机起动控制模块语句表的编程

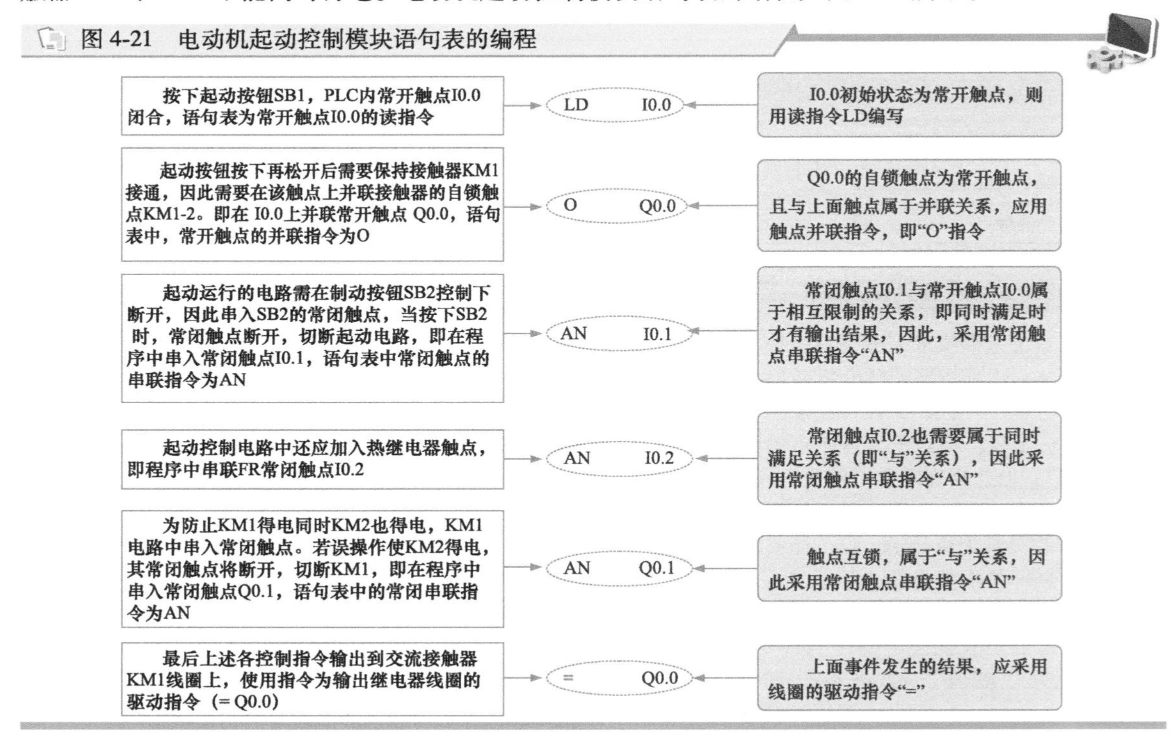

## 2 电动机反接制动控制模块语句表的编程

控制要求：按下制动按钮 SB2，交流接触器 KM2 得电，KM1 失电，且松开 SB2 后，仍保持 KM2 得电；且要求电动机速度达到一定转速后，才可能实现反接制动控制；另外，交流接触器 KM1、KM2 不能同时得电。电动机反接制动控制模块语句表的编程如图 4-22 所示。

图 4-22 电动机反接制动控制模块语句表的编程

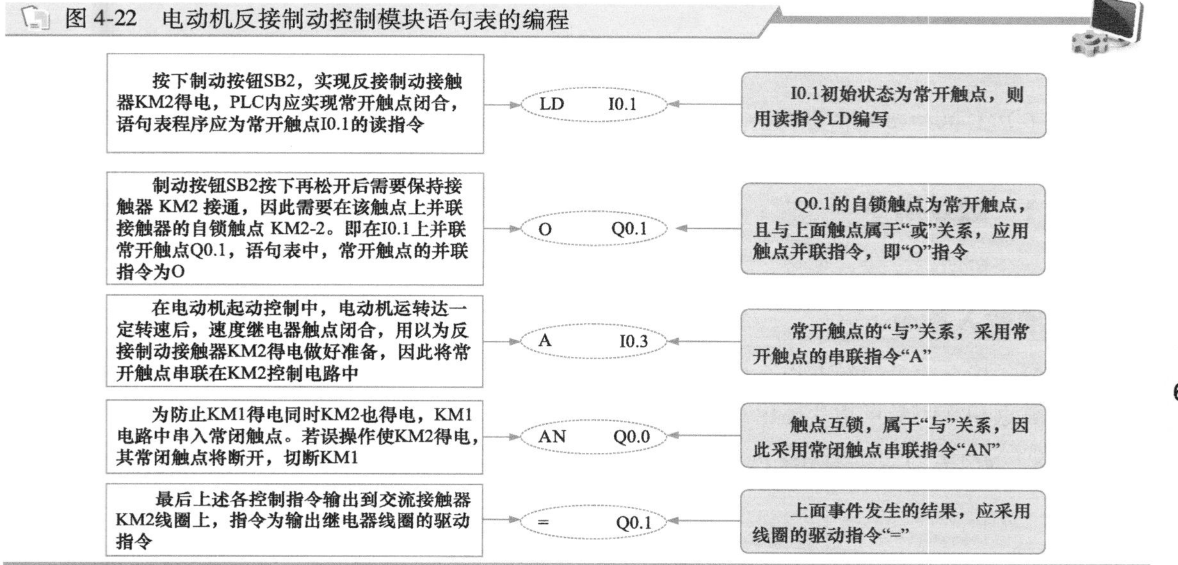


将两个模块的语句表组合，整理后即可得到电动机反接制动 PLC 控制的语句表程序。

# 第5章 西门子PLC编程指令

## 5.1 西门子 PLC 的位逻辑指令

西门子 PLC 的位逻辑指令可分为触点指令、线圈指令、置位指令、复位指令、立即指令和空操作指令。

### 5.1.1 触点指令

触点指令包括标准输入指令、立即输入指令、取反指令、边沿检测触点指令等。

#### 1 标准输入指令

常开触点指令和常闭触点指令称为标准输入指令。图 5-1 所示为西门子 S7-200 SMART PLC 编程中常开触点和常闭触点指令标识及对应梯形图符号。

图 5-1 西门子 S7-200 SMART PLC 编程中常开触点和常闭触点指令标识及对应梯形图符号

在梯形图中，常开和常闭开关通过触点符号表示。当常开触点位值为 1（即图中位 bit 为 1）时，梯形图中常开触点闭合；当常闭触点位值为 0（即图中位 bit 为 0）时，梯形图中触点闭合。

**|相关资料|**

**在西门子 S7-1200 PLC 编程中，常开触点指令和常闭触点指令标识及梯形图符号与 S7-200 SMART PLC 略有不同，指令功能和含义相似，如图 5-2 所示。**

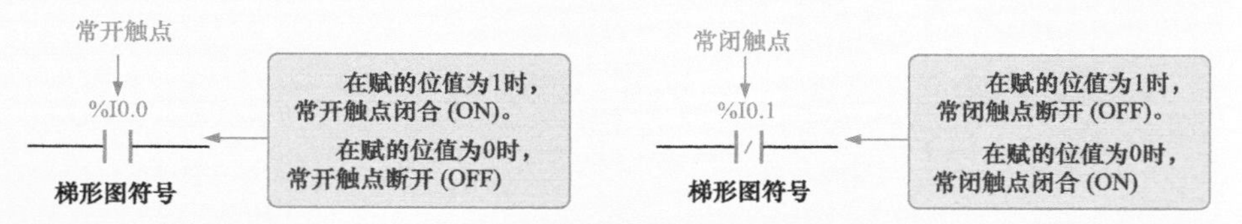


图 5-2 西门子 S7-1200 PLC 编程中的常开触点和常闭触点指令标识及对应梯形图符号

**西门子 S7-1200 系列 PLC 的编程语言只有梯形图（LAD）和功能块图（FBD）两种。**

#### 2 立即输入指令

立即输入指令包括常开立即触点指令和常闭立即触点指令。该指令读取物理输入值，但不更新过程映像寄存器。立即触点不会等待 PLC 扫描周期进行更新，而是会立即更新。图 5-3 为常开立即触点指令和常闭立即触点指令标识及对应梯形图符号。

常开立即触点通过 LDI（立即装载）、AI（立即与）和 OI（立即或）指令进行表示。这些指令使用逻辑堆栈顶部的值对物理输入值执行装载、“与”运算或者“或”运算。

图 5-3　常开立即触点指令和常闭立即触点指令标识及对应梯形图符号

常闭立即触点通过 LDNI（取反后立即装载）、ANI（取反后立即与）和 ONI（取反后立即或）指令进行表示。这些指令使用逻辑堆栈顶部的值对物理输入值的逻辑非运算值执行立即装载、“与”运算或者“或”运算。

## 3　取反指令

取反指令（NOT）是指取反能流输入的状态，如图 5-4 所示。该指令含义为如果没有能流流入 NOT 触点，则有能流流出；如果有能流流入 NOT 触点，则没有能流流出。

图 5-4　取反指令标识及对应梯形图符号

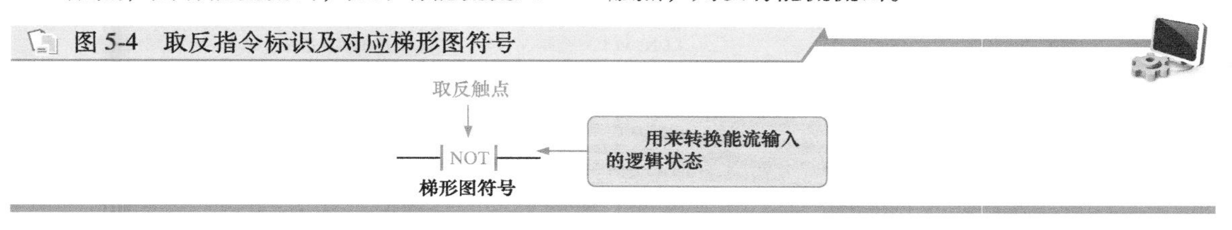


## 4　边沿检测触点指令

边沿检测触点指令包括上升沿触点指令和下降沿触点指令。图 5-5 所示为上升沿触点指令（EU）和下降沿触点指令（ED）标识及对应梯形图符号。

图 5-5　上升沿触点指令（EU）和下降沿触点指令（ED）标识及对应梯形图符号

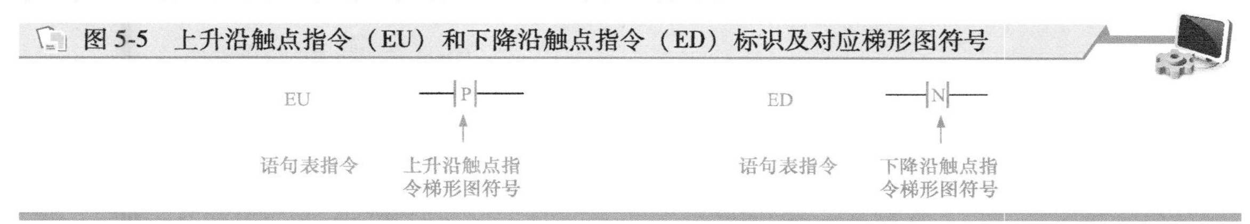


图 5-6 所示为上升沿触点指令（EU）和下降沿触点指令（ED）示例。

图 5-6　上升沿触点指令（EU）和下降沿触点指令（ED）示例

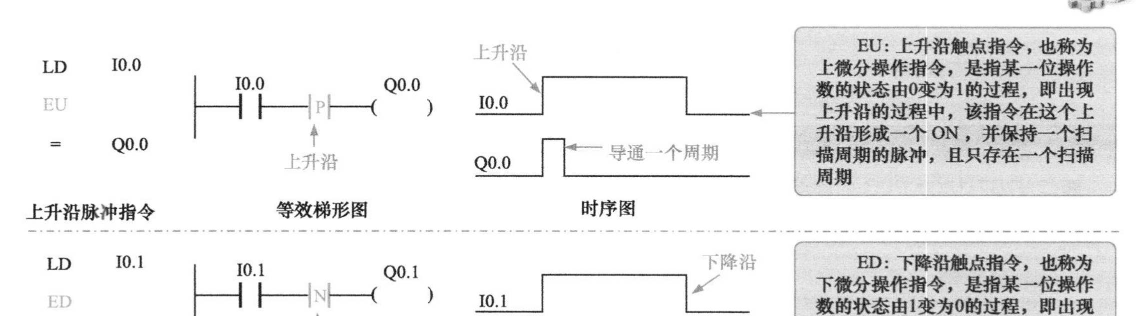

**提示说明**

**在图 5-7 中，“LD”“=”为西门子 PLC 中语句表中的基本逻辑指令。逻辑读、逻辑读反和驱动指令包括 LD、LDN 和=三个基本指令，指令用法如图 5-7 所示。**

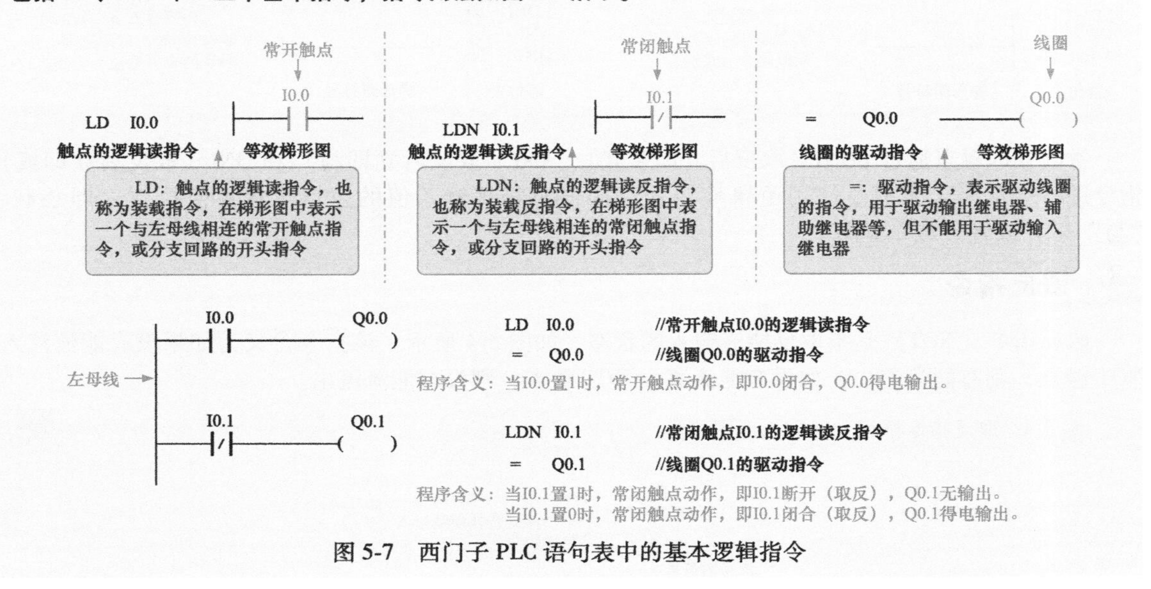


图 5-7 西门子 PLC 语句表中的基本逻辑指令



## 5.1.2 线圈指令

线圈指令也称为输出指令，用于将输出位的新值写入过程映像寄存器。图 5-8 所示为线圈指令标识及对应梯形图符号。

图 5-8 线圈指令标识及对应梯形图符号

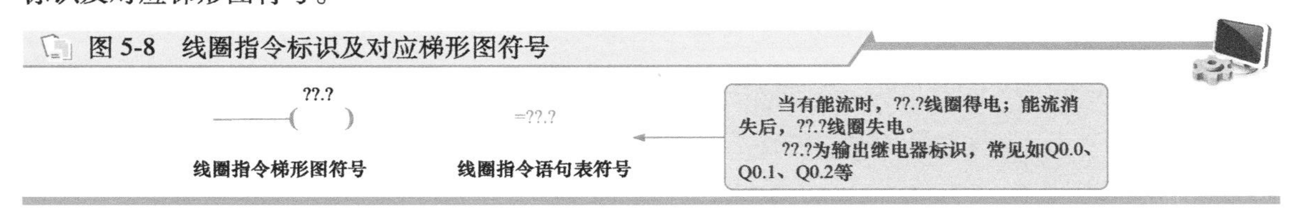


图 5-9 所示为线圈指令的应用示例。

图 5-9 线圈指令的应用示例

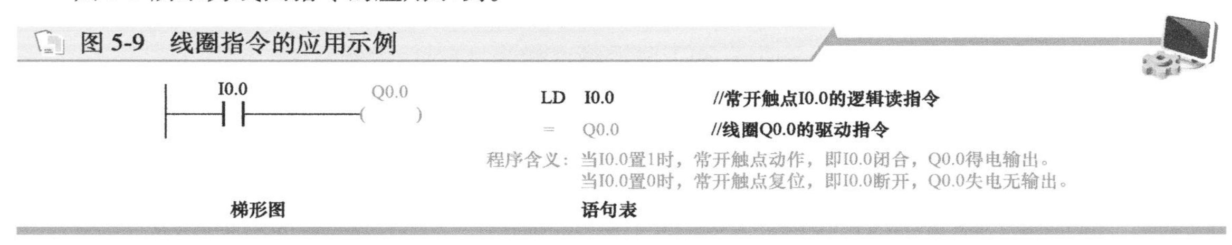


**相关资料**

**西门子 S7-1200 PLC 的线圈指令除了图 5-8 所示的输出线圈指令外，还包含一个反向输出线圈指令，如图 5-10 所示。**

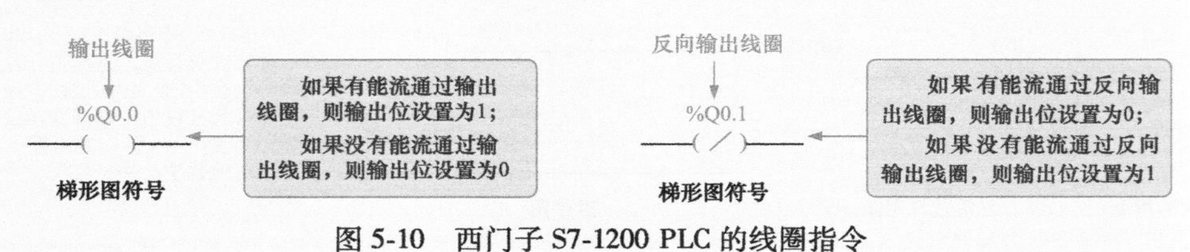


图 5-10 西门子 S7-1200 PLC 的线圈指令

## 5.1.3 置位、复位指令

置位和复位指令包括 S（Set）置位指令和 R（Reset）复位指令。置位和复位指令可以将位存储区某一位（bit）开始的一个或多个（n）同类存储器置 1 或置 0。如果复位指令指定定时器位（T 地址）或计数器位（C 地址），则该指令将对定时器位或计数器位进行复位并清零定时器或计数器的当前值。图 5-11 所示为置位和复位指令标识及对应梯形图符号。

图 5-11 置位和复位指令标识及对应梯形图符号

S bit，n —( S ) bit n

置位指令 梯形图符号

S：置位指令，用于将操作对象置位并保持为1（ON），即使置位信号变为0以后，被置位的状态仍然可以保持，直到复位信号的到来

R bit，n —( R ) bit n

复位指令 梯形图符号

R：复位指令，用于将操作对象复位并保持为0（OFF），即使复位信号变为1以后，被复位的状态仍然可以保持，直到置位信号的到来

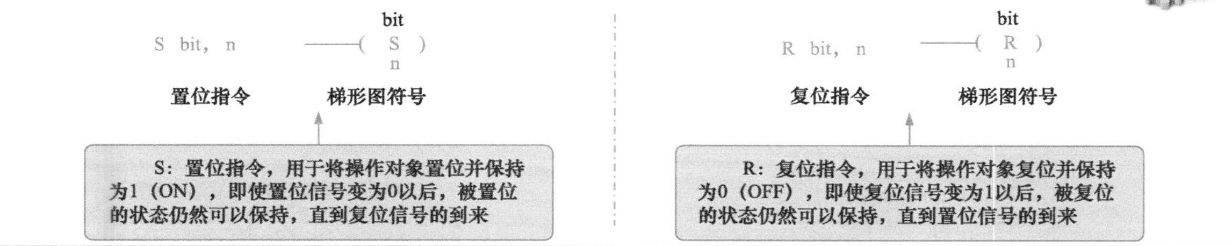

**| 提示说明 |**

在使用置位和复位指令（S/R）时需注意：

- 置位（S）和复位（R）指令将从指定地址开始的 n 个点置位或者复位。
- 可以一次置位或者复位 1~255 个点。
- 当操作数被置 1 后，必须通过 R 指令清 0。
- 对定时器或计数器复位，则定时器（C）和计数器（T）当前值被清 0。
- S 和 R 指令可以互换次序使用。由于 PLC 采用循环扫描的工作方式，当同时满足置位或复位指令条件时，当前状态为写在靠后的指令状态。
- S 和 R 指令中位的数量（n）一般为常数。

## 5.1.4 立即指令

西门子 S7-200 SMART PLC 可通过立即存取指令加快系统的响应速度，常用的立即存取指令主要有立即触点指令（LDI、LDNI）、立即输出指令（=I）和立即复位/置位指令（SI/RI），如图 5-12 所示。

图 5-12 立即指令的标识及对应梯形图符号

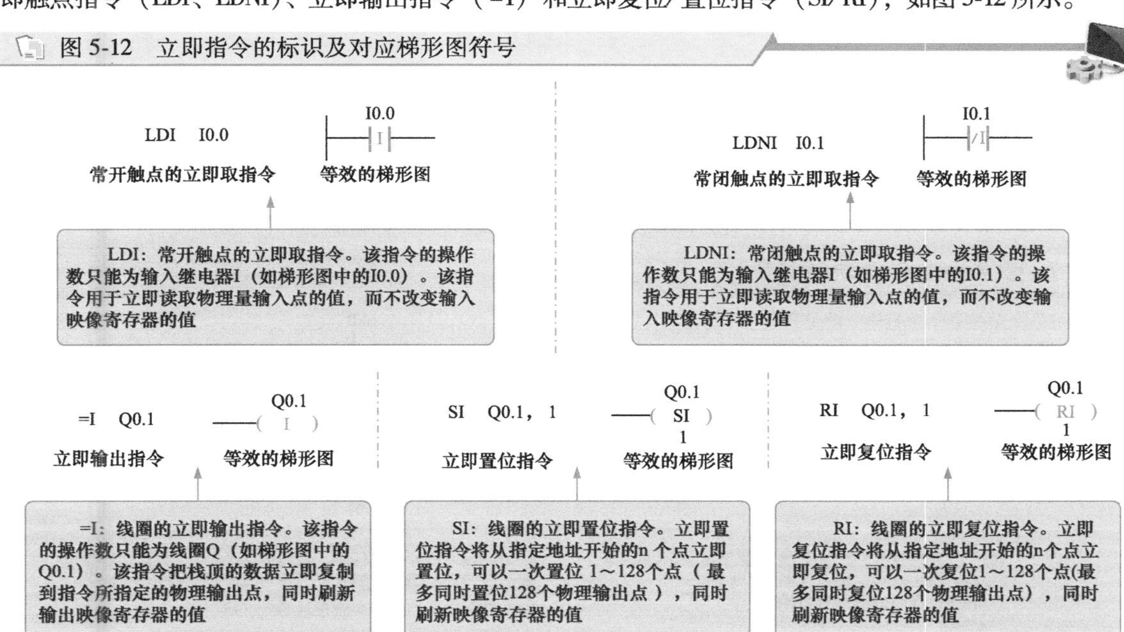

**| 提示说明 |**

**触点的立即存取指令除前述的几种基本立即指令外，还包括立即串联（AI）、立即串联非（ANI）、立即并联（OI）、立即并联非（ONI）四个指令，如图 5-13 所示。**

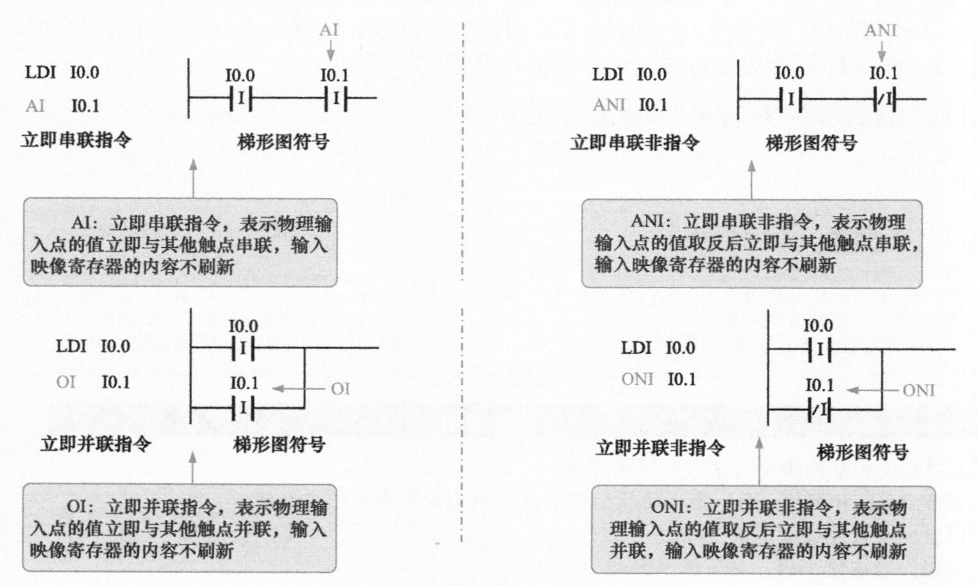


图 5-13　触点的立即存取指令



## 5.1.5　空操作指令

空操作指令（NOP）是一条无动作的指令，将稍微延长扫描周期的长度，但不影响用户程序的执行，主要用于改动或追加程序时使用，如图 5-14 所示。

图 5-14　空操作指令含义及梯形图符号

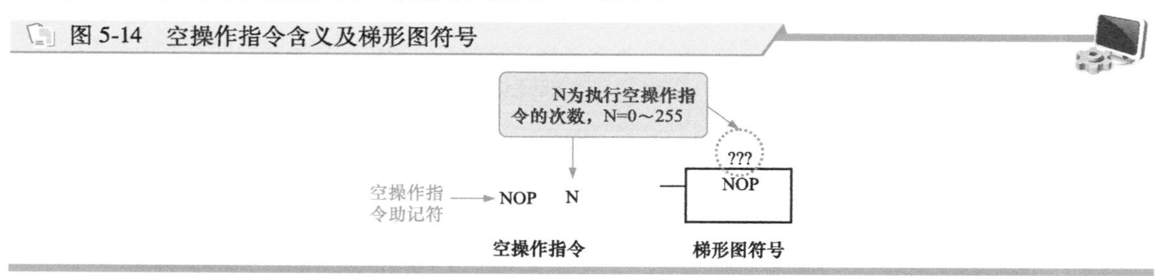


图 5-15 所示为空操作指令的应用示例。

图 5-15　空操作指令的应用示例

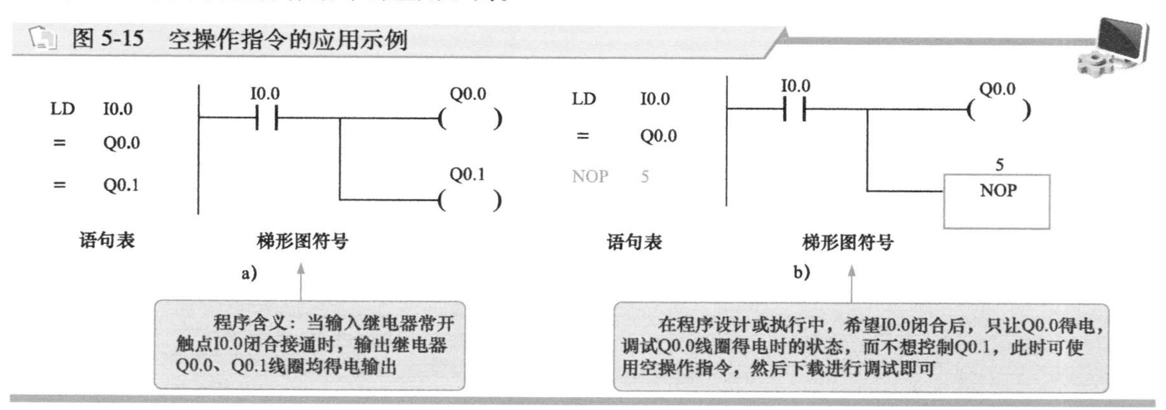

## 5.2 西门子 PLC 的定时器指令

定时器是一种根据设定时间动作的继电器，相当于继电器控制系统中的时间继电器。西门子 PLC 中的定时器指令主要有三种，即 TON（接通延时定时器指令）、TONR（保留性接通延时定时器指令）和 TOF（断开延时定时器指令）。

三种定时器定时时间的计算公式相同：

$$T=PT\times S \quad (T\text{ 为定时时间，}PT\text{ 为预设值，}S\text{ 为分辨率})$$

其中，PT 预设值根据编程需要输入设定值数值，分辨率 S 一般有 1ms、10ms 和 100ms 三种，由定时器类型和编号决定。

### 5.2.1 接通延时定时器指令（TON）

接通延时定时器指令 TON 是指定时器得电后，延时一段时间（由预设值决定）后其对应的常开或常闭触点才执行闭合或断开动作；当定时器失电后，触点立即复位。图 5-16 为接通延时定时器指令的含义。

图 5-16 接通延时定时器指令的含义



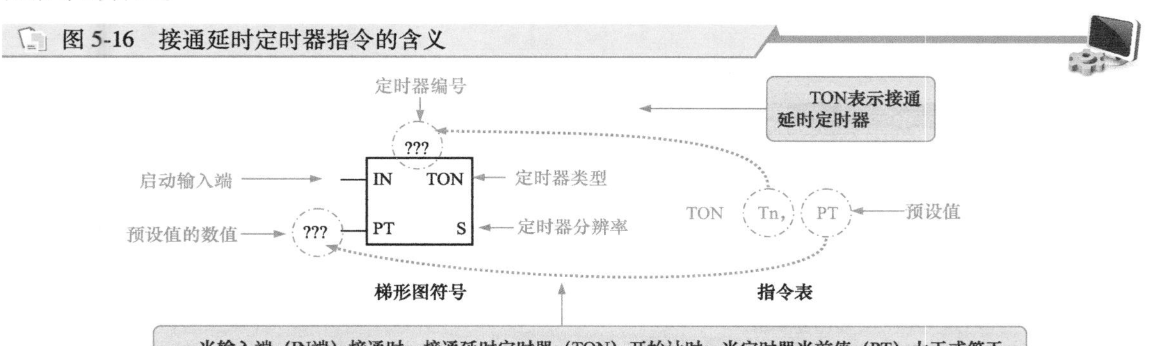


### 5.2.2 保留性接通延时定时器指令（TONR）

保留性接通延时定时器指令（TONR）与上述的接通延时定时器（TON）的原理基本相同，不同之处在于在计时时间段内，未达到预设值前，定时器断电后，可保持当前计时值，当定时器得电后，从保留值的基础上再进行计时，可多间隔累加计时，当到达预设值时，其触点相应动作（常开触点闭合，常闭触点断开）。图 5-17 所示为保留性接通延时定时器指令的含义。

图 5-17 保留性接通延时定时器指令的含义

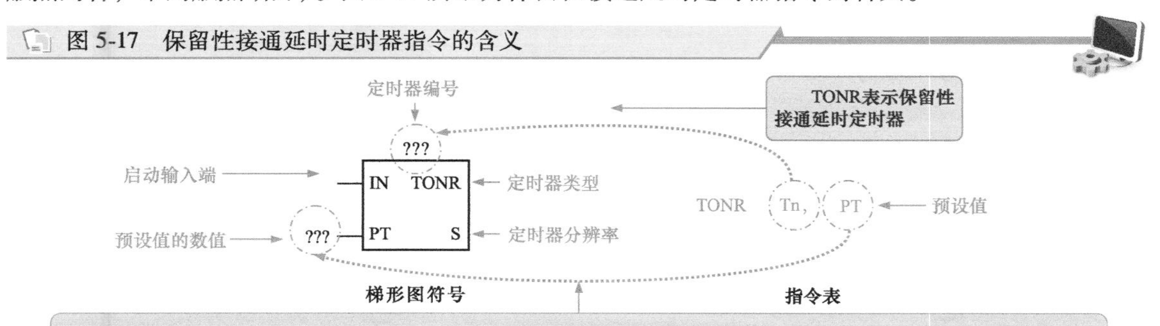

### 5.2.3 断开延时定时器指令（TOF）

断开延时定时器指令（TOF）是指定时器得电后，其相应常开或常闭触点立即执行闭合或断开动作；当定时器失电后，需延时一段时间（由预设值决定），其对应的常开或常闭触点才执行复位动作。图 5-18 所示为断开延时定时器指令的含义。

图 5-18 断开延时定时器指令的含义

定时器编号

TOF表示断开延时定时器

启动输入端

IN TOF

定时器类型

TOF Tn, PT

预设值的数值

??? PT S

定时器分辨率

梯形图符号

指令表

当输入端（IN端）接通时，断开延时定时器（TONF）立即得电，其常开触点闭合，常闭触点断开，对电路进行控制。

当输入端（IN端）断开时，计时器开始计时，当断开延时定时器 TOF 的计时时间到达预设值时，计时器触点复位，起到断电延时的作用

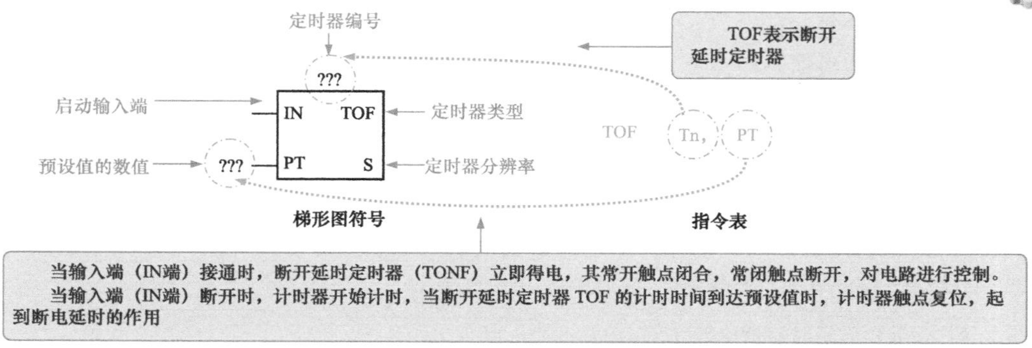

**相关资料**

西门子 S7-1200 系列 PLC 的定时器的指令格式及使用方式不同于 S7-200 SMART 系列。S7-1200 系列 PLC 采用了 IEC 标准定时器，有四种：生成脉冲定时器（TP）、接通延时定时器（TON）、关断延时定时器（TOF）和时间累加器（TONR）。此外还包括复位定时器（RT）、加载持续时间定时器（PT）两个指令，如图 5-19 所示。

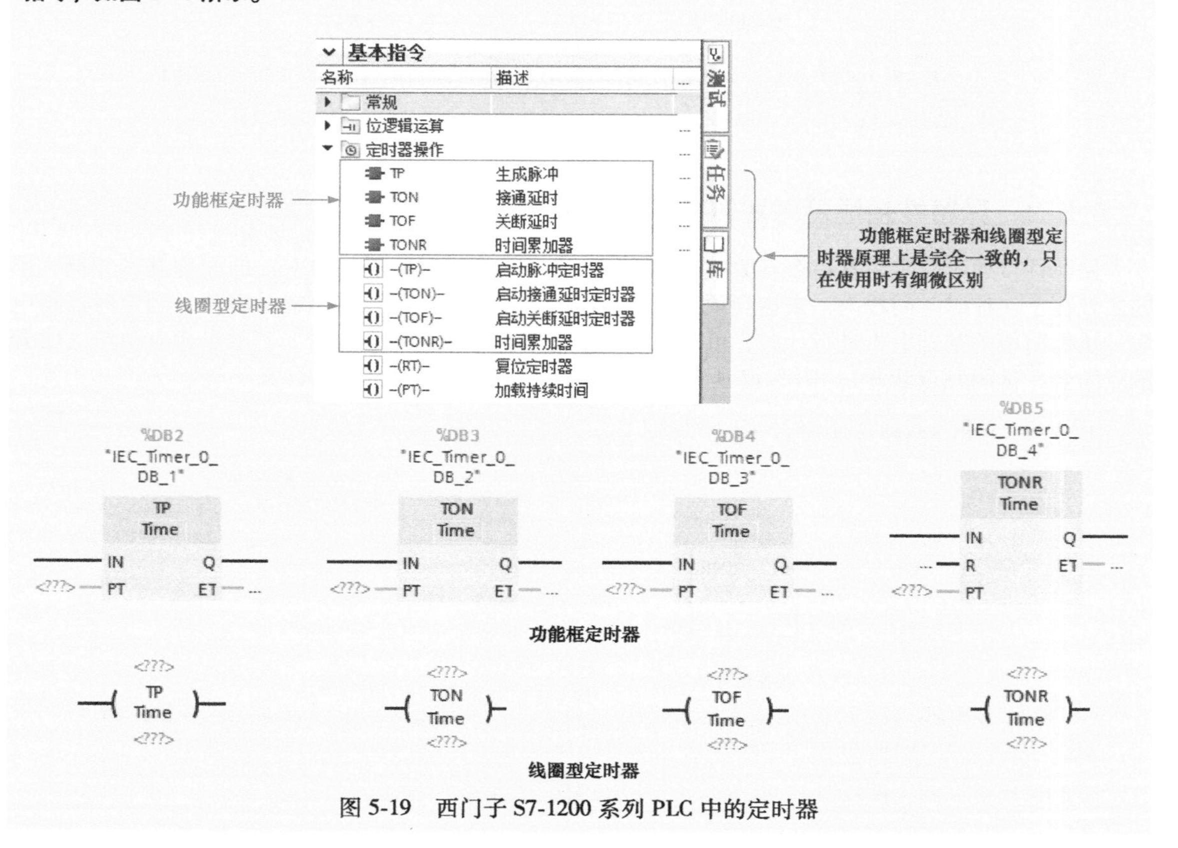


图 5-19 西门子 S7-1200 系列 PLC 中的定时器

（1）生成脉冲定时器（TP）

生成脉冲定时器（TP）是指在输入信号 IN 的上升沿产生一个预置时间（PT）宽度的脉冲，指令含义如图 5-20 所示。

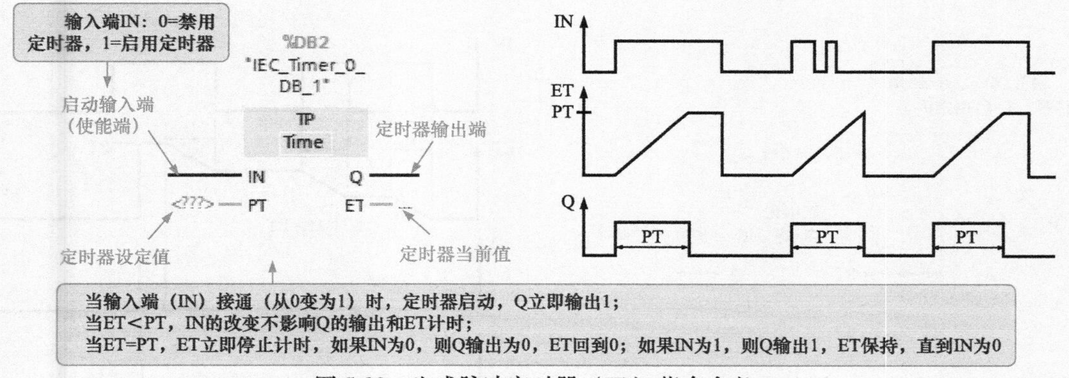


图 5-20　生成脉冲定时器（TP）指令含义

（2）接通延时定时器（TON）

接通延时定时器（TON）是指当输入端 IN 变为 1 后，经过预置的延迟时间 PT 后，输出端 Q 变为 1 状态。输入 IN 变为 0 时，输出 Q 立刻变为 0，指令含义如图 5-21 所示。

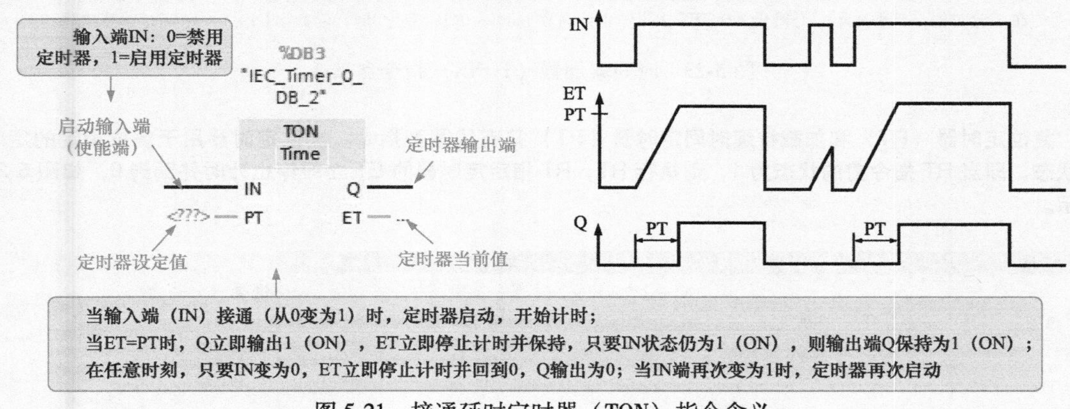


图 5-21　接通延时定时器（TON）指令含义

（3）关断延时定时器（TOF）

关断延时定时器（TOF）是指当输入 IN 为 1 时，输出 Q 为 1 状态；当 IN 变为 0 时，输出端 Q 延迟预置时间（PT）后变为 0 状态，指令含义如图 5-22 所示。

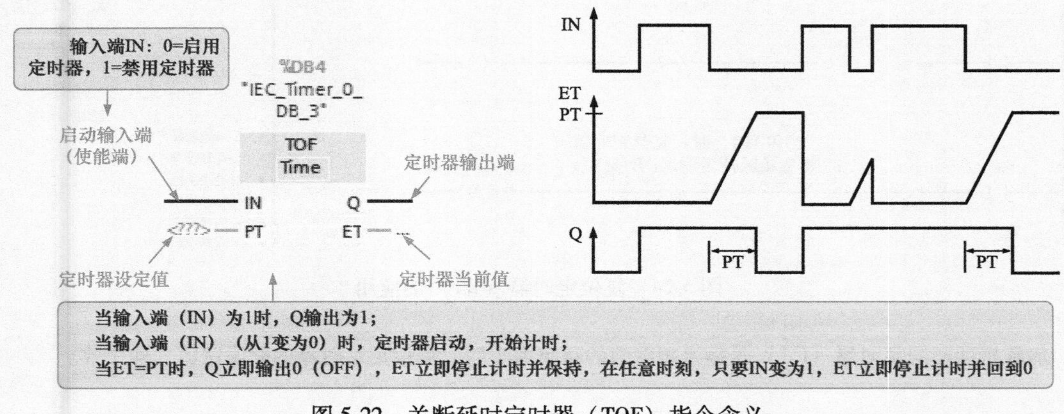


图 5-22　关断延时定时器（TOF）指令含义

（4）时间累加器（TONR）

时间累加器（TONR）也可称为保留性接通延时定时器，该定时器是指输入 IN 变为 1 状态后，经过预置的延迟时间（PT），定时器的输出 Q 变为 1 状态，指令含义如图 5-23 所示。

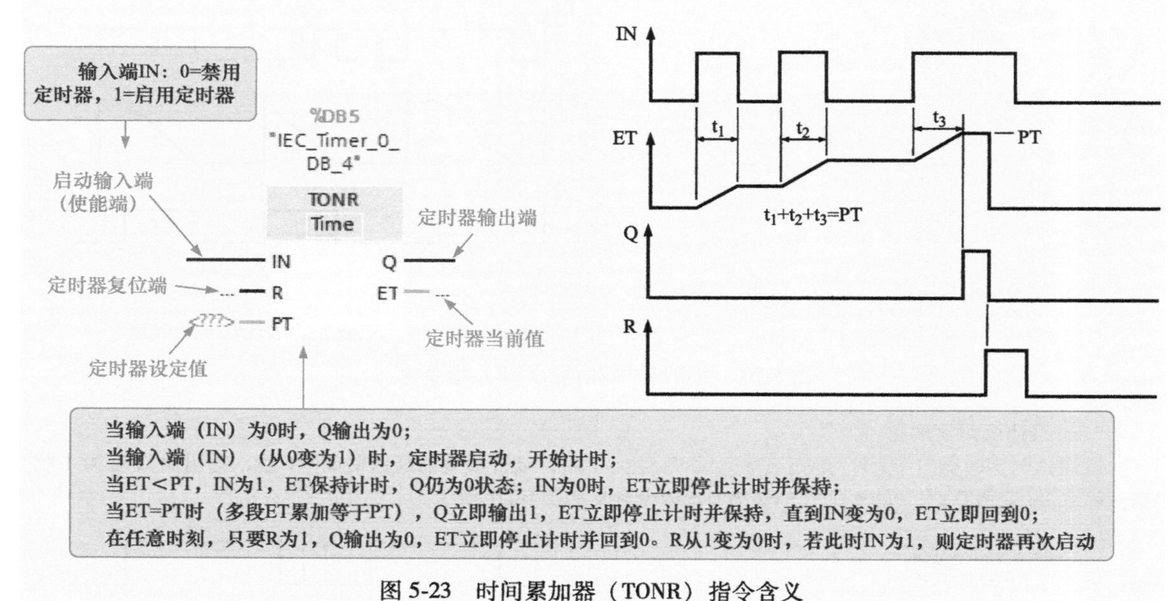


图 5-23　时间累加器（TONR）指令含义

复位定时器（RT）和加载持续时间定时器（PT）只有线圈型指令。复位定时器用于复位指定的定时器状态，即当 RT 指令前的状态为 1，则执行 RT，RT 指定定时器的 ET 立即停止计时并回到 0，如图 5-24 所示。

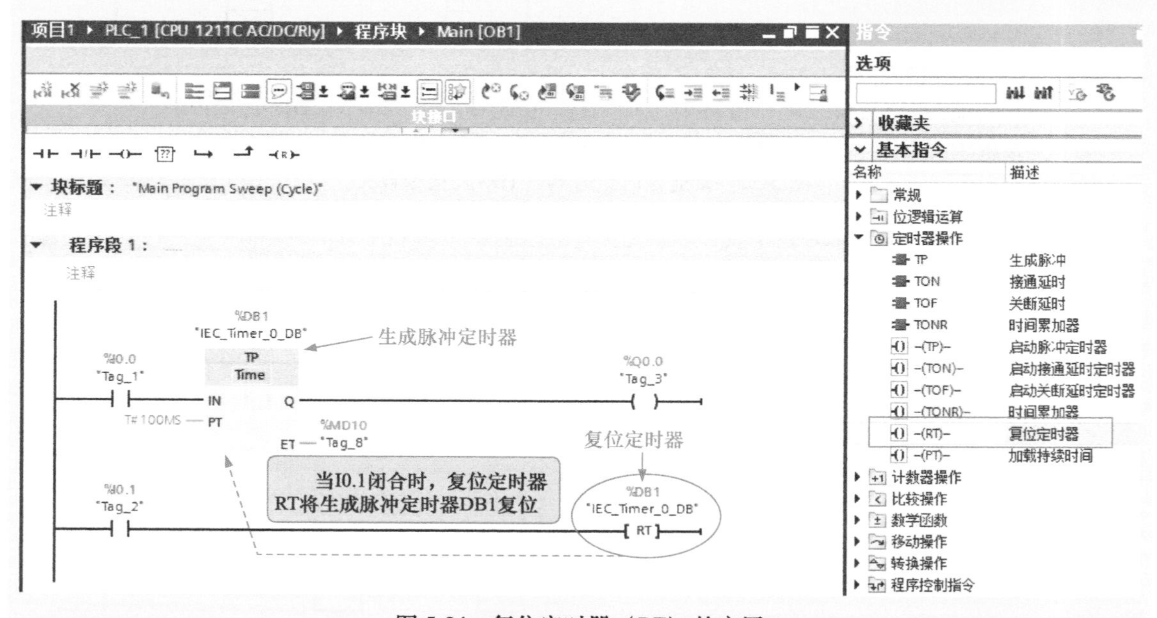


图 5-24　复位定时器（RT）的应用

加载持续时间定时器（PT）是指当指令前的状态为 1 时，使指定定时器的新设定值立即生效。

# 5.3 西门子 PLC 的计数器指令

计数器用于对程序产生或外部输入的脉冲进行计数，经常用来对产品进行计数。用“字母 C+数字”进行标识，数字为 0~255，共 256 个。西门子 PLC 中的计数器主要有三种：加计数器指令（CTU）、减计数器指令（CTD）和加/减计数器指令（CTUD），一般情况下，计数器与定时器配合使用。

## 5.3.1 加计数器指令（CTU）

加计数器指令（CTU）是指在计数过程中，当计数端输入一个脉冲时，当前值加 1，当脉冲数累加到大于或等于计数器的预设值时，计数器相应触点动作（常开触点闭合，常闭触点断开）。图 5-25 所示为加计数器指令的含义。

图 5-25 加计数器指令的含义

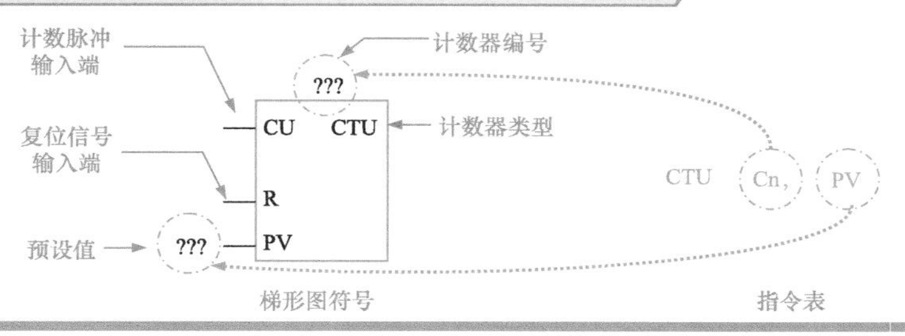




**| 提示说明 |**

**与定时器相似，计数器的累加脉冲数也一般用 16 位符号整数来表示，最大计数值为 32767、最小值为 -32768，加计数器在进行脉冲累加过程中，当累加数与预设值相等时，计数器的相应触点动作，这时再送入脉冲时，计数器的当前值仍不断累加，直到 32767 时，停止计数，直到复位端 R 再次变为 1，计数器被复位。**

## 5.3.2 减计数器指令（CTD）

减计数器指令（CTD）是指在计数过程中，将预设值装入计数器当前值寄存器，当计数端输入一个脉冲时，当前值减 1，当计数器的当前值等于 0 时，计数器相应触点动作（常开触点闭合、常闭触点断开），并停止计数。图 5-26 所示为减计数器指令（CTD）含义。

图 5-26 减计数器指令（CTD）含义

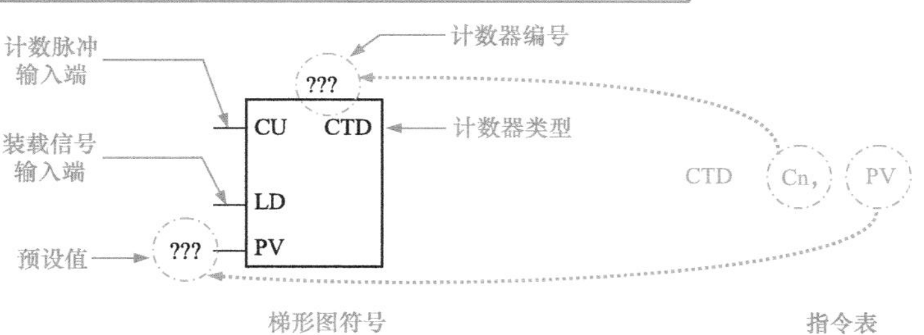


## 5.3.3 加/减计数器指令（CTUD）

加/减计数器（CTUD）有两个脉冲信号输入端，其在计数过程中，可进行计数加 1，也可进行计数减 1。图 5-27 为加/减计数器指令的含义。

图 5-27 加/减计数器指令的含义

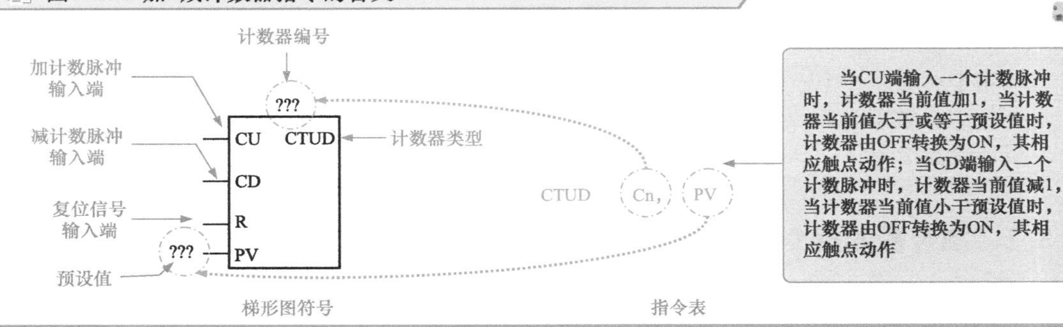


## 相关资料

西门子 S7-1200 PLC 中的计数器有三种：加计数器（CTU）、减计数器（CTD）和加/减计数器（CTUD），如图 5-28 所示。



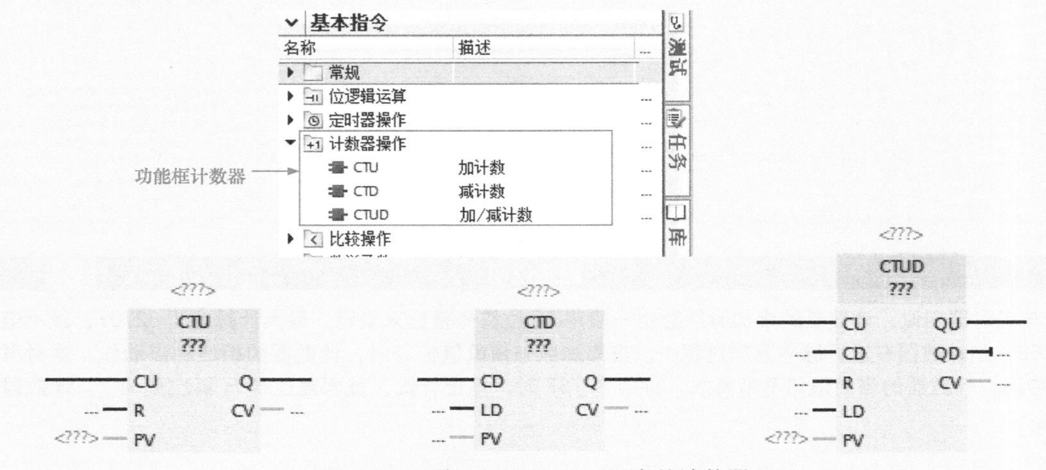


图 5-28 西门子 S7-1200 PLC 中的计数器

计数器指令中间的“???”表示 PV（计数器预设值）和 CV（计数器当前值）的数据类型，如图 5-29 所示。

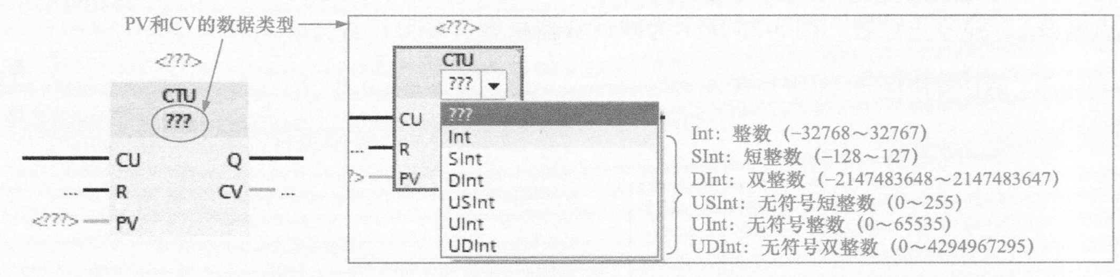


图 5-29 PV 和 CV 的数据类型

（1）加计数器（CTU）

加计数器（CTU）指令含义如图 5-30 所示。

（2）减计数器（CTD）

减计数器（CTD）指令含义如图 5-31 所示。

（3）加/减计数器（CTUD）

加/减计数器（CTUD）指令含义如图 5-32 所示。

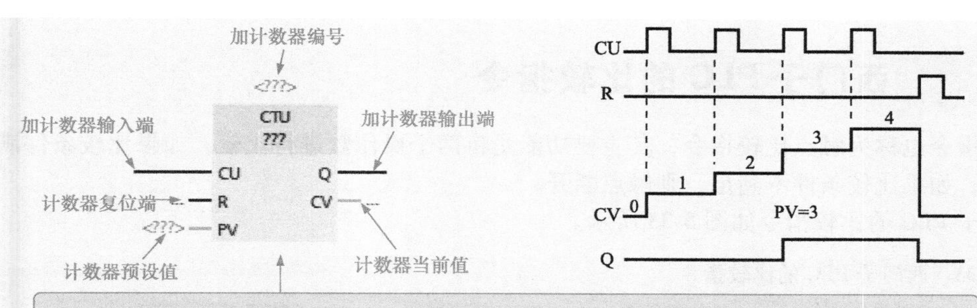


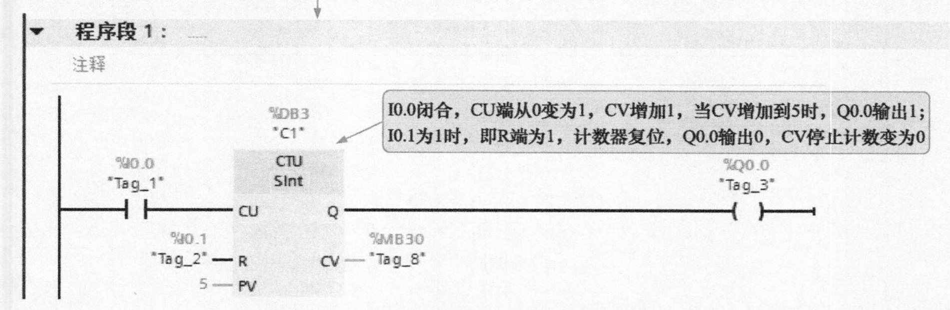


图 5-30 加计数器（CTU）指令含义



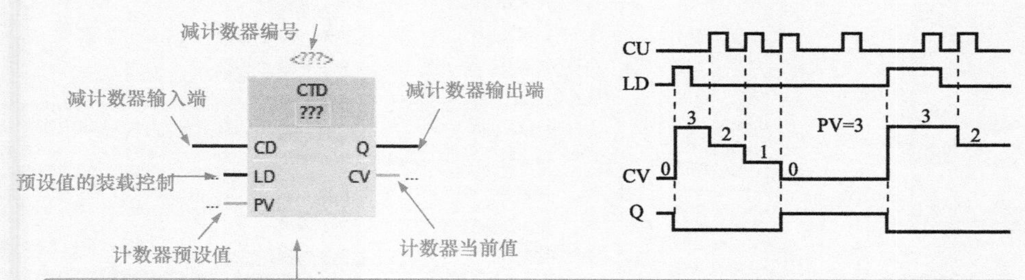


图 5-31 减计数器（CTD）指令含义

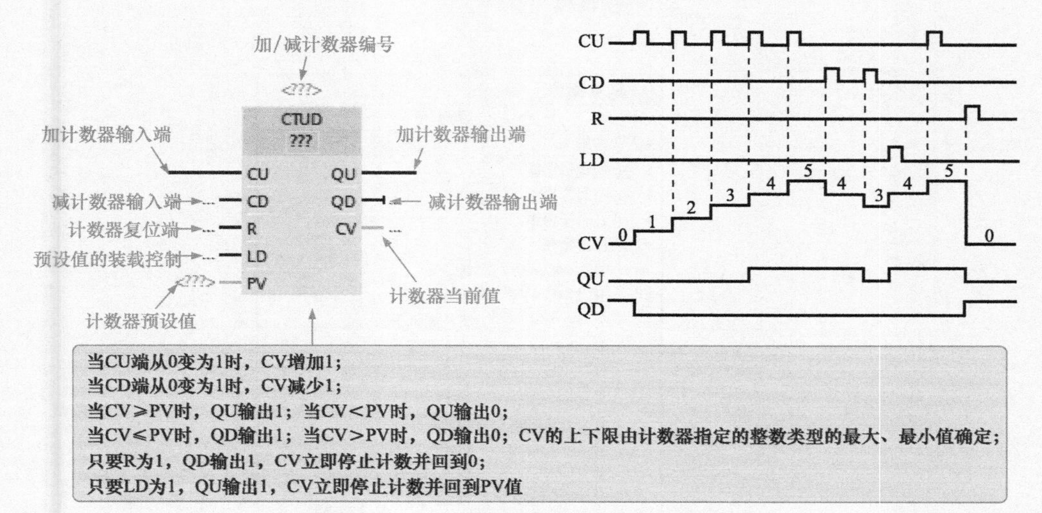


图 5-32 加/减计数器（CTUD）指令含义

## 5.4 西门子 PLC 的比较指令

比较指令也称为触点比较指令，其主要功能是将两个操作数进行比较，如果比较条件满足，则触点闭合；如果比较条件不满足，则触点断开。

西门子 PLC 的比较指令如图 5-33 所示。

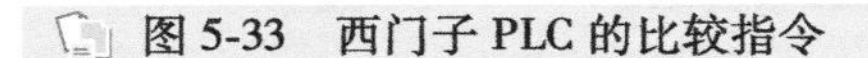

图 5-33　西门子 PLC 的比较指令

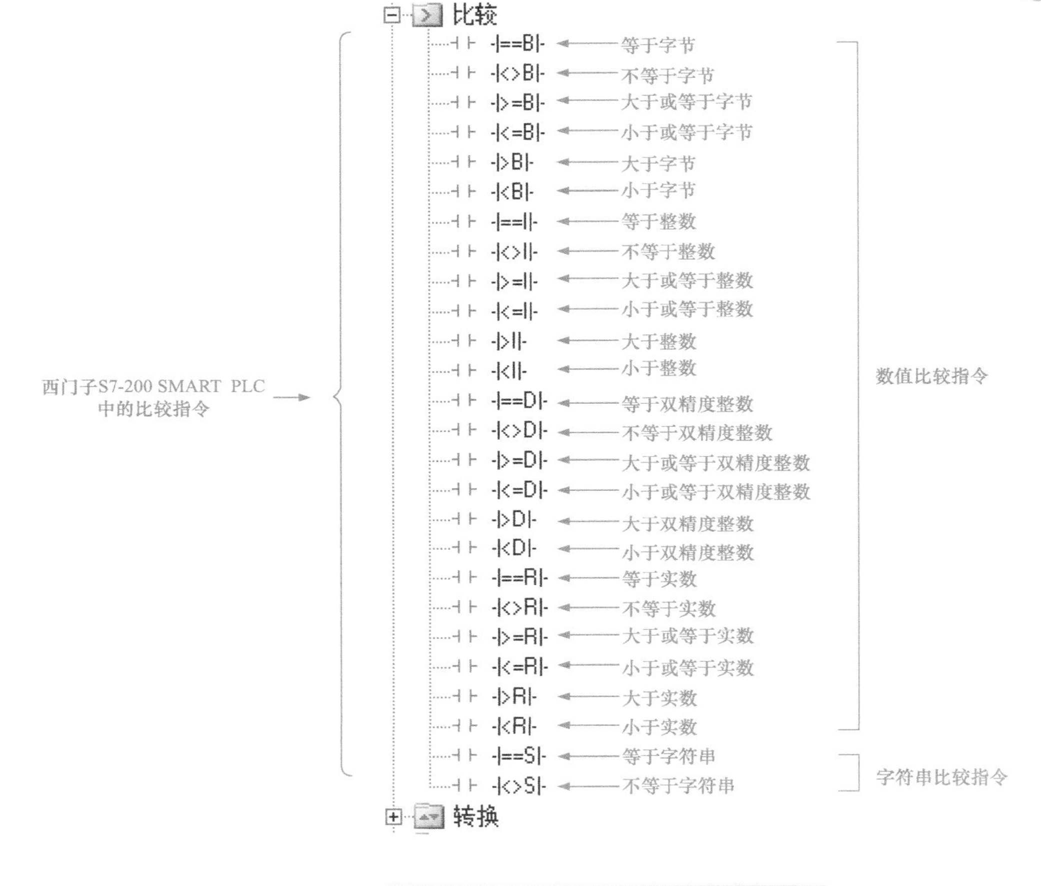


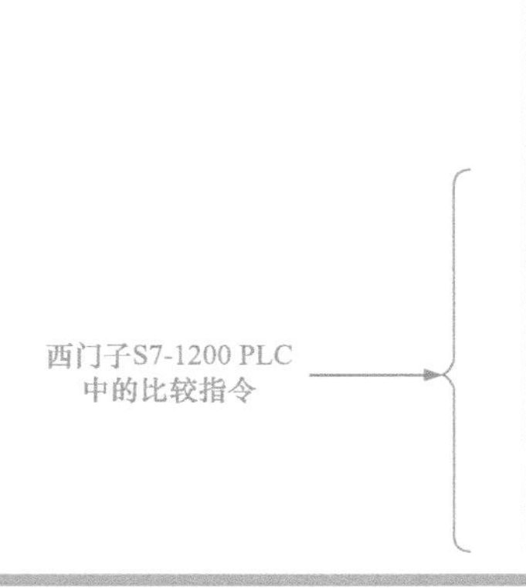


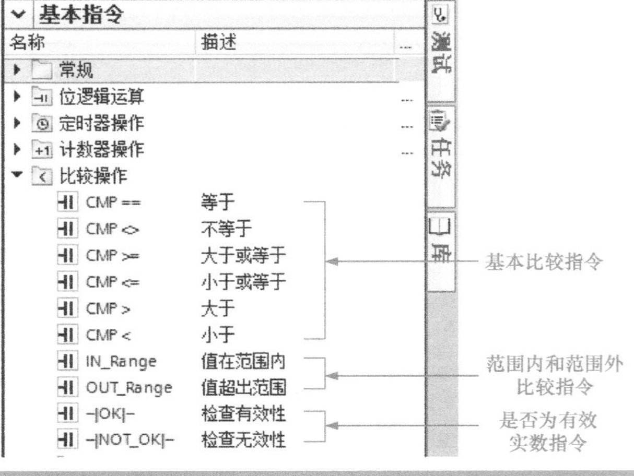

## 5.4.1 数值比较指令

西门子 S7-200 SMART 系列 PLC 中的数值比较指令用于比较两个相同数据类型的有符号数或无符号数（即两个操作数）。若比较条件满足，则触点闭合；若比较条件不满足，则触点断开。图 5-34 所示为数值比较指令的含义。

图 5-34 数值比较指令的含义

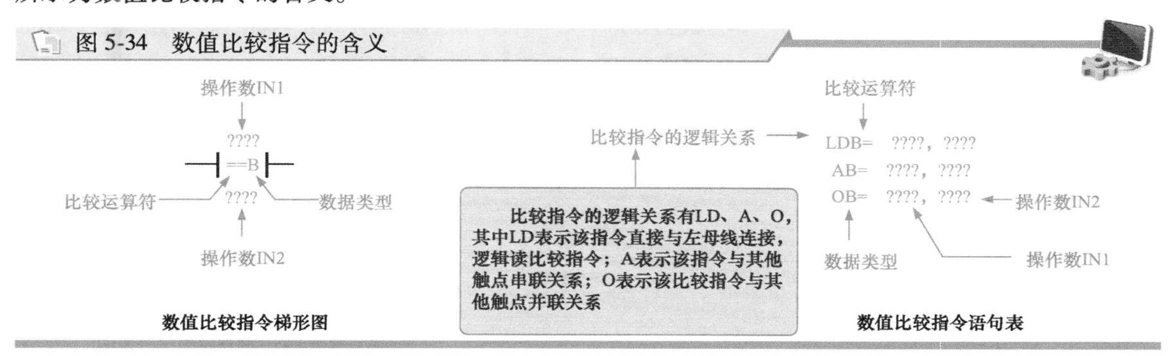


数值比较运算符有 =（等于）、>=（大于或等于）、<=（小于或等于）、>（大于）、<（小于）和<>（不等于）。用于比较的数据类型有字节 B（无符号数）、整数 I（有符号数）、双精度整数 D（有符号数）和实数 R（有符号数）四种，如图 5-35 所示。



图 5-35 不同数据类型的不同比较指令

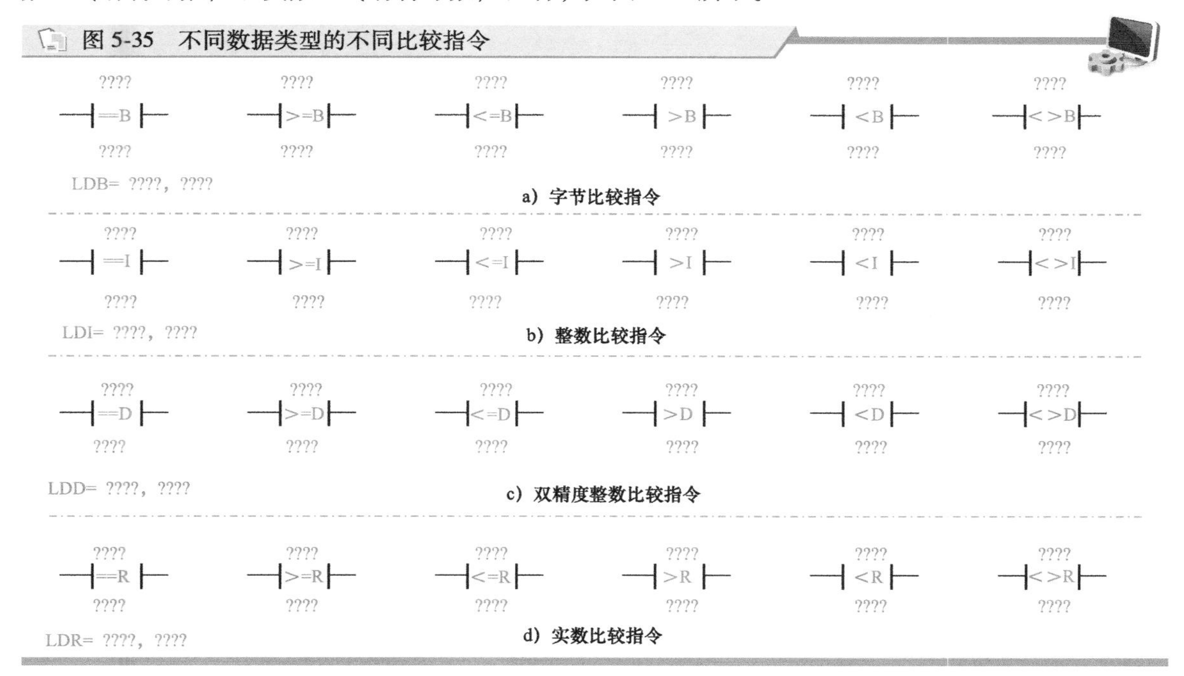


a）字节比较指令

b）整数比较指令

c）双精度整数比较指令

d）实数比较指令

数值比较指令中的有效操作数见表 5-1。

**表 5-1 数值比较指令中的有效操作数**

| 类型 | 说明 | 操作数 |
|---|---|---|
| BYTE | 字节（无符号数） | IB、QB、VB、MB、SMB、SB、LB、AC、* VD、* LD、* AC、常数 |
| INT | 整数（16#8000~16#7FFF） | IW、QW、VW、MW、SMW、SW、LW、T、C、AC、AIW、* VD、* LD、* AC、常数 |

(续)

| 类型 | 说明 | 操作数 |
| --- | --- | --- |
| DINT | 双精度整数(16#80000000~16#7FFFFFFF) | ID、QD、VD、MD、SMD、SD、LD、AC、HC、*VD、*LD、*AC、常数 |
| REAL | 负实数($-1.175495\times10^{-38}\sim-3.402823\times10^{38}$)<br>正实数($+1.175495\times10^{-38}\sim+3.402823\times10^{38}$) | ID、QD、VD、MD、SMD、SD、LD、AC、*VD、*LD、*AC、常数 |

图 5-36 所示为数值比较指令的应用示例。

图 5-36 数值比较指令的应用示例

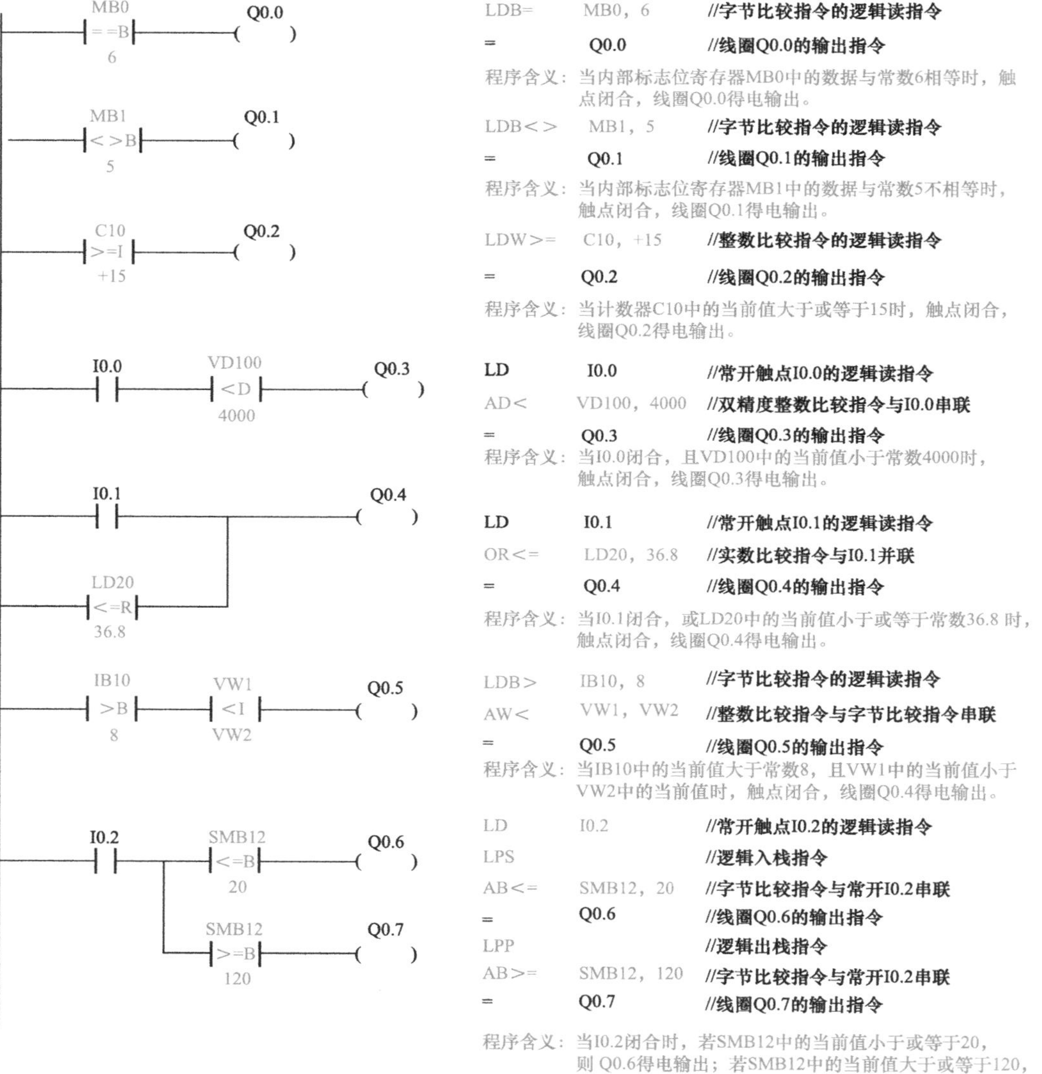


## 5.4.2 字符串比较指令

西门子 S7-200 SMART 系列 PLC 中的字符串比较指令是用于比较两个 ASCII 字符的字符串的指令。该指令运算符包括=(相等)和<>(不相等)两种。当比较结果为真时,触点(梯形图)或输出（功能块图）接通。图 5-37 所示为字符串比较指令的含义。

图 5-37 字符串比较指令的含义

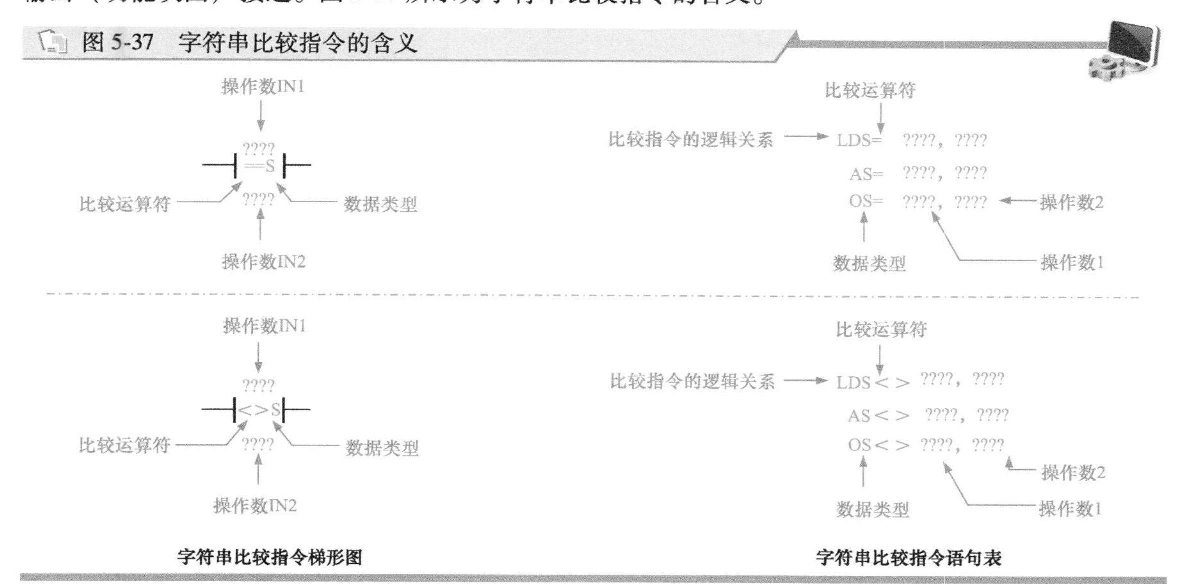




字符串比较指令中的有效操作数见表 5-2。

**表 5-2 字符串比较指令中的有效操作数**

| 类型 | 说明 | 操作数 |
|---|---|---|
| INT1 | STRING（字符串） | VB、LB、* VD、* LD、* AC、常数 |
| INT2 | STRING（字符串） | VB、LB、* VD、* LD、* AC |

图 5-38 所示为字符串比较指令应用示例。

图 5-38 字符串比较指令应用示例

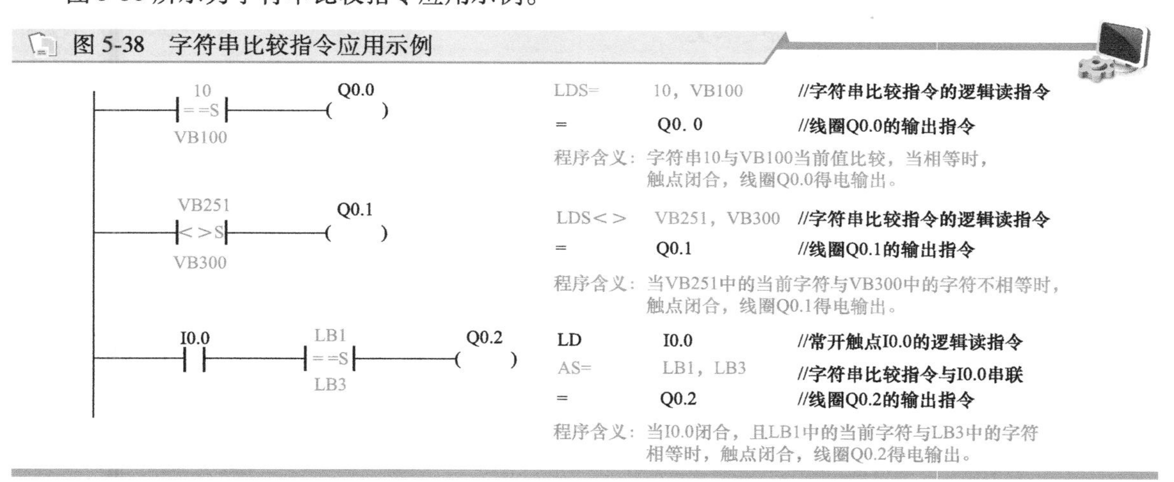


## 5.4.3 基本比较指令

西门子 S7-1200 系列 PLC 中的基本比较指令在程序中作为条件来使用，用来比较两个数值 IN1 和 IN2 的大小，当 IN1 和 IN2 满足关系时能流通过。

图 5-39 所示为西门子 S7-1200 系列 PLC 中的基本比较指令。指令中 IN1 和 IN2 的数据类型应相同，由指令中间“???”下拉列表来设定。

图 5-39　西门子 S7-1200 系列 PLC 中的基本比较指令

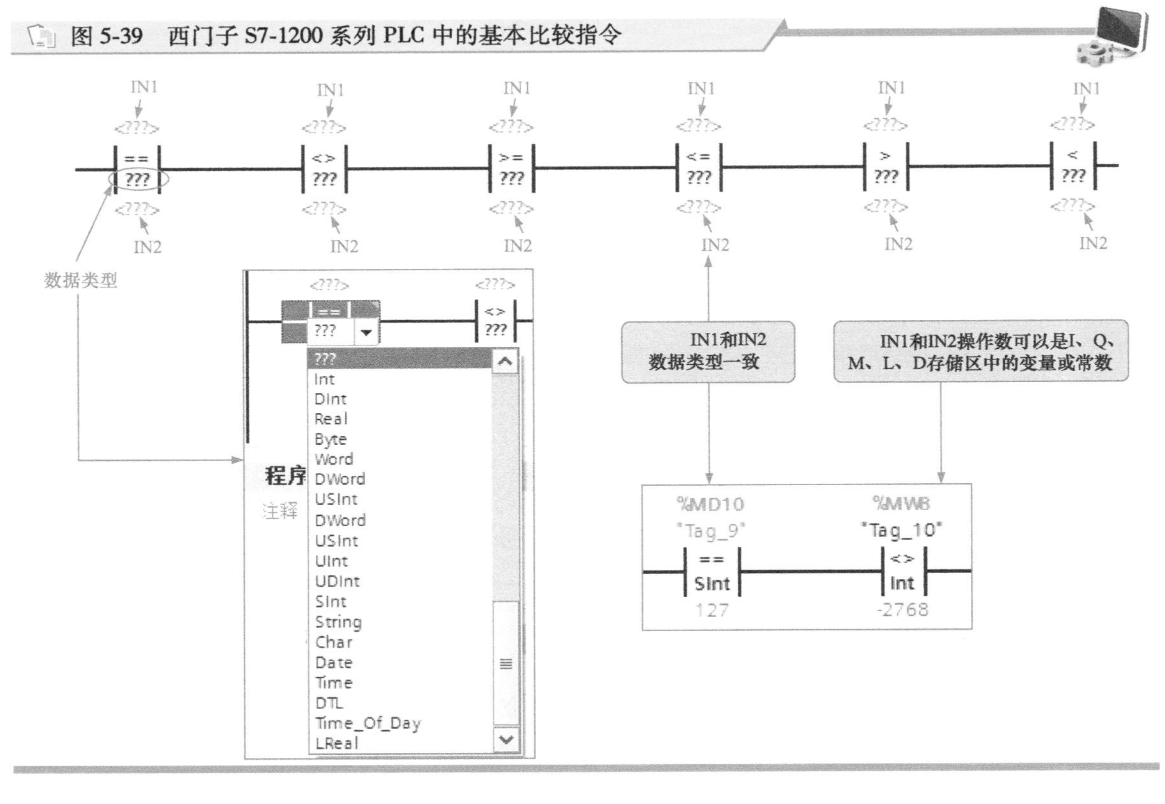




## 5.4.4　范围内和范围外比较指令

西门子 S7-1200 系列 PLC 中的范围内和范围外比较指令可用于测试输入值是在指定的值范围之内还是之外。图 5-40 所示为范围内和范围外比较指令含义。

图 5-40　范围内和范围外比较指令含义

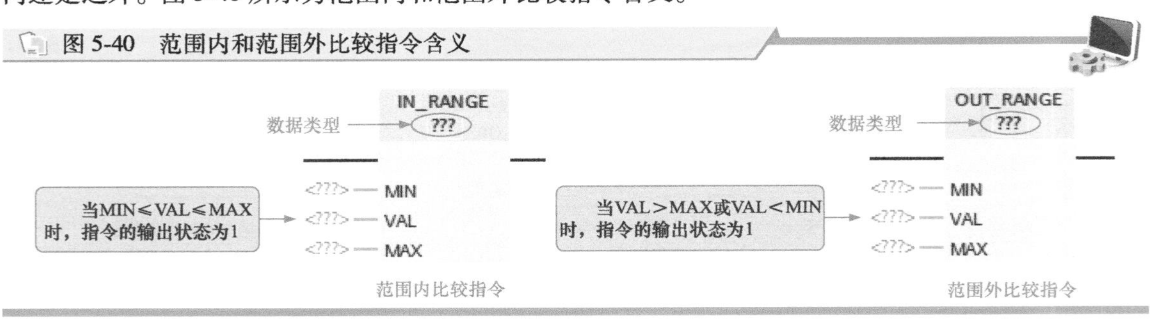


## 5.4.5　OK 与 NOT_OK 指令

OK 与 NOT_ OK 指令用于检测输入数据是否为有效实数（即浮点数）。若输入侧数据为有效实数，则 OK 触点接通；若输入侧数据为非有效实数，则 NOT_OK 触点接通。图 5-41 所示为 OK 与 NOT_OK 指令含义。

图 5-41　OK 与 NOT_OK 指令含义

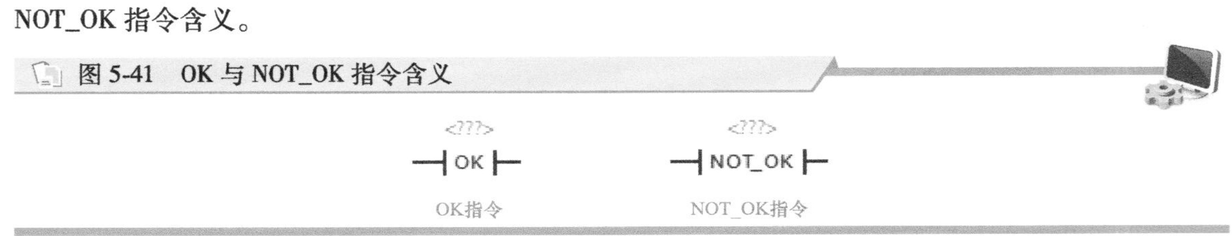

## 5.5 西门子 PLC 的数学函数指令

西门子 PLC 的数学函数指令是指 PLC 中用于实现运算功能的一系列指令，这些指令使 PLC 具有很强的运算指令，而不再仅仅局限于位操作。

常用的数学函数指令主要有加法指令、减法指令、乘法指令、除法指令、递增指令、递减指令等。

### 5.5.1 加法指令（ADD_I、ADD_DI、ADD_R）

加法指令是对两个有符号数相加的指令。根据数据类型不同，加法指令分为整数加法指令（ADD_I）（16 位数）、双精度整数加法指令（ADD_DI）（32 位数）和实数加法指令（ADD_R）（32 位数），如图 5-42 所示。

图 5-42 加法指令（ADD_I、ADD_DI、ADD_R）含义

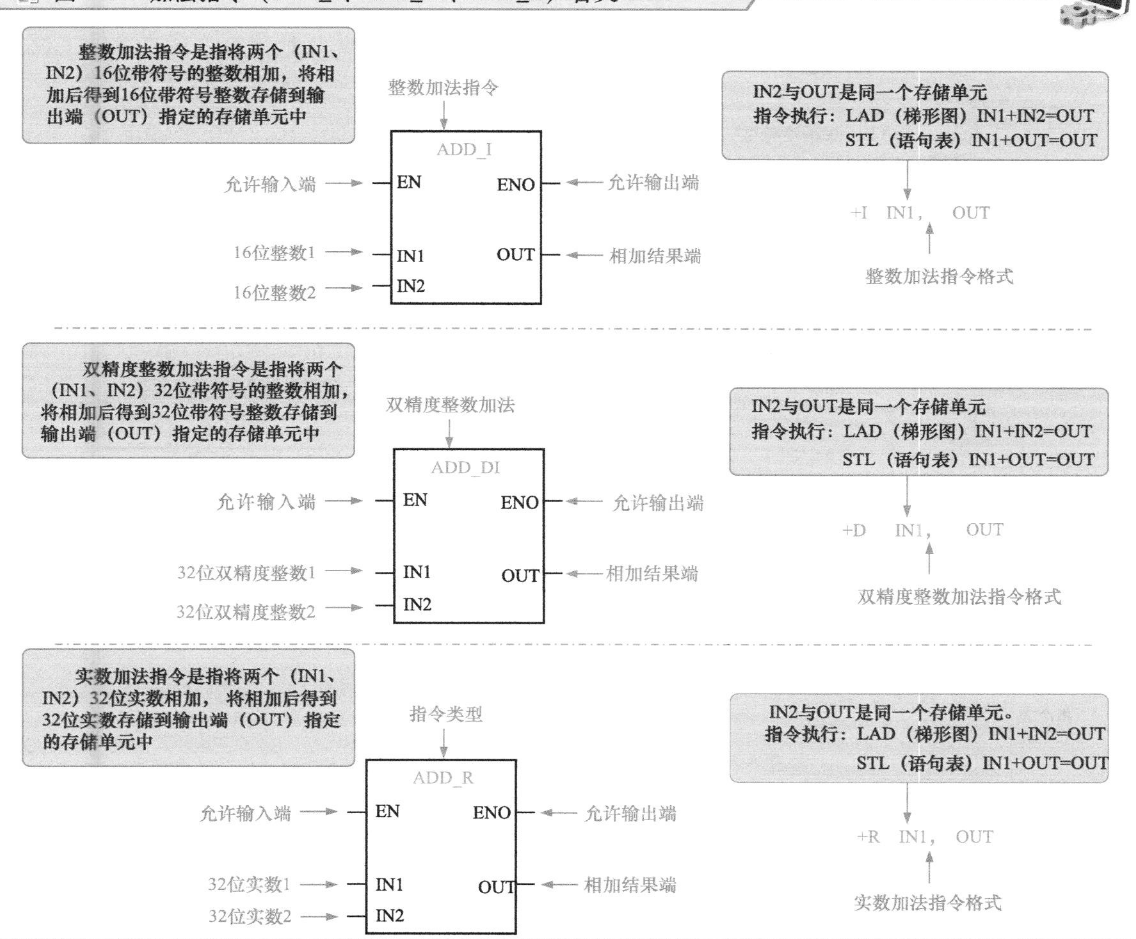




**| 提示说明 |**

**整数加法适合的数据类型为整数。整数是指不带小数部分的数，可以为正整数、负整数和零。整数就是 1 个字（2 个字节），范围为-32768~+32767 之间的任意整数。**

**双精度整数是指不带小数的数，可以是正双精度整数、负双精度整数和零，与整数不同的是，它占用 2 个字（4 个字节）的空间，可表示的数值范围较大，一般为-2147483648~+2147483647 之间的任意整数。**

**实数同样占用 2 个字（4 个字节）的空间，包括整数、分数和无限不循环小数。**

**提示说明**

**在加法指令，包括后面的减法指令、乘法指令、触发指令中，输入和输出端操作数的寻址范围（如上面三种加法指令中的操作数 IW、AC、MD）见表 5-3。**

**表 5-3　输入和输出端操作数的寻址范围**

| 输入/输出 | 数据类型 | 操作数 |
|---|---|---|
| IN1、IN2 | INT（整数） | IW、QW、VW、MW、SMW、SW、T、C、LW、AC、AIW、*VD、*AC、*LD、常数 |
| | DINT（双精度整数） | ID、QD、VD、MD、SMD、SD、LD、AC、HC、*VD、*LD、*AC、常数 |
| | REAL（实数） | ID、QD、VD、MD、SMD、SD、LD、AC、*VD、*LD、*AC、常数 |
| OUT | INT（整数） | IW、QW、VW、MW、SMW、SW、LW、T、C、AC、*VD、*AC、*LD |
| | DINT（双精度整数） | ID、QD、VD、MD、SMD、SD、LD、AC、*VD、*LD、*AC |
| | REAL（实数） | ID、QD、VD、MD、SMD、SD、LD、AC、*VD、*LD、*AC |



**当 IN1、IN2 和 OUT 操作数的地址不同时，在 STL 指令中，首先用数据传送指令将 IN1 中的数值送入 OUT，然后再执行加法运算。为了节省内存，在加法的梯形图指令中，可以指定 IN1 或 IN2=OUT（即 IN1 或 IN2 与 OUT 使用相同的存储单元）。这样，可以不用数据传送指令，如图 5-43 所示。**

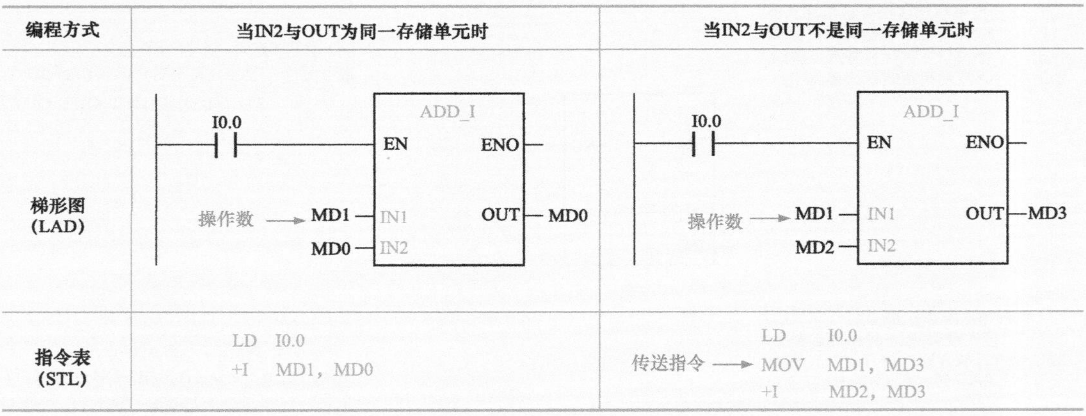

| 编程方式 | 当IN2与OUT为同一存储单元时 | 当IN2与OUT不是同一存储单元时 |
|---|---|---|
| 梯形图<br>(LAD) | I0.0 → ADD_I：EN、ENO；操作数 → MD1 — IN1；MD0 — IN2；OUT — MD0 | I0.0 → ADD_I：EN、ENO；操作数 → MD1 — IN1；MD2 — IN2；OUT — MD3 |
| 指令表<br>(STL) | LD　I0.0<br>+I　MD1，MD0 | LD　I0.0<br>传送指令 → MOV　MD1，MD3<br>+I　MD2，MD3 |

图 5-43　运算指令中 IN2 与 OUT 存储单元相同和不同时的编程方法

**如指定 IN1=OUT，则语句表指令为+I　IN2，OUT。**
**如指定 IN2=OUT，则语句表指令为+I　IN1，OUT。**
**在减法的梯形图指令中，可以指定 IN1=OUT，则语句表指令为-I　IN2，OUT。**
**这个原则适用于所有的四则算术运算指令，且乘法与加法对应，减法与除法对应。**

## 5.5.2　减法指令（SUB_I、SUB_DI、SUB_R）

减法指令是对两个有符号数相减的指令，即将两个输入端（IN1、IN2）指定的数据相减，把得到的结果送到输出端指定的存储单元中。根据数据类型不同，减法指令分为整数加法指令（SUB_I）（16 位数）、双精度整数减法指令（SUB_DI）（32 位数）和实数减法指令（SUB_R）（32 位数）。减法指令的含义与加法指令的含义相似。图 5-44 所示为减法指令的含义。

图 5-44　减法指令的含义

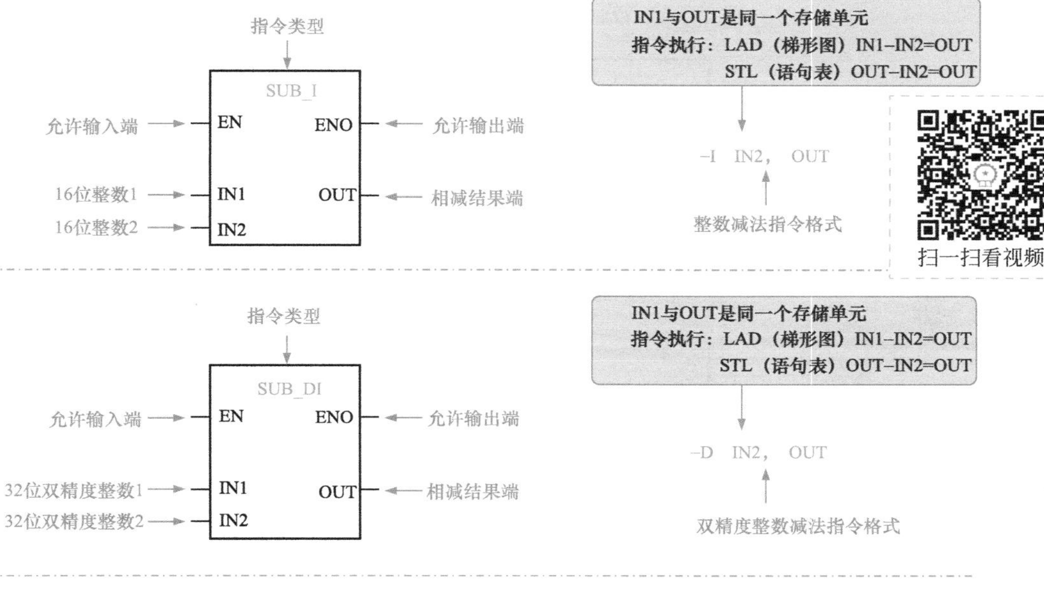


扫一扫看视频



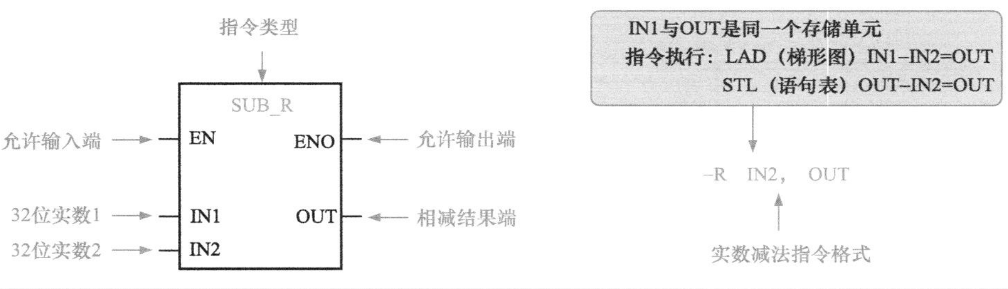


图 5-45 所示为减法指令应用示例。

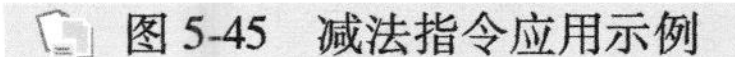

图 5-45　减法指令应用示例

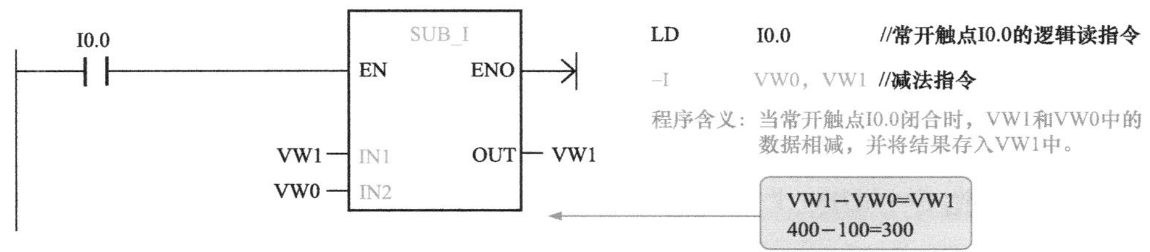


## 5.5.3　乘法指令（MUL_I、MUL、MUL_DI、MUL_R）

乘法指令是将两个输入端（IN1、IN2）指定的数据相乘，把得到的结果送到输出端指定的存储单元中。

根据数据类型不同，乘法指令分为整数乘法指令（MUL_I）（16 位数）、整数乘法产生双精度整数指令（MUL）（将两个 16 位整数相乘，得到 32 位结果，也称为完全整数乘法指令）、双精度整数乘法指令（MUL_DI）（32 位数）和实数乘法指令（MUL_R）（32 位数）。图 5-46 所示为乘法指令含义。

图 5-46　乘法指令含义

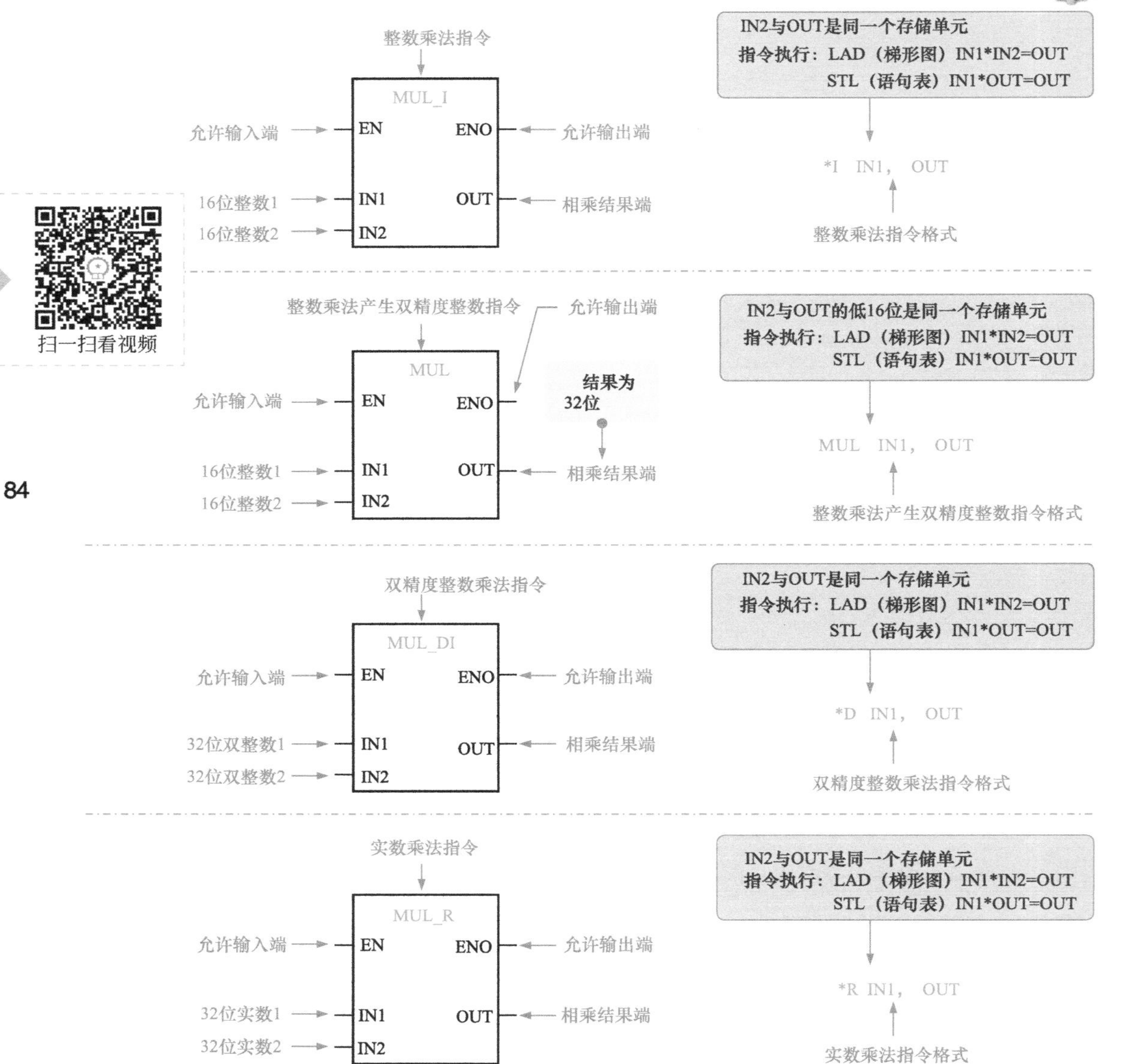




## 5.5.4　除法指令（DIV_I、DIV、DIV_DI、DIV_R）

除法指令是将两个输入端（IN1、IN2）指定的数据相除，把得到的结果送到输出端指定的存储单元中。

根据数据类型不同，除法指令分为整数除法指令（DIV_I）（16 位数，余数不被保留）、整数相除得商/余数指令（DIV）（带余数的整数除法，也称为完全整数除法指令）、双精度整数除法指令（DIV_DI）（32 位数，余数不被保留）和实数除法指令（DIV_R）（32 位数）。图 5-47 所示为除法指令含义。

## 5.5.5　递增、递减指令

递增、递减指令的功能是将输入端（IN）的数据加 1 或者减 1，并将结果存放在输出端（OUT）指定的存储单元中。

图 5-47　除法指令含义

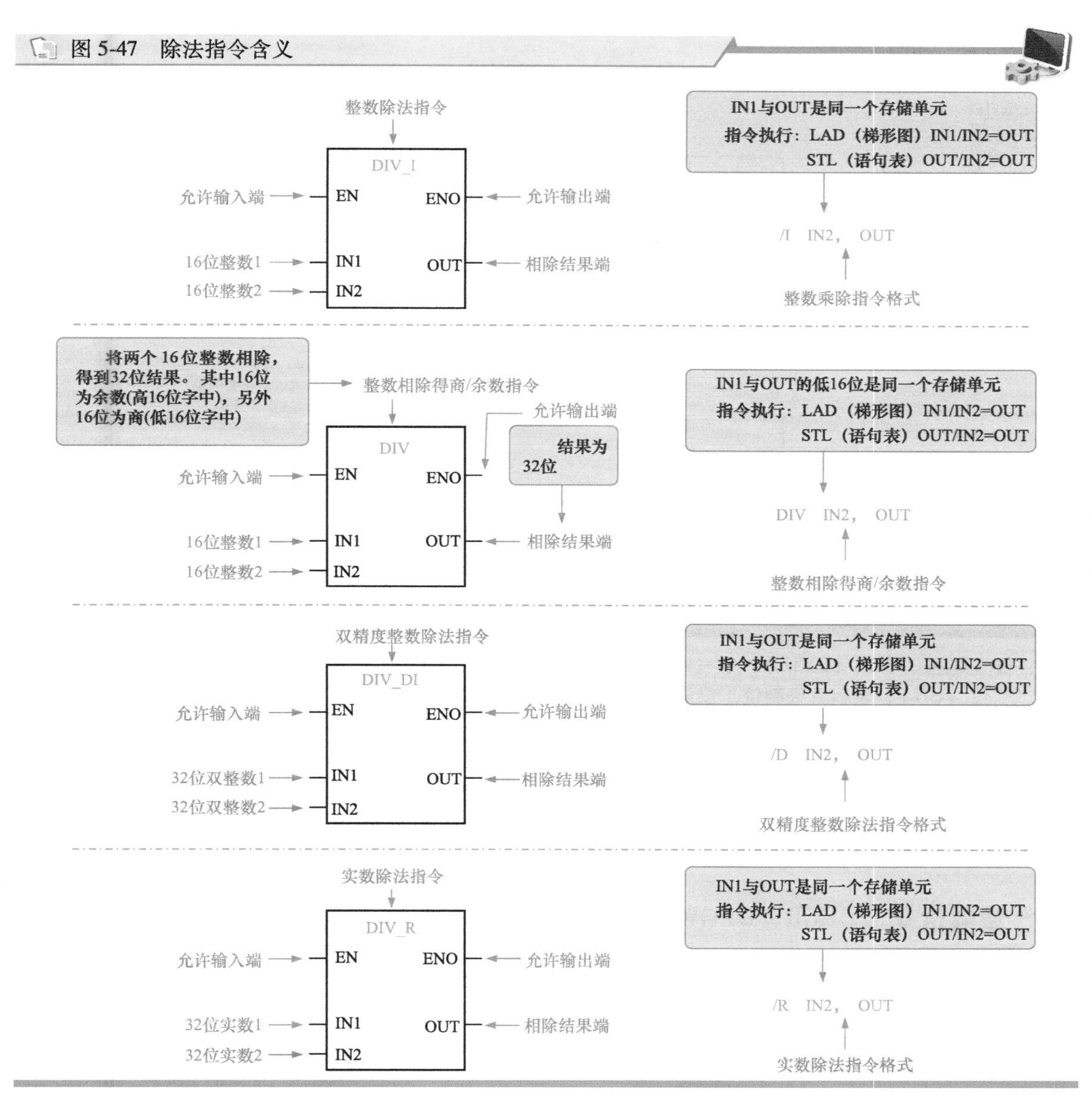

## 1　递增指令（INCB、INCW、INCD）

递增指令根据数据长度不同包括字节递增指令（INCB）、字递增指令（INCW）和双字递增指令（INCD），如图 5-48 所示。

图 5-48　递增指令的含义

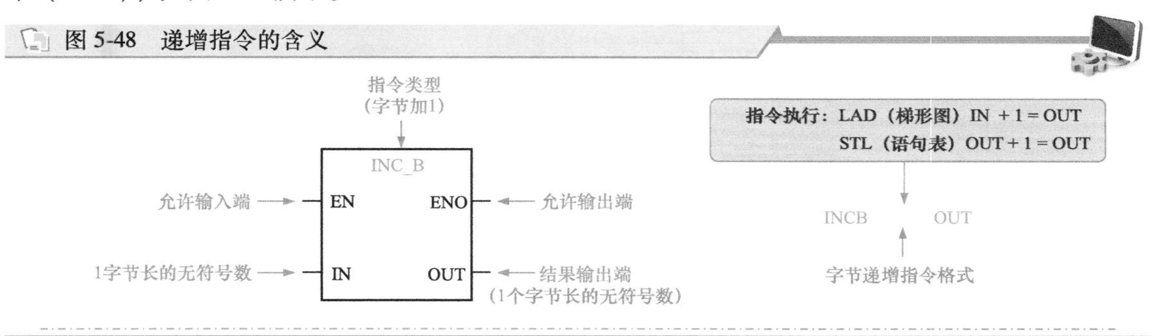

图 5-48　递增指令的含义（续）

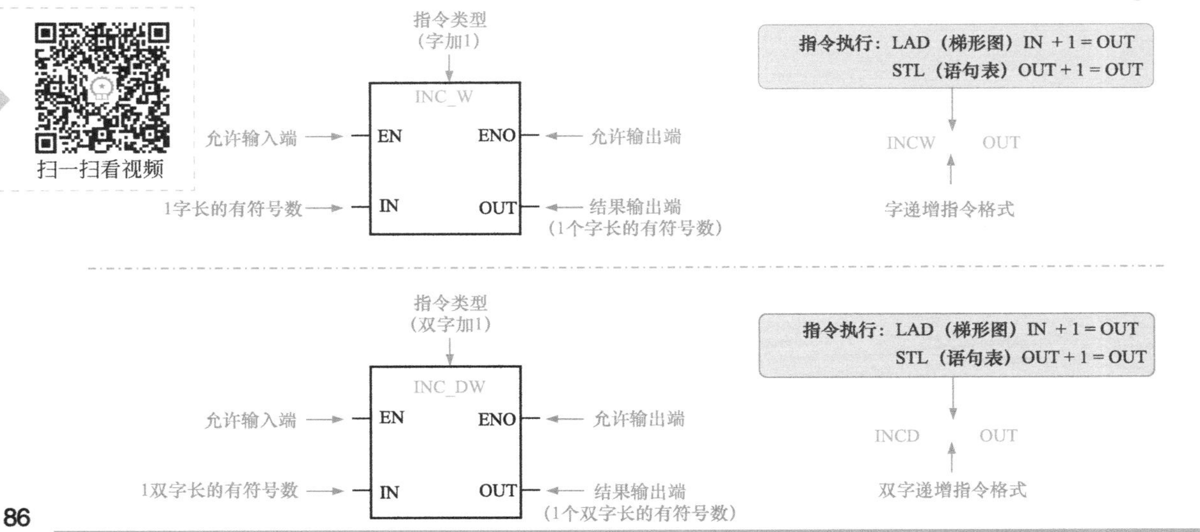




**| 提示说明 |**

**位（BIT）、字节（BYTE）、字（WORD）和双字（DWORD）的基本含义：**

**① 位（BIT），表示二进制位。位是计算机内部数据存储的最小单位，11010100 是一个 8 位二进制数。**

**② 字节（BYTE）是计算机中数据处理的基本单位。计算机中以字节为单位存储和解释信息，规定 1 个字节由 8 个二进制位构成，即 1 个字节等于 8 个比特（1BYTE=8BIT）。**

**③ 字（WORD）是微机原理、汇编语言课程中进行汇编语言程序设计中采用的数据位数，为 16 位，2 个字节（1WORD=2BYTE=16BIT）。**

**④ 双字（DWORD）=2WORD=4BYTE=32BIT。**

## 2　递减指令（DECB、DECW、DECD）

递减指令也可根据数据长度不同分为字节递减指令（DECB）、字递减指令（DECW）和双字递减指令（DECD），如图 5-49 所示。

图 5-49　递减指令的含义

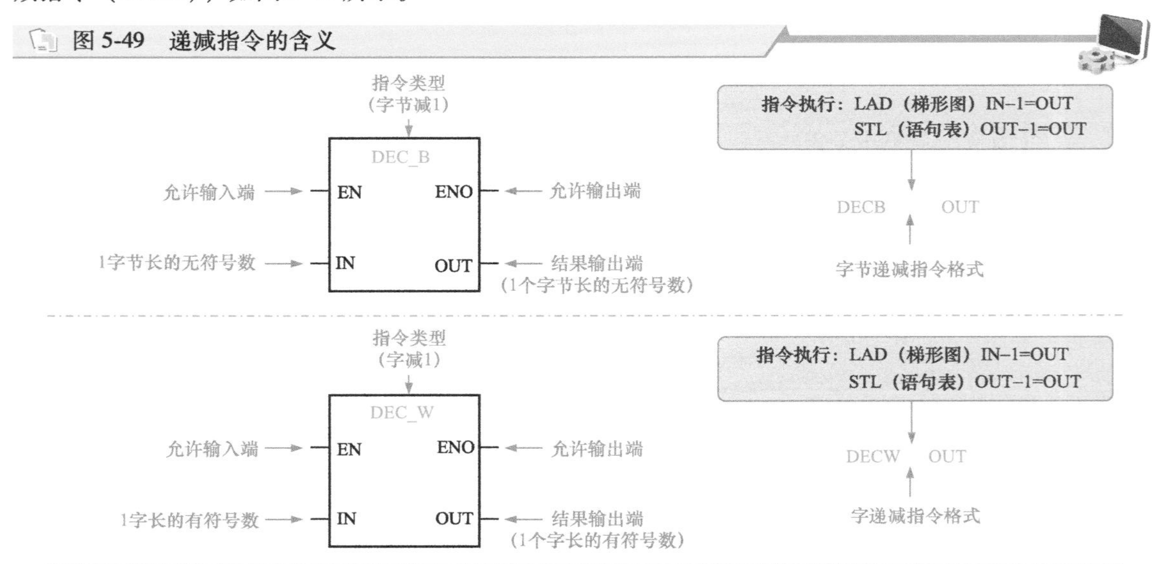

图 5-49 递减指令的含义（续）

指令类型（双字减1）

EDC_DW

允许输入端 → EN　ENO ← 允许输出端

1双字长的有符号数 → IN　OUT ← 结果输出端（1个双字长的有符号数）

指令执行：LAD（梯形图）IN−1=OUT
STL（语句表）OUT −1=OUT

EDCDW　OUT

双字递减指令格式

递增、递减指令中 IN 和 OUT 的寻址范围见表 5-4。

**表 5-4　递增、递减指令中 IN 和 OUT 的寻址范围**

| 输入/输出 | 数据类型 | 操作数 |
|---|---|---|
| IN | BYTE（字节） | IB、QB、VB、MB、SMB、SB、LB、AC、* VD、* LD、* AC、常数 |
| | WORD（字） | IW、QW、VW、MW、SMW、SW、LW、T、C、AC、AIW、* VD、* LD、* AC、常数 |
| | DWORD（双字） | ID、QD、VD、MD、SMD、SD、LD、AC、HC、* VD、* LD、* AC、常数 |
| OUT | BYTE（字节） | IB、QB、VB、MB、SMB、SB、LB、AC、* VD、* AC、* LD |
| | WORD（字） | IW、QW、VW、MW、SMW、SW、T、C、LW、AC、* VD、* LD、* AC |
| | DWORD（双字） | ID、QD、VD、MD、SMD、SD、LD、AC、* VD、* LD、* AC |



**| 相关资料 |**

**西门子 S7-1200 PLC 中的数学函数指令如图 5-50 所示，相较于西门子 S7-200 SMART 系列 PLC 的数学函数指令来说，新增了取余数 MOD 指令、取补码 NEG 指令、取最大值 MAX 指令、取最小值 MIN 指令和取绝对值 ABS 指令。**

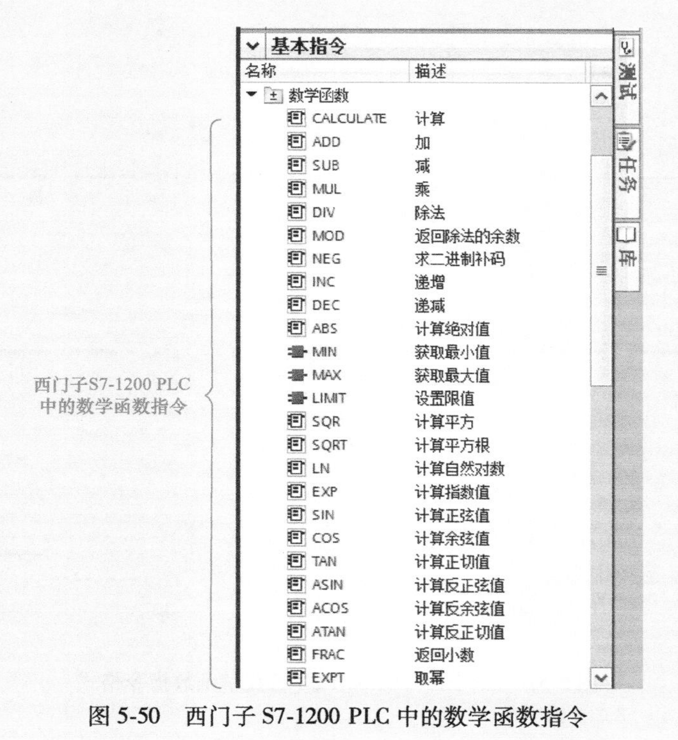


图 5-50　西门子 S7-1200 PLC 中的数学函数指令

图 5-51 所示为西门子 S7-1200 PLC 各数学函数指令格式。

CALCULATE
???
EN ENO
OUT := <???>
<???> — IN1 OUT — <???>
<???> — IN2

计算指令

ADD
Auto (???)
EN ENO
<???> — IN1 OUT — <???>
<???> — IN2

加法指令

SUB
Auto (???)
EN ENO
<???> — IN1 OUT — <???>
<???> — IN2

减法指令

MUL
Auto (???)
EN ENO
<???> — IN1 OUT — <???>
<???> — IN2

乘法指令

DIV
Auto (???)
EN ENO
<???> — IN1 OUT — <???>
<???> — IN2

除法指令



MOD
Auto (???)
EN ENO
<???> — IN1 OUT — <???>
<???> — IN2

返回除法的余数指令
（取余数指令）

NEG
???
EN ENO
<???> — IN OUT — <???>

求二进制补码指令

INC
???
EN ENO
<???> — IN/OUT

递增指令

DEC
???
EN ENO
<???> — IN/OUT

递减指令

ABS
???
EN ENO
<???> — IN OUT — <???>

计算绝对值指令

MIN
???
EN ENO
<???> — IN1 OUT — <???>
<???> — IN2

取最小值指令

MAX
???
EN ENO
<???> — IN1 OUT — <???>
<???> — IN2

取最大值指令

LIMIT
???
EN ENO
<???> — MN OUT — <???>
<???> — IN
<???> — MX

设置限值指令

SQR
???
EN ENO
<???> — IN OUT — <???>

计算平方指令

SQRT
???
EN ENO
<???> — IN OUT — <???>

计算平方根指令

LN
???
EN ENO
<???> — IN OUT — <???>

计算自然对数指令

EXP
???
EN ENO
<???> — IN OUT — <???>

计算指数值指令

SIN
???
EN ENO
<???> — IN OUT — <???>

计算正弦值指令

COS
???
EN ENO
<???> — IN OUT — <???>

计算余弦值指令

TAN
???
EN ENO
<???> — IN OUT — <???>

计算正切值指令

ASIN
???
EN ENO
<???> — IN OUT — <???>

计算反正弦指令

ACOS
???
EN ENO
<???> — IN OUT — <???>

计算反余弦值指令

ATAN
???
EN ENO
<???> — IN OUT — <???>

计算反正切值指令

FRAC
???
EN ENO
<???> — IN OUT — <???>

返回小数指令

EXPT
??? ** ???
EN ENO
<???> — IN1 OUT — <???>
<???> — IN2

取幂指令

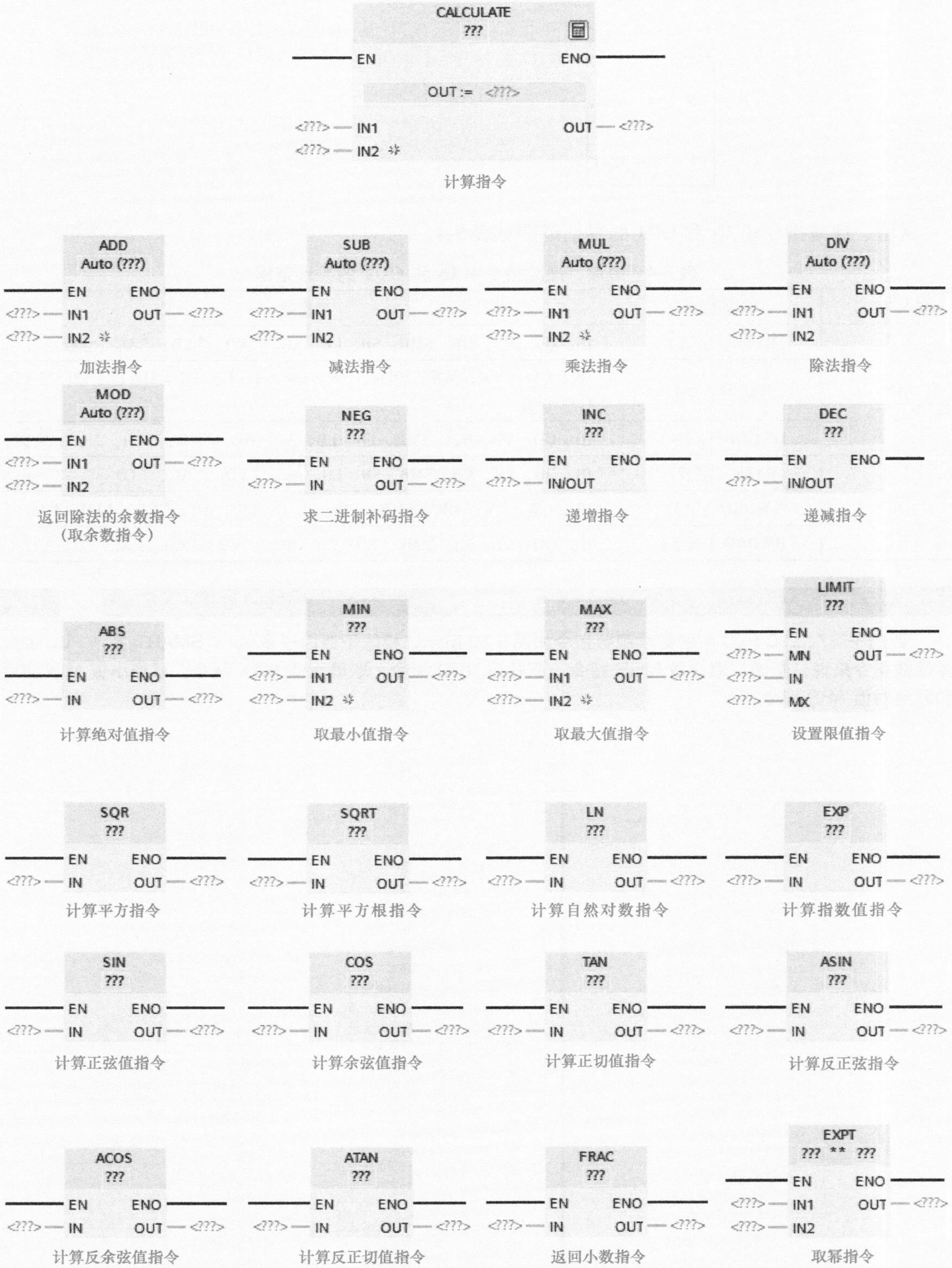

图 5-51 西门子 S7-1200 PLC 各数学函数指令格式

# 5.6 西门子 PLC 的逻辑运算指令

逻辑运算指令是对逻辑数（即无符号数）进行运算处理的指令。西门子 S7-200 SMART PLC 中的逻辑运算指令包括逻辑与、逻辑或、逻辑异或、逻辑取反指令。根据操作数类型不同，每种逻辑运算又可分为字节逻辑运算、字逻辑运算和双字逻辑运算，如图 5-52 所示。

图 5-52 西门子 S7-200 SMART PLC 中的逻辑运算指令

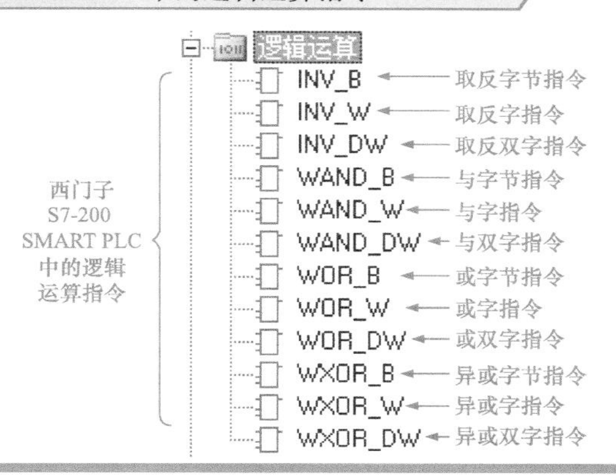


## 5.6.1 逻辑与指令（ANDB、ANDW、ANDD）

逻辑与指令是指将两个输入端（IN1、IN2）的数据按位“与”，并将处理后的结果存储在输出端（OUT）中，如图 5-53 所示。

图 5-53 逻辑与指令含义

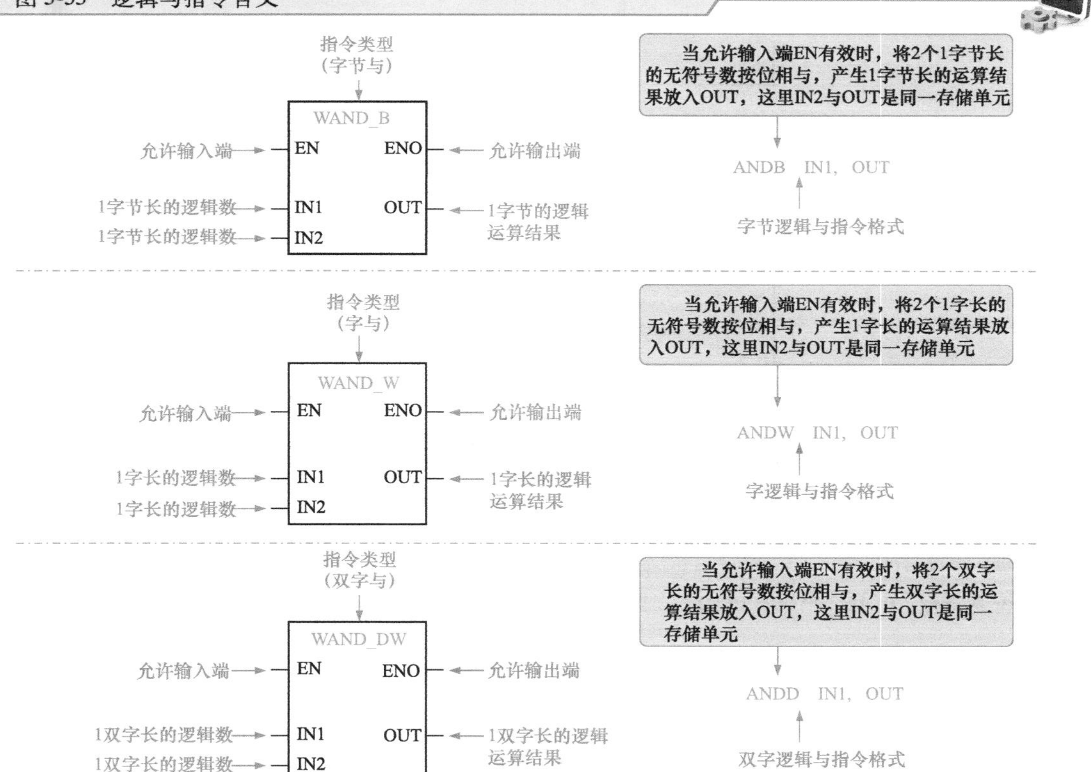

**| 提示说明 |**

**按位逻辑与操作是指当两个条件均为真时，输出结果才为真。**

**例如：0&0=0；0&1=0；1&0=0；1&1=1。**

**多位逻辑与：0010 & 0110=0010。**

## 5.6.2 逻辑或指令（ORB、ORW、ORD）

逻辑或指令是指将两个输入端（IN1、IN2）的数据按位“或”，并将处理后的结果存储在输出端（OUT）中，如图 5-54 所示。

图 5-54 逻辑或指令含义

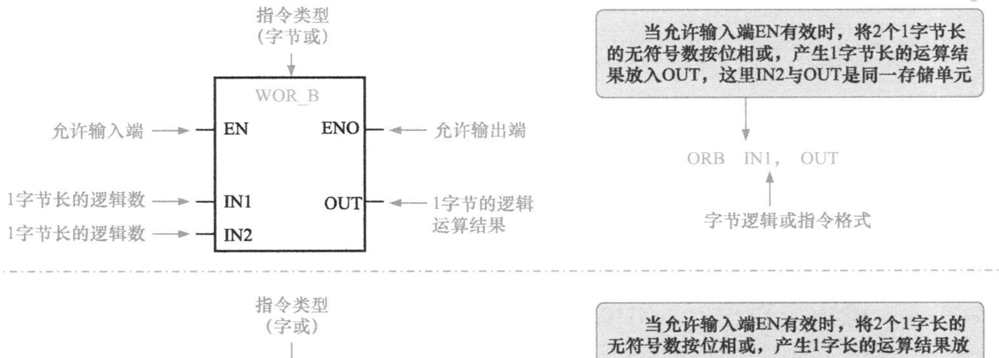


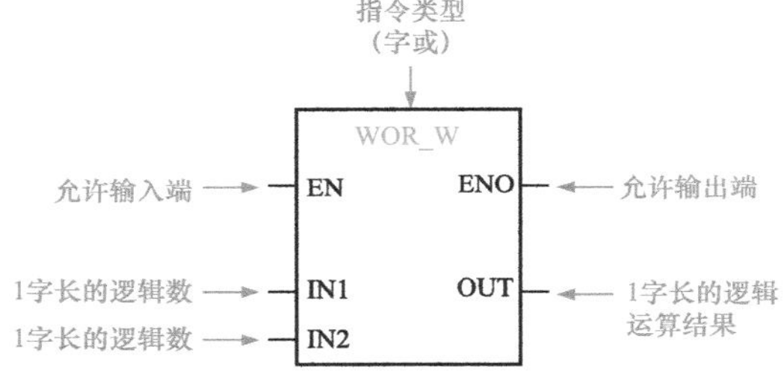


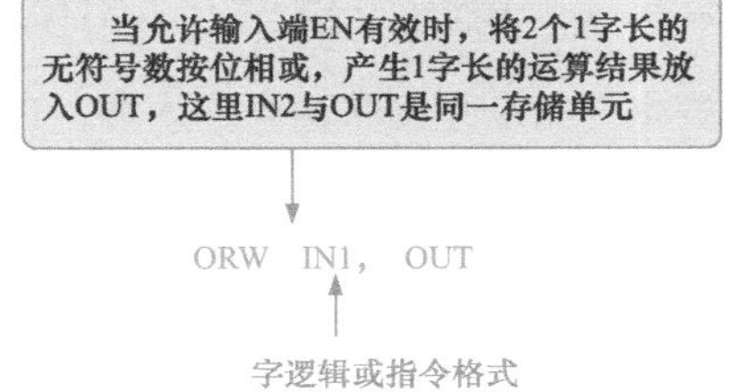


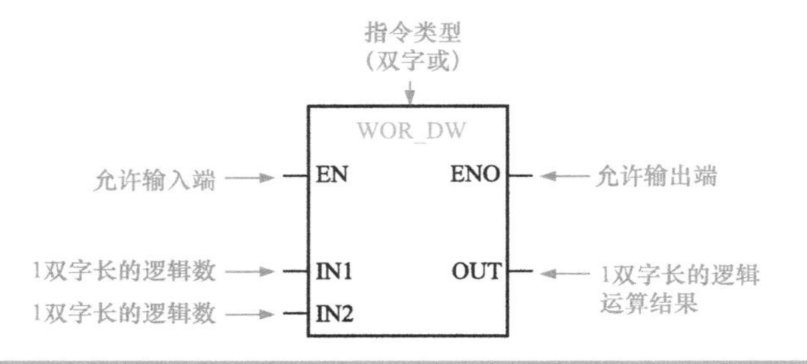




**| 提示说明 |**

**按位逻辑或操作是指当两个条件其中有一个为真时，输出结果即为真；只有两个条件均为假，输出结果才为假。**

**例如：0|0=0；0|1=1；1|0=1；1|1=1。**

**多位逻辑或：0110|1100=1110。**

## 5.6.3 逻辑异或指令（XORB、XORW、XORD）

逻辑异或指令是指将两个输入端（IN1、IN2）的数据按位“异或”，并将处理后的结果存储在输出端（OUT）中，如图 5-55 所示。

图 5-55 逻辑异或指令含义

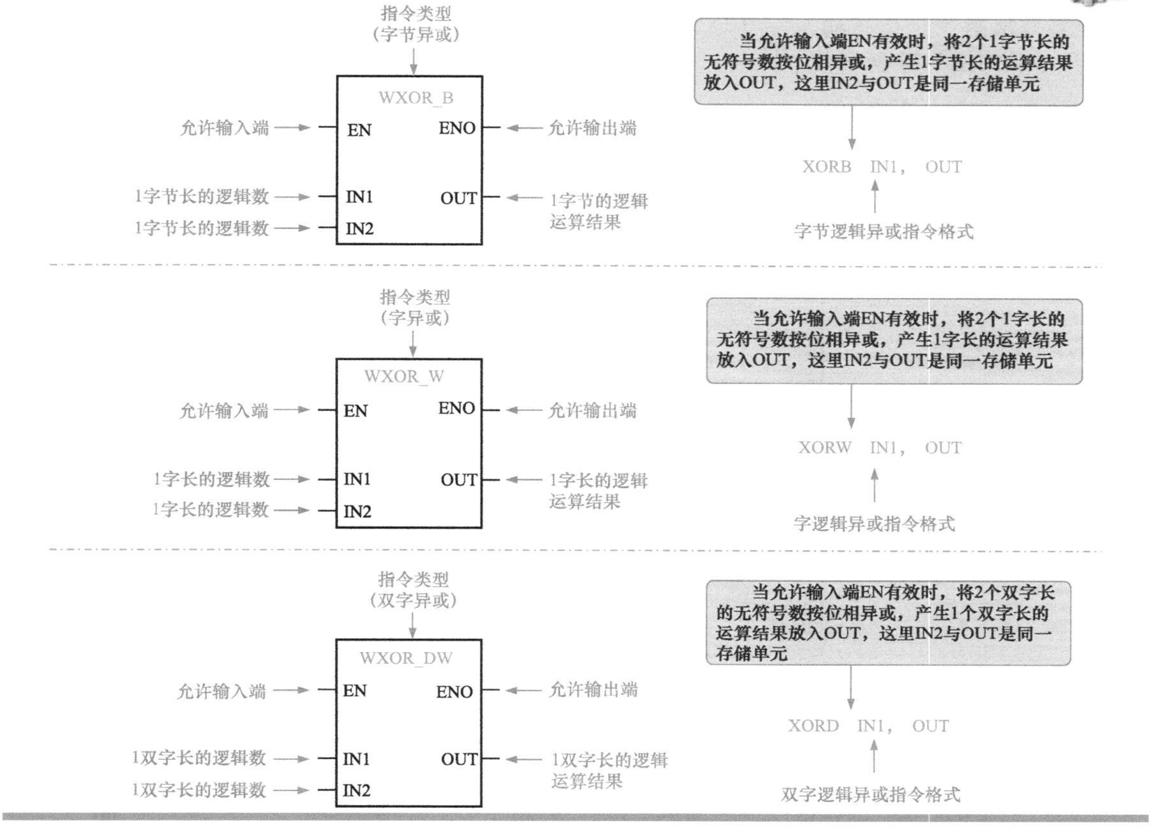




**| 提示说明 |**

按位逻辑异或是指当两个条件不同时，异或结果为真；当两个条件相同时，异或结果为假。

例如：0^0=0；0^1=1；1^0=1；1^1=0。

多位逻辑异或：0011^0101=0110。

在应用逻辑与、逻辑或、逻辑异或运算指令时，为了节省内存，在梯形图指令中，当 IN2 与 OUT 是同一个存储单元时，可直接使用逻辑运算指令实现按位与、或、异或；当 IN2 与 OUT 不是同一个存储单元时，在 STL（语句表）指令中，首先用数据传送指令将 IN1 中的数值送入 OUT，然后再执行逻辑运算，如图 5-56 所示。

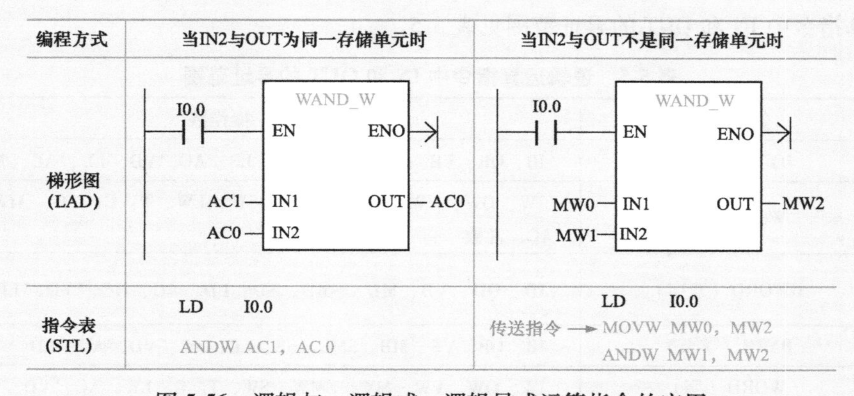


图 5-56 逻辑与、逻辑或、逻辑异或运算指令的应用

## 5.6.4 逻辑取反指令（INVB、INVW、INVD）

逻辑取反指令是指将输入端（IN）的数据按位“取反”，并将处理后的结果存储在输出端（OUT）中，如图 5-57 所示。

图 5-57 逻辑取反指令的含义

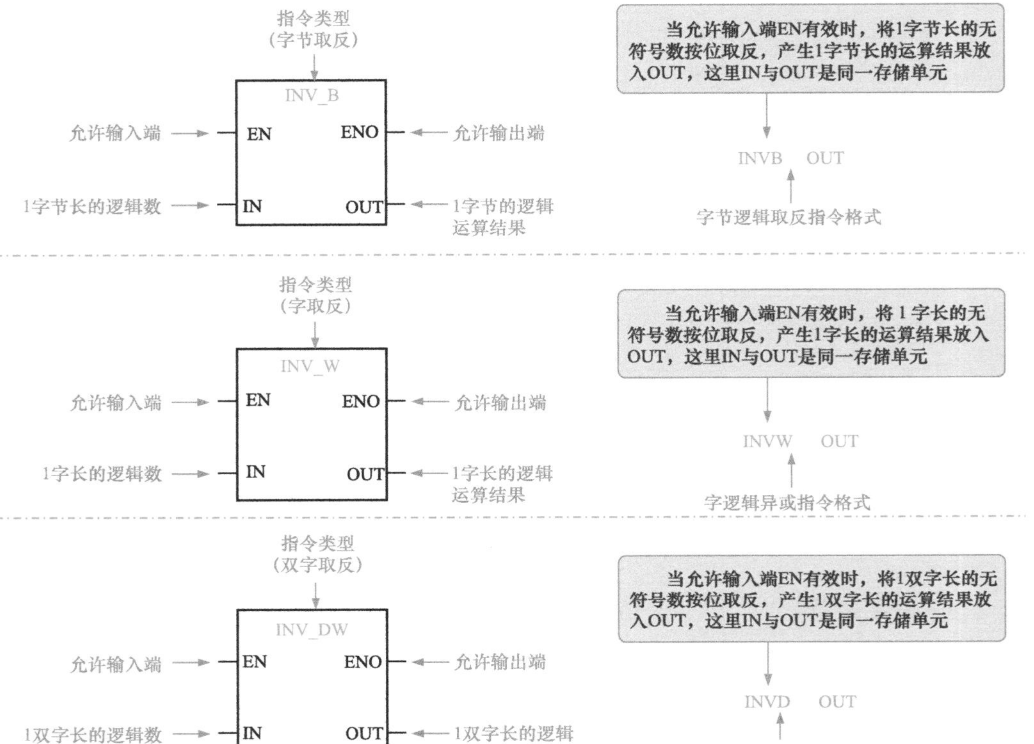


**提示说明**

**按位逻辑取反操作是单目运算，用来求一个位串信息按位的反，即为 0 的位，结果是 1；而为 1 的位，结果是 0。**

**例如：~0=1；~1=0；　　　　　　多位逻辑取反：~0011=1100。**

逻辑运算指令中 IN 和 OUT 的寻址范围见表 5-5。

**表 5-5 逻辑运算指令中 IN 和 OUT 的寻址范围**

| 输入/输出 | 数据类型 | 操作数 |
|---|---|---|
| IN | BYTE（字节） | IB、QB、VB、MB、SMB、SB、LB、AC、*VD、*LD、*AC、常数 |
| | WORD（字） | IW、QW、VW、MW、SMW、SW、LW、T、C、AC、AIW、*VD、*LD、*AC、常数 |
| | DWORD（双字） | ID、QD、VD、MD、SMD、SD、LD、AC、HC、*VD、*LD、*AC、常数 |
| OUT | BYTE（字节） | IB、QB、VB、MB、SMB、SB、LB、AC、*VD、*AC、*LD |
| | WORD（字） | IW、QW、VW、MW、SMW、SW、T、C、LW、AC、*VD、*LD、*AC |
| | DWORD（双字） | ID、QD、VD、MD、SMD、SD、LD、AC、*VD、*LD、*AC |

## | 相关资料 |

西门子 S7-1200 PLC 的逻辑运算指令如图 5-58 所示。逻辑与运算、逻辑或运算、逻辑异或运算、逻辑取反运算都是常见的逻辑运算指令，西门子 S7-1200 PLC 的逻辑运算指令与西门子 S7-200 SMART 系列 PLC 的逻辑运算指令功能一致。

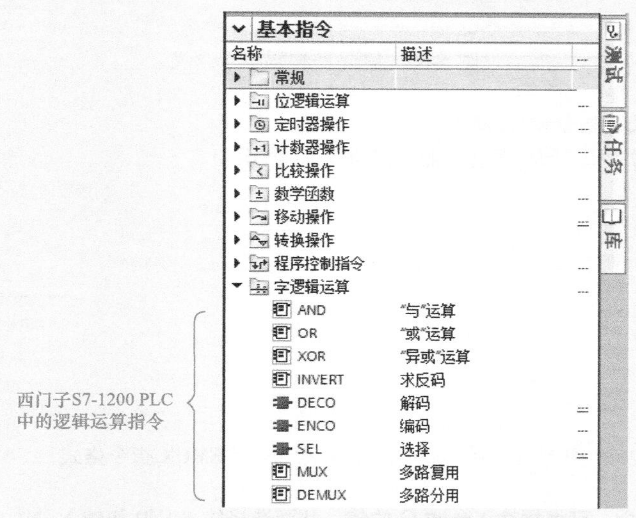


图 5-58 西门子 S7-1200 PLC 中的逻辑运算指令

### (1) 基本逻辑运算指令

基本逻辑运算指令将两个输入 IN1 和 IN2 逐位进行逻辑运算，运算结果存放在输出 OUT 指定的地址。图 5-59 所示为西门子 S7-1200 PLC 基本逻辑运算指令含义。

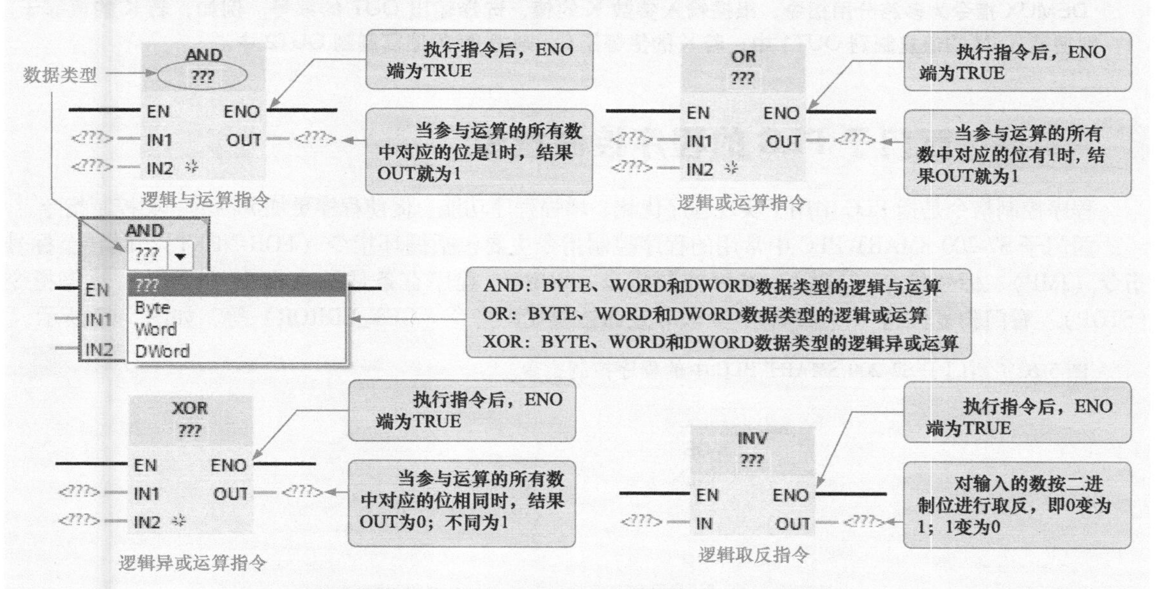


图 5-59 西门子 S7-1200 PLC 基本逻辑运算指令含义

### (2) 解码和编码指令

解码指令（DECO）是指假设参数 IN 的值为 n，该指令将输出参数 OUT 中位号为 n 的位置 1，其余位置 0。编码指令（ENCO）与解码指令相反，将参数 IN 中为 1 的最低位的位数写入到输出中。图 5-60 所示为解码和编码指令含义。

将二进制数解码成位序列

DECO
UInt to ???
EN ENO
<???> IN OUT <???>
解码指令

IN数据类型为UINT；OUT数据类型为BYTE、WORD和DWORD

将位序列编码成二进制数

ENCO
???
EN ENO
<???> IN OUT <???>
编码指令

IN数据类型为BYTE、WORD和DWORD；OUT数据类型为INT

图 5-60　解码和编码指令含义

**（3）SEL 指令、MUX 指令和 DEMUX 指令**

**SEL 指令、MUX 指令和 DEMUX 指令格式如图 5-61 所示。**

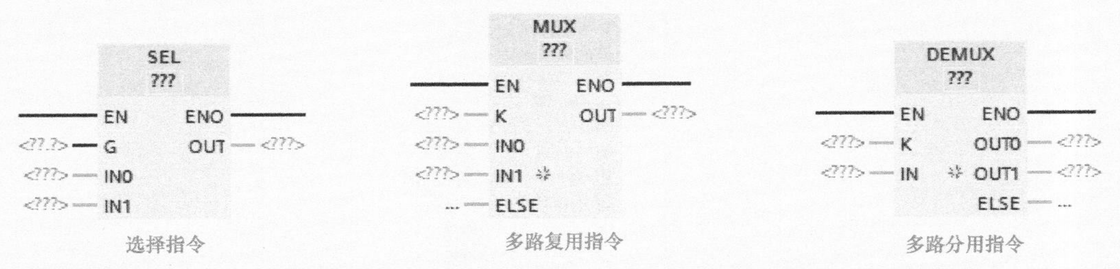




图 5-61　SEL 指令、MUX 指令和 DEMUX 指令格式

**SEL 指令为选择指令，可根据输入参数 G 的值，从而选择输入 IN0 和输入 IN1 中的一个，并把选择的内容复制到 OUT 中。例如，若 G 为 0，则选中 IN0 中的值，复制到 OUT 中；若 G 为 1，则选中 IN1 中的值，复制到 OUT 中。**

**MUX 指令为多路复用指令，根据输入参数 K 的值，选择输入 IN 端的编号，如 K 的值为 1，则把 IN1 的值复制到 OUT 中。若 K 的值超过允许范围，则将 ELSE 的值输出到 OUT 中。**

**DEMUX 指令为多路分用指令，根据输入参数 K 的值，选择输出 OUT 的编号。例如，若 K 的值等于 1，则把输入 IN 的值复制到 OUT1 中；若 K 的值等于 2，则把 IN 的值复制到 OUT2 中。**

## 5.7 西门子 PLC 的程序控制指令

程序控制指令是指 PLC 中用于实现程序优化、增强程序功能、促使程序更加灵活的一类控制指令。

西门子 S7-200 SMART PLC 中常用的程序控制指令主要包括循环指令（FOR-NEXT）、跳转至标号指令（JMP）、标号指令（LBL）、顺序控制指令（SCR）、程序有条件结束指令（END）、暂停指令（STOP）、看门狗复位指令（WDR）、获取非致命错误代码指令（GET_ERROR）等，如图 5-62 所示。

图 5-62　西门子 S7-200 SMART PLC 中的程序控制指令

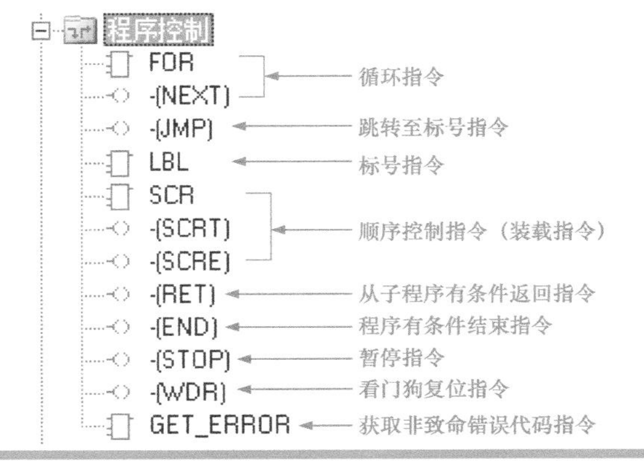

西门子 S7-1200 PLC 的程序控制指令如图 5-63 所示。

图 5-63 西门子 S7-1200 PLC 中的程序控制指令

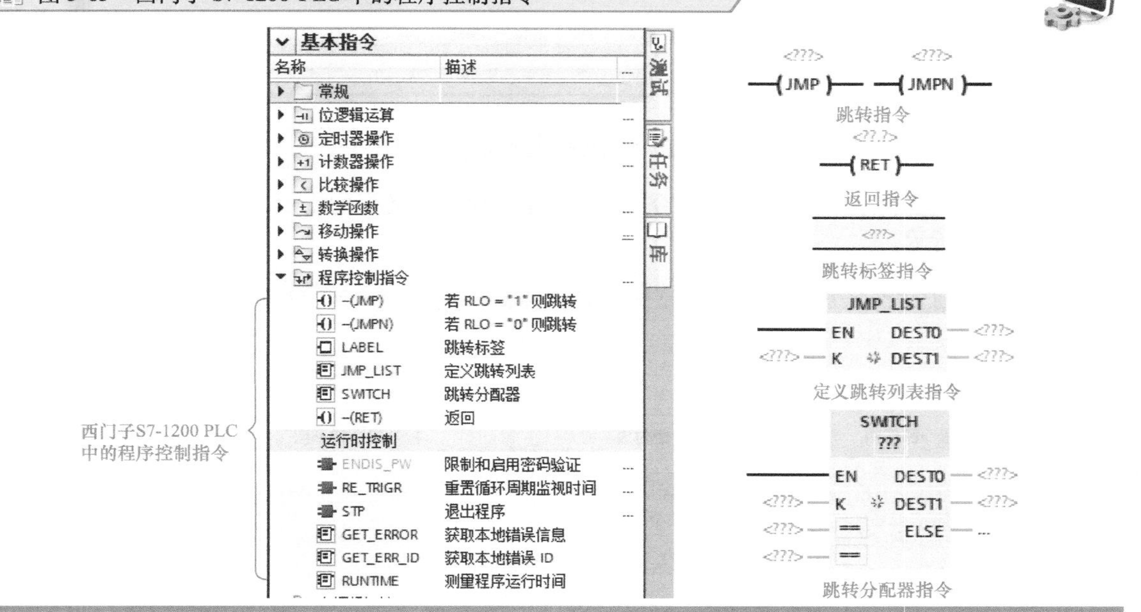




## 5.7.1 循环指令（FOR-NEXT）

循环指令包括循环开始指令（FOR）和循环结束指令（NEXT）两个基本指令，如图 5-64 所示。

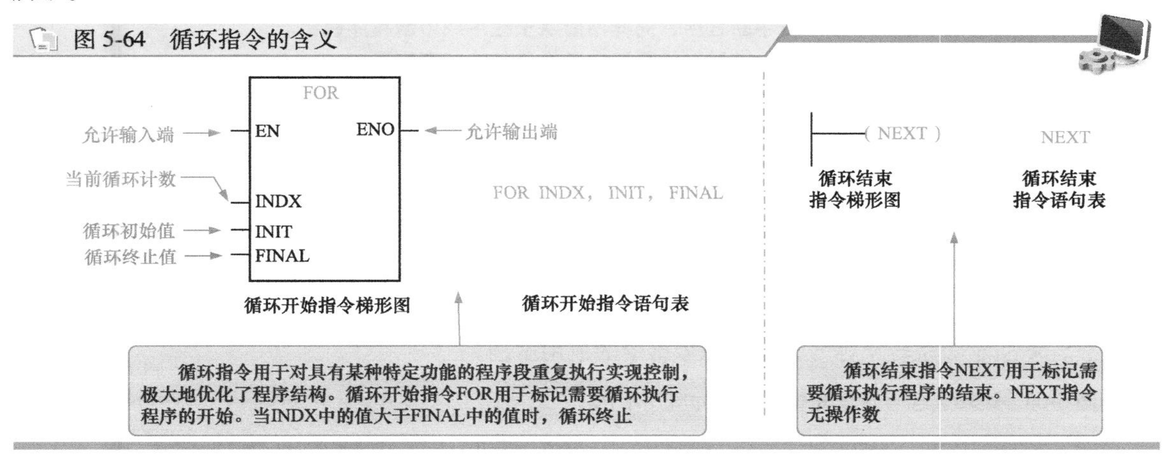
图 5-64 循环指令的含义


**| 提示说明 |**

在使用循环指令（FOR-NEXT）时需要注意：

● 当某项功能程序段需要重复执行时，可使用循环指令。

● 循环开始指令（FOR）与循环结束指令（NEXT）必须配合使用。

● 循环指令 FOR 与 NEXT 之间的程序称为循环体。

● 循环指令可以嵌套使用，嵌套层数不超过 8 层。

● 循环程序执行时，假设循环初始值 INIT 为 1，循环终止值 FINAL 为 5，表示循环体要循环 5 次，且每循环一次 INDX（当前循环计数）值加 1，当 INDX 的值大于 FINAL 时，循环结束。

另外，循环指令操作数的选址范围见表 5-6。

表 5-6　循环指令操作数的选址范围

| 输入/输出 | 数据类型 | 操作数 |
|---|---|---|
| INDX | INT | IW、QW、VW、MW、SMW、SW、T、C、LW、AIW、AC、*VD、*LD、*AC |
| INIT，FINAL | INT | VW、IW、QW、MW、SMW、SW、T、C、LW、AC、AIW、*VD、*AC、常数 |

## 5.7.2　跳转至标号指令（JMP）和标号指令（LBL）

跳转至标号指令（JMP）与标号指令（LBL）是一对配合使用的指令，必须成对使用，缺一不可，如图 5-65 所示。

图 5-65　跳转至标号指令与标号指令的含义

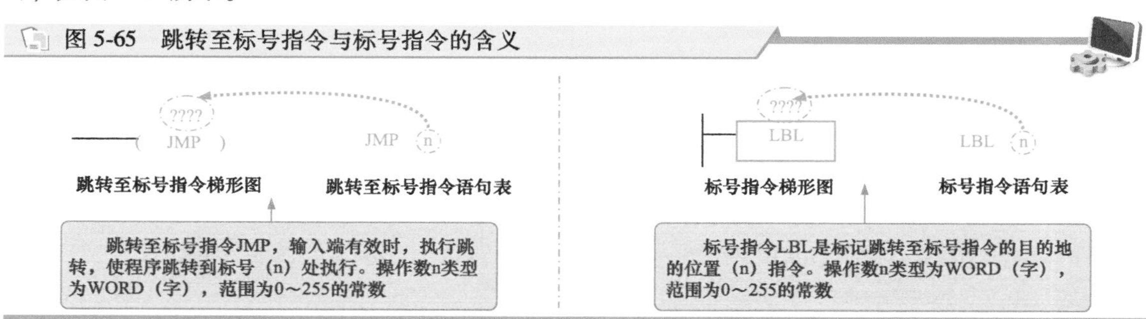




**| 提示说明 |**

**在使用跳转至标号指令（JMP）和标号指令（LBL）时需要注意：**

- **跳转至标号指令与标号指令必须配合使用。**
- **跳转至标号指令与标号指令可以在主程序、子程序或者中断程序中使用。跳转和与之相应的标号指令必须位于同一段程序代码（无论是主程序、子程序还是中断程序）。**
- **不能从主程序跳到子程序或中断程序，同样不能从子程序或中断程序跳出。**
- **程序执行跳转至标号指令后，被跳过的程序中各类元件的状态如下：**

**① Q、M、S、C 等元件的位保持跳转前的状态。**

**② 计数器 C 停止计数，保持跳转前的计数值。**

**③ 分辨率为 1ms、10ms 的定时器保持跳转前的工作状态，即跳转前开始计时的定时器继续计时工作，到设定值后其位（相应的常开触点、常闭触点）的状态也会改变。**

**④ 分辨率为 100ms 的定时器在跳转期间停止工作，但不会复位，保持跳转时的值，但跳转结束后，在输入条件允许的前提下，继续计时，但此时计时已不准确，因此使用定时器的程序中，应谨慎使用跳转至标号指令。**

图 5-66 所示为跳转至标号指令和标号指令的应用示例。

图 5-66　跳转至标号指令和标号指令的应用示例

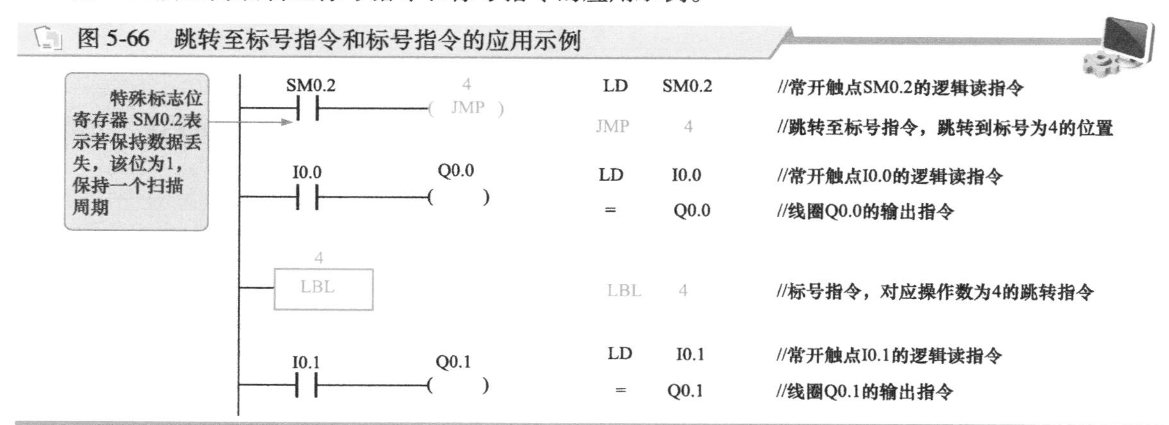

**| 提示说明 |**

**图 5-66 程序含义：若保持数据丢失（SM0. 2 闭合），执行跳转至标号指令，程序跳转到 LBL 标号以后的指令开始执行，JMP 与 LBL 之间的所有指令不再执行，即使 I0. 0 闭合，Q0. 0 也不得电。即当 SM0. 2 闭合时，程序跳转，若此时 I0. 1 闭合，则 Q0. 1 得电输出；若 SM0. 2 不动作，即跳转条件不满足时，若 I0. 0 闭合，则 Q0. 0 得电输出。**

## 5. 7. 3 顺序控制指令（SCR）

顺序控制指令（SCR）是将顺序功能图（SFC）转换为梯形图的编程指令，主要包括段开始指令（LSCR）、段转移指令（SCRT）和段结束指令（SCRE），如图 5-67 所示。

图 5-67 顺序控制指令的含义

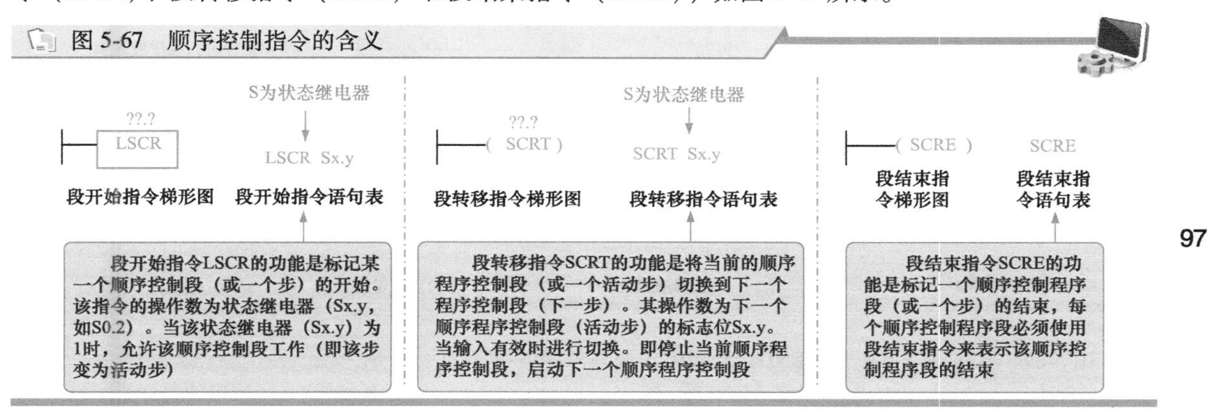

**| 提示说明 |**

**使用顺序控制指令时需要注意：**

- **在梯形图中段开始指令为功能框形式，段转移指令和段结束指令均为线圈形式。**
- **顺序控制指令仅对状态继电器 S 有效。**
- **当 S 被置位后，顺序控制程序段中的程序才能够执行。**
- **不能把同一个 S 位用于不同程序中。例如：如果在主程序中用了 S0. 0，在子程序中就不能再使用。**
- **在 SCR 段中不能使用 FOR、NEXT 和 END 指令。**
- **无法跳转入或跳转出 SCR 段；然而，可以使用跳转和标号指令（JMP、LBL）在 SCR 段附近跳转，或在 SCR 段内跳转。**

图 5-68 所示为顺序控制指令的应用示例。

上面的顺序功能图属于纯顺序结构，除了这种结构常见的顺序功能图，还有选择分支控制结构、合并分支控制结构、循环控制结构等，可通过顺序控制指令将这些类型的顺序功能图转换为梯形图。

合并分支控制结构是指两个或者多个分支状态流合并为一个状态流。当多个状态流汇集成一个时，称为合并。当控制流合并时，所有的控制流必须都完成，才能执行下一个状态。

循环控制结构属于一种特殊的选择分支控制结构，其功能是满足一定条件后，实现顺序控制过程某段程序的多次、重复执行。

## 5. 7. 4 有条件结束指令（END）和暂停指令（STOP）

有条件结束指令（END）是结束程序的指令。只能结束主程序，不能在子程序和中断服务程序中使用。

暂停指令（STOP）是指当条件允许时，立即终止程序的执行，将 PLC 当前的运行工作方式（RUN）转换到停止方式（STOP）。

图 5-69 所示为有条件结束指令（END）和暂停指令（STOP）的含义。

图 5-68　顺序控制指令的应用示例

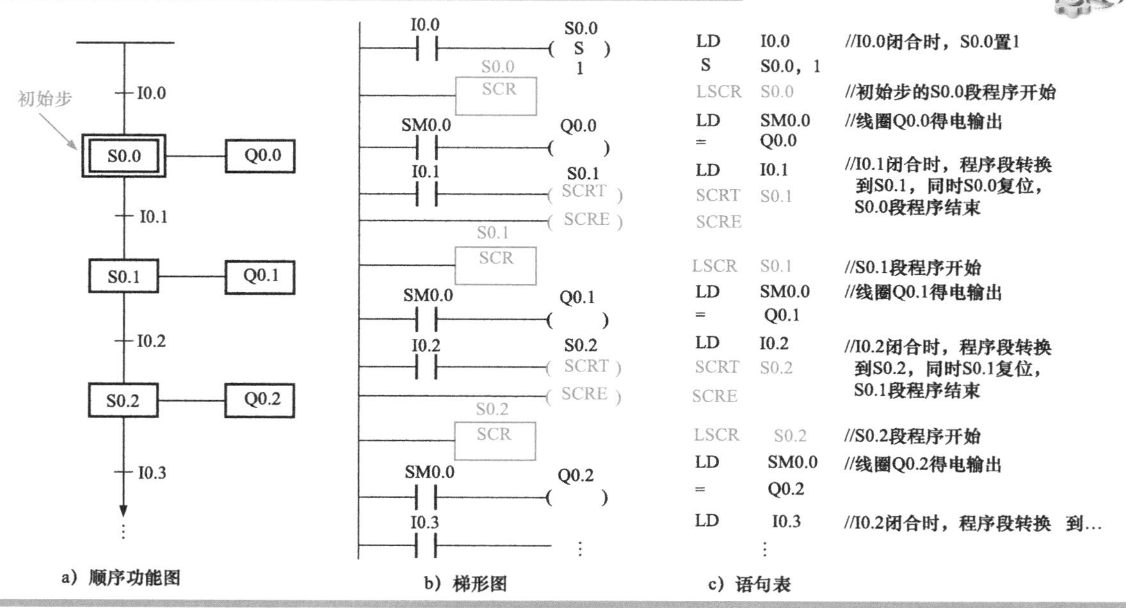




图 5-69　有条件结束指令（END）和暂停指令（STOP）的含义

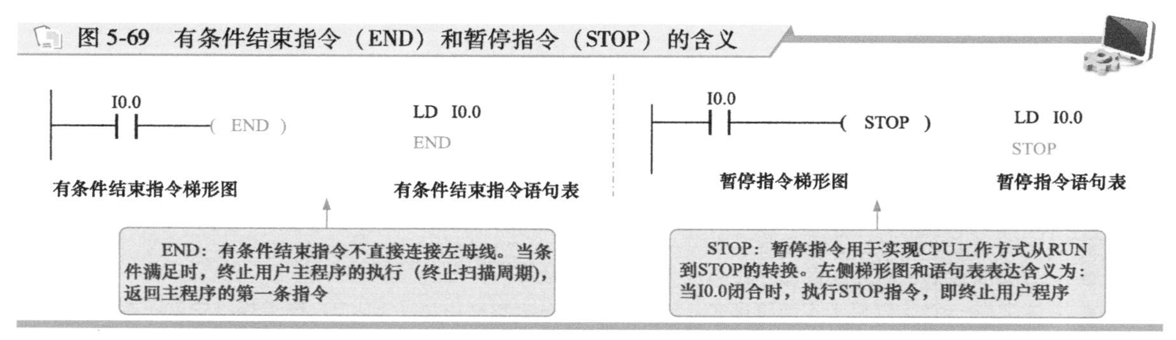


**提示说明**

**当 STOP 指令在中断程序中执行时，该中断程序立即终止，并且忽略所有暂停执行（也称为挂起）的中断，继续扫描程序的剩余部分。完成当前周期的剩余动作，包括用户主程序的执行，并在当前扫描的最后，完成从 RUN 到 STOP 工作方式的转变。**

图 5-70 所示为有条件结束指令（END）和暂停指令（STOP）的应用示例。

**提示说明**

**SM 是特殊标志位存储器，其有效地址范围为 SM0.0~SM549.7，其中 SM5.0 表示当有 I/O 错误时，将该位置 1。**

## 5.7.5　看门狗复位指令（WDR）

看门狗复位指令（WDR）是一种用于复位系统中的看门狗定时器（WDT）的指令。

看门狗定时器（WDT）是专门监视扫描周期的时钟，用于监视扫描周期是否超时。WDT 一般有一个稍微大于程序扫描周期的定时值（西门子 S7-200 中 WDT 的设定值为 300ms）。当程序正常扫描时，所需扫描时间小于 WDT 设定值，WDT 被复位；当程序异常时，扫描周期大于 WDT，WDT 不能及时复位，将发出报警并停止 CPU 运行，防止因系统异常或程序进入死循环而引起的扫描周期过长。

图 5-70 有条件结束指令（END）和暂停指令（STOP）的应用示例

| 梯形图 | 语句表 |
|---|---|
| SM5.0 —┤ ├—( STOP ) | LD SM5.0 //常开触点SM5.0的逻辑读指令<br>STOP //暂停指令<br>程序含义：当检测到I/O错误时，强制转换到STOP工作方式，即暂停指令执行。 |
| I0.0 —┤ ├—( Q0.0 ) | LD I0.0 //常开触点I0.0的逻辑读指令<br>= Q0.0 //线圈Q0.0的输出指令<br>程序含义：当I0.0闭合时，Q0.0得电输出。 |
| I0.1 —┤ ├—( END ) | LD I0.1 //常开触点I0.1的逻辑读指令<br>END //有条件结束指令<br>程序含义：当I0.1闭合时，终止用户程序，Q0.0仍保持接通（注意需要在未检测到I/O错误时，即不执行STOP指令时），下面的程序不再执行。当I0.0断开，I0.2闭合时，Q0.1才会得电输出。 |
| I0.2 —┤ ├—( Q0.1 ) | LD I0.2 //常开触点I0.2的逻辑读指令<br>= Q0.1 //线圈Q0.1的输出指令<br>程序含义：当I0.0断开，I0.2闭合时，Q0.1得电输出。 |



然而，有些系统程序会因使用中断指令、循环指令或程序本身过长，而超过 WDT 定时器的设定值，此时若希望程序正常工作，可在程序适当位置插入看门狗复位指令 WDR，对看门狗定时器 WDT 复位，从而延长一次允许的扫描时间。

图 5-71 所示为看门狗复位指令（WDR）的含义。

图 5-71 看门狗复位指令（WDR）的含义

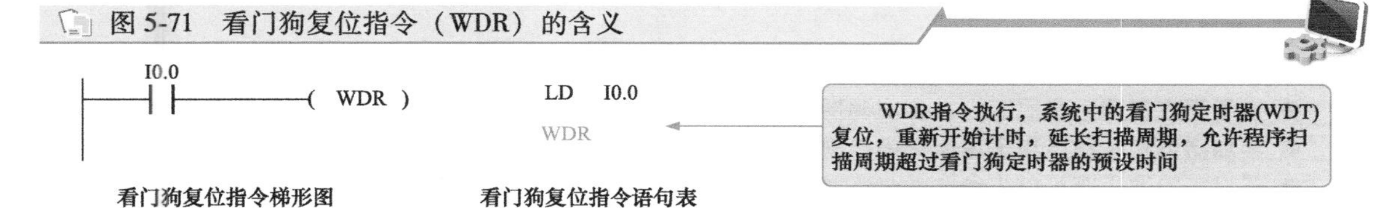


## 5.7.6 获取非致命错误代码指令（GET_ERROR）

获取非致命错误代码指令将 CPU 的当前非致命错误代码存储在分配给 ECODE 的位置。而 CPU 中的非致命错误代码将在存储后清除。图 5-72 所示为获取非致命错误代码指令（GET_ERROR）梯形图及语句表符号标识。

图 5-72 获取非致命错误代码指令（GET_ERROR）梯形图及语句表符号标识

GERR ECODE

语句表标识

# 5.8 西门子 PLC 的子程序指令

子程序是指具有一定功能的程序段。在 PLC 编程时，可以将经常执行的程序段编写成一个子程序，并为具有不同功能的子程序编号。在程序执行时，可根据控制要求随时调用某一个编号的子程序。

调用子程序时需要满足一定条件，当该条件不满足时，不执行子程序中的指令，这样可减少系统扫描时间。子程序的使用可将系统程序分割成不同的单元，程序结构更加简单，更易于调试和维护。

西门子 S7-200 SMART PLC 的子程序指令包括子程序调用指令 CALL、子程序条件返回指令 CRET，如图 5-73 所示。

图 5-73　子程序指令含义

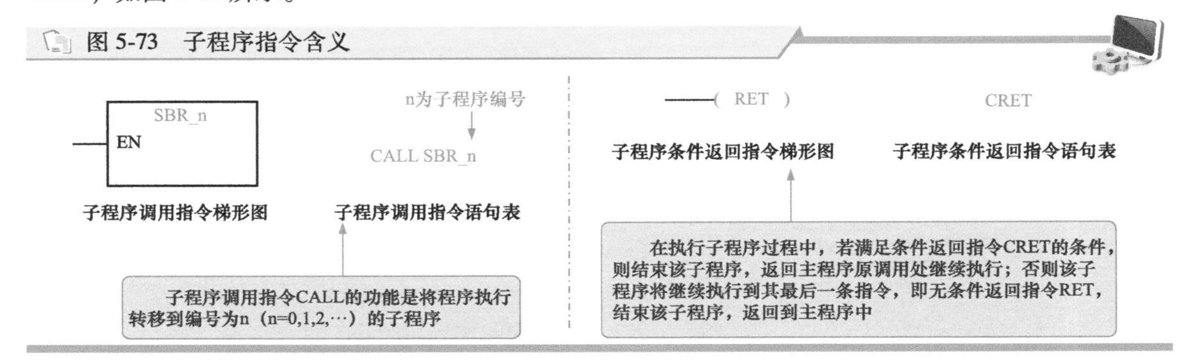




**| 提示说明 |**

**在使用子程序指令时需要注意：**

- **编程时，无需手动输入无条件返回指令 RET。当子程序执行到最后一条指令时，软件将自动加到每个子程序的结尾，返回原调用处继续执行。**
- **可以在主程序、其他子程序和中断程序中调用子程序。**
- **在主程序中，可以嵌套调用子程序（在子程序中调用子程序），最多嵌套 8 层。在中断程序中，不能嵌套调用子程序。**
- **子程序中不能使用 END 指令。**
- **当子程序在同一个周期内被多次调用时，不能使用上升沿、下降沿、定时器和计数器指令。**
- **累加器可在主程序和子程序之间自由传递，在子程序调用时，累加器的值既不保存也不恢复。**
- **子程序的调用既可以带参数，也可以不带参数。**

图 5-74 所示为子程序指令的应用示例。

图 5-74　子程序指令的应用示例

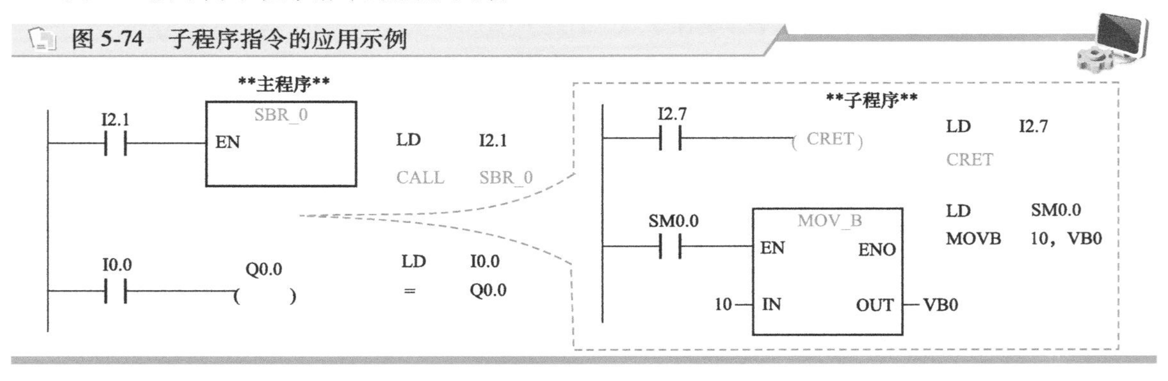


**| 提示说明 |**

**图 5-74 程序含义：当 I2.1 闭合时，调用编号为 0 的子程序，开始执行子程序指令。子程序中，若 I2.7 闭合，则子程序结束，返回主程序，执行下一条程序，即若 I0.0 闭合，则 Q0.0 得电输出。**

**若 I2.7 断开，则子程序执行下面的指令，即执行字节传送指令（SM0.0 为特殊位寄存器，表示该位始终为 1）。**

子程序还可以采用带参数形式进行调用，最多可传递 16 个参数，如图 5-75 所示。

图 5-76 所示为带参数子程序调用指令的应用示例。

图 5-75 带参数子程序调用指令的含义

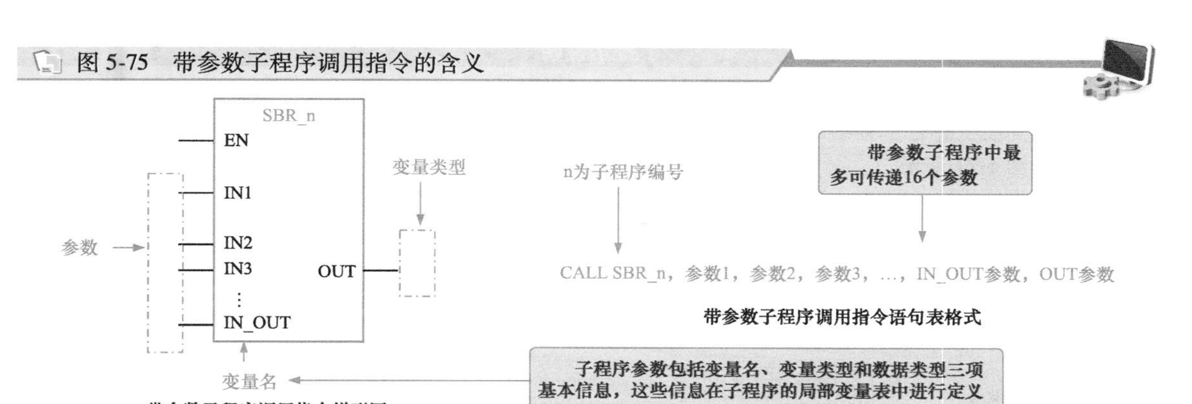


图 5-76 带参数子程序调用指令的应用示例

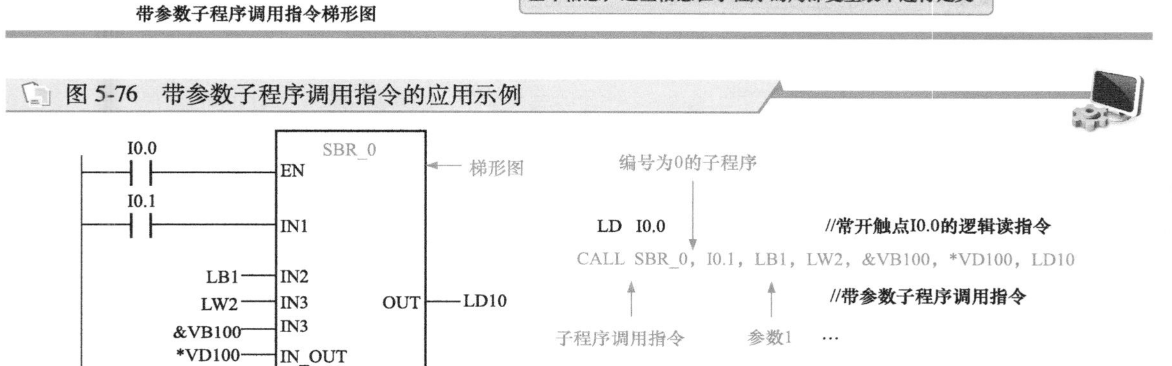


带参数子程序调用指令的有效操作数见表 5-7。

**表 5-7 带参数子程序调用指令的有效操作数**

| 输入/输出 | 数据类型 | 操作数 |
|---|---|---|
| SBR_n | WORD | 对于 CPU221、CPU222、CPU224：0~63<br>对于 CPU224XP、CPU226：0~127 |
| IN | BOOL | V、I、Q、M、SM、S、T、C、L、能流 |
| | BYTE | VB、IB、QB、MB、SMB、SB、LB、AC、*VD、*LD、*AC1、常数 |
| | WORD、INT | VW、T、C、IW、QW、MW、SMW、SW、LW、AC、AIW、*VD、*LD、*AC、常数 |
| | DWORD、DINT | VD、ID、QD、MD、SMD、SD、LD、AC、HC、*VD、*LD、*AC1、&VB、&IB、&QB、&MB、&T、&C、&SB、&AI、&AQ、&SMB、常数 |
| | STRING | *VD、*LD、*AC、常数 |
| IN_OUT | BOOL | V、I、Q、M、SM、S、T、C、L |
| | BYTE | VB、IB、QB、MB、SMB、SB、LB、AC、*VD、*LD、*AC |
| | WORD、INT | VW、T、C、IW、QW、MW、SMW、SW、LW、AC、*VD、*LD、*AC |
| | DWORD、DINT | VD、ID、QD、MD、SMD、SD、LD、AC、*VD、*LD、*AC |
| OUT | BOOL | V、I、Q、M、SM、S、T、C、L |
| | BYTE | VB、IB、QB、MB、SMB、SB、LB、AC、*VD、*LD、*AC |
| | WORD、INT | VW、T、C、IW、QW、MW、SMW、SW、LW、AC、AQW、*VD、*LD、*AC |
| | DWORD、DINT | VD、ID、QD、MD、SMD、SD、LD、AC、*VD、*LD、*AC |

**提示说明**

**在梯形图和语句表中，体现出子程序的参数和参数的变量名，除了变量名外，在程序设计初期还需要在子程序的局部变量表（S7-200 SMART PLC 编程软件的子程序编辑区）中定义参数的变量类型和数据类型信息，如图 5-77 所示。**

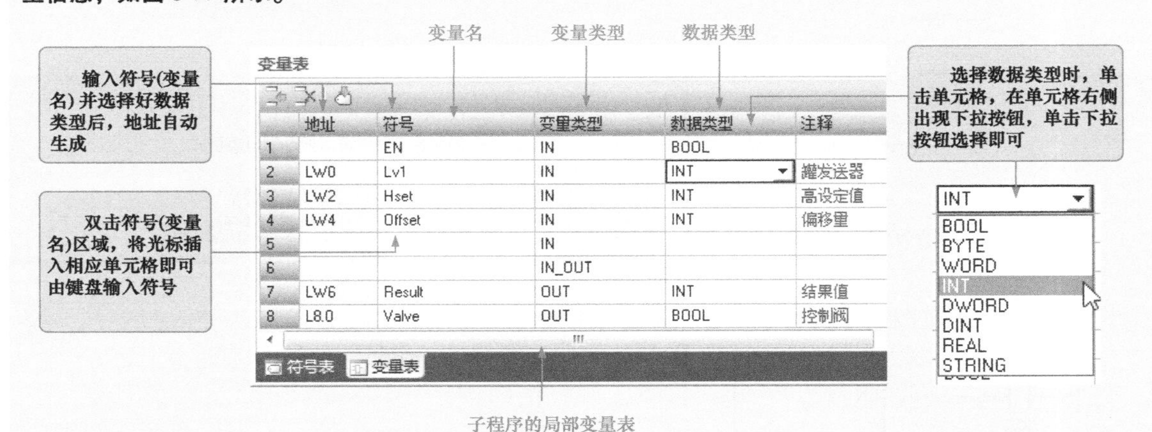


图 5-77　子程序的局部变量表



**● 变量名。变量名最多用 8 个字符表示，且第一个字符不能为数字，可以是字母（如 IN1、IN2、IN3 等）、字符串（如 Addr、Data、Done 等）或汉字（如频率低、频率高、高水位等），如图 5-78 所示。**

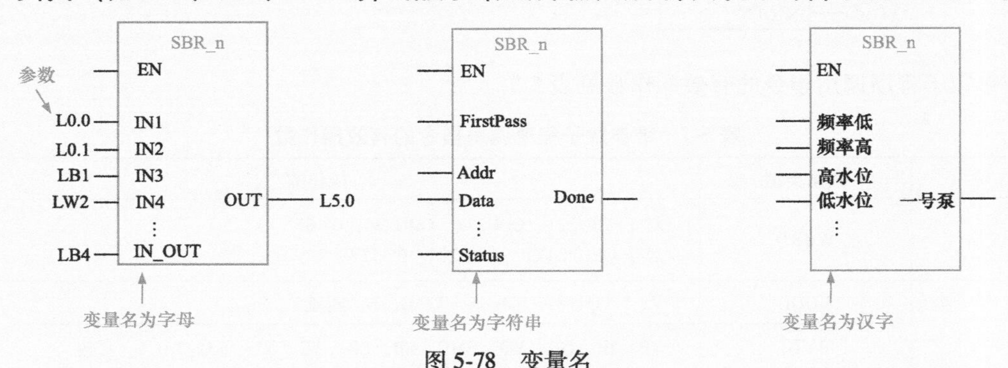


图 5-78　变量名

**● 变量类型。变量类型根据变量对应数据的传递方向可分为 4 种类型，分别为传入子程序参数（IN）、传入/传出子程序参数（IN_OUT）、传出子程序参数（OUT）和暂时变量（TEMP），见表 5-8。**

**表 5-8　变量类型**

| 变量类型 | 变量含义 | 注释 |
| --- | --- | --- |
| IN | 传入子程序参数 | 参数可以是直接寻址（如：IB14，表示指定位置的值被传递到子程序）、间接寻址（如：*LD1，表示指针指定位置的值被传入子程序）、常数（如：16# 2344，表示常数的值被传入子程序）、地址（如：&SB11） |
| IN_OUT | 传入/传出子程序参数 | 调用时将指定参数位置的值传到子程序中；返回时从子程序得到的结果被返回到同一位置。常数和地址不允许作为传入/传出参数 |
| OUT | 传出子程序参数 | 从子程序返回的结果返回到指定的参数位置。常数和地址不能作为传出参数 |
| TEMP | 暂时变量 | 存储程序执行的中间值，属于临时存储器，暂存子程序内的数据，不能用于与主程序传递参数数据 |

● 数据类型。子程序参数的数据类型也需要在局部变量表中声明。数据类型可以为布尔（BOOL）、字节（BYTE）、字（WORD）、双字（DWORD）、整数（INT）、双精度整数（DINT）、实数（REAL）、指针（STRING）和能流。

布尔（BOOL）：用于单个位（如 L0.0、L1.1）输入和输出。

字节（BYTE）、字（WORD）、双字（DWORD）：分别识别 1、2 或 4 个字节的无符号输入或输出参数。

整数（INT）、双精度整数（DINT）：分别识别 2 或 4 个字节的有符号输出或输出参数。

实数（REAL）：识别 4 字节的单精度 IEEE 浮点参数。

字符串（STRING）：用作一个指向字符串的 4 字节指针。

能流：只允许位（BOOL）输入操作。

# 5.9 西门子 PLC 的移位/循环指令

移位/循环指令是一种对无符号数进行移位的指令，包括逻辑移位指令、循环移位指令和移位寄存器指令。

## 5.9.1 逻辑移位指令



逻辑移位指令根据移动方向分为左移位指令和右移位指令。根据数据类型不同，每种移位指令又可细分为字节、字、双字左移位和右移位指令，共 6 种，如图 5-79 所示。

图 5-79 逻辑移位指令的含义

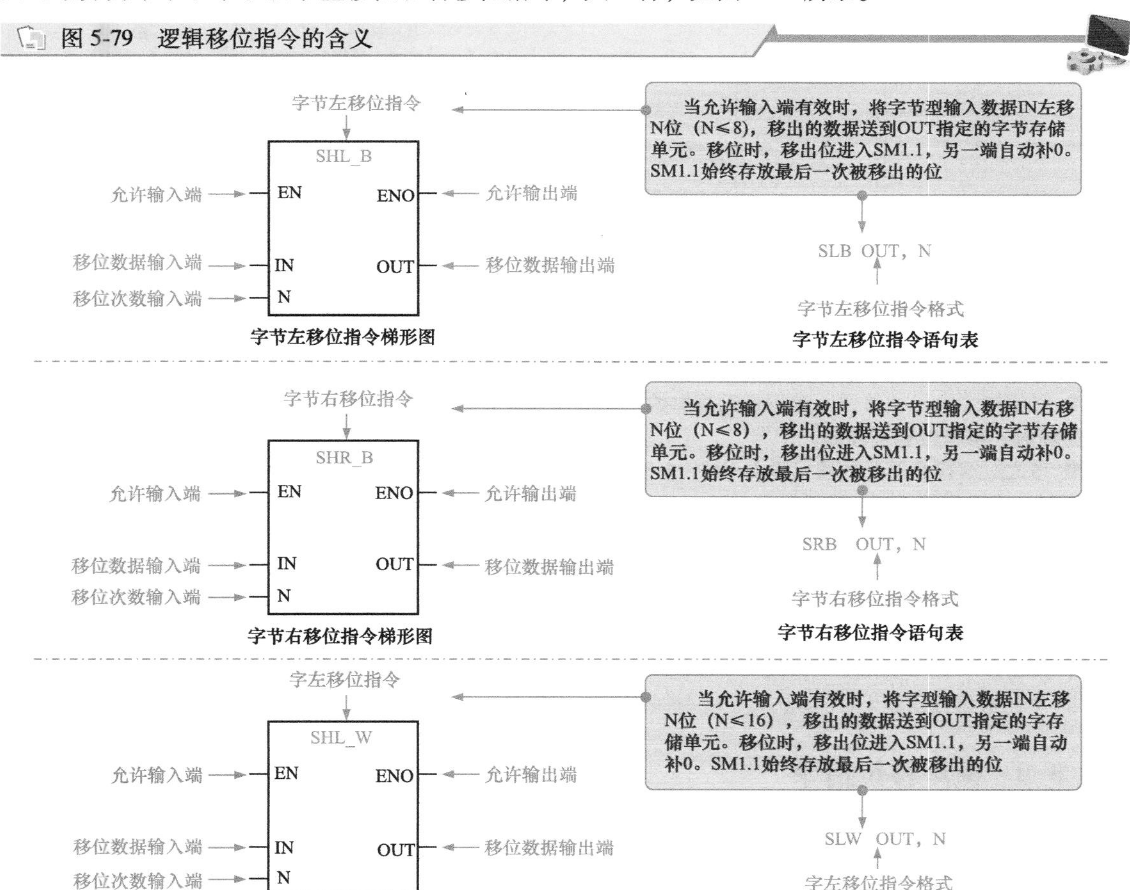

图 5-79 逻辑移位指令的含义（续）

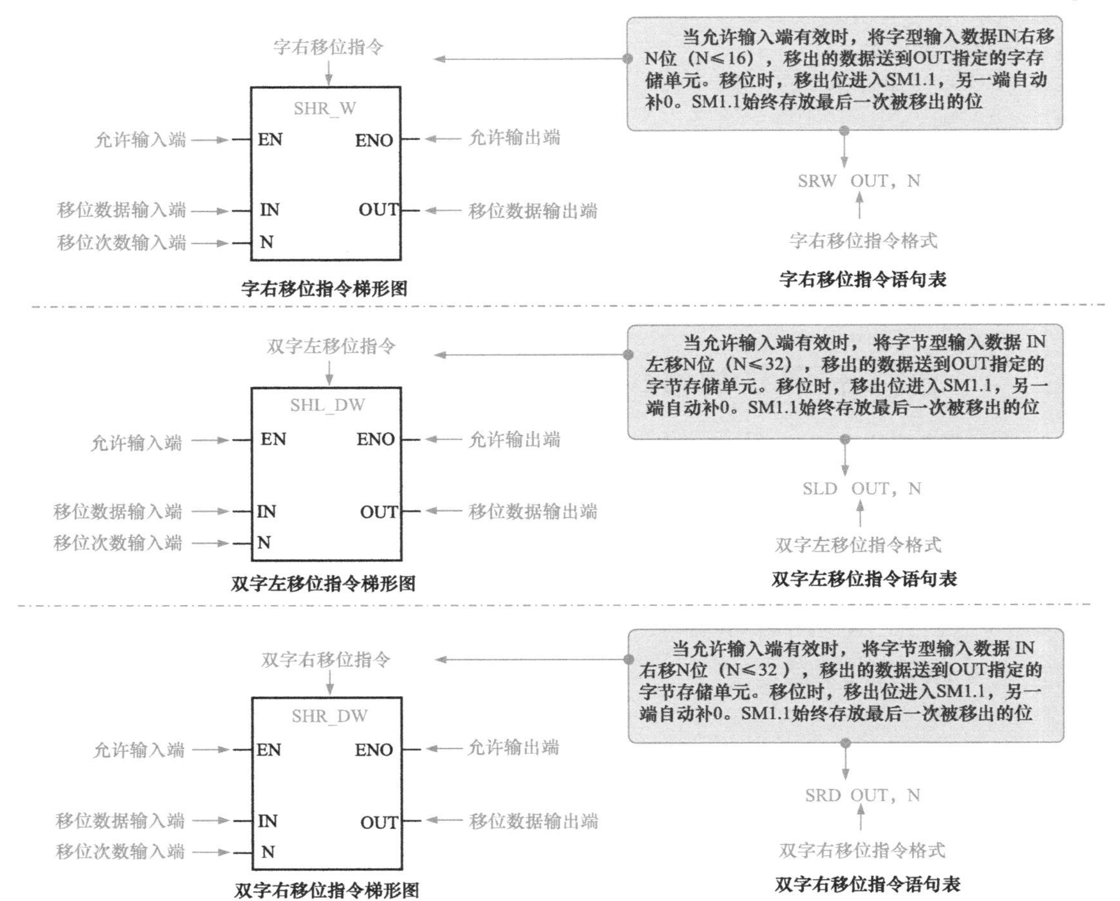




**提示说明**

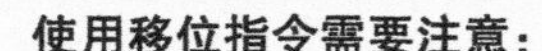

**使用移位指令需要注意：**

**● 移位指令中，被移位的数据是无符号的。字节操作是无符号的。对于字和双字操作，当使用有符号数据类型时，符号位也被移动。**

**● 移位数据存储单元的移出端与 SM1.1（特殊标志位寄存器：当执行某些指令，其结果溢出或查出非法数值时，将该位置 1）相连，最后被移出的位被放到 SM1.1 位存储单元，另一端自动补 0。**

**● 移位指令对移出的位自动补 0。如果位数 N 大于或等于最大允许值（对于字节操作为 8，对于字操作为 16，对于双字操作为 32），那么移位操作的次数为最大允许值。如果移位次数大于 0，溢出标志位（SM1.1）上就是最近移出的位值。如果移位操作的结果为 0，零存储器位（SM1.0）置位。**

**● 影响允许输出端 ENO 正常工作的条件是：SM4.3（运行时间）、0006（间接寻址）。**

**● 语句表中 IN 与 OUT 使用同一个存储单元。若 IN 与 OUT 不是同一个存储单元，需要先使用传送指令将 IN 中的数据传送到 OUT 中。**

## 5.9.2 循环移位指令

循环移位指令也可根据移位方向分为循环左移位指令和循环右移位指令。根据数据类型不同，每种循环移位指令又可细分为字节、字、双字循环左移位和循环右移位指令，共 6 种。循环移位指令将输入值 IN 循环左移或循环右移 N 位，并将输出结果装载到 OUT 中。图 5-80 所示为循环移位指令的含义。

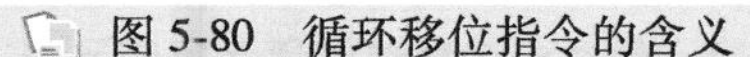
图 5-80 循环移位指令的含义

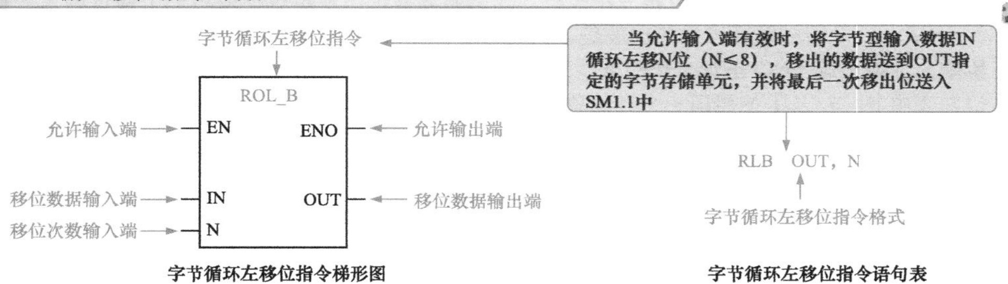


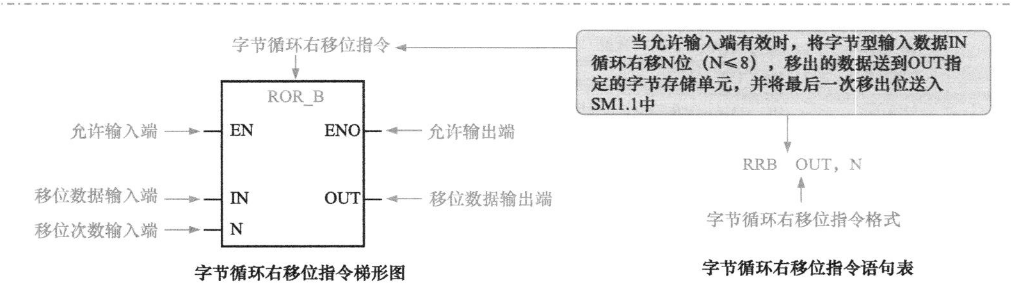


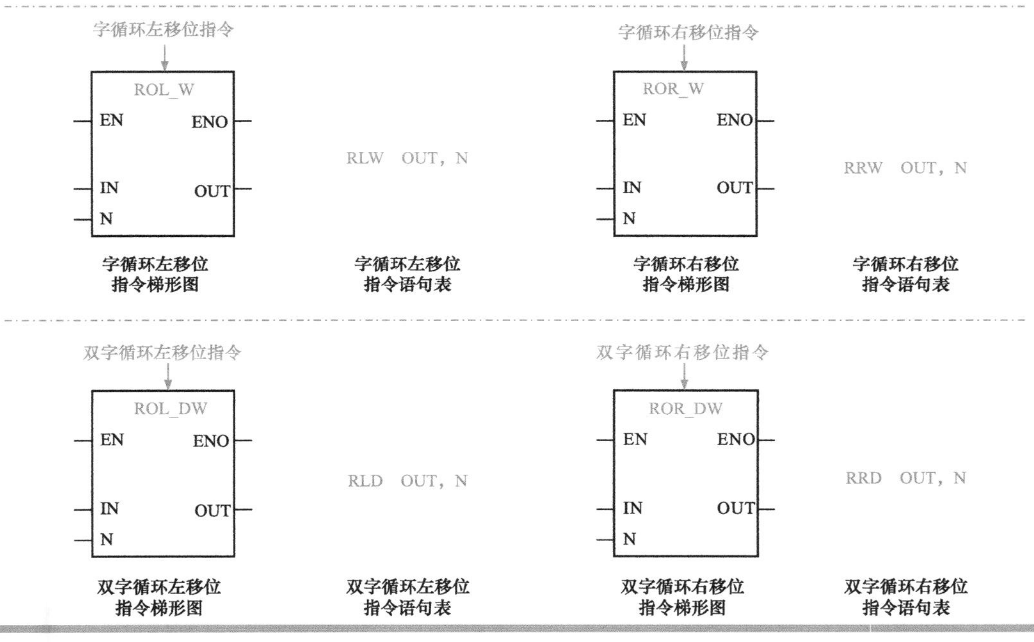


**| 提示说明 |**

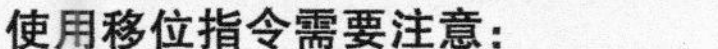
使用移位指令需要注意：

● 循环移位指令中，被移位的数据也是无符号的。字节操作是无符号的。对于字和双字操作，当使用有符号数据类型时，符号位也被移动。

● 循环移位数据存储单元的移出端与另一端连接，同时与 SM1.1（特殊标志位寄存器：当执行某些指令，其结果溢出或查出非法数值时，将该位置 1）相连，移出位被移到另一端，同时也进入 SM1.1 位存储单元。

● 移位次数 N 为字节型数据。实际移位次数 N 与移位数据的长度有关。如果 N 小于实际的数据长度，则执行 N 次移位操作；如果 N 大于数据长度（对于字节操作为 8，对于字操作为 16，对于双字操作为 32），则实际移位的次数为 N 除以实际数据长度的余数（即会执行取模操作，得到一个有效的移位次数），因此实际移位的次数 N 的有效结果，对于字节操作是 0~7，对于字操作是 0~15，而对于双字操作是 0~31。

● 如果移位次数为 0，循环移位指令不执行。如果循环移位指令执行，最后一个移位的值会复制到溢出标志位（SM1.1）。若被循环移位的次数是零，则零标志位（SM1.0）被置位。

● 影响允许输出端 ENO 正常工作的条件是：SM4.3（运行时间）、0006（间接寻址）。

● 语句表中 IN 与 OUT 使用同一个存储单元。若 IN 与 OUT 不是同一个存储单元，需要先使用传送指令将 IN 中的数据传送到 OUT 中。

移位指令和循环移位指令的有效操作数见表 5-9。

表 5-9 移位指令和循环移位指令的有效操作数

| 输入/输出 | 数据类型 | 操作数 |
|---|---|---|
| IN | BYTE | IB、QB、VB、MB、SMB、SB、LB、AC、*VD、*LD、*AC、常数 |
| | WORD | IW、QW、VW、MW、SMW、SW、LW、T、C、AC、AIW、*VD、*LD、*AC、常数 |
| | DWORD | ID、QD、VD、MD、SMD、SD、LD、AC、HC、*VD、*LD、*AC、常数 |
| OUT | BYTE | IB、QB、VB、MB、SMB、SB、LB、AC、*VD、*LD、*AC |
| | WORD | IW、QW、VW、MW、SMW、SW、T、C、LW、AIW、AC、*VD、*LD、*AC |
| | DWORD | ID、QD、VD、MD、SMD、SD、LD、AC、*VD、*LD、*AC |
| N | BYTE | IB、QB、VB、MB、SMB、SB、LB、AC、*VD、*LD、*AC、常数 |



## 5.9.3 移位寄存器指令（SHRB）

移位寄存器指令（SHRB）用于将数值移入寄存器中，如图 5-81 所示。

图 5-81 移位寄存器指令（SHRB）的含义

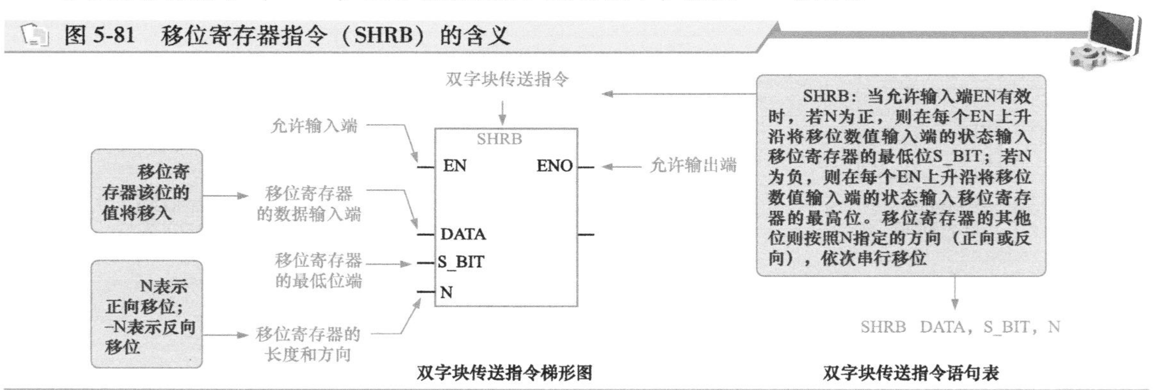


**相关资料**

西门子 S7-1200 PLC 中包含四个移位和循环指令如图 5-82 所示。

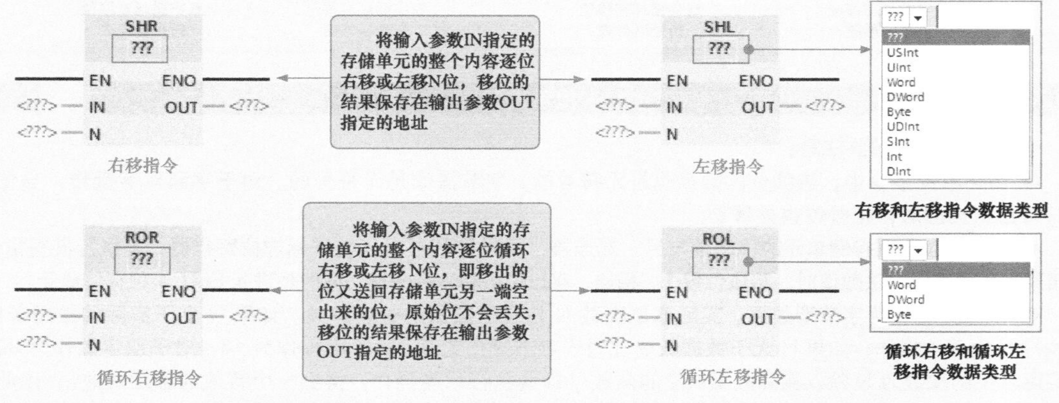


图 5-82 西门子 S7-1200 PLC 中的移位和循环指令

# 5.10 西门子 PLC 的传送指令

西门子 PLC 的传送指令主要包括字节、字、双字、实数传送指令以及数据块传送指令等。

## 5.10.1 字节、字、双字、实数传送指令（MOVB、MOVW、MOVD、MOVR）

字节、字、双字、实数传送指令称为单数据传送指令，它是指将输入端指定的单个数据传送到输出端，传送过程中数据的值保持不变。图 5-83 所示为字节、字、双字、实数传送指令的含义。

图 5-83 字节、字、双字、实数传送指令的含义

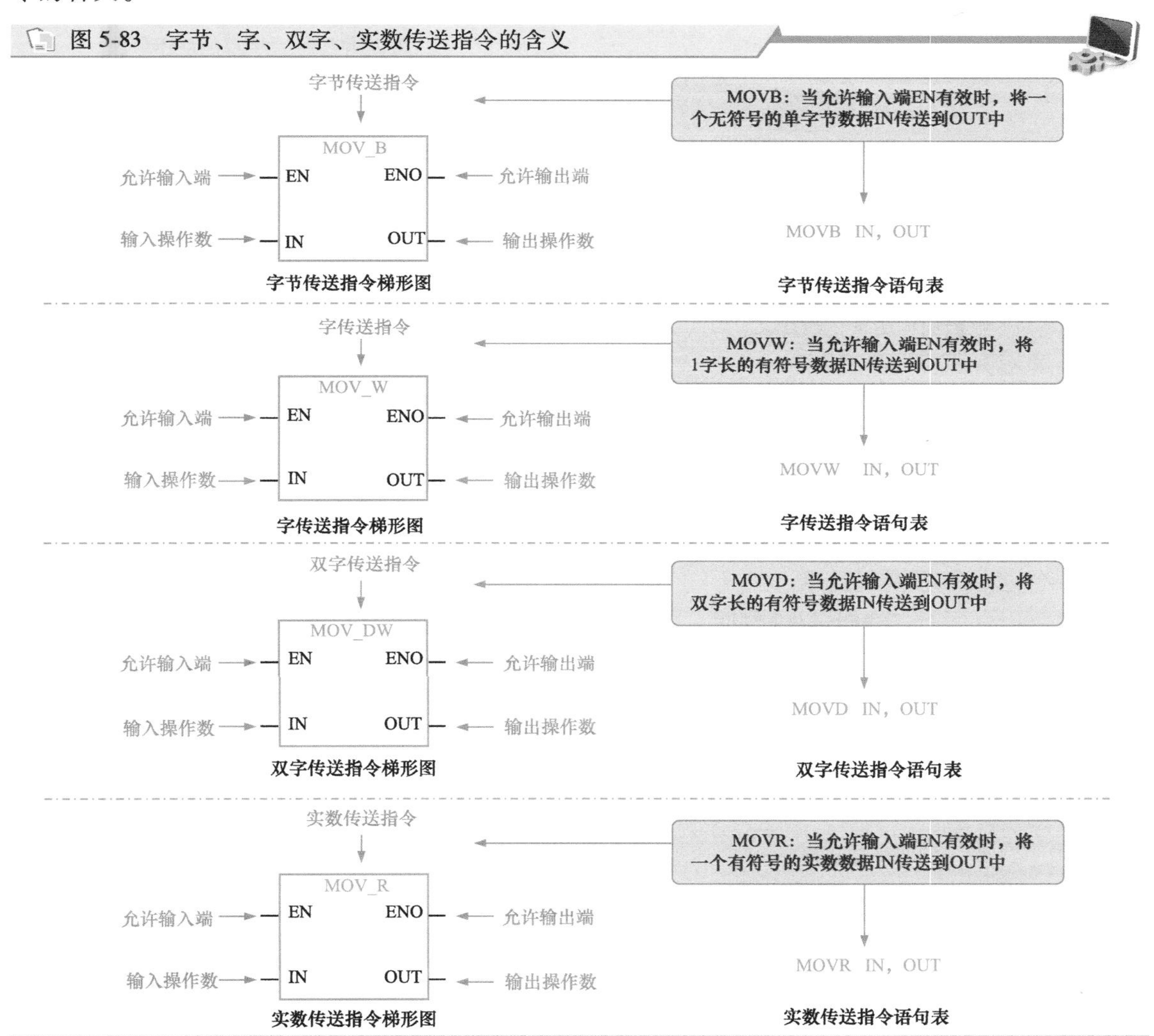


单数据传送指令中除上述 4 个基本指令外，还有两个立即传送指令，即字节立即读传送指令（MOV_BIR）和字节立即写传送指令（MOV_BIW），如图 5-84 所示。

## 5.10.2 数据块传送指令（BLKMOV_B、BLKMOV_W、BLKMOV_D）

数据块传送指令用于一次传输多个数据，即将输入端指定的多个数据（最多 255 个）传送到输出端。根据传送数据类型不同，数据块传送指令包括字节块传送指令（BLKMOV_B）、字块传送指

令（BLKMOV_W）和双字块传送指令（BLKMOV_D），如图 5-85 所示。

图 5-84　单数据立即传送指令的含义

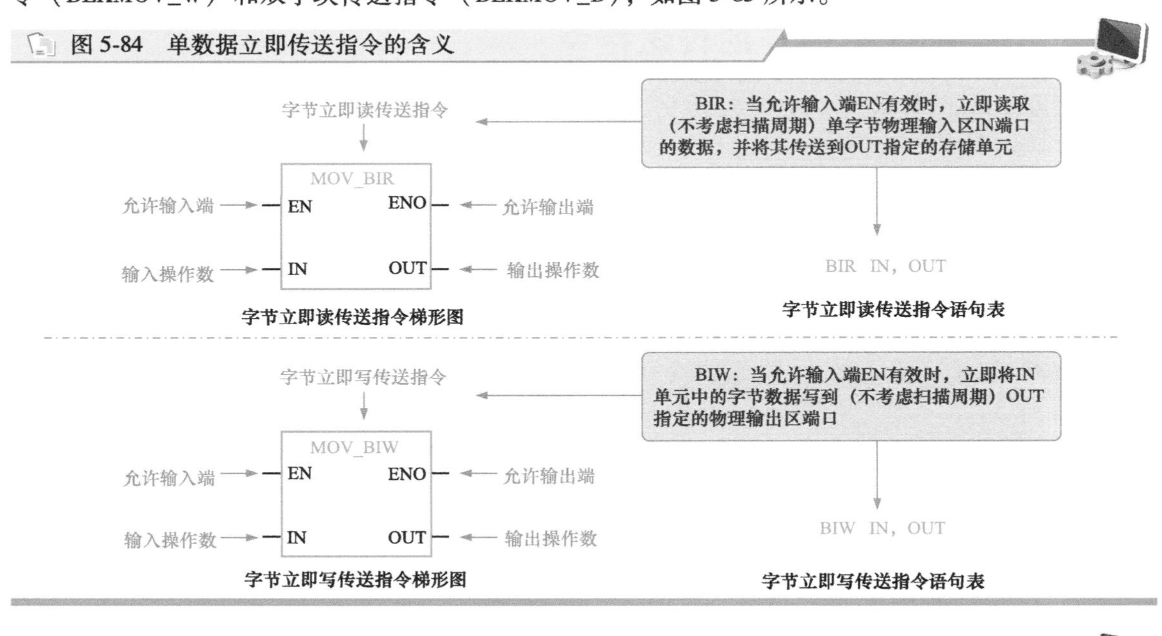




图 5-85　数据块传送指令的含义

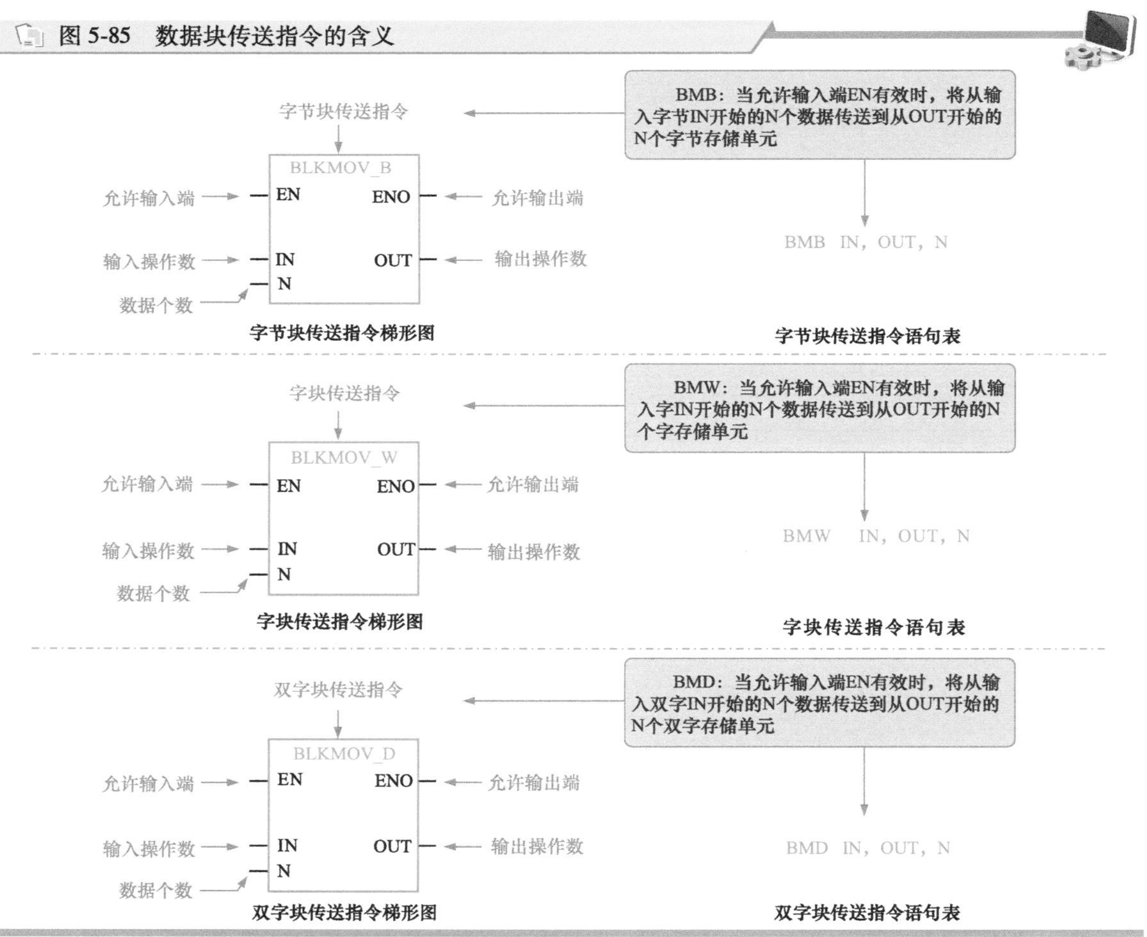


数据块传送指令的有效操作数见表 5-10。

表 5-10 数据块传送指令的有效操作数

| 数据类型 | 指令类型 | 输入/输出 | 操作数 |
|---|---|---|---|
| 字节（BYTE） | 字节块传送指令 | IN | IB、QB、VB、MB、SMB、SB、LB、*VD、*LD、*AC |
| | | OUT | IB、QB、VB、MB、SMB、SB、LB、*VD、*LD、*AC |
| 字（WORD） | 字块传送指令 | IN | IW、QW、VW、SMW、SW、T、C、LW、AIW、*VD、*LD、*AC |
| | | OUT | IW、QW、VW、MW、SMW、SW、T、C、LW、AQW、*VD、*LD、*AC |
| 双字（DWORD） | 双字块传送指令 | IN | ID、QD、VD、MD、SMD、SD、LD、*VD、*LD、*AC |
| | | OUT | ID、QD、VD、MD、SMD、SD、LD、*VD、*LD、*AC |
| BYTE | 传送数据个数 | N | IB、QB、VB、MB、SMB、SB、LB、AC、常数、*VD、*LD、*AC |

## 5.11 西门子 PLC 的数据转换指令



西门子 PLC 的数据转换指令是指对操作数的类型进行转换，包括数据类型转换指令、ASCII 码转换指令、字符串转换指令、编码和解码指令、段指令等。

### 5.11.1 数据类型转换指令

西门子 PLC 中，不同的操作指令需要对应不同数据类型的操作数。数据类型转换指令可以将输入值 IN 转换为指定的数据类型，并存储到由 OUT 指定的输出值存储区。在西门子 PLC 中，主要的数据类型有字节、整数、双精度整数、实数和 BCD 码。

#### 1 字节与整数转换指令

字节与整数转换指令包括字节到整数转换指令（BTI）和整数到字节转换指令（ITB）两种，如图 5-86 所示。

图 5-86 字节与整数转换指令的含义

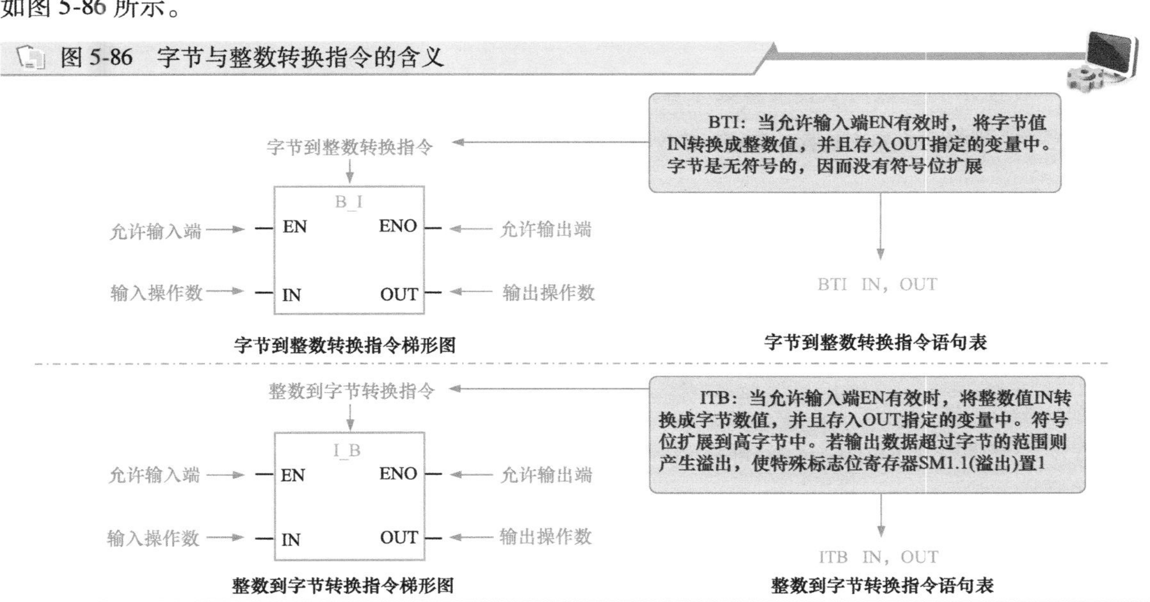


图 5-87 所示为字节与整数转换指令的应用示例。

图 5-87　字节与整数转换指令的应用示例

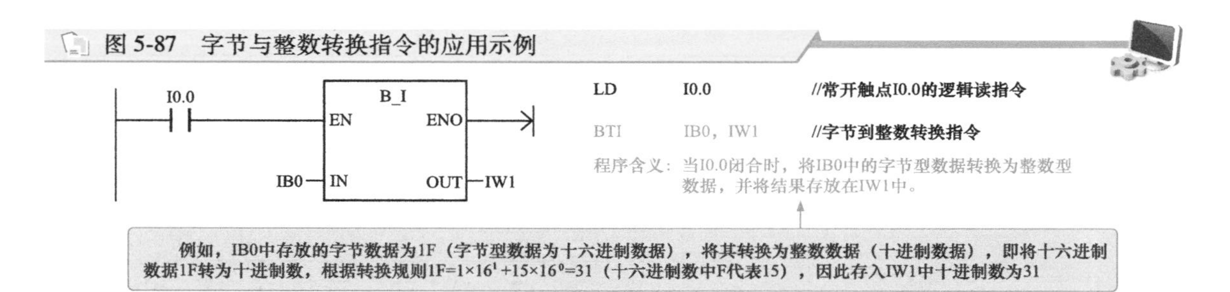


## 2　整数与双精度整数转换指令

整数与双精度整数转换指令包括整数到双精度整数转换指令（ITD）和双精度整数到整数转换指令（DTI）两种，如图 5-88 所示。



图 5-88　整数与双精度整数转换指令含义

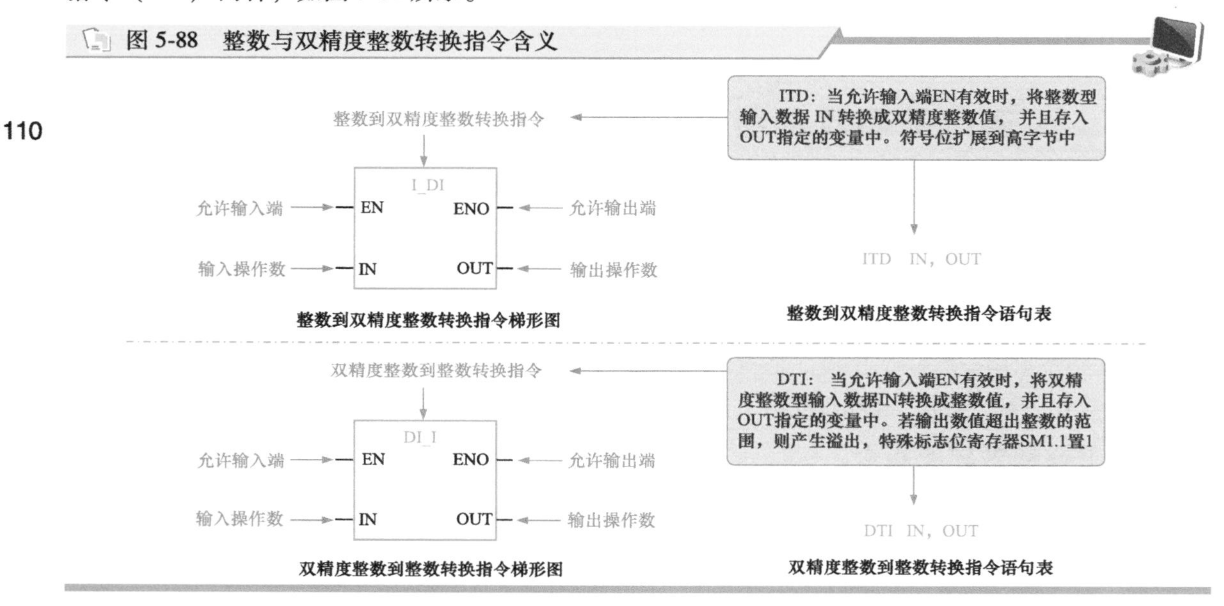


图 5-89 所示为整数与双精度整数、双精度整数与实数指令的应用示例。

图 5-89　整数与双精度整数、双精度整数与实数指令的应用示例

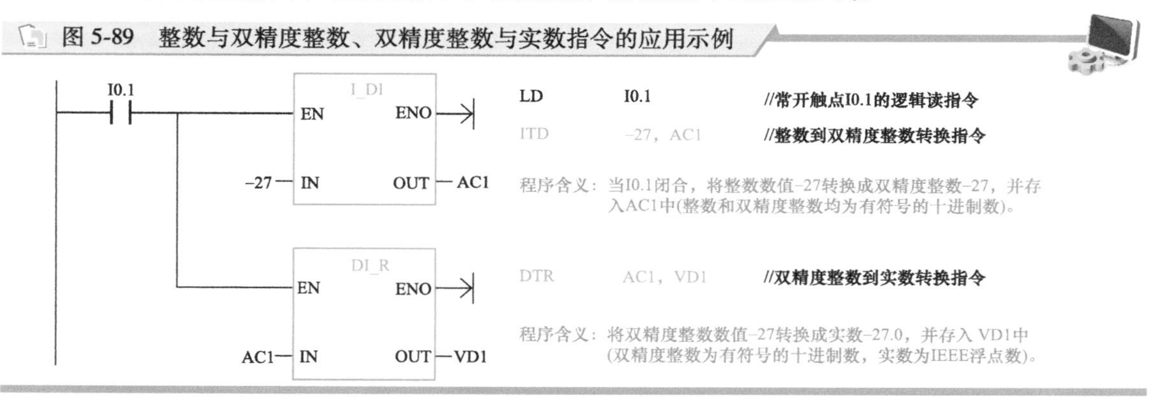


## 3　双精度整数与实数转换指令

双精度整数与实数转换指令包括双精度整数到实数转换指令（DTR）、舍入（小数部分四舍五入，也称为实数到双精度整数转换）指令（ROUND）和取整（舍去小数部分，也称为实数到双精

度整数转换）指令（TRUNC）三种，如图 5-90 所示。

图 5-90 双精度整数与实数转换指令含义

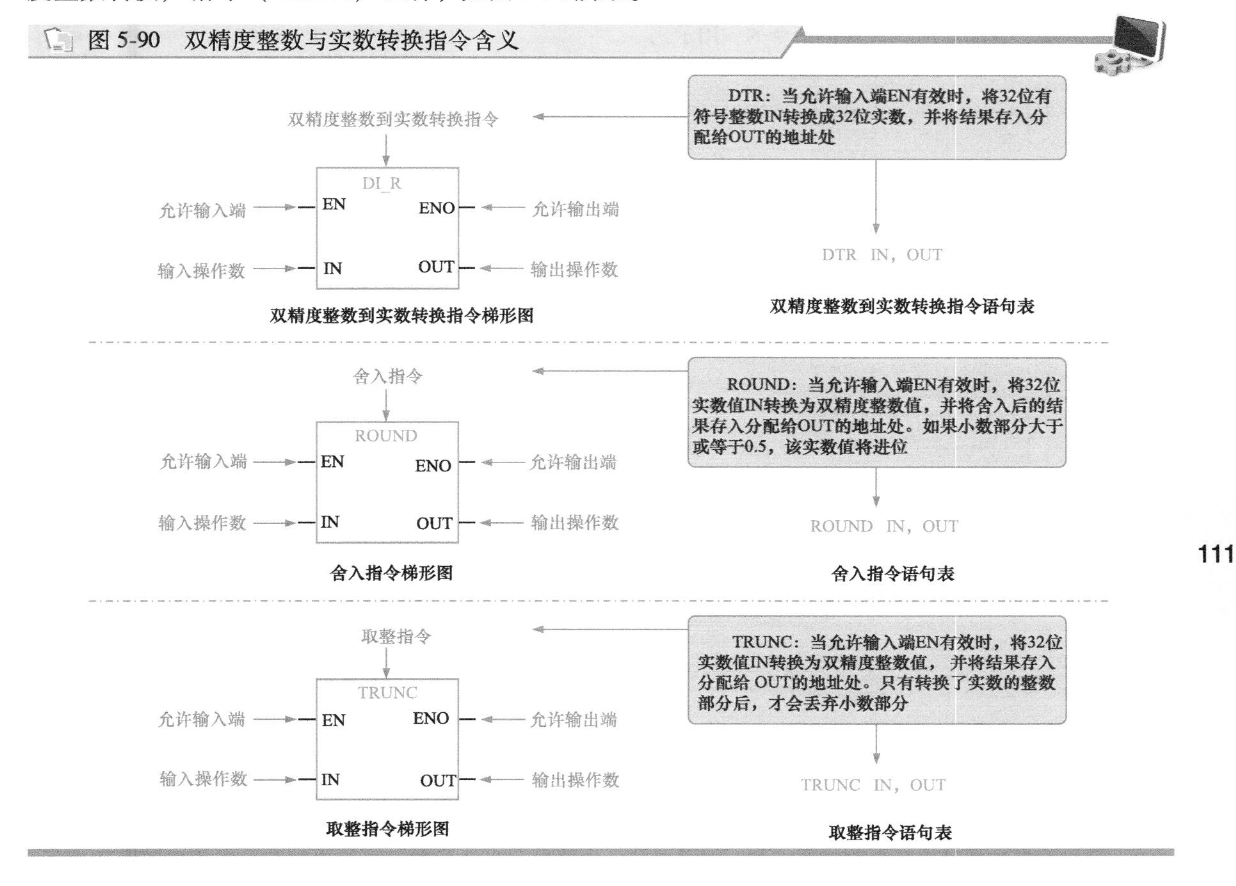


## 4 整数与 BCD 码转换指令

整数与 BCD 码转换指令包括整数到 BCD 码转换指令（IBCD）和 BCD 码到整数转换指令（BCDI）两种，如图 5-91 所示。

图 5-91 整数与 BCD 码转换指令的含义

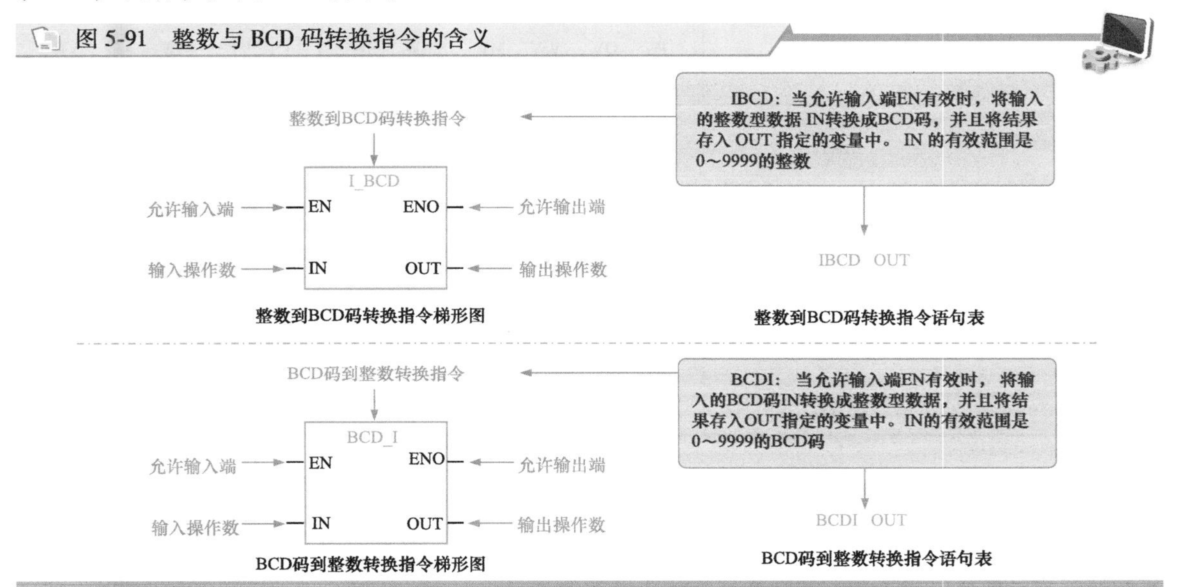

图 5-92 所示为整数与 BCD 码转换指令的应用示例。

图 5-92　整数与 BCD 码转换指令的应用示例

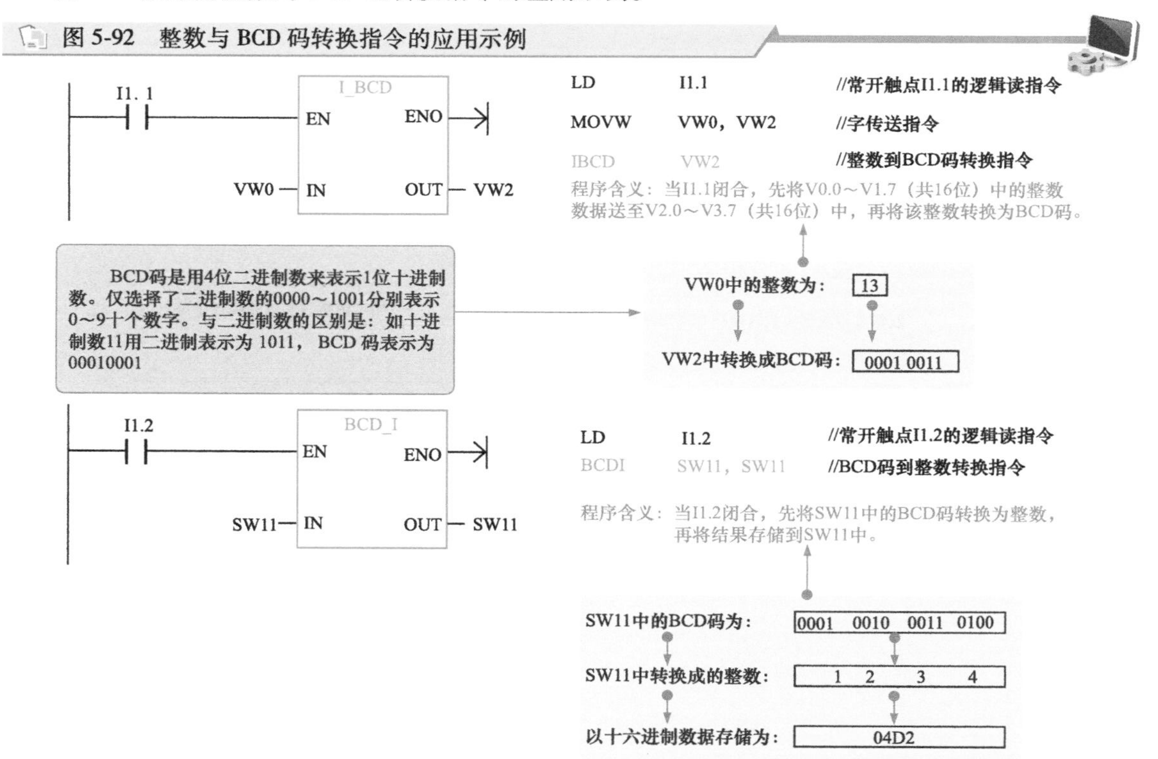




**| 提示说明 |**

**使用数据类型转换指令时需要注意：如果想将一个整数转换成实数，可先用整数到双精度整数转换指令，再用双精度整数到实数转换指令。各个数据类型转换指令中的有效操作数见表 5-11。**

**表 5-11　各个数据类型转换指令中的有效操作数**

| 输入/输出 | 数据类型 | 操作数 |
|---|---|---|
| IN | BYTE | IB、QB、VB、MB、SMB、SB、LB、AC、*VD、*LD、*AC、常数 |
| | WORD、INT | IW、QW、VW、MW、SMW、SW、T、C、LW、AIW、AC、*VD、*LD、*AC、常数 |
| | DINT | ID、QD、VD、MD、SMD、SD、LD、HC、AC、*VD、*LD、*AC、常数 |
| | REAL | ID、QD、VD、MD、SMD、SD、LD、AC、*VD、*LD、*AC、常数 |
| OUT | BYTE | IB、QB、VB、MB、SMB、SB、LB、AC、*VD、*LD、*AC |
| | WORD、INT | IW、QW、VW、MW、SMW、SW、T、C、LW、AIW、AC、*VD、*LD、*AC |
| | DINT | ID、QD、VD、MD、SMD、SD、LD、AC、*VD、*LD、*AC |
| | REAL | ID、QD、VD、MD、SMD、SD、LD、AC、*VD、*LD、*AC |

## 5. 11. 2　ASCII 码转换指令

ASCII 转换指令包括 ASCII 与十六进制数之间的转换指令、整数转换成 ASCII 码指令、双精度整数转换成 ASCII 码指令和实数转换成 ASCII 码指令。

## 1 ASCII 码与十六进制数之间的转换指令

ASCII 码与十六进制数之间的转换指令包括 ASCII 码转换为十六进制数指令（ATH）和十六进制数转换为 ASCII 码指令（HTA）两种，如图 5-93 所示。

图 5-93 ASCII 码与十六进制数转换指令的含义

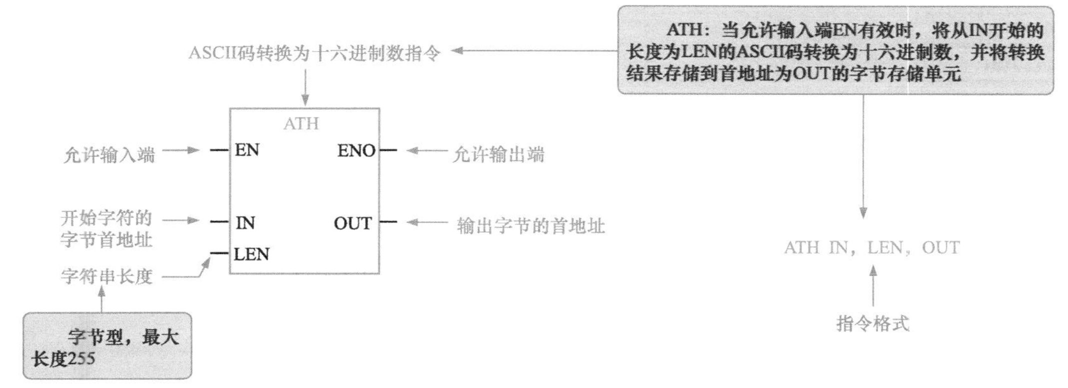


ASCII码转换成十六进制数指令梯形图　　ASCII码转换成十六进制数指令语句表

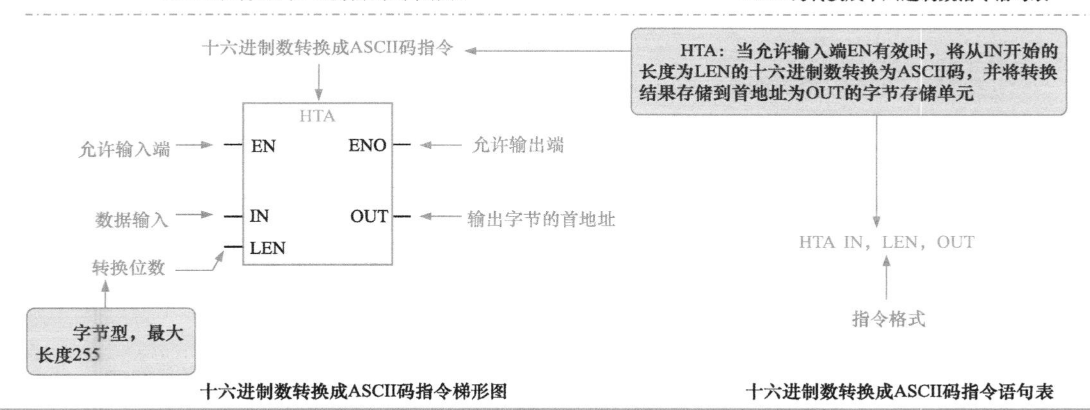


十六进制数转换成ASCII码指令梯形图　　十六进制数转换成ASCII码指令语句表

ASCII 码转换指令的有效操作数见表 5-12。

表 5-12 ASCII 码转换指令的有效操作数

| 输入/输出 | 数据类型 | 操作数 |
|---|---|---|
| IN | BYTE | IB、QB、VB、MB、SMB、SB、LB、*VD、*LD、*AC |
| | INT | IW、QW、VW、MW、SMW、SW、LW、T、C、AC、AIW、*VD、*LD、*AC、常数 |
| | DINT | ID、QD、VD、MD、SMD、SD、LD、AC、HC、*VD、*LD、*AC、常数 |
| | REAL | ID、QD、VD、MD、SMD、SD、LD、AC、*VD、*LD、*AC、常数 |
| LEN、FMT | BYTE | IB、QB、VB、MB、SMB、SB、LB、AC、*VD、*LD、*AC、常数 |
| OUT | BYTE | IB、QB、VB、MB、SMB、SB、LB、*VD、*LD、*AC |

**| 提示说明 |**

**ASCII 码转换指令中，有效的 ASCII 码输入字符是 0~9 的十六进制数代码值 30~39，和大写字符 A~F 的十六进制数代码值 41~46 这些字母和数字字符，表 5-13 为 ASCII 码表，分别代表不同制式的 ASCII 码对应关系。**

表 5-13　ASCII 码表（不同制式的 ASCII 码对应关系）

| 二进制 | 十六进制 | 缩写/字符 | 二进制 | 十六进制 | 缩写/字符 |
|---|---|---|---|---|---|
| 00110000 | 30 | 0 | 00111000 | 38 | 8 |
| 00110001 | 31 | 1 | 00111001 | 39 | 9 |
| 00110010 | 32 | 2 | 01000001 | 41 | A |
| 00110011 | 33 | 3 | 01000010 | 42 | B |
| 00110100 | 34 | 4 | 01000011 | 43 | C |
| 00110101 | 35 | 5 | 01000100 | 44 | D |
| 00110110 | 36 | 6 | 01000101 | 45 | E |
| 00110111 | 37 | 7 | 01000110 | 46 | F |

## 2　整数转换成 ASCII 码指令

整数转换成 ASCII 码指令（ITA）是将一个整数转换成 ASCII 码，并将结果存储到 OUT 指定的 8 个连续字节存储单元中，如图 5-94 所示。



图 5-94　整数转换成 ASCII 码指令的含义

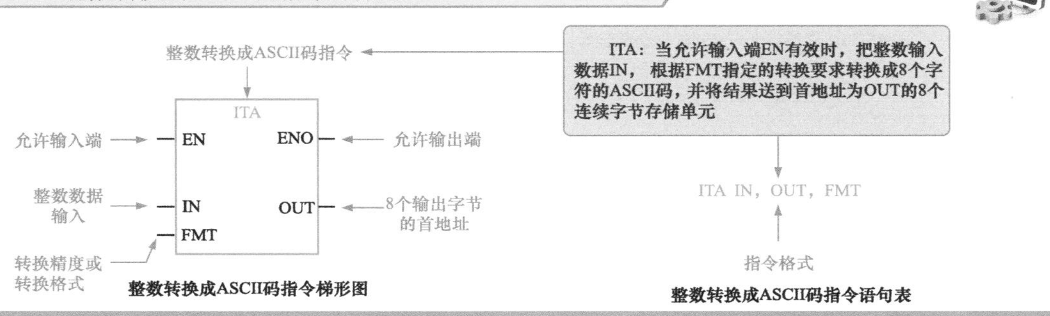


## 3　双精度整数转换成 ASCII 码指令

双精度整数转换成 ASCII 码指令（DTA）是将一个双精度整数转换成 ASCII 码字符串，并将结果存储到 OUT 指定的 12 个连续字节存储单元中，如图 5-95 所示。

图 5-95　双精度整数转换成 ASCII 码指令的含义

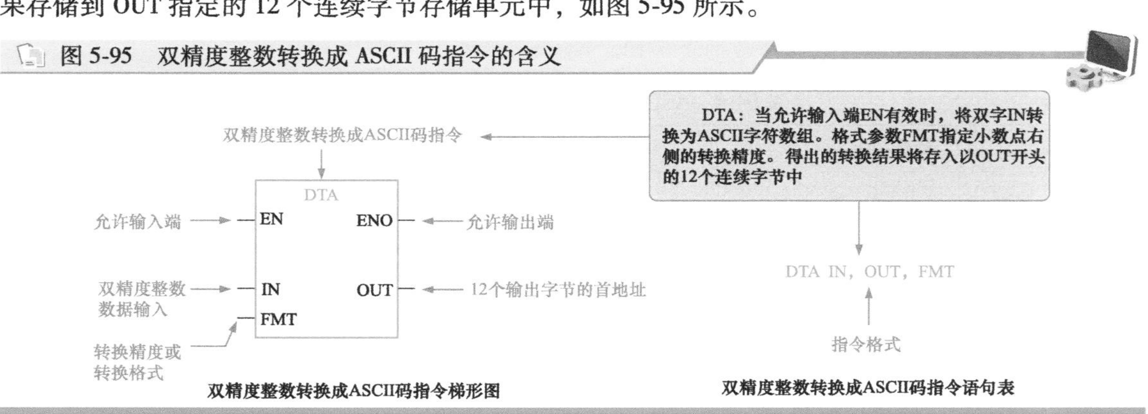


图 5-96 所示为双精度整数转换成 ASCII 码指令应用示例。

## 4　实数转换成 ASCII 码指令

实数转换成 ASCII 码指令（RTA）是将一个实数转换成 ASCII 码字符串，并将结果存储到 OUT 指定的 3~15 个连续字节存储单元中，如图 5-97 所示。

图 5-96 双精度整数转换成 ASCII 码指令应用示例

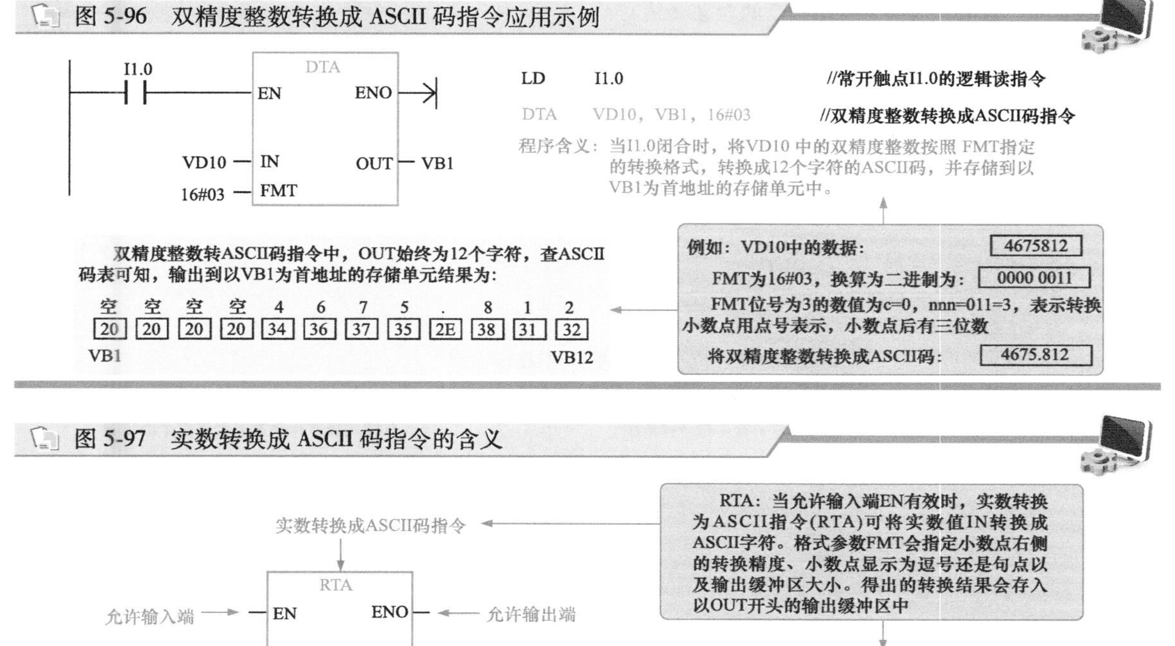


图 5-97 实数转换成 ASCII 码指令的含义

## 5.11.3 字符串转换指令

字符串转换指令包括数值（整数、双精度整数、实数）转换成字符串和字符串转换为数值（整数、双精度整数、实数）指令。

### 1 数值转换成字符串指令

数值转换成字符串指令包括整数转换为字符串指令（ITS）、双精度整数转换为字符串指令（DTS）和实数转换为字符串指令（RTS），如图 5-98 所示。这三个指令与 ASCII 码转换指令中的 ITA、DTA、RTA 指令相近，可对照学习。

图 5-98 数值转换成字符串指令的含义

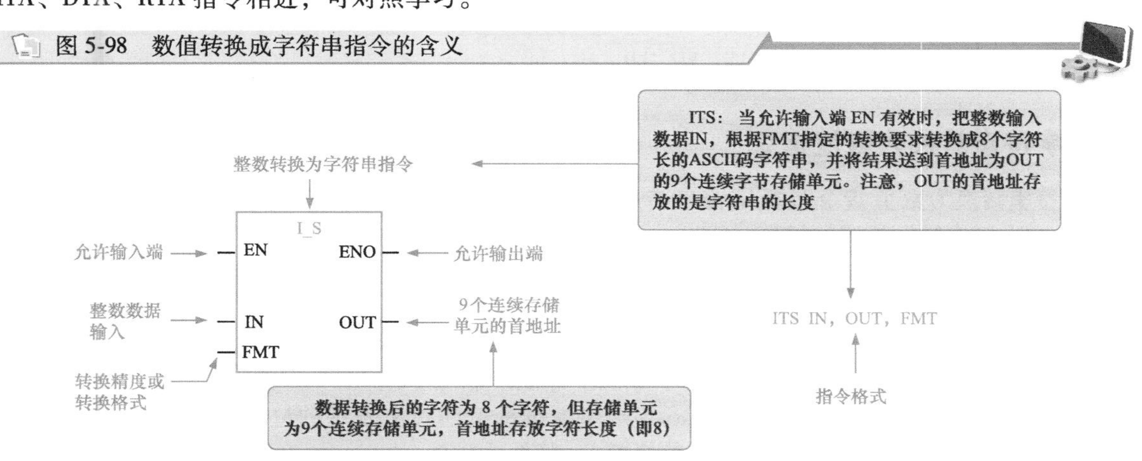

图 5-98　数值转换为字符串指令的含义（续）

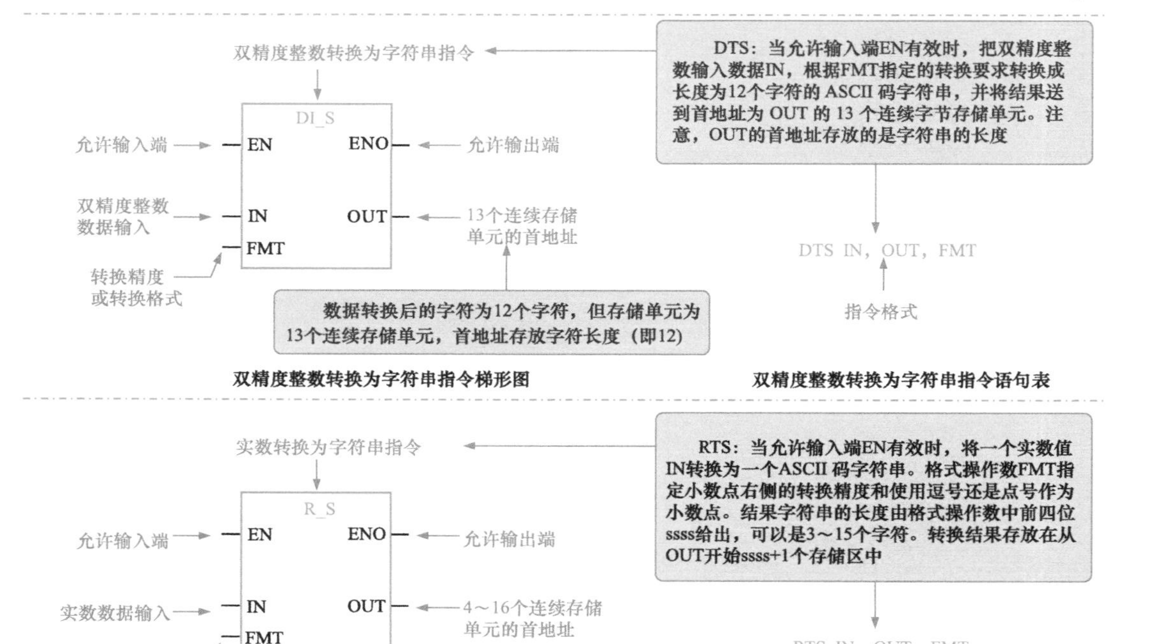




**| 提示说明 |**

**数值转换为字符串指令中的有效操作数见表 5-14。**

**表 5-14　数值转换为字符串指令中的有效操作数**

| 输入/输出 | 数据类型 | 操作数 |
|---|---|---|
| IN | INT | IW、QW、VW、MW、SMW、SW、T、C、LW、AIW、*VD、*LD、*AC、常数 |
|  | DINT | ID、QD、VD、MD、SMD、SD、LD、AC、HC、*VD、*LD、*AC、常数 |
|  | REAL | ID、QD、VD、MD、SMD、SD、LD、AC、*VD、*LD、*AC、常数 |
| FMT | BYTE | IB、QB、VB、MB、SMB、SB、LB、AC、*VD、*LD、*AC、常数 |
| OUT | STRING | VB、LB、*VD、*LD、*AC |

### 2　字符串转换为数值指令

字符串转换为数值指令包括字符串转换为整数指令（STI）、字符串转换为双精度整数指令（STD）和字符串转换为实数指令（STR），如图 5-99 所示。

## 5.11.4　编码和解码指令

编码指令（ENCO）是将输入端 IN 字型数据的最低有效位（即数值为 1 的位）的位号（0~15）编码成 4 位二进制数，并存入 OUT 指定字节型存储器的低四位中。

解码指令（DECO）是根据输入端 IN 字节型数据的低四位所表示的位号（0~15），将输出端 OUT 所指定的字单元中的相应位号上的数值置 1，其他位置 0。

图 5-100 所示为编码和解码指令含义。

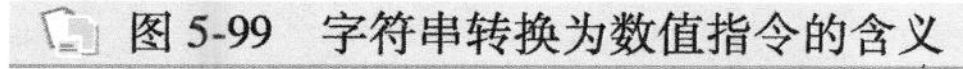

图 5-99　字符串转换为数值指令的含义

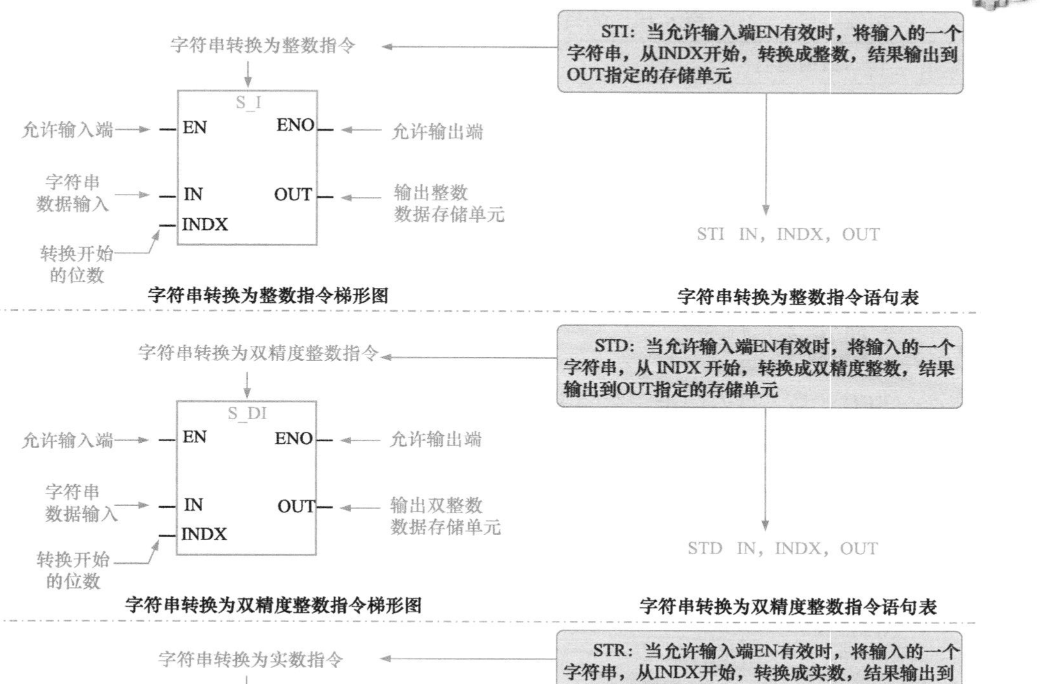

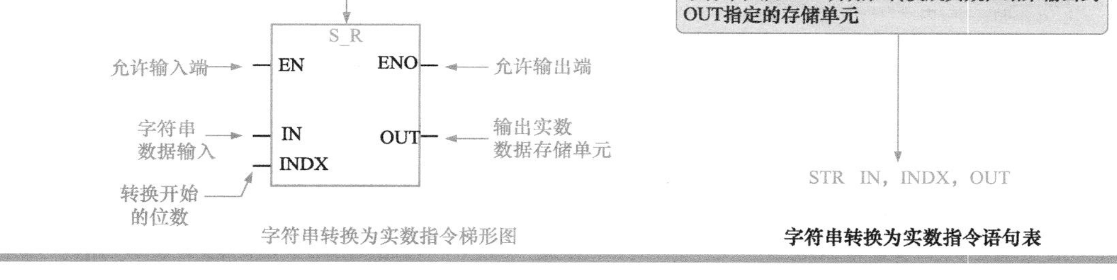


图 5-100　编码和解码指令含义

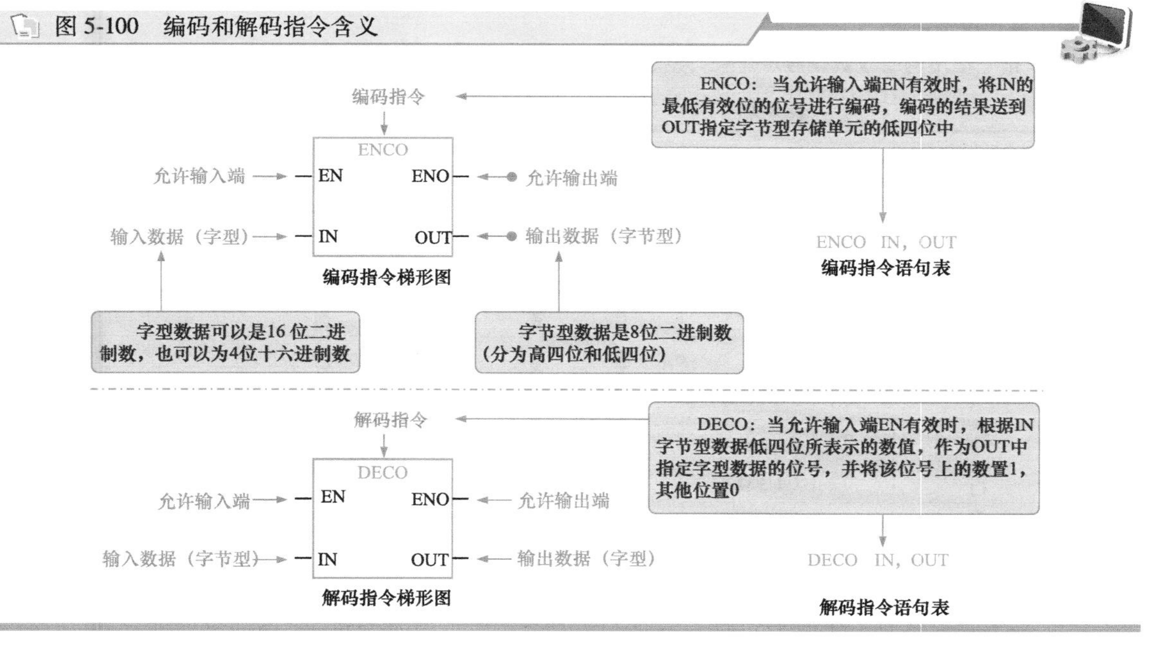

编码指令和解码指令的有效操作数见表 5-15。

**表 5-15　编码指令和解码指令的有效操作数**

| 输入/输出 | 数据类型 | 操作数 |
|---|---|---|
| IN | BYTE | IB、QB、VB、MB、SMB、SB、LB、AC、*VD、*LD、*AC、常数 |
| | WORD | IW、QW、VW、MW、SMW、SW、LW、T、C、AC、AIW、*VD、*LD、*AC、常数 |
| OUT | BYTE | IB、QB、VB、MB、SMB、SB、LB、AC、*VD、*LD、*AC |
| | WORD | IW、QW、VW、MW、SMW、SW、T、C、LW、AC、AQW、*VD、*LD、*AC |

## 5.11.5　段指令

段指令（SEG）是一种专门用于驱动七段数码显示器的指令，也称为七段显示码指令。该指令实际上也属于数据类型转换指令，其功能是将输入的数值经 SEG 指令编码处理后转换成驱动数码显示器显示的二进制数，从而使数码显示器显示出相应的字符。图 5-101 所示为段指令的含义。



图 5-101　段指令的含义

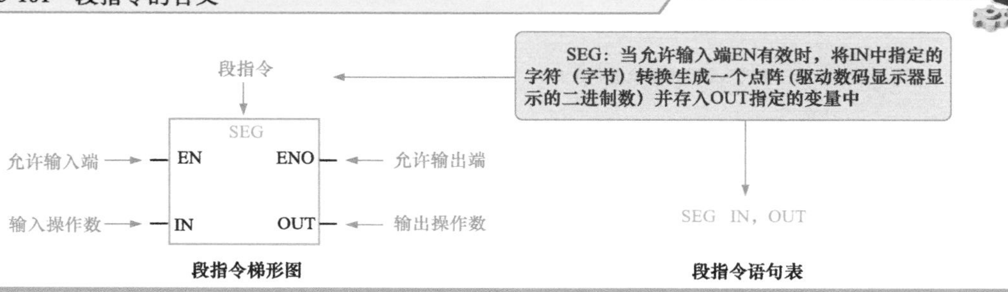


**| 提示说明 |**

**SEG 指令用于将字节型输入数据的低 4 位对应的数据（0～F）输出到 OUT 指定的字节单元中。如果需要将高四位也输出显示，可先使用移位指令将高四位数据移到第四位后，在使用 SEG 指令，最终在七段数码显示器中显示出来。**

**SEG 指令使用的七段数码显示器编码见表 5-16。**

**表 5-16　SEG 指令使用的七段数码显示器编码**

| 输入 | 七段数码显示器 | 输出 -g f e d c b a | 输入 | 七段数码显示器 | 输出 -g f e d c b a |
|---|---|---|---|---|---|
| 0 | 0 | 0 0 1 1 1 1 1 1 | 8 | 8 | 0 1 1 1 1 1 1 1 |
| 1 | 1 | 0 0 0 0 0 1 1 0 | 9 | 9 | 0 1 1 0 0 1 1 1 |
| 2 | 2 | 0 1 0 1 1 0 1 1 | A | A | 0 1 1 1 0 1 1 1 |
| 3 | 3 | 0 1 0 0 1 1 1 1 | B | b | 0 1 1 1 1 1 0 0 |
| 4 | 4 | 0 1 1 0 0 1 1 0 | C | C | 0 0 1 1 1 0 0 1 |
| 5 | 5 | 0 1 1 0 1 1 0 1 | D | d | 0 1 0 1 1 1 1 0 |
| 6 | 6 | 0 1 1 1 1 1 0 1 | E | E | 0 1 1 1 1 0 0 1 |
| 7 | 7 | 0 0 0 0 0 1 1 1 | F | F | 0 1 1 1 0 0 0 1 |

图 5-102 所示为段指令的应用示例。

图 5-102　段指令的应用示例

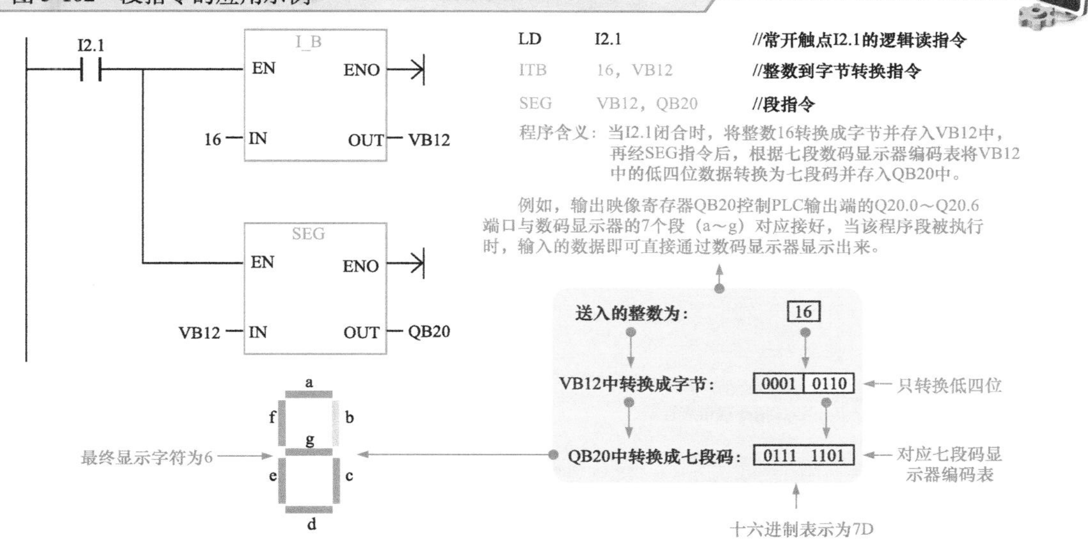

# 5.12　西门子 PLC 的通信指令

## 5.12.1　GET 和 PUT 指令

GET 和 PUT 指令适用于通过以太网进行的 S7-200 SMART CPU 之间的通信。图 5-103 所示为 GET 和 PUT 指令的梯形图符号及语句表标识。

图 5-103　GET 和 PUT 指令的梯形图符号及语句表标识

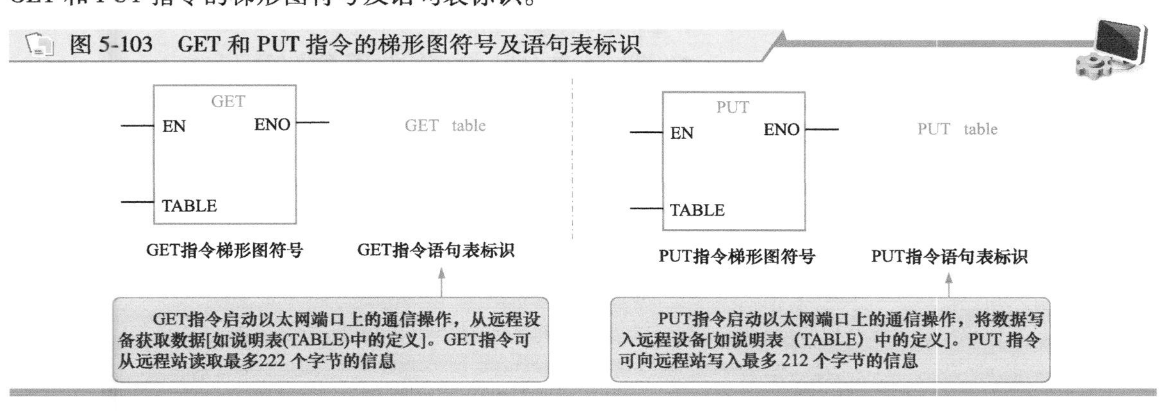


**| 提示说明 |**

**程序中可以有任意数量的 GET 和 PUT 指令，但在同一时间最多只能激活共 16 个 GET 和 PUT 指令。例如，在给定的 CPU 中可以同时激活 8 个 GET 和 8 个 PUT 指令，或 6 个 GET 和 10 个 PUT 指令。**

**当执行 GET 或 PUT 指令时，CPU 与 GET 或 PUT 表中的远程 IP 地址建立以太网连接。该 CPU 可同时保持最多 8 个连接。连接建立后，该连接将一直保持到在 CPU 进入 STOP 模式为止。**

GET 和 PUT 指令的有效操作数见表 5-17。

**表 5-17　GET 和 PUT 指令的有效操作数**

| 输入/输出 | 数据类型 | 操作数 |
|---|---|---|
| TABLE | BYTE | IB、QB、VB、MB、SMB、SB、*VD、*LD、*AC |

## 5.12.2 发送和接收（RS-485/RS-232 为自由端口）指令

可使用发送（XMT）和接收（RCV）指令，通过 CPU 串行端口在 S7-200 SMART CPU 和其他设备之间进行通信。每个 S7-200 SMART CPU 都提供集成的 RS-485 端口。图 5-104 所示为发送（XMT）和接收（RCV）指令的梯形图符号及语句表标识。

图 5-104 发送（XMT）和接收（RCV）指令的梯形图符号及语句表标识

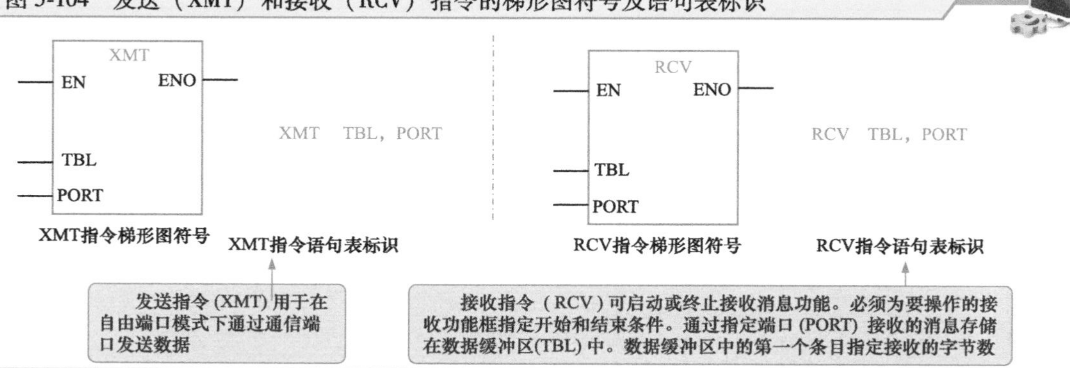




发送（XMT）和接收（RCV）指令的有效操作数见表 5-18。

表 5-18 发送（XMT）和接收（RCV）指令的有效操作数

| 输入/输出 | 数据类型 | 操作数 |
|---|---|---|
| TBL | BYTE | IB、QB、VB、MB、SMB、SB、*VD、*LD、*AC |
| PORT | BYTE | 常数：0 或 1<br>注：两个可用端口如下：<br>• 集成 RS-485 端口（端口 0）<br>• CM01 信号板（SB）RS-485/RS-232 端口（端口 1） |

# 第6章 西门子PLC编程

## 6.1 PLC的编程方式

PLC所实现的各项控制功能是根据用户程序实现的，各种用户程序需要编程人员根据控制的具体要求进行编写。通常来说，PLC用户程序的编程方式主要有软件编程和手持式编程器编程两种。

### 6.1.1 软件编程

软件编程是指借助PLC专用的编程软件编写程序。采用软件编程的方式，需将编程软件安装在匹配的计算机中，在计算机上根据编程软件的使用规则编写具有相应控制功能的PLC控制程序（梯形图程序或语句表程序），最后再借助通信电缆将编写好的程序写入PLC内部即可，如图6-1所示。

图6-1 PLC的软件编程方式

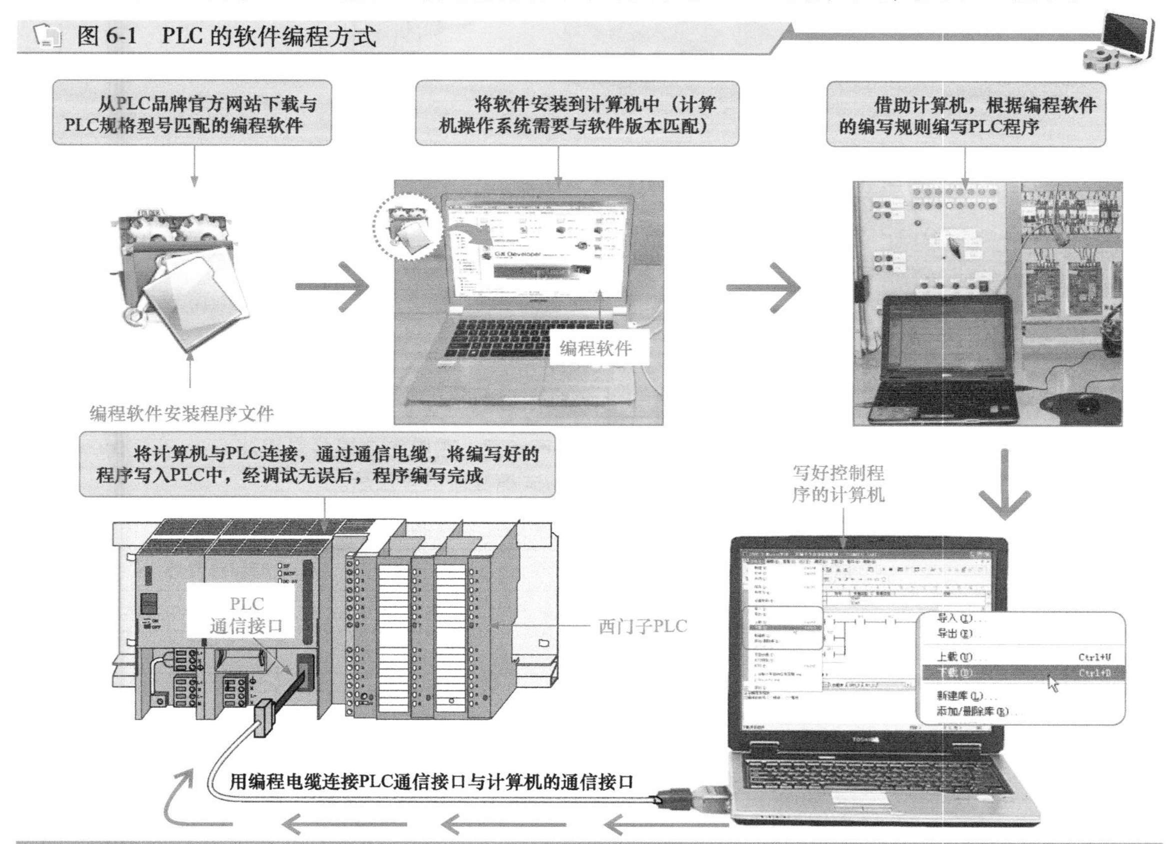


### 6.1.2 编程器编程

编程器编程是指借助PLC专用的编程器设备直接向PLC中编写程序。在实际应用中编程器多为手持式编程器，具有体积小、质量轻、携带方便等特点，在一些小型PLC的用户程序编制、现场调试、监视等场合应用十分广泛。

编程器编程是一种基于指令语句表的编程方式。首先需要根据PLC的规格、型号选择匹配的编程器，然后借助通信电缆将编程器与PLC连接，通过操作编程器上的按键，直接向PLC中写入语句表指令。图 6-2 所示为 PLC 采用编程器编程示意图。

图 6-2　PLC 采用编程器编程示意图

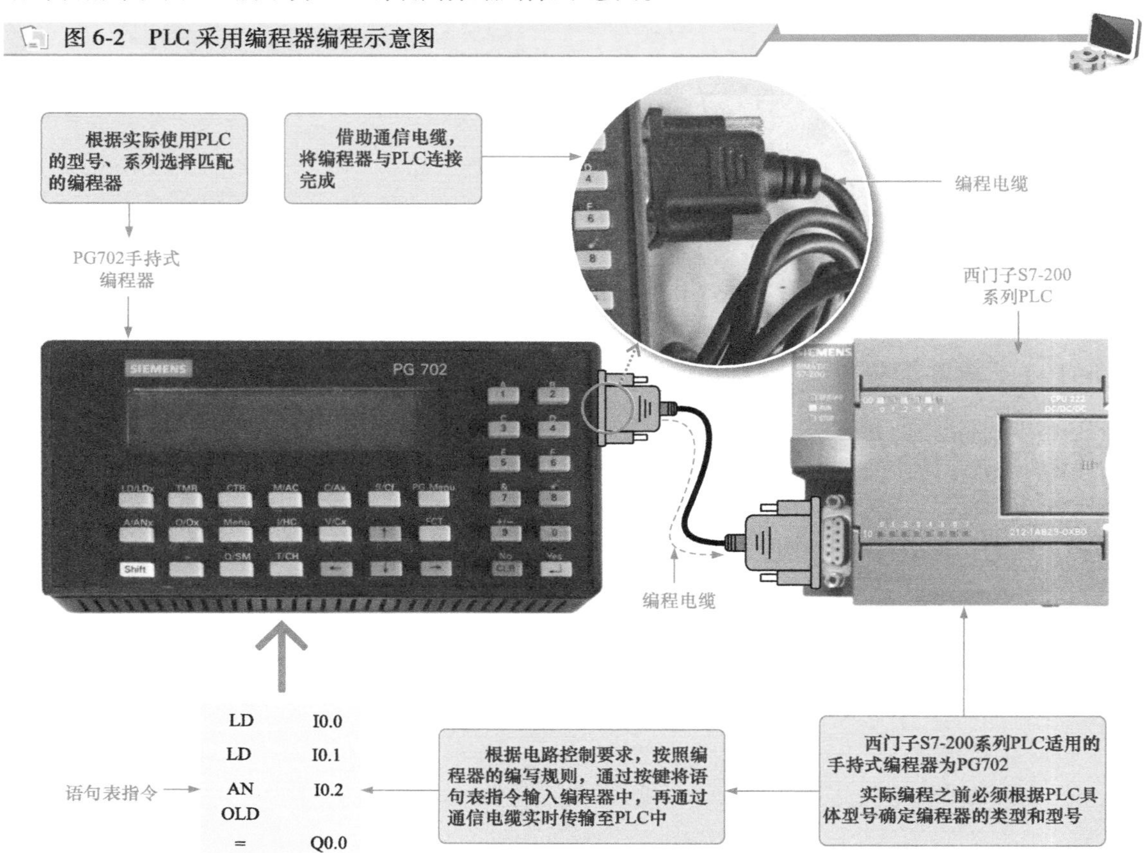


**提示说明**

**不同品牌或不同型号的 PLC 所采用的编程器类型也不相同，在将指令语句表程序写入 PLC 时，应注意选择合适的编程器，表 6-1 为各种 PLC 对应匹配的手持式编程器型号汇总。**

**表 6-1　各种 PLC 对应匹配的手持式编程器型号汇总**

| PLC 类型 | | 手持式编程器型号 |
|---|---|---|
| 三菱（MISUBISHI） | F/F1/F2 系列 | F1-20P-E、GP-20F-E、GP-80F-2B-E |
| | | F2-20P-E |
| | FX 系列 | FX-20P-E |
| 西门子（SIEMENS） | S7-200 系列 | PG702 |
| | S7-1200、S7-300/400 系列 | 一般采用编程软件进行编程 |
| 欧姆龙（OMRON） | C＊＊P/C200H 系列 | C120-PR015 |
| | C＊＊P/C200H/C1000H/C2000H 系列 | C500-PR013、C500-PR023 |
| | C＊＊P 系列 | PR027 |
| | C＊＊H/C200H/C200HS/C200Ha/CPM1/CQM1 系列 | C200H-PR027 |
| 光洋（KOYO） | KOYO SU-5/SU-6/SU-6B 系列 | S-01P-EX |
| | KOYO SR21 系列 | A-21P |

采用编程器编程时，编程器多为手持式编程器，通过与 PLC 连接可实现向 PLC 写入程序、读出程序、插入程序、删除程序、监视 PLC 的工作状态等，下面以西门子 S7-200 系列 PLC 适用的手持式编程器 PG702 为例，简单介绍西门子 PLC 的编程器编程方式。

使用手持式编程器 PG702 进行编程前，首先需要了解该编程器各功能按键的具体功能，并根据使用说明书及相关介绍了解各按键符号输入的方法和要求等。图 6-3 所示为手持式编程器 PG702 的操作面板。

图 6-3　手持式编程器 PG702 的操作面板

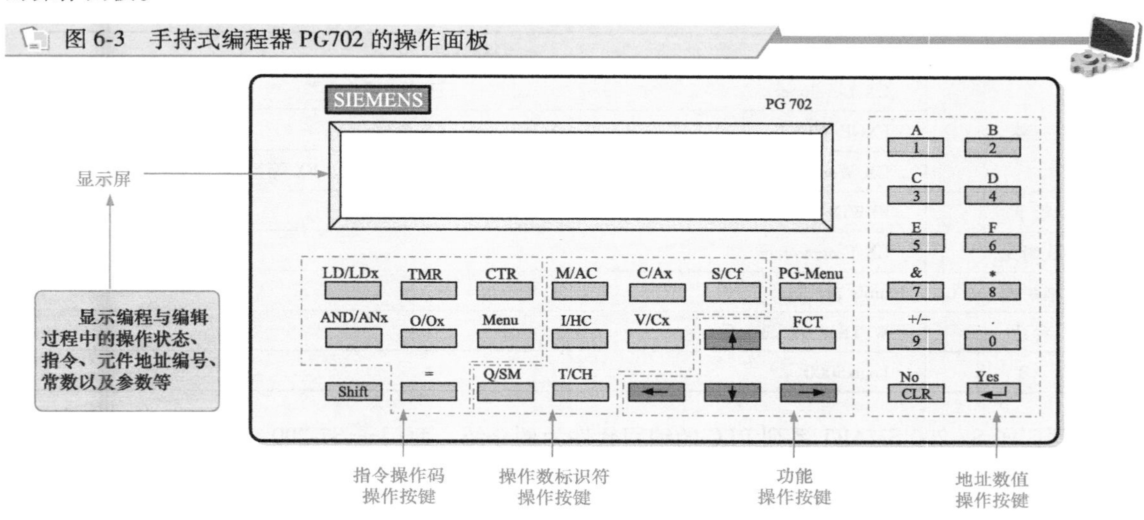


a) 前面板各功能键及显示屏分布示意图

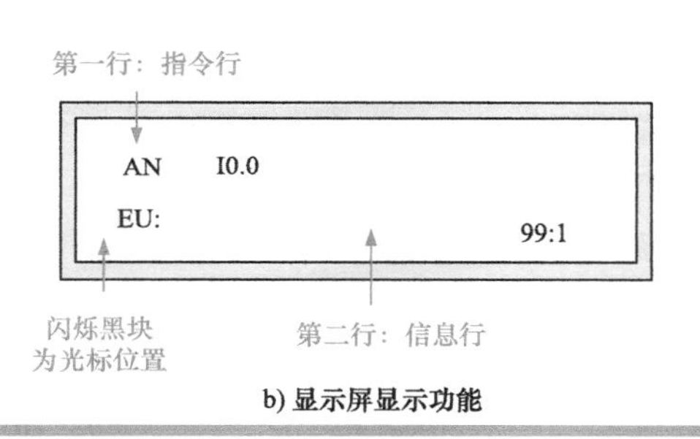


b) 显示屏显示功能

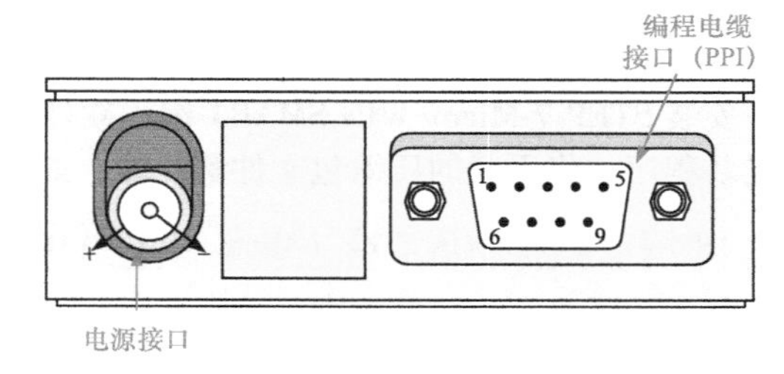


c) 编程器接口功能

**| 提示说明 |**

**不同型号和品牌的手持式编程器具体操作方法有所不同，手持式编程器 PG702 各指令具体操作方法这里不再介绍，可根据编程器相应的用户使用手册中规定的要求、方法进行输入和使用。**

**目前，大多数新型西门子 PLC 不再采用手持式编程器进行编程，且随着笔记本式计算机的日益普及，在一些需要现场编程和调试的场合，使用笔记本式计算机便可完成工作任务。在实际应用中，一般使用专用的工业笔记本式计算机进行编程，该类专用计算机具有优秀的性能，内部具有为工业使用所优化的硬件以及预安装的 SIMATIC 工程软件等，目前已被广泛应用。**

# 6.2　PLC 的编程软件

## 6.2.1　西门子 PLC 的编程软件

编程软件是指专门用于对某品牌或某型号 PLC 进行程序编写的软件。不同品牌的 PLC 采用的编程软件不相同，甚至有些相同品牌不同系列的 PLC 其可用的编程软件也不相同。

西门子 PLC 的编程软件根据型号不同也有所区别，如西门子 S7-200 SMART PLC 采用的编程软件为 STEP 7-Micro/WIN SMART，西门子 S7-200 PLC 采用的编程软件为 STEP 7-Micro/WIN，西门子 S7-300/400 PLC 采用的编程软件为 STEP 7 V 系列。

**| 相关资料 |**

**表 6-2 为其他几种常用 PLC 品牌可用的编程软件汇总，但随着 PLC 的不断更新换代，其对应编程软件及版本都有不同的升级和更换，在实际选择编程软件时应首先对应其品牌和型号查找匹配的编程软件。**

**表 6-2　几种常用 PLC 品牌可用的编程软件汇总**

| PLC 的品牌 | 编程软件 | |
|---|---|---|
| 三菱 | GX-Developer | 三菱通用 |
| | FXGP-WIN-C | FX 系列 |
| | GX Work2（PLC 综合编程软件） | Q、QnU、L、FX 等系列 |
| 松下 | FPWIN-GR | |
| 欧姆龙 | CX-Programmer | |
| 施耐德 | unity pro XL | |
| 台达 | WPLSoft 或 ISPSoft | |
| AB | Logix5000 | |

以西门子 S7-200 SMART 系列 PLC 的编程软件为例介绍。西门子 S7-200 SMART 系列 PLC 采用 STEP 7-Micro/WIN SMART 软件编程。该软件可在 Windows XP SP3（仅 32 位）、Windows 7（支持 32 位和 64 位）操作系统中运行支持 LAD（梯形图）、STL（语句表）、FBD（功能块图）编程语言，部分语言之间可自由转换。

## 1　STEP 7-Micro/WIN SMART 编程软件的下载

安装 STEP 7-Micro/WIN SMART 编程软件，首先需要在西门子官方网站注册并授权下载该软件的安装程序，将下载的压缩包文件解压缩，如图 6-4 所示。

图 6-4　下载并解压 STEP 7-Micro/WIN SMART 软件的安装程序压缩包文件

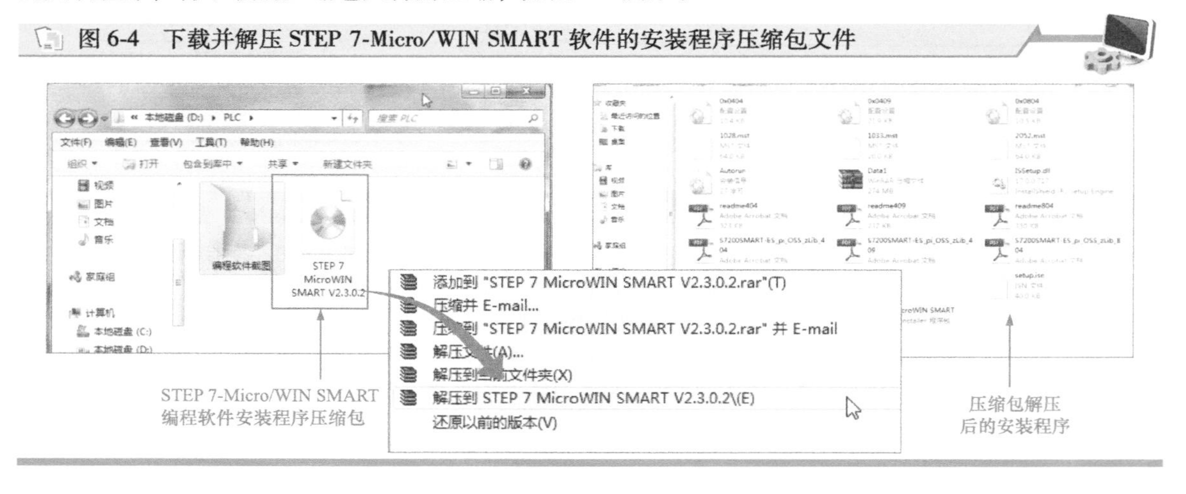


## 2　STEP 7-Micro/WIN SMART 编程软件的安装

在解压后的文件中，找到“setup”安装程序文件，鼠标左键双击该文件，即可进入软件安装界面，如图 6-5 所示。

根据安装向导，逐步操作，按照默认选项单击“下一步”按钮即可，如图 6-6 所示。

接下来，进入安装路径设置界面，根据安装需要，选择程序安装路径。一般在没有特殊要求的情况下，选择默认路径即可，如图 6-7 所示。

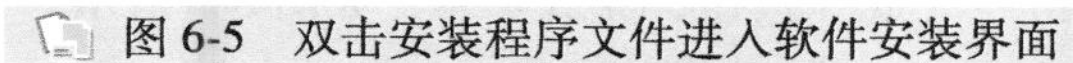
图 6-5 双击安装程序文件进入软件安装界面

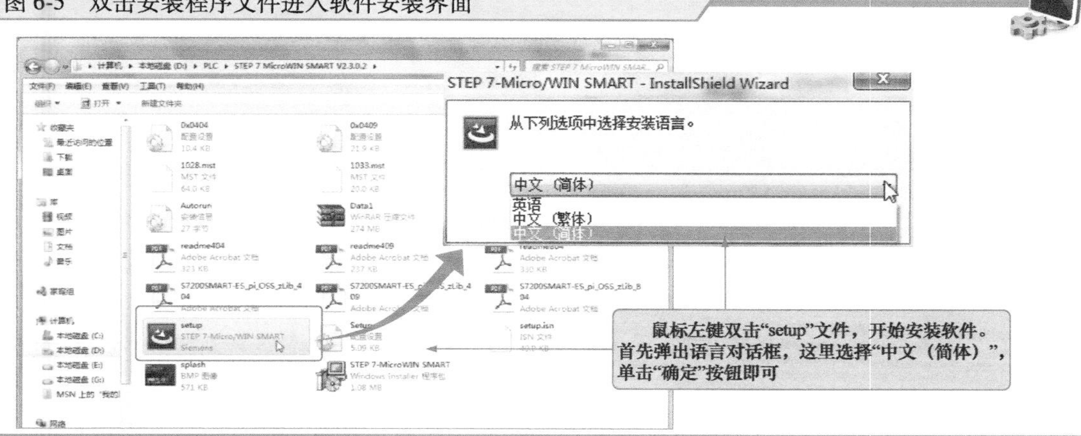


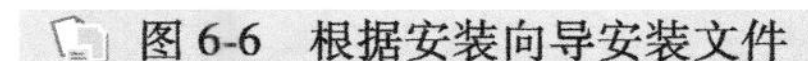
图 6-6 根据安装向导安装文件

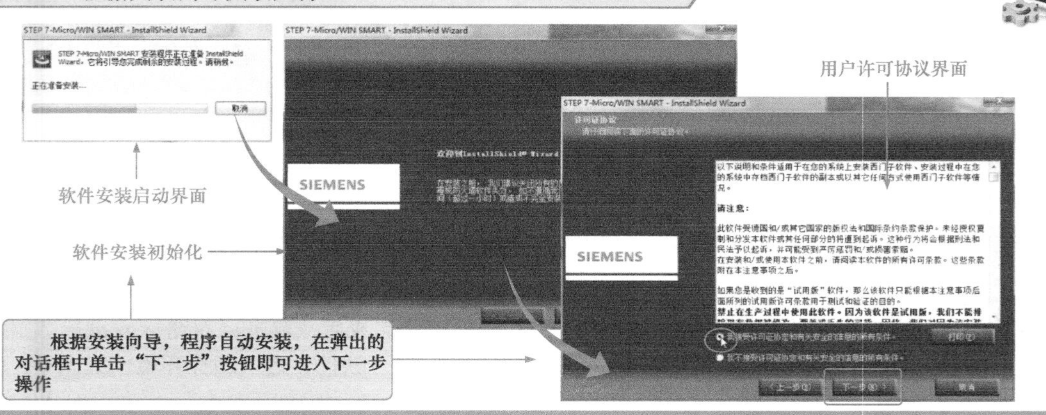




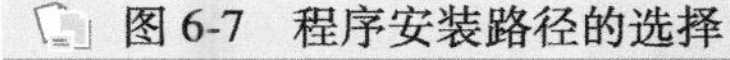
图 6-7 程序安装路径的选择

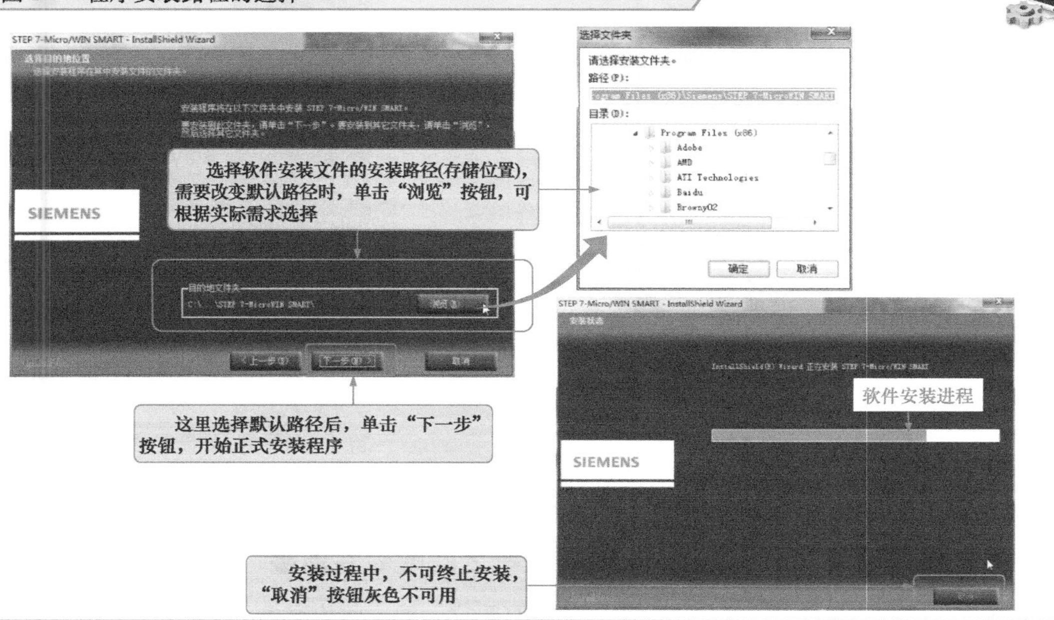

程序自动完成各项数据的解码和初始化，最后单击“完成”按钮，完成安装，如图 6-8 所示。

图 6-8　程序自动安装完成

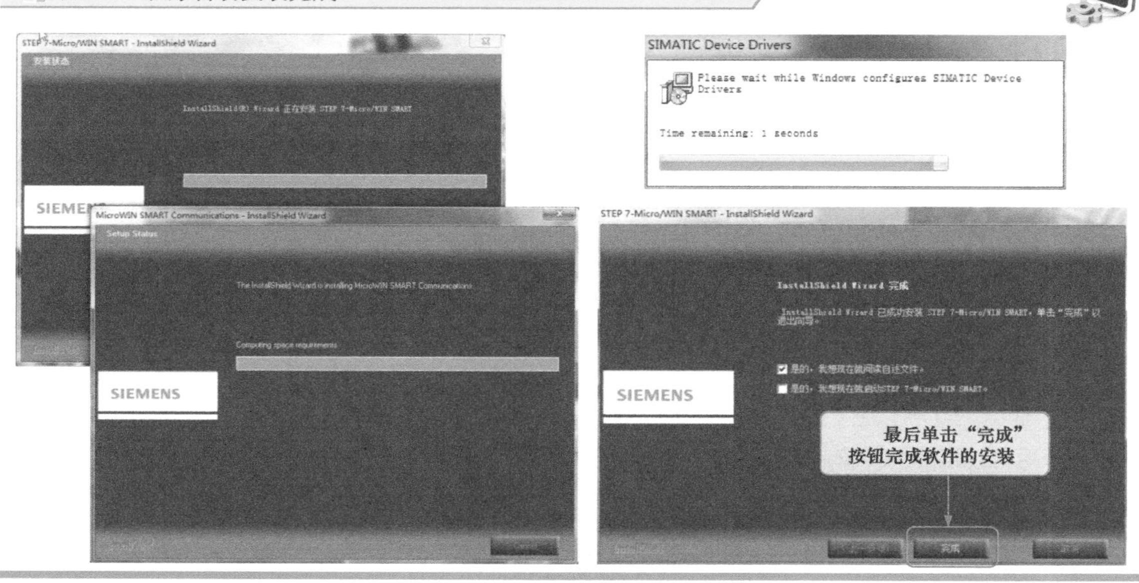




## 6.2.2　西门子 PLC 的编程软件的使用操作（STEP 7-Micro/WIN SMART）

扫一扫看视频

### 1　STEP 7-Micro/WIN SMART 编程软件的启动与运行

STEP 7-Micro/WIN SMART 编程软件用于编写西门子 PLC 控制程序。使用时，先将已安装好的编程软件启动运行。即在软件安装完成后，双击桌面图标或执行“开始”→“所有程序”→“STEP 7-MicroWIN SMART”，打开软件，进入编程环境，如图 6-9 所示。

图 6-9　STEP 7-Micro/WIN SMART 软件的启动运行

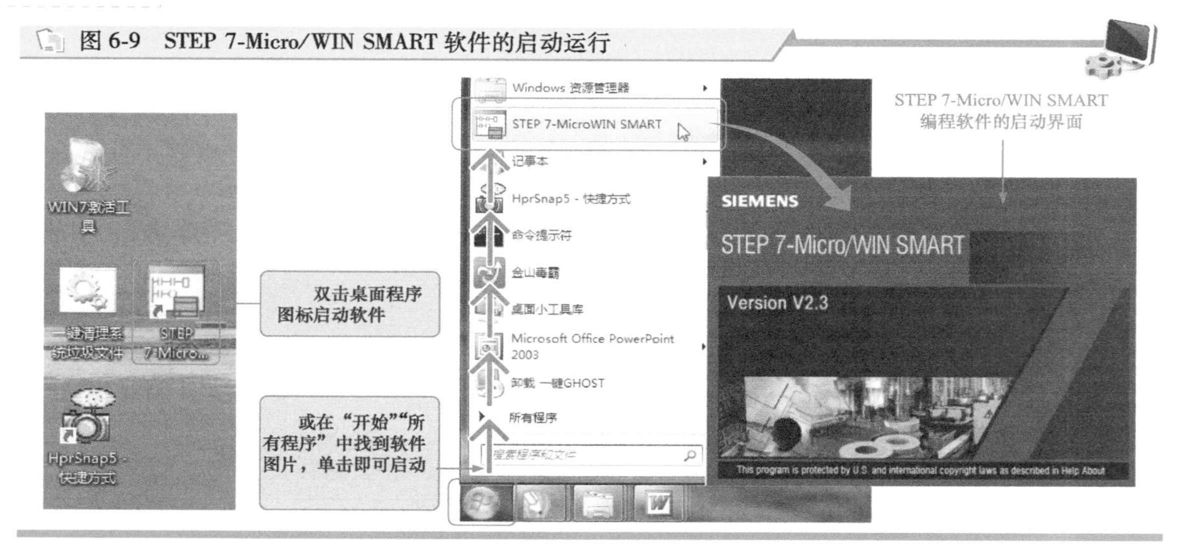


打开 STEP 7-Micro/WIN 编程软件后，即可看到该软件中的基本编程工具、工作界面等，如图 6-10 所示。

### 2　建立编程设备（计算机）与 PLC 主机之间的硬件连接

使用 STEP 7-Micro/WIN SMART 编程软件编写程序，首先将安装有 STEP 7-Micro/WIN SMART

编程软件的计算机设备与 PLC 主机之间实现硬件连接。

图 6-10 STEP 7-Micro/WIN SMART 软件的工作界面

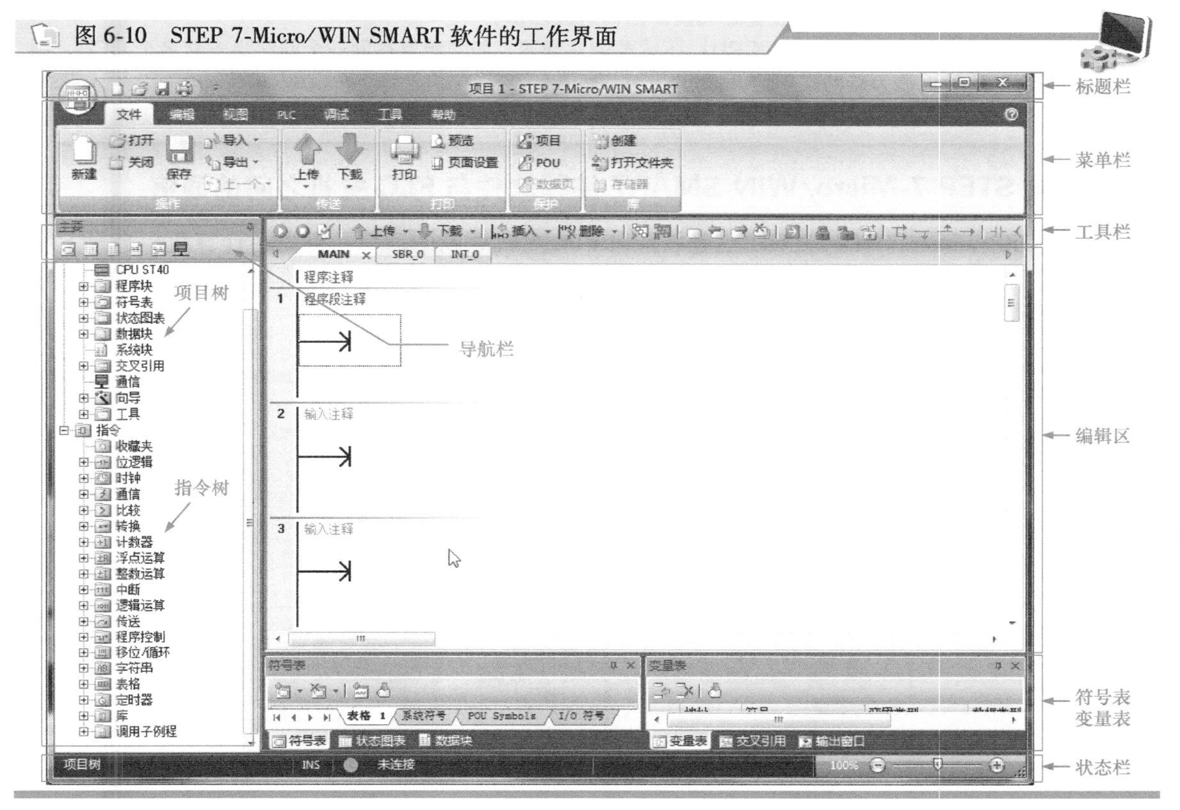


计算机设备与 PLC 主机之间连接比较简单，借助普通网络线缆（以太网通信电缆）将计算机网络接口与 S7-200 SMART PLC 主机上的通信接口连接即可，如图 6-11 所示。

图 6-11 计算机设备与 PLC 主机之间的硬件连接

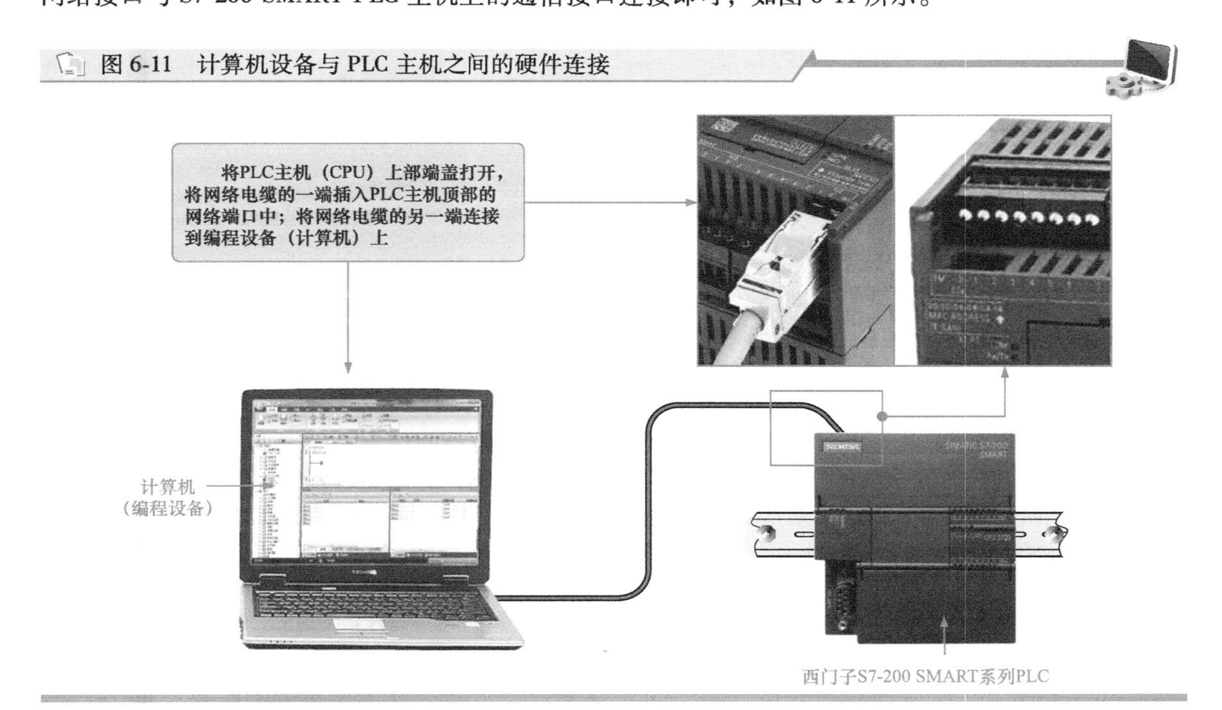

**| 提示说明 |**

**在 PLC 主机（CPU）和编程设备之间建立通信时应注意：**

**● 组态/设置：单个 PLC 主机（CPU）不需要硬件配置。如果想要在同一个网络中安装多个 CPU，则必须将默认 IP 地址更改为新的唯一的 IP 地址。**

**● 一对一通信不需要以太网交换机；网络中有两个以上的设备时需要以太网交换机。**

## 3 建立 STEP 7-Micro/WIN SMART 编程软件与 PLC 主机之间的通信

建立 STEP 7-Micro/WIN SMART 编程软件与 PLC 主机之间的通信，首先在计算机中启动 STEP 7-Micro/WIN SMART 编程软件，在软件操作界面用鼠标双击项目树下“通信”图标（或单击导航栏中的“通信”按钮），如图 6-12 所示。

图 6-12 双击“通信”按钮

弹出“通信”设置对话框，如图 6-13 所示。

“通信（Communication）”对话框提供了两种方法来选择所要访问的 PLC 主机（CPU）：

● 单击“查找 CPU”按钮以使 STEP 7-Micro/WIN SMART 在本地网络中搜索 CPU。在网络上找到的各个 CPU 的 IP 地址将在“找到 CPU”下列出。

● 单击“添加 CPU”按钮以手动输入所要访问的 CPU 的访问信息（IP 地址等）。通过此方法手动添加的各 CPU 的 IP 地址将在“添加 CPU”中列出并保留，如图 6-14 所示。

在“通信”设置对话框，可通过右侧“编辑”功能调整 IP 地址，设置完成后，单击面板右侧的“闪烁指示灯”按钮，观察 PLC 模块相应指示灯的状态来检测通信是否成功建立，如图 6-15 所示。

若 PLC 模块上红、黄色 LED 灯交替闪烁，表明通信设置正常，STEP 7-Micro/WIN SMART 编程软件已经与 PLC 建立连接。

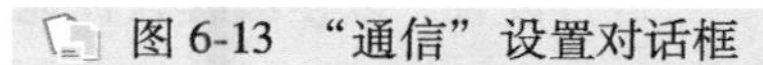

图 6-13 “通信”设置对话框

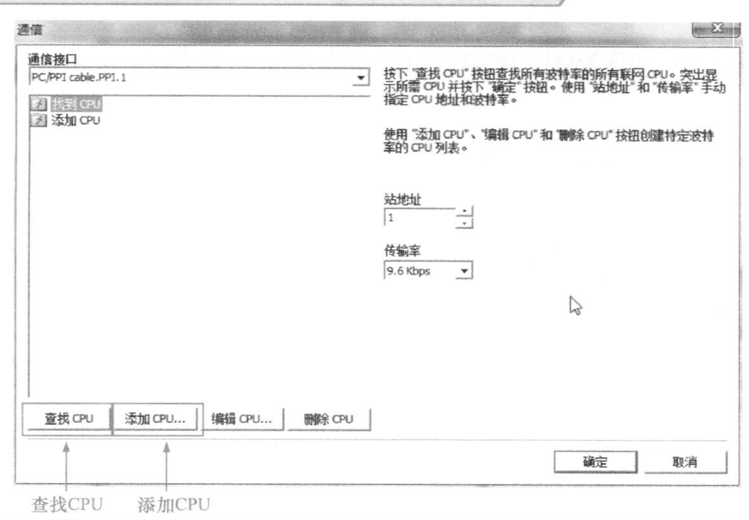

图 6-14 “查找 CPU”或“添加 CPU”

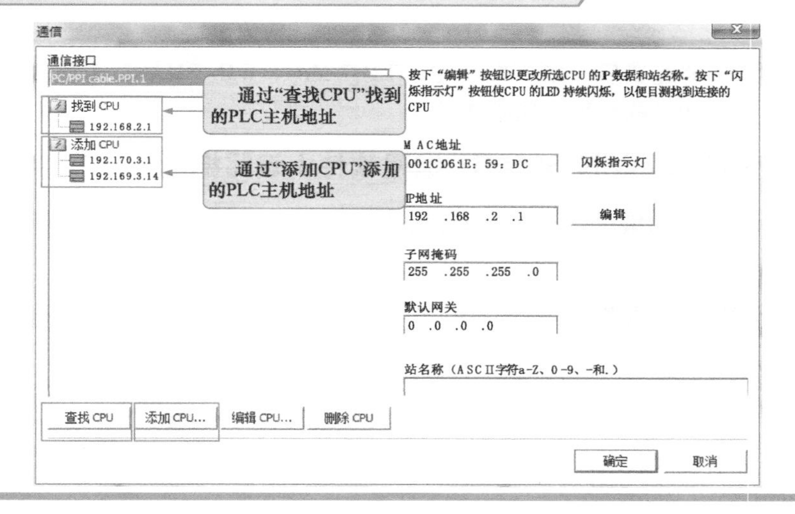


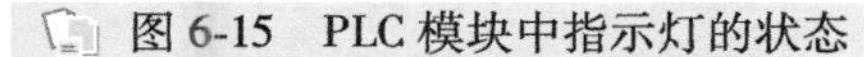

图 6-15 PLC 模块中指示灯的状态

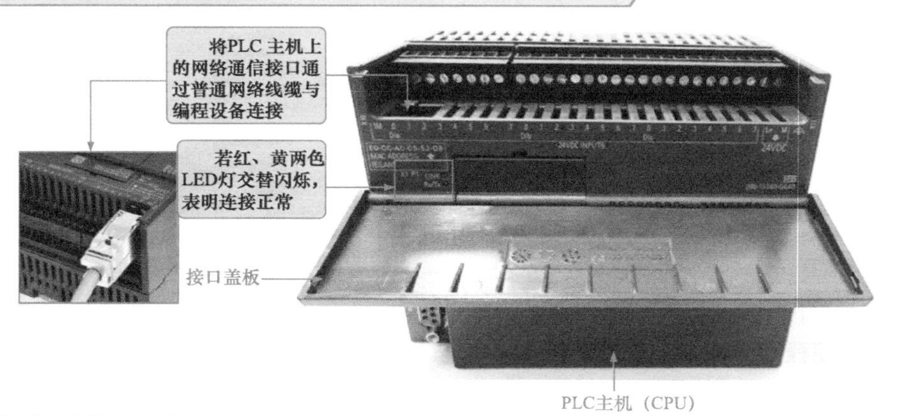

接下来，在 STEP 7-Micro/WIN SMART 编程软件中，对“系统块”进行设置，以便编程软件能够编译产生正确的代码文件用于下载，如图 6-16 所示。

图 6-16　STEP 7-Micro/WIN SMART 编程软件中“系统块”的设置



正确地完成系统块的配置后，接下来可在 STEP 7-Micro/WIN SMART 编程软件中编写 PLC 程序，将程序编译下载到 PLC 模块可实现调试运行。

## 4　在 STEP 7-Micro/WIN SMART 编程软件中编写梯形图程序

以图 6-17 所示梯形图的编写为例，介绍使用 STEP 7-Micro/WIN SMART 软件绘制梯形图的基本方法。

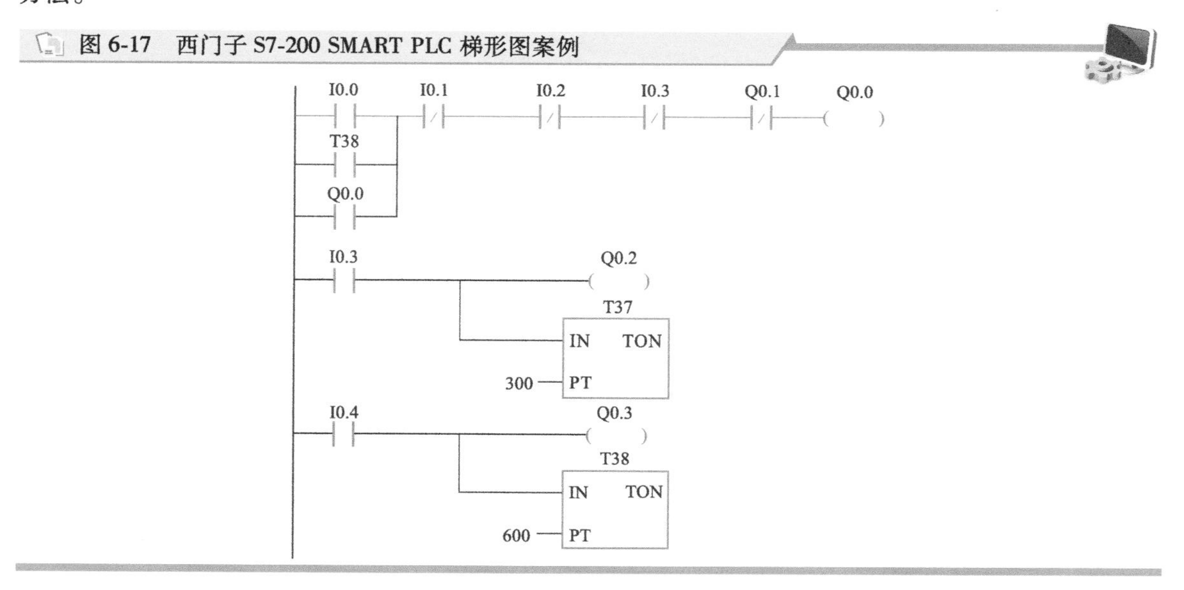

图 6-17　西门子 S7-200 SMART PLC 梯形图案例

（1）绘制梯形图

首先，放置编程元件符号，输入编程元件地址。在软件的编辑区中添加编程元件，根据要求绘制的梯形图案例，首先绘制表示常开触点的编程元件“I0. 0”，如图 6-18 所示。

图 6-18 放置表示常开触点的编程元件 I0.0 符号

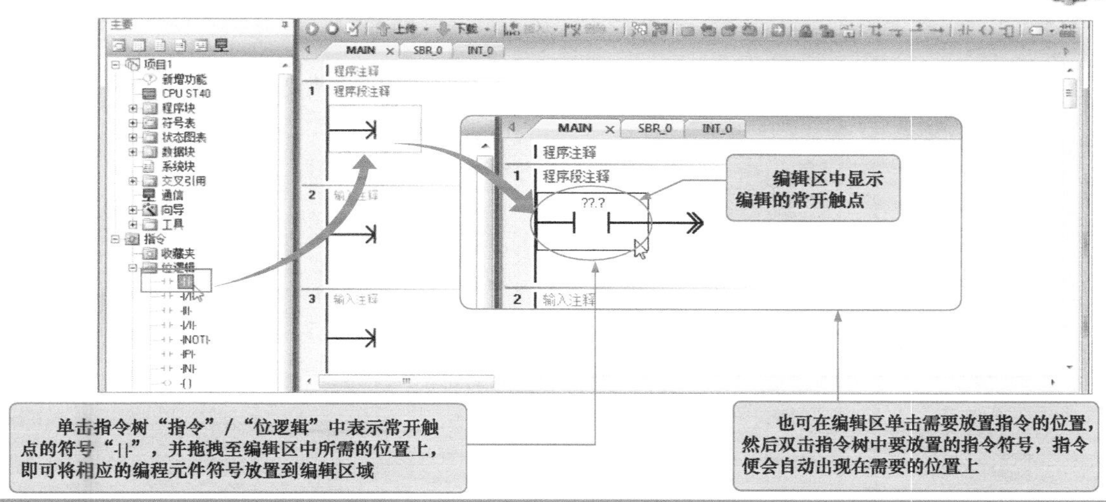


放好编程元件的符号后，单击编程元件符号上方的“?? . ?”，将光标定位在输入框内，即可以输入该常开触点的地址“I0. 0”，然后按计算机键盘上的“Enter”键即可完成输入，如图 6-19 所示。

图 6-19 编程元件地址的输入

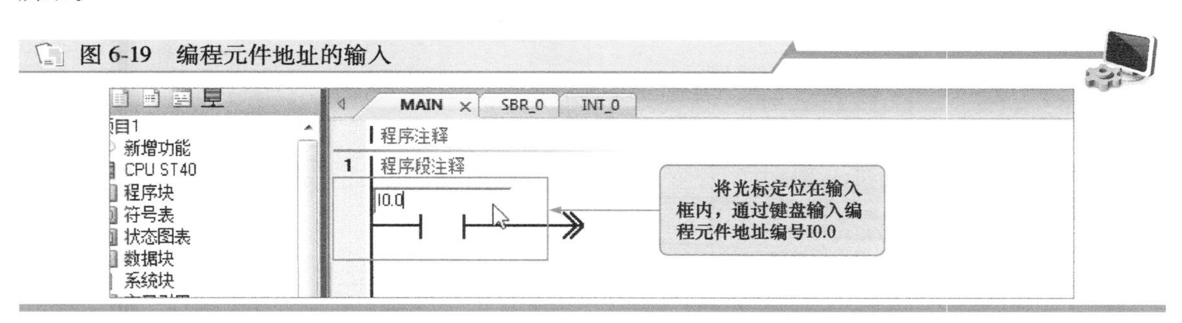


接着，可按照同样的操作步骤，分别输入第一条程序的其他元件，其过程如下：

单击指令树中的“-|/|-”指令，拖拽到编辑区相应位置上，在“?? . ?”中输入“I0. 1”，然后按键盘上的“Enter”键。

单击指令树中的“-|/|-”指令，拖拽到编辑区相应位置上，在“?? . ?”中输入“I0. 2”，然后按键盘上的“Enter”键。

单击指令树中的“-|/|-”指令，拖拽到编辑区相应位置上，在“?? . ?”中输入“I0. 3”，然后按键盘上的“Enter”键。

单击指令树中的“-|/|-”指令，拖拽到编辑区相应位置上，在“?? . ?”中输入“Q0. 1”，然后按键盘上的“Enter”键。

单击指令树中的“-( )”指令，拖拽到编辑区相应位置上，在“?? . ?”中输入“Q0. 0”，然后按键盘上的“Enter”键，至此第一条程序绘制完成。

根据梯形图案例，接下来需要输入常开触点“I0. 0”的并联元件“T38”和“Q0. 0”，如图 6-20 所示。

图 6-20　在 STEP 7-Micro/WIN SMART 软件中绘制梯形图中的并联元件（一）

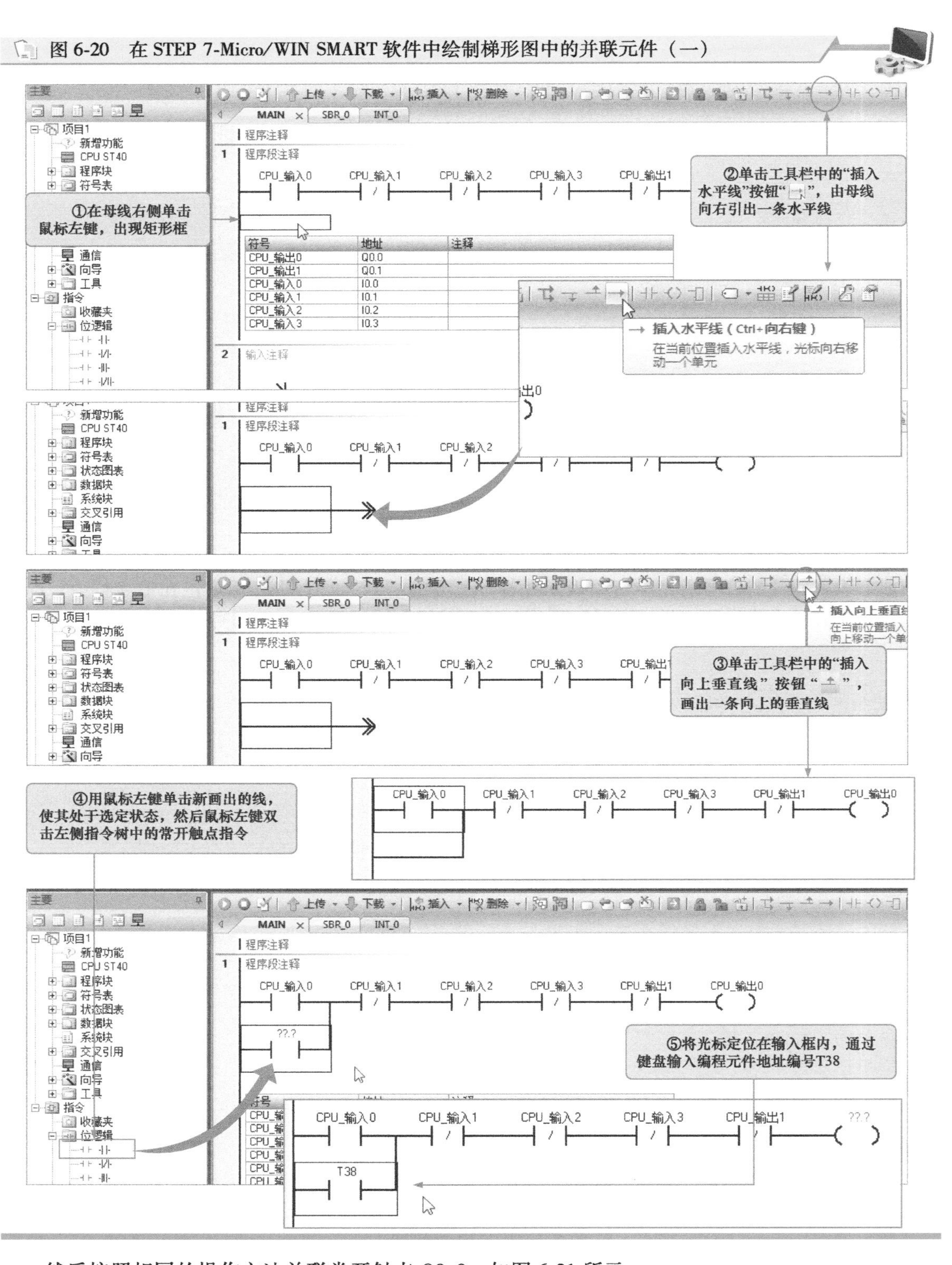

然后按照相同的操作方法并联常开触点 Q0.0，如图 6-21 所示。

接下来，绘制梯形图的第二条程序，其过程如下：

单击指令树中的"-||-"指令，拖拽到编辑区相应位置上，在"?? .?"中输入"I0.3"，然后按键盘上的"Enter"键。

图 6-21　在 STEP 7-Micro/WIN SMART 软件中绘制梯形图中的并联元件（二）

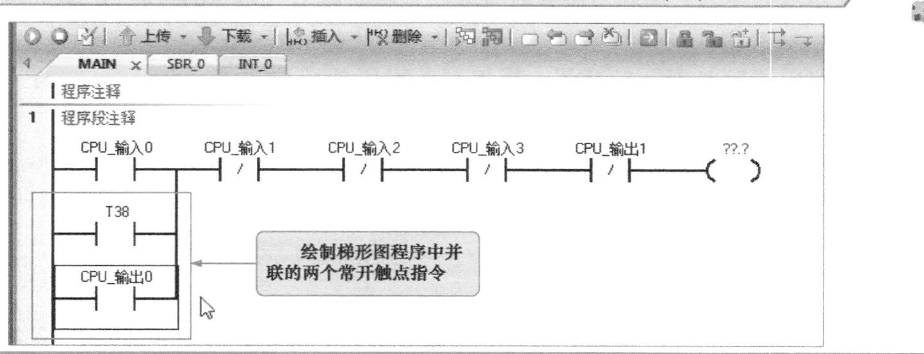


单击指令树中的“-<>”指令，拖拽到编辑区相应位置上，在“?? . ?”中输入“Q0. 2”，然后按键盘上的“Enter”键。

按照 PLC 梯形图案例，接下来需要在编辑软件中放置指令框。根据控制要求，定时器应选择具有接通延时功能的定时器（TON），即需要在指令树中选择“定时器”/“TON”，拖拽到编辑区中，如图 6-22 所示。

图 6-22　放置指令框符号

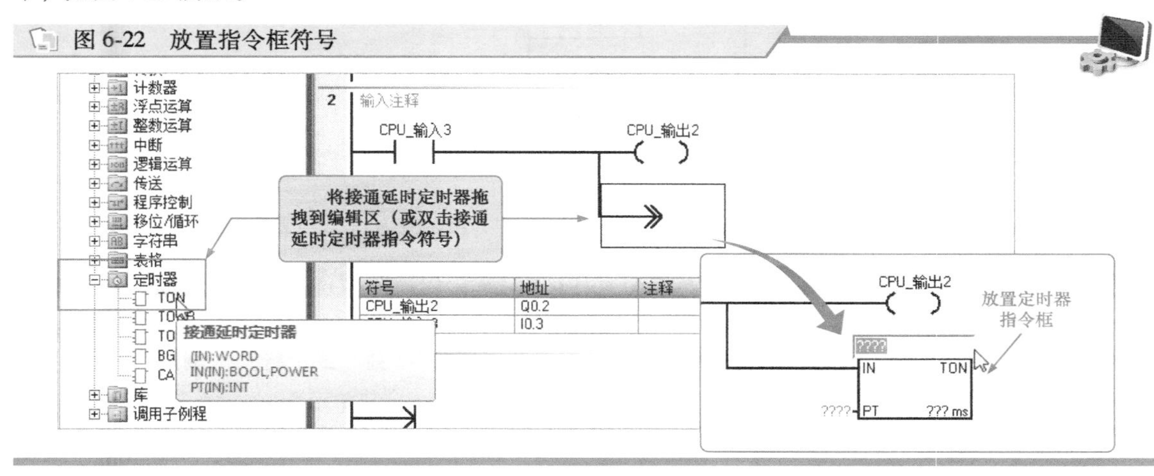


在接通延时定时器（TON）符号的“????”中分别输入“T37”“300”，完成定时器指令的输入，如图 6-23 所示。

图 6-23　定时器指令框名称和定时时间的设置

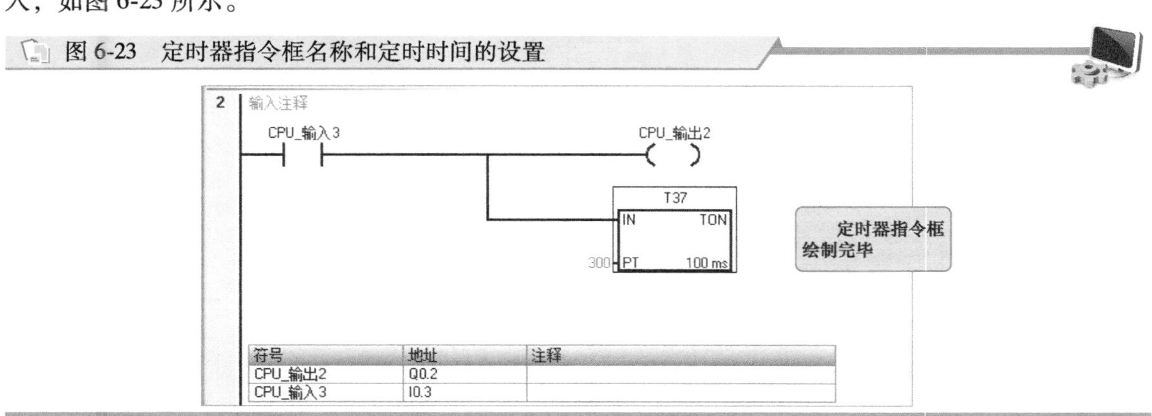


然后再用相同的方法绘制梯形图第三条程序：

单击指令树中的“-||-”指令，拖拽到编辑区相应位置上，在“?? . ?”中输入“I0. 4”，然后

按键盘上的“Enter”键。

单击指令树中的“-( )”指令，拖拽到编辑区相应位置上，在“?? . ?”中输入“Q0. 3”，然后按键盘上的“Enter”键。

单击指令树中“定时器”/“TON”，拖拽到编辑区相应位置上，在两个“????”中分别输入“T38”“600”，完成梯形图的绘制，如图 6-24 所示。

图 6-24　梯形图案例中第三条程序的绘制

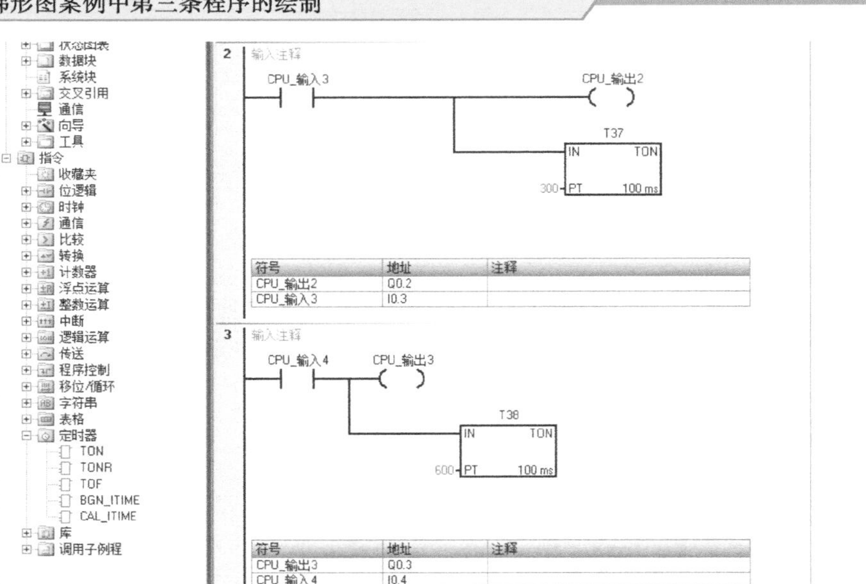




**提示说明**

**在编写程序过程中如需要对梯形图进行插入、删除等操作，可选择工具栏中的插入、删除等按钮进行相应操作，或在需要调整的位置，单击鼠标右键，即可显示“插入”/“列”或“行”“删除”“行”或“列”等操作选项，选择相应的操作即可，如图 6-25 所示。**

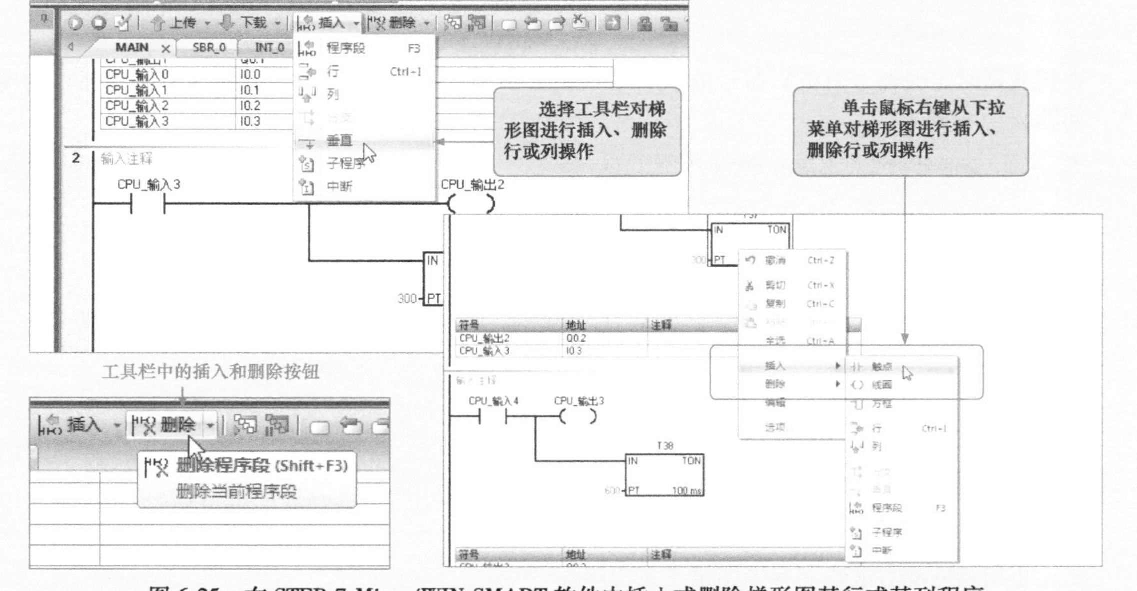


图 6-25　在 STEP 7-Micro/WIN SMART 软件中插入或删除梯形图某行或某列程序

（2）编辑符号表

编辑符号表可将元件地址用具有实际意义的符号代替，实现对程序相关信息的标注，如图 6-26 所示，有利于进行梯形图的识读，特别是一些较复杂和庞大的梯形图程序，相关的标注信息更是十分重要。

图 6-26　在 STEP 7-Micro/WIN SMART 软件中编辑符号表

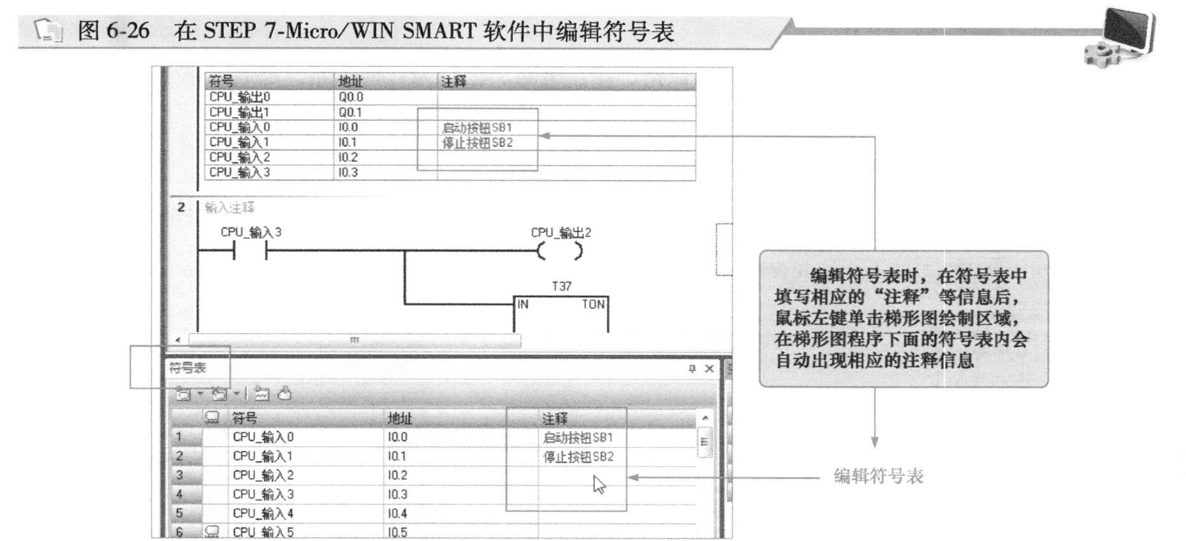




## 5　保存项目

根据梯形图示例，输入三个指令程序段后，即已完成程序的输入。程序保存后，即创建了一个含 CPU 类型和其他参数的项目。

要以指定的文件名在指定的位置保存项目，如图 6-27 所示，即在“文件”菜单功能区的“操作”区域，单击“保存”按钮下的向下箭头以显示“另存为”按钮，单击“另存为”按钮，在“另存为”对话框中输入项目名称，浏览到想要保存项目的位置，单击“保存”按钮保存项目。保存项目后，可下载程序到 PLC 主机（CPU）中。

图 6-27　在 STEP 7-Micro/WIN SMART 软件绘制梯形图程序的存储

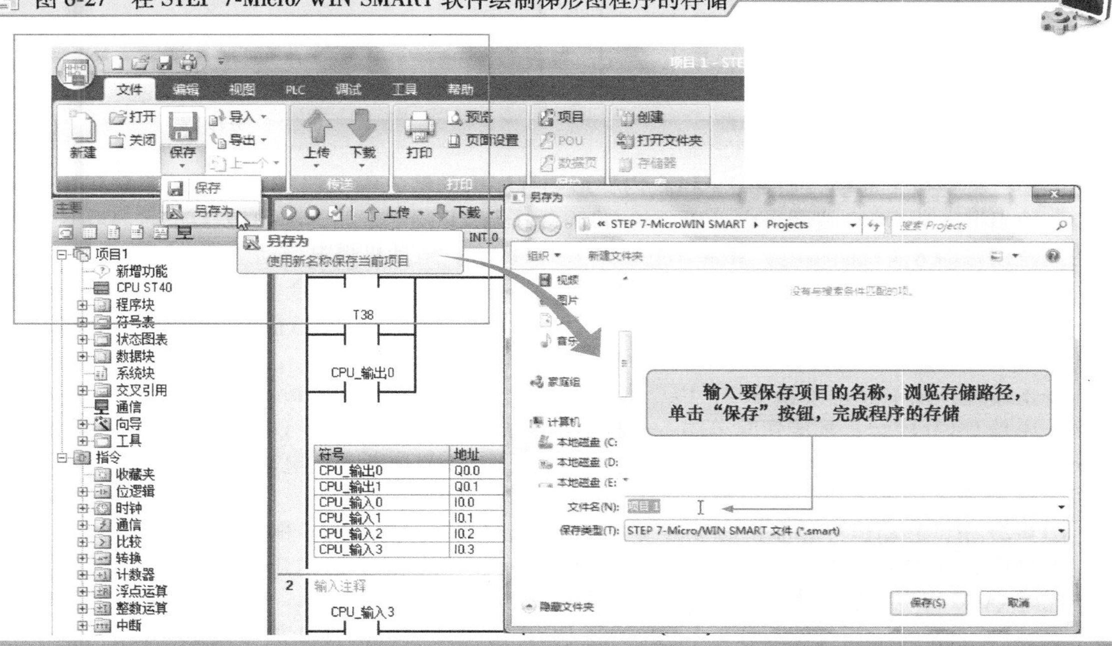

# 6.3 西门子 PLC 基本程序段

## 6.3.1 起保停电路

扫一扫看视频

起保停电路是指起动、保持、停止电路，也称为自锁电路，是 PLC 控制系统中最常见的功能电路。

### 1 采用驱动指令实现起保停控制

图 6-28 所示为采用驱动指令实现起保停控制的 PLC 接线图和梯形图。

图 6-28 采用驱动指令实现起保停控制的 PLC 接线图和梯形图

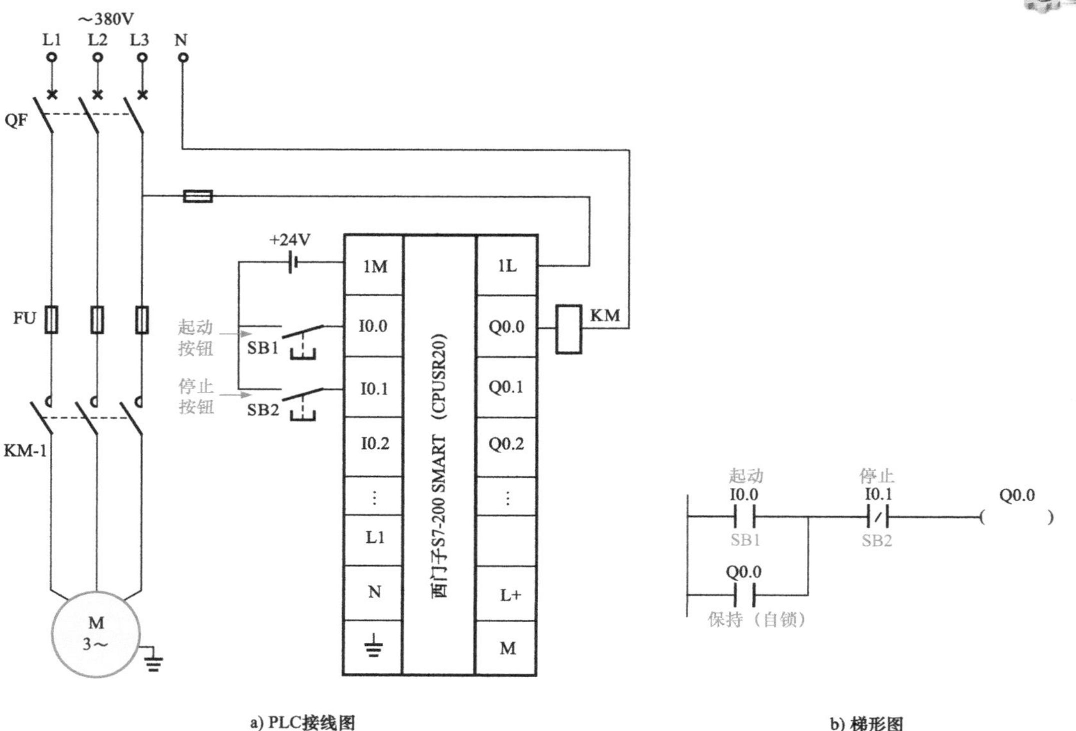

a) PLC接线图　　b) 梯形图



起动过程：按下起动按钮 SB1，PLC 内梯形图程序中的输入继电器 I0.0 置 1，即常开触点 I0.0 闭合，输出继电器 Q0.0 线圈得电，PLC 的 Q0.0 端子与 1L 端子之间内部硬触点闭合，Q0.0 端子外接的交流接触器 KM 线圈得电，其常开主触点 KM-1 闭合，电动机得电起动运转。

保持过程：输出继电器 Q0.0 线圈得电后，其常开触点 Q0.0 闭合，此时即使松开起动按钮 SB1，常开触点 I0.0 复位断开，也能保持 Q0.0 线圈得电，即保持得电过程，电动机持续运转，从而实现自锁控制功能。常开触点 Q0.0 称为自锁常开触点。

停止过程：按下停止按钮 SB2，PLC 内梯形图程序中的常闭触点 I0.1 断开，此时无论是 I0.0 闭合，还是 Q0.0 闭合，都能切断电路，使输出继电器 Q0.0 线圈失电，Q0.0 端子与 1L 端子之间内部硬触点断开，交流接触器 KM 线圈失电，其主触点 KM-1 复位断开，电动机失电停转。

图 6-29 所示为 PLC 起保停电路时序图。

图 6-29 中，起动信号和停止信号持续为 ON 的时间很短，这种信号称为短信号。

当起动信号 I0.0 变为 ON（时序图中用高电平表示）时，I0.0 的常开触点闭合，I0.1 初始为闭合，此时 Q0.0 得电，它的常开触点 Q0.0 同时闭合，松开起动按钮，X1 变为 OFF（时序图中用低电平表示），其常开触点复位断开，“能流” 经 Q0.0 的常开触点和 I0.1 的常闭触点流过 Q0.0 的线圈，Q0.0 仍为 ON，这就是“保持”或“自锁”功能。

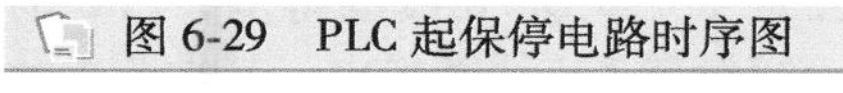
图 6-29　PLC 起保停电路时序图

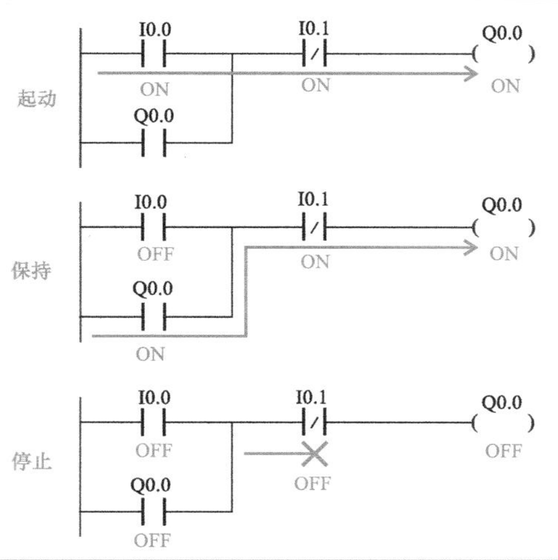


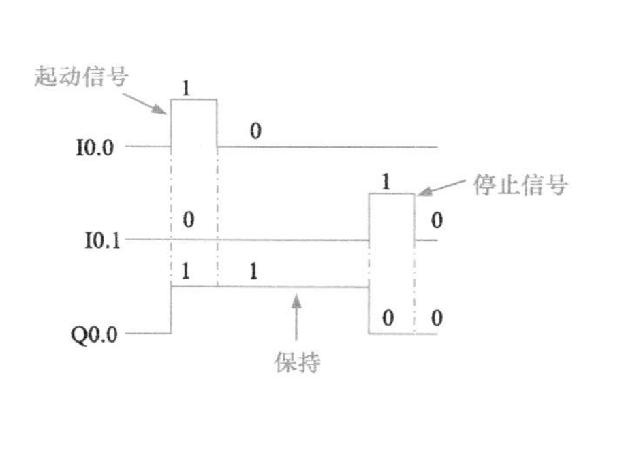




当 I0.1 为 ON 时，其常闭触点断开，Q0.0 线圈“断电”，自锁常开触点 Q0.0 复位断开。即使松开停止按钮，I0.1 的常闭触点复位闭合，Q0.0 的线圈仍“断电”。

**| 提示说明 |**

**在实际电路中，起动信号和停止信号可能由多个触点组成的串、并联电路提供。**

## 2　采用置位、复位指令实现起保停控制

图 6-30 所示为采用置位、复位指令实现起保停控制的 PLC 接线图和梯形图。

图 6-30　采用置位、复位指令实现起保停控制的 PLC 接线图和梯形图

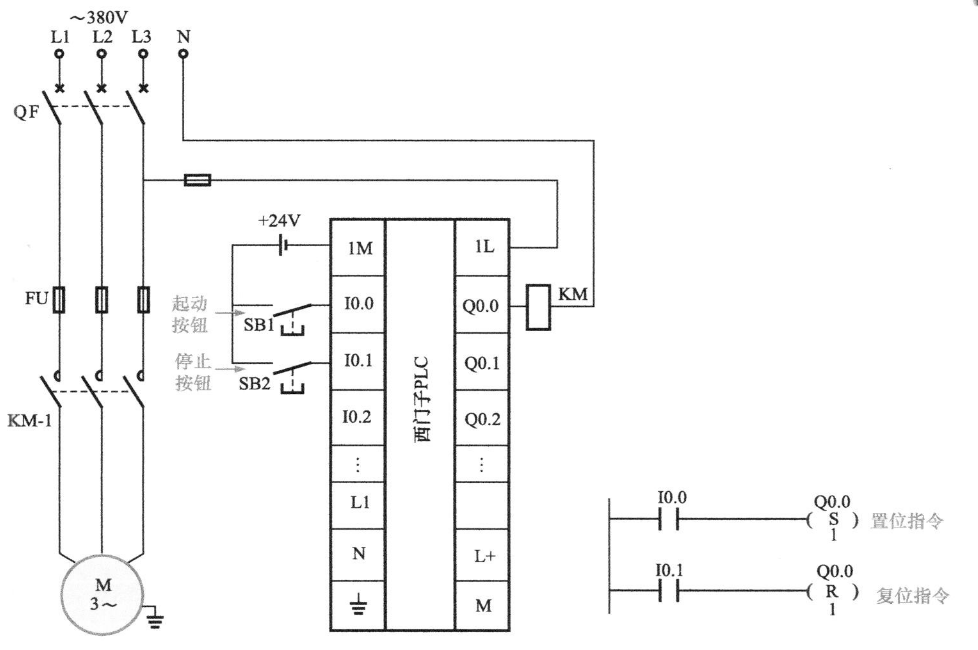


a) PLC接线图　　b) 梯形图

起动过程：当按下起动按钮 SB1 时，PLC 梯形图中的输入继电器 I0.0 置 1，即常开触点 I0.0 闭合，执行 Q0.0 的置位指令，执行结果将输出继电器 Q0.0 线圈置 1，即 Q0.0 线圈得电，PLC 的 Q0.0 端子与 1L 端子之间内部硬触点闭合，Q0.0 端子外接的交流接触器 KM 线圈得电，其常开主触点 KM-1 闭合，电动机得电起动运转。

保持过程：松开起动按钮 SB1，常开触点 I0.0 复位断开，但 Q0.0 线圈仍保持“1”状态，即维持得电状态，电动机持续运转，从而实现自锁控制功能。

停止过程：当按下停止按钮 SB2 时，PLC 梯形图中的输入继电器 I0.1 置 1，即常开触点 I0.1 闭合，执行 Q0.0 的复位指令，执行结果将输出继电器 Q0.0 线圈置 0，即 Q0.0 线圈失电，Q0.0 端子与 1L 端子之间内部硬触点断开，Q0.0 端子外接的交流接触器 KM 线圈失电，其常开主触点 KM-1 复位断开，电动机失电停转。

## 6.3.2 互锁电路

互锁电路是指控制互相锁定限制、不能同时发生动作的电路形式，也称为优先电路，即指两个输入信号中先到信号取得优先权，后到信号无效。

### 1 由线圈常闭触点构成的互锁控制



图 6-31 所示为由线圈常闭触点构成的互锁电路梯形图。

图 6-31 由线圈常闭触点构成的互锁电路梯形图

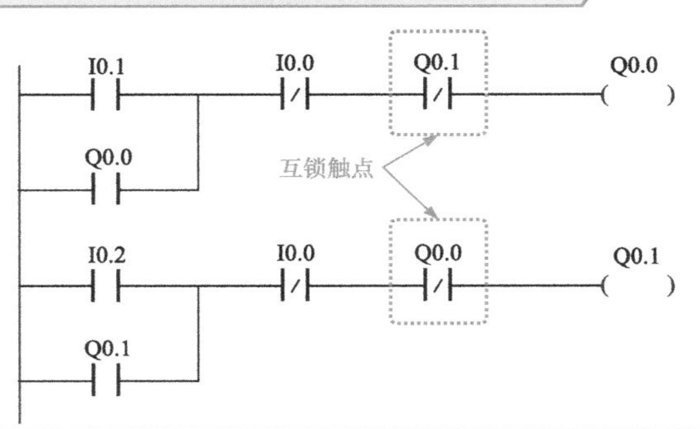


由线圈常闭触点构成的互锁电路的控制特点如图 6-32 所示。

图 6-32 由线圈常闭触点构成的互锁电路的控制特点

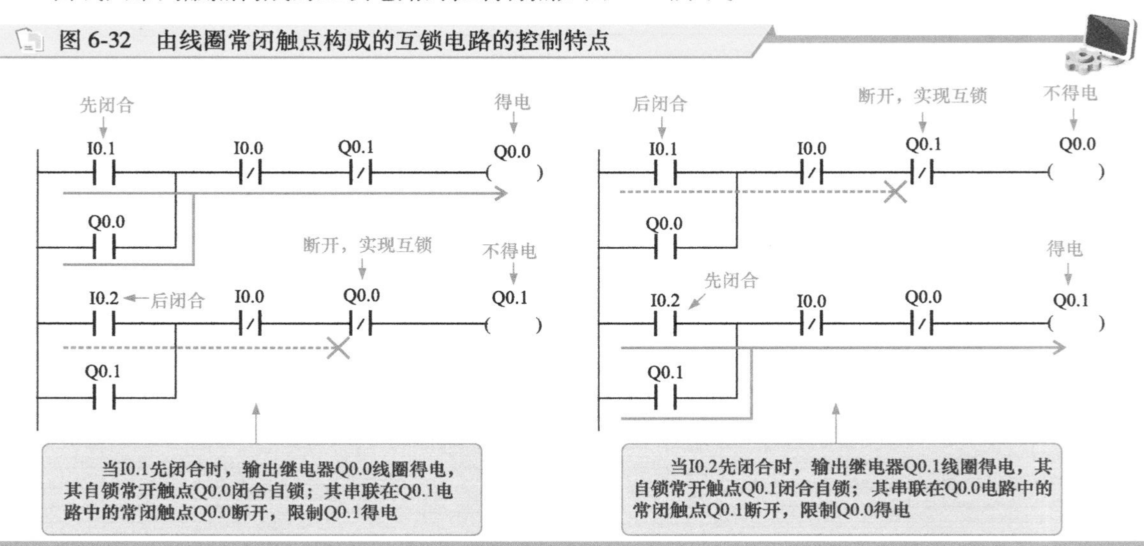


当线圈 Q0.0 得电时，串联在线圈 Q0.1 电路中的常闭触点断开，使线圈 Q0.1 无法得电。

同样，当线圈 Q0.1 得电时，串联在线圈 Q0.0 电路中的常闭触点断开，使线圈 Q0.0 无法得电。

### 2 由起动按钮常闭触点构成的互锁控制

图 6-33 所示为由起动按钮常闭触点构成的互锁电路梯形图。

图 6-33 由起动按钮常闭触点构成的互锁电路梯形图



由起动按钮常闭触点构成的互锁电路的控制特点如图 6-34 所示。

图 6-34 由起动按钮常闭触点构成的互锁电路的控制特点

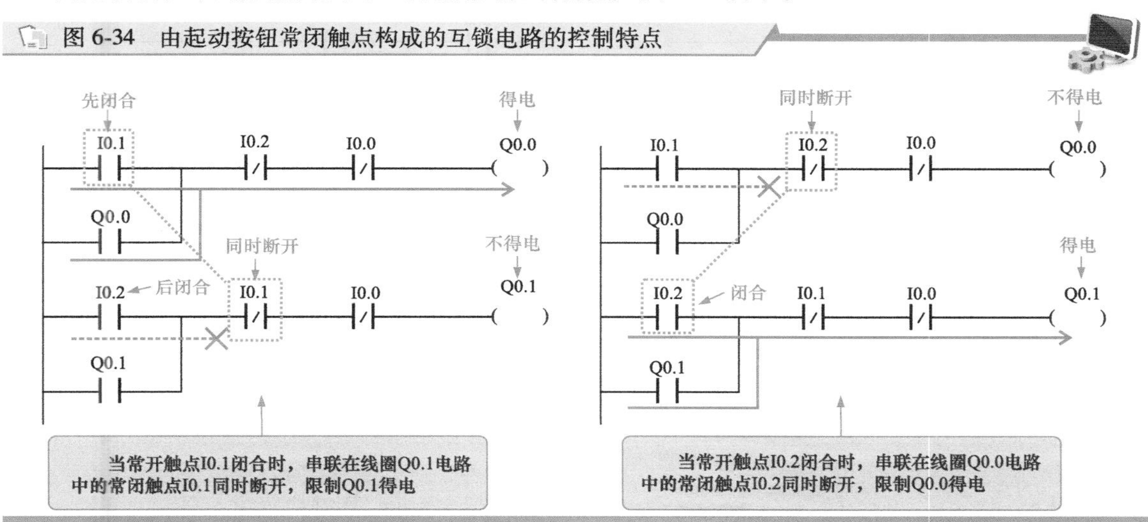


当 I0.1 常开触点闭合时，串联在线圈 Q0.1 电路中的常闭触点 I0.1 同时断开，使线圈 Q0.1 无法得电。同样，当 I0.2 常开触点闭合时，串联在线圈 Q0.0 电路中的常闭触点 I0.2 断开，使线圈 Q0.0 无法得电。

### 3 借助中间继电器构成的互锁控制

图 6-35 所示为借助中间继电器构成的互锁控制电路梯形图。

借助中间继电器构成的互锁控制电路的控制特点如图 6-36 所示。

在实际应用中，抢答器程序中的抢答优先，电动机正、反转控制等多采用互锁电路。

## 6.3.3 多地控制电路

### 1 单人多地控制

单人多地控制是指利用梯形图可以实现在任何一地进行起停控制，也可以在一地进行起动，在另一地控制停止。

图 6-35　借助中间继电器构成的互锁控制电路梯形图



图 6-36　借助中间继电器构成的互锁控制电路的控制特点

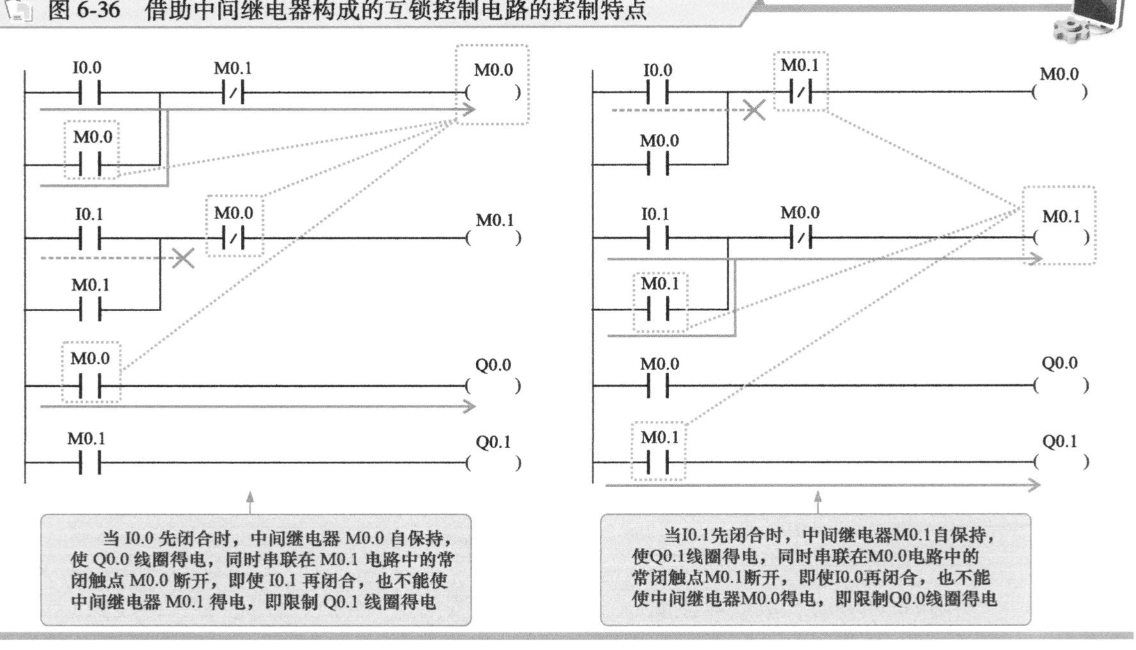


图 6-37 所示为单人多地控制的 PLC 接线图和梯形图。

在 A 地按下起动按钮 SB1，PLC 内输入继电器 I0.0 置 1，即常开触点 I0.0 闭合，输出继电器 Q0.0 线圈得电，其常开触点 Q0.0 闭合自锁，PLC 的 Q0.0 端子内部硬触点闭合使接触器 KM 线圈得电，常开主触点 KM-1 闭合，电动机得电运转。

在 A 地按下停止按钮 SB2，PLC 内输入继电器 I0.1 置 1，即常闭触点 I0.1 断开，输出继电器 Q0.0 线圈失电，其常开触点 Q0.0 复位断开，PLC 的 Q0.0 端子内部硬触点断开使接触器 KM 线圈失电，常开主触点 KM-1 复位断开，电动机失电停转。

B 地和 C 地的起停控制与 A 地控制相同。另外也可以在 A 地控制起动，B 地或 C 地控制停止。

## 2　多人多地控制

多人多地控制电路是指多人在多地同时按下起动按钮才能实现起动功能，在任意一地都可以进行停止控制。

图 6-37　单人多地控制的 PLC 接线图和梯形图

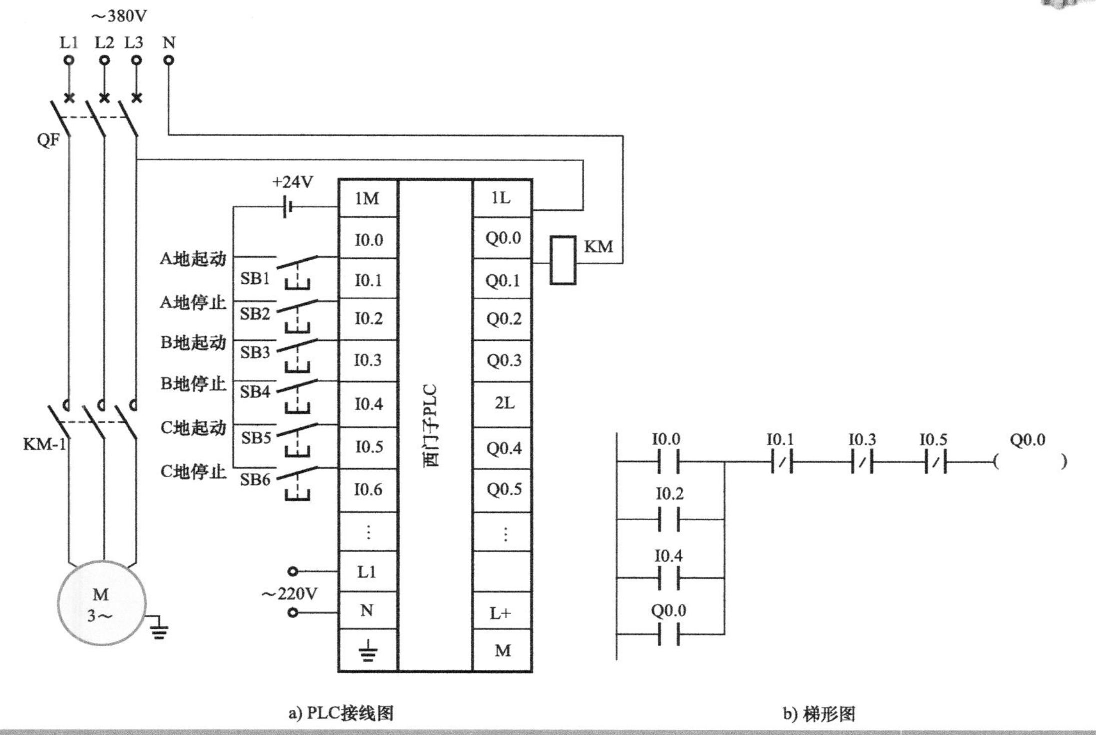


a) PLC接线图　　b) 梯形图



图 6-38 所示为多人多地控制的 PLC 接线图和梯形图。

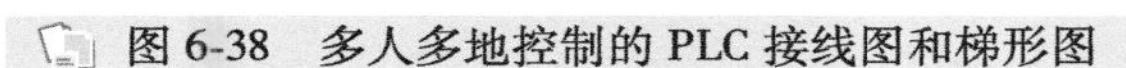

图 6-38　多人多地控制的 PLC 接线图和梯形图

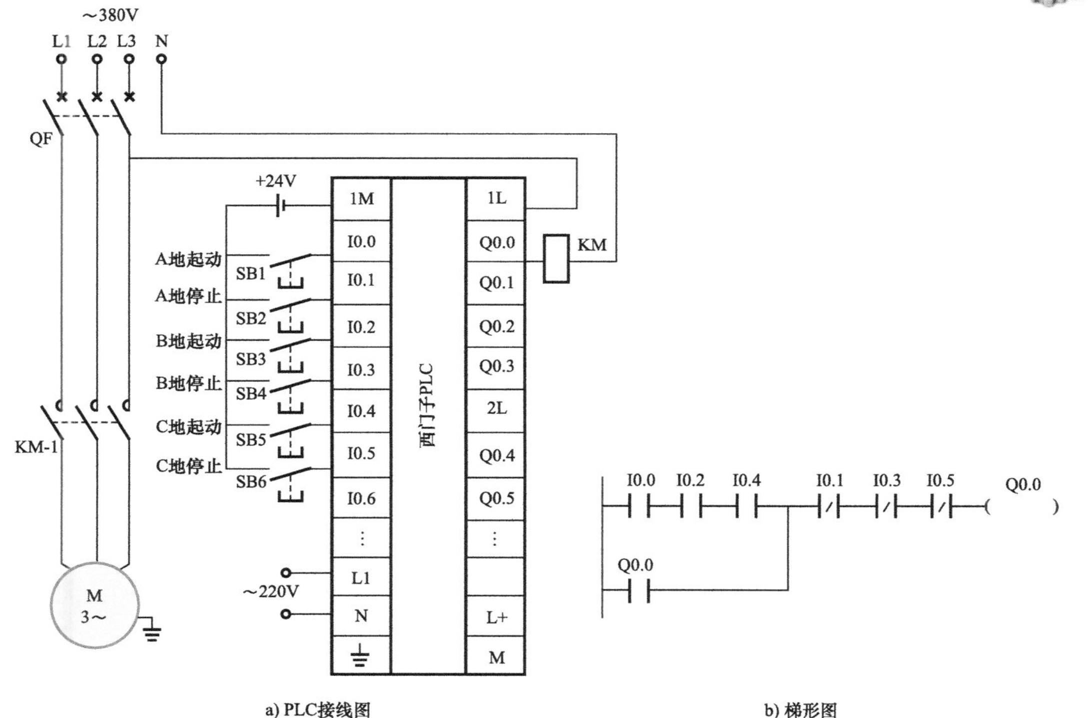


a) PLC接线图　　b) 梯形图

当在 A、B、C 三地同时按下按钮 SB1、SB3、SB5 时，PLC 内的常开触点 I0.0、I0.2、I0.4 同时闭合，输出继电器 Q0.0 线圈得电，其自锁常开触点 Q0.0 闭合自锁，PLC 的 Q0.0 端子内部硬触点闭合，接触器 KM 线圈得电，主电路中常开主触点 KM-1 闭合，电动机得电运转。

当在 A、B、C 三地按下 SB2、SB4、SB6 其中的任意一个停止按钮时，输出继电器 Q0.0 线圈失电，其自锁常开触点 Q0.0 复位断开，PLC 的 Q0.0 端子的内部硬触点断开使接触器 KM 线圈失电，主电路中的常开主触点 KM-1 复位断开，电动机失电停转。

## 6.3.4 定时电路

### 1 定时器通电延时控制

定时器通电延时控制是指由定时器实现线圈延时一段时间后再得电的控制电路，如图 6-39 所示。

图 6-39 定时器通电延时控制电路梯形图和时序图

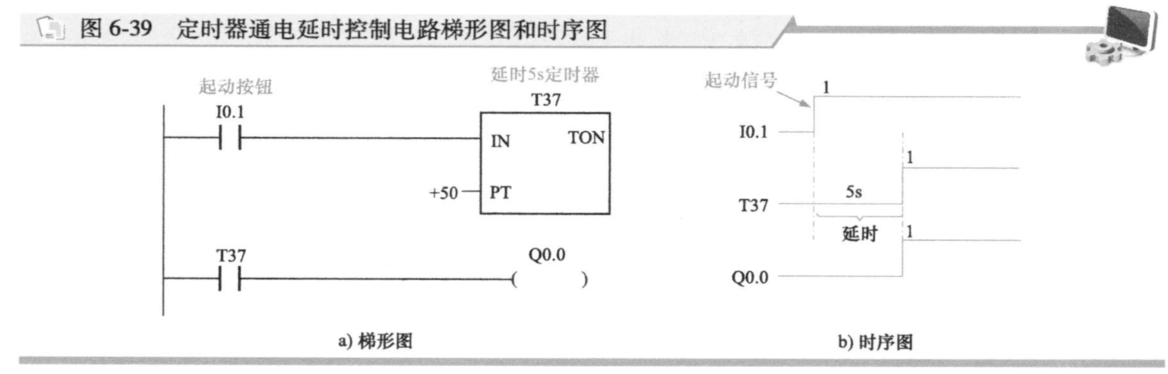




当按下起动按钮，输入继电器 I0.1 的常开触点闭合，定时器 T37 线圈得电。5s 后，定时器 T37 的常开触点 T37 闭合，输出继电器 Q0.0 线圈得电。即实现在输入继电器 I0.1 闭合后，延时 5s 输出继电器 Q0.0 得电。

### 2 计数器通电延时控制

计数器通电延时控制是指由计数器实现线圈延时一段时间后再得电的控制电路，如图 6-40 所示。

图 6-40 计数器通电延时控制电路梯形图

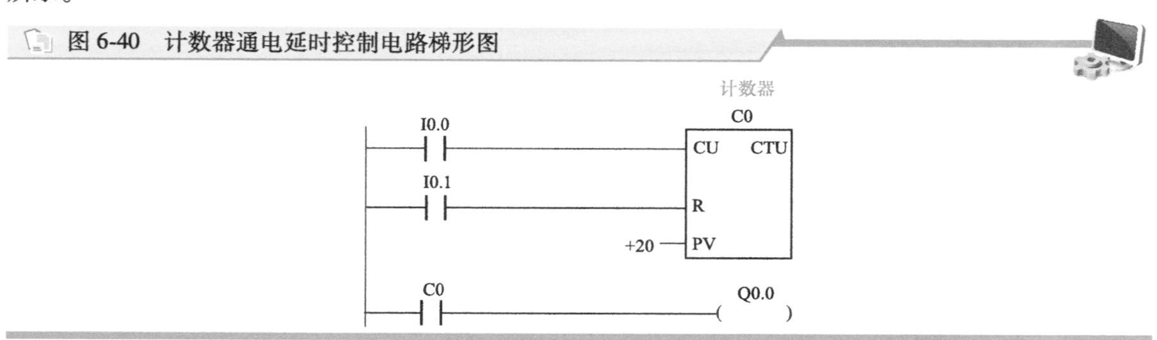


当按下起动按钮，常开触点 I0.0 闭合，计数器 C0 的 CU 端输入起动信号。当 I0.1 闭合一次，计数器加 1，当 I0.1 闭合 20 次时，计数器 C0 常开触点闭合，输出继电器 Q0.0 线圈得电。即实现计数器延时控制。

### 3 定时器断电延时控制

定时器断电延时控制是指由定时器实现线圈延时一段时间后再失电的控制电路，如图 6-41 所示。

图 6-41 定时器断电延时控制电路梯形图和时序图

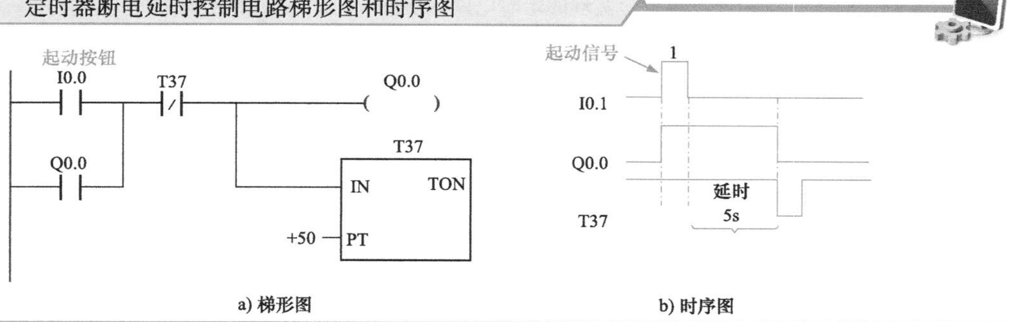


a) 梯形图　　b) 时序图

当按下起动按钮，输入继电器 I0.0 的常开触点闭合，输出继电器 Q0.0 线圈得电，同时定时器 T37 线圈得电。

松开起动按钮，输入继电器 I0.0 的常开触点复位断开，因 Q0.0 的自锁常开触点闭合，Q0.0 线圈和定时器 T37 线圈保持得电。

5s 后，定时器 T37 的常闭触点 T37 断开，输出继电器 Q0.0 线圈失电。即实现延时 5s 输出继电器 Q0.0 断电。

## 6.3.5 扩展延时电路

### 1 两个定时器实现扩展延时控制

图 6-42 所示为由两个定时器实现扩展延时控制电路梯形图和时序图。

图 6-42 由两个定时器实现扩展延时控制电路梯形图和时序图

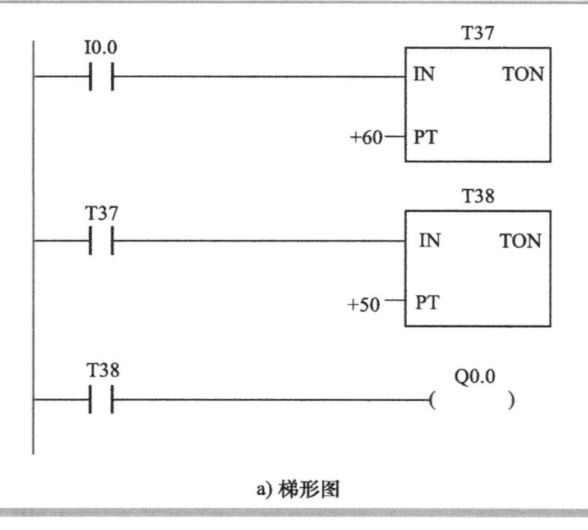


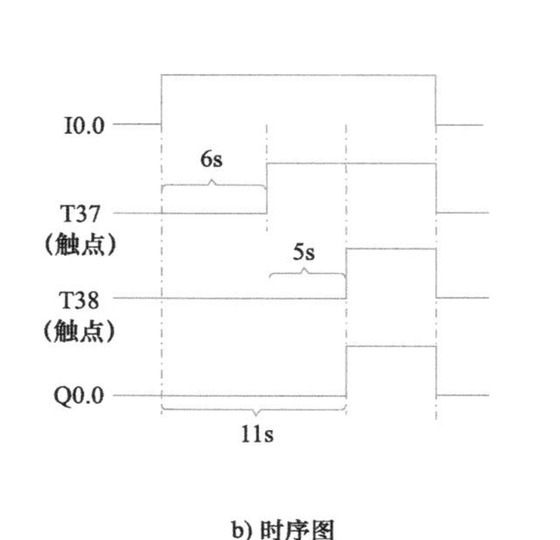


a) 梯形图　　b) 时序图

当常开触点 I0.0 闭合时，定时器 T37 线圈得电，开始定时。6s 后定时时间到，延时闭合的常开触点 T37 闭合。

常开触点 T37 闭合后，定时器 T38 线圈得电，开始定时。5s 后定时时间到，延时闭合的常开触点 T38 闭合，输出继电器 Q0.0 线圈得电。即实现 I0.0 闭合后延时 11s，输出继电器 Q0.0 线圈才得电的扩展延时作用。

### 2 定时器和计数器组合的定时电路

图 6-43 所示为由定时器和计数器组合实现的定时电路梯形图和时序图。

图 6-43 由定时器和计数器组合实现的定时电路梯形图和时序图

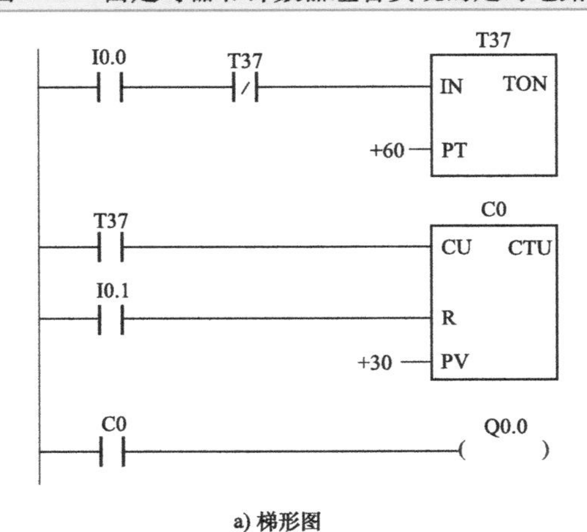


a) 梯形图

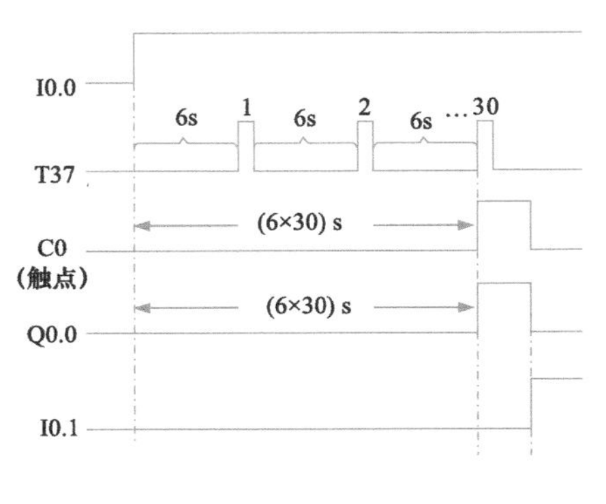


b) 时序图

当常开触点 I0.0 闭合，定时器 T37 线圈得电，定时开始。6s 后定时时间到，其常开触点 T37 得电，向计数器 C0 输入起动信号；同时其常闭触点 T37 断开，定时器 T37 线圈失电，即由定时器 T37 产生周期为 6s 的脉冲序列，作为计数器 C0 的计数输入，当 C0 计数达到 30 次时，常开触点 C0 闭合，输出继电器 Q0.0 线圈得电。



## 6.3.6 闪烁电路

图 6-44 所示为闪烁电路 PLC 接线图和梯形图。

图 6-44 闪烁电路 PLC 接线图和梯形图

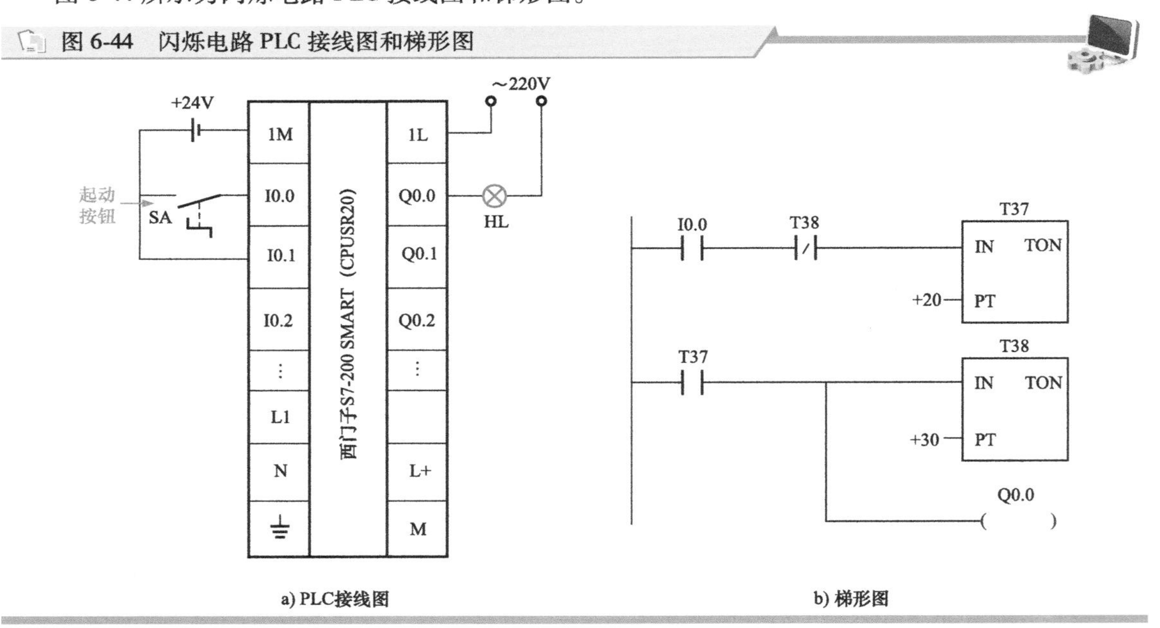


a) PLC接线图　　b) 梯形图

将开关 SA 闭合，将 PLC 内输入继电器 I0.0 置 1，即常开触点 I0.0 闭合，定时器 T37 线圈得电（输入端为 1 状态），T37 开始定时，2s 后定时时间到，T37 的常开触点闭合，使输出继电器 Q0.0 线圈得电，PLC 外接指示灯 HL 点亮。

T37 的常开触点闭合同时使定时器 T38 线圈得电，T38 开始定时。3s 后 T38 定时时间到，常闭触点断开，T37 输入端变为 0 状态，T37 失电，其常开触点 T37 断开，输出继电器 Q0.0 线圈失电，PLC 外接指示灯 HL 熄灭。

常开触点 T37 断开同时又使定时器 T38 失电，其常闭触点 T38 复位闭合，T37 又开始定时，如此依次执行指令，使输出继电器 Q0.0 线圈周期性地“通电”和“断电”，即 PLC 外接指示灯 HL 保持 3s 亮、2s 灭的频率周期性地闪烁发光。

指示灯 HL“亮”的时间等于 T38 的设定值，“灭”的时间等于 T37 的设定值，可根据实际需要进行设定。

## 6.3.7 延时脉冲产生电路

图 6-45 所示为延时脉冲产生电路梯形图和时序图。该梯形图程序可实现当输入信号为 1 时，延时 5s，输出一个脉冲信号。

图 6-45 延时脉冲产生电路梯形图和时序图

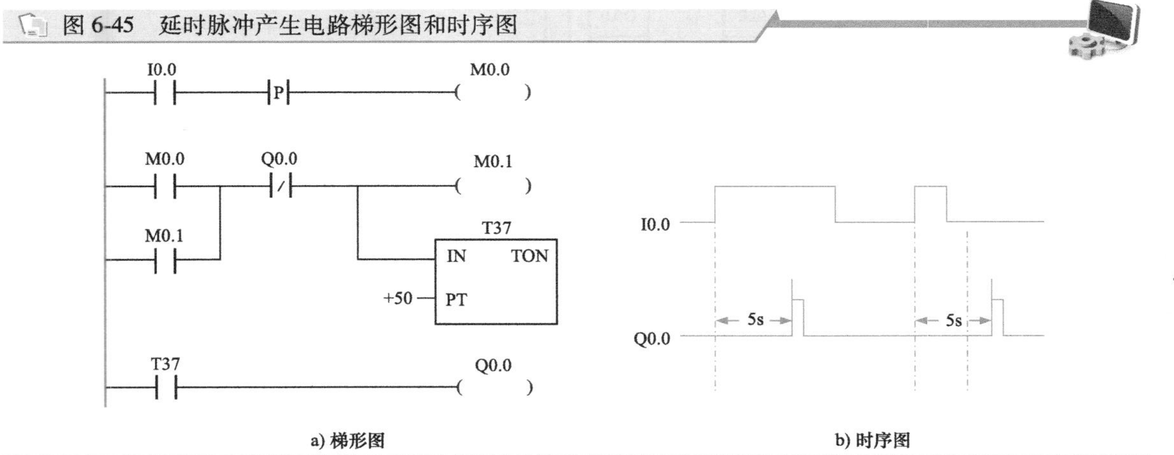


当输入继电器 I0.0 置 1，捕捉到起动信号上升沿时，中间继电器 M0.0 线圈得电，其常开触点 M0.0 闭合，中间继电器 M0.1 线圈得电，其常开触点 M0.1 闭合自锁。同时，定时器 T37 线圈得电开始定时。

5s 后，定时时间到，定时器 T37 的常开触点闭合，输出继电器 Q0.0 线圈得电。

Q0.0 线圈得电后，其常闭触点 Q0.0 断开，M0.1 和 T37 线圈又断电，Q0.0 线圈也断电，即实现了起动信号为 1 时，延时 5s 后输出一个脉冲信号。

## 6.3.8 单按钮起动、停止电路

单按钮起动、停止电路是指电路中通过一个按钮实现起动和停止两个控制功能。

### 1 利用计数器实现单按钮控制功能

图 6-46 所示为利用计数器实现单按钮控制功能的 PLC 接线图和梯形图。

按一下按钮 SB1，取得输入信号上升沿脉冲信号，中间继电器 M0.0 线圈得电，其控制计数器 C1 起动端的常开触点 M0.0 闭合，计数器加 1；同时，控制输出继电器 Q0.0 线圈的常开触点 M0.0 闭合，输出继电器 Q0.0 线圈得电，其自锁常开触点 Q0.0 闭合自锁，PLC 外接交流接触器 KM 线圈得电，其常开主触点 KM-1 闭合，电动机得电起动运转。

再按一下按钮 SB1，取得输入信号上升沿脉冲信号，中间继电器 M0.0 线圈再次得电，其控制计数器 C1 起动端的常开触点 M0.0 再次闭合，计数器再加 1，此时计数累计为 2，计数器 C1 得电，其常开触点 C1 闭合，常闭触点 C1 断开。

计数器的常开触点 C1 闭合，M0.1 线圈得电，其常开触点 M0.1 闭合，将计数器复位，为下一次工作做好准备；计数器的常闭触点 C1 断开，输出继电器 Q0.0 线圈失电，自锁常开触点 Q0.0 复位断开接触自锁；PLC 外接交流接触器 KM 线圈失电，常开主触点 KM-1 复位断开，电动机失电停转。

由此，即可实现一个按钮实现起动和停止两种控制功能。

图 6-46 利用计数器实现单按钮控制功能的 PLC 接线图和梯形图

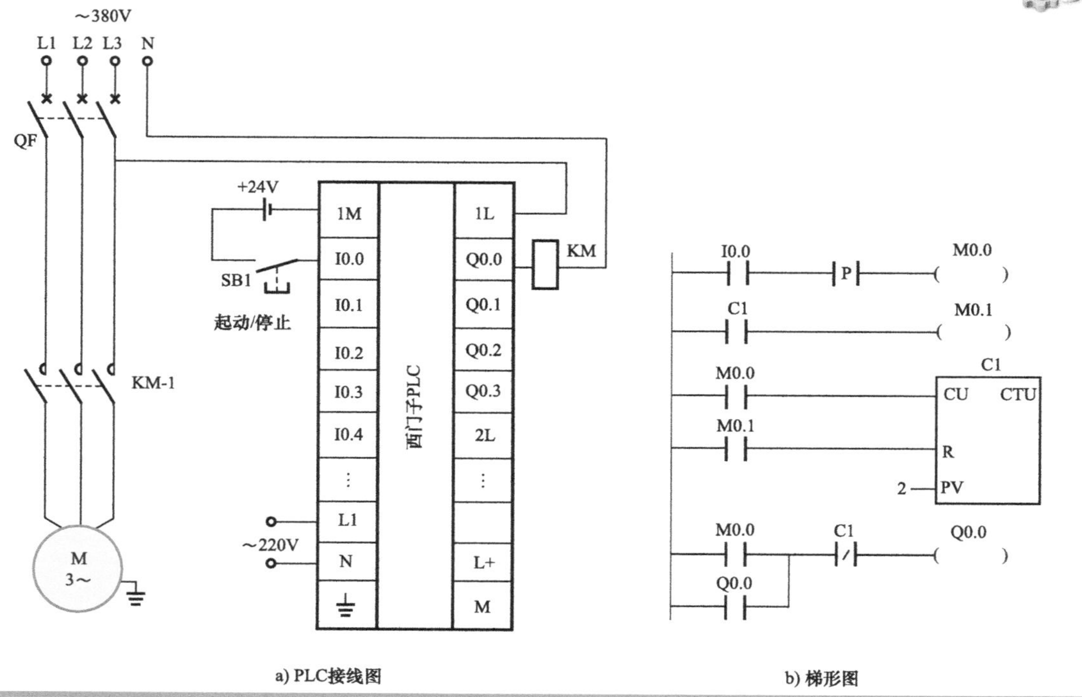


a) PLC接线图　　b) 梯形图



## 2 利用基本逻辑指令实现单按钮控制功能

图 6-47 所示为利用基本逻辑指令实现单按钮控制功能的 PLC 接线图和梯形图。

图 6-47 利用基本逻辑指令实现单按钮控制功能的 PLC 接线图和梯形图

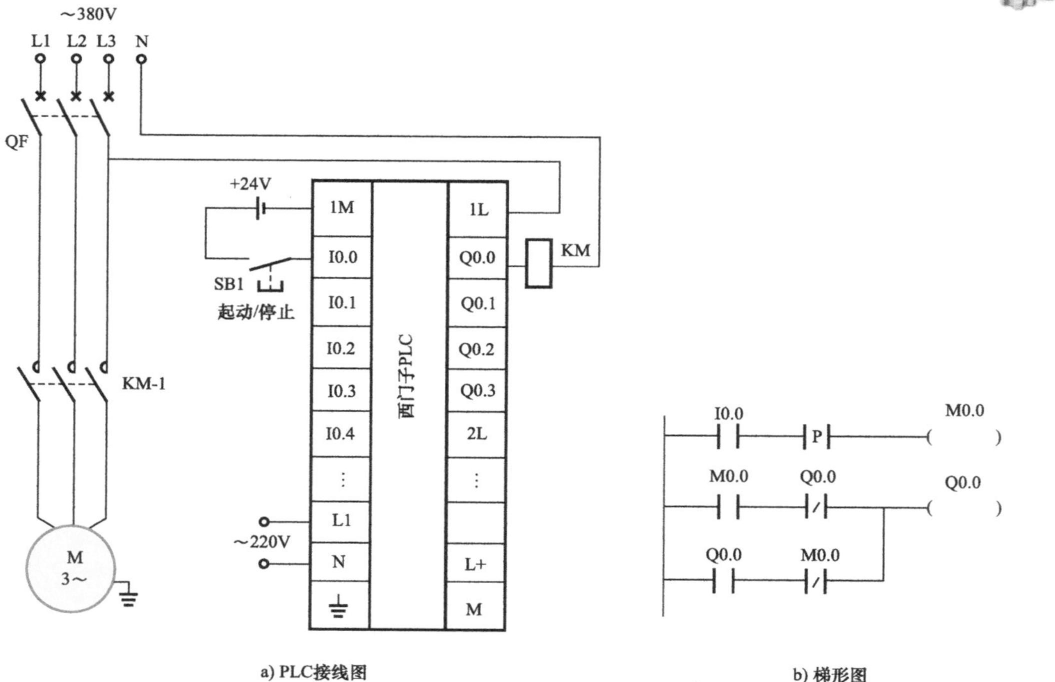


a) PLC接线图　　b) 梯形图

按一下按钮 SB1，其触点闭合，PLC 内常开触点 I0.0 闭合，该起动信号的上升沿脉冲使中间继电器 M0.0 线圈得电，其常开触点 M0.0 闭合，Q0.0 线圈得电，其常开触点 Q0.0 闭合，常闭触点 Q0.0 断开。

同时，常闭触点 M0.0 断开，但因 M0.0 仅在输入起动信号上升沿得电，松开 SB1 后，M0.0 又失电，其触点复位，常闭触点 M0.0 又复位，因此，当按一下按钮 SB1 后，能流经常开触点 Q0.0（自锁闭合）、常闭触点 M0.0 后送至输出继电器 Q0.0 线圈，维持其得电状态，PLC 外接交流接触器 KM 线圈得电，其常开主触点 KM-1 闭合，电动机得电起动运转。

当再按一下按钮 SB1，其触点闭合，PLC 内常开触点 I0.0 闭合，该信号的上升沿脉冲使中间继电器 M0.0 线圈再次得电，其常开触点 M0.0 闭合，常闭触点 Q0.0 断开，输出继电器 Q0.0 线圈失电，PLC 外接交流接触器 KM 线圈失电，常开主触点 KM-1 复位断开，电动机失电停转。

# 第7章 三菱PLC介绍

## 7.1 三菱 PLC 的基本单元

扫一扫看视频

随着 PLC 技术的不断普及，PLC 已应用到控制领域的各个方面，其控制对象也越来越多样化。

在三菱 PLC 控制系统中，为了实现一些复杂且特殊的控制功能，需将不同功能的产品进行组合或扩展。目前，三菱 PLC 的主要产品包括 PLC 基本单元和功能模块，其中功能模块根据功能不同可分为扩展单元、扩展模块、模拟量 I/O 模块、功能扩展板等特殊功能模块。图 7-1 所示为三菱 PLC 硬件系统中的产品组成。

图 7-1 三菱 PLC 硬件系统中的产品组成

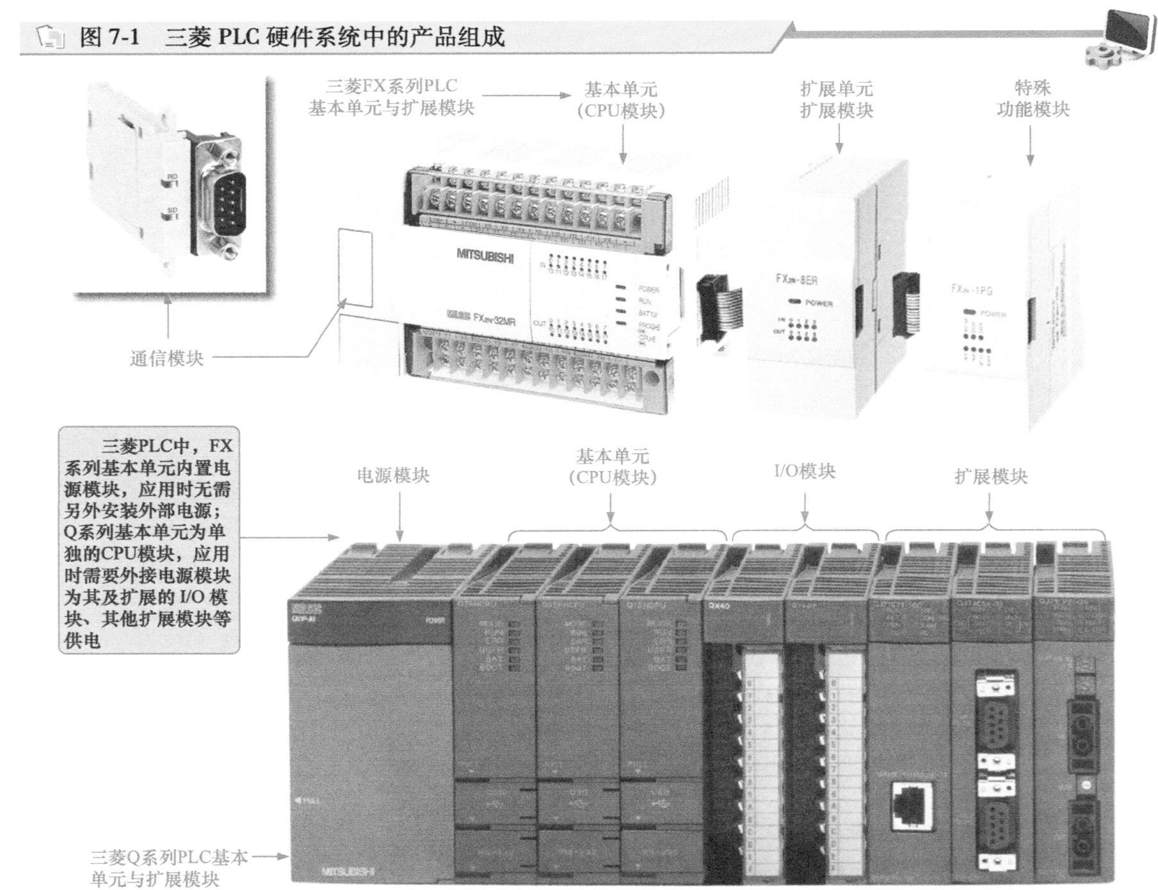


三菱 PLC 的基本单元是 PLC 的控制核心，也称为主单元，主要由 CPU、存储器、输入端子、输出端子及电源等构成，是 PLC 硬件系统中的必选单元。下面以三菱 FX 系列 PLC 为例介绍其硬件系统中的产品构成。

### 7.1.1 三菱 FX 系列 PLC 基本单元的规格参数

三菱 FX 系列 PLC 的基本单元，也称为 PLC 主机或 CPU 部分，属于集成型小型单元式 PLC，具有完整的性能和通信功能等扩展性。常见 FX 系列产品主要有 $FX_{1N}$、$FX_{2N}$、$FX_{3U}$和 $FX_{5U}$四种，如图 7-2 所示。

图 7-2　三菱 FX 系列 PLC 的基本单元

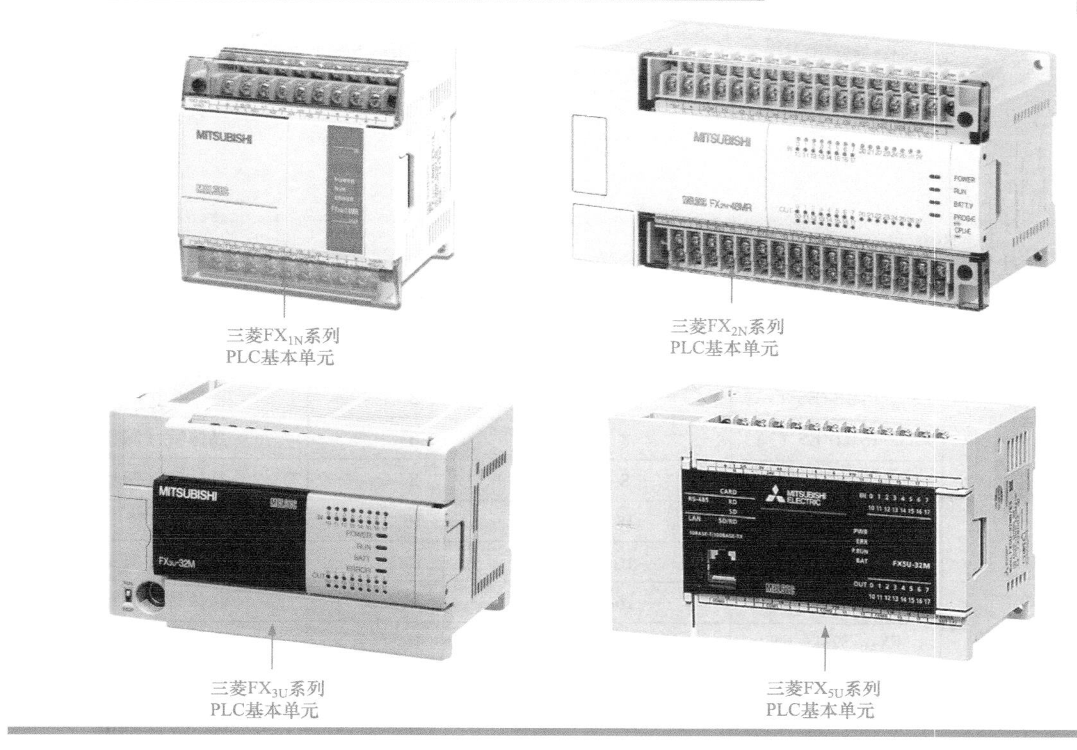




不同系列三菱 PLC 的基本单元的规格不同，以最常用的 $FX_{3U}$系列为例，三菱 $FX_{3U}$系列 PLC 的基本单元主要有 37 种类型，每一种类型的基本单元通过 I/O 扩展单元都可扩展 I/O 点，根据其电源类型的不同，37 种类型的 $FX_{3U}$系列 PLC 基本单元可分为交流电源和直流电源两大类。图 7-3 所示为 $FX_{3U}$系列 PLC 的实物外形。

图 7-3　$FX_{3U}$系列 PLC 的实物外形

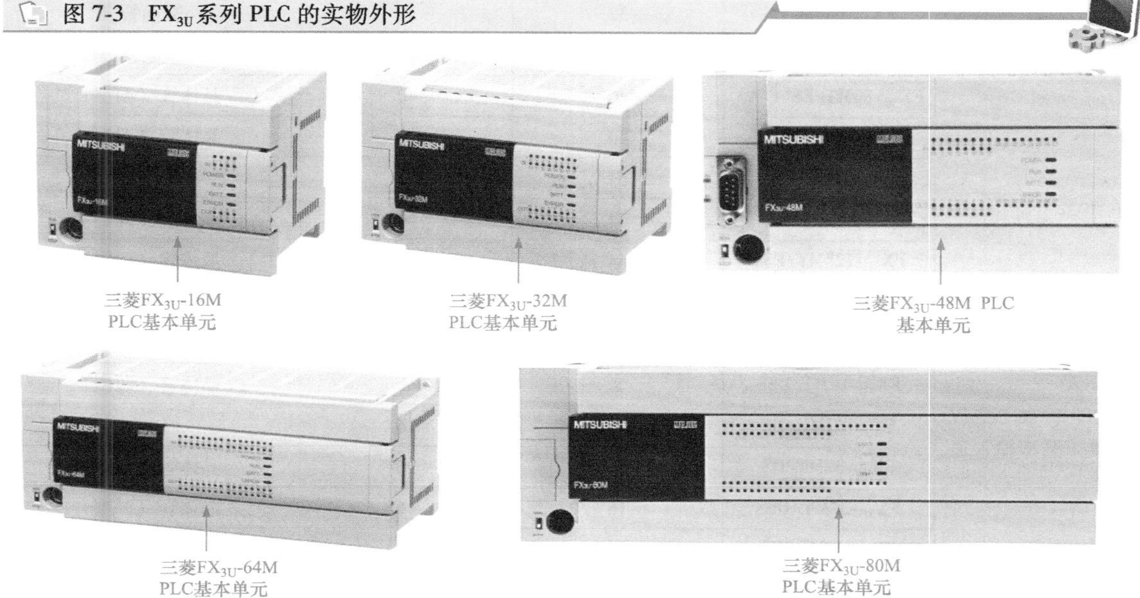

图 7-3　$FX_{3U}$系列 PLC 的实物外形（续）

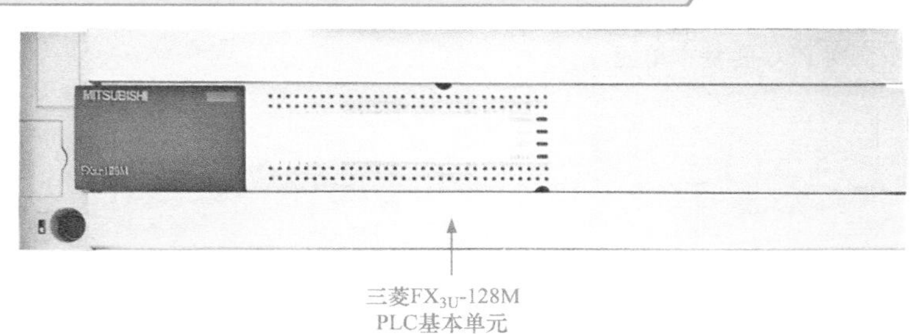


表 7-1 为 $FX_{3U}$系列 PLC 基本单元的相关参数。

**表 7-1　$FX_{3U}$系列 PLC 基本单元的相关参数**

| 型号 | | 输入点数 | 输出点数 | 输出形式 |
|---|---|---|---|---|
| AC 电源/DC24V 漏型・源型输入通用型 | $FX_{3U}$-16MR/ES（-A） | 8 | 8 | 继电器 |
| | $FX_{3U}$-16MT/ES（-A） | 8 | 8 | 晶体管（漏型） |
| | $FX_{3U}$-16MT/ESS | 8 | 8 | 晶体管（源型） |
| | $FX_{3U}$-32MR/ES（-A） | 16 | 16 | 继电器 |
| | $FX_{3U}$-32MT/ES（-A） | 16 | 16 | 晶体管（漏型） |
| | $FX_{3U}$-32MT/ESS | 16 | 16 | 晶体管（源型） |
| | $FX_{3U}$-32MS/ES | 16 | 16 | 晶闸管 |
| | $FX_{3U}$-48MR/ES（-A） | 24 | 24 | 继电器 |
| | $FX_{3U}$-48MT/ES（-A） | 24 | 24 | 晶体管（漏型） |
| | $FX_{3U}$-48MT/ESS | 24 | 24 | 晶体管（源型） |
| | $FX_{3U}$-64MR/ES（-A） | 32 | 32 | 继电器 |
| | $FX_{3U}$-64MT/ES（-A） | 32 | 32 | 晶体管（漏型） |
| | $FX_{3U}$-64MT/ESS | 32 | 32 | 晶体管（源型） |
| | $FX_{3U}$-64MS/ES | 32 | 32 | 晶闸管 |
| | $FX_{3U}$-80MR/ES（-A） | 40 | 40 | 继电器 |
| | $FX_{3U}$-80MT/ES（-A） | 40 | 40 | 晶体管（漏型） |
| | $FX_{3U}$-80MT/ESS | 40 | 40 | 晶体管（源型） |
| | $FX_{3U}$-128MR/ES（-A） | 64 | 64 | 继电器 |
| | $FX_{3U}$-128MT/ES（-A） | 64 | 64 | 晶体管（漏型） |
| | $FX_{3U}$-128MT/ESS | 64 | 64 | 晶体管（源型） |
| DC 电源/DC24V 漏型・源型输入通用型 | $FX_{3U}$-16MR/DS | 8 | 8 | 继电器 |
| | $FX_{3U}$-16MT/DS | 8 | 8 | 晶体管（漏型） |
| | $FX_{3U}$-16MT/DSS | 8 | 8 | 晶体管（源型） |
| | $FX_{3U}$-32MR/DS | 16 | 16 | 继电器 |
| | $FX_{3U}$-32MT/DS | 16 | 16 | 晶体管（漏型） |
| | $FX_{3U}$-32MT/DSS | 16 | 16 | 晶体管（源型） |
| | $FX_{3U}$-48MR/DS | 24 | 24 | 继电器 |
| | $FX_{3U}$-48MT/DS | 24 | 24 | 晶体管（漏型） |

（续）

| 型号 | | 输入点数 | 输出点数 | 输出形式 |
|---|---|---|---|---|
| DC 电源/DC24V 漏型・源型输入通用型 | $FX_{3U}$-48MT/DSS | 24 | 24 | 晶体管（源型） |
| | $FX_{3U}$-64MR/DS | 32 | 32 | 继电器 |
| | $FX_{3U}$-64MT/DS | 32 | 32 | 晶体管（漏型） |
| | $FX_{3U}$-64MT/DSS | 32 | 32 | 晶体管（源型） |
| | $FX_{3U}$-80MR/DS | 40 | 40 | 继电器 |
| | $FX_{3U}$-80MT/DS | 40 | 40 | 晶体管（漏型） |
| | $FX_{3U}$-80MT/DSS | 40 | 40 | 晶体管（源型） |
| AC 电源/AC100V 输入专用型 | $FX_{3U}$-32MR/UA1 | 16 | 16 | 继电器 |
| | $FX_{3U}$-64MR/UA1 | 32 | 32 | 继电器 |

## 7.1.2 三菱 FX 系列 PLC 基本单元的命名规则

三菱 FX 系列 PLC 基本单元的型号标识中，包括系列名称、I/O 点数、基本单元字母代号、输出形式、特殊品种等基本信息。图 7-4 所示为三菱 FX 系列 PLC 基本单元型号的命名规则。



图 7-4 三菱 FX 系列 PLC 基本单元型号的命名规则

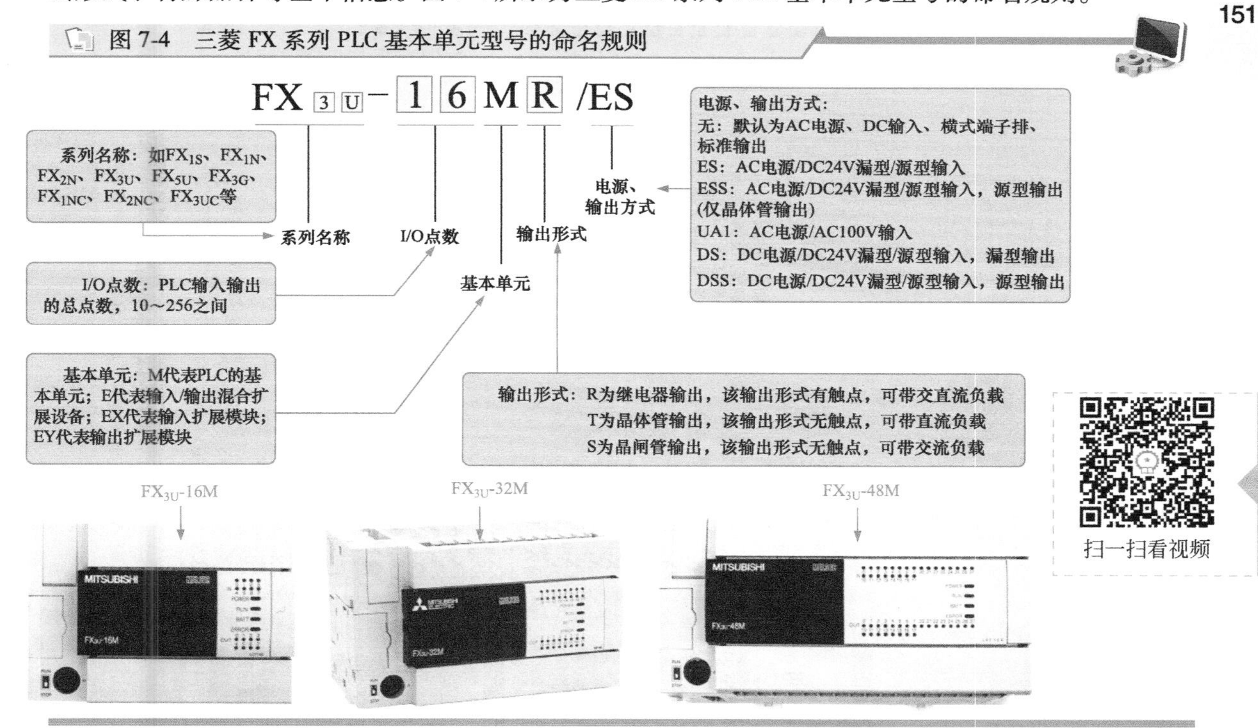


## 7.2 三菱 PLC 的功能模块

三菱 PLC 功能模块是指具有某种特定功能的扩展性单元，用于与 PLC 基本单元配合使用，用以扩展基本单元的功能、特性和适用范围。如使用 I/O 模块扩展输入、输出端子数量；使用定位控制模块补充基本单元的定位功能等。

以三菱 $FX_{3U}$系列 PLC 为例，常用的功能模块主要包括扩展单元、扩展模块、模拟量 I/O 模块、功能扩展板、定位控制模块、高速计数模块及一些其他常用扩展模块，这些模块与 PLC 基本单元之间的关系如图 7-5 所示。

图 7-5 三菱 $FX_{3U}$ 系列 PLC 基本单元与功能模块关系

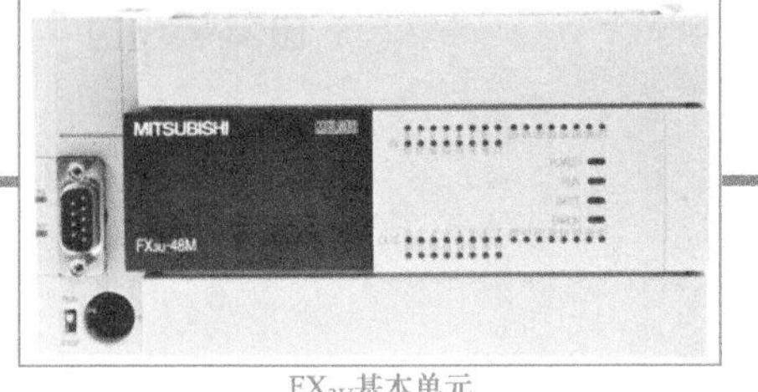

**功能扩展板**

**通信用**

| | |
|---|---|
| $FX_{3U}$-232-BD | RS-232C通信用 |
| $FX_{3U}$-485-BD | RS-485通信用 |
| $FX_{3U}$-422-BD | 与RS-422周边设备通信用 |
| $FX_{3U}$-USB-BD | USB通信用 |

**8点模拟量电位器用**

| | |
|---|---|
| $FX_{3U}$-8AV-BD | 8点模拟量电位器用 |

**连接特殊适配器用**

| | |
|---|---|
| $FX_{3U}$-CNV-BD | 连接特殊适配器用 |

连接特殊适配器时，需使用功能扩展板。但在连接高速输入、高速输出特殊适配器时，不需要功能扩展板。
详细搭配方法请参阅产品手册。

**特殊适配器**

**模拟量特殊适配器**

| | |
|---|---|
| $FX_{3U}$-4AD-ADP | 输入用 |
| $FX_{3U}$-4DA-ADP | 输出用 |
| $FX_{3U}$-3A-ADP | 输入/输出用 |
| $FX_{3U}$-4AD-TC-ADP | 热电偶输入用 |
| $FX_{3U}$-4AD-PT-ADP | Pt100输入用 |
| $FX_{3U}$-4AD-PTW-ADP | Pt100输入用 |
| $FX_{3U}$-4AD-PNK-ADP | Pt1000,Ni1000输入用 |

**通信特殊适配器**

| | |
|---|---|
| $FX_{3U}$-ENET-ADP | Ethernet通信用 |
| $FX_{3U}$-232ADP-MB | RS-232C(MODBUS)通信用 |
| $FX_{3U}$-485ADP-MB | RS-485(MODBUS)通信用 |

**CF卡特殊适配器**

| | |
|---|---|
| $FX_{3U}$-CF-ADP | 收集数据用 |

**高速输入输出特殊适配器**

| | |
|---|---|
| $FX_{3U}$-4HSX-ADP | 高速输入用 |
| $FX_{3U}$-2HSY-ADP | 高速输出用 |

$FX_{3U}$基本单元

| 型号 | 电源 | 输入 | 输出 |
|---|---|---|---|
| $FX_{3U}$-16MR/ES-A | AC | D | R |
| $FX_{3U}$-16MT/ES-A | AC | D | T1 |
| $FX_{3U}$-16MT/ESS | AC | D | T2 |
| $FX_{3U}$-16MR/DS | DC | D | R |
| $FX_{3U}$-16MT/DS | DC | D | T1 |
| $FX_{3U}$-16MT/DSS | DC | D | T2 |

输入：8点/输出：8点

| 型号 | 电源 | 输入 | 输出 |
|---|---|---|---|
| $FX_{3U}$-32MR/ES-A | AC | D | R |
| $FX_{3U}$-32MS/ES | AC | D | S |
| $FX_{3U}$-32MT/ES-A | AC | D | T1 |
| $FX_{3U}$-32MT/ESS | AC | D | T2 |
| $FX_{3U}$-32MR/DS | DC | D | R |
| $FX_{3U}$-32MT/DS | DC | D | T1 |
| $FX_{3U}$-32MT/DSS | DC | D | T2 |

输入：16点/输出：16点

| 型号 | 电源 | 输入 | 输出 |
|---|---|---|---|
| $FX_{3U}$-48MR/ES-A | AC | D | R |
| $FX_{3U}$-48MT/ES-A | AC | D | T1 |
| $FX_{3U}$-48MT/ESS | AC | D | T2 |
| $FX_{3U}$-48MR/DS | DC | D | R |
| $FX_{3U}$-48MT/DS | DC | D | T1 |
| $FX_{3U}$-48MT/DSS | DC | D | T2 |

输入：24点/输出：24点

| 型号 | 电源 | 输入 | 输出 |
|---|---|---|---|
| $FX_{3U}$-64MR/ES-A | AC | D | R |
| $FX_{3U}$-64MS/ES | AC | D | S |
| $FX_{3U}$-64MT/ES-A | AC | D | T1 |
| $FX_{3U}$-64MT/ESS | AC | D | T2 |
| $FX_{3U}$-64MR/DS | DC | D | R |
| $FX_{3U}$-64MT/DS | DC | D | T1 |
| $FX_{3U}$-64MT/DSS | DC | D | T2 |

输入：32点/输出：32点

| 型号 | 电源 | 输入 | 输出 |
|---|---|---|---|
| $FX_{3U}$-80MR/ES-A | AC | D | R |
| $FX_{3U}$-80MT/ES-A | AC | D | T1 |
| $FX_{3U}$-80MT/ESS | AC | D | T2 |
| $FX_{3U}$-80MR/DS | DC | D | R |
| $FX_{3U}$-80MT/DS | DC | D | T1 |
| $FX_{3U}$-80MT/DSS | DC | D | T2 |

输入：40点/输出：40点

| 型号 | 电源 | 输入 | 输出 |
|---|---|---|---|
| $FX_{3U}$-128MR/ES-A | AC | D | R |
| $FX_{3U}$-128MT/ES-A | AC | D | T1 |
| $FX_{3U}$-128MT/ESS | AC | D | T2 |

输入：64点/输出：64点

| 型号 | 电源 | 输入 | 输出 |
|---|---|---|---|
| $FX_{3U}$-32MR/UA1 | AC | A | R |

输入：16点/输出：16点

| 型号 | 电源 | 输入 | 输出 |
|---|---|---|---|
| $FX_{3U}$-64MR/UA1 | AC | A | R |

输入：32点/输出：32点

AC AC电源　DC DC电源　S 双向晶闸管输出
A AC输入　D DC输入(漏型/源型)
R 继电器输出　T1 晶体管输出(漏型)　T2 晶体管输出（源型）

**输入/输出扩展单元**

$FX_{2N}$-32ER
$FX_{2N}$-32ES
$FX_{2N}$-32ET
$FX_{2N}$-32ER-ES/UL
$FX_{2N}$-32ET-ESS/UL
$FX_{2N}$-48ER
$FX_{2N}$-48ET
$FX_{2N}$-48ER-ES/UL
$FX_{2N}$-48ET-ESS/UL
$FX_{2N}$-48ER-UA1/UL
$FX_{2N}$-48ER-D
$FX_{2N}$-48ET-D
$FX_{2N}$-48ER-DS
$FX_{2N}$-48ET-DSS

**输入扩展模块**

$FX_{2N}$-8EX
$FX_{2N}$-8EX-ES/UL
$FX_{2N}$-8EX-UA1/UL
$FX_{2N}$-16EX
$FX_{2N}$-16EX-C
$FX_{2N}$-16EXL-C
$FX_{2N}$-16EX-ES/UL

**输入/输出扩展模块**

$FX_{2N}$-8ER
$FX_{2N}$-8ER-ES/UL

**输出扩展模块**

$FX_{2N}$-8EYR
$FX_{2N}$-8EYT
$FX_{2N}$-8EYT-H
$FX_{2N}$-8EYR-ES/UL
$FX_{2N}$-8EYT-ESS/UL
$FX_{2N}$-8EYR-S-ES/UL
$FX_{2N}$-16EYR
$FX_{2N}$-16EYT
$FX_{2N}$-16EYT-C
$FX_{2N}$-16EYS
$FX_{2N}$-16EYR-ES/UL
$FX_{2N}$-16EYT-ESS/UL

**特殊扩展模块/单元**

●模拟量A-D转换
$FX_{2N}$-8AD
$FX_{3U}$-4AD

●模拟量D-A转换
$FX_{3U}$-4DA

●AD/DA混合
$FX_{2N}$-5A

●温度调节
$FX_{3U}$-4LC

●定位控制
$FX_{3U}$-1PG
$FX_{2N}$-10PG
$FX_{3U}$-20SSC-H
$FX_{2N}$-10GM
$FX_{2N}$-20GM
$FX_{2N}$-1RM-E-SET

●高速计数
$FX_{3U}$-2HC

●通信/网络
$FX_{2N}$-232IF
$FX_{3U}$-16CCL-M
$FX_{3U}$-64CCL
$FX_{2N}$-64CL-M
$FX_{3U}$-ENET-L

**电源扩展单元**

$FX_{3U}$-1PSU-5V

## 7.2.1 扩展单元

扩展单元是一个独立的扩展设备，通常接在 PLC 基本单元的扩展接口或扩展插槽上，用于增加三菱 PLC 基本单元的 I/O 点数及供电电流的装置，内部设有电源，但无 CPU，因此需要与基本单元同时使用。当扩展组合供电电流总容量不足时，就需在 PLC 硬件系统中增设扩展单元进行供电电流容量的扩展。图 7-6 所示为三菱 $FX_{2N}$系列 PLC 扩展单元的实物外形。

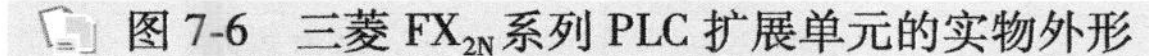

图 7-6　三菱 $FX_{2N}$系列 PLC 扩展单元的实物外形

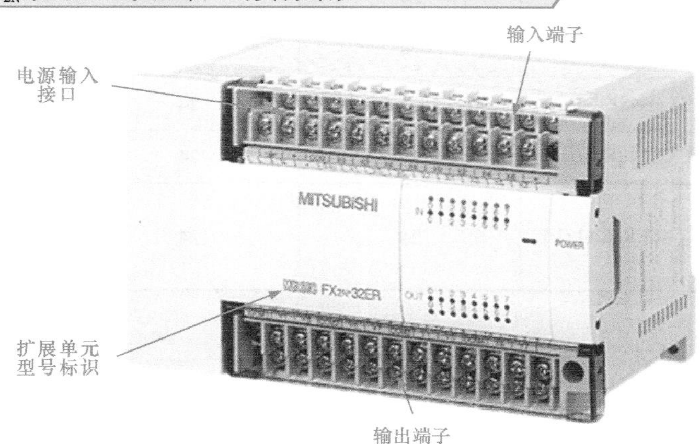


三菱 FX 系列 PLC 扩展单元中，型号标识与基本单元类似，不同的是由字母 E 作为扩展单元的字母代号。图 7-7 所示为三菱 $FX_{2N}$系列 PLC 扩展单元型号命名规则。

图 7-7　三菱 $FX_{2N}$系列 PLC 扩展单元型号命名规则

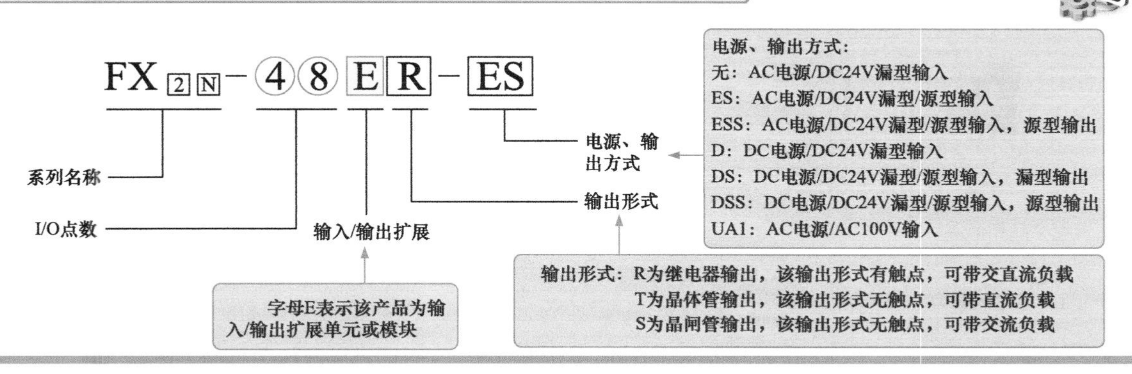


三菱 $FX_{2N}$系列 PLC 的扩展单元主要有 14 种类型，见表 7-2。

**表 7-2　三菱 $FX_{2N}$系列 PLC 的扩展单元**

| 型号 | | 输入点数 | 输出点数 | 输出形式 |
|---|---|---|---|---|
| AC 电源/DC24V 漏型 · 源型输入通用型 | $FX_{2N}$-32ER-ES/UL | 16 | 16 | 继电器 |
| | $FX_{2N}$-32ET-ESS/UL | 16 | 16 | 晶体管（源型） |
| | $FX_{2N}$-48ER-ES/UL | 24 | 24 | 继电器 |
| | $FX_{2N}$-48ET-ESS/UL | 24 | 24 | 晶体管（源型） |
| AC 电源/DC24V 漏型输入专用型 | $FX_{2N}$-32ER | 16 | 16 | 继电器 |
| | $FX_{2N}$-32ET | 16 | 16 | 晶体管（漏型） |

（续）

| 型号 | | 输入点数 | 输出点数 | 输出形式 |
|---|---|---|---|---|
| AC 电源/DC24V 漏型输入专用型 | $FX_{2N}$-32ES | 16 | 16 | 晶闸管 |
| | $FX_{2N}$-48ER | 24 | 24 | 继电器 |
| | $FX_{2N}$-48ET | 24 | 24 | 晶体管（漏型） |
| DC 电源/DC24V 漏型·源型输入通用型 | $FX_{2N}$-48ER-DS | 24 | 24 | 继电器 |
| | $FX_{2N}$-48ET-DSS | 24 | 24 | 晶体管（源型） |
| DC 电源/DC24V 漏型输入专用型 | $FX_{2N}$-48ER-D | 24 | 24 | 继电器 |
| | $FX_{2N}$-48ET-D | 24 | 24 | 晶体管（漏型） |
| AC 电源/AC100V 输入通用型 | $FX_{2N}$-48ER-UA1/UL | 24 | 24 | 继电器 |



## 7.2.2 扩展模块

三菱 PLC 的扩展模块是用于增加 PLC 的 I/O 点数及改变 I/O 比例的装置。图 7-8 所示为三菱 $FX_{2N}$系列 PLC 部分扩展模块的实物图。

图 7-8　三菱 $FX_{2N}$系列 PLC 部分扩展模块的实物图

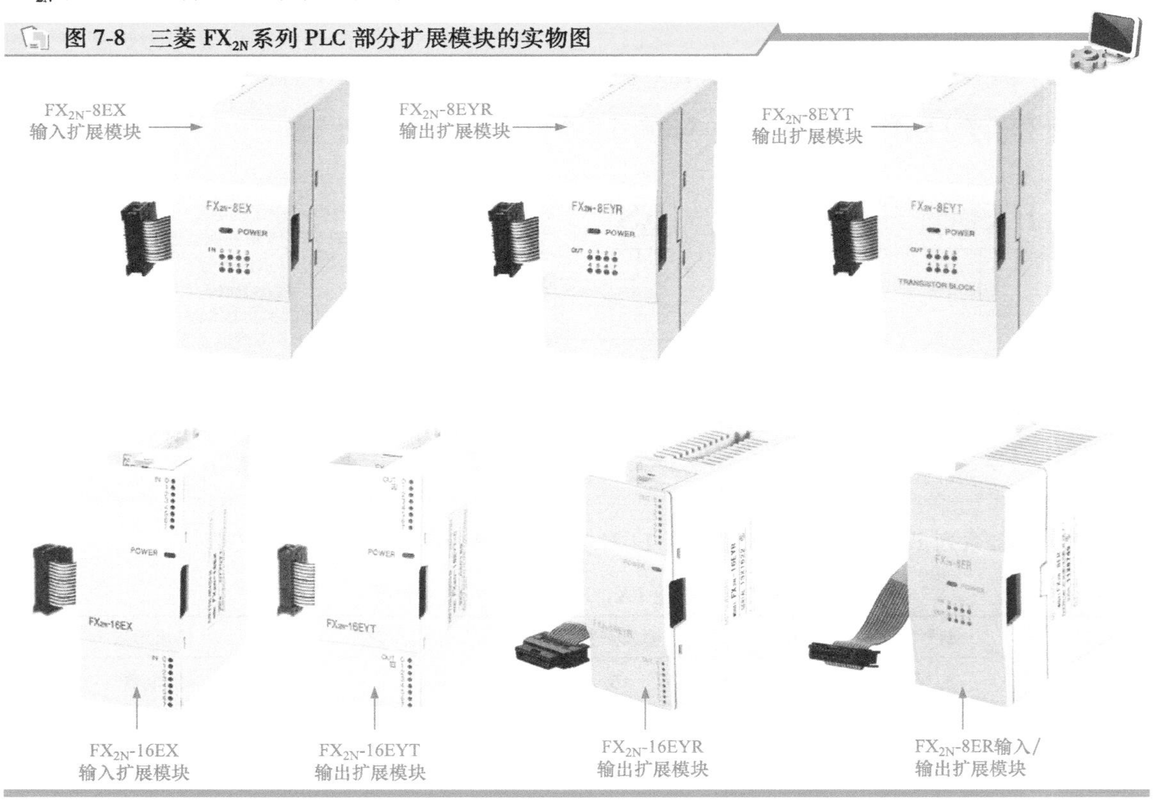


三菱 PLC 的扩展模块型号标识规则与扩展单元基本相同，不同的是输入/输出形式部分由不同的字母表示不同含义，如图 7-9 所示。

三菱 $FX_{2N}$系列 PLC 的扩展模块主要有 21 种类型，见表 7-3。

图 7-9　三菱 $FX_{2N}$系列 PLC 扩展模块型号标识规则

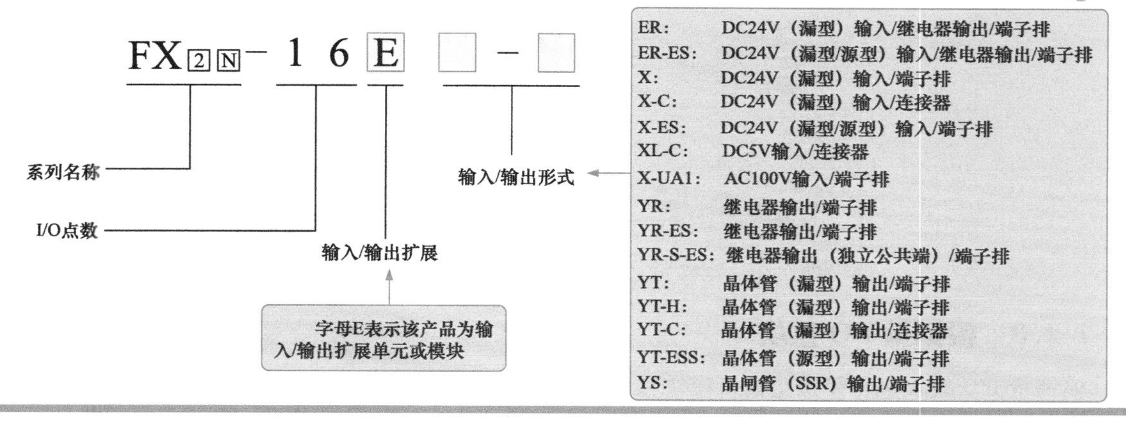


表 7-3　三菱 $FX_{2N}$系列 PLC 的扩展模块

| 型号 | | 输入点数 | 输入形式 | 输出点数 | 输出形式 | 连接形式 |
|---|---|---|---|---|---|---|
| 输入扩展型 | $FX_{2N}$-8EX-ES/UL | 8 | DC24V | — | — | 端子排 |
| | $FX_{2N}$-8EX | 8 | DC24V | — | — | 端子排 |
| | $FX_{2N}$-8EX-UA1/UL | 8 | AC100V | — | — | 端子排 |
| | $FX_{2N}$-16EX-ES/UL | 16 | DC24V | — | — | 端子排 |
| | $FX_{2N}$-16EX | 16 | DC24V | — | — | 端子排 |
| | $FX_{2N}$-16EX-C | 16 | DC24V | — | — | 连接器 |
| | $FX_{2N}$-16EXL-C | 16 | DC5V | — | — | 连接器 |
| 输出扩展型 | $FX_{2N}$-8EYR-ES/UL | — | — | 8 | 继电器 | 端子排 |
| | $FX_{2N}$-8EYR-S-ES/UL | — | — | 8 | 继电器 | 端子排 |
| | $FX_{2N}$-8EYT-ESS/UL | — | — | 8 | 晶体管（源型） | 端子排 |
| | $FX_{2N}$-8EYR | — | — | 8 | 继电器 | 端子排 |
| | $FX_{2N}$-8EYT | — | — | 8 | 晶体管（漏型） | 端子排 |
| | $FX_{2N}$-8EYT-H | — | — | 8 | 晶体管（漏型） | 端子排 |
| | $FX_{2N}$-16EYR-ES/UL | — | — | 16 | 继电器 | 端子排 |
| | $FX_{2N}$-16EYT-ESS/UL | — | — | 16 | 晶体管（源型） | 端子排 |
| | $FX_{2N}$-16EYR | — | — | 16 | 继电器 | 端子排 |
| | $FX_{2N}$-16EYT | — | — | 16 | 晶体管（漏型） | 端子排 |
| | $FX_{2N}$-16EYT-C | — | — | 16 | 晶体管（漏型） | 连接器 |
| | $FX_{2N}$-16EYS | — | — | 16 | 晶闸管 | 端子排 |
| 输入/输出扩展型 | $FX_{2N}$-8ER-ES/UL | 4 | DC24V | 4 | 继电器 | 端子排 |
| | $FX_{2N}$-8ER | 4 | DC24V | 4 | 继电器 | 端子排 |

**| 提示说明 |**

三菱 PLC 的扩展模块内部无电源和 CPU，因此需要与基本单元配合使用，并由基本单元或扩展单元供电，如图 7-10 所示。

扩展模块与扩展单元的功能基本相同。不同的是，扩展单元自带电源模块，还可对外提供 24V 直流电，包括输入和输出端子，I/O 点数一般为 32 点、40 点和 48 点；而扩展模块内部无电源，由基本单元或扩展单元供电，只包括输入或输出端子，I/O 点数较少，一般为 8 点和 16 点。扩展模块与扩展单元内均无 CPU，因此均需要与基本单元一起使用。

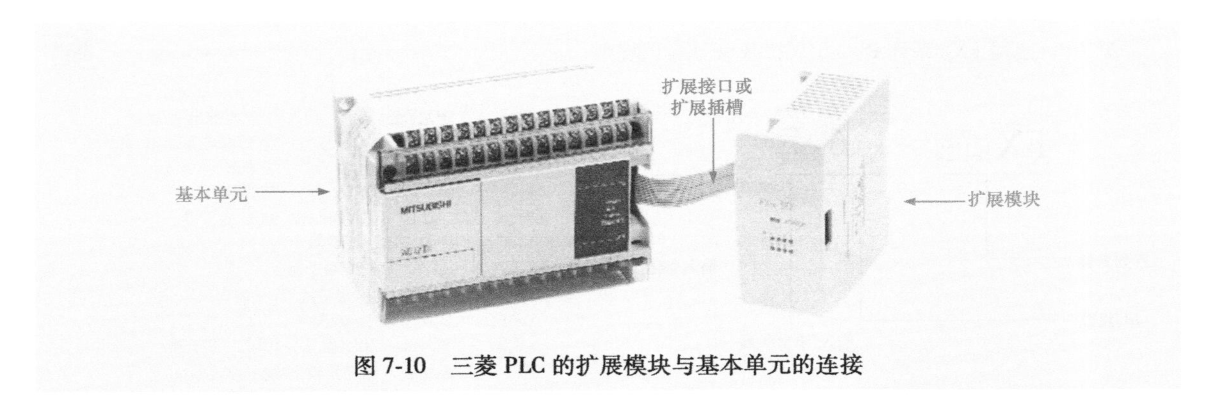


图 7-10　三菱 PLC 的扩展模块与基本单元的连接

## 7.2.3　模拟量 I/O 模块

模拟量 I/O 模块包含模拟量输入模块和模拟量输出模块两大部分，其中模拟量输入模块也称为 A-D 模块，它是将连续变化的模拟输入信号转换成 PLC 内部所需的数字信号；模拟量输出模块也称为 D-A 模块，它是将 PLC 运算处理后的数字信号转换为外部所需的模拟信号。图 7-11 所示为三菱 PLC 模拟量 I/O 模块。



图 7-11　三菱 PLC 模拟量 I/O 模块

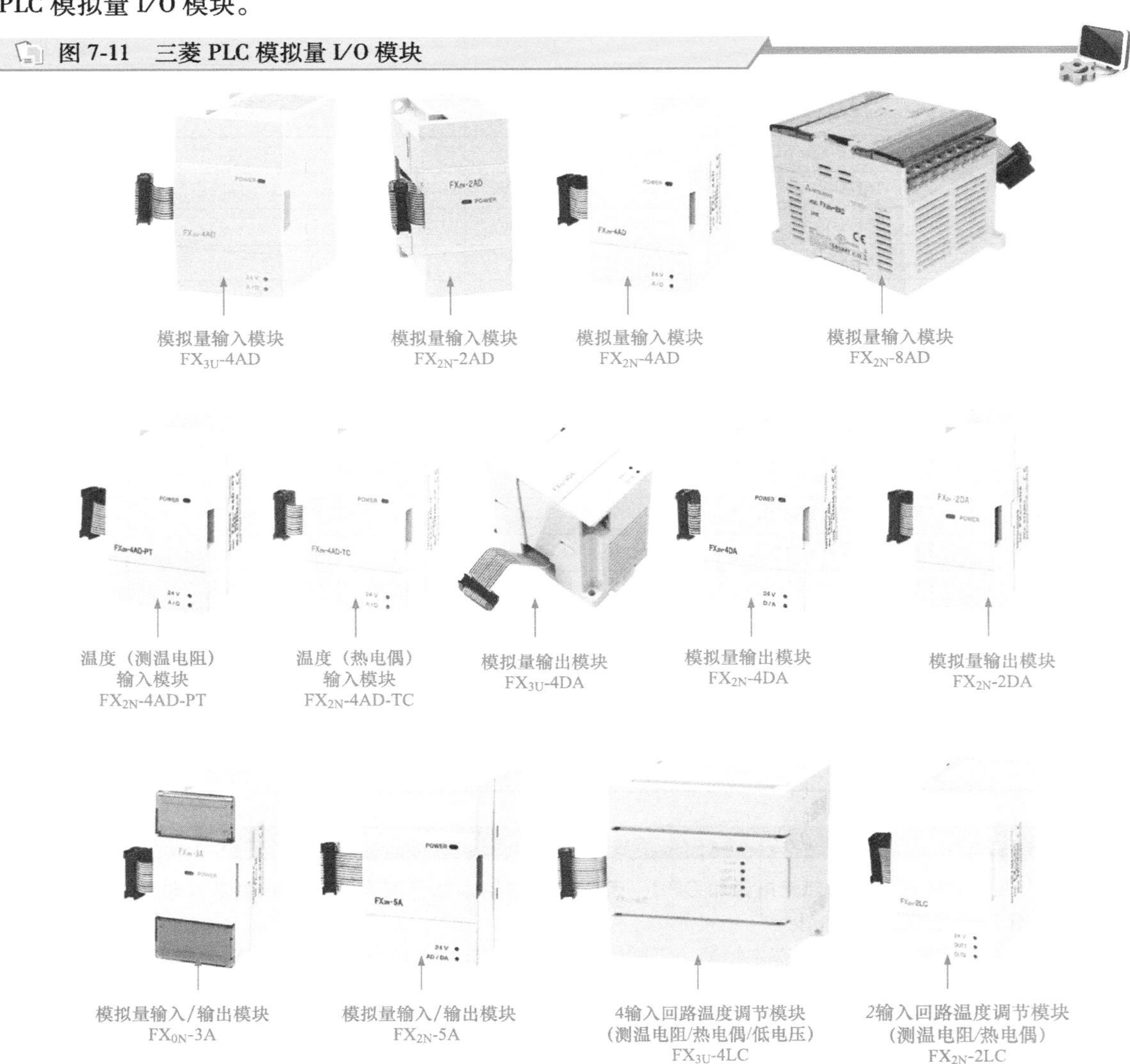

生产过程现场将连续变化的模拟信号（如压力、温度、流量等模拟信号）送入模拟量输入模块中，经循环多路开关后进行 A-D 转换，再经过缓冲区 BFM 后为 PLC 提供一定位数的数字信号。PLC 将接收到的数字信号根据预先编写好的程序进行运算处理，并将其运算处理后的数字信号输入到模拟量输出模块中，经缓冲区 BFM 后再进行 D-A 转换，为生产设备提供一定的模拟控制信号。图 7-12 所示为模拟量 I/O 模块的工作流程。

图 7-12 模拟量 I/O 模块的工作流程

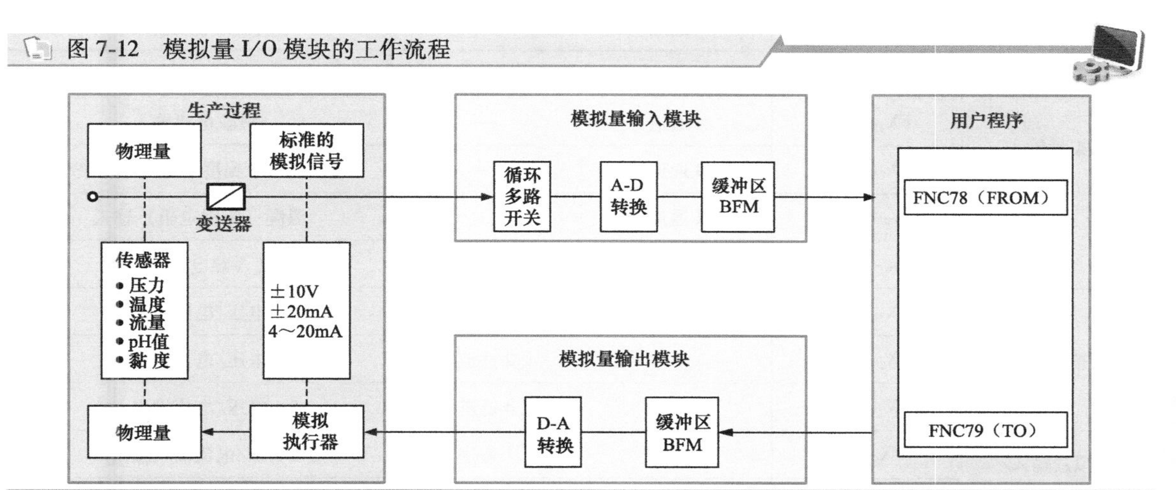




**| 提示说明 |**

**在三菱 PLC 模拟量输入模块的内部，DC 24V 电源经 DC/DC 变换器转换为±15V 和 5V 开关电源，为模拟输入单元提供所需工作电压，同时模拟输入单元接收 CPU 发送来的控制信号，经光电耦合器后控制循环多路开关闭合，通道 CH1（或 CH2、CH3、CH4）输入的模拟信号经循环多路开关后进行 A-D 转换，再经光电耦合器后为 CPU 提供一定位数的数字信号，如图 7-13 所示。**

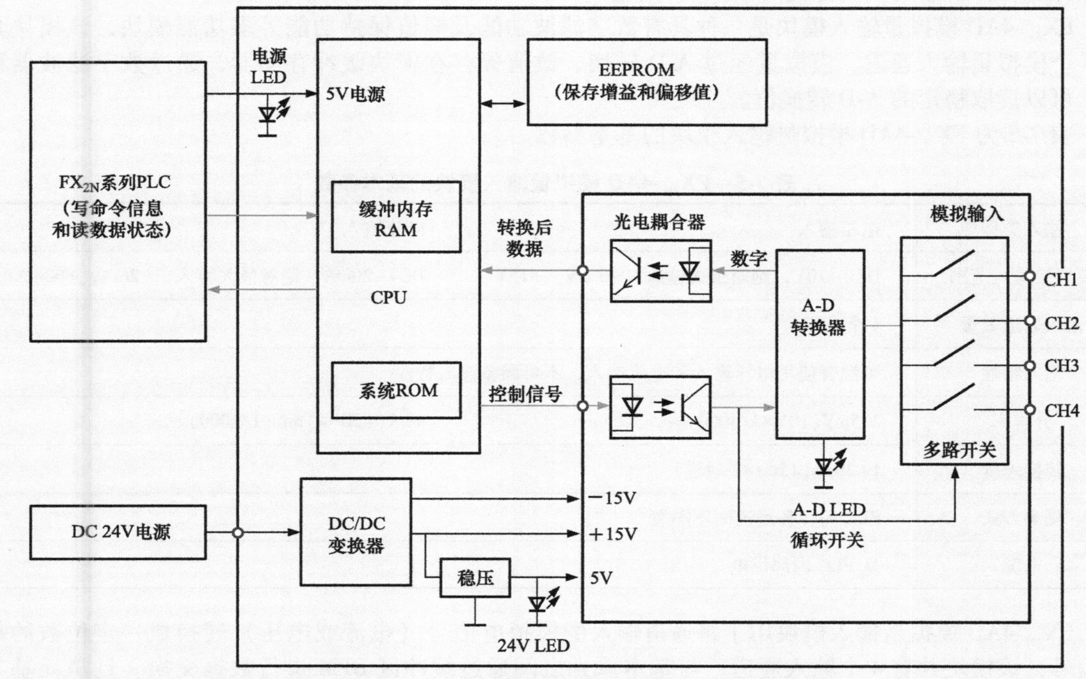


图 7-13 三菱 PLC 模拟量输入模块的内部框图

不同型号的模拟量I/O模块的具体规格参数不同，表7-4为几种模拟量I/O模块的基本参数。

**表7-4　几种模拟量I/O模块的基本参数**

| 型号 | | 模拟量 | | 内容 |
|---|---|---|---|---|
| | | 输入 | 输出 | |
| 模拟量输入 | $FX_{3U}$-4AD | 4通道 | — | 电压/电流输入 |
| | $FX_{2N}$-2AD | 2通道 | — | 电压/电流输入 |
| | $FX_{2N}$-4AD | 4通道 | — | 电压/电流输入 |
| | $FX_{2N}$-8AD | 8通道 | — | 电压/电流/温度（热电偶）输入 |
| | $FX_{2N}$-4AD-PT | 4通道 | — | 温度（测温电阻）输入 |
| | $FX_{2N}$-4AD-TC | 4通道 | — | 温度（热电偶）输入 |
| 模拟量输出 | $FX_{3U}$-4DA | — | 4通道 | 电压/电流输出 |
| | $FX_{2N}$-2DA | — | 2通道 | 电压/电流输出 |
| | $FX_{2N}$-4DA | — | 4通道 | 电压/电流输出 |
| 模拟量输入/输出混合 | $FX_{0N}$-3A | 2通道 | 1通道 | 电压/电流输入输出 |
| | $FX_{2N}$-5A | 4通道 | 1通道 | 电压/电流输入输出 |
| 温度调节 | $FX_{3U}$-4LC | 4个回路 | — | 温度调节（测温电阻/热电偶/低电压） |
| | $FX_{2N}$-2LC | 2个回路 | — | 温度调节（测温电阻/热电偶） |



以$FX_{3U}$-4AD模拟量输入模块、$FX_{2N}$-4AD模拟量输入模块、$FX_{3U}$-4DA模拟量输出模块和$FX_{2N}$-5A模拟量输入/输出模块为例简单介绍一下。

$FX_{3U}$-4AD模拟量输入模块是一种具有数字滤波功能及峰值保持功能等多功能模块，该模块具有4个模拟量输入通道，模拟量经过A-D转换，数值保存在模块缓冲存储器，通过数字滤波器设定，可以读取稳定的A-D转换值。

表7-5为$FX_{3U}$-4AD模拟量输入模块的基本参数。

**表7-5　$FX_{3U}$-4AD模拟量输入模块的基本参数**

| 输入类型 | 电压输入 | 电流输入 |
|---|---|---|
| 模拟量输入范围 | DC0~10V，绝对最大输入：-0.5V，+15V | DC4~20mA，绝对最大输入：-2mA，+60mA |
| 输入通道数量 | 4个 | |
| 输入特性 | 可混合使用电压输入和电流输入，不可调整输入特性 | |
| 分辨率 | 2.5mV(10V×1/4000) | 8mA((20-4)mA×1/2000) |
| 转换速度 | 约30ms(15ms×2通道) | |
| 隔离方式 | PLC间、各通道间不隔离 | |
| 电源 | 从PLC内部供电 | |

$FX_{2N}$-4AD模拟量输入模块用于将通道输入的模拟电信号（电流或电压）转换成一定位数的数字信号，该模块共有4个输入通道，与基本单元之间通过缓冲区BFM进行数据交换，且消耗基本单元或有源扩展单元5V电源槽30mA的电流。

表 7-6、表 7-7 为 $FX_{2N}$-4AD 模拟量输入模块基本参数及其电源指标及其他性能指标。

**表 7-6 $FX_{2N}$-4AD 模拟量输入模块基本参数**

| 项目 | 内容 |
| --- | --- |
| 输入通道数量 | 4 个 |
| 最大分辨率 | 12 位 |
| 模拟值范围 | DC -10~10V（分辨率为 5mV）或 4~20mA，-20~20mA（分辨率为 20μA） |
| BFM 数量 | 32 个（每个 16 位） |
| 占用扩展总线数量 | 8 个点（可分配成输入或输出） |

**表 7-7 $FX_{2N}$-4AD 模拟量输入模块的电源指标及其他性能指标**

| 项目 | | 内容 |
| --- | --- | --- |
| 模拟电路 | | DC 24（1±10%）V，55mA（来自基本单元的外部电源） |
| 数字电路 | | DC 5V，30mA（来自基本单元的内部电源） |
| 耐压绝缘电压 | | AC 5000V，1min |
| 模拟输入范围 | 电压输入 | DC -10~10V（输入阻抗 200kΩ） |
| | 电流输入 | DC -20~20mA（输入阻抗 250Ω） |
| 数字输出 | | 12 位的转换结果以 16 位二进制补码方式存储，最大值+2047，最小值-2048 |
| 分辨率 | 电压输入 | 5mV（10V 默认范围 1/2000） |
| | 电流输入 | 20μA（20mA 默认范围 1/1000） |
| 转换速度 | | 常速：15ms/通道；高速：6ms/通道 |



$FX_{3U}$-4DA 是一种具有表格输出功能和上下限值功能，可将 BFM 中保存的数值转换成模拟量的模拟量输出模块。

表 7-8 为 $FX_{3U}$-4DA 模拟量输出模块的基本参数。

**表 7-8 $FX_{3U}$-4DA 模拟量输出模块的基本参数**

| 输入类型 | 电压输入 | 电流输入 |
| --- | --- | --- |
| 模拟量输出范围 | DC-10~10V | DC0~20mA、DC4~20mA |
| 输出通道数量 | 4 个 | |
| 有效的数字量输入 | 15 位二进制+符号 1 位 | 15 位二进制 |
| 分辨率 | 0. 32mV（20V×1/64000） | 0. 63pA（20mA×1/32000） |
| 转换速度 | 1ms（与使用的通道数无关） | |
| 隔离方式 | 模拟量输出部分与 PLC 间采用光耦隔离，驱动电源与模拟量输出部分间采用 DC/DC 变换器隔离（各通道间不隔离） | |
| 电源 | DC 5V 120mA（PLC 内部供电），DC24（1+10%）V 160mA/DC24V（外部供电） | |

$FX_{2N}$-5A 是模拟量输入/输出模块，该模块具有 4 通道模拟量输入和 1 通道模拟量输出；模块具有-100~100mV 的微电压输入范围，因此不需要信号转换器等。

表 7-9 为三菱 PLC $FX_{2N}$-5A 模拟量 I/O 模块基本参数。

表 7-9　三菱 PLC $FX_{2N}$-5A 模拟量 I/O 模块基本参数

| A-D | 电压输入 | 电流输入 |
|---|---|---|
| 模拟量输入范围 | DC-100~100mV、DC-10~10V（输入电阻 200kΩ） | DC-20~20mA、DC4-20mA（输入电阻 250Ω） |
| 输入特性 | 可对各通道设定输入模式（电压、电流输入） | |
| 有效的数字量输出 | 11 位二进制+符号 1 位，（±100mV 时），15 位二进制+符号 1 位（±10V 时） | 14 位二进制+符号 1 位 |
| 分辨率 | 50μV（±100mV 时），312.5μV（±10V 时） | 1.25μA，10μA（根据使用模式） |
| 转换速度 | 1ms/通道（数字滤波功能 OFF 时） | |
| D-A | 电压输出 | 电流输出 |
| 模拟量输出范围 | DC-10~10V（负载电阻 2k~1MΩ） | DC0~20mA、DC4~20mA（负载电阻 500Ω 以下） |
| 转换速度 | 2ms（数字滤波功能 OFF 时） | |
| 隔离方式 | 模拟量输入部分与 PLC 间：光电耦合器；电源与模拟量输入输出间：DC/DC 变换器各通道间不隔离 | |
| 电源 | DC5V，70mA（内部供电）；DC24（1+10%）V，90mA（外部供电） | |
| 使用的三菱 PLC | $FX_{1N}$、$FX_{2N}$、$FX_{3U}$、$FX_{2NC}$（需要 $FX_{2NC}$-CNV-IF）、$FX_{3UC}$三菱 PLC | |



## 7.2.4　功能扩展板

功能扩展板用于扩展 PLC 基本单元的功能，连接于基本单元左侧，可根据需求进行配置。三菱 $FX_{3U}$系列 PLC 常见的功能扩展板主要有通信扩展板（$FX_{3U}$-232-BD、$FX_{3U}$-485-BD、$FX_{3U}$-422-BD、$FX_{3U}$-USB-BD）、8 点模拟量电位器扩展板（$FX_{3U}$-8AV-BD）和连接特殊适配器扩展板（$FX_{3U}$-CNV-BD），如图 7-14 所示。

图 7-14　三菱 $FX_{3U}$系列 PLC 常见的功能扩展板

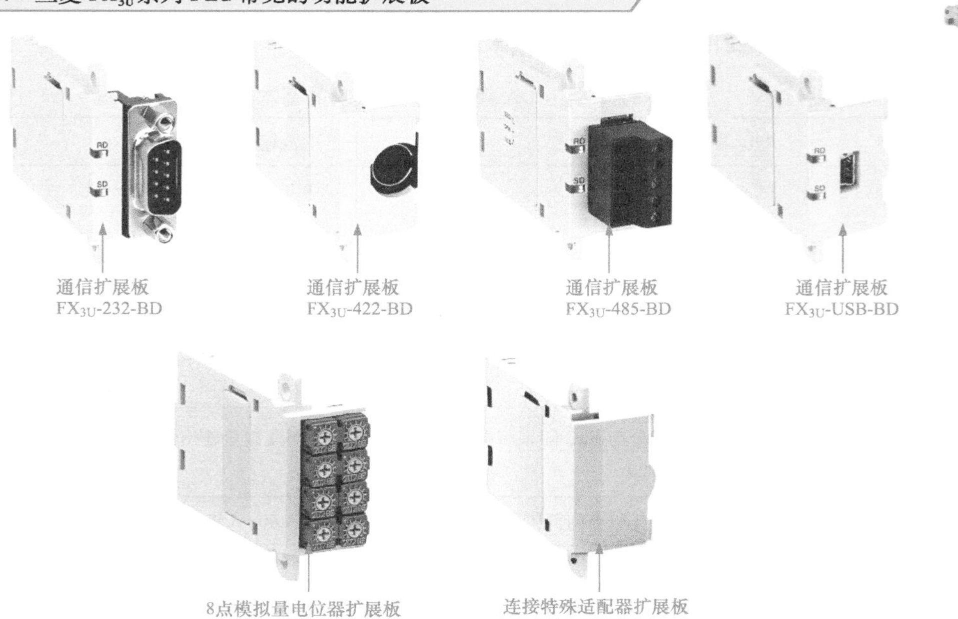

## 1 通信扩展板

通信扩展板主要用于完成 PLC 与 PLC、计算机、其他设备之间的通信。三菱 $FX_{3U}$系列 PLC 适用的通信扩展板主要有 $FX_{3U}$-232-BD、$FX_{3U}$-422-BD、$FX_{3U}$-485-BD、$FX_{3U}$-USB-BD。

（1）RS-232 通信扩展板 $FX_{3U}$-232-BD

RS-232 通信扩展板 $FX_{3U}$-232-BD 是根据 RS-232C 传输标准连接 PLC 与其他设备（计算机、打印机等）的扩展板，一般用于程序的传输。通常将通信扩展板嵌入在 PLC 基本单元内，不占用外部的安装空间，如图 7-15 所示。

图 7-15 RS-485 通信扩展板 $FX_{3U}$-232-BD

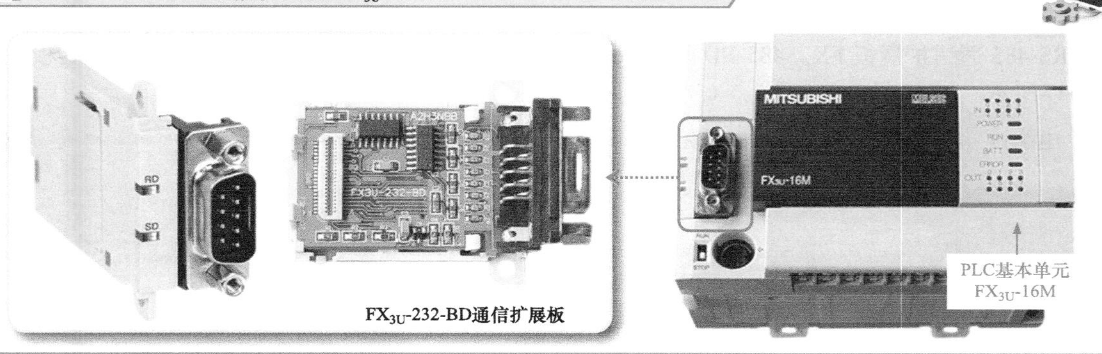




表 7-10 为通信扩展板 $FX_{3U}$-232-BD 的通信规格参数。

**表 7-10 通信扩展板 $FX_{3U}$-232-BD 的通信规格参数**

| 规格 | 内容 | 规格 | 内容 |
|---|---|---|---|
| 适用 PLC | $FX_{3U}$ 系列 | 通信方式 | 全双工双向 |
| 接口 | D-SUB 9 针 232 连接器 | 传输距离 | 最大 15m |
| 电源 | DC5V 20mA（PLC 内部供电） | 通信程序 | 非顺序，计算机连接；编程通信 |
| I/O 点数 | 0 | 通信速度 | 300/600/1200/2400/4800/9600/19200（bit/s） |

（2）RS-422 通信扩展板 $FX_{3U}$-422-BD

RS-422 通信扩展板 $FX_{3U}$-422-BD 连接编程工具（一次只能连接一个）、外围设备、人机界面、文本屏以及数据存储单元（可连接两个），如图 7-16 所示。

图 7-16 RS-422 通信扩展板 $FX_{3U}$-422-BD

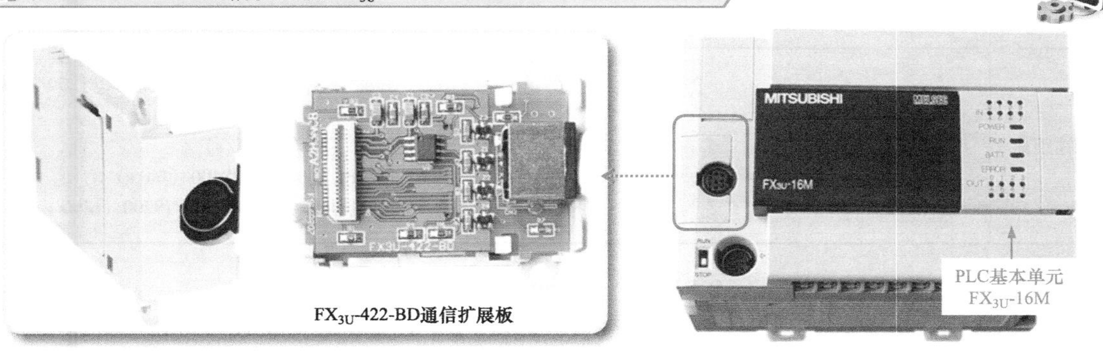


表 7-11 为通信扩展板 $FX_{3U}$-422-BD 的通信规格参数。

**表 7-11　通信扩展板 $FX_{3U}$-422-BD 的通信规格参数**

| 规格 | 内容 | 规格 | 内容 |
|---|---|---|---|
| 适用 PLC | $FX_{3U}$ 系列 | 通信方式 | 半双工双向 |
| 接口 | Mini DIN8 针 422 连接器 | 通信协议 | 编程通信 |
| 电源 | DC5V 20mA（PLC 内部供电），不占用输入输出 | 传输规格 | 符合 RS-422 规格 |
| I/O 点数 | 0 | 传输距离 | 50m（不隔离） |

（3）RS-485 通信扩展板 $FX_{3U}$-485-BD

RS-485 通信扩展板 $FX_{3U}$-485-BD 是用于与计算机、其他 PLC 之间进行数据传送的扩展板，如图 7-17 所示。

图 7-17　RS-485 通信扩展板 $FX_{3U}$-485-BD



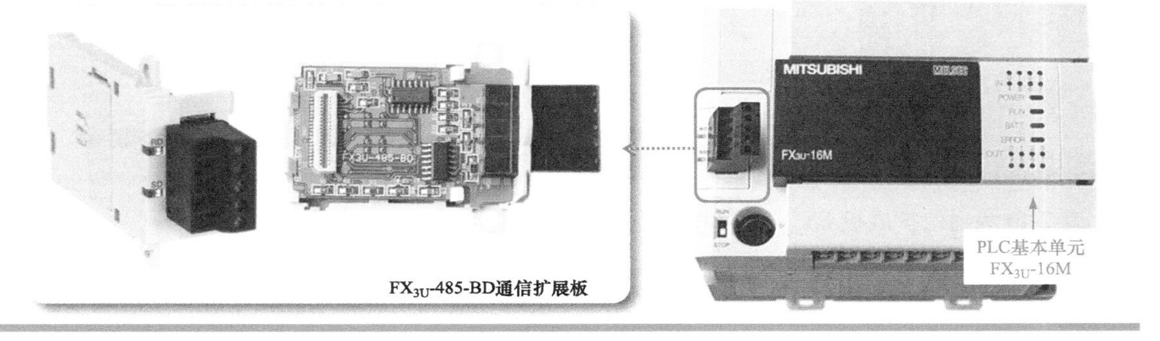


表 7-12 为通信扩展板 $FX_{3U}$-485-BD 的通信规格参数。

**表 7-12　通信扩展板 $FX_{3U}$-485-BD 的通信规格参数**

| 规格 | 内容 | 规格 | 内容 |
|---|---|---|---|
| 适用 PLC | $FX_{3U}$ 系列 | 通信方式 | 半双工双向 |
| 接口 | RS-485 | 通信协议 | 编程通信 |
| 电源 | DC5V 40mA（PLC 内部供电），不占用输入输出 | 绝缘方式 | 非绝缘 |
| 传输规格 | 符合 RS-485 规格 | 通信程序 | 非顺序计算机连接、并联、简易 PC 间连接、逆变器通信 |
| 传输距离 | 50m（不隔离） | 通信速度 | 非顺序计算机连接：300/600/1200/2400/4800/9600/19200（bit/s）<br>并联：115200（bit/s）<br>简易 PC 间连接：38400（bit/s）<br>逆变器通信：4800/9600/19200（bit/s） |

（4）USB 通信扩展板 $FX_{3U}$-USB-BD

$FX_{3U}$-USB-BD 是 $FX_{3U}$ 系列 PLC 的 USB 接口板，在 PLC 上安装该扩展板后可将 PLC 扩展一个 USB 接口，便于与计算机的 USB 接口连接，如图 7-18 所示。

表 7-13 为通信扩展板 $FX_{3U}$-USB-BD 的通信规格参数。

图 7-18 通信扩展板 $FX_{3U}$- USB-BD

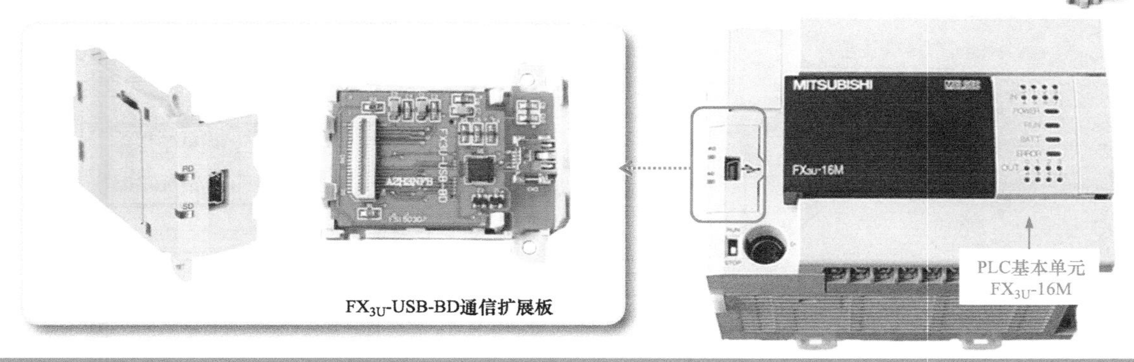


表 7-13 通信扩展板 $FX_{3U}$-USB-BD 的通信规格参数

| 规格 | 内容 | 规格 | 内容 |
|---|---|---|---|
| 适用 PLC | $FX_{3U}$ 系列 | 通信协议 | 编程通信 |
| 接口 | USB（Mini-B 插头，母头） | 波特率 | 300bit/s～1Mbit/s 标准波特率自动适应 |
| 电源 | DC5V 15mA（PLC 内部供电）<br>DC5V 30mA（通过计算机的 USB 连机器供电） | 绝缘方式 | 光耦绝缘（通信线和 CPU 间） |
| 传输距离 | USB 线缆允许最大长度为 5m | 传送速度 | 9600/19200/38400/57600/115200（bit/s） |



## 2 8 点模拟量电位器扩展板

$FX_{3U}$-8AV-BD 扩展板是一种适用于三菱 $FX_{3U}$ 系列 PLC 的 8 点模拟量电位器扩展板，如图 7-19 所示。使用时安装在 $FX_{3U}$ 系列 PLC 基本单元上，通过 PLC 内部（DC 5V）供电，可使用于计时器、计数器以及数据寄存器，通过调节模拟量电位器可以改变指定数据寄存器的值。PLC 采用读模拟量扩展指令 VRRD/VRSC（FNC85/86）读取数据，该数据与电位器的角度成正比。

图 7-19 8 点模拟量电位器扩展板 $FX_{3U}$-8AV-BD

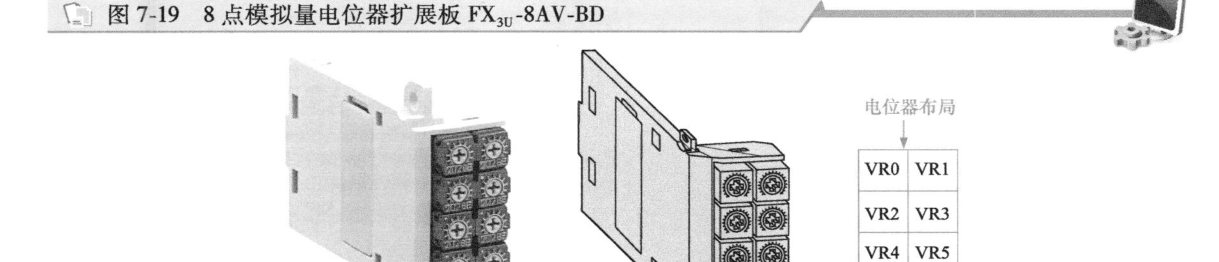


## 3 连接特殊适配器扩展板

连接特殊适配器扩展板 $FX_{3U}$-CNV-BD 在 $FX_{3U}$ 基本单元的左侧连接特殊适配器时使用，如图 7-20 所示。

$FX_{3U}$ 系列 PLC 连接特殊适配器时，需使用功能扩展板。但在连接高速输入、高速输出特殊适配器（$FX_{3U}$-4HSX-ADP 高速输入用，$FX_{3U}$-2HSY-ADP 高速输出用）时，不需要功能扩展板。

图 7-20　连接特殊适配器扩展板 $FX_{3U}$-CNV-BD

通信特殊适配器（通道2）　通信特殊适配器（通道1）　三菱 $FX_{3U}$ PLC 基本单元

连接特殊适配器扩展板 $FX_{3U}$-CNV-BD　模拟量特殊适配器　$FX_{3U}$-CNV-BD

## 7.2.5　特殊适配器

$FX_{3U}$系列 PLC 可在基本单元左侧扩展特殊适配器，如模拟量特殊适配器、通信特殊适配器、CF 卡特殊适配器、高速输入/输出特殊适配器，如图 7-21 所示。



图 7-21　$FX_{3U}$系列 PLC 可扩展的特殊适配器

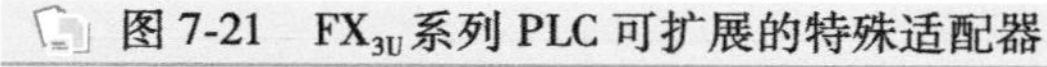

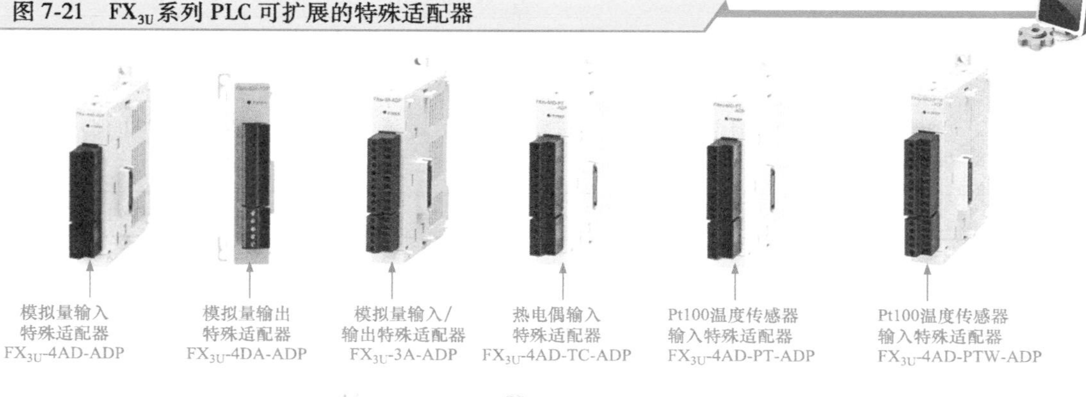


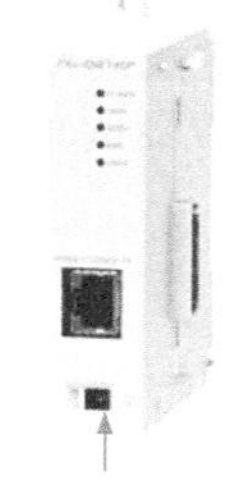

以太网通信用特殊适配器 $FX_{3U}$-ENET-ADP

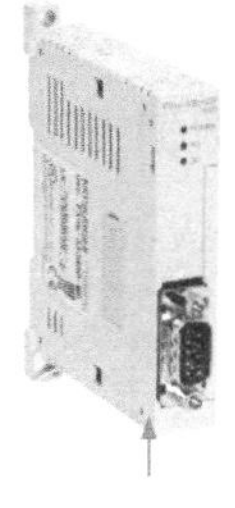

RS-232C通信用特殊适配器 $FX_{3U}$-232ADP-MB

RS-485C通信用特殊适配器 $FX_{3U}$-485ADP-MB

收集数据用特殊适配器 $FX_{3U}$-CF-ADP

高速输入特殊适配器 $FX_{3U}$-4HSX-ADP

高速输出特殊适配器 $FX_{3U}$-2HSY-ADP

表 7-14 为特殊适配器相关参数信息。

表 7-14 特殊适配器相关参数信息

| 规格参数 | | 电源 | 模拟量点数 |
|---|---|---|---|
| 模拟量特殊适配器 | | | |
| $FX_{3U}$-4AD-ADP | 输入用 | DC5V 15mA（PLC 内部供电）<br>DC24V 40mA（通过端子由外部供电） | 输入：4 点 |
| $FX_{3U}$-4DA-ADP | 输出用 | DC5V 15mA（PLC 内部供电）<br>DC24V 150mA（通过端子由外部供电） | 输出：4 点 |
| $FX_{3U}$-3A-ADP | 输入/输出用 | DC5V 20mA（PLC 内部供电）<br>DC24V 90mA（外部供电） | 输入：2 点<br>输出：1 点 |
| $FX_{3U}$-4AD-TC-ADP | 热电偶输入用 | DC5V 15mA（PLC 内部供电）<br>DC24V 45mA（通过端子由外部供电） | 输入：4 点 |
| $FX_{3U}$-4AD-PT-ADP | Pt100 输入用 | DC5V 15mA（PLC 内部供电）<br>DC24V 50mA（通过端子由外部供电） | 输入：4 点 |
| $FX_{3U}$-4AD-PTW-ADP | Pt100 输入用 | DC5V 15mA（PLC 内部供电）<br>DC24V 50mA（通过端子由外部供电） | 输入：4 点 |
| $FX_{3U}$-4AD-PNK-ADP | Pt100、Ni1000 输入用 | DC5V 15mA（PLC 内部供电）<br>DC24V 45mA（通过端子由外部供电） | 输入：4 点 |
| 通信特殊适配器 | | | |
| $FX_{3U}$-ENET-ADP | Ethernet 通信用 | DC5V 30mA（PLC 内部供电） | — |
| $FX_{3U}$-232ADP-MB | RS-232C 通信用 | DC5V 30mA（PLC 内部供电） | — |
| $FX_{3U}$-485ADP-MB | RS-485 通信用 | DC5V 20mA（PLC 内部供电） | — |
| CF 卡特殊适配器 | | | |
| $FX_{3U}$-CF-ADP | 收集数据用 | DC5V 50mA（PLC 内部供电）<br>DC24V 130mA | — |
| 高速输入/输出特殊适配器 | | | |
| $FX_{3U}$-4HSX-ADP | 高速输入用 | DC5V 30mA（PLC 内部供电）<br>DC24V 30mA（PLC 内部供电） | 输入：4 点 |
| $FX_{3U}$-2HSY-ADP | 高速输出用 | DC5V 30mA（PLC 内部供电）<br>DC24V 60mA（PLC 内部供电） | 输出：4 点 |



### 7.2.6 定位控制模块

定位控制模块是对电动机迅速停机和准确定位的功能模块。电动机在切断电源后，由于惯性作用，还要继续旋转一段时间后才能完全停止。但在实际生产过程中有时候要求电动机能迅速停机和准确定位，此时定位控制显得尤为重要。

当所控制的机械设备要求定位控制时，需在 PLC 系统中加入定位控制模块，三菱 FX 系列 PLC 常用的定位控制模块如图 7-22 所示。

图 7-22　三菱 FX 系列 PLC 常用的定位控制模块

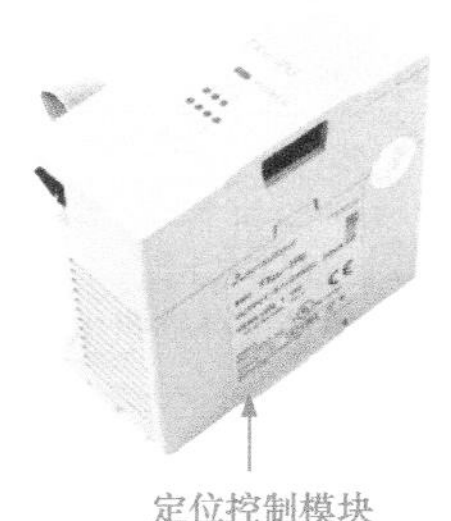

定位控制模块
$FX_{3U}$-1PG

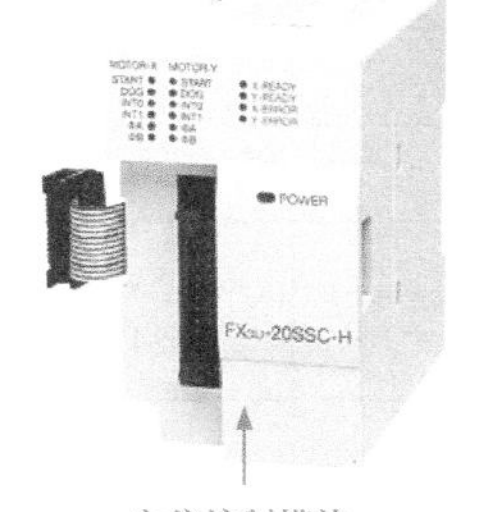


定位控制模块
$FX_{3U}$-20SSC-H

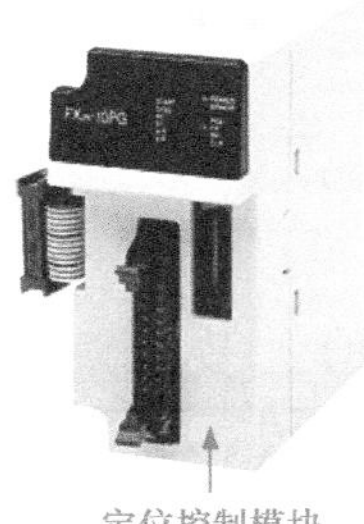

定位控制模块
$FX_{2N}$-10PG

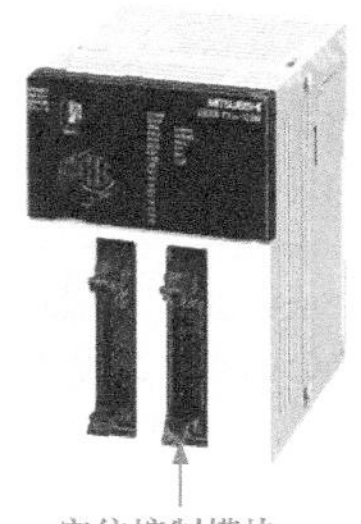

定位控制模块
$FX_{2N}$-10GM

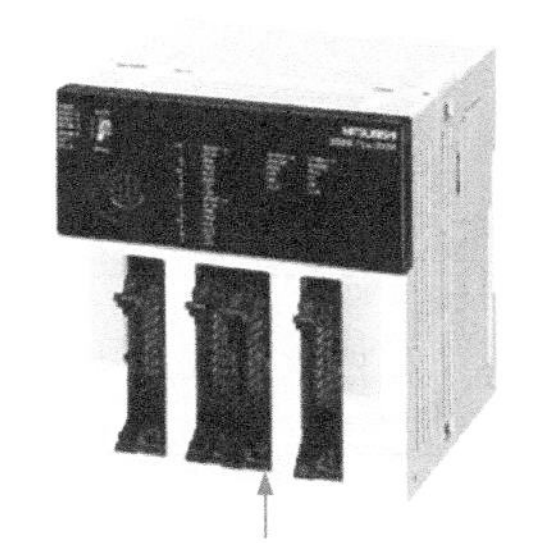

定位控制模块
$FX_{2N}$-20GM



表 7-15 为三菱 FX 系列 PLC 常用的定位控制模块相关参数信息。

**表 7-15　三菱 FX 系列 PLC 常用的定位控制模块相关参数信息**

| 型号 | 相关参数 | | | |
|---|---|---|---|---|
| | 控制轴数 | I/O 占用点数 | 控制输入 | 脉冲输出方式 |
| $FX_{3U}$-1PG | 1 轴 | 8 点 | 第 1 组：STOP（停止）、DOG（近点信号）<br>第 2 组：PG0（零信号） | 晶体管输出 |
| $FX_{3U}$-20SSC-H | 2 轴 | 8 点 | 中断输入：每轴 2 个输入（INT0、INT1）<br>DOG 输入：每轴 1 个输入<br>START 输入：每轴 1 个输入<br>手动脉冲发生器输入：每轴 1 个输入 A 相、B 相 | — |
| $FX_{2N}$-10PG | 1 轴 | 8 点 | 控制输入点：3 点（START（自动起动），DOG（近点信号），PG0（零信号））<br>中断输入点：2 点（X0，X1）<br>两相脉冲输入：1 点（A 相，B 相） | 差动线路驱动方式 |
| $FX_{2N}$-10GM | 1 轴 | 8 点 | 操作系统：MANU（手动）、FWD（手动向前）、RVS（手动相反）、ZRN（零返回）、START（自动起动）、STOP（停止）、手控脉冲器、步进运转输入<br>机械系统：DOG（近点信号）、LSF（正向限位）、LSR（反向限位）、中断 7 点<br>伺服系统：SVRDY（准备伺服）、SVEND（伺服结束）、PG0（零信号）<br>通用：X0～X3 | 开式连接器，晶体管输出，DC 5～24V |

（续）

| 型号 | 相关参数 | | | |
|---|---|---|---|---|
| | 控制轴数 | I/O 占用点数 | 控制输入 | 脉冲输出方式 |
| $FX_{2N}$-20GM | 2 轴 | 8 点 | 操作开关：MANU（手动）/AUTO（自动）<br>操作系统：FWD（手动前进），RVS（手动相反），ZRN（机床回零），START（自动起动），STOP（停止）<br>机械：4 点 DOG（近点信号），LSF（正向限位），LSR（反向限位），中断<br>伺服系统：SVRDY（准备伺服），SVEND（伺服结束），PG0（零信号）<br>通用：X0~X7 机身，X10~X67 的功能块连接可扩展 | 集电极开路系统 |

## 7.2.7 高速计数模块

高速计数模块主要用于对 PLC 控制系统中的脉冲个数进行计数，在 PLC 基本单元内一般设置有高速计数器，但当工业应用中超过内部计数器的工作频率时，需在 PLC 硬件系统中配置高速计数模块。



图 7-23 所示为三菱 FX 系列 PLC 常用的高速计数模块 $FX_{3U}$-2HC、$FX_{2N}$-1HC 的实物外形，该计数模块通过 PLC 的指令或外部输入可进行计数的复位或启动。

图 7-23 三菱 FX 系列 PLC 常用的高速计数模块 $FX_{3U}$-2HC、$FX_{2N}$-1HC 的实物外形

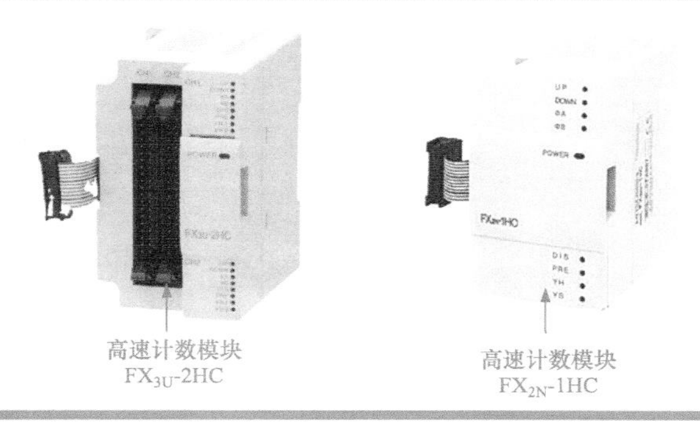


三菱 FX 系列 PLC 常用的高速计数模块 $FX_{3U}$-2HC、$FX_{2N}$-1HC 的规格参数见表 7-16。

**表 7-16 三菱 FX 系列 PLC 常用的高速计数模块 $FX_{3U}$-2HC、$FX_{2N}$-1HC 的规格参数**

| 型号 | $FX_{3U}$-2HC | $FX_{2N}$-1HC |
|---|---|---|
| 信号水平 | DC5V、12V、24V | DC5V、12V、24V |
| 电源 | DC5V 245mA（PLC 内部供电） | DC5V 90mA（PLC 内部供电） |
| 高速输入 | 1 相 1 输入、1 相 2 输入、2 相 2 输入（1 倍频、2 倍频、4 倍频） | |
| 最大频率 | 1 相 1 输入：不超过 200kHz<br>1 相 2 输入：不超过 200kHz<br>2 相 2 输入：不超过 200 kHz（1 倍数）<br>不超过 100 kHz（2 倍数）<br>不超过 50 kHz（4 倍数） | 1 相 1 输入：不超过 50 kHz<br>1 相 2 输入：每个不超过 50 kHz<br>2 相 2 输入：不超过 50 kHz（1 倍数）<br>不超过 25 kHz（2 倍数）<br>不超过 12.5 kHz（4 倍数） |
| 输入形式 | 差动线性驱动、集电极环路 | |
| 输入点数 | 2 点 | 1 点 |

（续）

| 计数器的种类 | 可逆计数器、环形计数器 | |
|---|---|---|
| 计数范围 | 32 位：-2147483648~+2147483647 | 32 位：-2147483648~+2147483648 |
| | 16 位：0~65535 | 16 位：0~65535（上限可由用户指定） |
| 输出形式 | 晶体管 4 点输出<br>各 DC5~24V 0.5A | 晶体管 2 点输出<br>各 DC5~24V 0.5A |
| 占用点数 | 8 点 | |

## 7.2.8 通信/网络特殊模块

三菱 FX 系列 PLC 可扩展的通信/网络特殊模块主要包括通信用特殊模块 $FX_{2N}$-232IF 和网络用特殊模块 $FX_{3U}$-ENET-L、$FX_{3U}$-16CCL-M、$FX_{3U}$-64CCL、$FX_{3U}$-128ASL-M、$FX_{3U}$-64DP-M、$FX_{3U}$-32DP、$FX_{2N}$-16CCL-M、$FX_{2N}$-32CCL、$FX_{2N}$-64CL-M、$FX_{2N}$-16LNK-M、$FX_{2N}$-32ASI-M.。

图 7-24 所示为三菱 FX 系列 PLC 可扩展的几种通信/网络特殊模块的实物外形。

图 7-24　三菱 FX 系列 PLC 可扩展的几种通信/网络特殊模块的实物外形

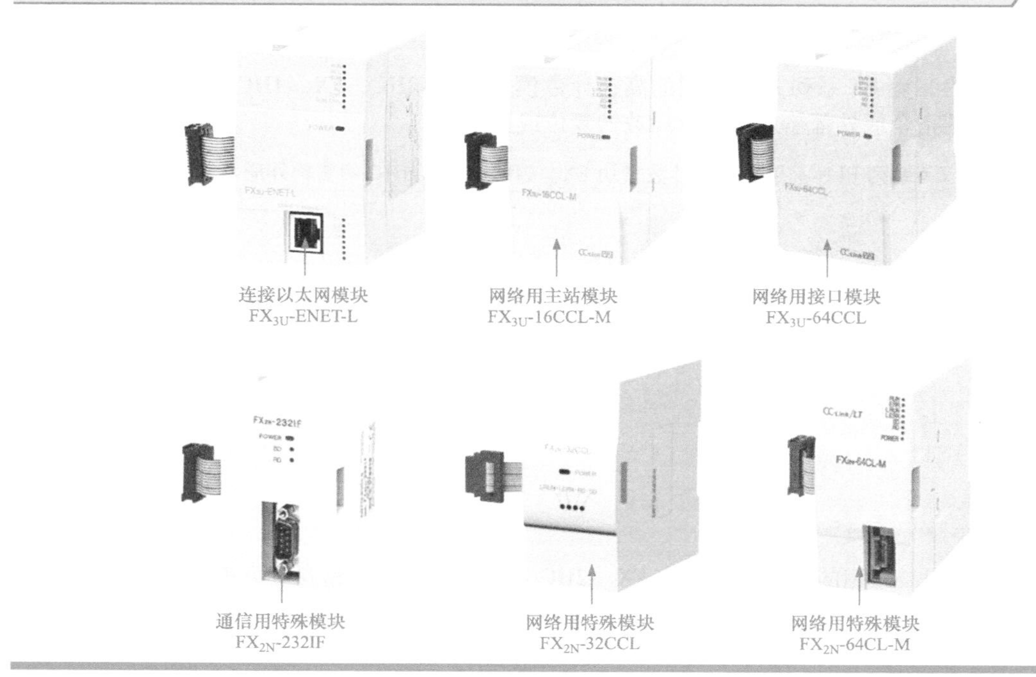


三菱 FX 系列 PLC 常用通信/网络特殊模块的规格参数见表 7-17、表 7-18。

**表 7-17　三菱 FX 系列 PLC 常用通信/网络特殊模块的规格参数（一）**

| 参数 | $FX_{2N}$-232IF | 参数 | $FX_{3U}$-ENET-L |
|---|---|---|---|
| 接口 | D-SUB 9 针 RS-232C 连接器 | 接口 | IEEE802.3u（100BASE-TX），IEEE802.3（10BASE-T） |
| 电源 | DC5V 40mA（PLC 内部供电）<br>DC24V 80mA | 电源 | DC24V 240mA |
| 通信速度 | 最大 19.2kbit/s | 通信模式 | 全双工/半双工 |
| 传送距离 | 最大 15m | 与邮件服务器的通信 | SMTP，POP before SMTP |

（续）

| 参数 | $FX_{2N}$-232IF | 参数 | $FX_{3U}$-ENET-L |
|---|---|---|---|
| 通信电缆 | 屏蔽电缆 | 连接器 | RJ-45 |
| 通信方法 | 全双工 | 数据传送速度 | 100Mbit/s，10Mbit/s |
| 协议 | 非协议模式/全双工异步式 | 协议 | SLMP（MC Protocol），TCP/IP，UDP |
| 缓冲存储区<br>收发信号点数 | 512 位 | 固定缓冲<br>存储区 | 1023 字×2 |
| 占用点数 | 8 点 | 占用点数 | 8 点 |
| 格式 | 数据长度：7bit/8bit<br>奇偶性：无/偶数/奇数停止位 1bit/2bit | 最大段长 | 100m |

**表 7-18　三菱 FX 系列 PLC 常用通信/网络特殊模块的规格参数（二）**

| 参数 | | $FX_{3U}$-16CCL-M | $FX_{3U}$-64CCL |
|---|---|---|---|
| 站种类 | | 主站 | 智能设备站 |
| 占用 1 个站时的连接点数 | 远程输入输出 | — | 128 点（通过扩展循环设定设为 8 倍时） |
| | 远程寄存器 | — | 32 点（通过扩展循环设定设为 8 倍时） |
| 最大 I/O 点数 | | 256 点（$FX_{3GA}$/$FX_{3G}$，$FX_{3GE}$，$FX_{3GC}$）、384 点（$FX_{3U}$/$FX_{3UC}$） | |
| 最大连接站数 | | 最大 16 局 | — |
| 占用点数 | | 8 点 | |
| 传送速度 | | 10Mbit/s | |
| 电源 | | DC24V 240mA | DC24V 220mA |



### 7.2.9 其他扩展模块

常见的三菱 PLC 产品中，除了上述功能模块外，还有一些其他功能的扩展模块，如电源扩展单元 $FX_{3U}$-1PSU-5V，可编程凸轮控制模块 $FX_{2N}$-1RM-E，显示模块 $FX_{3U}$-7DM、$FX_{3U}$-7DM-HLD 等，如图 7-25 所示。

图 7-25　三菱 FX 系列 PLC 可扩展的几种其他扩展模块

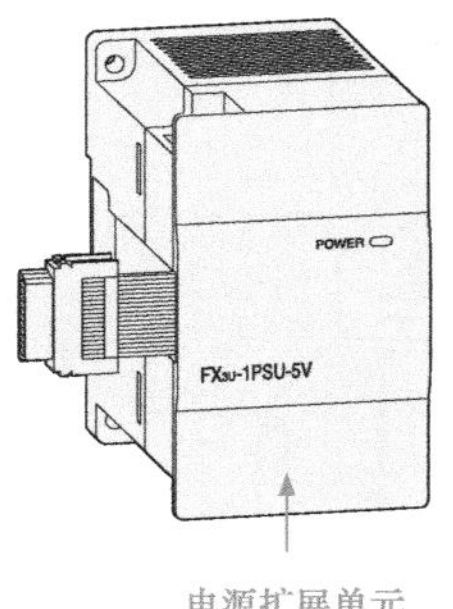


电源扩展单元
$FX_{3U}$-1PSU-5V

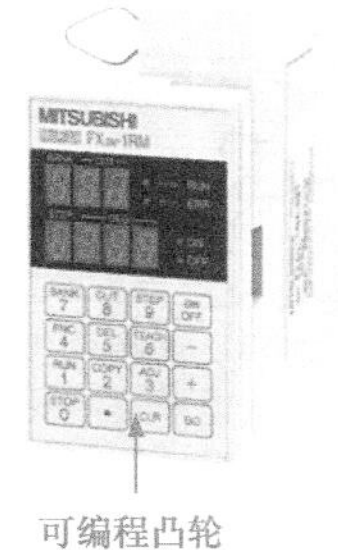


可编程凸轮
控制模块
$FX_{2N}$-1RM

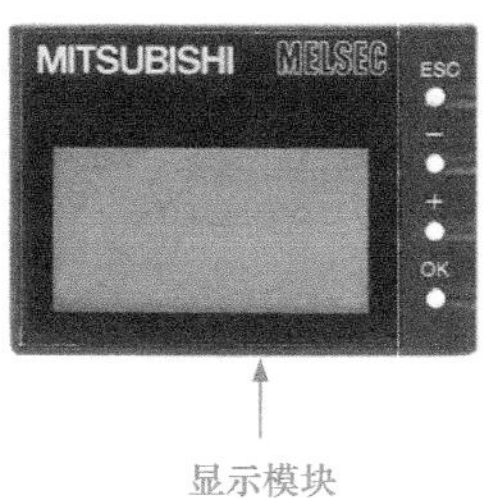


显示模块
$FX_{3U}$-7DM

## 7.3 三菱 $FX_{3U}$ 系列 PLC 的特点

### 7.3.1 三菱 $FX_{3U}$系列 PLC 的结构

三菱 $FX_{3U}$系列 PLC 是目前三菱 PLC 中应用广泛的一款 PLC 产品。三菱 $FX_{3U}$系列 PLC 的结构包括外观和内部两方面。观察外观，了解其外部结构可直接看到结构部件，如指示灯、接口等；拆开外壳可以看到其内部的各组成部分。

## 1 三菱 $FX_{3U}$ 系列 PLC 的外部结构

三菱 $FX_{3U}$ 系列 PLC 外部主要由电池盖板、端子排盖板、功能扩展部分的空盖板、上盖板、PLC 状态指示灯、输入及输出 LED 指示灯、RUN/STOP 开关、连接外围设备用的连接口、连接扩展设备用的连接器盖板等构成，如图 7-26 所示。

图 7-26 三菱 $FX_{3U}$ 系列 PLC 的外部结构

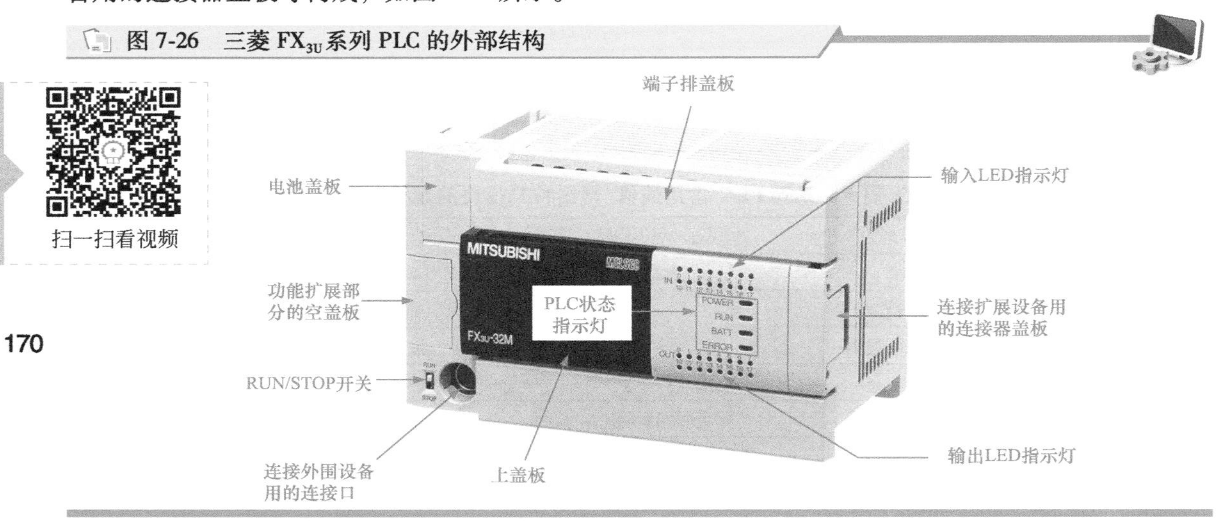




**| 提示说明 |**

**仔细观察三菱 $FX_{3U}$ 系列 PLC 的正面外观，可看到 PLC 的每一个输入/输出端子、输入/输出 LED 指示灯、PLC 状态指示灯上都有该接口或该指示灯的文字标识，如图 7-27 所示。**

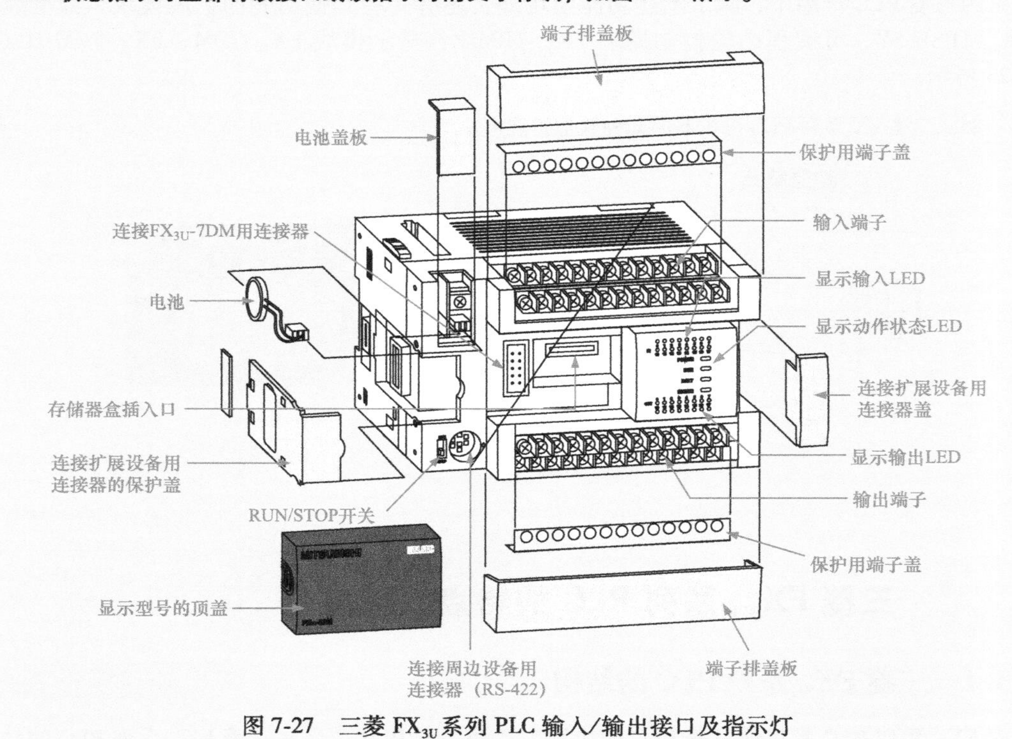


图 7-27 三菱 $FX_{3U}$ 系列 PLC 输入/输出接口及指示灯

（1）端子排列

三菱 $FX_{3U}$系列 PLC 的端子主要有电源端子（L 端、N 端和接地端）、直流端子（0V、24V）、输入端子（X0、X1 等），输出端子（Y0、Y1 等）等，不同型号的 $FX_{3U}$系列 PLC 基本单元的端子排列，如图 7-28 所示。

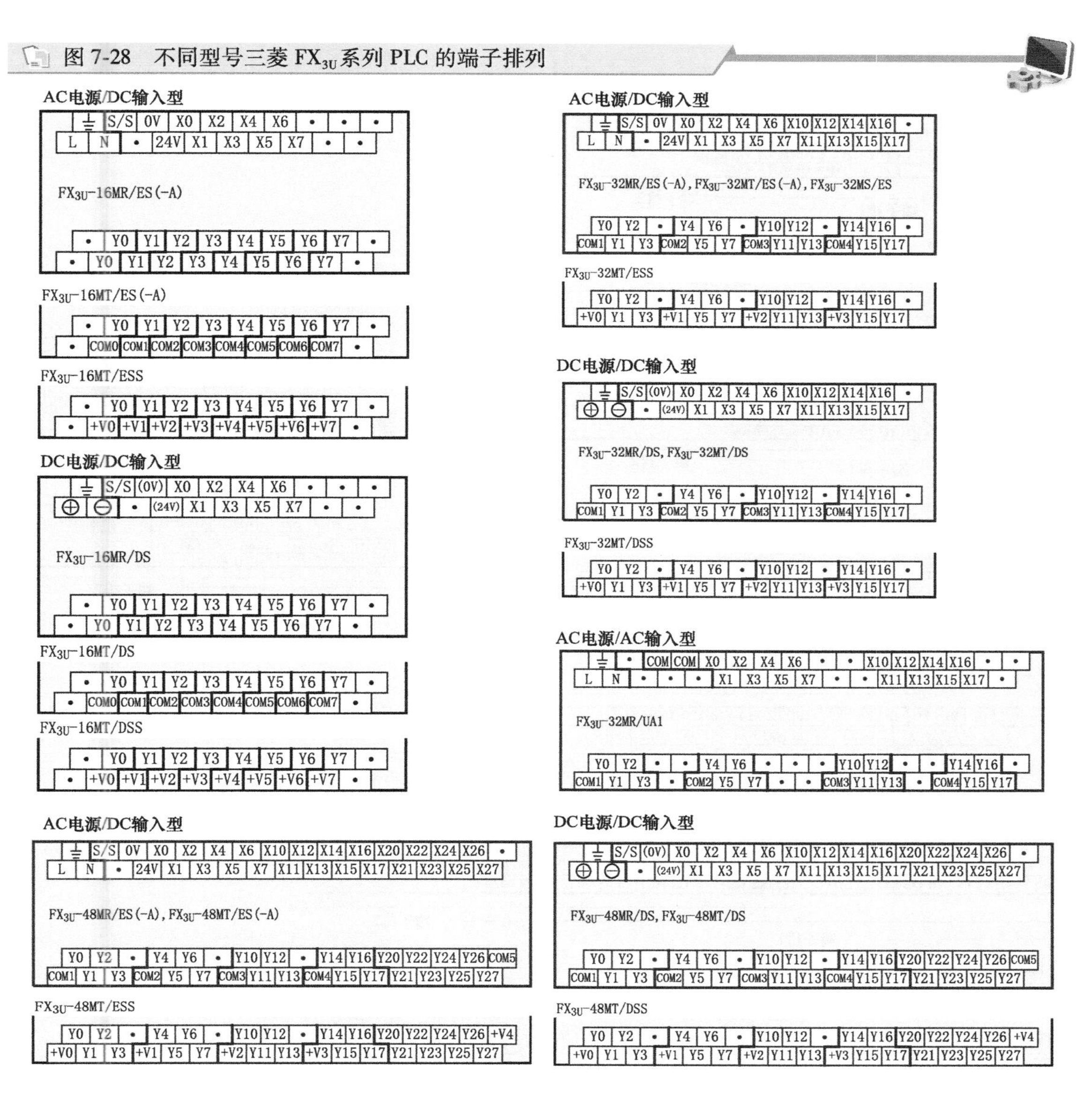


图 7-28　不同型号三菱 $FX_{3U}$系列 PLC 的端子排列

图 7-28 不同型号三菱 $FX_{3U}$系列 PLC 的端子排列（续）

AC电源/AC输入型

端子排1 端子排2

⏚ • • COM COM X0 X2 X4 X6 • X10 X12
L N • • • • X1 X3 X5 X7 • X11
X14 X16 • • • X20 X22 X24 X26 • • X30 X32 X34 X36 •
X13 X15 X17 • • • X21 X23 X25 X27 • • X31 X33 X35 X37

$FX_{3U}$-64MR/UA1

Y22 Y24 Y26 • • • • Y30 Y32 Y34 Y36 •
Y21 Y23 Y25 Y27 • • • COM6 Y31 Y33 Y35 Y37
Y0 Y2 • Y4 Y6 • • • Y10 Y12 • Y14 Y16 • • Y20
COM1 Y1 Y3 COM2 Y5 Y7 • • COM3 Y11 Y13 COM4 Y15 Y17 • COM5

端子排1 端子排2

AC电源/DC输入型

端子排1 端子排2

⏚ S/S 0V 0V X0 X2 X4 X6 X10 X12 X14 X16
L N • 24V 24V X1 X3 X5 X7 X11 X13 X15
• X20 X22 X24 X26 • X30 X32 X34 X36 • X40 X42 X44 X46 •
X17 • X21 X23 X25 X27 • X31 X33 X35 X37 • X41 X43 X45 X47

$FX_{3U}$-80MR/ES(-A)，$FX_{3U}$-80MT/ES(-A)

• • Y30 Y32 Y34 Y36 • Y40 Y42 Y44 Y46 •
Y27 • COM6 Y31 Y33 Y35 Y37 COM7 Y41 Y43 Y45 Y47
Y0 Y2 • Y4 Y6 • Y10 Y12 • Y14 Y16 • Y20 Y22 Y24 Y26
COM1 Y1 Y3 COM2 Y5 Y7 COM3 Y11 Y13 COM4 Y15 Y17 COM5 Y21 Y23 Y25

端子排1 端子排2

DC电源/DC输入型

端子排1 端子排2

⏚ S/S (0V) (0V) X0 X2 X4 X6 X10 X12 X14 X16
⊕ ⊖ • (24V) (24V) X1 X3 X5 X7 X11 X13 X15
• X20 X22 X24 X26 • X30 X32 X34 X36 • X40 X42 X44 X46 •
X17 • X21 X23 X25 X27 • X31 X33 X35 X37 • X41 X43 X45 X47

$FX_{3U}$-80MR/DS，$FX_{3U}$-80MT/DS

• • Y30 Y32 Y34 Y36 • Y40 Y42 Y44 Y46 •
Y27 • COM6 Y31 Y33 Y35 Y37 COM7 Y41 Y43 Y45 Y47
Y0 Y2 • Y4 Y6 • Y10 Y12 • Y14 Y16 • Y20 Y22 Y24 Y26
COM1 Y1 Y3 COM2 Y5 Y7 COM3 Y11 Y13 COM4 Y15 Y17 COM5 Y21 Y23 Y25

端子排1 端子排2

$FX_{3U}$-80MT/ESS

• • Y30 Y32 Y34 Y36 • Y40 Y42 Y44 Y46 •
Y27 • +V5 Y31 Y33 Y35 Y37 +V6 Y41 Y43 Y45 Y47
Y0 Y2 • Y4 Y6 • Y10 Y12 • Y14 Y16 • Y20 Y22 Y24 Y26
+V0 Y1 Y3 +V1 Y5 Y7 +V2 Y11 Y13 +V3 Y15 Y17 +V4 Y21 Y23 Y25

端子排1 端子排2

$FX_{3U}$-80MT/DSS

• • Y30 Y32 Y34 Y36 • Y40 Y42 Y44 Y46 •
Y27 • +V5 Y31 Y33 Y35 Y37 +V6 Y41 Y43 Y45 Y47
Y0 Y2 • Y4 Y6 • Y10 Y12 • Y14 Y16 • Y20 Y22 Y24 Y26
+V0 Y1 Y3 +V1 Y5 Y7 +V2 Y11 Y13 +V3 Y15 Y17 +V4 Y21 Y23 Y25

端子排1 端子排2

AC电源/DC输入型

端子排1 端子排2

⏚ S/S 0V 0V X0 X2 X4 X6 X10 X12 X14 X16 X20 X22 X24 X26
L N • 24V 24V X1 X3 X5 X7 X11 X13 X15 X17 X21 X23 X25
X30 X32 X34 X36 X40 X42 X44 X46 X50 X52 X54 X56 X60 X62 X64 X66 X70 X72 X74 X76 •
X27 X31 X33 X35 X37 X41 X43 X45 X47 X51 X53 X55 X57 X61 X63 X65 X67 X71 X73 X75 X77

$FX_{3U}$-128MR/ES(-A)，$FX_{3U}$-128MT/ES(-A)

Y44 Y46 COM8 Y51 Y53 Y55 Y57 Y60 Y62 Y64 Y66 COM10 Y71 Y73 Y75 Y77
Y43 Y45 Y47 Y50 Y52 Y54 Y56 COM9 Y61 Y63 Y65 Y67 Y70 Y72 Y74 Y76
Y0 Y2 COM2 Y5 Y7 Y10 Y12 COM4 Y15 Y17 Y20 Y22 Y24 Y26 COM6 Y31 Y33 Y35 Y37 Y40 Y42
COM1 Y1 Y3 Y4 Y6 COM3 Y11 Y13 Y14 Y16 COM5 Y21 Y23 Y25 Y27 Y30 Y32 Y34 Y36 COM7 Y41

端子排1 端子排2

$FX_{3U}$-128MT/ESS

Y44 Y46 +V7 Y51 Y53 Y55 Y57 Y60 Y62 Y64 Y66 +V9 Y71 Y73 Y75 Y77
Y43 Y45 Y47 Y50 Y52 Y54 Y56 +V8 Y61 Y63 Y65 Y67 Y70 Y72 Y74 Y76
Y0 Y2 +V1 Y5 Y7 Y10 Y12 +V3 Y15 Y17 Y20 Y22 Y24 Y26 +V5 Y31 Y33 Y35 Y37 Y40 Y42
+V0 Y1 Y3 Y4 Y6 +V2 Y11 Y13 Y14 Y16 +V4 Y21 Y23 Y25 Y27 Y30 Y32 Y34 Y36 +V6 Y41

端子排1 端子排2



（2）LED 指示灯

三菱 $FX_{3U}$系列 PLC 的 LED 指示灯部分包括 PLC 状态指示灯、输入指示灯和输出指示灯三部分，如图 7-29 所示。

（3）通信接口

PLC 与计算机、外围设备、其他 PLC 之间需要通过共同约定的通信协议和通信方式由通信接口实现信息交换。

图 7-29　三菱 $FX_{3U}$ 系列 PLC 外壳上的 LED 指示灯

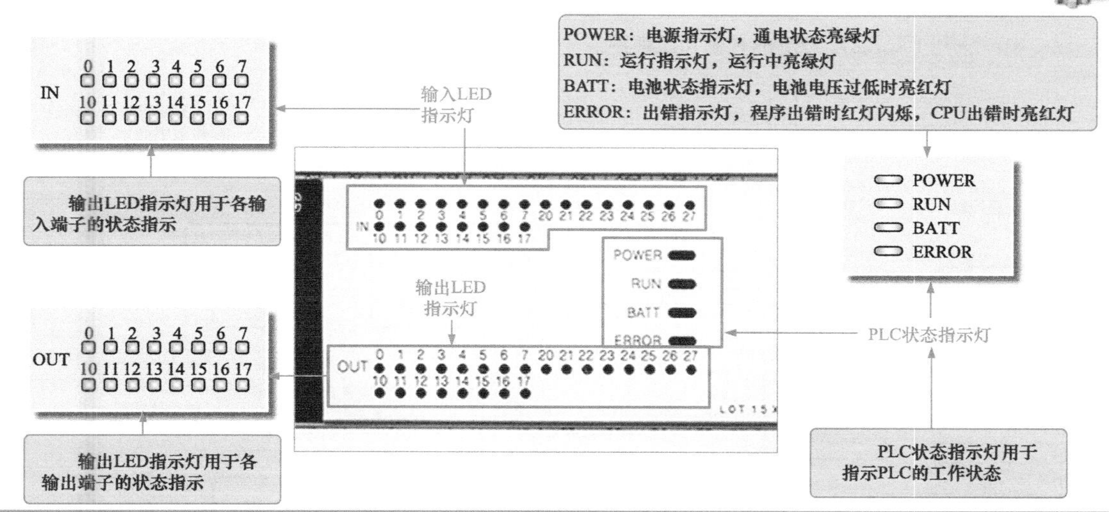




## 2　三菱 $FX_{3U}$ 系列 PLC 的内部结构

拆开三菱 $FX_{3U}$ 系列 PLC 的外壳即可看到 PLC 的电路板，如图 7-30 所示。

图 7-30　三菱 $FX_{3U}$ 系列 PLC 内部电路板

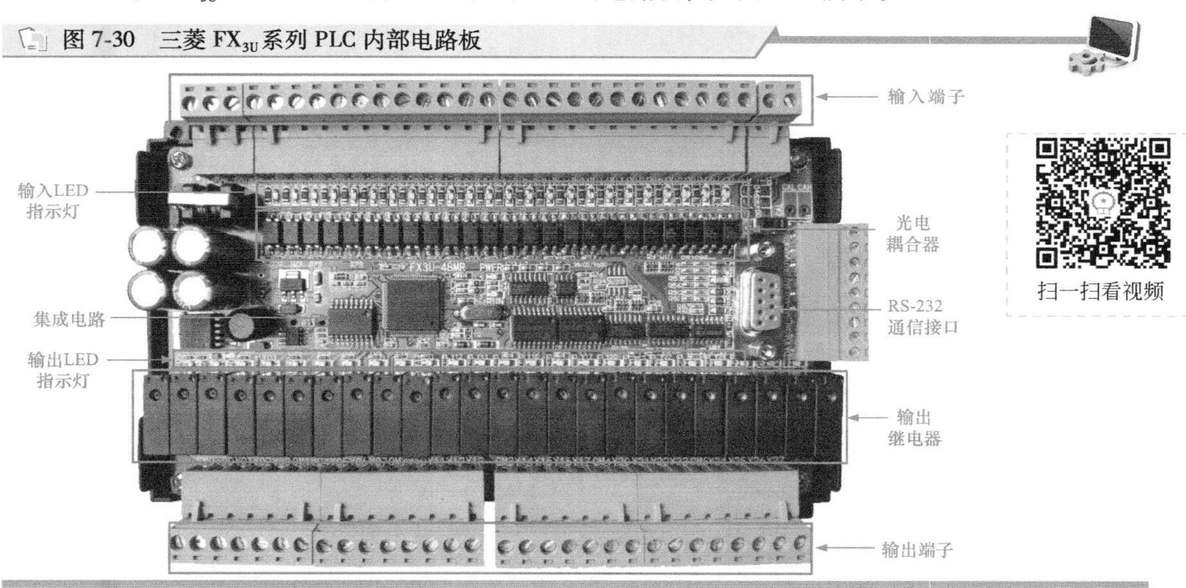


## 7.3.2　三菱 $FX_{3U}$ 系列 PLC 的功能特点

三菱 $FX_{3U}$ 系列 PLC 是 FX 家族中较先进的系列。具有高速的处理速度，在基本单元上连接扩展单元或扩展模块，可进行 16~256 点的灵活输入/输出组合，为工厂自动化应用提供最大的灵活性和控制能力，能够应用到各种工业控制产品中。

三菱 $FX_{3U}$ 系列 PLC 具有高效的控制功能，数据采集、存储、处理功能，通信联网功能等。

## 1　控制功能

图 7-31 所示为三菱 $FX_{3U}$ 系列 PLC 的控制功能框图。生产过程中的物理量由传感器检测后，经变压器变成标准信号，再经多路切换开关和 A-D 转换器变成适合 PLC 处理的数字信号，由光电耦

合器送给 CPU，光电耦合器具有隔离功能；数字信号经 CPU 处理后，再经 D-A 转换器变成模拟信号输出，模拟信号经驱动电路驱动控制泵电动机、加热器等设备实现自动控制。

图 7-31 三菱 $FX_{3U}$ 系列 PLC 的控制功能框图

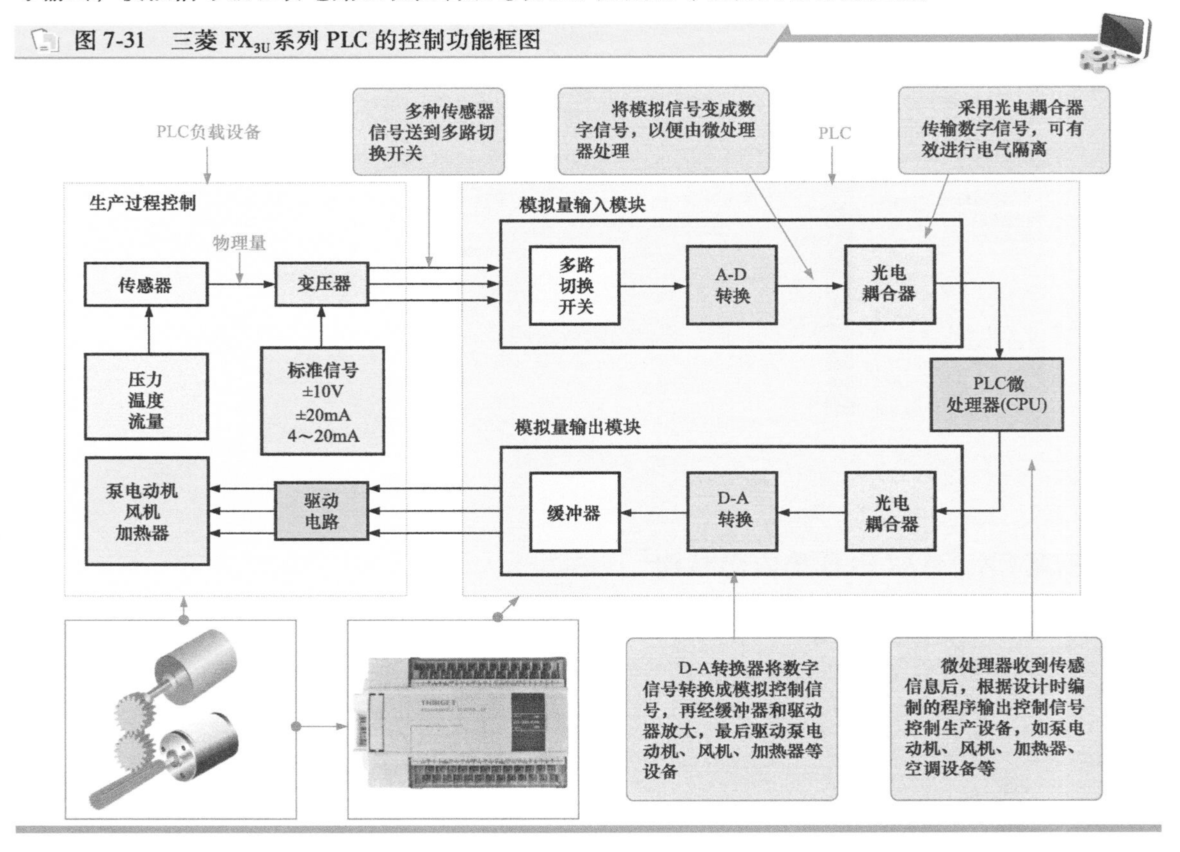




## 2 数据的采集、存储、处理功能

三菱 $FX_{3U}$ 系列 PLC 具有数学运算及数据的传送、转换、排序、移位等功能，可以完成数据的采集、分析、处理等。这些数据还可以与存储在存储器中的参考值进行比较，完成一定的控制操作，也可以将数据传输或直接打印输出，如图 7-32 所示。

图 7-32 三菱 $FX_{3U}$ 系列 PLC 的数据采集、存储、处理功能

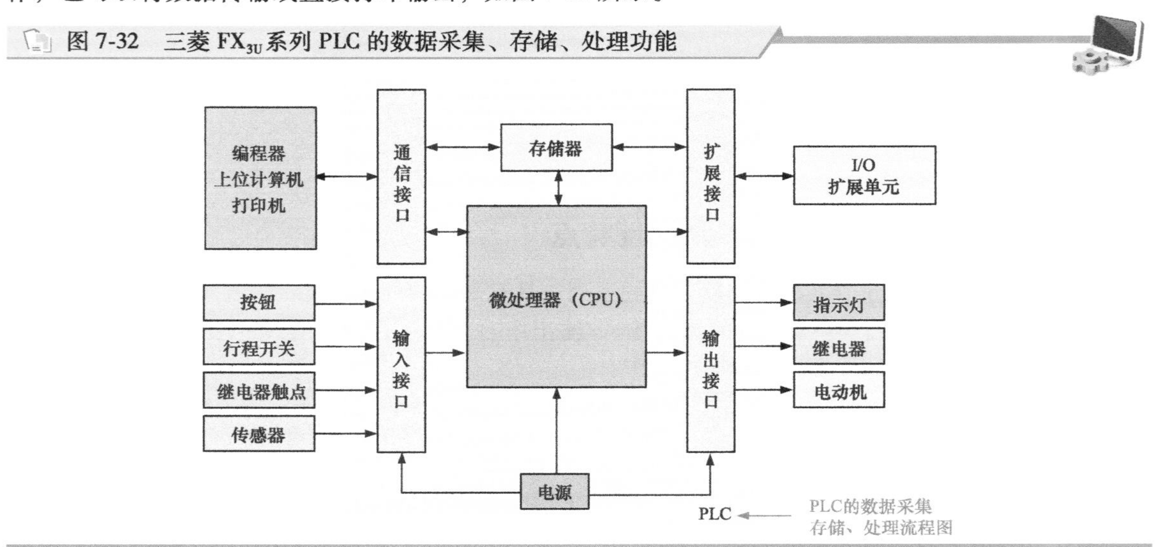

## 3 通信联网功能

三菱 $FX_{3U}$系列 PLC 具有通信联网功能，可以与远程 I/O、其他 PLC、计算机、智能设备（如变频器、数控装置等）之间进行通信，如图 7-33 所示。

图 7-33 三菱 $FX_{3U}$系列 PLC 的通信联网功能图

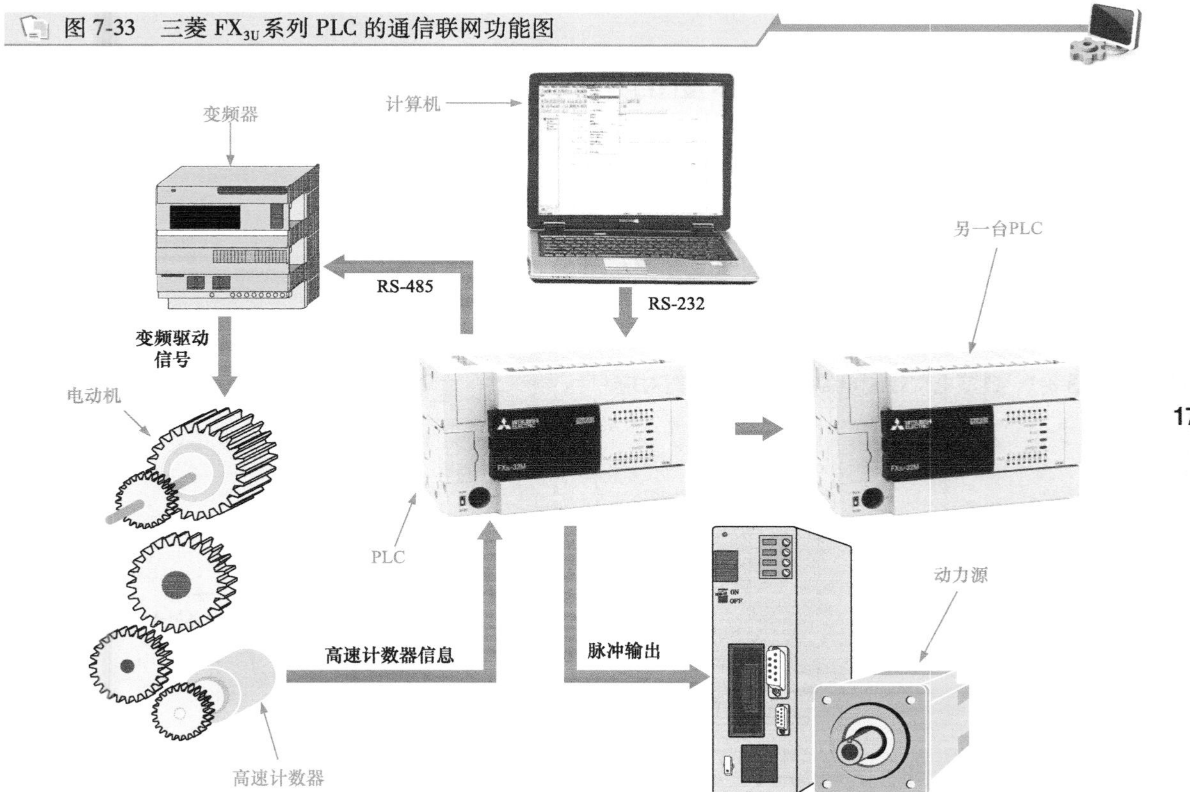




## 4 可编程、调试功能

三菱 $FX_{3U}$系列 PLC 通过存储器中的程序对 I/O 接口外接的设备进行控制，存储器中的程序可根据实际情况和应用进行编写，一般可将 PLC 与计算机通过编程电缆连接，实现对其内部程序的编写、调试、监视、实验和记录。这也是 PLC 区别于继电器等其他控制系统最大的功能优势。

# 第8章 三菱PLC梯形图和语句表

## 8.1 三菱 PLC 梯形图的结构

PLC 通过预先编好的程序来实现对不同生产过程的自动控制，而梯形图是目前使用最多的一种编程语言，它是以触点符号代替传统电气控制电路中的按钮、接触器、继电器触点等部件的一种编程语言。

三菱 PLC 梯形图（Ladder Diagram，LAD）继承了继电器控制电路的设计理念，采用图形符号的连接图形式直观形象地表达电气电路的控制过程。它与电气控制电路非常类似，十分易于理解。图 8-1 所示为典型电气控制电路与 PLC 梯形图对应。

图 8-1 典型电气控制电路与 PLC 梯形图对应

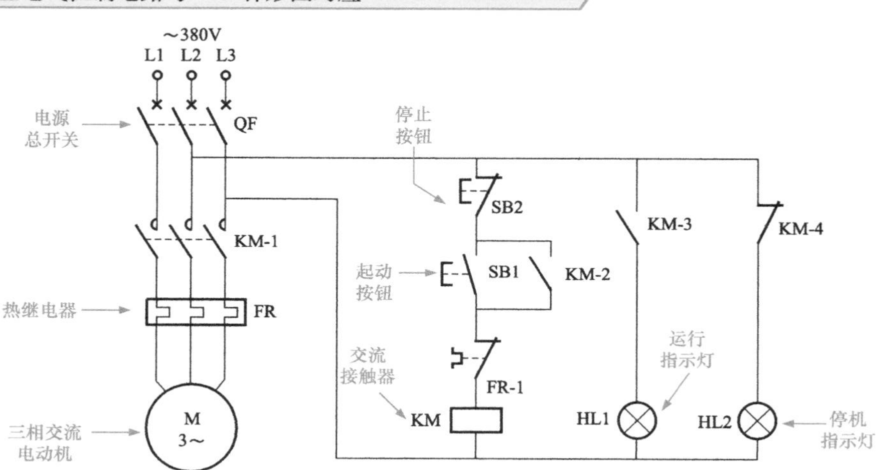


a) 电气控制接线图

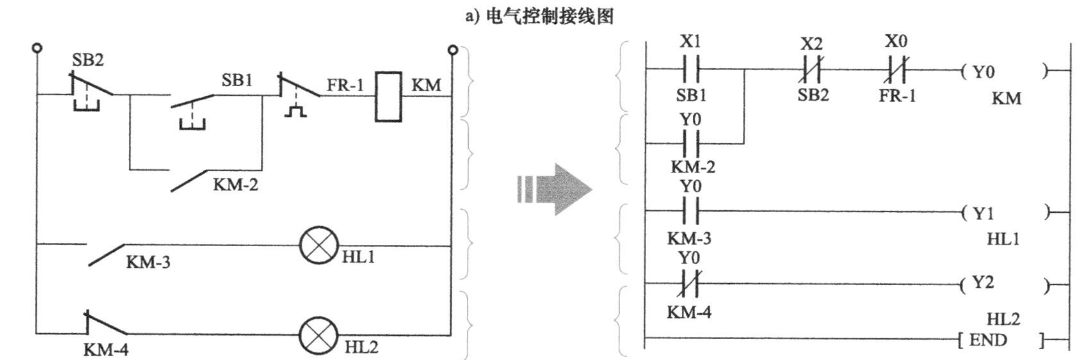


b) 电气控制原理图　　c) PLC梯形图

**提示说明**

**将 PLC 梯形图写入 PLC 中，PLC 输入输出端子与控制按钮、接触器等建立物理连接。输入元件将控制信号由 PLC 输入端子送入，PLC 根据预先编写好的程序（梯形图）对其输入的信号进行处理，并由输出端子输出驱动信号，驱动外部的输出元件，进而实现对电动机的连续控制，如图 8-2 所示。**

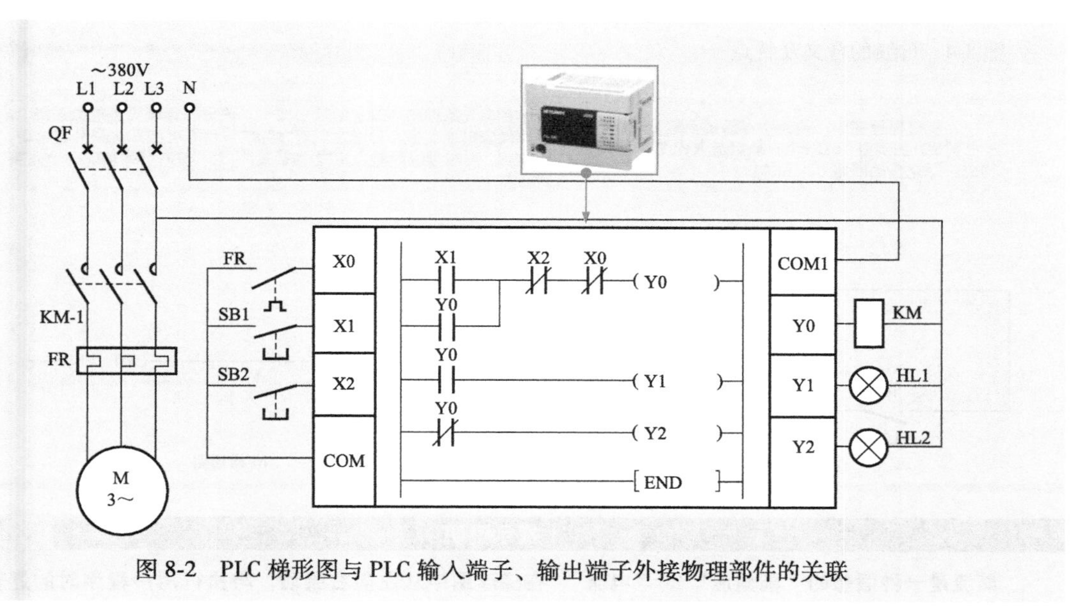


图 8-2 PLC 梯形图与 PLC 输入端子、输出端子外接物理部件的关联



三菱 PLC 梯形图也主要是由母线、触点、线圈构成，如图 8-3 所示。

图 8-3 三菱 PLC 梯形图的结构组成

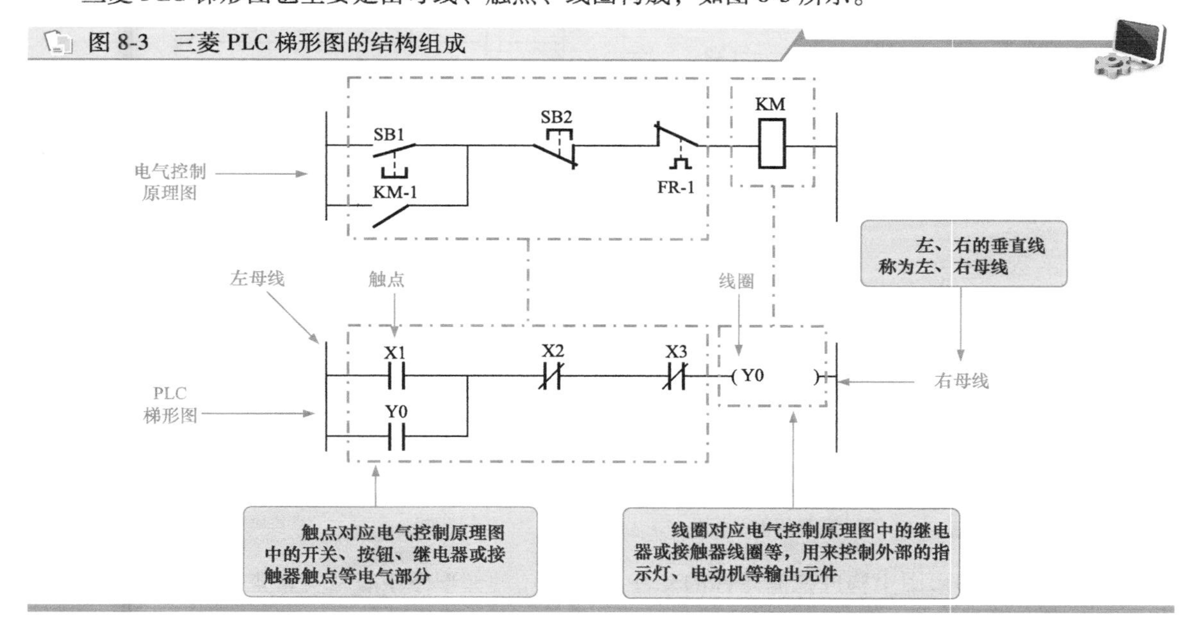


**| 提示说明 |**

**在 PLC 梯形图中，特定的符号和文字标识标注了控制电路各电气部件及其工作状态。整个控制过程由多个梯级来描述，也就是说每一个梯级通过能流线上连接的图形、符号或文字标识反映了控制过程中的一个控制关系。在梯级中，控制条件表示在左面，然后沿能流线逐渐表现出控制结果，这就是 PLC 梯形图。这种编程设计非常直观、形象，与电气电路图十分对应，控制关系一目了然。**

## 8.1.1 母线

梯形图中两侧的竖线称为母线。通常都假设梯形图中的左母线代表电源正极，右母线代表电源负极，如图 8-4 所示。

图 8-4　母线的含义及特点

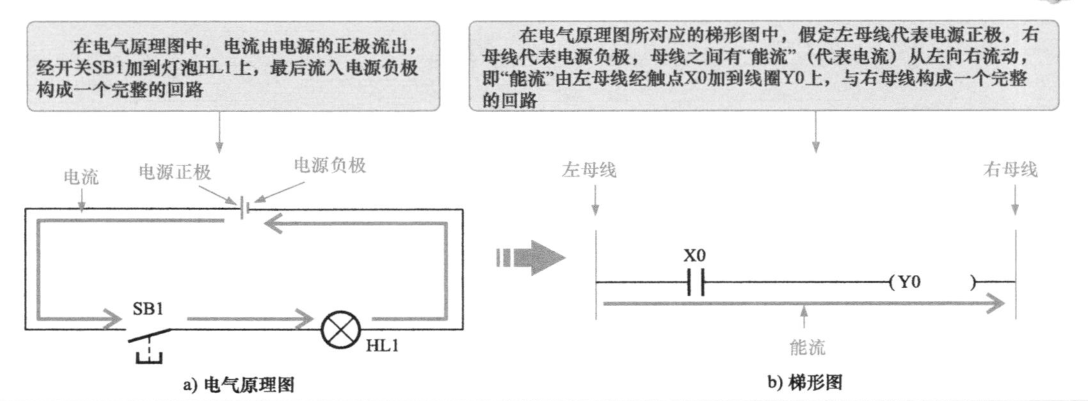


**| 提示说明 |**

**能流是一种假想的"能量流"或"电流"，在梯形图中从左向右流动，与执行用户程序时的逻辑运算的顺序一致，如图 8-5 所示。**



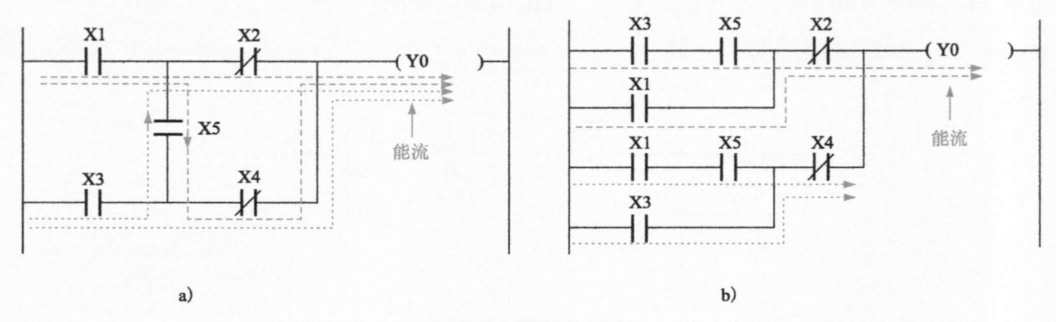


图 8-5　能流的特点

**能流不是真实存在的物理量，它是为理解、分析和设计梯形图而假想出来的类似"电流"的一种形象表示。梯形图中的能流只能从左向右流动，根据该原则，不仅对理解和分析梯形图很有帮助，在进行设计时也起到了关键的作用。**

## 8.1.2　触点

触点是 PLC 梯形图中构成控制条件的元件。在 PLC 的梯形图中有两类触点，分别为常开触点和常闭触点，触点的通、断情况与触点的逻辑赋值有关，如图 8-6 所示。

**| 提示说明 |**

**在 PLC 梯形图上的连线代表各"触点"的逻辑关系，在 PLC 内部不存在这种连线，而采用逻辑运算来表征逻辑关系。某些"触点"或支路接通，并不存在电流流动，而是代表支路的逻辑运算取值或结果为 1，见表 8-1。**

**表 8-1　触点的逻辑赋值及状态**

| 触点符号 | 代表含义 | 逻辑赋值 | 状态 | 常用地址符号 |
|---|---|---|---|---|
| ┤├ | 常开触点 | 0 或 OFF 时 | 断开 | X、Y、M、T、C |
| | | 1 或 ON 时 | 闭合 | |

（续）

| 触点符号 | 代表含义 | 逻辑赋值 | 状态 | 常用地址符号 |
|---|---|---|---|---|
| ∤∤ | 常闭触点 | 0 或 OFF 时 | 闭合 | X、Y、M、T、C |
| | | 1 或 ON 时 | 断开 | |

**不同品牌 PLC 中，其梯形图触点字符符号不同，在三菱 PLC 中，用 X 表示输入继电器触点；Y 表示输出继电器触点；M 表示通用继电器触点；T 表示定时器触点；C 表示计数器触点。**

图 8-6　触点的含义及特点

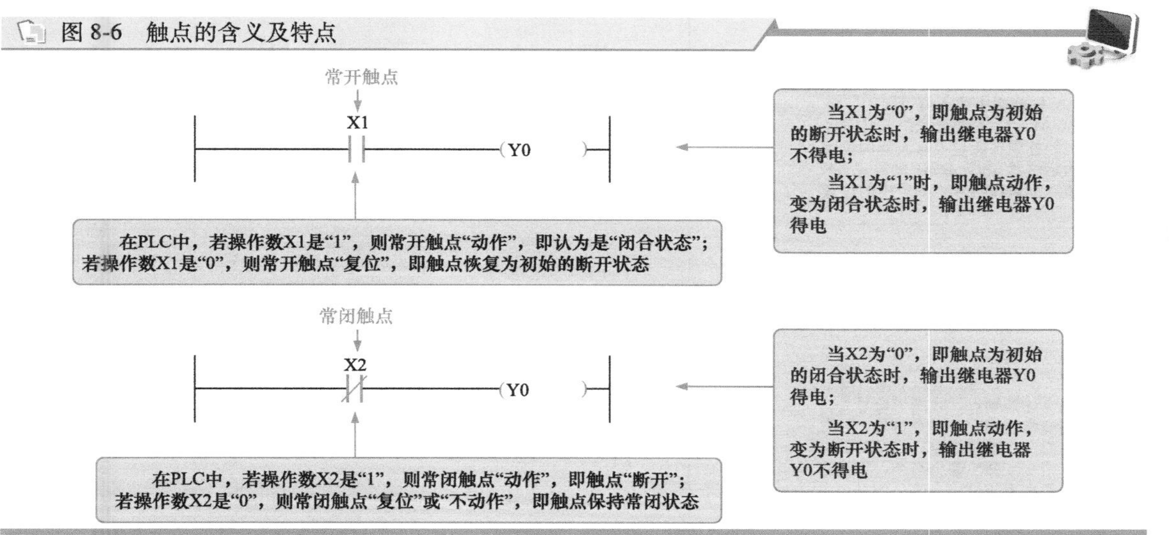




## 8.1.3　线圈

线圈是 PLC 梯形图中执行控制结果的元件。PLC 梯形图中的线圈种类有很多，如输出继电器线圈、辅助继电器线圈、定时器线圈等。

线圈与继电器控制电路中的线圈相同，当有电流（能流）流过线圈时，则线圈操作数置“1”，线端得电；若无电流流过线圈，则线圈操作数复位（置“0”），如图 8-7 所示。

图 8-7　线圈的含义及特点

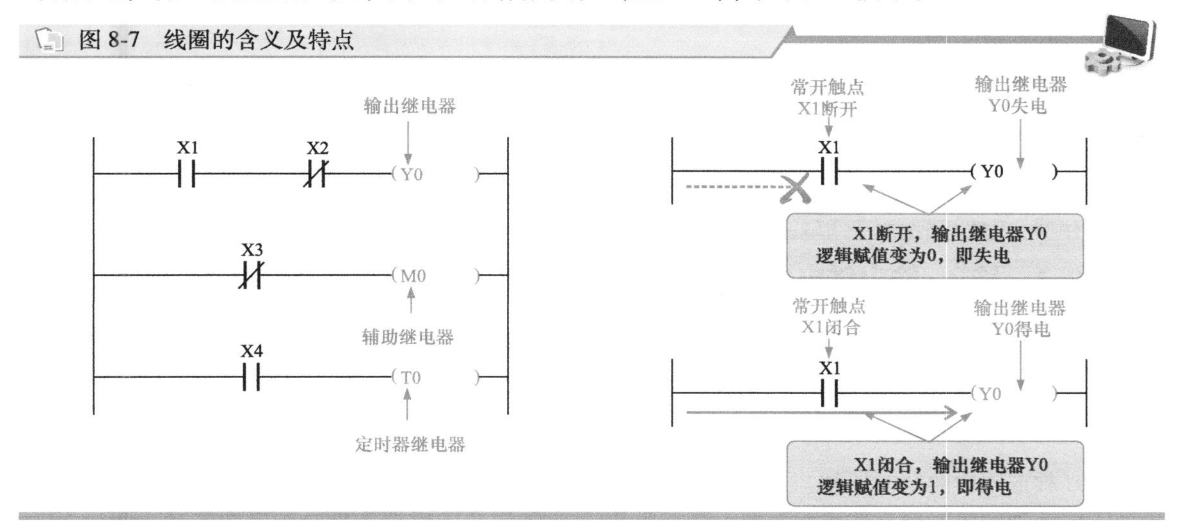

**| 提示说明 |**

**在 PLC 梯形图中，线圈通断情况与线圈的逻辑赋值有关，若逻辑赋值为 0，线圈失电；若逻辑赋值为 1，线圈得电，如图 8-8 所示。**

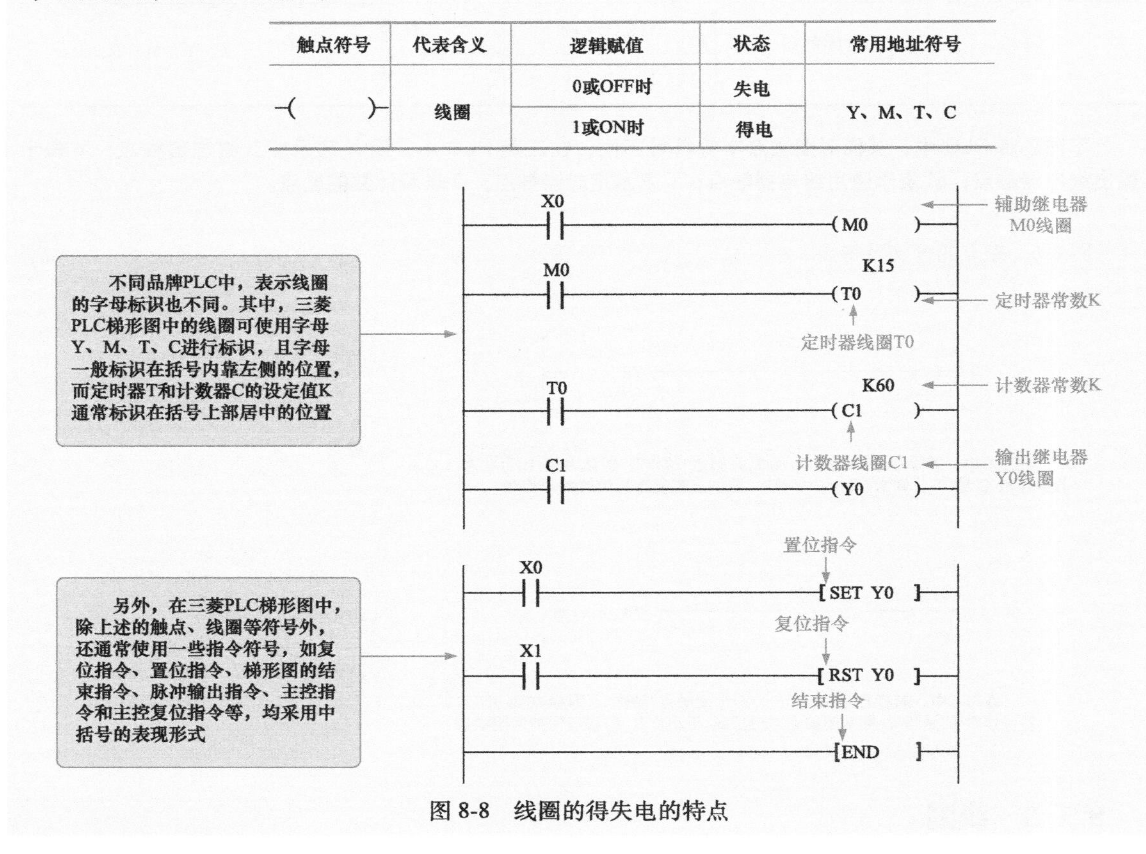

| 触点符号 | 代表含义 | 逻辑赋值 | 状态 | 常用地址符号 |
|---|---|---|---|---|
| -(　　)- | 线圈 | 0或OFF时 | 失电 | Y、M、T、C |
| | | 1或ON时 | 得电 | |



图 8-8　线圈的得失电的特点



## 8.2　三菱 PLC 梯形图的编程元件

PLC 梯形图内的图形和符号代表许多不同功能的元件。这些图形和符号并不是真正的物理元件，而是指在 PLC 编程时使用的输入/输出端子所对应的存储区，以及内部的存储单元、寄存器等，属于软元件，即编程元件。

在 PLC 梯形图中编程元件用继电器（注：与电气控制电路中的电气部件继电器不同）代表。在三菱 PLC 梯形图中，X 代表输入继电器，是由输入电路和输入映像寄存器构成的，用于直接输入给 PLC 的物理信号；Y 代表输出继电器，是由输出电路和输出映像寄存器构成的，用于从 PLC 直接输出物理信号；T 代表定时器，M 代表辅助继电器，C 代表计数器，S 代表状态继电器，D 代表数据寄存器，它们都是用于 PLC 内部的运算。

### 8.2.1　输入/输出继电器（X、Y）

输入继电器常使用字母 X 标识，与 PLC 的输入端子相连；输出继电器常使用字母 Y 标识，与 PLC 的输出端子相连，如图 8-9 所示。

### 8.2.2　定时器（T）

PLC 梯形图中的定时器相当于电气控制电路中的时间继电器，常使用字母 T 标识。三菱 PLC 中，不同系列的定时器具体类型不同。以三菱 $FX_{3U}$ 系列 PLC 定时器为例介绍。图 8-10 所示为定时器的参数及特点。

图 8-9　输入/输出继电器

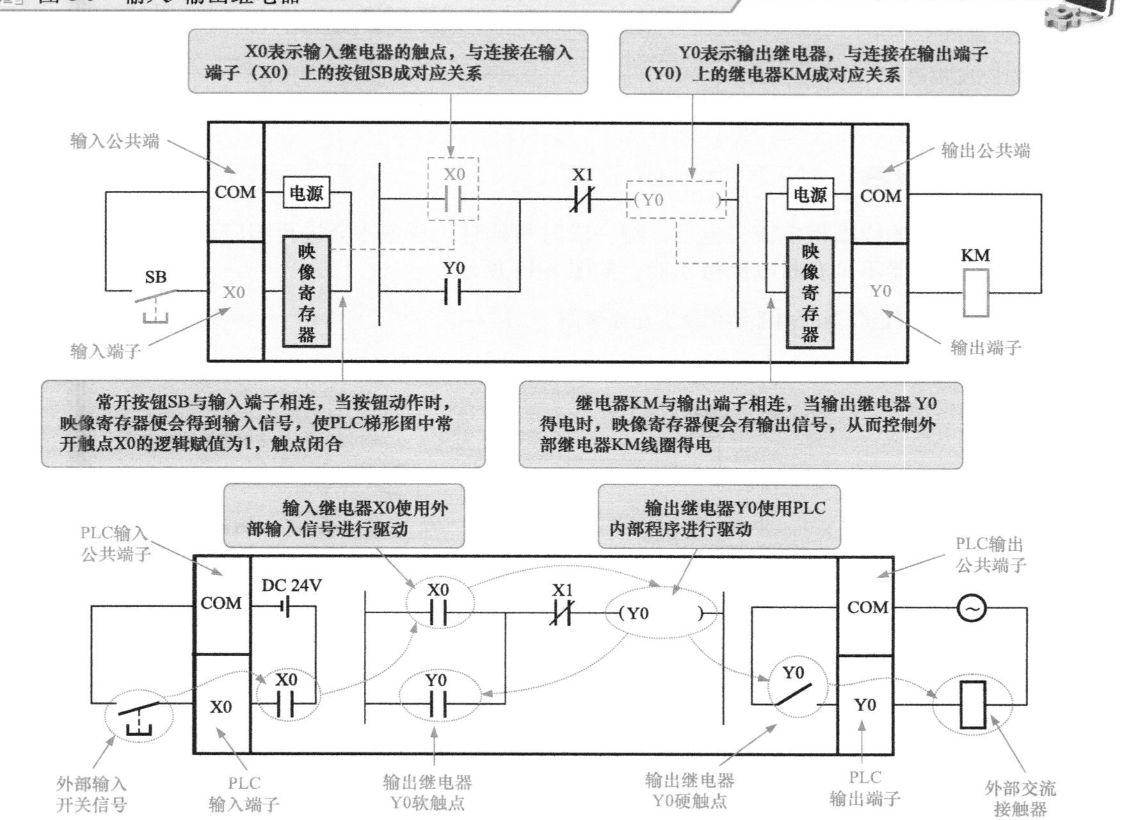

图 8-10　定时器的参数及特点

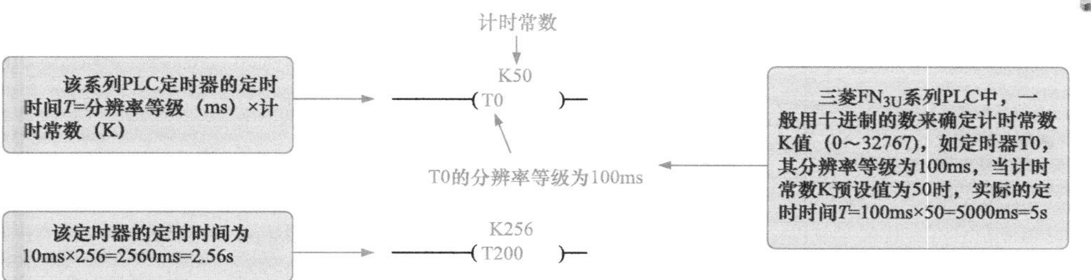


**| 提示说明 |**

三菱 $FX_{3U}$ 系列 PLC 定时器可分为通用型定时器和累计型定时器两种，该系列 PLC 定时器的定时时间为

$$T=分辨率等级(ms)×计时常数(K)$$

不同类型、不同号码的定时器所对应的分辨率等级也有所不同，见表 8-2。

**表 8-2　不同类型、不同号码的定时器所对应的分辨率等级**

| 定时器类型 | 定时器编号 | 分辨率等级 | 计时范围 |
|---|---|---|---|
| 通用型定时器 | T0～T199 | 100ms | 0.1～3276.7s |
| | T200～T245 | 10ms | 0.01～327.67s |

（续）

| 定时器类型 | 定时器编号 | 分辨率等级 | 计时范围 |
|---|---|---|---|
| 累计型定时器 | T246～T249 | 1ms | 0.001～32.767s |
| | T250～T255 | 100ms | 0.1～3276.7s |

## 1 通用型定时器

通用型定时器的线圈得电或失电后，经一段时间延时，触点才会进行相应动作，当输入电路断开或停电时，定时器不具有断电保持功能，如图 8-11 所示。

图 8-11 通用型定时器的内部结构及工作原理图

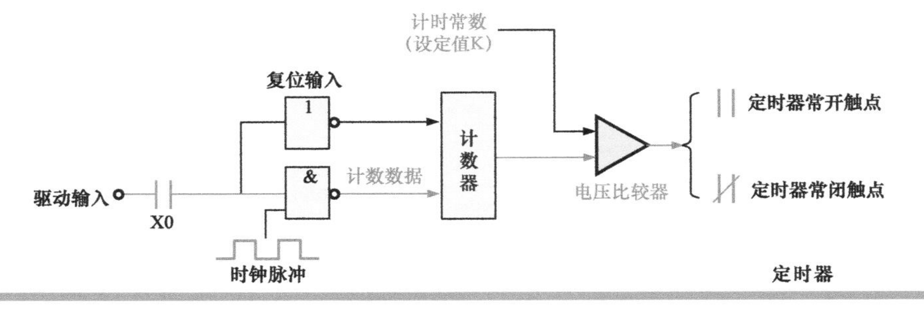




**提示说明**

**输入继电器触点 X0 闭合，将计数数据送入计数器中，计数器从零开始对时钟脉冲进行计数。**

**当计数值等于计时常数（设定值 K）时，电压比较器输出端输出控制信号控制定时器常开触点、常闭触点相应动作。**

**当输入继电器触点 X0 断开或停电时，计数器复位，定时器常开触点、常闭触点也相应复位。**

**根据通用型定时器的定时特点，PLC 梯形图中定时器的工作过程也比较容易理解，如图 8-12 所示。**

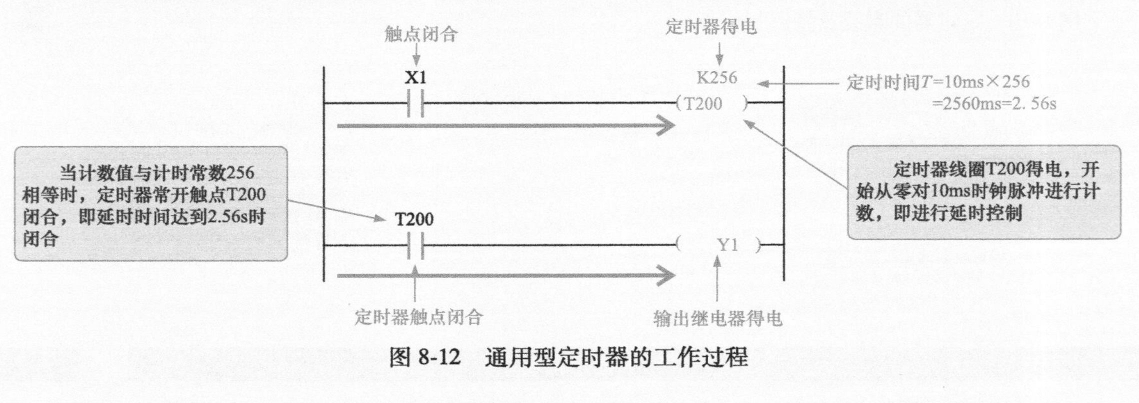


图 8-12 通用型定时器的工作过程

## 2 累计型定时器

累计型定时器与通用型定时器不同的是，累计型定时器在定时过程中断电或输入电路断开时，定时器具有断电保持功能，能够保持当前计数值，当通电或输入电路闭合时，定时器会在保持当前计数值的基础上继续累计计数，如图 8-13 所示。

**提示说明**

**在图 8-13 中，输入继电器触点 X0 闭合，将计数数据送入计数器中，计数器从零开始对时钟脉冲进行计数。**

**当定时器计数值未达到计时常数（设定值 K）时输入继电器触点 X0 断开或断电时，计数器可保持当前计数值，当输入继电器触点 X0 再次闭合或通电时，计数器在当前值的基础上开始累计计数，当累计计数值等于计时常数（设定值 K）时，电压比较器输出端输出控制信号控制定时器常开触点、常闭触点相应动作。**

**当复位输入触点 X1 闭合时，计数器计数值复位，其定时器常开触点、常闭触点也相应复位。**

图 8-13　累计型定时器的内部结构及工作原理图

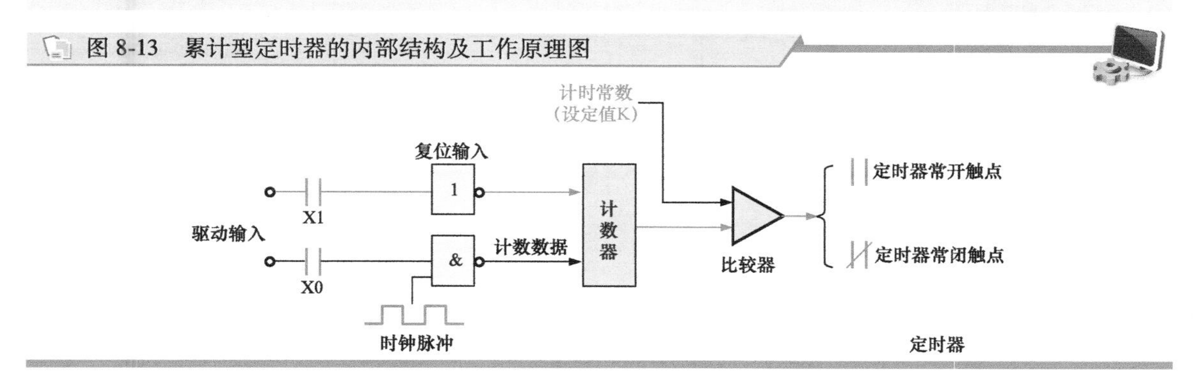




图 8-14 所示为累计型定时器的工作过程。

图 8-14　累计型定时器的工作过程

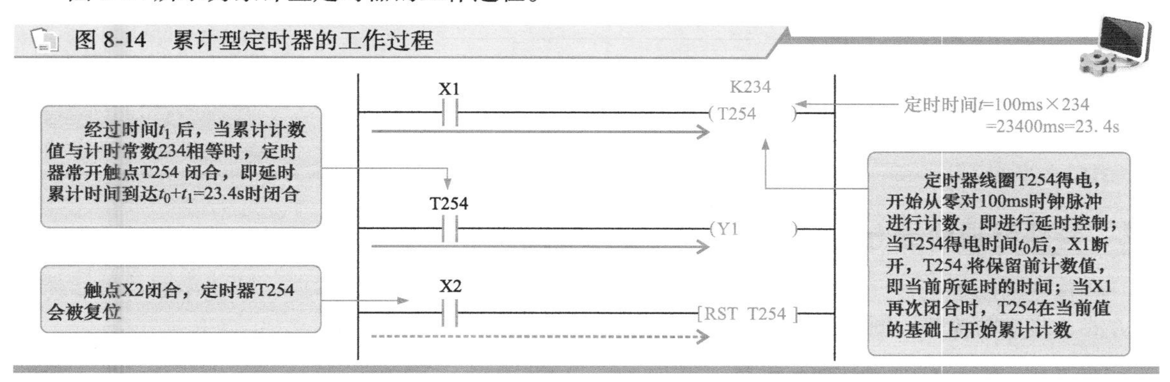


## 8.2.3 辅助继电器（M）

PLC 梯形图中的辅助继电器相当于电气控制电路中的中间继电器，常使用字母 M 标识，是 PLC 编程中应用较多的一种软元件。辅助继电器不能直接读取外部输入，也不能直接驱动外部负载，只能作为辅助运算。辅助继电器根据功能的不同可分为通用型辅助继电器、保持型辅助继电器和特殊型辅助继电器三种。

### 1 通用型辅助继电器（M0～M499）

通用型辅助继电器（M0～M499）在 PLC 中常用于辅助运算、移位运算等，不具备断电保持功能，即在 PLC 运行过程中突然断电时，通用型辅助继电器线圈全部变为 OFF 状态，当 PLC 再次接通电源时，由外部输入信号控制的通用型辅助继电器变为 ON 状态，其余通用型辅助继电器均保持 OFF 状态。图 8-15 所示为通用型辅助继电器的特点。

### 2 保持型辅助继电器（M500～M3071）

保持型辅助继电器（M500～M3071）能够记忆电源中断前的瞬时状态，当 PLC 运行过程中突然断电时，保持型辅助继电器可使用备用锂电池对其映像寄存器中的内容进行保持，再次接通电源后，保持型辅助继电器线圈仍保持断电前的瞬时状态。图 8-16 所示为保持型辅助继电器的特点。

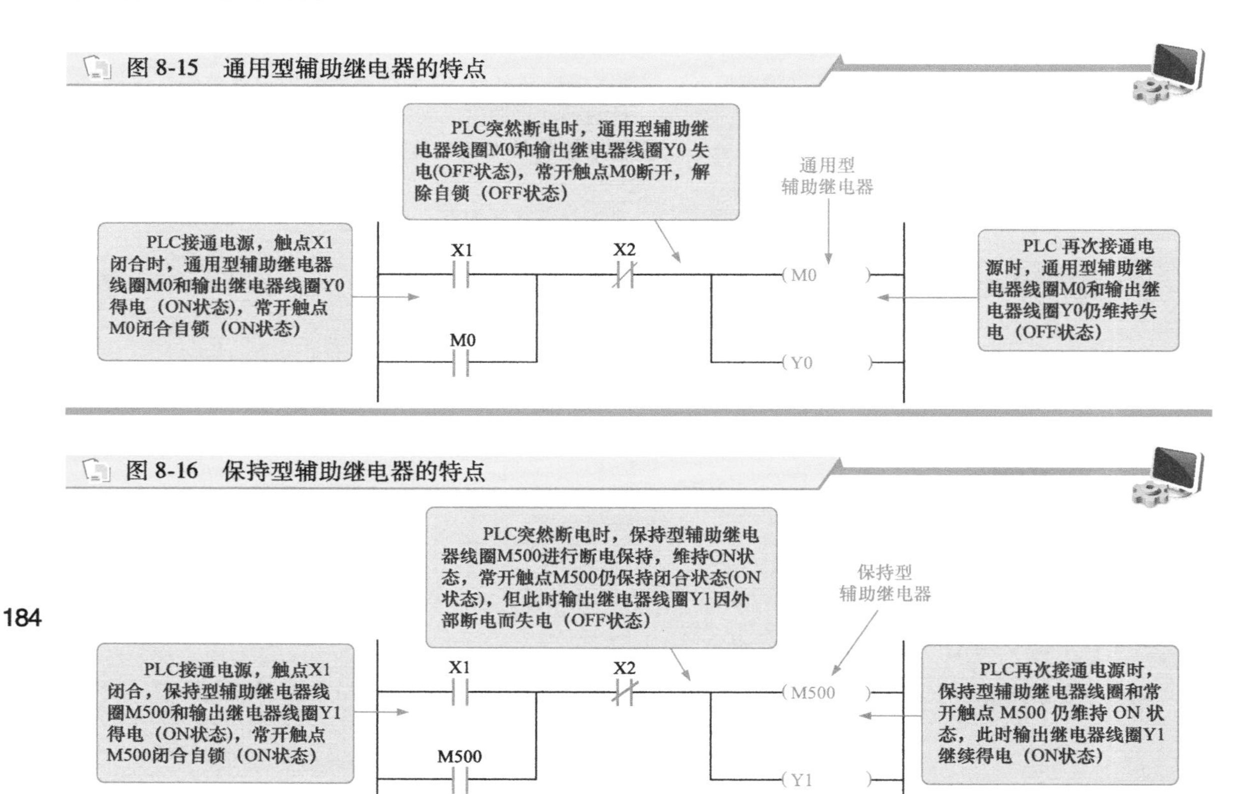


图 8-15　通用型辅助继电器的特点

图 8-16　保持型辅助继电器的特点



## 3　特殊型辅助继电器（M8000~M8255）

特殊型辅助继电器（M8000~M8255）具有特殊功能，如设定计数方向、禁止中断、PLC 的运行方式、步进顺控等。图 8-17 所示为特殊型辅助继电器的特点。

图 8-17　特殊型辅助继电器的特点

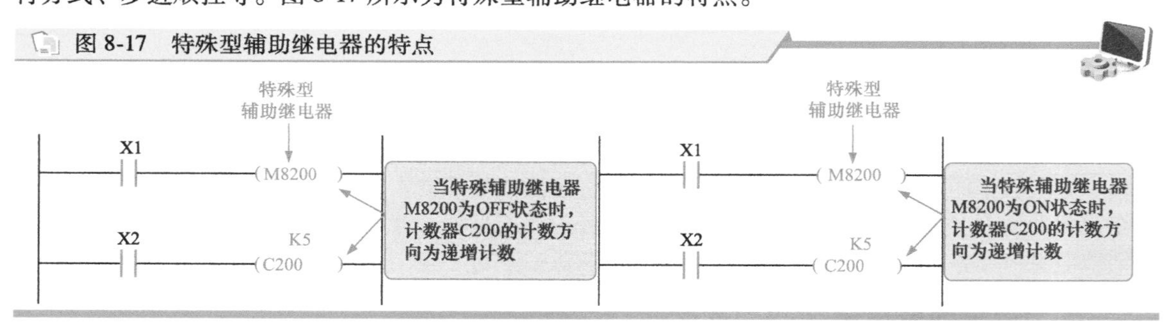


## 8.2.4　计数器（C）

三菱 $FX_{3U}$系列 PLC 梯形图中的计数器常使用字母 C 标识。根据记录开关量的频率可分为内部计数器和外部高速计数器。

## 1　内部计数器

内部计数器是用来对 PLC 内部软元件 X、Y、M、S、T 提供的信号进行计数的，当计数值到达计数器的设定值时，计数器的常开、常闭触点会相应动作。

内部计数器可分为 16 位加计数器和 32 位加/减计数器，这两种类型的计数器又分别可分为通用型计数器和累计型计数器两种，见表 8-3。

**表 8-3　内部计数器的相关参数信息**

| 计数器类型 | 计数器功能类型 | 计数器编号 | 设定值范围 K |
|---|---|---|---|
| 16 位加计数器 | 通用型计数器 | C0～C99 | 1～32767 |
| | 累计型计数器 | C100～C199 | |
| 32 位加/减计数器 | 通用型双向计数器 | C200～C219 | -2147483648～+2147483647 |
| | 累计型双向计数器 | C220～C234 | |

三菱 $FX_{3U}$系列 PLC 中通用型 16 位加计数器是在当前值的基础上累计加 1，当计数值等于计数常数 K 时，计数器的常开触点、常闭触点相应动作，如图 8-18 所示。

图 8-18　16 位加计数器的特点

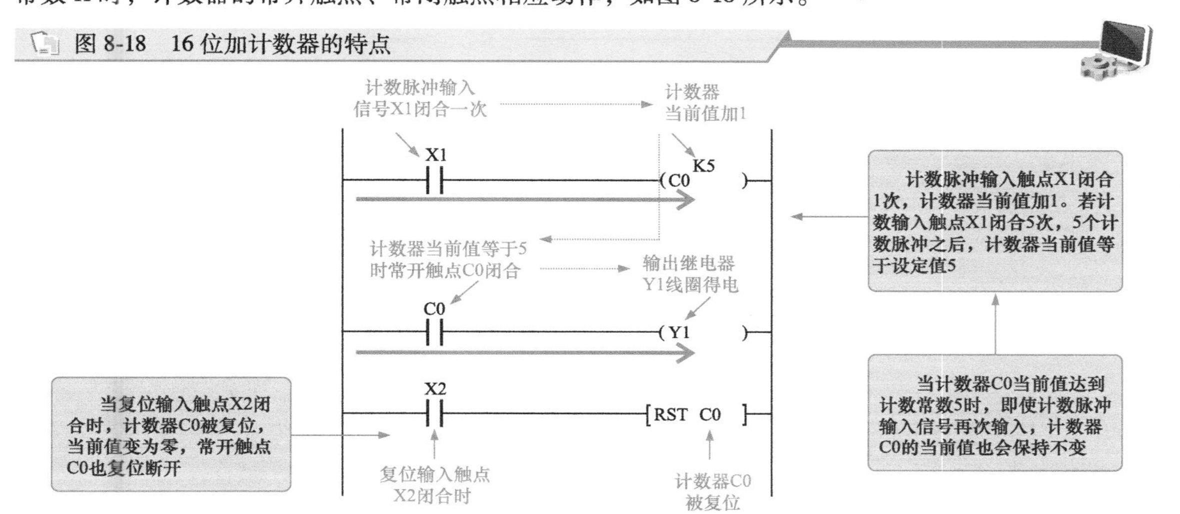




**| 提示说明 |**

**累计型 16 位加计数器与通用型 16 位加计数器的工作过程基本相同，不同的是，累计型计数器在计数过程中断电时，计数器具有断电保持功能，能够保持当前计数值，当通电时，计数器会在所保持当前计数值的基础上继续累计计数。**

三菱 $FX_{3U}$系列 PLC 中，32 位加/减计数器具有双向计数功能，计数方向由特殊辅助继电器 M8200～M8234 进行设定。当特殊辅助继电器为 OFF 状态时，其计数器的计数方向为加计数；当特殊辅助继电器为 ON 状态时，其计数器的计数方向为减计数，如图 8-19 所示。

## 2 外部高速计数器

外部高速计数器简称高速计数器，在三菱 $FX_{3U}$系列 PLC 中高速计数器共有 21 点，元件编号范围为 C235～C255，其类型主要有 1 相 1 计数输入高速计数器、1 相 2 计数输入高速计数器和 2 相 2 计数输入高速计数器三种，均为 32 位加/减计数器，设定值为-2147483648～+214783647，计数方向也由特殊辅助继电器或指定的输入端子进行设定。表 8-4 所列为外部高速计数器的参数及特点。

**表 8-4　外部高速计数器的参数及特点**

| 计数器类型 | 计数器功能类型 | 计数器编号 | 计数方向 |
|---|---|---|---|
| 1 相 1 计数输入高速计数器 | 具有一个计数器输入端子的计数器 | C235～C245 | 取决于 M8235～M8245 的状态 |

（续）

| 计数器类型 | 计数器功能类型 | 计数器编号 | 计数方向 |
|---|---|---|---|
| 1 相 2 计数输入高速计数器 | 具有两个计数器输入端的计数器，分别用于加计数和减计数 | C246～C250 | 取决于 M8246～M8250 的状态 |
| 2 相 2 计数输入高速计数器 | 也称为 A-B 相型高速计数器，共有 5 点 | C251～C255 | 取决于 A 相和 B 相的信号 |

图 8-19　32 位加/减计数器的特点

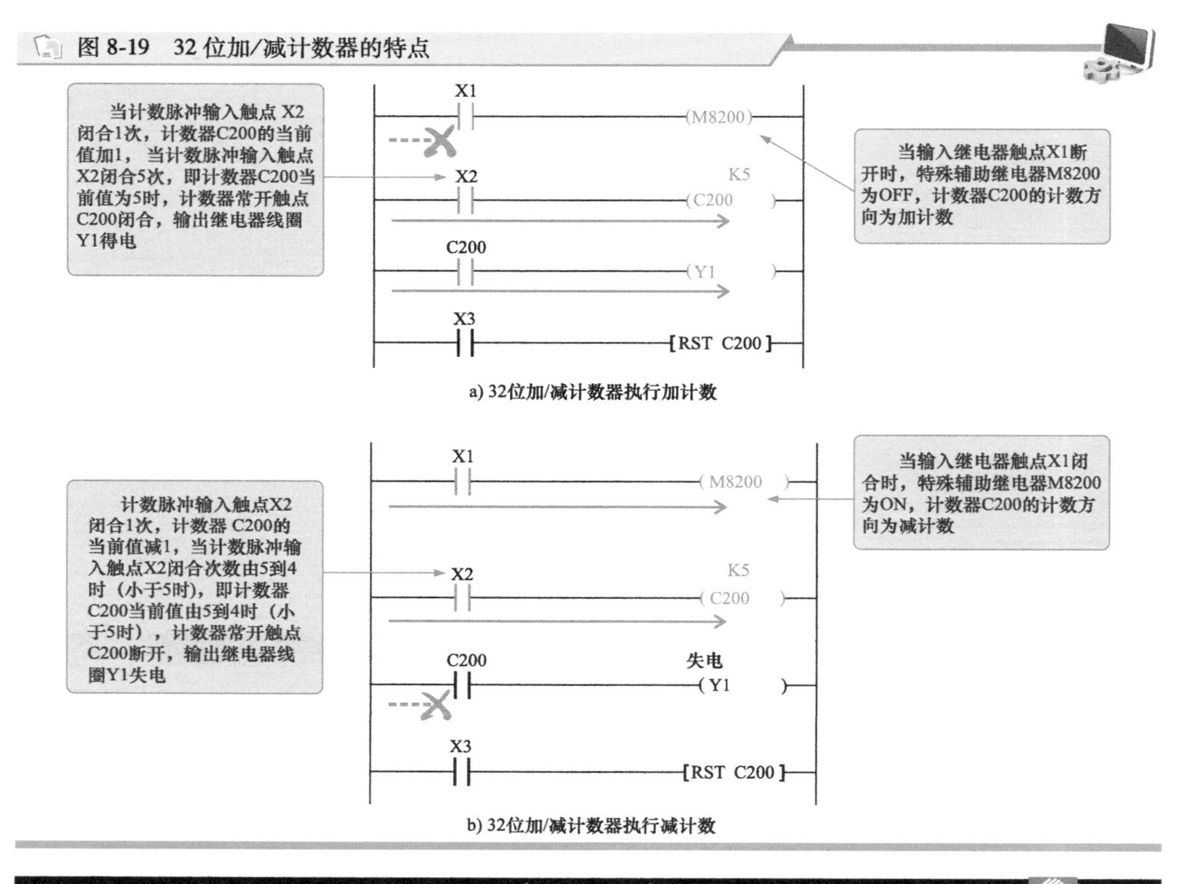




**| 提示说明 |**

**状态继电器常用字母 S 标识，是 PLC 中顺序控制的一种软元件，常与步进顺控指令配合使用，若不使用步进顺控指令，则状态继电器可在 PLC 梯形图中作为辅助继电器使用。状态继电器的类型主要有初始状态继电器、回零状态继电器、保持状态继电器和报警状态继电器 4 种。**

**数据寄存器常用字母 D 标识，主要用于存储各种数据和工作参数。类型主要有通用寄存器、保持寄存器、特殊寄存器、文件寄存器和变址寄存器 5 种。**

## 8.3　三菱 PLC 语句表（STL）的结构

PLC 语句表（STL）是三菱 PLC 系列产品中的另一种编程语言，也称为指令表，它采用一种与汇编语言中指令相似的助记符表达式，将一系列的操作指令组成控制流程，通过编程器存入 PLC 中，该编程语言适用于习惯汇编语言的用户使用。

三菱 PLC 语句表是由步序号、操作码和操作数构成的，如图 8-20 所示。

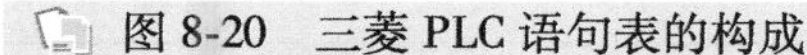

图 8-20　三菱 PLC 语句表的构成

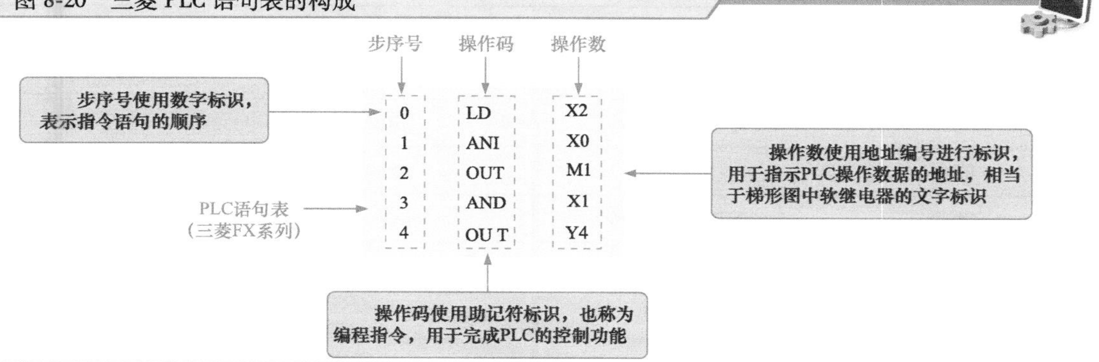


## 8.3.1 步序号

步序号是三菱 PLC 语句表中表示程序顺序的序号，一般用阿拉伯数字标识。在实际编写语句表程序时，可利用编程器读取或删除指定步序号的程序指令，以完成对 PLC 语句表的读取、修改等。图 8-21 所示为利用 PLC 语句表步序号读取 PLC 内程序指令。



图 8-21　利用 PLC 语句表步序号读取 PLC 内程序指令

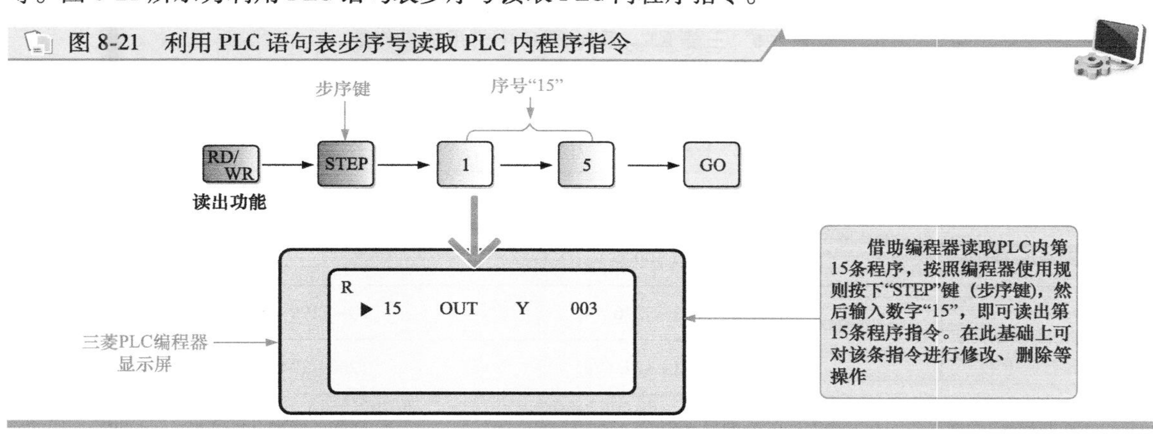


## 8.3.2 操作码

三菱 PLC 语句表中的操作码使用助记符进行标识，也称为编程指令，用于完成 PLC 的控制功能。三菱 PLC 中，不同系列的 PLC 所采用的操作码不同，具体根据产品说明了解，这里以三菱 FX 系列 PLC 为例。表 8-5 所列为三菱 FX 系列 PLC 中常用的助记符。

**表 8-5　三菱 FX 系列 PLC 中常用的助记符**

| 助记符 | 功能 | 助记符 | 功能 |
|---|---|---|---|
| LD | 读指令 | ANI | 与非指令 |
| LDI | 读反指令 | ANDP | 与脉冲指令 |
| LDP | 读上升沿脉冲指令 | ANDF | 与脉冲（F）指令 |
| LDF | 读下降沿脉冲指令 | OR | 或指令 |
| OUT | 输出指令 | ORI | 或非指令 |
| ANB | 电路块与指令 | ORP | 或脉冲指令 |
| AND | 与指令 | ORF | 或脉冲（F）指令 |

（续）

| 助记符 | 功能 | 助记符 | 功能 |
|---|---|---|---|
| ORB | 电路块或指令 | MPS | 进栈指令 |
| SET | 置位指令 | MRD | 读栈指令 |
| RST | 复位指令 | MPP | 出栈指令 |
| PLS | 上升沿脉冲指令 | INV | 取反指令 |
| PLF | 下降沿脉冲指令 | NOP | 空操作指令 |
| MC | 主控指令 | END | 结束指令 |
| MCR | 主控复位指令 | | |

### 8.3.3 操作数

三菱 PLC 语句表中的操作数使用编程元件的地址编号进行标识，即用于指示执行该指令的数据地址。表 8-6 所列为三菱 $FX_{3U}$ 系列 PLC 中常用的操作数。



表 8-6 三菱 $FX_{3U}$ 系列 PLC 中常用的操作数

| 名称 | 操作数 | 操作数范围 | |
|---|---|---|---|
| 输入继电器 | X | X000~X007、X010~X017、X020~X027（共 24 点，可附加扩展模块进行扩展） | |
| 输出继电器 | Y | Y000~Y007、Y010~Y017、Y020~Y027（共 24 点，可附加扩展模块进行扩展） | |
| 辅助继电器 | M | M0~M499（500 点） | |
| 定时器 | T | 100ms（0.1~3276.7s） | T0~T199（200 点） |
| | | 10ms（0.01~327.67s） | T200~T245（46 点） |
| | | 1ms 累计定时器（0.001~32.767s） | T246~T249（4 点） |
| | | 100ms 累计定时器（0.1~3276.7s） | T250~T255（6 点） |
| | | 1ms（0.001~32.767s） | T256~T511（256 点） |
| 计数器 | C | C0~C99（16 位通用型）、C100~C199（16 位累计型）<br>C200~C219（32 位通用型）、C220~C234（32 位累计型） | |
| 状态寄存器 | S | S0~S499（500 点通用型）、S500~S899（400 点保持型） | |
| 数据寄存器 | D | D0~D199（200 点通用型）、D200~D511（312 点保持型） | |

## 8.4 三菱 PLC 语句表的特点

### 8.4.1 三菱 PLC 梯形图与语句表的关系

三菱 PLC 梯形图中的每一条语句都与语句表中若干条语句相对应，且每一条语句中的每一个触点、线圈都与 PLC 语句表中的操作码和操作数相对应，如图 8-22 所示。除此之外梯形图中的重要分支点，如并联电路块串联、串联电路块并联、进栈、读栈、出栈触点处等，在语句表中也会通过相应指令指示出来。

图 8-22　PLC 梯形图和语句表的对应关系

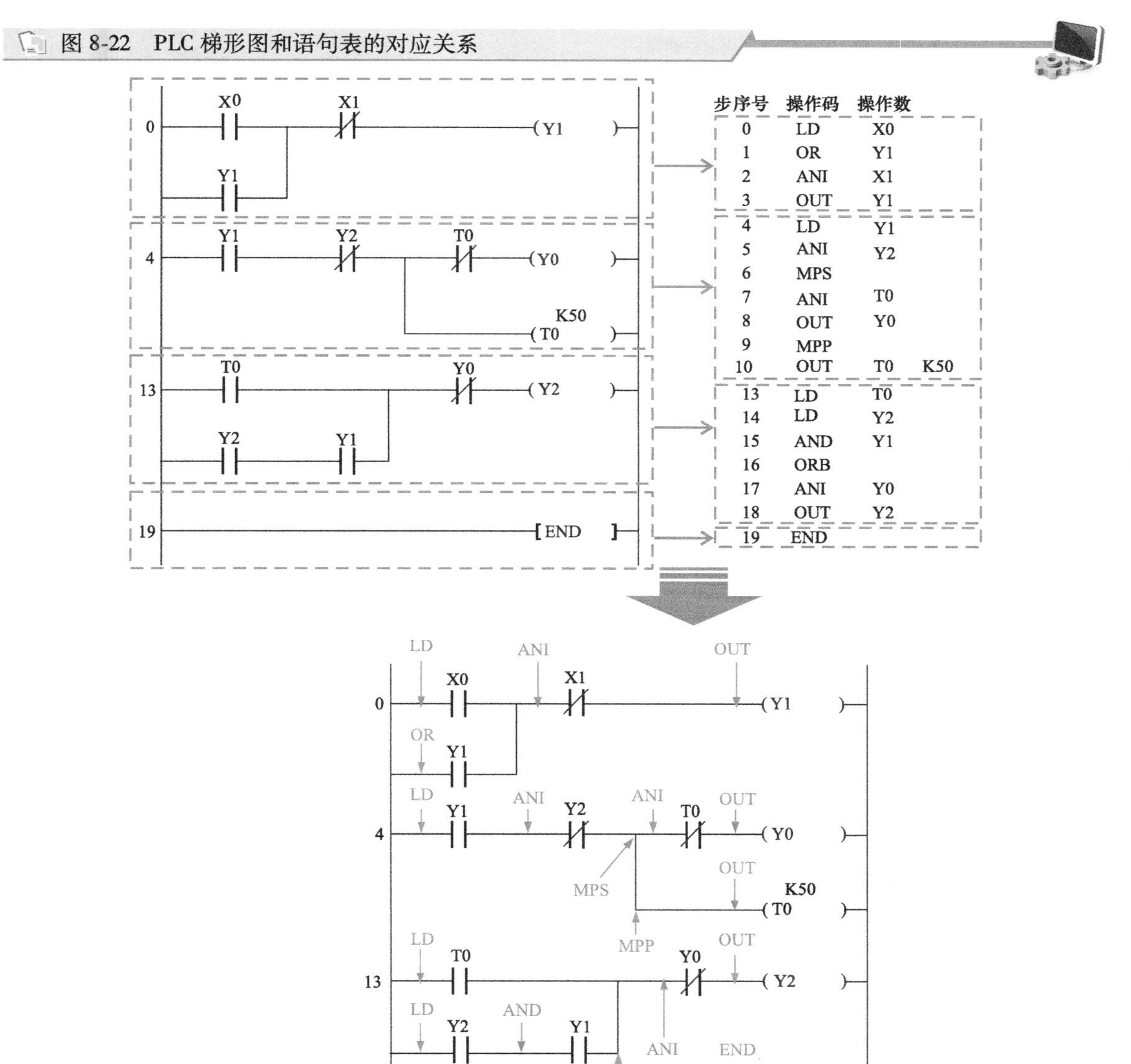




**| 提示说明 |**

在很多 PLC 编程软件中，都具有 PLC 梯形图和 PLC 语句表的互换功能，如图 8-23 所示。通过“梯形图/指令表显示切换”按钮可实现 PLC 梯形图和语句表之间的转换。值得注意的是，所有的 PLC 梯形图都可转换成所对应的语句表，但并不是所有的语句表都可以转换为所对应的梯形图。

另外需要注意的是，有些编程软件或 PLC 不支持语句表编程，则不能采用此方法。

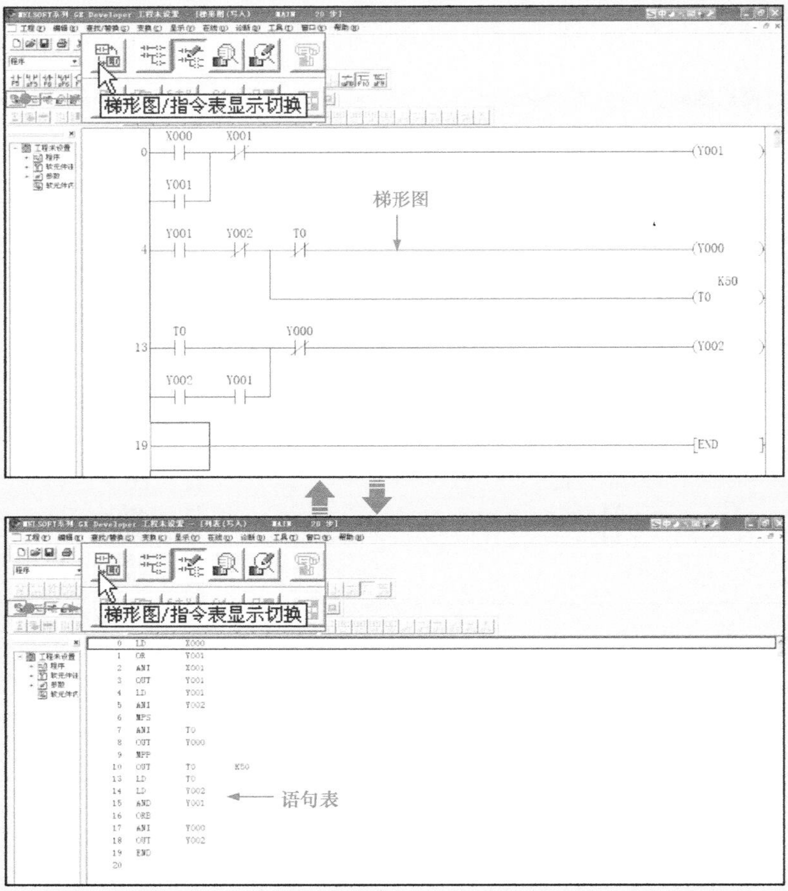

图 8-23　PLC 梯形图与语句表的转换

## 8.4.2　三菱 PLC 语句表编程

图 8-24 所示为电动机顺序起动控制 PLC 语句表程序。

图 8-24　电动机顺序起动控制 PLC 语句表程序

```
LD    X1          //如果按下起动按钮SB2
OR    Y0          //起动运行自锁
ANI   X2          //并且停止按钮SB1未动作
ANI   X0          //并且热继电器FR热元件未动作
OUT   Y0          //电动机M1交流接触器KM1得电，电动机M1起动运转
LD    Y0          //如果电动机M1交流接触器KM1得电
ANI   Y1          //并且电动机M2交流接触器KM2未动作
OUT   T51   K50   //起动定时器，开始5s计时
LD    T51         //如果定时器T51得电
OR    Y1          //起动运行自锁
ANI   X2          //并且停止按钮SB1未动作
ANI   X0          //并且热继电器FR热元件未动作
OUT   Y1          //电动机M2交流接触器KM2得电，电动机M2起动运转
END               //程序结束
```

在语句表编程时，根据上述控制要求可知，输入设备主要包括：控制信号的输入 3 个，即停止按钮 SB1、起动按钮 SB2、热继电器 FR 热元件，因此，应有 3 个输入信号。

输出设备主要包括 2 个接触器，即控制电动机 M1 的交流接触器 KM1、控制电动机 M2 的交流接触器 KM2，因此，应有 2 个输出信号。

将输入设备和输出设备的元件编号与三菱 PLC 语句表中的操作数（编程元件的地址编号）进行对应，填写三菱 PLC 的 I/O 分配表，见表 8-7。

表 8-7　电动机顺序起动控制的三菱 PLC 语句表的 I/O 地址分配表

| 输入信号及地址编号 | | | 输出信号及地址编号 | | |
|---|---|---|---|---|---|
| 名称 | 代号 | 输入点地址编号 | 名称 | 代号 | 输出点地址编号 |
| 热继电器 | RF | X0 | 控制电动机 M1 的接触器 | KM1 | Y0 |
| 起动按钮 | SB1 | X1 | 控制电动机 M2 的接触器 | KM2 | Y1 |
| 停止按钮 | SB2 | X2 | | | |

电动机顺序起动控制模块划分和 I/O 分配表绘制完成后，便可根据各模块的控制要求进行语句表的编写，最后将各模块语句表进行组合。



## 1　电动机 M1 起停控制模块语句表的编写

控制要求：按下起动按钮 SB2，控制交流接触器 KM1 得电，电动机 M1 起动连续运转；按下停止按钮 SB1，控制交流接触器 KM1 失电，电动机 M1 停止连续运转。图 8-25 所示为电动机 M1 起动和停机控制模块语句表的编程。

图 8-25　电动机 M1 起动和停机控制模块语句表的编程

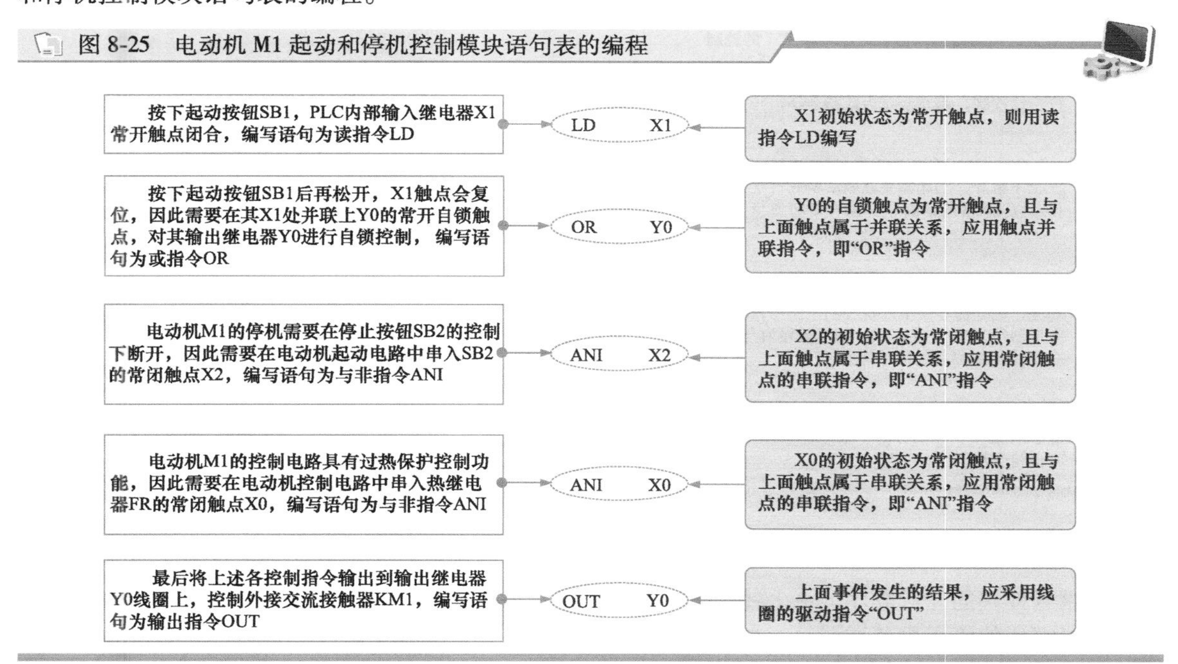


## 2　时间控制模块语句表的编写

控制要求：电动机 M1 起动运转后，开始 5s 计时。

图 8-26 所示为时间控制模块语句表的编程。

图 8-26　时间控制模块语句表的编程

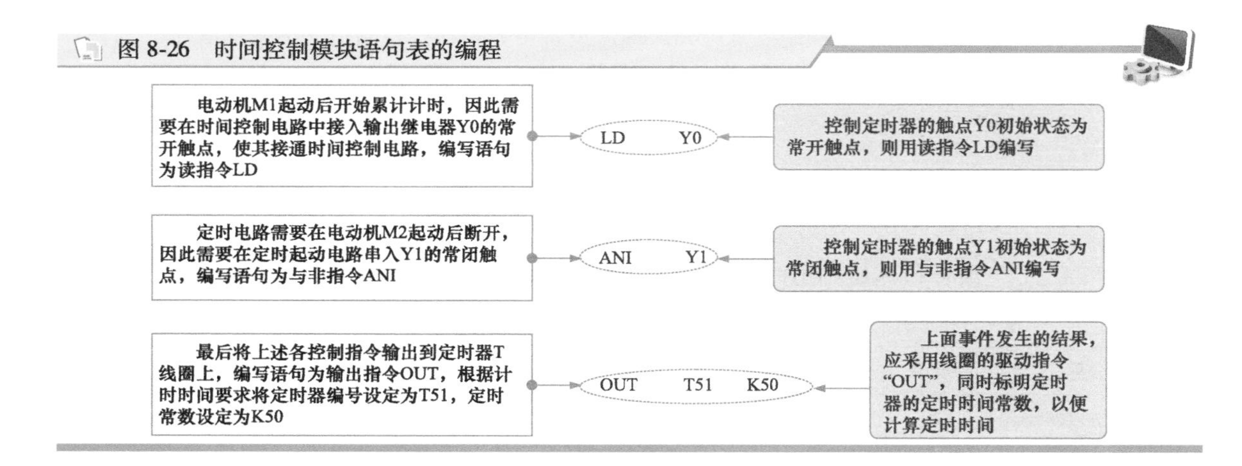


## 3　电动机 M2 起停控制模块语句表的编写

控制要求：定时时间到，控制交流接触器 KM2 得电，电动机 M2 起动连续运转；按下停止按钮 SB1，控制交流接触器 KM2 失电，电动机 M2 停止连续运转。



图 8-27 所示为电动机 M2 起动和停机控制模块语句表的编程。

图 8-27　电动机 M2 起动和停机控制模块语句表的编程

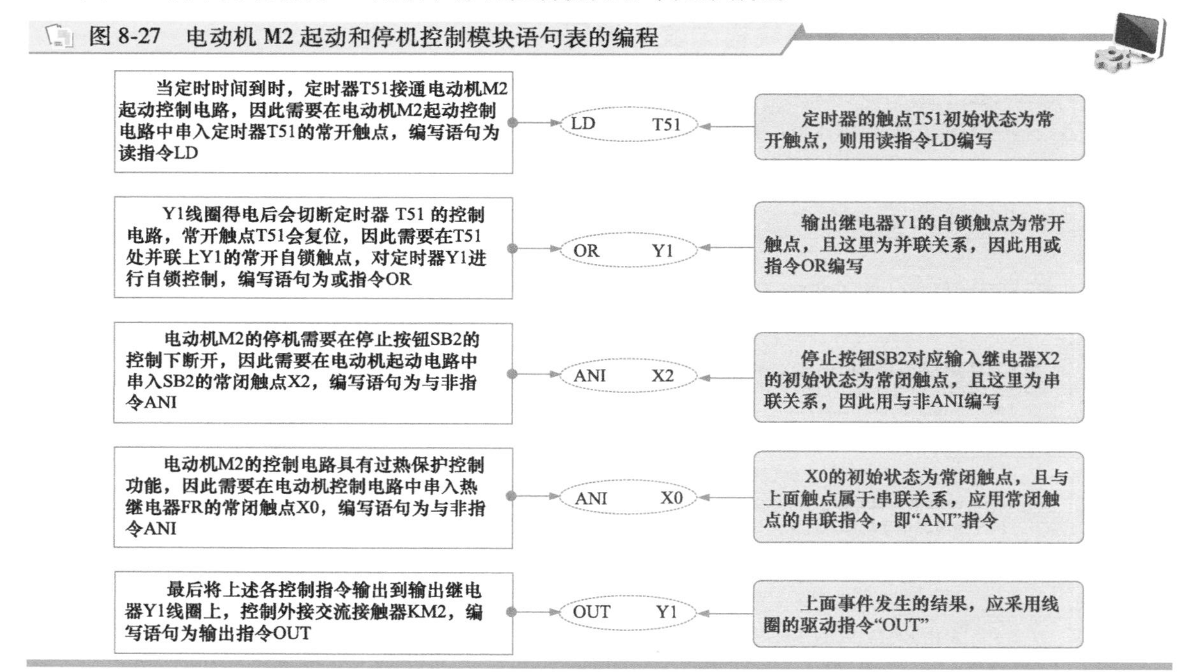


## 4　3 个控制模块语句表的组合

根据各模块的先后顺序，将上述 3 个控制模块组合完成后，添加 PLC 语句表的结束指令。最后分析编写完成的语句表并做调整，最终完成整个系统的语句表编程工作。

**| 提示说明 |**

**直接使用指令进行语句表编程比较抽象，对于初学者比较困难，因此在编写三菱 PLC 语句表时，可与梯形图语言配合使用，先编写梯形图程序，然后按照编程指令的应用规则进行逐条转换。例如，在上述电动机顺序起动的 PLC 控制中，根据控制要求很容易编写出十分直观的梯形图，然后按照指令规则进行语句表的转换，如图 8-28 所示。**

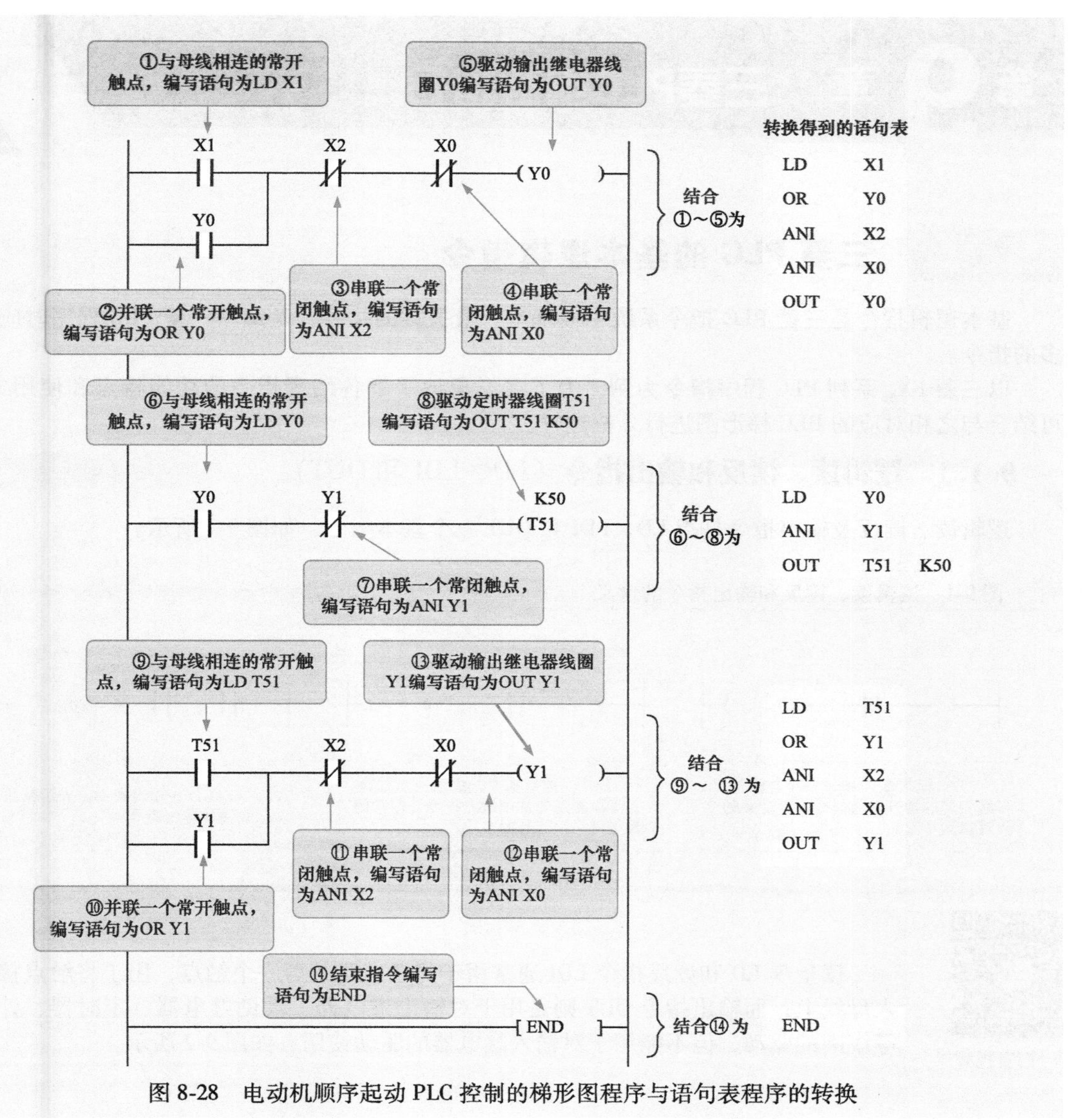


图 8-28 电动机顺序起动 PLC 控制的梯形图程序与语句表程序的转换

# 第9章 三菱PLC编程指令

## 9.1 三菱 PLC 的基本逻辑指令

基本逻辑指令是三菱 PLC 指令系统中最基本、最关键的指令，是编写三菱 PLC 程序时应用最多的指令。

以三菱 $FX_{3U}$系列 PLC 程序指令为例，为了更形象地了解各编程指令的功能特点和使用方法，可结合与之相对应的 PLC 梯形图进行分析理解。

### 9.1.1 逻辑读、读反和输出指令（LD、LDI 和 OUT）

逻辑读、读反及输出指令是指 LD、LDI 和 OUT 三个基本指令，如图 9-1 所示。

图 9-1 逻辑读、读反和输出指令的含义

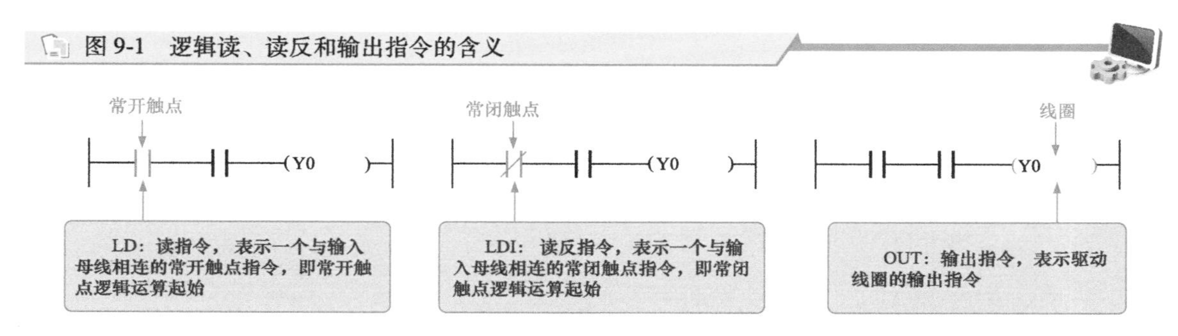

读指令 LD 和读反指令 LDI 通常用于每条电路的第一个触点，用于将触点接到输入母线上；而输出指令 OUT 则是用于对输出继电器、辅助继电器、定时器、计数器等线圈的驱动，但不能用于对输入继电器的驱动使用，如图 9-2 所示。

图 9-2 逻辑读、读反和输出指令的应用

**提示说明**

**若使用 OUT 输出指令驱动定时器 T、计数器 C 时，应在 PLC 语句表相应操作数的下端设置常数 K，如图 9-3 所示。**

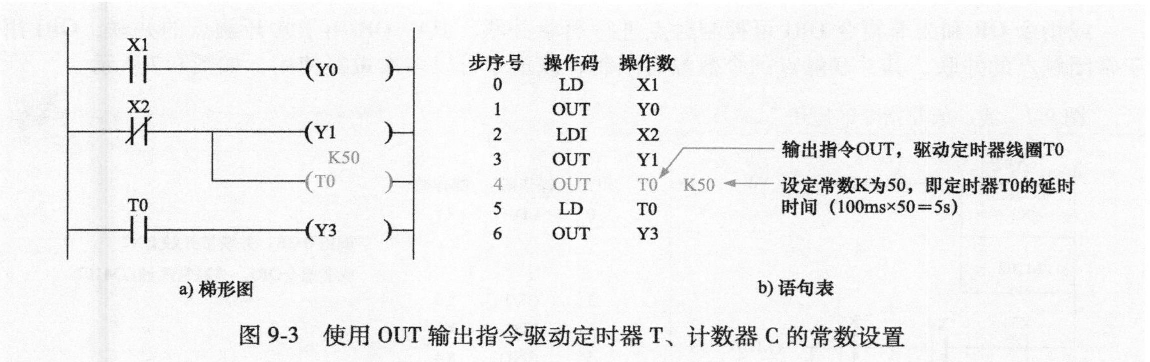


图 9-3 使用 OUT 输出指令驱动定时器 T、计数器 C 的常数设置

## 9.1.2 与、与非指令（AND、ANI）

与、与非指令也称为触点串联指令，包括 AND、ANI 两个基本指令，如图 9-4 所示。

图 9-4 与、与非指令的含义

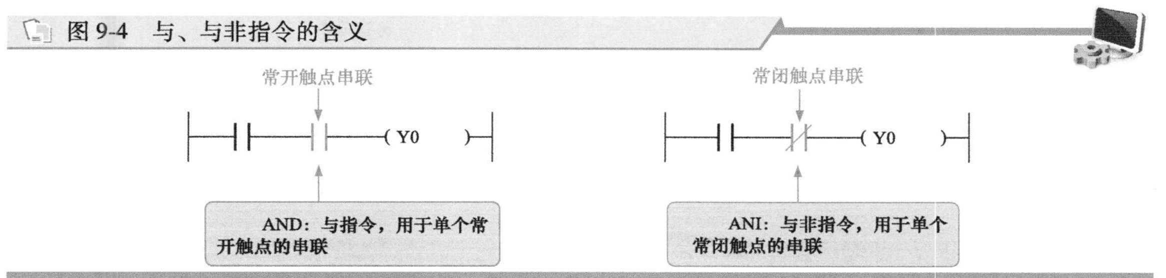

与指令 AND 和与非指令 ANI 可控制触点进行简单的串联，其中 AND 用于常开触点的串联，ANI 用于常闭触点的串联，其串联触点的个数没有限制，该指令可以多次重复使用，如图 9-5 所示。

图 9-5 与、与非指令的应用

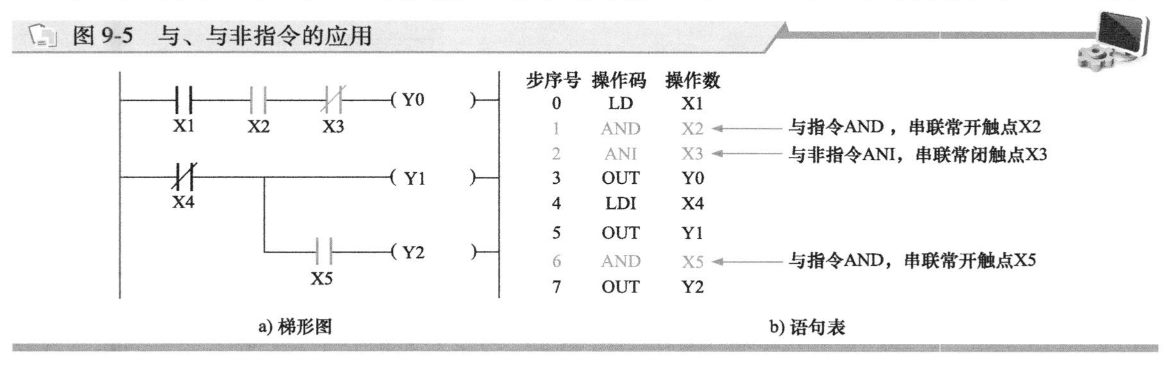


## 9.1.3 或、或非指令（OR、ORI）

或、或非指令也称为触点并联指令，包括 OR、ORI 两个基本指令，如图 9-6 所示。

图 9-6 或、或非指令的含义

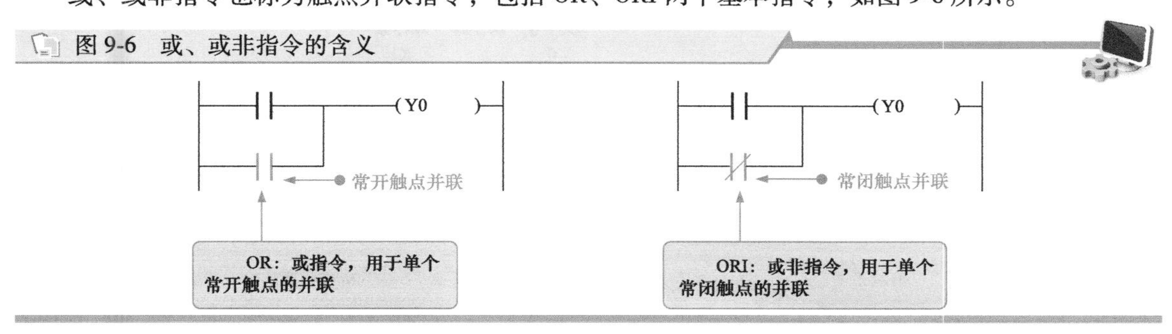

或指令 OR 和或非指令 ORI 可控制触点进行简单并联，其中 OR 用于常开触点的并联，ORI 用于常闭触点的并联，其并联触点的个数没有限制，该指令可以多次重复使用，如图 9-7 所示。

图 9-7　或、或非指令的应用

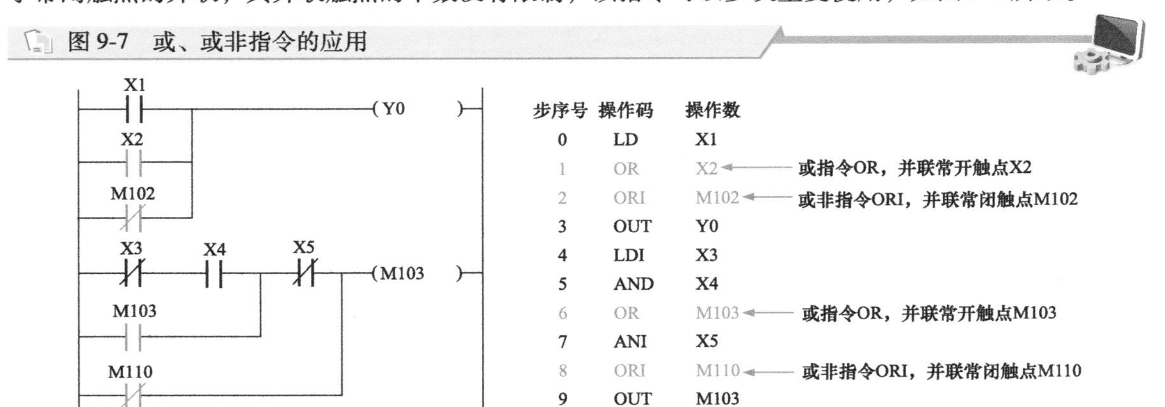


| 步序号 | 操作码 | 操作数 |
|---|---|---|
| 0 | LD | X1 |
| 1 | OR | X2 |
| 2 | ORI | M102 |
| 3 | OUT | Y0 |
| 4 | LDI | X3 |
| 5 | AND | X4 |
| 6 | OR | M103 |
| 7 | ANI | X5 |
| 8 | ORI | M110 |
| 9 | OUT | M103 |

a) 梯形图　　b) 语句表



## 9.1.4　电路块与、电路块或指令（ANB、ORB）

电路块与、电路块或指令称为电路块连接指令，包括 ANB、ORB 两个基本指令，如图 9-8 所示。

图 9-8　电路块与、电路块或指令的含义

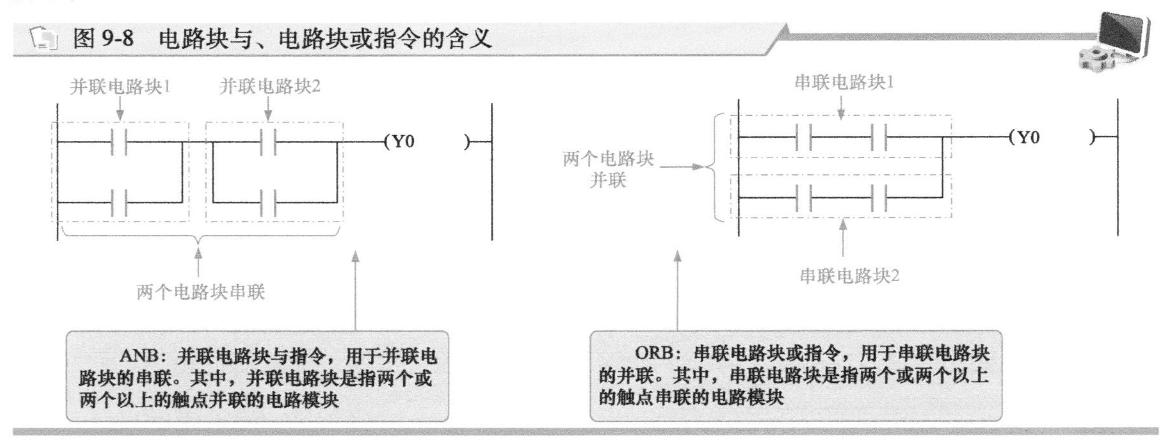


并联电路块与指令 ANB 是一种无操作数的指令。当这种电路块之间进行串联时，分支的开始用 LD、LDI 指令，并联结束后分支的结果用 ANB 指令，该指令编程方法对串联电路块的个数没有限制，如图 9-9 所示。

图 9-9　并联电路块与指令的应用

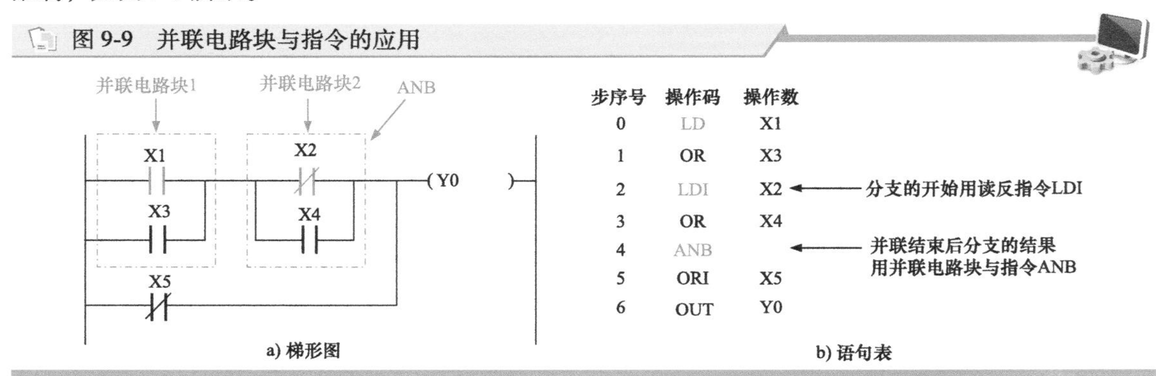


| 步序号 | 操作码 | 操作数 |
|---|---|---|
| 0 | LD | X1 |
| 1 | OR | X3 |
| 2 | LDI | X2 |
| 3 | OR | X4 |
| 4 | ANB | |
| 5 | ORI | X5 |
| 6 | OUT | Y0 |

a) 梯形图　　b) 语句表

串联电路块或指令 ORB 是一种无操作数的指令，当这种电路块之间进行并联时，分支的开始用 LD、LDI 指令，串联结束后分支的结果用 ORB 指令，该指令编程方法对并联电路块的个数没有限制，如图 9-10 所示。

图 9-10 串联电路块或指令的应用

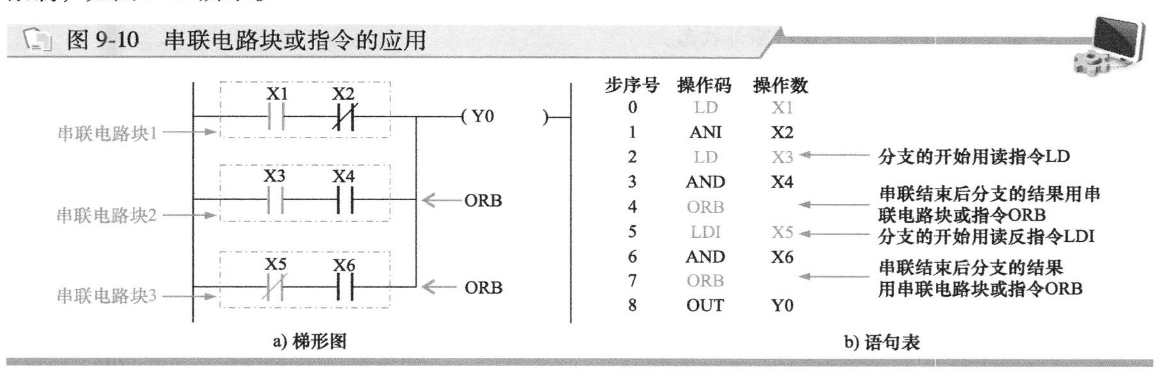


**| 提示说明 |**

**PLC 指令语句表中电路块连接指令的混合应用时，无论是并联电路块还是串联电路块，分支的开始都是用 LD、LDI 指令，且当串联或并联结束后分支的结果使用 ANB 或 ORB 指令。**



## 9.1.5 置位和复位指令（SET、RST）

置位和复位指令是指 SET 和 RST 指令，如图 9-11 所示。

图 9-11 置位和复位指令的含义

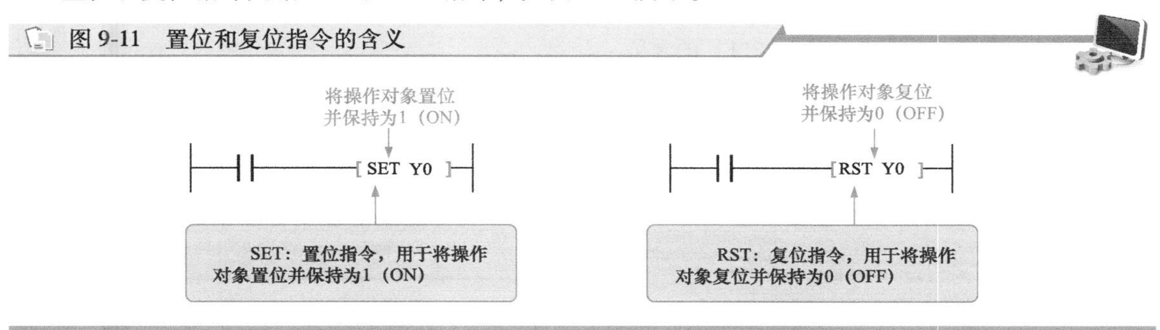


置位指令 SET 可对 Y（输出继电器）、M（辅助继电器）、S（状态继电器）进行置位操作。复位指令 RST 可对 Y（输出继电器）、M（辅助继电器）、S（状态继电器）、T（定时器）、C（计数器）、D（数据寄存器）和 V/Z（变址寄存器）进行复位操作，如图 9-12 所示。

图 9-12 置位和复位指令的应用

**| 提示说明 |**

**如图 9-13 所示，当 X0 闭合时，置位指令 SET 将线圈 Y0 置位并保持为 1，即线圈 Y0 得电，当 X0 断开时，线圈 Y0 仍保持得电；当 X1 闭合时，复位指令 RST 将线圈 Y0 复位并保持为 0，即线圈 Y0 复位断开，当 X1 断开时，线圈 Y0 仍保持断开状态。**

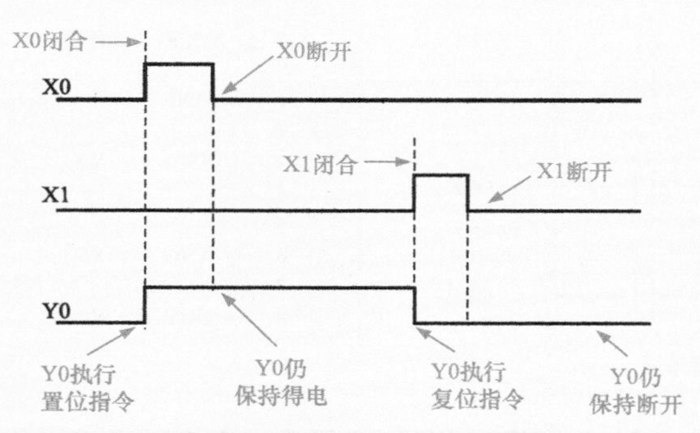


图 9-13 置位和复位指令应用示例时序图



**置位指令 SET 和复位指令 RST 在三菱 PLC 中可不限次数、不限顺序地使用。**

## 9.1.6 脉冲输出指令（PLS、PLF）

脉冲输出指令包含 PLS（上升沿脉冲指令）和 PLF（下降沿脉冲指令）两个指令，如图 9-14 所示。

图 9-14 脉冲输出指令（PLS、PLF）的含义

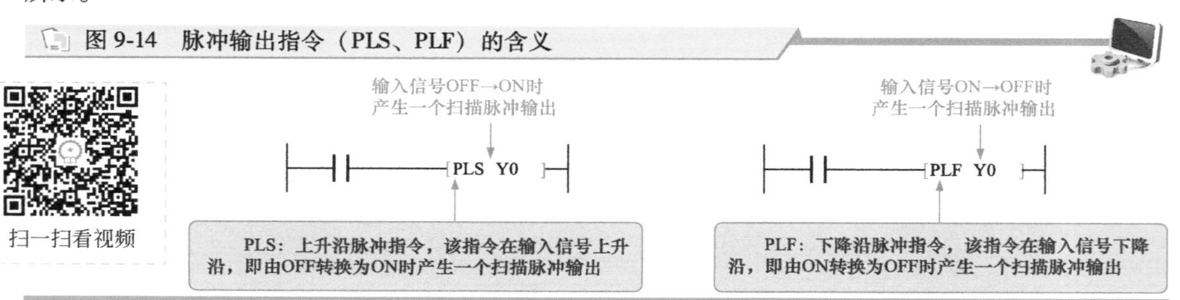


使用上升沿脉冲指令 PLS，线圈 Y 或 M 仅在驱动输入闭合后（上升沿）的一个扫描周期内动作，执行脉冲输出；使用下降沿脉冲指令 PLF，线圈 Y 或 M 仅在驱动输入断开后（下降沿）的一个扫描周期动作，执行脉冲输出，如图 9-15 所示。

图 9-15 脉冲输出指令的应用

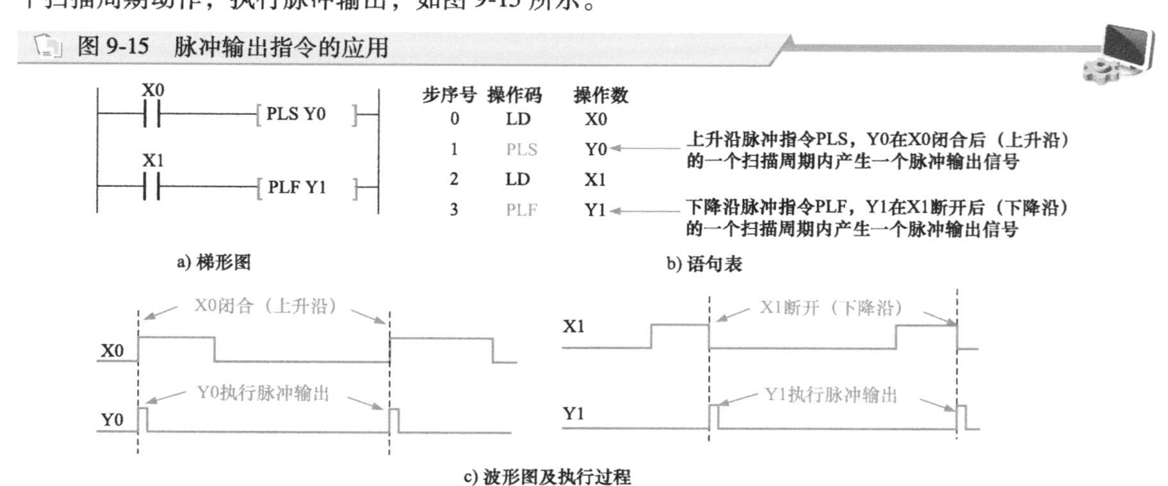

**| 提示说明 |**

图 9-16 所示为 PLC 指令语句表中置位和复位指令与脉冲输出指令的混合应用。

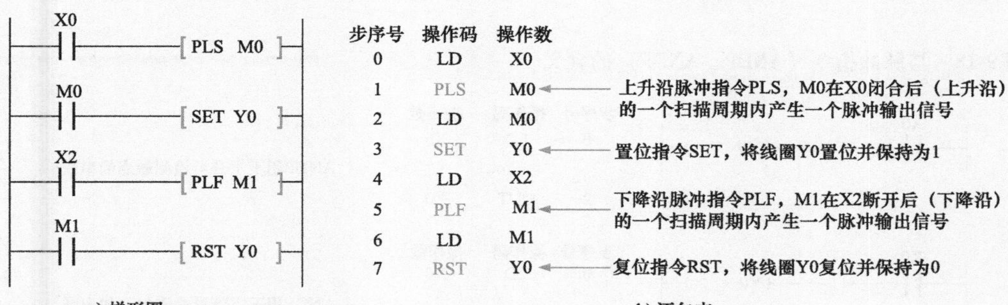


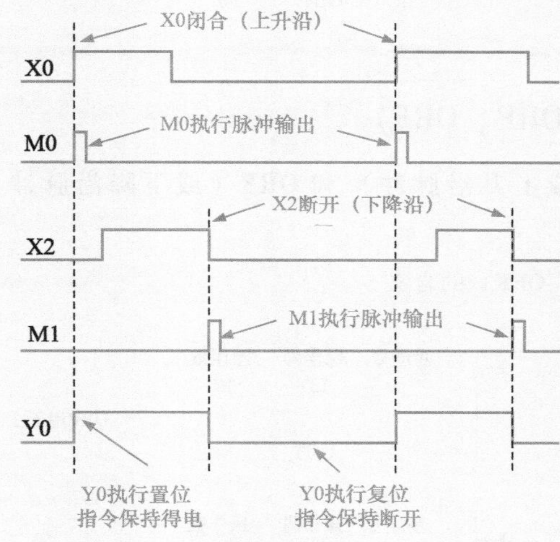


c) 波形图及执行过程

图 9-16 PLC 指令语句表中置位和复位指令与脉冲输出指令的混合应用



## 9.1.7 读脉冲指令（LDP、LDF）

读脉冲指令包含 LDP（读上升沿脉冲）和 LDF（读下降沿脉冲）两个指令，如图 9-17 所示。

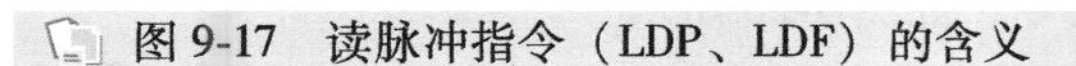

图 9-17 读脉冲指令（LDP、LDF）的含义

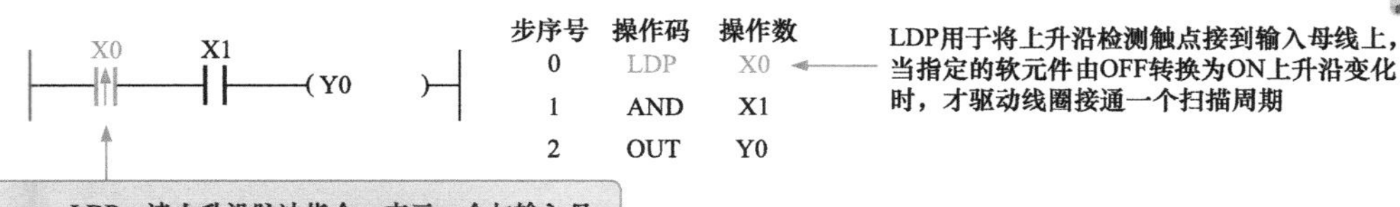


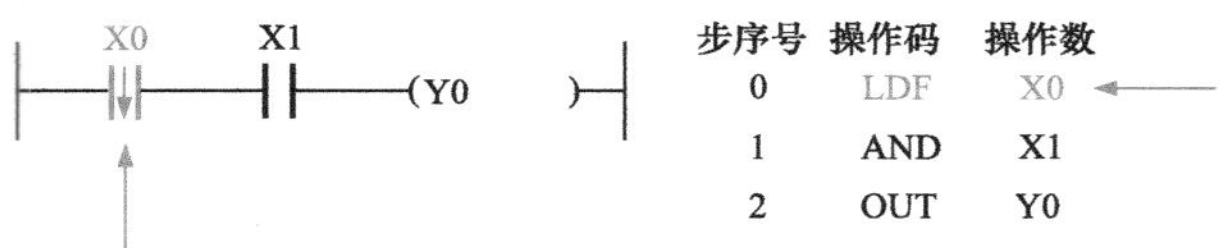

## 9.1.8 与脉冲指令（ANDP、ANDF）

与脉冲指令包含 ANDP（与上升沿脉冲）和 ANDF（与下降沿脉冲）两个指令，如图 9-18 所示。

图 9-18 与脉冲指令（ANDP、ANDF）的含义

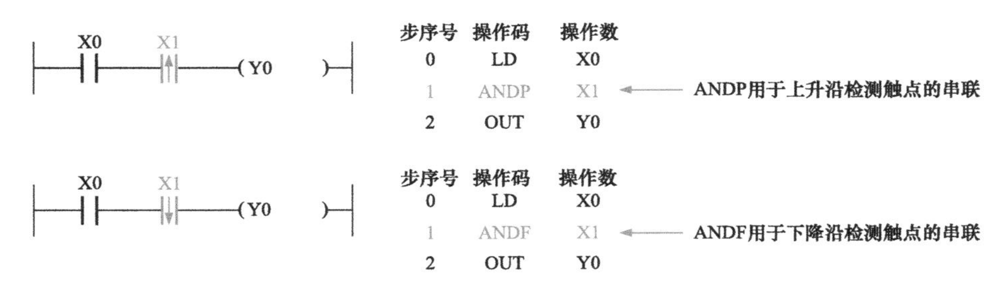




## 9.1.9 或脉冲指令（ORP、ORF）

或脉冲指令包含 ORP（或上升沿脉冲）和 ORF（或下降沿脉冲）两个指令，如图 9-19 所示。

图 9-19 或脉冲指令（ORP、ORF）的含义

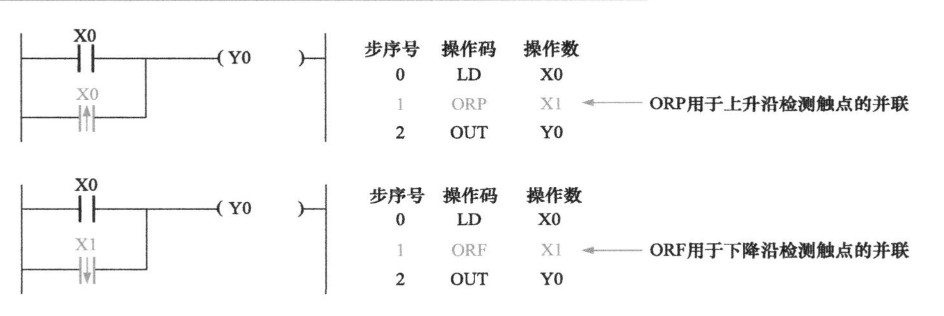


## 9.1.10 主控和主控复位指令（MC、MCR）

主控和主控复位指令包括 MC 和 MCR 两个基本指令，如图 9-20 所示。

图 9-20 主控和主控复位指令的含义

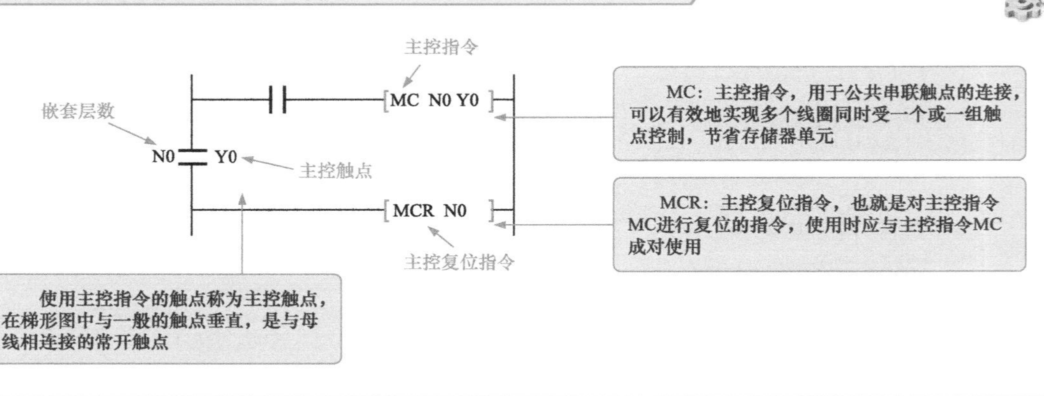

在典型主控指令与主控复位指令应用中，主控指令即为借助辅助继电器 M100，在其常开触点后新加了一条子母线，该母线后的所有触点与它之间都用 LD 或 LDI 连接，当 M100 控制的逻辑行执行结束后，应用主控复位指令 MCR 结束子母线，后面的触点仍与主母线进行连接。从图 9-21 中可看出当 X1 闭合后，执行 MC 与 MCR 之间的指令，当 X1 断开后，将跳过 MC 主控指令控制的梯形图语句模块，直接执行下面的语句。图 9-21 所示为主控和主控复位指令的应用。

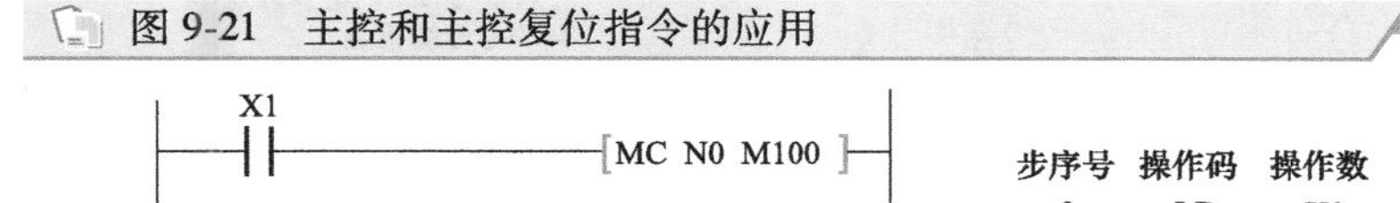

图 9-21　主控和主控复位指令的应用

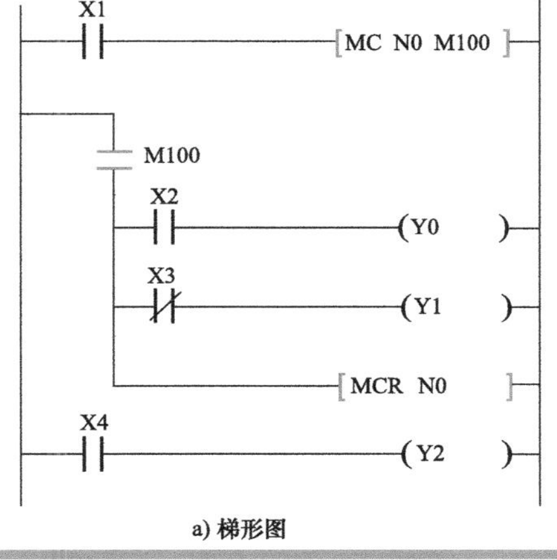


a) 梯形图

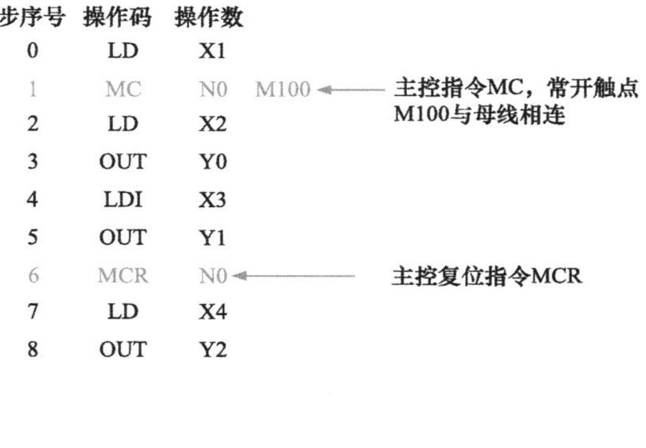

| 步序号 | 操作码 | 操作数 | |
|---|---|---|---|
| 0 | LD | X1 | |
| 1 | MC | N0 | M100 ← 主控指令MC，常开触点M100与母线相连 |
| 2 | LD | X2 | |
| 3 | OUT | Y0 | |
| 4 | LDI | X3 | |
| 5 | OUT | Y1 | |
| 6 | MCR | N0 | ← 主控复位指令MCR |
| 7 | LD | X4 | |
| 8 | OUT | Y2 | |

b) 语句表



**| 提示说明 |**

**操作数 N 为嵌套层数（0~7 层），是指在 MC 指令区内嵌套 MC 指令，根据嵌套层数的不同，嵌套层数 N 的编号逐渐增大，使用 MCR 指令进行复位时，嵌套层数 N 的编号逐渐减小，如图 9-22 所示。**

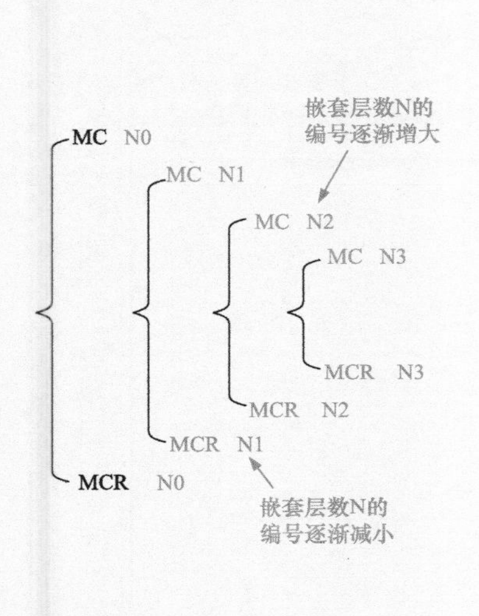


a) 嵌套关系

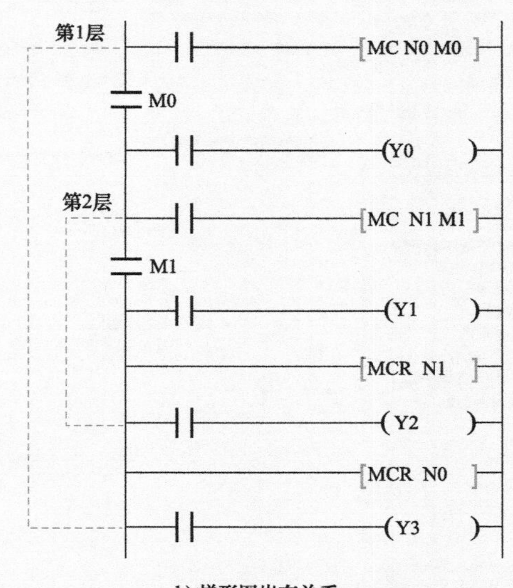


b) 梯形图嵌套关系

图 9-22　主控指令的嵌套

在梯形图中新加两个主控指令触点 M10 和 M11 是为了更加直观地识别出主控指令触点以及梯形图的嵌套层数，在实际的 PLC 编程软件中输入图 9-23 中的梯形图时，不需要输入主控指令触点 M10 和 M11，如图 9-23 所示。

图 9-23　主控和主控复位指令的嵌套应用

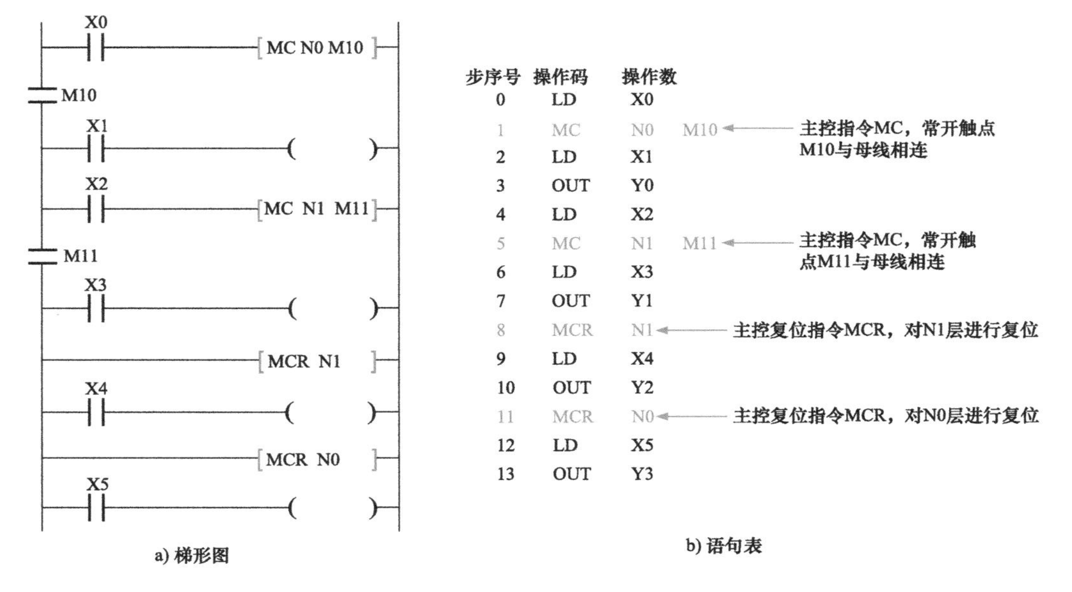


a) 梯形图

| 步序号 | 操作码 | 操作数 |
|---|---|---|
| 0 | LD | X0 |
| 1 | MC | N0　M10 |
| 2 | LD | X1 |
| 3 | OUT | Y0 |
| 4 | LD | X2 |
| 5 | MC | N1　M11 |
| 6 | LD | X3 |
| 7 | OUT | Y1 |
| 8 | MCR | N1 |
| 9 | LD | X4 |
| 10 | OUT | Y2 |
| 11 | MCR | N0 |
| 12 | LD | X5 |
| 13 | OUT | Y3 |

b) 语句表



**| 提示说明 |**

**在图 9-23 梯形图中，新加两个主指令触点 M10 和 M11 是为了更加直观地识别出主指令触点以及梯形图的嵌套层数，在实际的 PLC 编程软件中输入上述梯形图时，不需要输入主指令触点 M10 和 M11，如图 9-24 所示。**

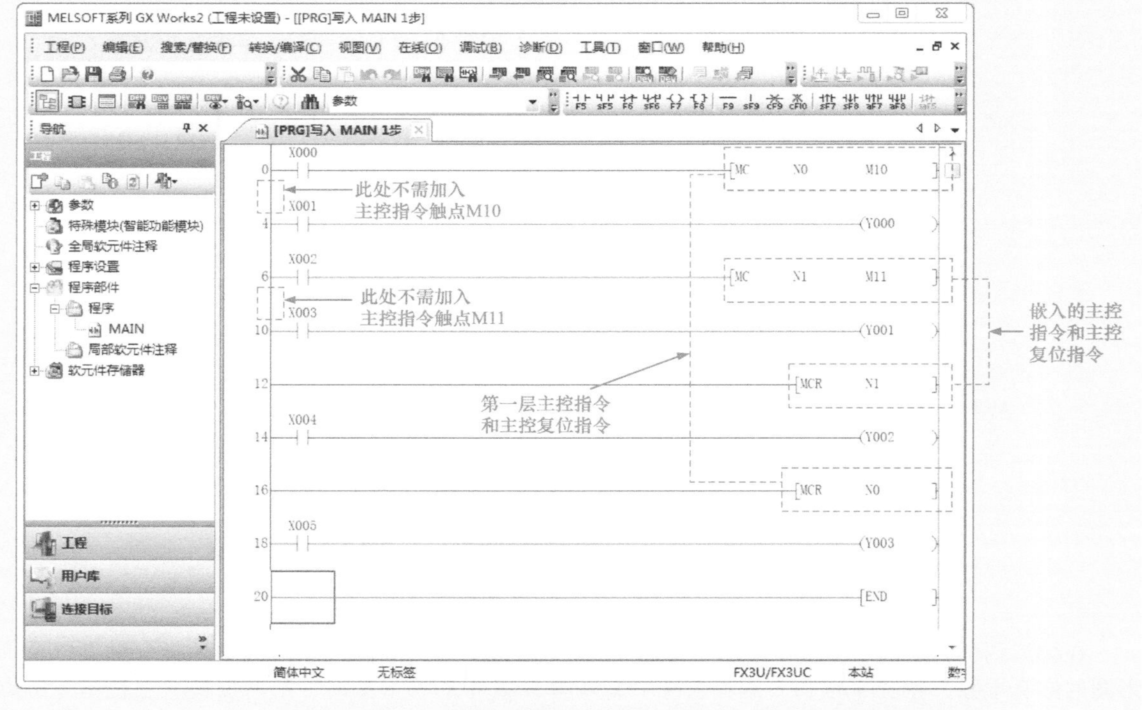


图 9-24　编程软件中主控指令触点 M10 和 M11 的编写规则

# 9.2 三菱 PLC 的实用逻辑指令

## 9.2.1 进栈、读栈、出栈指令（MPS、MRD、MPP）

三菱 FX 系列 PLC 中有 11 个存储运算中间结果的存储器，称为栈存储器，如图 9-25 所示。

图 9-25 栈存储器

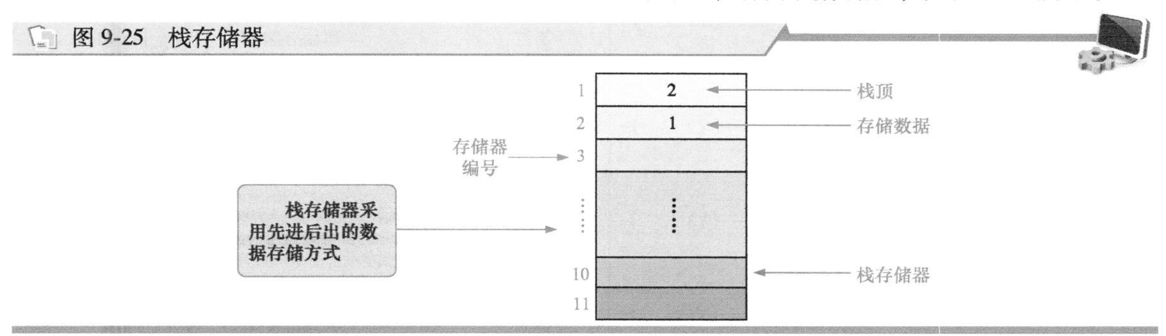


栈存储器指令包括进栈指令 MPS、读栈指令 MRD 和出栈指令 MPP，这三种指令也称为多重输出指令，如图 9-26 所示。



图 9-26 多重输出指令的含义

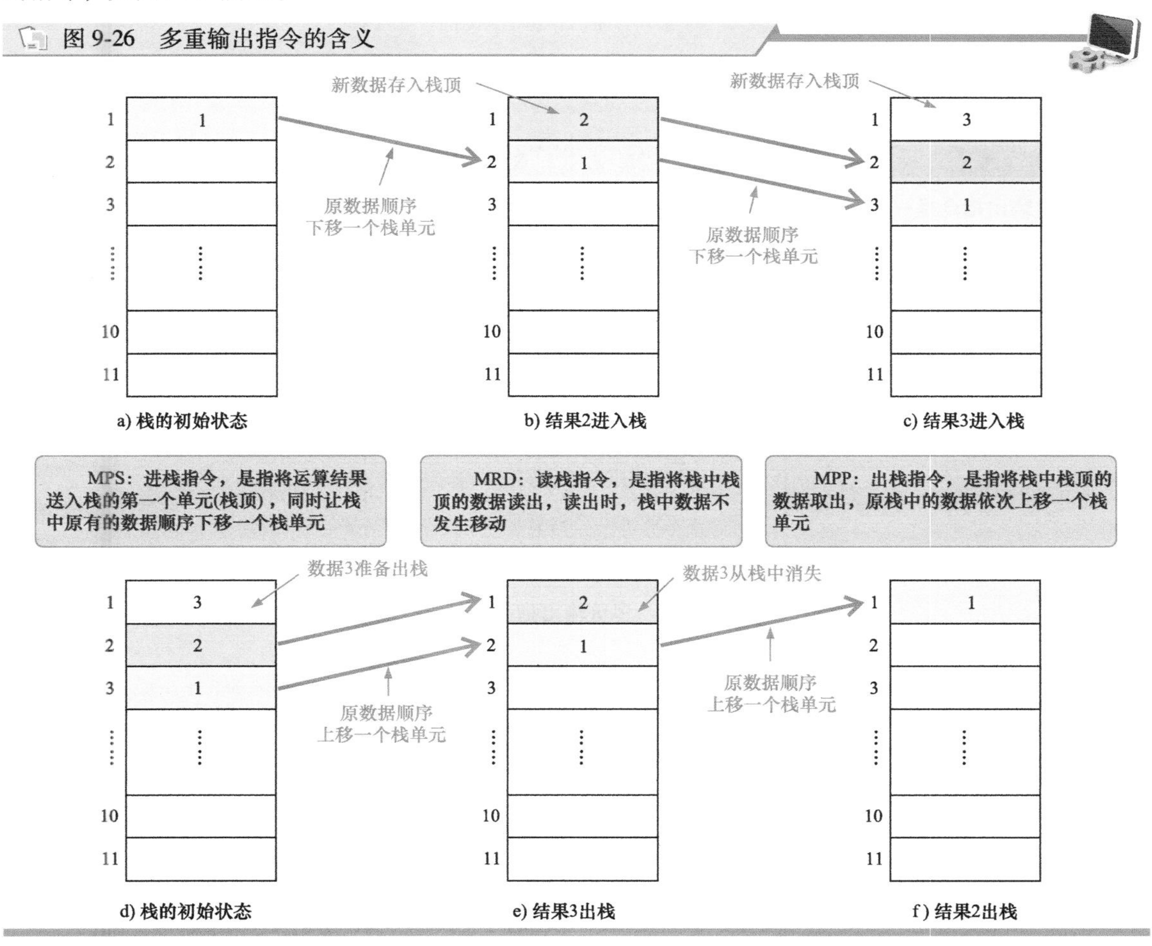


进栈指令 MPS 将多重输出电路中的连接点处的数据先存储在栈中，然后再使用读栈指令 MRD 将连接点处的数据从栈中读出，最后使用出栈指令 MPP 将连接点处的数据取出，如图 9-27 所示。

图 9-27 多重输出指令的应用

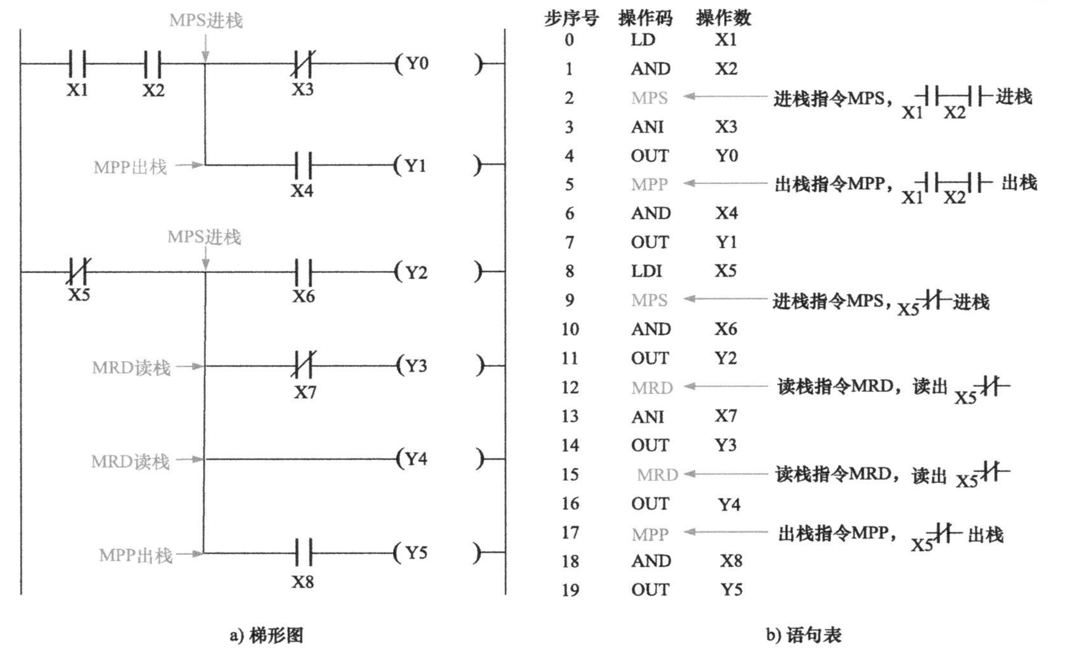


a) 梯形图 b) 语句表

**| 提示说明 |**

**多重输出指令是一种无操作元件号的指令，其中 MPS 指令和 MPP 指令必须成对使用，而且连续使用次数应少于 11，如图 9-28 所示。**

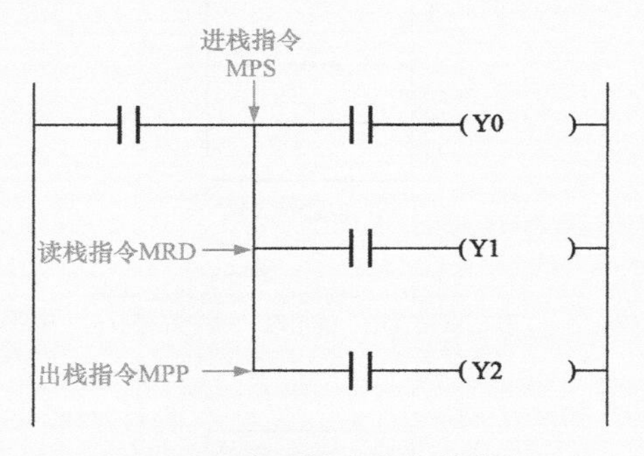


图 9-28 多重输出指令的特点

## 9.2.2 取反指令（INV）

取反指令（INV）是指将执行指令之前的运算结果取反，如图 9-29 所示。

图 9-29 取反指令的含义

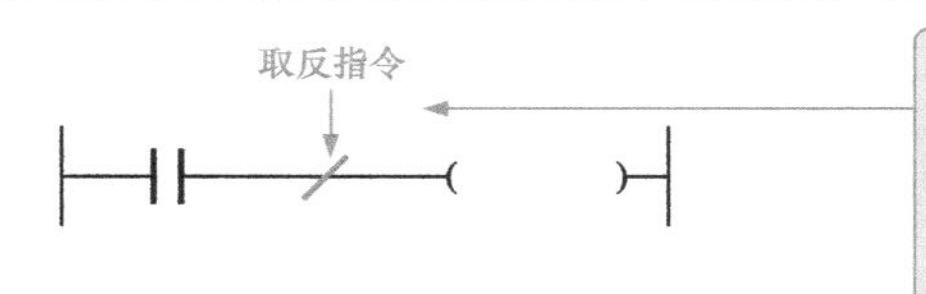


INV：取反指令，是指将执行指令之前的运算结果取反。即当运算结果为0(OFF)时，取反后结果变为1(ON)；当运算结果为1(ON)时，取反后结果变为0（OFF），取反指令在梯形图中使用一条45°的斜线表示

使用取反指令 INV 后，当 X1 闭合（逻辑赋值为 1）时，取反后为断开状态（0），线圈 Y0 不得电，当 X1 断开时（逻辑赋值为 0），取反后为闭合状态（1），此时线圈 Y0 得电；当 X2 闭合（逻辑赋值为 0）时，取反后为断开状态（1），线圈 Y0 不得电，当 X2 断开时（逻辑赋值为 1），取反后为闭合状态（0），此时线圈 Y0 得电。图 9-30 所示为取反指令的应用。

图 9-30　取反指令的应用

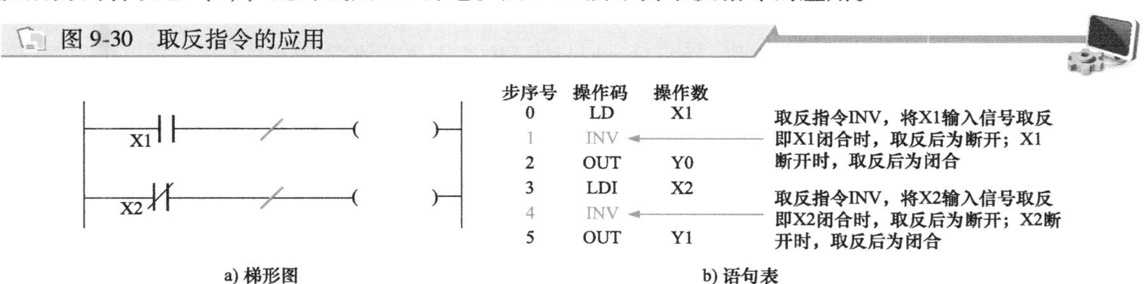


## 9.2.3　空操作指令（NOP）

NOP：空操作指令，是一条无动作、无目标元件的指令，主要用于改动或追加程序时使用，如图 9-31 所示。



图 9-31　空操作指令的含义

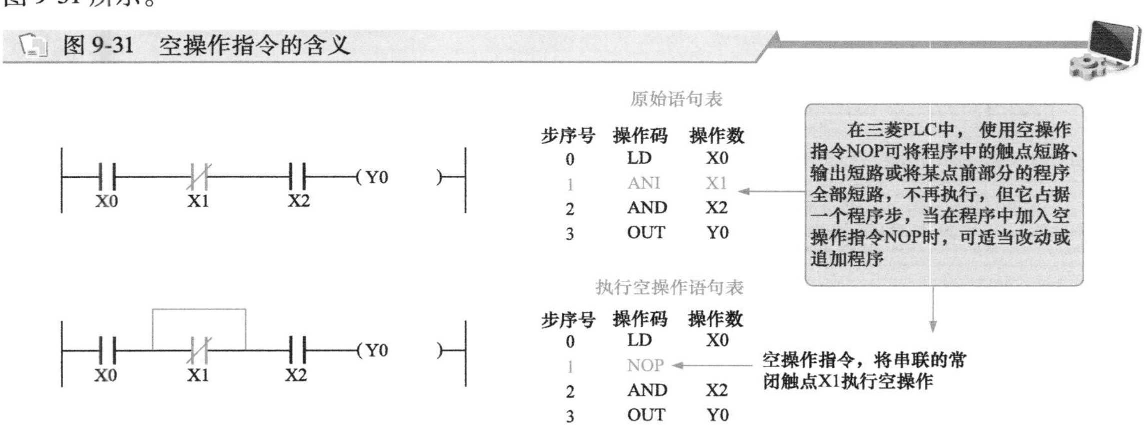


## 9.2.4　结束指令（END）

END：结束指令，也是一条无动作、无目标元件的指令，如图 9-32 所示。

图 9-32　结束指令的含义

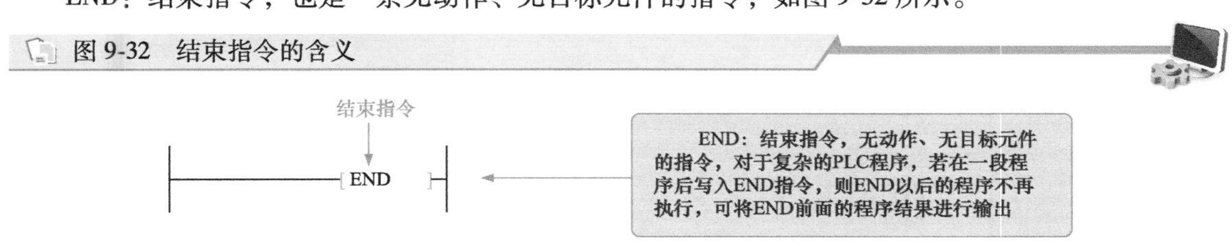


**| 提示说明 |**

程序结束指令多应用于复杂程序的调试中，将复杂程序划分为若干段，每段后写入 END 指令，可分别检验程序执行是否正常，当所有程序段执行无误后再依次删除 END 指令即可。当程序结束时，应在最后一条程序的下一条线路上加上程序结束指令。

# 9.3 三菱 PLC 的传送指令

## 9.3.1 传送指令（MOV、MOVP）

传送指令是指将源数据传送到指定的目标地址中。传送指令的格式见表 9-1。

表 9-1 传送指令的格式

| 指令名称 | 助记符 | 功能码（处理位数） | 源操作数［S·］ | 目标操作数［D·］ | 占用程序步数 |
|---|---|---|---|---|---|
| 传送 | MOV（连续执行型） | FNC12（16/32） | K、H、KnX、KnY、KnM、KnS、T、C、D、V、Z | KnY、KnM、KnS、T、C、D、V、Z | MOV、MOVP…5 步（16 位）DMOV、DMOVP…9 步（32 位） |
| | MOVP（脉冲执行型） | | | | |



图 9-33、图 9-34 所示为传送指令的应用示例。

图 9-33 传送指令的应用示例（一）

X0

[ MOV K100 D10 ]

在指令执行过程中常数K100自动转换成二进制数

当常开触点X0置1时，常开触点闭合，程序执行传送指令，将源数据常数K100传送到目标地址D10中

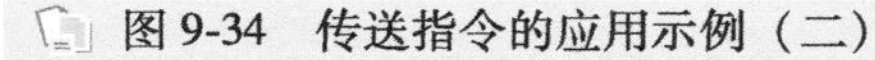

图 9-34 传送指令的应用示例（二）

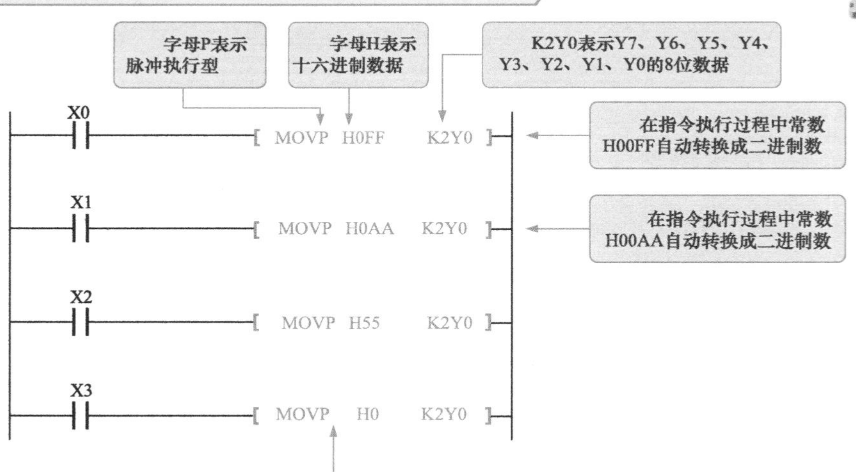

## 9.3.2 移位传送指令（SMOV、SMOVP）

移位传送指令是指将二进制源数据自动转换成 4 位 BCD 码，再经移位传送后，传送至目标地址，传送后的 BCD 码数据自动转换成二进制数。移位传送指令的格式见表 9-2。

表 9-2 移位传送指令的格式

| 指令名称 | 助记符 | 功能码（处理位数） | 操作数范围 | | | | | 占用程序步数 |
|---|---|---|---|---|---|---|---|---|
| | | | 源操作数［S·］ | *m*1 | *m*2 | 目标操作数［D·］ | *n* | |
| 移位传送 | SMOV（连续执行型）<br>SMOVP（脉冲执行型） | FNC13（16） | K、H、KnX、KnY、KnM、KnS、T、C、D、V、Z | K、H= 1~4 | K、H= 1~4 | KnY、KnM、KnS、T、C、D、V、Z | K、H= 1~4 | 11 步 |

图 9-35 所示为移位传送指令的应用示例。

图 9-35 移位传送指令的应用示例

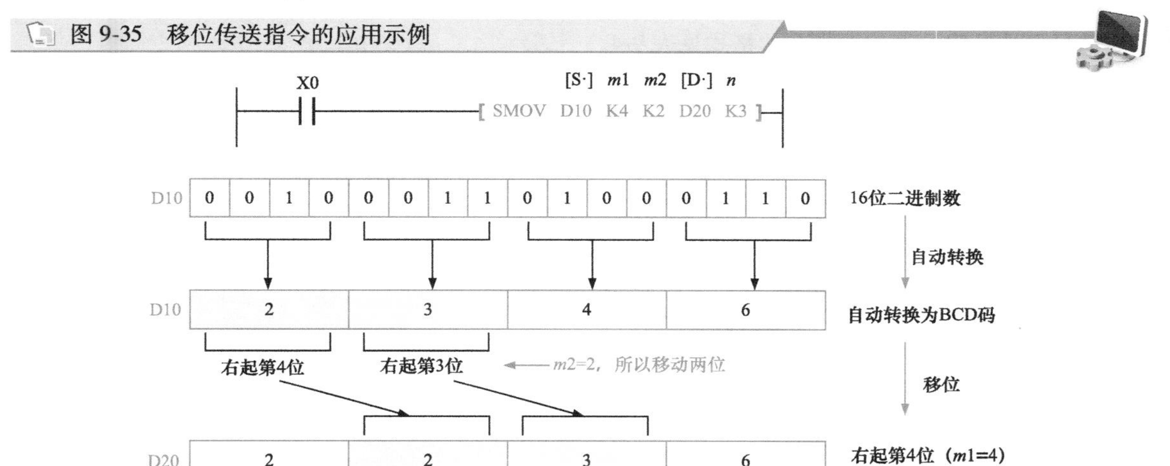




## 9.3.3 取反传送指令（CML）

取反传送指令 CML（功能码为 FNC14）是指将源操作数中的数据逐位取反后，传送到目标地址中。取反传送指令的格式见表 9-3。

表 9-3 取反传送指令的格式

| 指令名称 | 助记符 | 功能码（处理位数） | 源操作数［S·］ | 目标操作数［D·］ | 占用程序步数 |
|---|---|---|---|---|---|
| 取反传送指令 | CML（连续执行型）<br>CMLP（脉冲执行型） | FNC14（16/32） | K、H、KnX、KnY、KnM、KnS、T、C、D、V、Z | KnY、KnM、KnS、T、C、D、V、Z | 16 位指令 CML 和 CMLP…5 步；<br>32 位指令 DCML 和 DCMLP…13 步 |

图 9-36 所示为取反传送指令的应用示例。

图 9-36　取反传送指令的应用示例

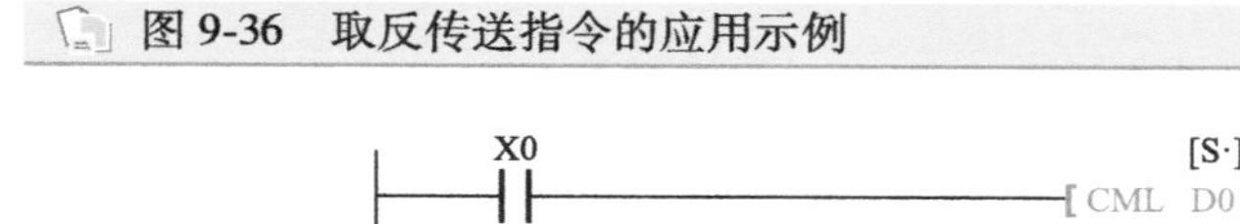


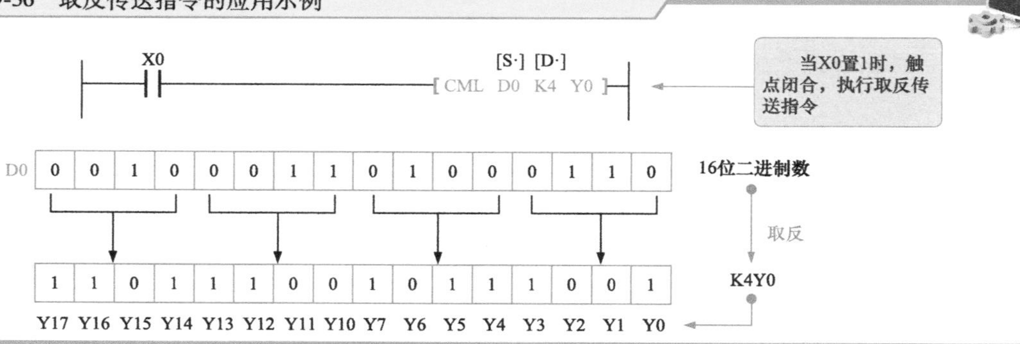


## 9.3.4　块传送指令（BMOV）

块传送指令 BMOV（功能码为 FNC15）是指将源操作数指定的由 *n* 个数据组成的数据块传送到指定的目标地址中。块传送指令的格式见表 9-4。



表 9-4　块传送指令的格式

| 指令名称 | 助记符 | 功能码（处理位数） | 源操作数 [S·] | 目标操作数 [D·] | *n* | 占用程序步数 |
|---|---|---|---|---|---|---|
| 块传送指令 | BMOV（连续执行型） | FNC15（16） | KnX、KnY、KnM、KnS、T、C、D | KnY、KnM、KnS、T、C、D | ≤512 | 7 步 |
| | BMOVP（脉冲执行型） | | | | | |

图 9-37 所示为块传送指令的应用示例。

图 9-37　块传送指令的应用示例

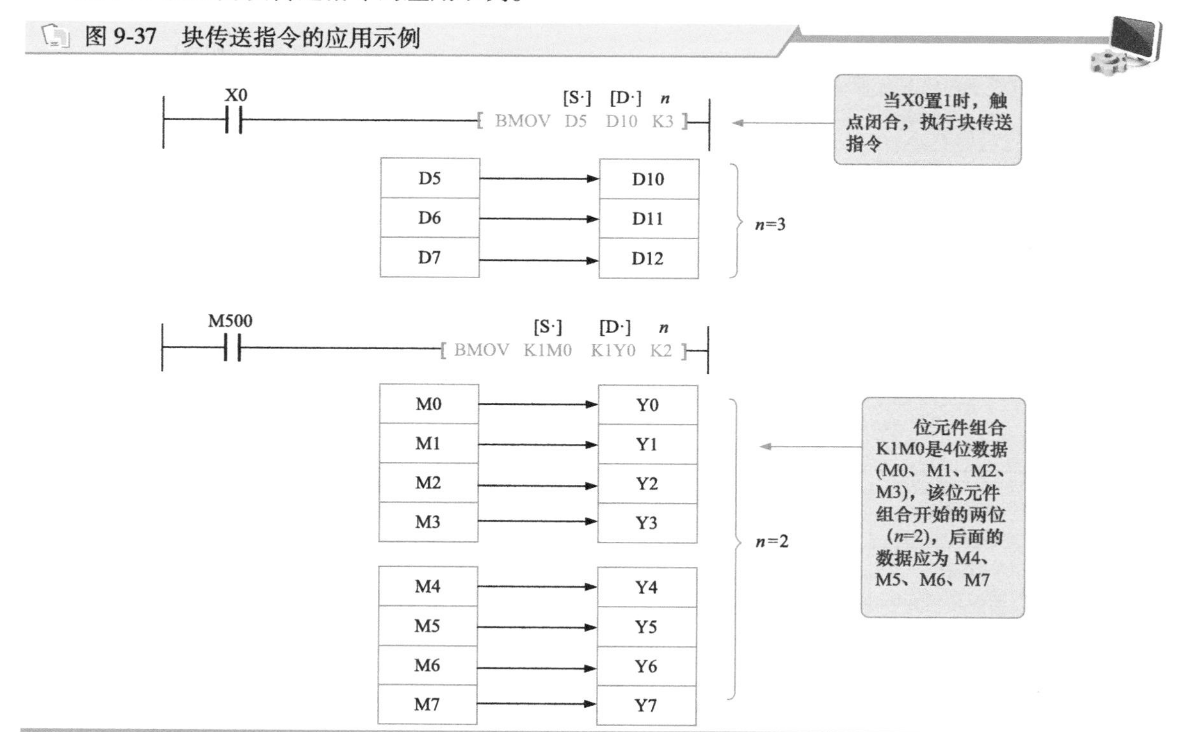

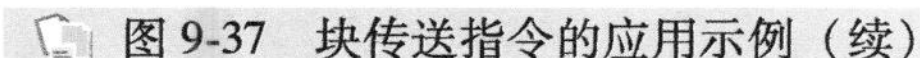
图 9-37 块传送指令的应用示例（续）

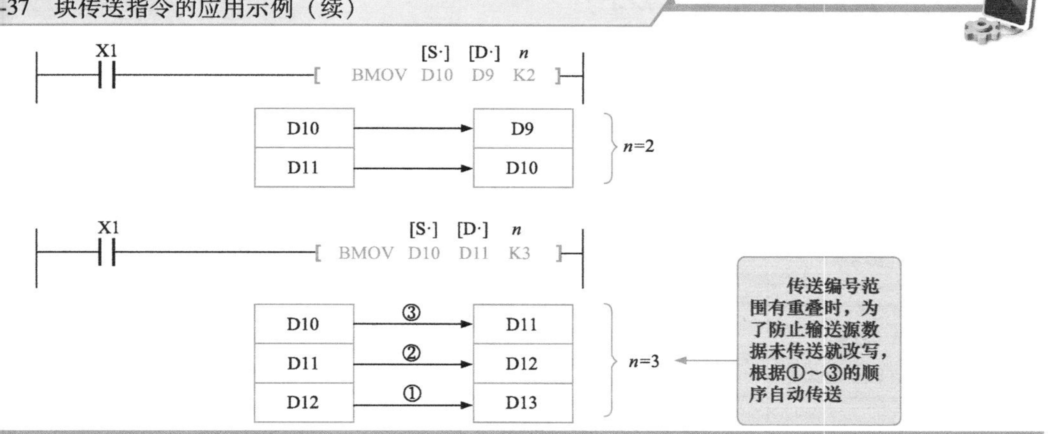


**| 提示说明 |**

三菱 PLC 的传送指令除上述几种基本指令外，还包括多点传送指令 FMOV（功能码为 FNC16）、数据交换指令 XCH（功能码为 FNC17）等。



## 9.4 三菱 PLC 的数据比较指令

三菱 FX 系列 PLC 的数据比较指令包括比较指令（CMP）和区间比较指令（ZCP）。

### 9.4.1 比较指令（CMP）

比较指令 CMP（功能码为 FNC10）用于比较两个源操作数的数值（带符号比较）大小，将比较结果送至目标地址中。比较指令的格式见表 9-5。

**表 9-5 比较指令的格式**

| 指令名称 | 助记符 | 功能码（处理位数） | 源操作数 [S1·]、[S2·] | 目标操作数 [D·] | 占用程序步数 |
|---|---|---|---|---|---|
| 比较 | CMP（连续执行型）<br>CMPP（脉冲执行型） | FNC10<br>（16/32） | K、H、KnX、KnY、KnM、KnS、T、C、D、V、Z | Y、M、S | CMP、CMPP…7 步<br>DCMP、DCMPP…13 步 |

图 9-38 所示为比较指令的应用示例。

图 9-38 比较指令的应用示例

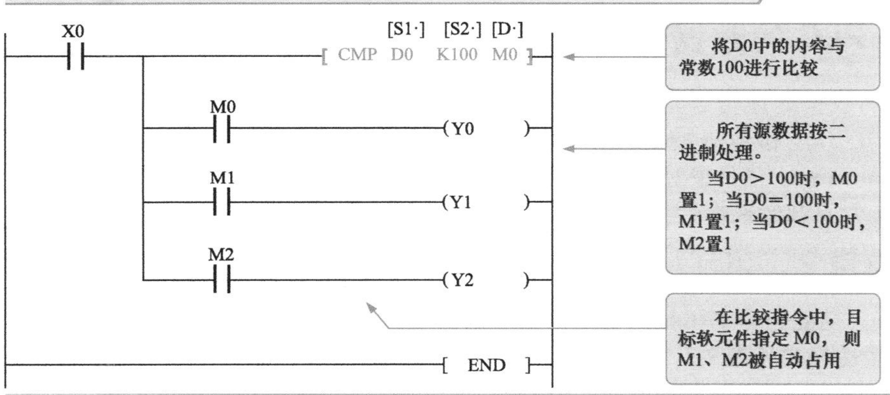

## 9.4.2 区间比较指令（ZCP）

区间比较指令 ZCP（功能码为 FNC11）是指将源操作数［S·］与两个源数据［S1·］和［S2·］组成的数据区间进行代数比较（即带符号比较），并将比较结果送到目标操作数［D·］中。区间比较指令的格式见表 9-6。

表 9-6 区间比较指令的格式

| 指令名称 | 助记符 | 功能码（处理位数） | 源操作数［S1·］、［S2·］、［S·］ | 目标操作数［D·］ | 占用程序步数 |
|---|---|---|---|---|---|
| 区间比较 | ZCP（连续执行型）<br>ZCPP（脉冲执行型） | FNC11（16/32） | K、H、KnX、KnY、KnM、KnS、T、C、D、V、Z | Y、M、S | ZCP、ZCPP…9 步<br>DZCP、DZCPP…17 步 |



图 9-39 所示为区间比较指令的应用示例。

图 9-39 区间比较指令的应用示例

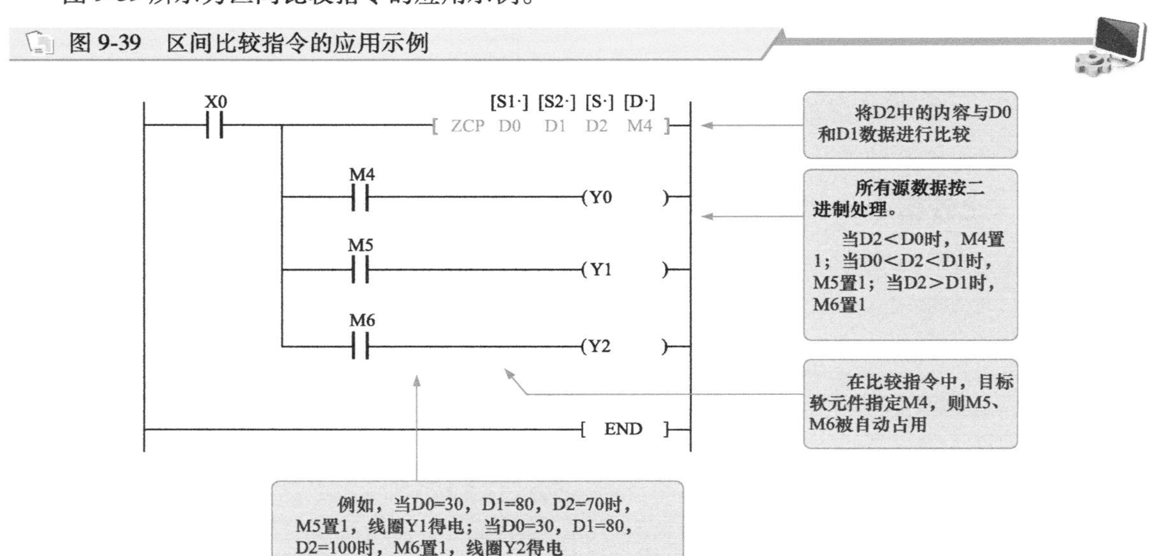


# 9.5 三菱 PLC 的数据处理指令

三菱 FX 系列 PLC 的数据处理指令是指进行数据处理的一类指令，主要包括全部复位指令（ZRST）、译码指令（DECO）和编码指令（ENCO）、ON 位数指令（SUM）、ON 位判断指令（BON）、平均值指令（MEAN）、信号报警置位指令（ANS）和复位指令（ANR）、二进制数据开方运算指令（SQR）、整数-浮点数转换指令（FLT）。

## 9.5.1 全部复位指令（ZRST）

全部复位指令 ZRST（功能码为 FNC40）是指将指定范围内（［D1·］~［D2·］）的同类元件全部复位。全部复位指令的格式见表 9-7。

表 9-7 全部复位指令的格式

| 指令名称 | 助记符 | 功能码（处理位数） | 操作数范围［D1·］～［D2·］ | 占用程序步数 |
|---|---|---|---|---|
| 全部复位 | ZRST ZRSTP | FNC40（16） | Y、M、S、T、C、D<br>［D1·］元件号≤［D2·］元件号 | ZRST、ZRSTP…5 步 |

| 提示说明 |

［D1·］、［D2·］需指定同一类型元件，且［D1·］元件号≤［D2·］元件号，若［D1·］元件号>［D2·］元件号，则只有［D1·］指定的元件被复位。

图 9-40 所示为全部复位指令的应用示例。

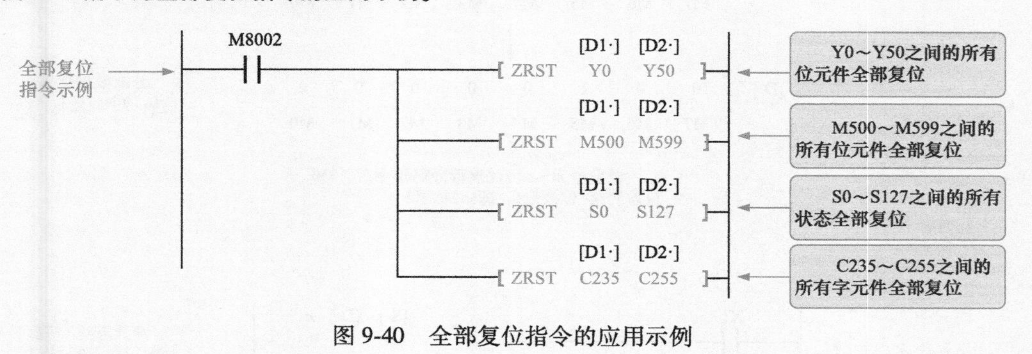


图 9-40 全部复位指令的应用示例



## 9.5.2 译码指令（DECO）和编码指令（ENCO）

译码指令 DECO（功能码为 FNC41）也称为解码指令，是指根据源数据的数值来控制位元件 ON 或 OFF。

编码指令 ENCO（功能码为 FNC42）是指根据源数据中的十进制数编码为目标元件中二进制数。译码指令（DECO）和编码指令（ENCO）的格式见表 9-8。

表 9-8 译码指令（DECO）和编码指令（ENCO）的格式

| 指令名称 | 助记符 | 功能码（处理位数） | 操作数范围 | | | 占用程序步数 |
|---|---|---|---|---|---|---|
| | | | 源操作数［S·］ | 目标操作数［D·］ | $n$ | |
| 译码 | DECO DECOP | FNC41（16） | K、H、X、Y、M、S、T、C、D、V、Z | Y、M、S、T、C、D | K、H：$1 \leq n \leq 8$ | DECO、DECOP…7 步 |
| 编码 | ENCO ENCOP | FNC42（16） | X、Y、M、S、T、C、D、V、Z | T、C、D、V、Z | K、H：$1 \leq n \leq 8$ | ENCO、ENCOP…7 步 |

| 提示说明 |

译码指令中，若源数据［S·］为位元件时，可取 X、Y、M、S，则目标操作数［D·］可取 Y、M、S；若源数据［S·］为字元件时，可取 K、H、T、C、D、V、Z，则目标操作数［D·］可取 T、C、D。

编码指令中，若源数据［S·］为位元件时，可取 X、Y、M、S；若源数据［S·］为字元件时，可取 T、C、D、V、Z。

注：K、H、KnX、KnY、KnM、KnS、T、C、D、V、Z 属于字软元件；X、Y、M、S 属于位软元件。

图 9-41 所示为译码指令的应用示例。

图 9-41 译码指令的应用示例

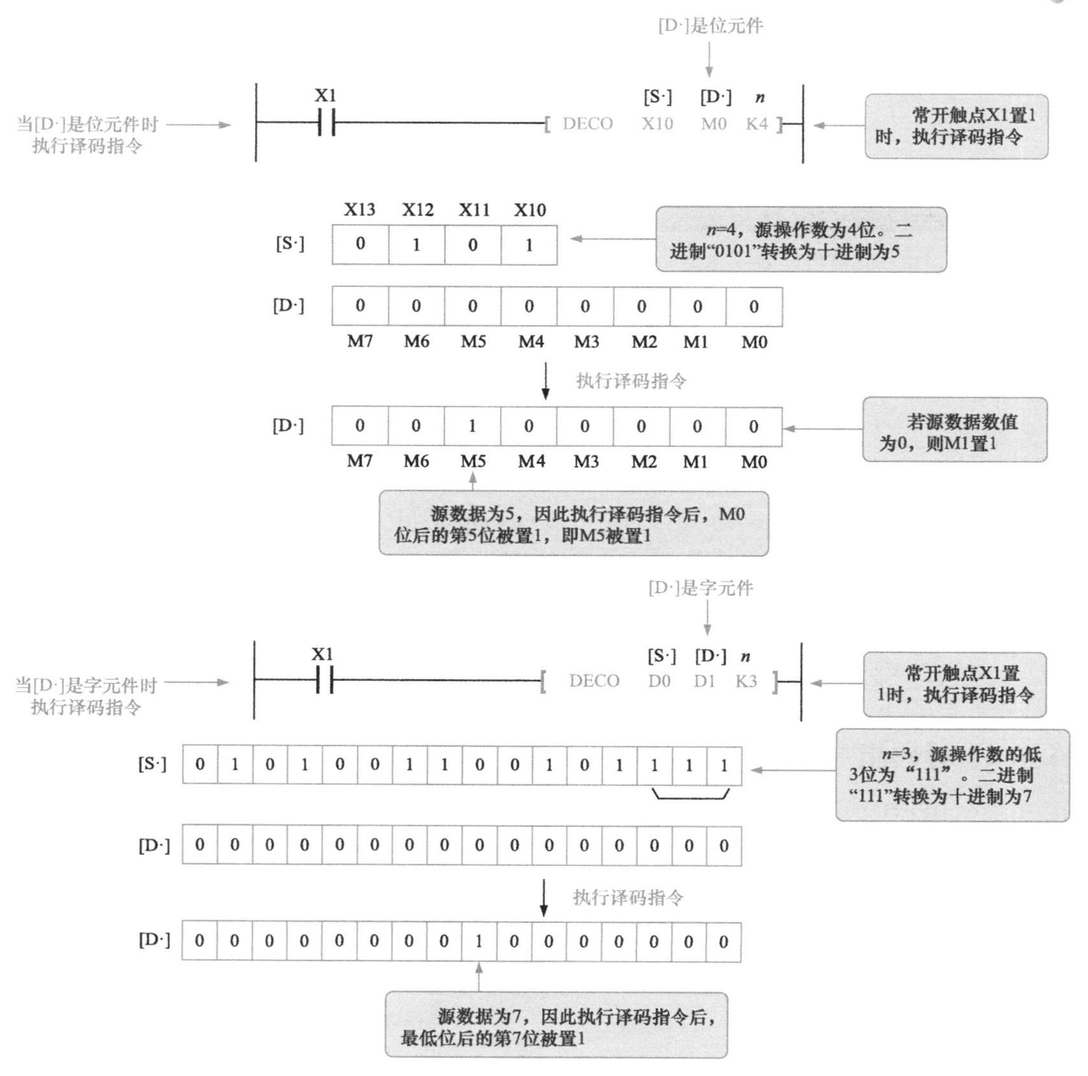




**| 提示说明 |**

**译码指令中，当［D·］是位元件时，$1 \leq n \leq 8$；当 $n=0$ 时，程序不执行；当 $n>8$ 或 $n<1$ 时，出现运算错误；当 $n=8$ 时，［D·］的位数为 $2^8=256$。**

**当［D·］是字元件时，$n \leq 4$。当 $n=0$ 时，程序不执行；当 $n>4$ 或 $n<1$ 时，出现运算错误；当 $n=4$ 时，［D·］的位数为 $2^4=16$。**

图 9-42 所示为编码指令的应用示例。

**| 提示说明 |**

**编码指令中，当［S·］是位元件时，$1 \leq n \leq 8$；当 $n=0$ 时，程序不执行；当 $n>8$ 或 $n<1$ 时，出现运算错误；当 $n=8$ 时，［S·］的位数为 $2^8=256$。**

**当［S·］是字元件时，$n \leq 4$。当 $n=0$ 时，程序不执行；当 $n>4$ 或 $n<1$ 时，出现运算错误；当 $n=4$ 时，［S·］的位数为 $2^4=16$。**

图 9-42 编码指令的应用示例

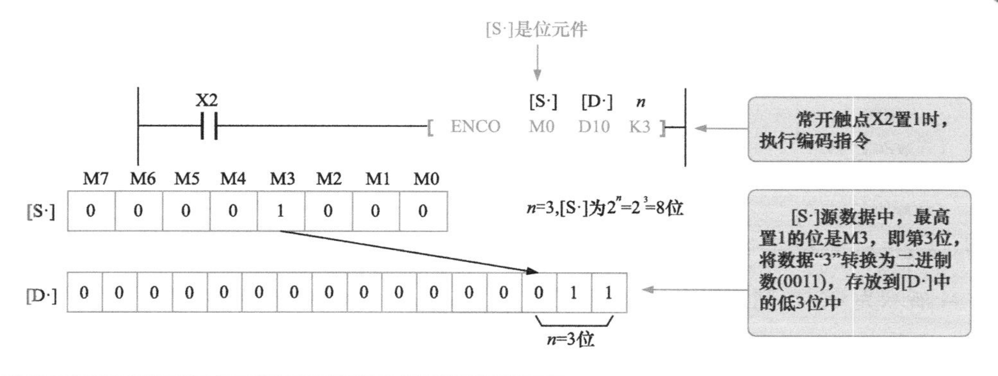


## 9.5.3 ON 位数指令（SUM）

ON 位数指令 SUM（功能码为 FNC43）也称为置 1 总数统计指令，用于统计指定软元件中置 1 位的总数。ON 位数指令的格式见表 9-9。

表 9-9 ON 位数指令的格式

| 指令名称 | 助记符 | 功能码（处理位数） | 源操作数［S·］ | 目标操作数［D·］ | 占用程序步数 |
|---|---|---|---|---|---|
| ON 位数 | SUM（连续执行型）<br>SUMP（脉冲执行型） | FNC43<br>（16/32） | K、H、KnX、KnY、KnM、KnS、T、C、D、V、Z | KnY、KnM、KnS、T、C、D、V、Z | SUM、SUMP…5 步<br>DSUM、DSUMP…9 步 |

图 9-43 所示为 ON 位数指令的应用示例。

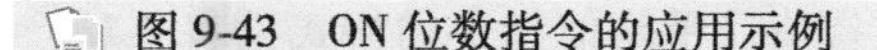

图 9-43 ON 位数指令的应用示例

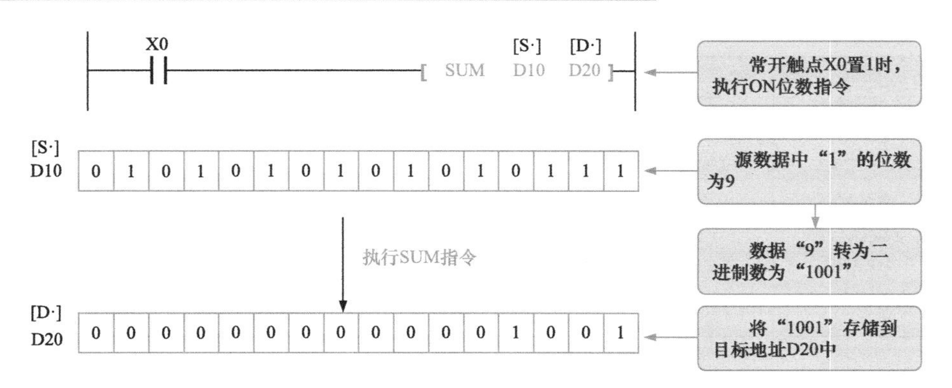


**| 提示说明 |**

**在执行 SUM 指令时，若源操作数［S·］中"1"的个数为 0，则零标志 M8020 置 1。**

## 9.5.4 ON 位判断指令（BON）

ON 位判断指令 BON（功能码为 FNC44）是指用来检测指定软元件中指定的位是否为 1。ON 位判断指令的格式见表 9-10。

表 9-10　ON 位判断指令的格式

| 指令名称 | 助记符 | 功能码（处理位数） | 操作数范围 | | | 占用程序步数 |
|---|---|---|---|---|---|---|
| | | | 源操作数［S·］ | 目标操作数［D·］ | n | |
| ON 位判断 | BON（连续执行型）BONP（脉冲执行型） | FNC44（16/32） | K、H、KnX、KnY、KnM、KnS、T、C、D、V、Z | Y、M、S | 16 位运算：0≤n≤15 32 位运算：0≤n≤31 | BON、BONP…7 步 DBON、DBONP…13 步 |

图 9-44 所示为 ON 位判断指令的应用示例。

图 9-44　ON 位判断指令的应用示例

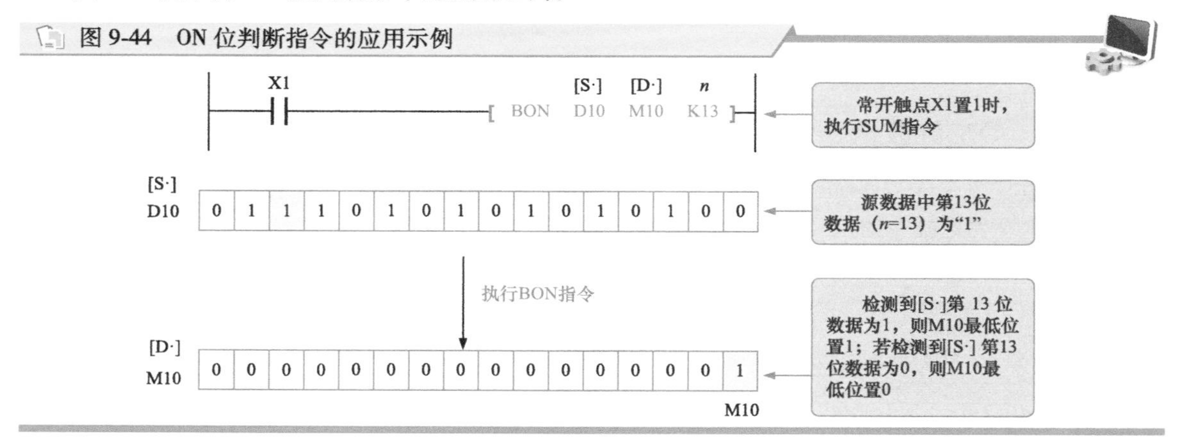




## 9.5.5　平均值指令（MEAN）

平均值指令 MEAN（功能码为 FNC45）是指将 $n$ 个源数据的平均值送到指定的目标地址中。该指令中，平均值由 $n$ 个源数据的代数和除以 $n$ 得到的商，余数省略。平均值指令的格式见表 9-11。

表 9-11　平均值指令的格式

| 指令名称 | 助记符 | 功能码（处理位数） | 操作数范围 | | | 占用程序步数 |
|---|---|---|---|---|---|---|
| | | | 源操作数［S·］ | 目标操作数［D·］ | n | |
| 平均值 | MEAN（连续执行型）MEANP（脉冲执行型） | FNC45（16/32） | KnX、KnY、KnM、KnS、T、C、D、V、Z | KnY、KnM、KnS、T、C、D、V、Z | K、H：1≤n≤64 | MEAN、MEANP…7 步 DMEAN、DMEANP…13 步 |

图 9-45 所示为平均值指令的应用示例。

图 9-45　平均值指令的应用示例

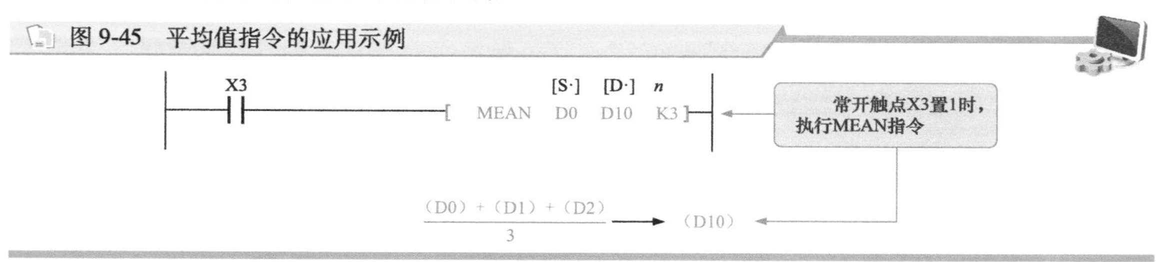

### 9.5.6 信号报警置位指令（ANS）和复位指令（ANR）

信号报警置位指令 ANS（功能码为 FNC46）和信号报警复位指令 ANR（功能码为 FNC47）用于指定报警器（状态继电器 S）的置位和复位操作。信号报警置位指令（ANS）和复位指令（ANR）的格式见表 9-12。

表 9-12 信号报警置位指令（ANS）和复位指令（ANR）的格式

| 指令名称 | 助记符 | 功能码（处理位数） | 操作数范围 | | | 占用程序步数 |
|---|---|---|---|---|---|---|
| | | | 源操作数 [S·] | 目标操作数 [D·] | *m*（单位 100ms） | |
| 信号报警置位 | ANS ANSP | FNC46（16） | T0~T199 | S900~S999 | K：1≤*m*≤32767 | ANS、ANSP…7 步 |
| 信号报警复位 | ANR ANRP | FNC47（16） | 无 | | | ANR、ANRP…1 步 |

图 9-46 所示为信号报警置位指令（ANS）和复位指令（ANR）的应用示例。

图 9-46 信号报警置位指令（ANS）和复位指令（ANR）的应用示例

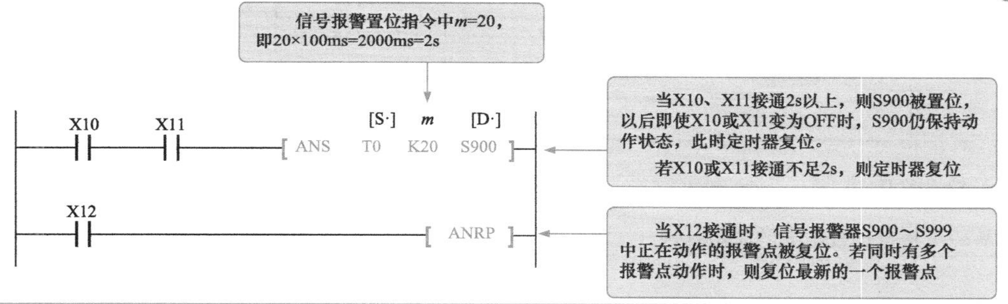


**| 提示说明 |**

三菱 FX 系列 PLC 中常见的数据处理指令还包括二进制数据开方运算指令（SQR）、整数-浮点数转换指令（FLT）。

二进制数据开方运算指令 SQR（功能码为 FNC48）是指将源数据进行开平方运算后送到指定的目标地址中。源操作数 [S·] 可取 K、H、D，目标操作数 [D·] 可取 D。

整数-浮点数转换指令 FLT（功能码为 FNC49）是指将二进制整数转换为二进制浮点数。源操作数 [S·] 和目标操作数 [D·] 均为 D。

## 9.6 三菱 PLC 的触点比较指令

触点比较指令是指使用触点符号（LD、AND、OR）与关系运算符号组合而成，通过对两个数值的关系运算来实现触点的接通与断开。触点比较指令共有 18 个，其指令的格式见表 9-13。

表 9-13 触点比较指令的格式

| 指令名称 | 助记符 | | 功能码 | 操作数 | 导通条件 |
|---|---|---|---|---|---|
| | 16 位(占用程序 5 步) | 32 位(占用程序 9 步) | | | |
| 触点比较指令运算开始 | LD= | LDD= | FNC224(16/32) | [S1·]、[S2·] | [S1·]=[S2·] |

（续）

| 指令名称 | 助记符 | | 功能码 | 操作数 | 导通条件 |
|---|---|---|---|---|---|
| | 16 位(占用程序 5 步) | 32 位(占用程序 9 步) | | | |
| 触点比较指令运算开始 | LD> | LDD> | FNC225(16/32) | | [S1·]>[S2·] |
| | LD< | LDD< | FNC226(16/32) | | [S1·]<[S2·] |
| | LD<> | LDD<> | FNC228(16/32) | | [S1·]≠[S2·] |
| | LD≤ | LDD≤ | FNC229(16/32) | | [S1·]≤[S2·] |
| | LD≥ | LDD≥ | FNC230(16/32) | | [S1·]≥[S2·] |
| 触点比较指令串联 | AND= | ANDD= | FNC232(16/32) | | [S1·]=[S2·] |
| | AND> | ANDD> | FNC233(16/32) | | [S1·]>[S2·] |
| | AND< | ANDD< | FNC234(16/32) | K、H、KnX、KnY、KnM、KnS、T、C、D、V、Z | [S1·]<[S2·] |
| | AND<> | ANDD<> | FNC236(16/32) | | [S1·]≠[S2·] |
| | AND≤ | ANDD≤ | FNC237(16/32) | | [S1·]≤[S2·] |
| | AND≥ | ANDD≥ | FNC238(16/32) | | [S1·]≥[S2·] |
| 触点比较指令并联 | OR= | ORD= | FNC240(16/32) | | [S1·]=[S2·] |
| | OR> | ORD> | FNC241(16/32) | | [S1·]>[S2·] |
| | OR< | ORD< | FNC242(16/32) | | [S1·]<[S2·] |
| | OR<> | ORD<> | FNC244(16/32) | | [S1·]≠[S2·] |
| | OR≤ | ORD≤ | FNC245(16/32) | | [S1·]≤[S2·] |
| | OR≥ | ORD≥ | FNC246(16/32) | | [S1·]≥[S2·] |



图 9-47~图 9-49 所示为触点比较指令的应用示例。

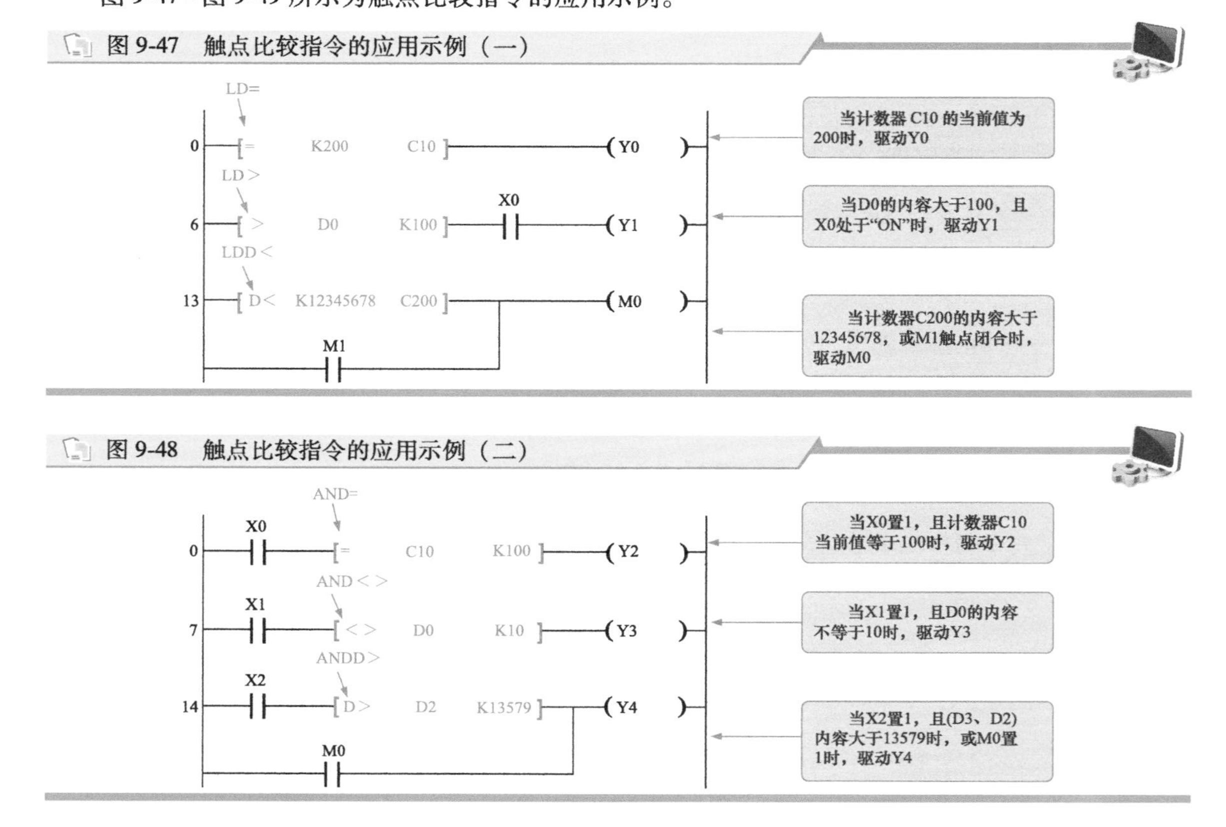


图 9-47　触点比较指令的应用示例（一）

图 9-48　触点比较指令的应用示例（二）

图 9-49　触点比较指令的应用示例（三）

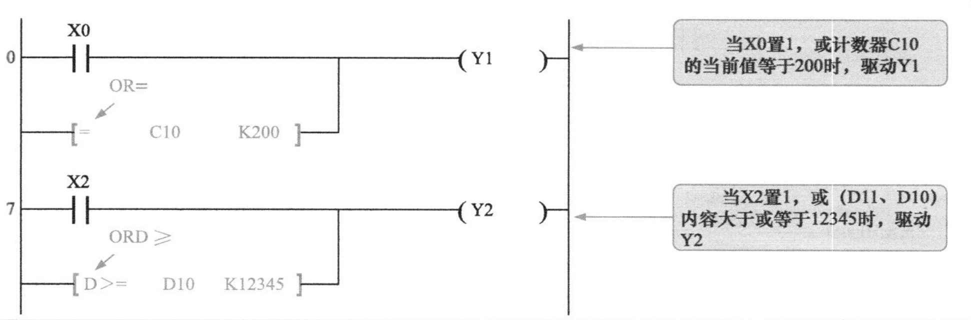


| 提示说明 |

**触点比较指令中，当源数据的最高位（32 位指令的最高位 b31，16 位指令的最高位 b15）为 1 时，将该数值作为负数进行比较。**

**32 位计数器（C200～C255）的触点比较，必须用 32 位指令。**

**三菱 FX 系列 PLC 的程序指令还有高速处理指令（包括输入输出刷新指令 REF、滤波调整指令 REFF、矩阵输入指令 MTR、比较置位指令 HSCS、比较复位指令 HSCR、区间比较指令 HSZ、脉冲密度指令 SPD、脉冲输出指令 PLSY、脉宽调制指令 PWM、可调速脉冲输出指令 PLSR）、外部 I/O 设备指令、外围设备指令、时钟运算指令等。**



## 9.7　三菱 PLC 的循环和移位指令

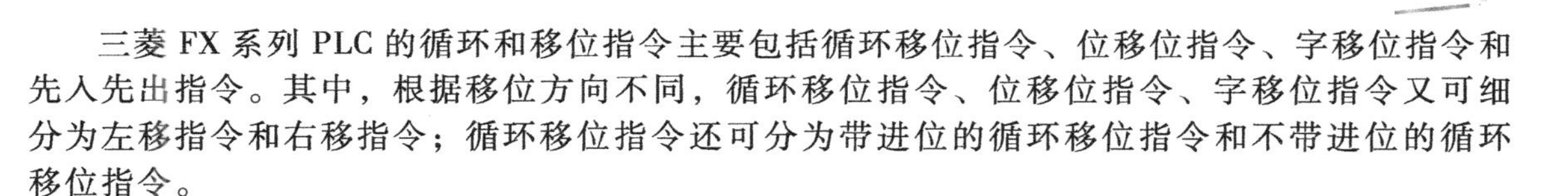

三菱 FX 系列 PLC 的循环和移位指令主要包括循环移位指令、位移位指令、字移位指令和先入先出指令。其中，根据移位方向不同，循环移位指令、位移位指令、字移位指令又可细分为左移指令和右移指令；循环移位指令还可分为带进位的循环移位指令和不带进位的循环移位指令。

### 9.7.1　循环移位指令

根据移位方向不同，循环移位指令可以分为右循环移位指令 ROR（功能码为 FNC30）和左循环移位指令 ROL（功能码为 FNC31），其功能是将一个字或双字的数据向右或向左循环移 $n$ 位。循环移位指令的格式见表 9-14。

**表 9-14　循环移位指令的格式**

| 指令名称 | 助记符 | 功能码（处理位数） | 目标操作数 [D·] | $n$ | 占用程序步数 |
|---|---|---|---|---|---|
| 右循环移位 | ROR<br>RORP | FNC30<br>（16/32） | KnY、KnM、KnS、T、C、D、V、Z | K、H 移位位数：<br>$n\leq16$（16 位指令）<br>$n\leq32$（32 位指令） | ROR、RORP…5 步<br>DROR、DRORP…9 步 |
| 左循环移位 | ROL<br>ROLP | FNC31<br>（16/32） | | | ROL、ROLP…5 步<br>DROL、DROLP…9 步 |

图 9-50 所示为循环移位指令的应用示例。

图 9-50　循环移位指令的应用示例

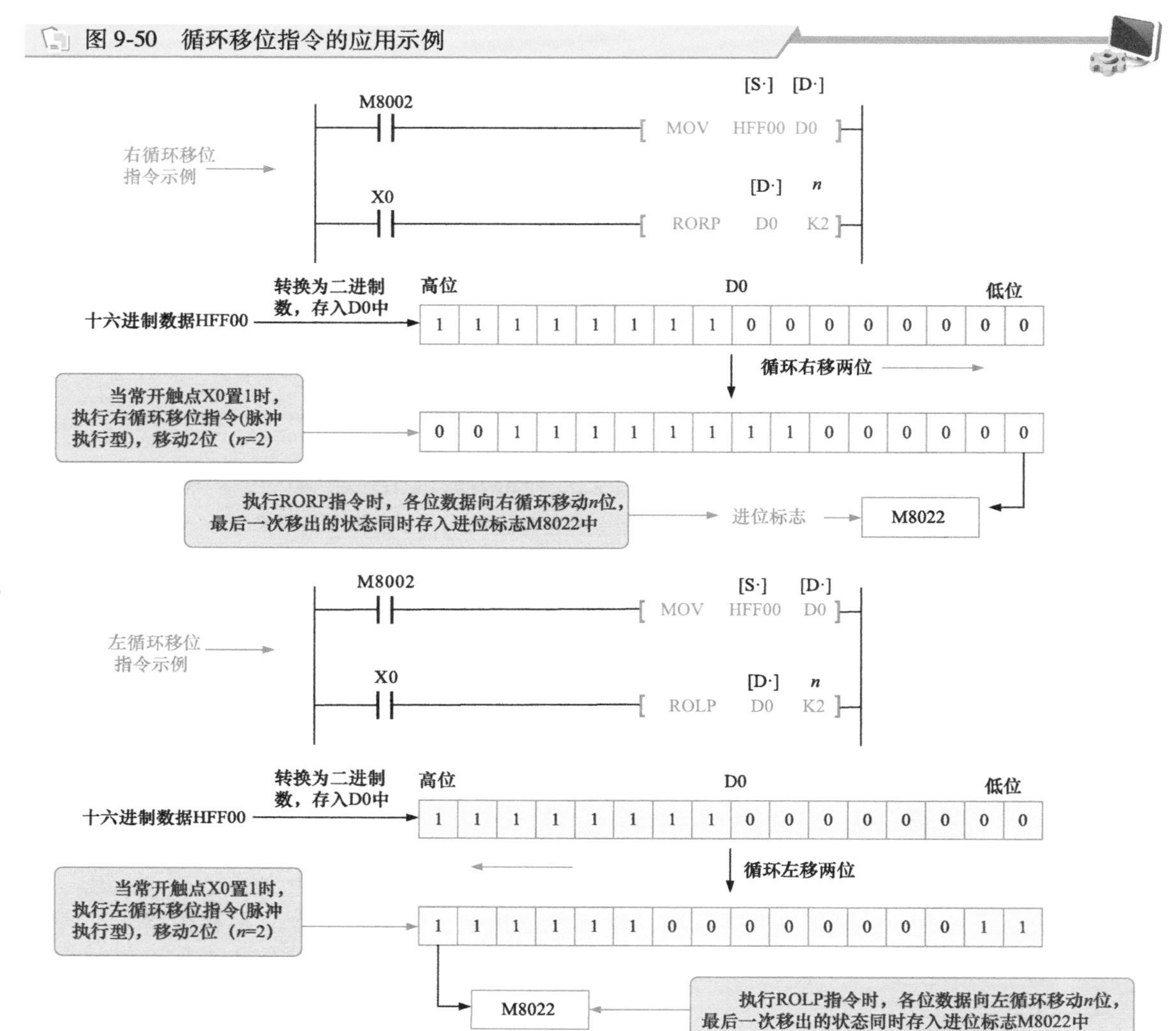




## 9.7.2　带进位的循环移位指令

带进位的循环移位指令也根据移位方向分为带进位的右循环移位指令 RCR（功能码为 FNC32）和带进位的左循环移位指令 RCL（功能码为 FNC33），该类指令的主要功能是将目标地址中的各位数据连同进位标志（M8022）向右或向左循环移动 *n* 位。带进位的循环移位指令的格式见表 9-15。

表 9-15　带进位的循环移位指令的格式

| 指令名称 | 助记符 | 功能码（处理位数） | 目标操作数［D·］ | *n* | 占用程序步数 |
|---|---|---|---|---|---|
| 带进位的右循环移位 | RCR<br>RCRP | FNC32<br>（16/32） | KnY、KnM、KnS、T、C、D、V、Z | K、H 移位位数：<br>*n*≤16（16 位指令）<br>*n*≤32（32 位指令） | RCR、RCRP…5 步<br>DRCR、DRCRP…9 步 |
| 带进位的左循环移位 | RCL<br>RCLP | FNC33<br>（16/32） | | | RCL、RCLP…5 步<br>DRCL、DRCLP…9 步 |

图 9-51 所示为带进位的循环移位指令的应用示例。

图 9-51　带进位的循环移位指令的应用示例

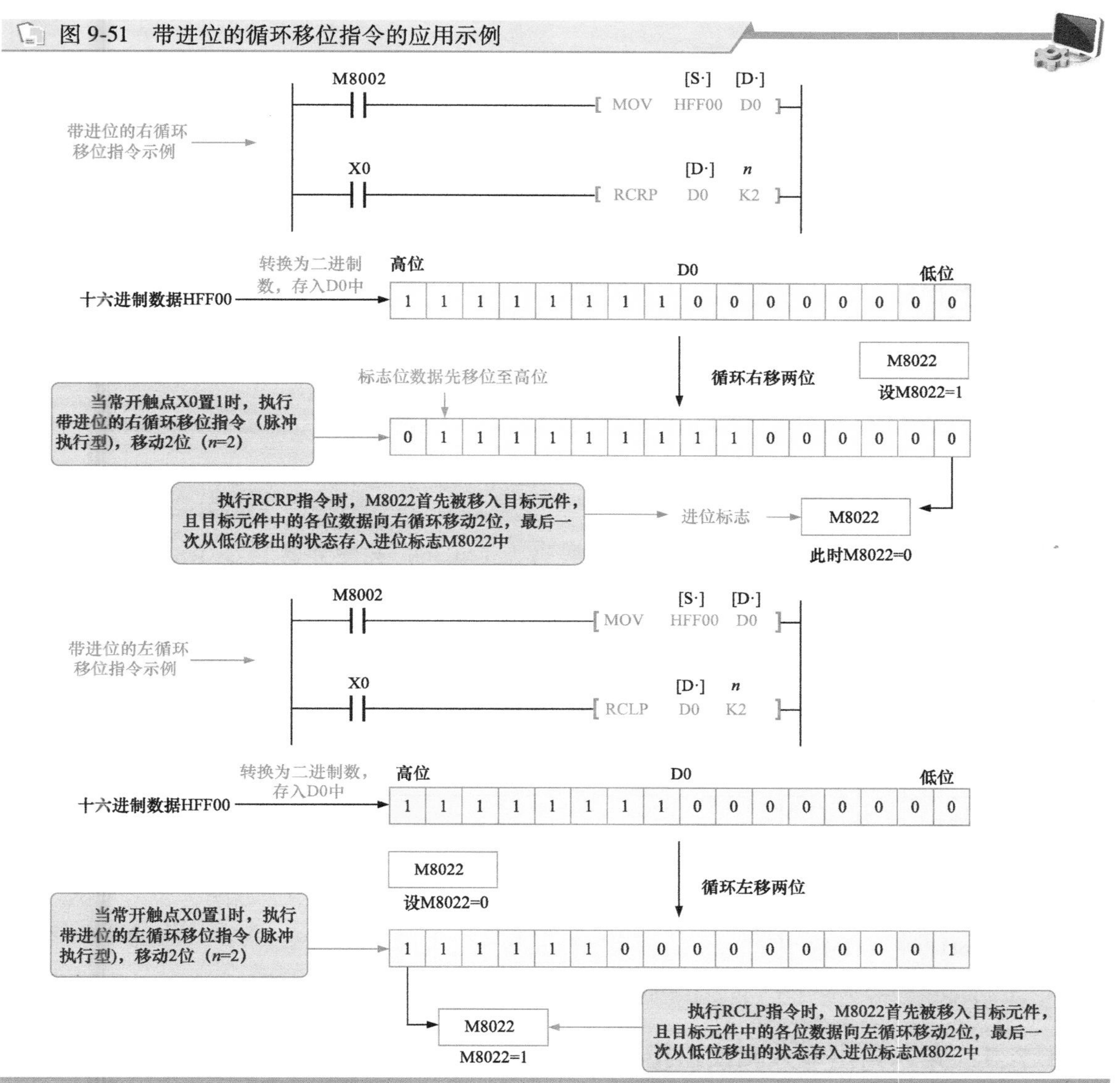

## 9.7.3　位移位指令

位移位指令包括位右移指令 SFTR（功能码为 FNC34）和位左移指令 SFTL（功能码为 FNC35），该类指令的功能是将目标位元件中的状态（0 或 1）成组地向右（或向左）移动。位移位指令的格式见表 9-16。

表 9-16　位移位指令的格式

| 指令名称 | 助记符 | 功能码（处理位数） | 操作数范围 | | | | 占用程序步数 |
|---|---|---|---|---|---|---|---|
| | | | 源操作数［S·］ | 目标操作数［D·］ | $n1$ | $n2$ | |
| 位右移 | SFTR<br>SFTRP | FNC34<br>（16） | X、Y、M、S | Y、M、S | K、H：<br>$n2 \leqslant n1 \leqslant 1024$ | | SFTR、<br>SFTRP…9 步 |
| 位左移 | SFTL<br>SFTLP | FNC35<br>（16） | | | | | SFTL、<br>SFTLP…9 步 |

注：$n1$ 为指定位元件的长度，$n2$ 为指定移位位数。

图 9-52 所示为位移位指令的应用示例。

图 9-52 位移位指令的应用示例

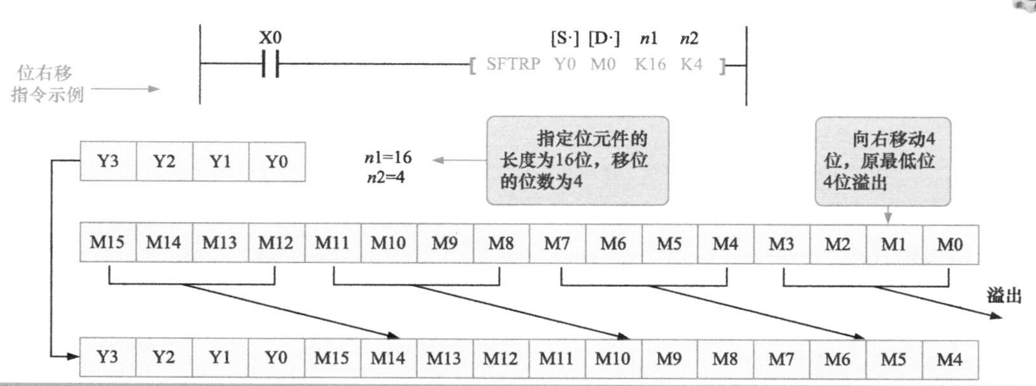


## 9.7.4 字移位指令



字移位指令包括字右移指令 WSFR（功能码为 FNC36）和字左移指令 WSFL（功能码为 FNC37），该类指令的功能是指以字为单位，将 *n*1 个字右移或左移 *n*2 个字。字移位指令的格式见表 9-17。图 9-53 所示为字移位指令的应用示例。

表 9-17 字移位指令的格式

| 指令名称 | 助记符 | 功能码（处理位数） | 操作数范围 | | | | 占用程序步数 |
|---|---|---|---|---|---|---|---|
| | | | 源操作数［S·］ | 目标操作数［D·］ | *n*1 | *n*2 | |
| 字右移 | WSFR<br>WSFRP | FNC36<br>（16） | KnX、KnY、KnM、KnS、T、C、D | KnY、KnM、KnS、T、C、D | K、H：<br>*n*2≤*n*1≤512 | | WSFR、<br>WSFRP…9 步 |
| 字左移 | WSFL<br>WSFLP | FNC37<br>（16） | | | | | WSFL、<br>WSFLP…9 步 |

注：*n*1 为指定字元件的长度，*n*2 为指定移字的位数。

## 9.7.5 先入先出写入和读出指令

先入先出写入指令 SFWR（功能码为 FNC38）和先入先出读出指令 SFRD（功能码为 FNC39）分别为控制先入先出的数据写入和读出指令。先入先出写入和读出指令的格式见表 9-18。

表 9-18 先入先出写入和读出指令的格式

| 指令名称 | 助记符 | 功能码（处理位数） | 操作数范围 | | | 占用程序步数 |
|---|---|---|---|---|---|---|
| | | | 源操作数［S·］ | 目标操作数［D·］ | *n* | |
| 先入先出写入 | SFWR<br>SFWRP | FNC38<br>（16） | K、H、KnX、KnY、KnM、KnS、T、C、D、V、Z | KnY、KnM、KnS、T、C、D | K、H：<br>2≤*n*≤512 | SFWR、<br>SFWRP…7 步 |
| 先入先出读出 | SFRD<br>SFRDP | FNC39<br>（16） | KnX、KnY、KnM、KnS、T、C、D | KnY、KnM、KnS、T、C、D、V、Z | | SFRD、<br>SFRDP…7 步 |

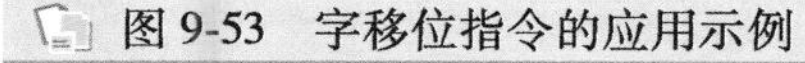
图 9-53　字移位指令的应用示例

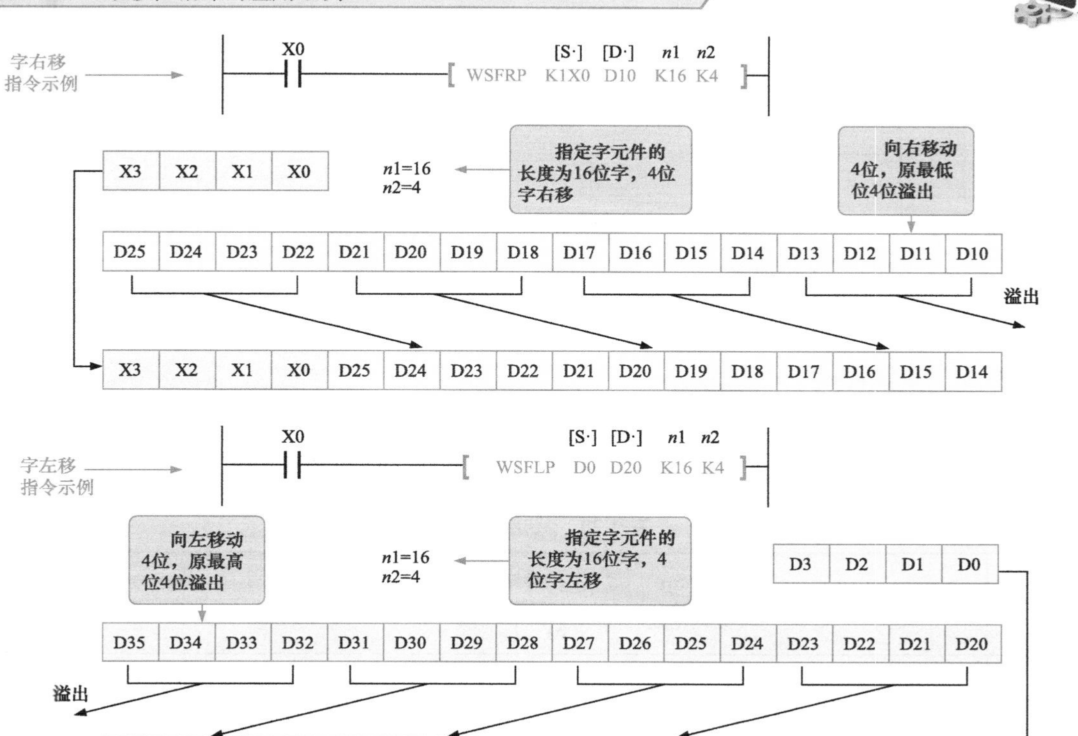




# 9.8　三菱 PLC 的算术指令

三菱 PLC 的算术和逻辑运算指令是 PLC 基本的运算指令，用于完成加减乘除四则运算和逻辑与或运算，实现 PLC 数据的算术及逻辑运算等控制功能。

三菱 FX 系列 PLC 的算术运算指令包括加法指令（ADD）、减法指令（SUB）、乘法指令（MUL）、除法指令（DIV）和加 1、减 1 指令（INC、DEC）。三菱 PLC 的逻辑运算指令包括字逻辑与（WAND）、字逻辑或（WOR）、字逻辑异或指令（WXOR）、求补指令（NEG）等。

## 9.8.1　加法指令（ADD）

加法指令 ADD（功能码为 FNC20）是指将源元件中的二进制数相加，结果送到指定的目标地址中。加法指令的格式见表 9-19。

表 9-19　加法指令的格式

| 指令名称 | 助记符 | 功能码（处理位数） | 源操作数 [S1·]、[S2·] | 目标操作数 [D·] | 占用程序步数 |
|---|---|---|---|---|---|
| 加法 | ADD（连续执行型） | FNC20（16/32） | K、H、KnX、KnY、KnM、KnS、T、C、D、V、Z | KnY、KnM、KnS、T、C、D、V、Z | ADD、ADDP…7 步 DADD、DADDP…13 步 |
|  | ADDP（脉冲执行型） |  |  |  |  |

图 9-54 所示为加法指令的应用示例。

图 9-54　加法指令的应用示例

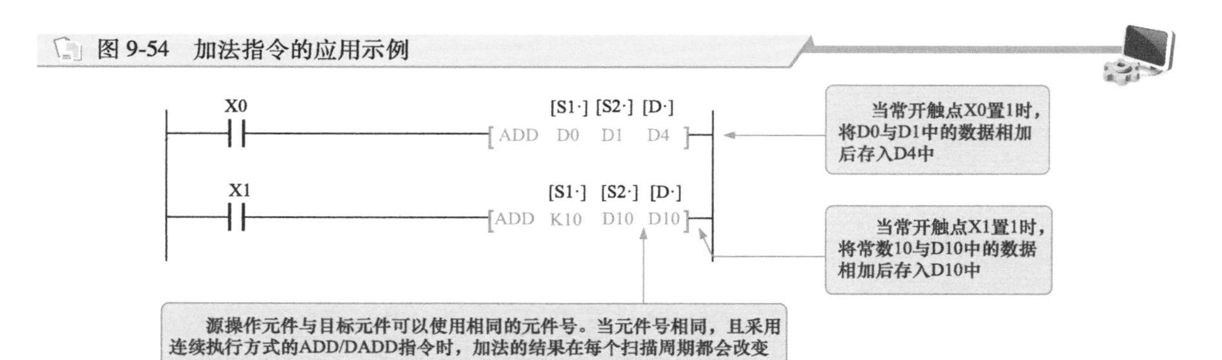


## 9.8.2　减法指令（SUB）

减法指令 SUB（功能码为 FNC21）是指将第 1 个源操作数指定的内容和第 2 个源操作数指定的内容相减（二进制数的形式），结果送到指定的目标地址中。减法指令的格式见表 9-20。



表 9-20　减法指令的格式

| 指令名称 | 助记符 | 功能码（处理位数） | 源操作数 [S1・]、[S2・] | 目标操作数［D・］ | 占用程序步数 |
|---|---|---|---|---|---|
| 减法 | SUB（连续执行型） | FNC21 (16/32) | K、H、KnX、KnY、KnM、KnS、T、C、D、V、Z | KnY、KnM、KnS、T、C、D、V、Z | SUB、SUBP…7 步 DSUB、DSUBP…13 步 |
| | SUBP（脉冲执行型） | | | | |

图 9-55 所示为减法指令的应用示例。

图 9-55　减法指令的应用示例

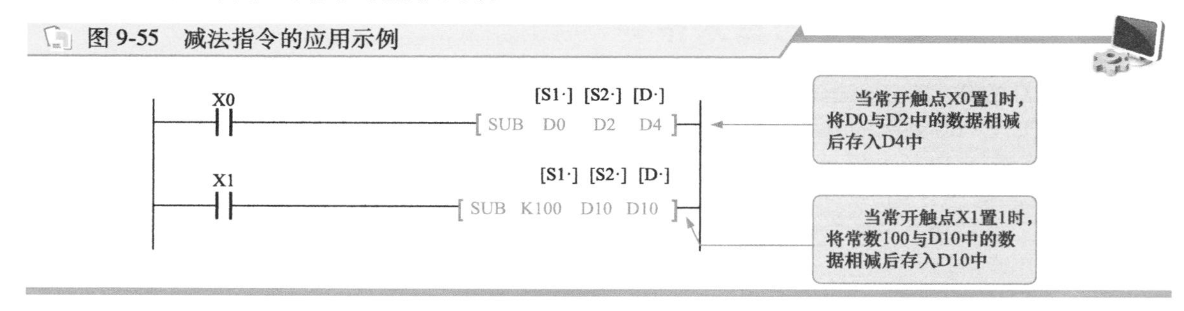


**| 提示说明 |**

**加法指令 ADD 和减法指令 SUB 会影响到 PLC 中的 3 个特殊辅助继电器（标志位）：零标志 M8020、借位标志 M8021 和进位标志 M8022。**

**若运算结果为 0，则 M8020=1；**

**若运算结果小于-32767（16 位运算）或-2147483647（32 位运算），则 M8021=1；**

**若运算结果大于 32767（16 位运算）或 2147483647（32 位运算），则 M8022=1。**

**另外，需要注意的是，运算数据的结果为二进制数，最高位为符号位，0 代表正数，1 代表负数。**

## 9.8.3　乘法指令（MUL）

乘法指令 MUL（功能码为 FNC22）是指将指定源操作数的内容相乘（二进制数的形式），结果送到指定的目标地址中，数据均为有符号数。乘法指令的格式见表 9-21。

表 9-21　乘法指令的格式

| 指令名称 | 助记符 | 功能码（处理位数） | 源操作数 [S1·]、[S2·] | 目标操作数 [D·] | 占用程序步数 |
|---|---|---|---|---|---|
| 乘法 | MUL（连续执行型）<br>MULP（脉冲执行型） | FNC22（16/32） | K、H、KnX、KnY、KnM、KnS、T、C、D、V、Z（V、Z 只能在 16 位运算中作为目标元件指定，不可用于 32 位计算中） | KnY、KnM、KnS、T、C、D、V、Z | MUL、MULP…7 步<br>DMUL、D MULP…13 步 |

图 9-56 所示为乘法指令的应用示例。

图 9-56　乘法指令的应用示例

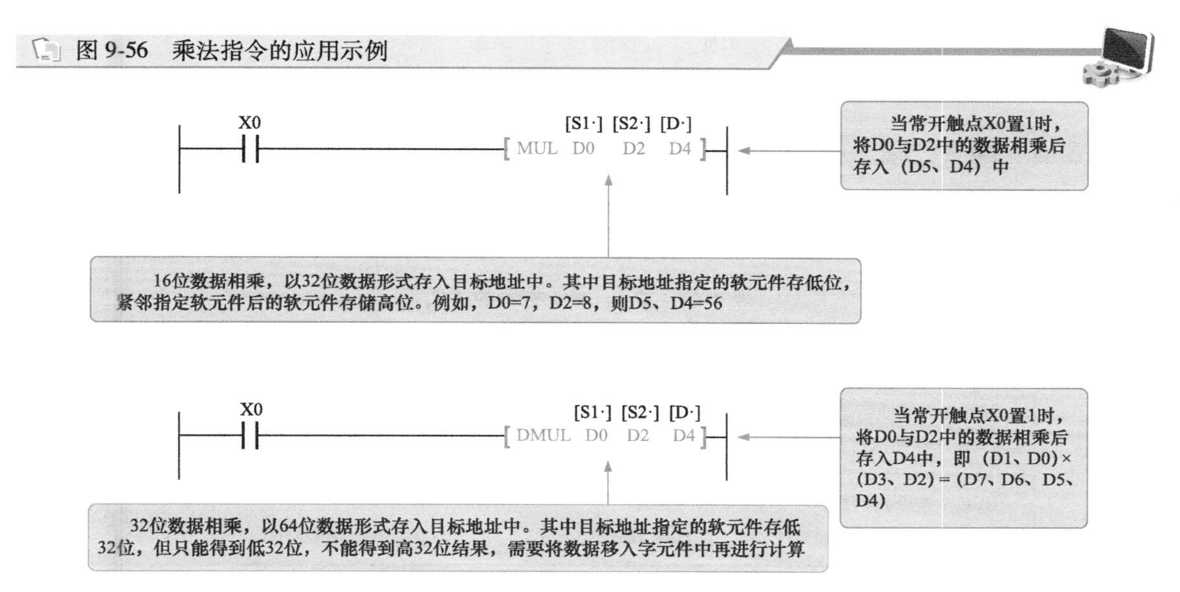




## 9.8.4 除法指令（DIV）

除法指令 DIV（功能码为 FNC23）是指将第 1 个源操作数作为被除数，第 2 个源操作数作为除数，将商送到指定的目标地址中。除法指令的格式见表 9-22。

表 9-22　除法指令的格式

| 指令名称 | 助记符 | 功能码（处理位数） | 源操作数 [S1·]、[S2·] | 目标操作数 [D·] | 占用程序步数 |
|---|---|---|---|---|---|
| 除法 | DIV（连续执行型）<br>DIVP（脉冲执行型） | FNC23（16/32） | K、H、KnX、KnY、KnM、KnS、T、C、D、V、Z（V、Z 只能在 16 位运算中作为目标元件指定，不可用于 32 位计算中） | KnY、KnM、KnS、T、C、D、V、Z | DIV、DIVP…7 步<br>DDIV、DDIVP…13 步 |

图 9-57 所示为除法指令的应用示例。

图 9-57　除法指令的应用示例

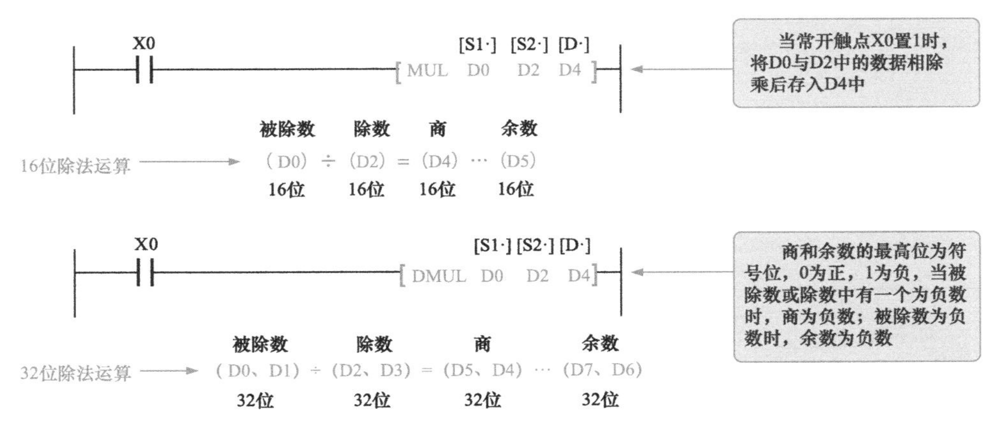




## 9.8.5 加 1、减 1 指令（INC、DEC）

加 1 指令 INC（功能码为 FNC24）和减 1 指令 DEC（功能码为 FNC25）的主要功能是当满足一定条件时，将指定软元件中的数据加 1 或减 1。加 1、减 1 指令的格式见表 9-23。

**表 9-23　加 1、减 1 指令的格式**

| 指令名称 | 助记符 | 功能码（处理位数） | 目标操作数［D·］ | 占用程序步数 |
|---|---|---|---|---|
| 加 1 | INC（连续执行型）<br>INCP（脉冲执行型） | FNC24<br>（16/32） | KnY、KnM、KnS、T、C、D、V、Z | INC、INCP…3 步<br>DINC、DINCP…5 步 |
| 减 1 | DEC（连续执行型）<br>DECP（脉冲执行型） | FNC25<br>（16/32） | | DEC、DECP…3 步<br>DDEC、DDECP…5 步 |

图 9-58 所示为加 1、减 1 指令的应用示例。

图 9-58　加 1、减 1 指令的应用示例

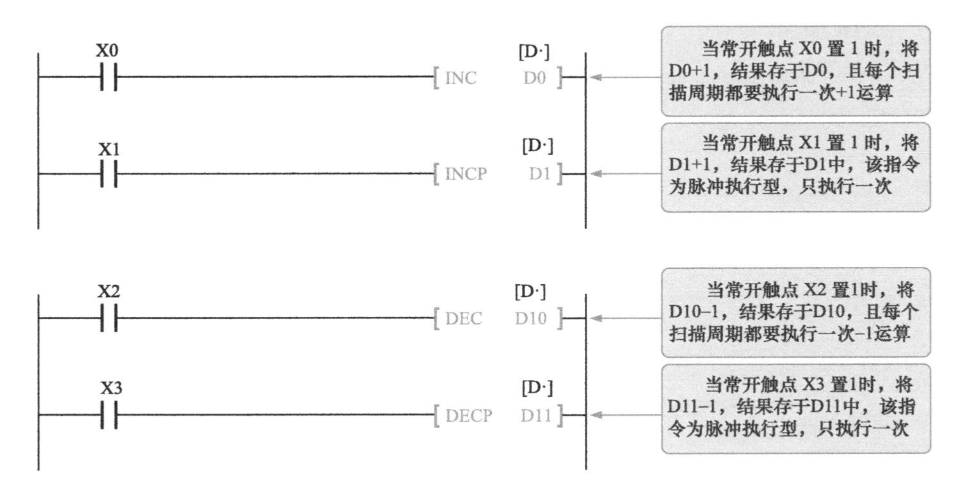

| 提示说明 |

在 16 位运算时，当 32767 加 1 时，变为-32768，标志位不动作；32 位运算时，当 2147483647 加 1 时，变为-2147483648，标志位不动作。

在 16 位运算时，当-32768 减 1 时，变为 32767，标志位不动作；32 位运算时，当-2147483648 减 1 时，变为 2147483647，标志位不动作。

# 9.9 三菱 PLC 的逻辑运算指令

## 9.9.1 字逻辑与（WAND）、字逻辑或（WOR）、字逻辑异或（WXOR）指令

字逻辑与指令（WAND）、字逻辑或指令（WOR）、字逻辑异或指令（WXOR）是三菱 PLC 中的基本逻辑运算指令。

字逻辑与指令 WAND（功能码为 FNC26）是指将两个源操作数按位进行与运算操作，结果送到目标地址中。

字逻辑或指令 WOR（功能码为 FNC27）是指将两个源操作数按位进行或运算操作，结果送到目标地址中。



字逻辑异或指令 WXOR（功能码为 FNC28）是指将两个源操作数按位进行异或运算操作，结果送到目标地址中。

字逻辑与（WAND）、字逻辑或（WOR）、字逻辑异或（WXOR）指令的格式见表 9-24。

表 9-24　字逻辑与（WAND）、字逻辑或（WOR）、字逻辑异或（WXOR）指令的格式

| 指令名称 | 助记符 | 功能码（处理位数） | 源操作数 [S1·]、[S2·] | 目标操作数 [D·] | 占用程序步数 |
|---|---|---|---|---|---|
| 字逻辑与 | WAND | FNC26 (16/32) | K、H、KnX、KnY、KnM、KnS、T、C、D、V、Z（V、Z 只能在 16 位运算中作为目标元件指定，不可用于 32 位计算中） | KnY、KnM、KnS、T、C、D、V、Z | WAND、WANDP…7 步<br>DWAND、DWANDP…13 步 |
| 字逻辑或 | WOR | FNC27 (16/32) | | | WOR、WORP…7 步<br>DWOR、DWORP…13 步 |
| 字逻辑异或 | WXOR | FNC28 (16/32) | | | WXOR、WXORP…7 步<br>DXWOR、DWXORP…13 步 |

图 9-59 所示为字逻辑与（WAND）、字逻辑或（WOR）、字逻辑异或（WXOR）指令的应用示例。

图 9-59　字逻辑与（WAND）、字逻辑或（WOR）、字逻辑异或（WXOR）指令的应用示例

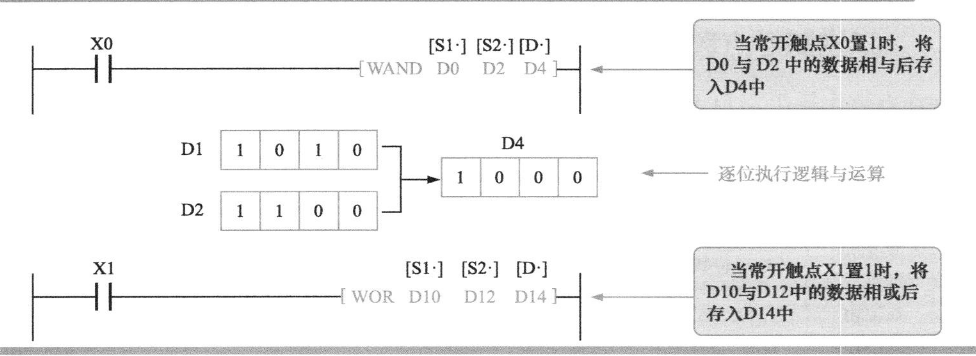

图 9-59 字逻辑与（WAND）、字逻辑或（WOR）、字逻辑异或（WXOR）指令的应用示例（续）

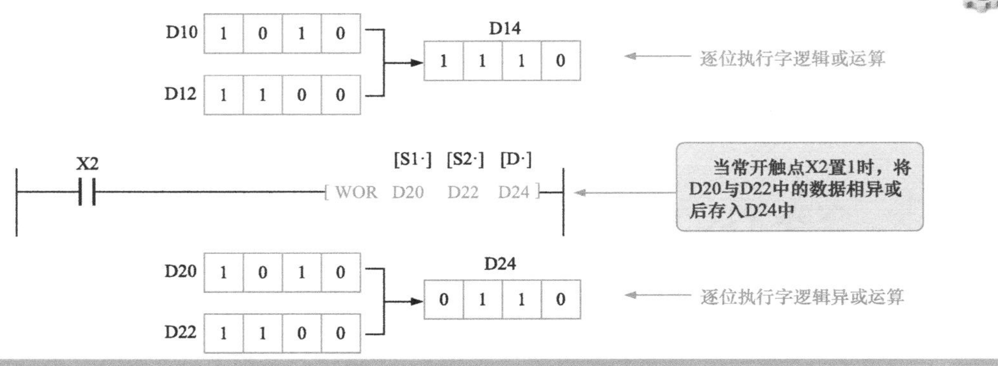

## 9.9.2 求补指令（NEG）

求补指令 NEG（功能码为 FNC29）是指将目标地址中指定的数据每一位取反后再加 1，并将结果存储在原单元中。求补指令的格式见表 9-25。



表 9-25 求补指令的格式

| 指令名称 | 助记符 | 功能码（处理位数） | 目标操作数［D・］ | 占用程序步数 |
|---|---|---|---|---|
| 求补 | NEG（连续执行型）<br>NEGP（脉冲执行型） | FNC29（16/32） | KnY、KnM、KnS、<br>T、C、D、V、Z | NEG、NEGP…3 步<br>DNEG、DNEGP…5 步 |

图 9-60 所示为求补指令的应用示例。

图 9-60 求补指令的应用示例

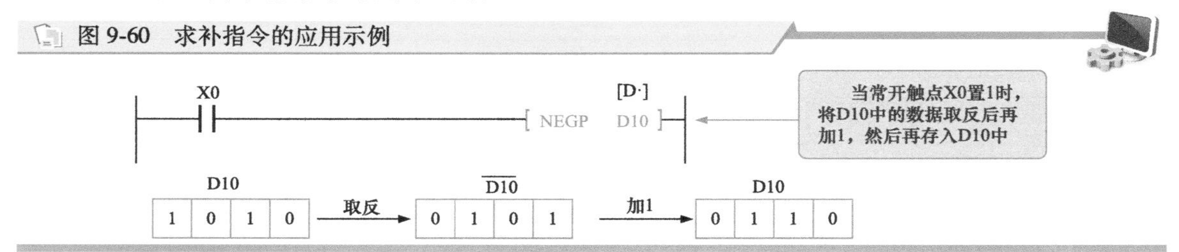


# 9.10 三菱 PLC 的浮点数运算指令

浮点数（实数）运算指令包括浮点数的比较指令、转换指令、四则运算指令和三角函数指令等，这个指令的应用与整数的运算指令相似，可参考整数运算指令详细介绍了解。

## 9.10.1 二进制浮点数比较指令（ECMP）

二进制浮点数比较指令 ECMP（功能码为 FNC110）用于比较两个二进制的浮点数，将比较结果送入目标地址中。二进制浮点数比较指令的格式见表 9-26。

表 9-26 二进制浮点数比较指令的格式

| 指令名称 | 助记符 | 功能码（处理位数） | 操作数范围 | | | 占用程序步数 |
|---|---|---|---|---|---|---|
| | | | 源操作数［S1・］ | 源操作数［S2・］ | 目标操作数［D・］ | |
| 二进制浮点数比较 | DECMP<br>DECMPP | FNC110（仅有 32 位） | K、H、D | | Y、M、S | DECMP、<br>DECMPP…13 步 |

图 9-61 所示为二进制浮点数比较指令的应用示例。

图 9-61 二进制浮点数比较指令的应用示例

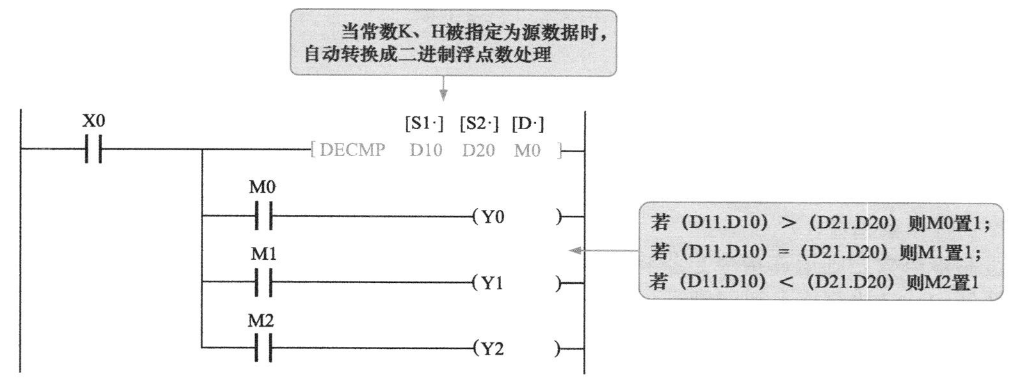


## 9.10.2 二进制浮点数区域比较指令（EZCP）



二进制浮点数区域比较指令 EZCP（功能码为 FNC111）是指将 32 位源操作数［S·］与下限［S1·］和上限［S2·］进行范围比较，对应输出 3 个位元件的 ON/OFF 状态到目标地址中。二进制浮点数区域比较指令的格式见表 9-27。

**表 9-27 二进制浮点数区域比较指令的格式**

| 指令名称 | 助记符 | 功能码（处理位数） | 操作数范围 | | 占用程序步数 |
|---|---|---|---|---|---|
| | | | 源操作数［S1·］、［S2·］、［S］ | 目标操作数［D·］ | |
| 二进制浮点数区域比较 | DEZCP<br>DEZCPP | FNC111<br>（仅有 32 位） | K、H、D(［S1·］<［S2·］) | Y、M、S | DEZCP、DEZCPP…<br>17 步 |

图 9-62 所示为二进制浮点数区域比较指令的应用示例。

图 9-62 二进制浮点数区域比较指令的应用示例

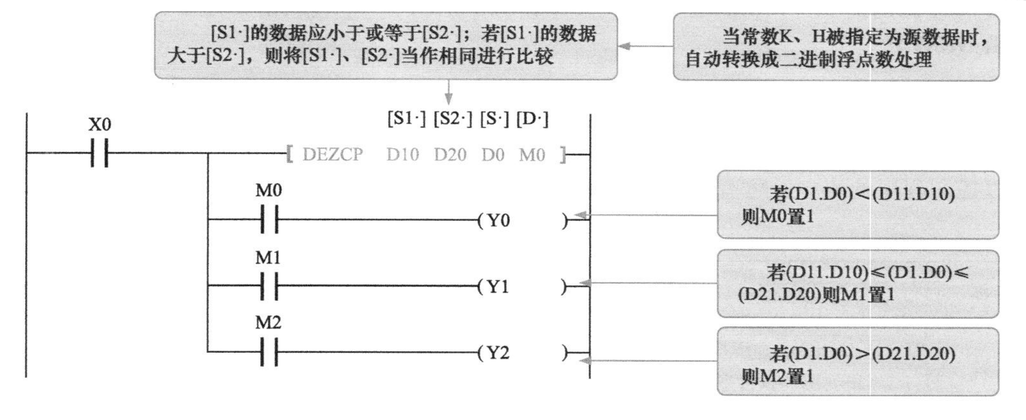

### 9.10.3 浮点数转换指令

浮点数转换指令包括二进制浮点数转十进制浮点数指令（DEBCD）、十进制浮点数转二进制浮点数指令（DEBIN），两种指令均为 32 位指令，源操作数［S·］和目标地址［D·］均取值 D，占用程序步数为 9 步。

### 9.10.4 二进制浮点数四则运算指令

二进制浮点数四则运算指令包括二进制浮点数加法指令 EADD（FNC120）、二进制浮点数减法指令 ESUB（FNC121）、二进制浮点数乘法指令 EMUL（FNC122）和二进制浮点数除法指令 EDIV（FNC123）等 4 条指令。

二进制浮点数四则运算指令是指将两个源操作数进行四则运算（加、减、乘、除）后存入指定目标地址中。二进制浮点数四则运算指令的格式见表 9-28。

表 9-28　二进制浮点数四则运算指令的格式

| 指令名称 | 助记符 | 功能码（处理位数） | 操作数范围 | | 占用程序步数 |
|---|---|---|---|---|---|
| | | | 源操作数［S1·］、［S2·］ | 目标操作数［D·］ | |
| 二进制浮点数加法 | DEADD DEADDP | FNC120（仅有 32 位） | K、H、D | D | 13 步 |
| 二进制浮点数减法 | DESUB DESUBP | FNC121（仅有 32 位） | | | |
| 二进制浮点数乘法 | DEMUL DEMULP | FNC122（仅有 32 位） | | | |
| 二进制浮点数除法 | DEDIV DEDIVP | FNC123（仅有 32 位） | | | |



## 9.11 三菱 PLC 的程序流程指令

三菱 FX 系列 PLC 的程序流程指令是指控制程序流向的一类功能指令。主要包括条件跳转指令（CJ）、子程序调用指令（CALL）、子程序返回指令（SRET）、主程序结束指令（FEND）和循环指令（FOR-NEXT）。

### 9.11.1 条件跳转指令（CJ）

条件跳转指令（CJ）是指有条件前提下，跳过顺序程序中的一部分，直接跳转到指定的标号处，用以控制程序的流向，可有效缩短程序扫描时间。表 9-29 为条件跳转指令的格式。

表 9-29　条件跳转指令的格式

| 指令名称 | 助记符 | 功能码（处理位数） | 操作数范围［D·］ | 占用程序步数 |
|---|---|---|---|---|
| 条件跳转 | CJ（16 位指令，连续执行型）<br>CJP（脉冲执行型） | FNC00 | P0~P127 | CJ 和 CJP：3 步 标号 P：1 步 |

图 9-63 所示为条件跳转指令的应用示例。

图 9-63　条件跳转指令的应用示例

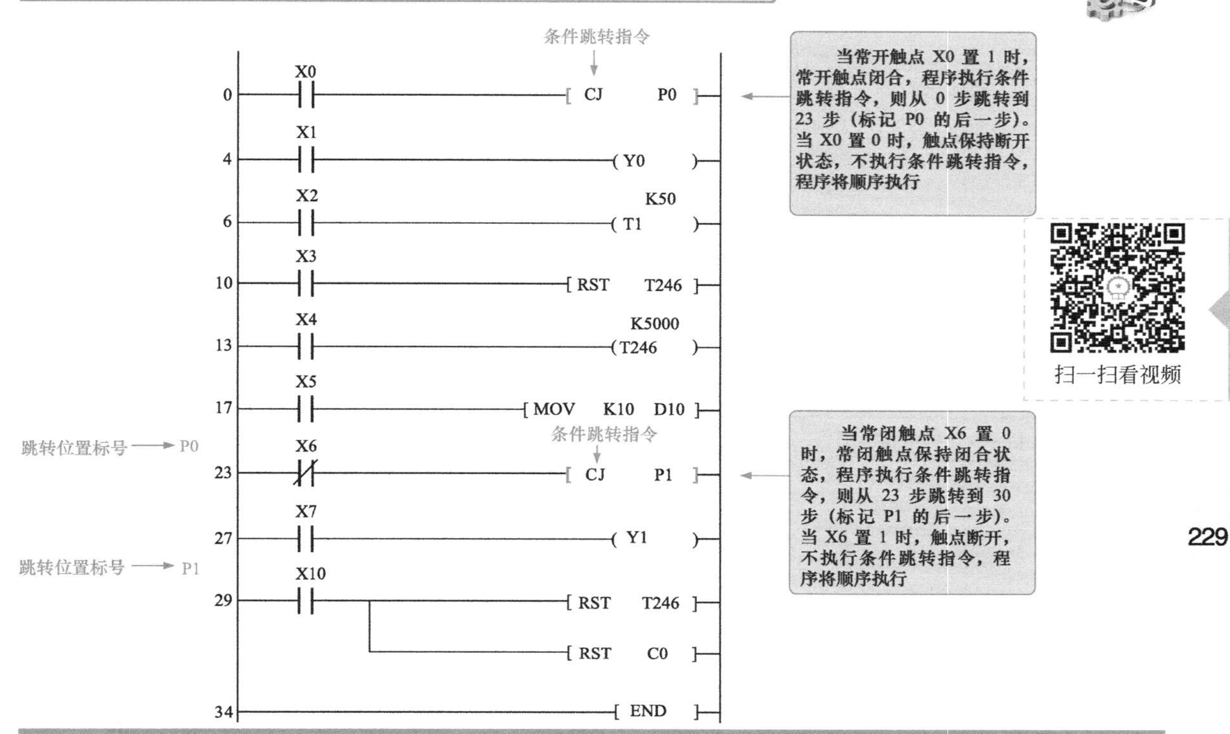

**| 提示说明 |**

在三菱 PLC 的编程指令中，程序流程指令及传送与比较指令、四则逻辑运算指令、循环与移位指令、浮点数运算指令、触点比较指令都称为三菱 PLC 的功能指令。以三菱 FX 系列 PLC 的功能指令为例，功能指令由计算机通用的助记符来表示，且都有其对应的功能码。例如，数据传送指令的助记符为 MOV，该指令的功能码是 FNC12。当采用手持式编程器编程时，需要输入功能码。若采用计算机编程软件编程，则输入助记符即可。

功能指令有通用的表达形式，如图 9-64 所示。

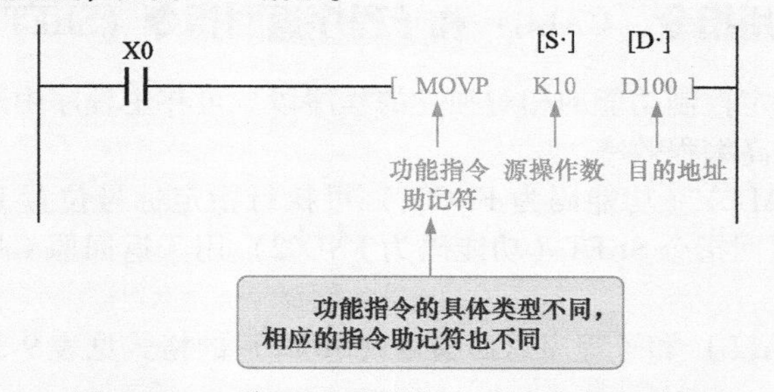


图 9-64　三菱 PLC 功能指令通用的表达形式

功能指令一般都带有操作数，操作数可以取 K、H、KnX、KnY、KnM、KnS（位元件的组合）、T、C、D、V、Z。常数 K 表示十进制常数，常数 H 表示十六进制常数。

功能指令有连续执行和脉冲执行两种执行方式。采用脉冲执行方式的功能指令，在指令助记符后要加字母“P”，表示该指令仅在执行条件接通时执行一次。采用连续执行方式的功能指令不需要加字母“P”，表示该指令在执行条件接通的每一个扫描周期都要被执行。

功能指令的数据长度：功能指令可以处理 PLC 内部的 16 位数据和 32 位数据。当处理 16 位数据时，不加字母；当处理 32 位数据时，在指令助记符前面加字母“D”。图 9-65 所示为功能指令的应用示例。

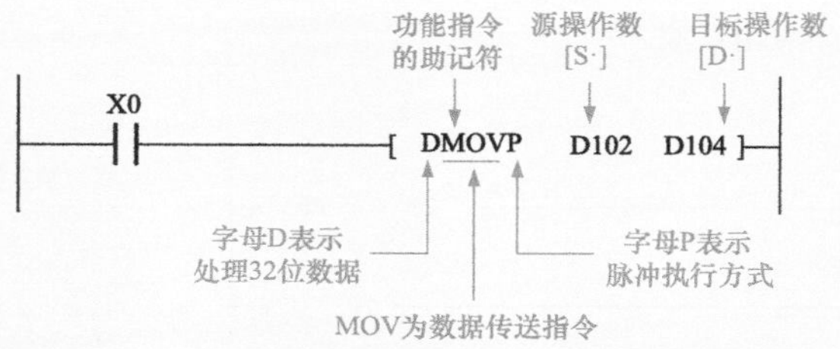

图 9-65 功能指令的应用示例

**在功能指令的操作数中，KnX（输入位组件）、KnY（输出位组件）、KnM（辅助位组件）、KnS（状态位组件）表示位元件的组合，即多个元件按一定规律组合。如 KnY0，其中，K 表示十进制，n 表示组数，取值为 1~8，每组有 4 个位元件，见表 9-30。**

表 9-30 位元件的组合的特点

| 位元件组合中 n 的取值范围 | | 例 KnX0 | 包含的位元件 | 位元件个数 |
|---|---|---|---|---|
| 1~8 | 1~4（适用于 32 位指令） | K1X0 | X3~X0 | 4 |
| | | K2X0 | X7~X0 | 8 |
| | | K3X0 | X13~X10、X7~X0 | 12 |
| | | K4X0 | X17~X10、X7~X0 | 16 |
| | 5~8（只可用于 32 位指令） | K5X0 | X23~X20、X17~X10、X7~X0 | 20 |
| | | K6X0 | X27~X20、X17~X10、X7~X0 | 24 |
| | | K7X0 | X33~X30、X27~X20、X17~X10、X7~X0 | 28 |
| | | K8X0 | X37~X30、X27~X20、X17~X10、X7~X0 | 32 |



**例如：K1Y0，表示 Y3、Y2、Y1、Y0 的 4 位数据，其中 Y0 为最低位。**

**K2M10，表示 M17、M16、M15、M14、M13、M12、M11、M10 的 8 位数据，其中 M10 为最低位。**

**K4X30，表示 X47、X46、X45、X44、X43、X42、X41、X40、X37、X36、X35、X34、X33、X32、X31、X30 的 16 位数据，其中 X30 为最低位。**

## 9.11.2 子程序调用指令（CALL）和子程序返回指令（SRET）

子程序是指可实现特定控制功能的相对独立的程序段。可在主程序中通过调用指令直接调用子程序，有效简化程序和提高编程效率。

子程序调用指令（CALL）（功能码为 FNC01）可执行指定标号位置 P 的子程序，操作数为 P 指针 P0~P127。子程序返回指令 SRET（功能码为 FNC02）用于返回原 CALL 下一条指令位置，无操作数。

子程序调用指令（CALL）和子程序返回指令（SRET）的格式见表 9-31。

表 9-31 子程序调用指令（CALL）和子程序返回指令（SRET）的格式

| 指令名称 | 助记符 | 功能码（处理位数） | 操作数范围［D·］ | 占用程序步数 |
|---|---|---|---|---|
| 子程序调用 | CALL（连续执行型）<br>CALLP（脉冲执行型） | FNC01（16） | P0~P127，可嵌套 5 层 | CALL 和 CALLP：3 步<br>标号 P：1 步 |
| 子程序返回 | SRET | FNC02 | 无 | 1 步 |

图 9-66 所示为子程序调用指令和子程序返回指令的应用示例。

图 9-66 子程序调用指令和子程序返回指令的应用示例

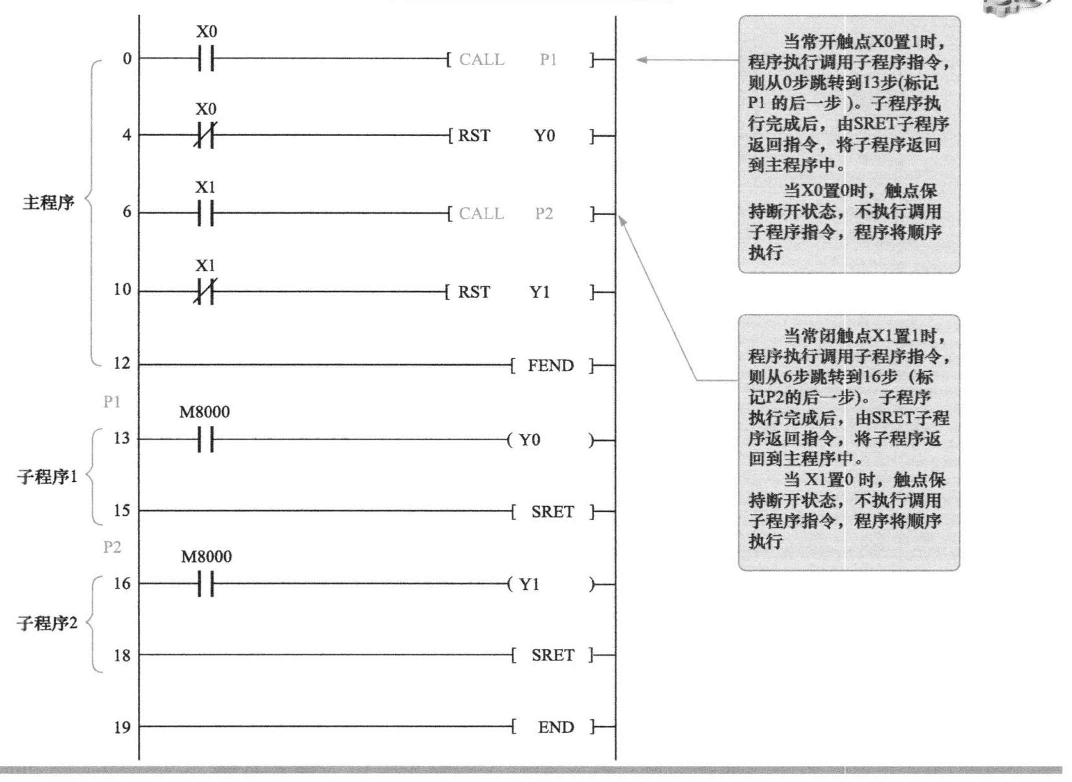




**| 相关资料 |**

主程序结束指令 FEND（功能码为 FNC06）表示主程序结束子程序开始，无操作数。子程序和中断服务程序应写在 FEND 与 END 指令之间。

## 9.11.3 循环范围开始指令（FOR）和循环范围结束指令（NEXT）

循环指令包括循环范围开始指令（FOR）（功能码为 FNC08）和循环范围结束指令（NEXT）（功能码为 FNC09）。FOR 指令和 NEXT 指令必须成对使用，且 FOR 与 NEXT 指令之间的程序被循环执行，循环的次数由 FOR 指令的操作数指定。循环指令完成后，执行 NEXT 指令后面的程序。循环范围开始指令（FOR）和循环范围结束指令（NEXT）的格式见表 9-32。

表 9-32 循环范围开始指令（FOR）和循环范围结束指令（NEXT）的格式

| 指令名称 | 助记符 | 功能码（处理位数） | 源操作数［S·］ | 占用程序步数 |
|---|---|---|---|---|
| 循环范围开始 | FOR | FNC08 | K、H、KnX、KnY、KnM、KnS、T、C、D、V、Z | 3 步 |
| 循环范围结束 | NEXT | FNC09 | 无 | 1 步 |

**| 提示说明 |**

循环范围开始指令（FOR）和循环范围结束指令（NEXT）可循环嵌套 5 层。指令的循环次数 N=1～32767。循环指令可利用 CJ 指令在循环没有结束时跳出循环。FOR 指令应用在 NEXT 指令之前，且 NEXT 指令应应用在 FEND 和 END 指令之前，否则会发生错误。

图 9-67 所示为循环范围开始指令（FOR）和循环范围结束指令（NEXT）的应用示例。

图 9-67　循环范围开始指令（FOR）和循环范围结束指令（NEXT）的应用示例

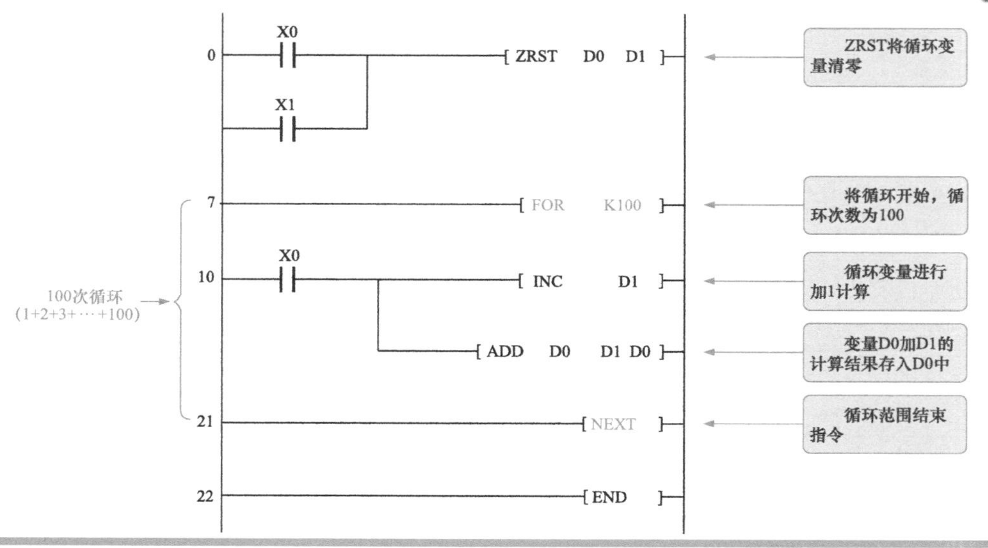




# 9.12　顺序功能图（步进顺控梯形图指令）

顺序功能图（SFC）是一种用来表达顺序控制过程的图形语言，特别是对于一个复杂的顺序控制系统编程，由于其内部的连锁关系极其复杂，直接用梯形图编写程序可能达数百行，可读性较差，这种情况下采用顺序功能图为顺序控制类程序的编写提供了很大方便。

## 9.12.1　顺序功能图的基本构成

顺序控制功能图，简称功能图，又叫状态功能图、状态流程图或状态转移图。它是专用于工业顺序控制程序设计的一种功能说明性语言，能完整地描述控制系统的工作过程、功能和特性，是分析、设计电气控制系统控制程序的重要工具。

顺序功能图主要由步、有向连线、转换、转换条件和动作组成。图 9-68 所示为顺序功能图的一般形式。

图 9-68　顺序功能图的一般形式

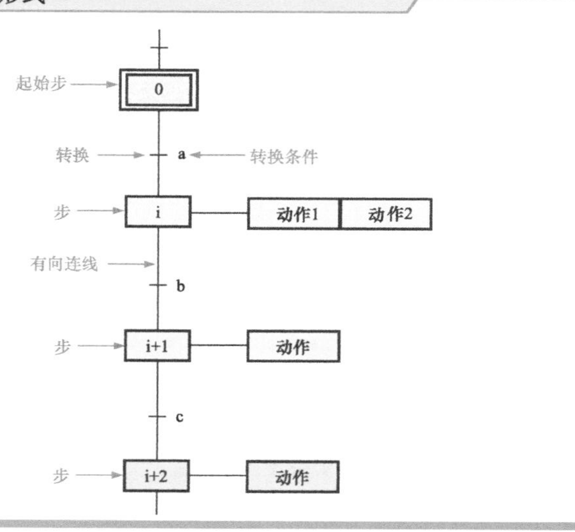

## 1 步

步是根据系统输出量的变化，将系统的一个工作循环过程分解成若干个顺序相连的阶段，步对应于系统的一个稳定的状态，并不是 PLC 的输出触点动作。

步用矩形框表示，框中的数字或符号是该步的编号，通常将控制系统的初始状态称为起始步，是系统运行的起点，用双线框表示。图 9-69 所示为步的表示方法。

图 9-69 步的表示方法

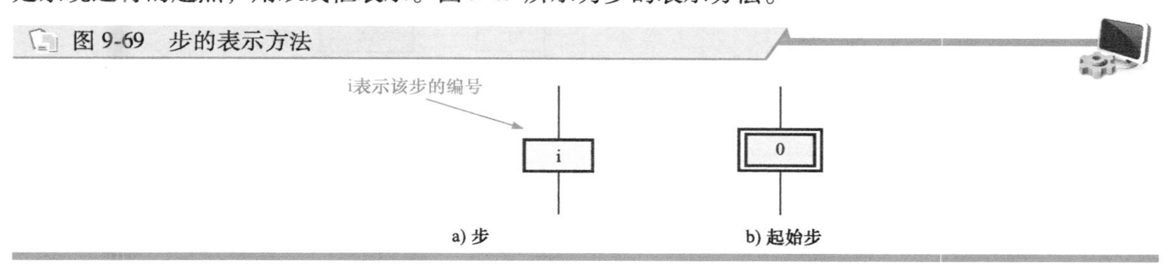


通常，我们将正在执行的步称为活动步，其他为不活动步，一个控制系统至少有一个起始步。



## 2 有向连线

带箭头的有向连线用来表示功能图中步和步之间执行的顺序关系。图 9-70 所示为 PLC 顺序功能图中的有向连线。

图 9-70 PLC 顺序功能图中的有向连线

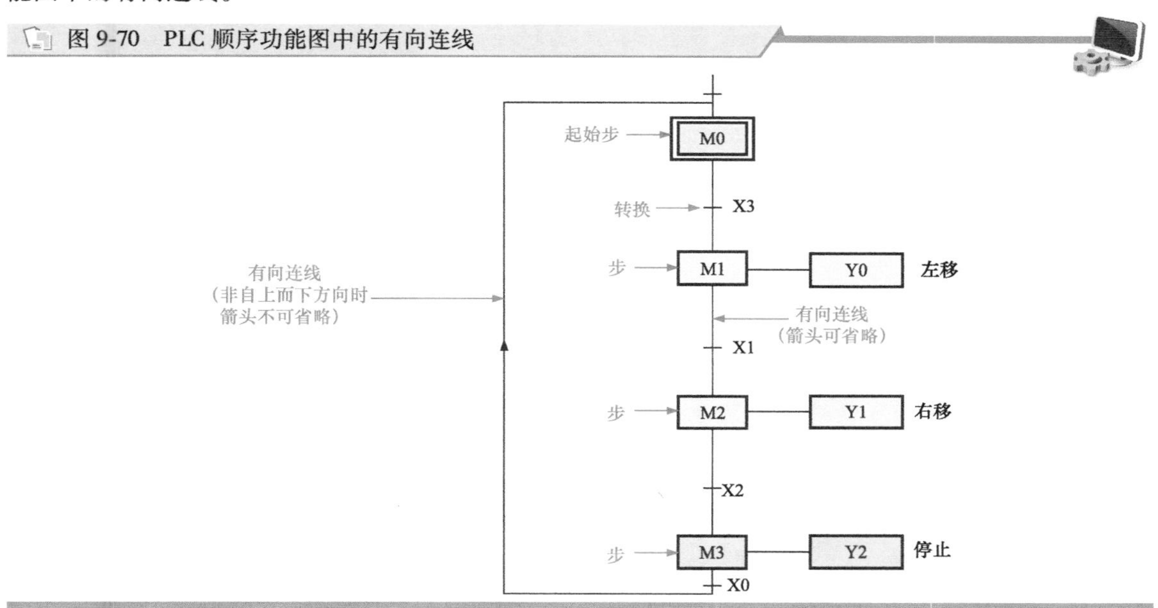


**| 提示说明 |**

**由于通常功能图中的步是按运行时工作的顺序排列的，其活动状态的进展方向是从上到下、从左到右，通常这两个方向上的有向连线的箭头可以省略，其他方向不可省略。**

## 3 转换和转换条件

转换一般用有向连线上的短线表示，用于分隔两个相邻的步，实现步活动状态的转化。

转换条件是与转换相关的逻辑命题，可以用文字、布尔表达式、图形符号等标注在表示转换的短线旁边。图 9-71 所示为 PLC 顺序功能图中的转换和转换条件。

图 9-71　PLC 顺序功能图中的转换和转换条件

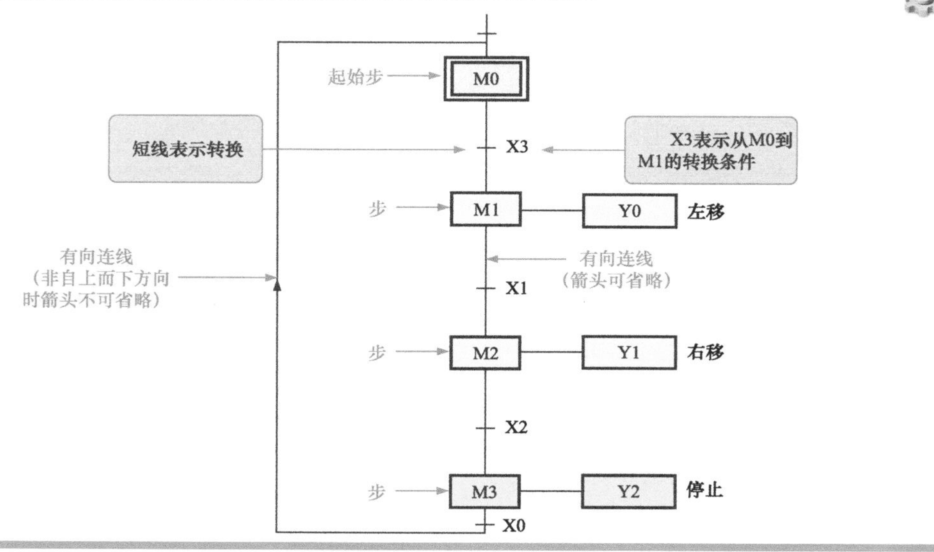




步与步之间不允许直接相连，需用转换隔开；转换与转换之间也不允许直接相连，需用步隔开。

## 4　动作

动作是指当某步处于活动步时，PLC 向被控系统发出的命令，或被控系统应执行的动作。一个步表示控制过程中的稳定状态，它可以对应一个或多个动作。

步通常用带有文字说明或符号的矩形框表示，矩形框通过横线与相对应的步进行连接。

图 9-72 所示为 PLC 顺序功能图中的动作。

图 9-72　PLC 顺序功能图中的动作

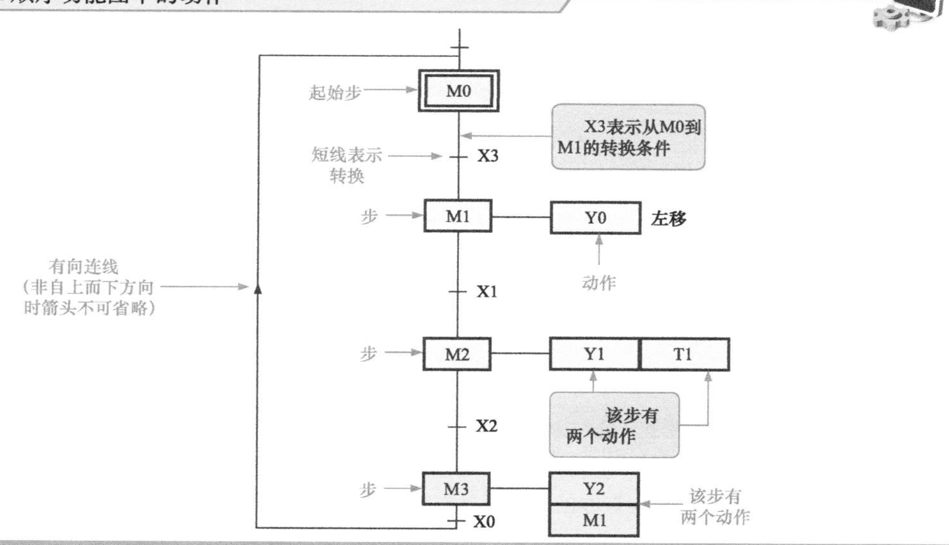


**提示说明**

**一个步可对应多个动作，一步中的动作是同时进行的，动作之间没有顺序关系。在 PLC 中动作可分为保持型和不保持型两种：保持型是指其对应步为活动步时执行动作，当步为不活动步时，动作仍保持执行；不保持型是指其对应步为活动步时执行动作，当步为不活动步时，动作停止执行。**

## 9.12.2 顺序功能图的结构类型

顺序功能图按照步与步之间转换的不同情况，可分为三种结构类型：单序列结构、选择序列结构和并列序列结构。

### 1 单序列结构

顺序功能图的单序列结构由若干顺序激活的步组成，每步后面有一个转换，每个转换后也仅有一个步。图 9-73 所示为顺序功能图的单序列结构形式。

图 9-73 顺序功能图的单序列结构形式

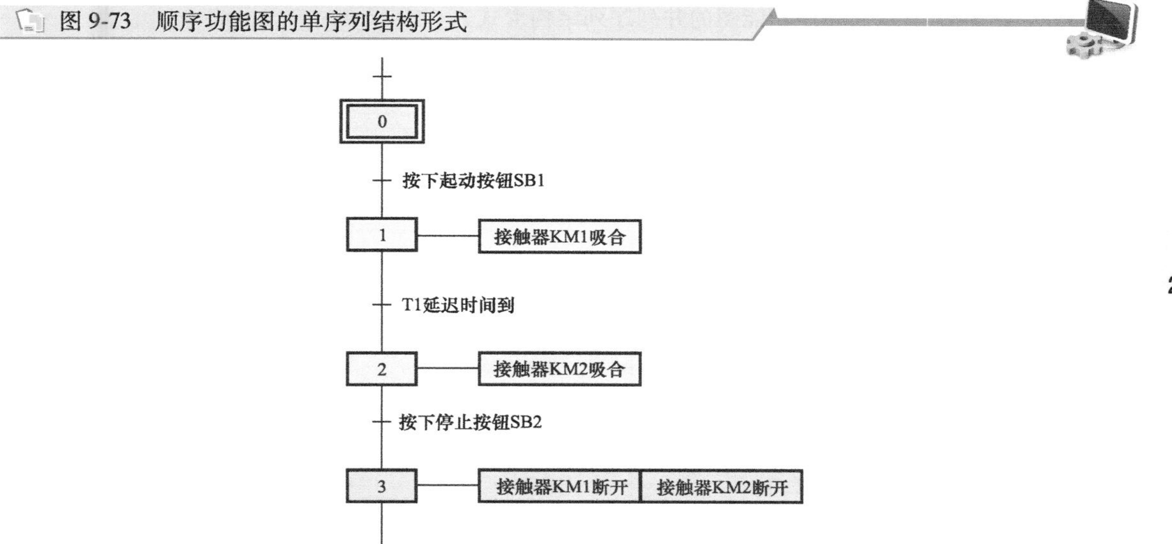




顺序功能图的单序列结构即为一步步顺序执行的结构，一个步执行完接着执行下一步，无分支。

### 2 选择序列结构

顺序功能图的选择序列结构是指当一个步执行完后，其下面有两个或两个以上的分支步骤供选择，每次只能选择其中一个步执行。在选择列结构中，多个分支序列分支开始和结束处用水平连线将各分支连起来。图 9-74 所示为顺序功能图的选择序列结构形式。

图 9-74 顺序功能图的选择序列结构形式

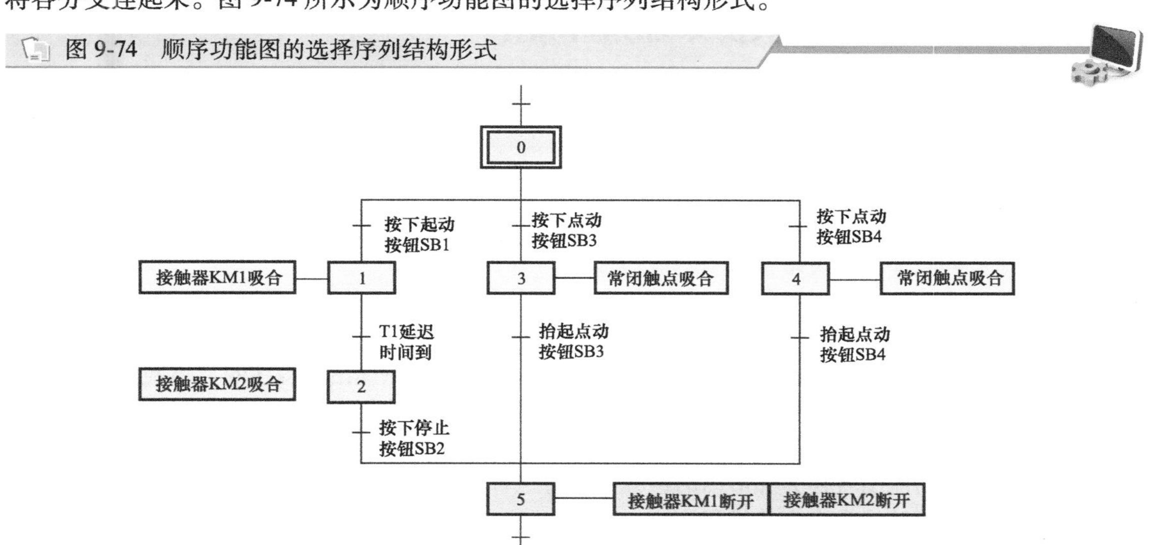

选择序列的开始称为分支，转换符号（短线）只能标注在水平连线之下；选择序列的结束称为合并，合并处的转换符号只能标注在水平线之上，每个分支结束处都有自己的转换条件。

选择分支处，程序将转到满足转换条件的分支执行，一般只允许选择一个分支，两个分支条件同时满足时，优先选择左侧分支。

### 3 并列序列结构

一个步执行后，当其转换实现时，其后面的几个步同时激活执行，这些步称为并列序列。也就是说，当转换条件满足时，并列分支中的所有分支序列将同时激活，用于表示系统中的同时工作的独立部分。图 9-75 所示为顺序功能图的并列序列结构形式。

图 9-75 顺序功能图的并列序列结构形式

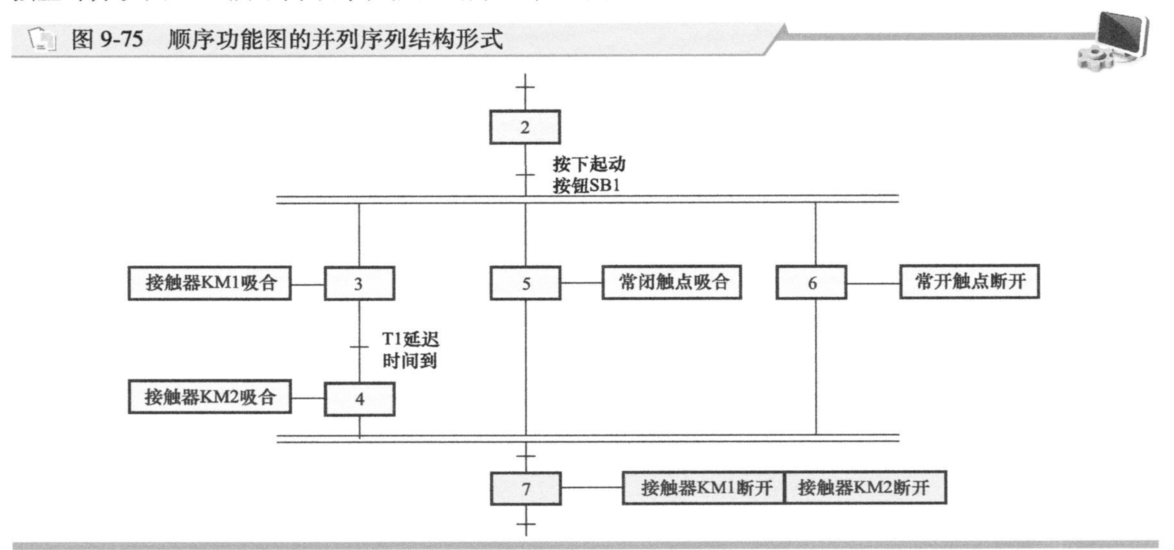




并列序列中为强调转换的同步实现，并列分支用双水平线表示。在并列分支的入口处只有一个转换，转换符号必须画在双水平线的上面，当转换条件满足时，双线下面连接的所有步变为活动步。

并列序列的结束称为合并，合并处也仅有一个转换条件，必须画在双线的下面，当连接在双线上面的所有前级步都为活动步且转换条件满足时，才转移到双线下面的步。

## 9.12.3 顺序功能图中转换实现的基本条件

在顺序功能图中，步的活动状态是由转换的实现来完成的。转换实现必须同时满足两个条件：

- 该转换所有的前级步都是活动步；
- 该步相应的转换条件得到满足。

转换实现后，使所有由有向连线与相应转换条件相连的后续步都变为活动步；使所有由有向连线与相应转换条件相连的前级步都变为不活动步。

## 9.12.4 顺序功能图的识读方法

对顺序功能图的识读，也就是将顺序功能图转换为梯形图并识读出该程序的具体控制过程，通常我们将根据顺序功能图转换为梯形图的过程称为顺序功能图的编程方法。在此仍以三菱系列 PLC 中常采用的编程方法进行讲解。

目前，将顺序功能图转换为梯形图的编程方法有三种：使用起停保电路的编程方法、使用 STL 指令的编程方法和以转换为中心的编程方法。

顺序功能图转换为梯形图时，一般用辅助继电器 M 代表步。

## 1 使用起停保电路的编程方法

起停保电路编程是指，某步变为活动步的条件为前级步为活动步并且转换条件得到满足，因此，某步的起动条件为前级步的状态和转换条件；也就是说，将顺序功能图转换为梯形图时，某步的起动回路应为前级步的常开触点和转换条件的常开触点串联，并与自身常开触点并联实现自保持。当某步的下一步变为活动步时，该步就由活动变为不活动步，因此可以用后续步的常闭触点作为该步的停止条件。图 9-76 所示为使用起停保电路的编程方法。

图 9-76 使用起停保电路的编程方法

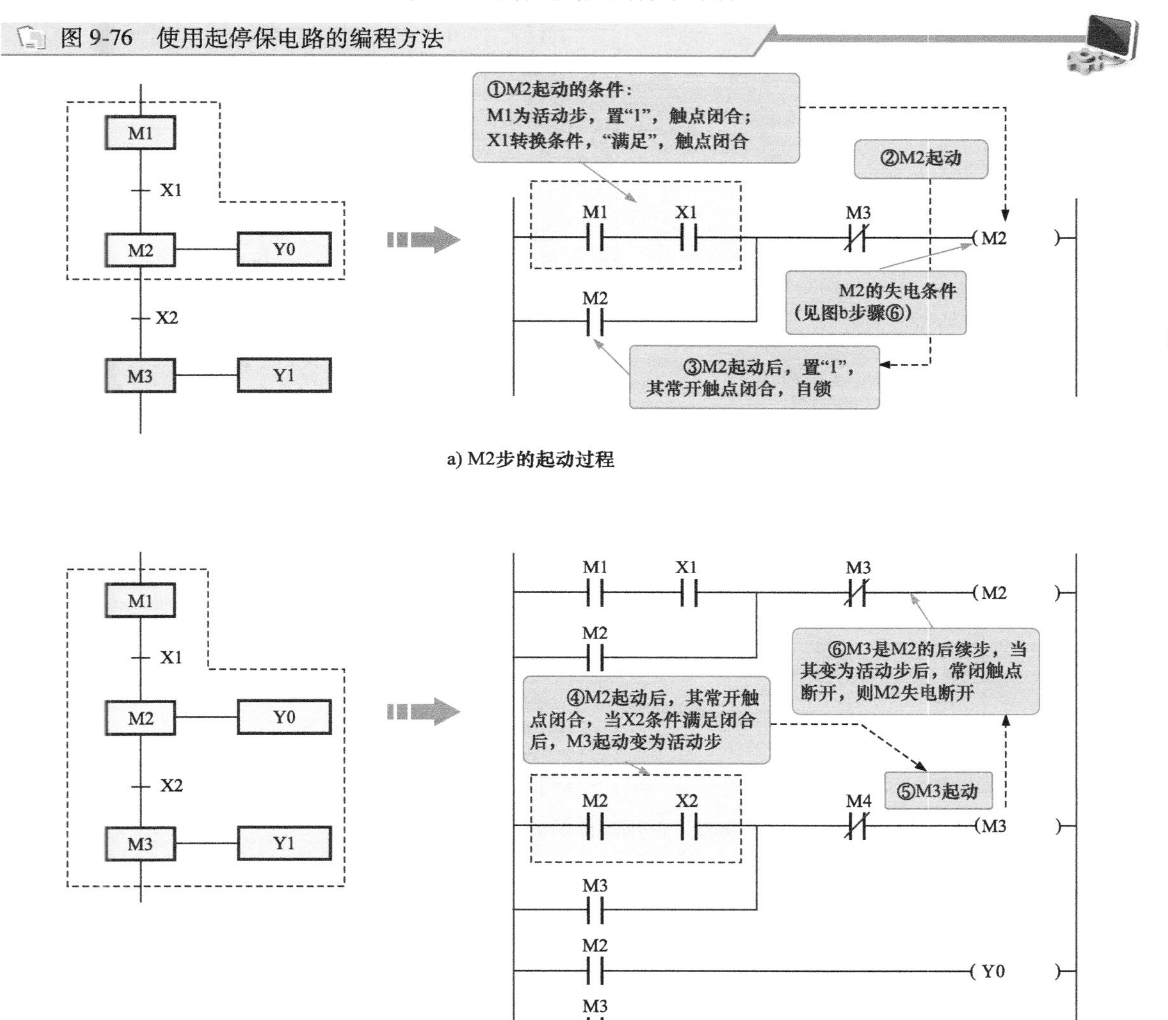


a) M2步的起动过程

b) M3步的起动和M2步的失电过程

图 9-76a 中，当 M1 为活动步时，又能够满足转换条件 X1，则 M1 的常开触点闭合，X1 转换条件常开触点闭合（步骤①），M2 起动（步骤②）。M2 起动后其常开触点闭合，形成自锁（步骤③）。

图 9-76b 中，经过上一步，M2 变为活动步，满足了其后续步 M3 起动的条件之一，此时若又能满足转换条件 X2（步骤④），则其使 M3 步起动（步骤⑤）。M3 步起动后，其常开触点闭合形成自锁，常闭触点断开，切断 M2 步，使其失电，继而 M2 转为非活动步（步骤⑥）。而此时由于 M3 步本身形成自锁，即使该起动回路中 M2 转换为了为非活动步，M3 仍能够保持起动。

**提示说明**

**若图 9-76 中包含后续步 M4，甚至后续步 M5，其分析过程与上述过程和方法相同，如图 9-77 所示。**



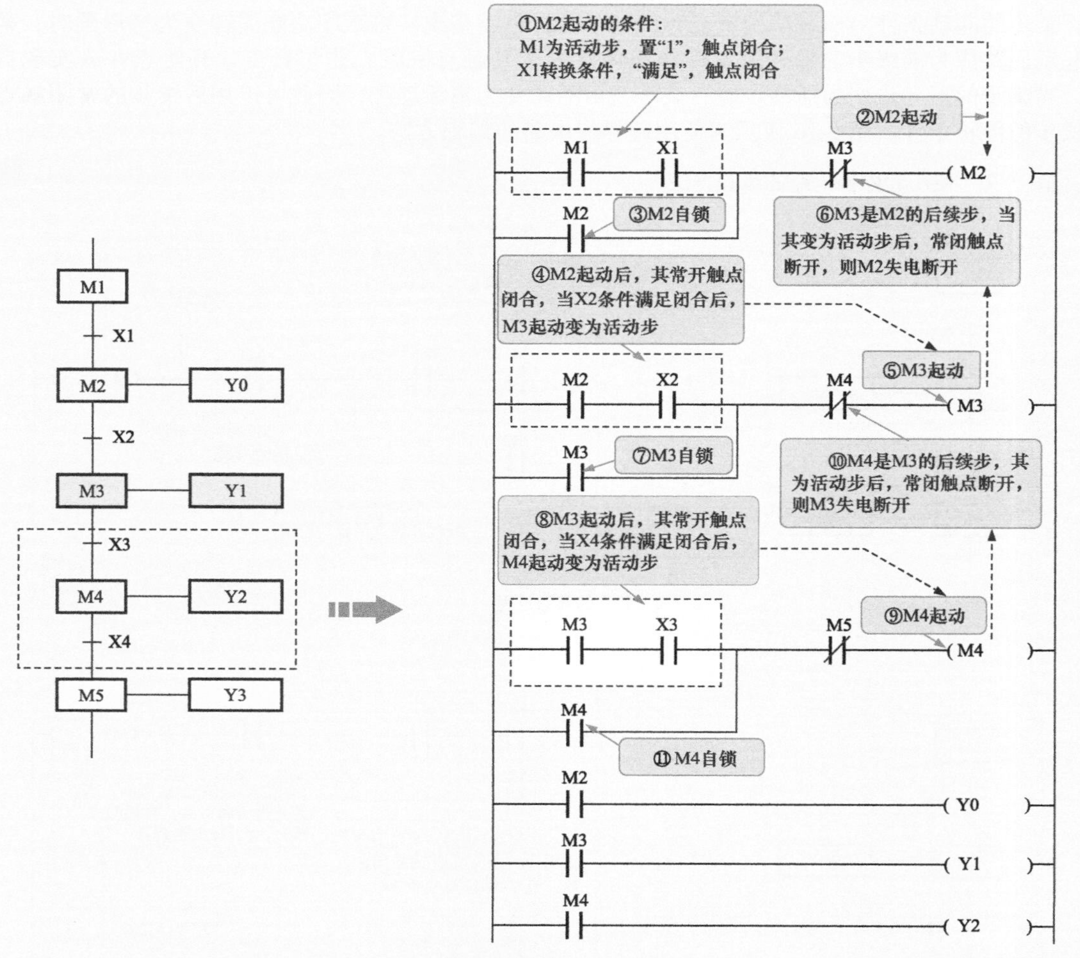


图 9-77　使用起停保电路的编程方法

**其控制过程如下：**

**经过上一步，M3 变为活动步，满足了其后续步 M4 起动的条件之一，此时若又能满足转换条件 X3，则其使 M4 步起动。**

**M4 步起动后，其常开触点闭合形成自锁，常闭触点断开，切断 M3 步，使其失电，继而 M3 转为非活动步。而此时由于 M4 步本身形成自锁，即使该起动回路中 M3 转换为了为非活动步，M4 仍能够保持起动。**

**另外，当 M2 步起动的同时，其常开触点闭合，则 Y0 得电；当 M3 步起动的同时，其常开触点闭合，则 Y1 得电；当 M4 步起动的同时，其常开触点闭合，则 Y2 得电。**

**通常，初始化脉冲 M8002 的常开触点为起始步的转换条件，该条件将起始步预置为活动步。**

## 2 使用 STL 指令的编程方法

顺序功能图的 STL 指令编程法即为步进梯形指令编程法，其编程元件主要包括步进梯形指令 STL 和状态继电器 S，只有步进梯形指令 STL 与状态继电器 S 配合才能实现步进功能。在 STL 指令编程中，使用 STL 指令的状态继电器的常开触点称为 STL 触点，用符号“┤▌├”表示，没有常闭

STL 触点。图 9-78 所示为使用 STL 指令的编程方法。

图 9-78 使用 STL 指令的编程方法

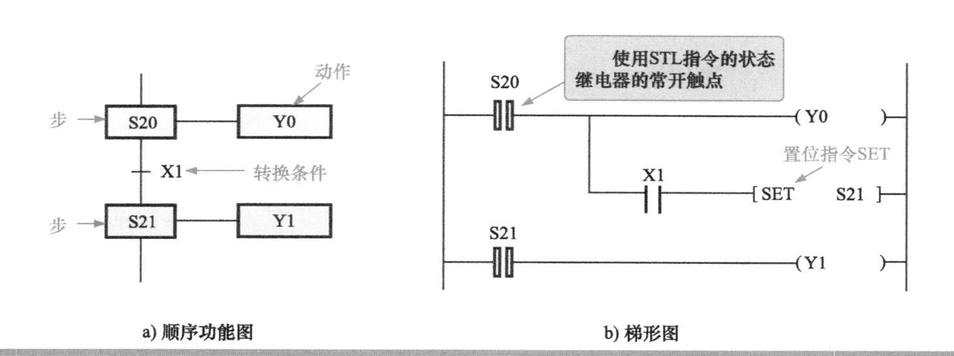


a) 顺序功能图 b) 梯形图

对该顺序功能图，可参考指令语句表进行识读。图 9-79 所示为使用 STL 指令程序的识读方法。

图 9-79 使用 STL 指令程序的识读方法



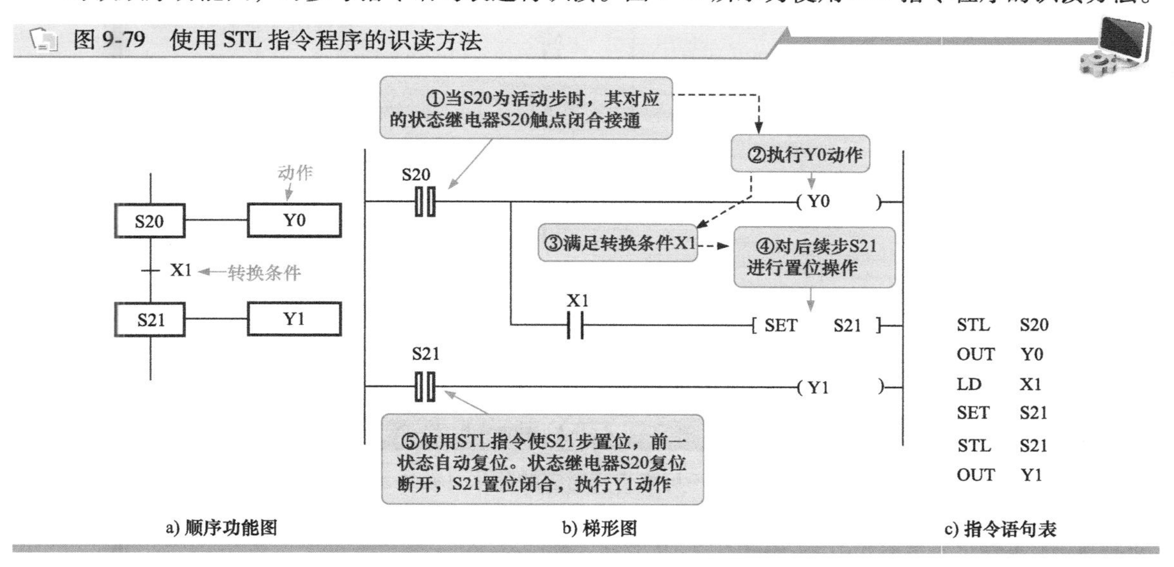


a) 顺序功能图 b) 梯形图 c) 指令语句表

STL 指令的执行为：当 S20 为活动步时，其对应的状态继电器 S20 触点闭合接通（步骤①），执行 Y0 动作（步骤②）。

此时若转换条件 X1 能够实现（步骤③），则对后续步 S21 进行置位操作（SET 指令，步骤④），同时前级步 S20 自动断开，动作 Y0 停止执行。

接着，使用 STL 指令使后续步 S21 状态置位，状态继电器 S21 常开触点闭合，执行 Y1 动作（步骤⑤），同时，前一状态继电器 S20 复位，常开触点断开。

**| 提示说明 |**

**STL 指令编程中，通常用编号为 S0~S9 标识起始步，S10~S19 用于自动返回原点。且一般状态继电器的常开触点，即 STL 触点与母线相连接。**

**另外，在三菱 FX 系列 PLC 中，还有一条使 STL 指令复位的 RET 指令。**

## 3 以转换为中心的编程方法

根据前述内容可知，在顺序功能图中，如果某一转换的前级步是活动步且相应的转换条件能够满足，则该转换可以实现。以转换为中心的编程，则是指实现程序编写的过程和执行过程是以该步相应的转换为中心的。也就是说，用当前转换的前级步所对应的辅助继电器的常开触点和该转换的转换条件对应的触点串联构成起动回路，作为起动后续步对应继电器置位，前级步对应继电器复位的条件。即该编程方法中，条件是当前转换的前级步所对应的辅助继电器的常开触点和该转换的转换条件对应的触点串联构成起动回路。执行结构是当前转换的后续步对应继电器置位（使用 SET 指令）和当前转换的前级步对应继电器复位（使用 RST）。图 9-80 所示为以转换为中心的编程方法。

图 9-80　以转换为中心的编程方法

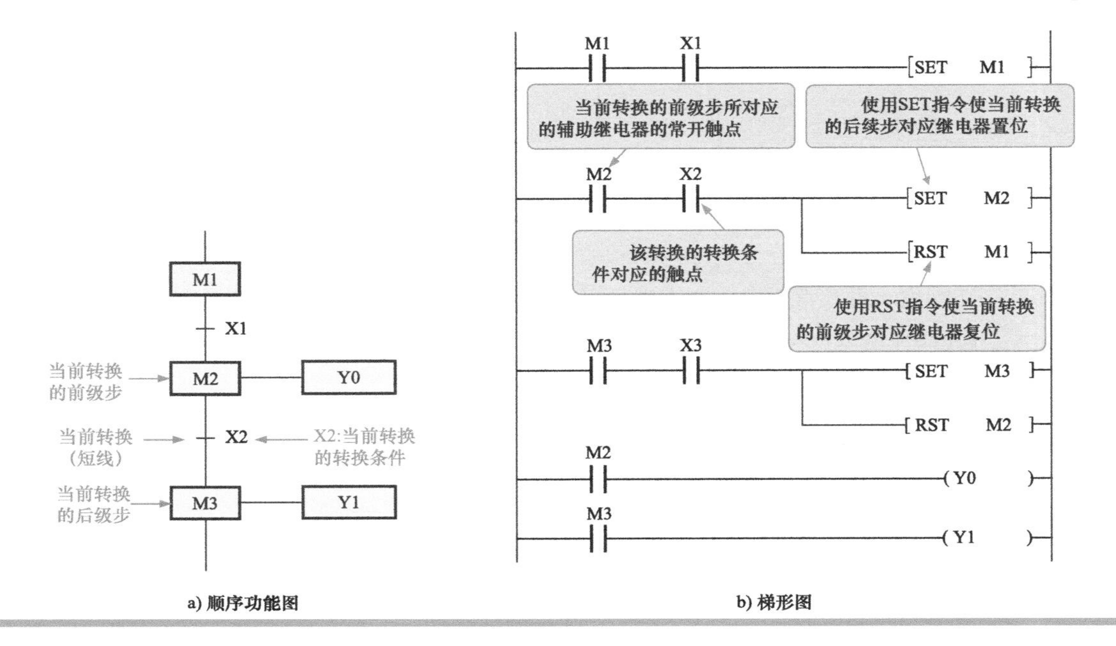


a) 顺序功能图　　b) 梯形图

以转换为中心的编程方法有很多规律，对于一些复杂的顺序功能图，采用该编程方法转换为梯形图时，很容易掌握。

**| 提示说明 |**

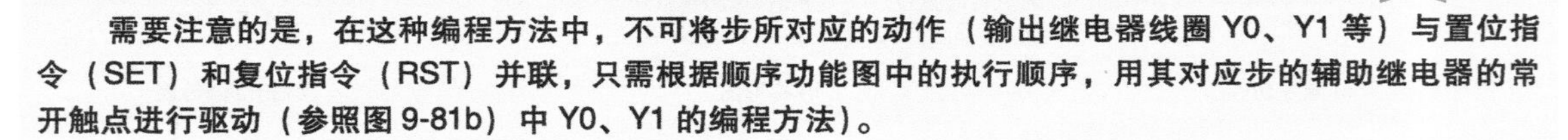

**需要注意的是，在这种编程方法中，不可将步所对应的动作（输出继电器线圈 Y0、Y1 等）与置位指令（SET）和复位指令（RST）并联，只需根据顺序功能图中的执行顺序，用其对应步的辅助继电器的常开触点进行驱动（参照图 9-81b）中 Y0、Y1 的编程方法）。**

在识读与转换为中心编程方法编写的程序时，按照识读的一般规则，即从左到右，从上到下的顺序即可。图 9-81 所示为采用以转换为中心的编程方法编写的程序的执行过程。

具体执行过程如下：

当 PLC 运行时，初始化脉冲 M8002 条件满足，其辅助继电器触点 M8002 接通（步骤①），满足 M0 起动回路接通，此时使用 SET 指令时 M0 对应继电器置位变为活动步（步骤②）。

当 M0 变为活动步后，其对应辅助继电器的常开触点闭合（步骤③），则驱动 Y0 执行动作（步骤④）。

当 M0 处于活动步时，又能满足转换条件 X0，转换条件对应的继电器常开触点闭合（即步骤④和步骤⑤同时满足），则使用 SET 指令使该转换的后级步 M1 置位，变为活动步（步骤⑥），同时用 RST 指令使该转换前级步 M0 复位，变为非活动步（步骤⑦）。

M0 复位后，其继电器常开触点也复位断开，则 Y0 失电，断开（步骤⑧）。

而 M1 置位后，变为活动步，其常开触点闭合，则驱动 Y1 执行动作（步骤⑨）。

那么，接下来，M2 步的执行过程则与 M1 步相同，参考上述分析过程即可很容易完成识读过程，这里不再重复。

图 9-81 采用以转换为中心的编程方法编写的程序的执行过程

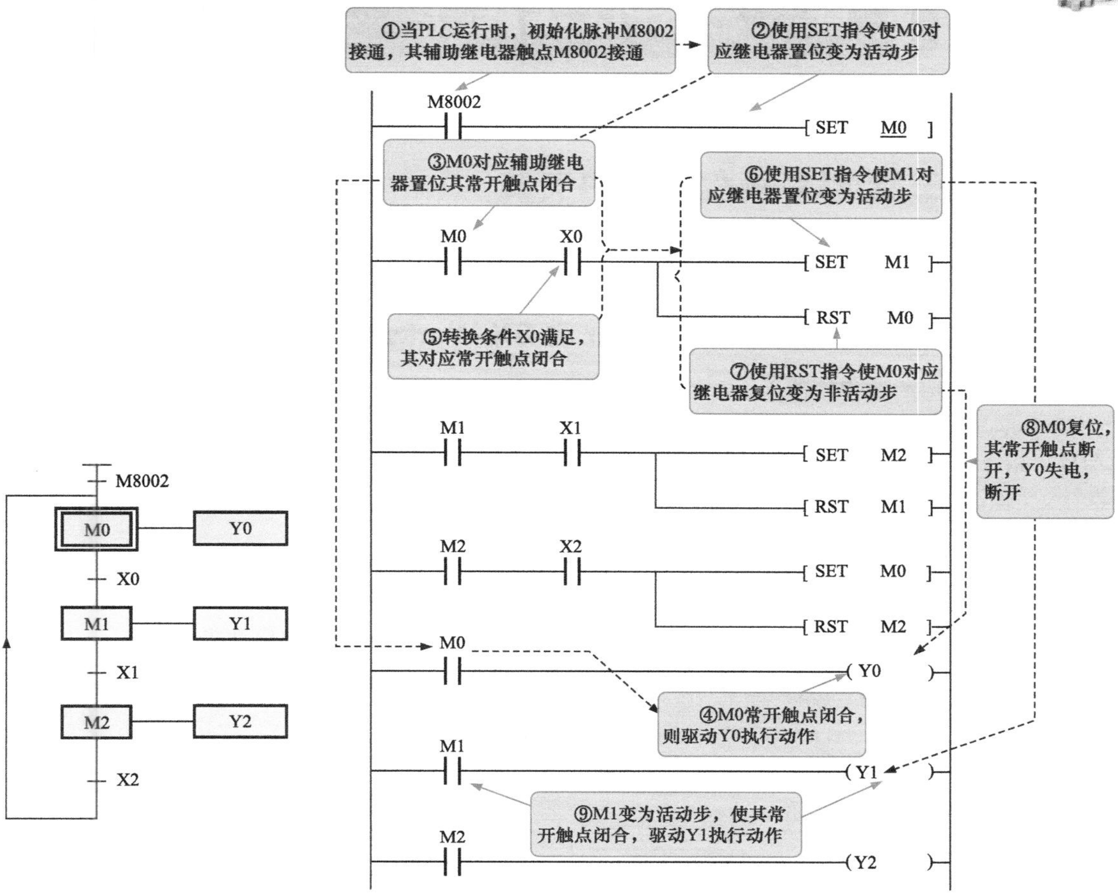

a) 顺序功能图

b) 梯形图

# 第10章 三菱PLC编程

## 10.1 三菱 PLC 编程软件的安装

### 10.1.1 三菱 PLC 编程软件

#### 1 三菱 PLC 编程软件 GX Developer 和 GX Works2

三菱 PLC 常用的编程软件主要有 GX Developer 和 GX Works2。

GX Developer 软件是一款可适用于三菱 PLC 全部系列的程序设计软件，支持三菱 PLC 梯形图（LAD）、指令表（IL）、顺序功能图（SFC）、结构化文本（ST）及功能块图（FBD）、Label 语言程序设计，网络参数设定，也可在线上对程序进行更改、监控及调试，结构化程序的编写（分部程序设计），还可以将其制作成标准化程序，使用于其他同类系统中。

编程软件 GX Developer 适用于 Q、QnU、QS、QnA、AnS、AnA、FX 等全系列所有 PLC 进行编程，可在 Windows XP（32 位/64 位）、Windows Vista（32 位/64 位）、Windows 7（32 位/64 位）操作系统中运行，其编程功能十分强大。图 10-1 所示为 GX Developer 软件的启动界面。

图 10-1 GX Developer 软件的启动界面

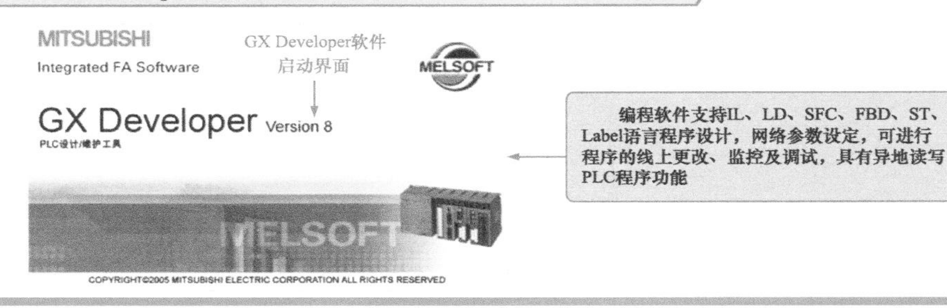


GX Works2 是目前比较流行的一种用于进行设计、调试、维护的编程工具。与传统的 GX Developer 相比，提高了功能及操作性能，变得更加容易使用。GX Works2 可以用于创建复杂的 PLC 控制程序，LAD、SFC、FBD、ST 和 IL 等多种编程语言。

GX Works2 适用于三菱 Q、L、FX、F 和 iQ-R 系列 PLC 编程，可在 Windows 10、Windows 8.1、Windows 8 及 Windows 7 操作系统中运行，此外，在 GX Works2 中，通过模拟功能可以进行离线调试。由此，可以在不连接 PLC CPU 的状况下，对创建的顺控程序进行调试以确认能否正常动作。图 10-2 所示为 GX Works2 软件的启动界面。

图 10-2 GX Works2 软件的启动界面

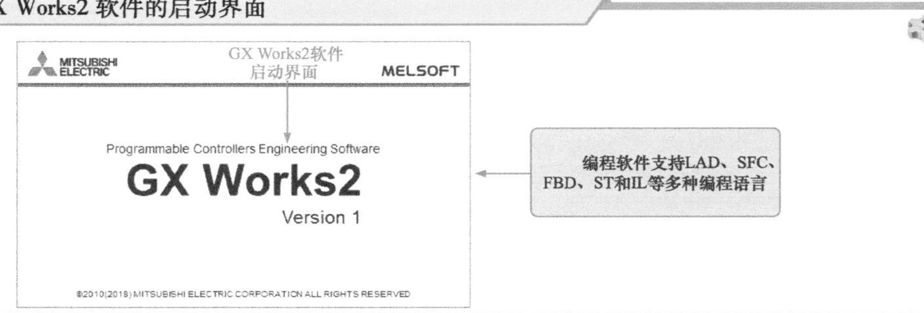

## 2 三菱 PLC 编程仿真软件 GX Simulator

GX Simulator 是一款三菱 PLC 仿真的调试软件，所有的三菱 PLC 型号都可运用，可模拟外部 I/O信号，从而设定软件状态与数值。图 10-3 所示为三菱 PLC 编程仿真软件 GX Simulator 的仿真窗口。

图 10-3 三菱 PLC 编程仿真软件 GX Simulator 的仿真窗口

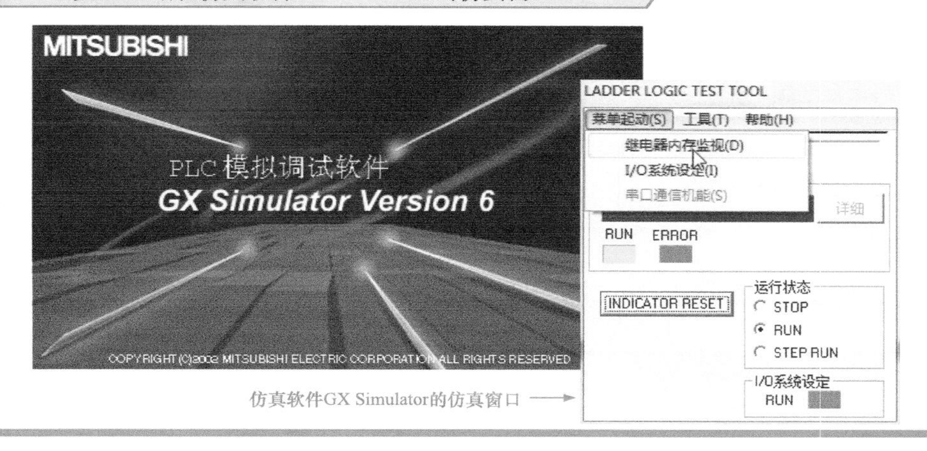




## 3 三菱 PLC 编程软件 GX Explorer

GX Explorer 是一款可支持全部三菱 PLC 系列的维护工具软件，可提供三菱 PLC 一些维护时必要的功能。与 Windows 操作类似，通过拖动进行三菱 PLC 程序的上传/下载，还可同时打开多个窗口对多个 CPU 系统的资料进行监控，配合 GX RemoteService-I 使用网际网络维护功能。图 10-4 所示为三菱 PLC 编程软件 GX Explorer 的界面。

图 10-4 三菱 PLC 编程软件 GX Explorer 的界面

维护工具软件GX Explorer

## 10.1.2 三菱 PLC 编程软件的下载与安装

下面以 GX Works2 软件为例进行介绍。

## 1 三菱 PLC 编程软件 GX Works2 的下载与安装

如图 10-5 所示，使用 GX Works2 编程，首先需要在三菱机电官方网站中下载软件程序，并将下载的压缩包文件解压缩，根据安装向导安装编程软件。

图 10-5 下载并安装 GX Works2 软件

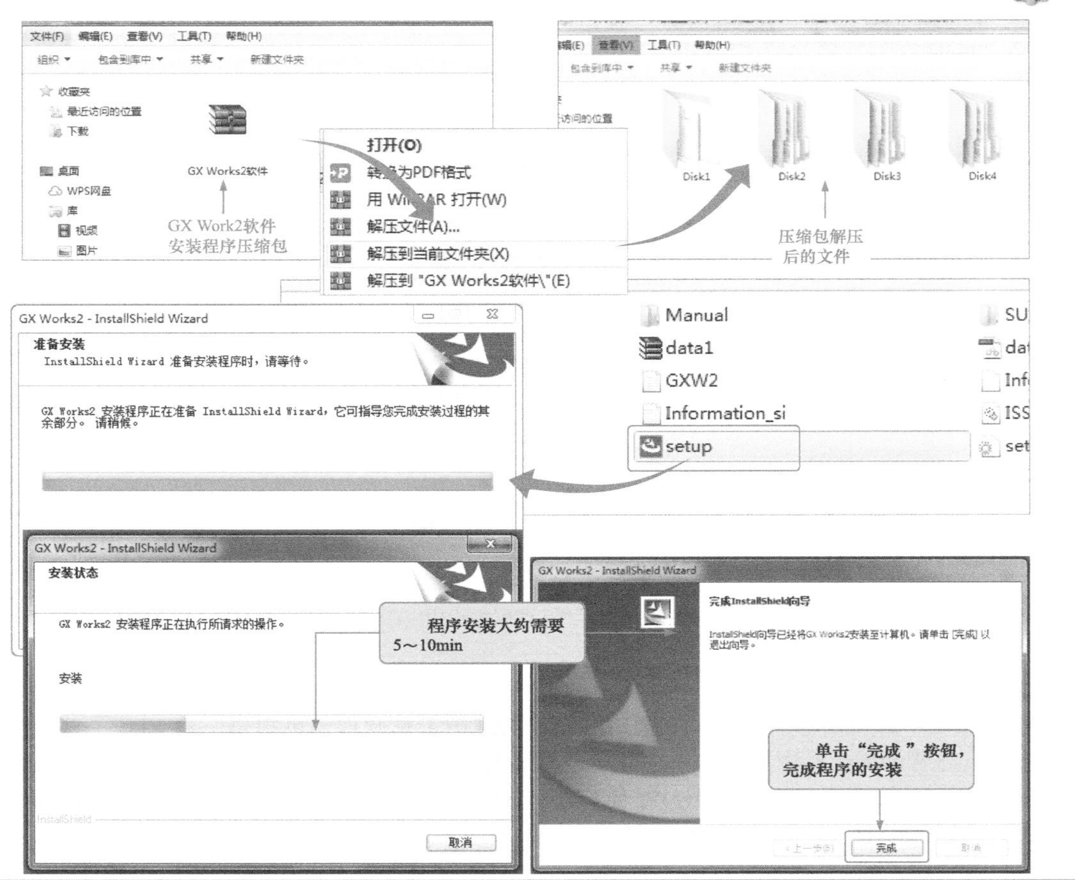


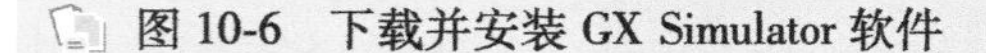



## 2 三菱 PLC 编程仿真软件 GX Simulator 的下载与安装

在互联网上找到三菱 PLC 编程仿真软件 GX Simulator 的安装包文件，下载文件后解压缩，根据安装向导安装编程软件，如图 10-6 所示。

图 10-6 下载并安装 GX Simulator 软件

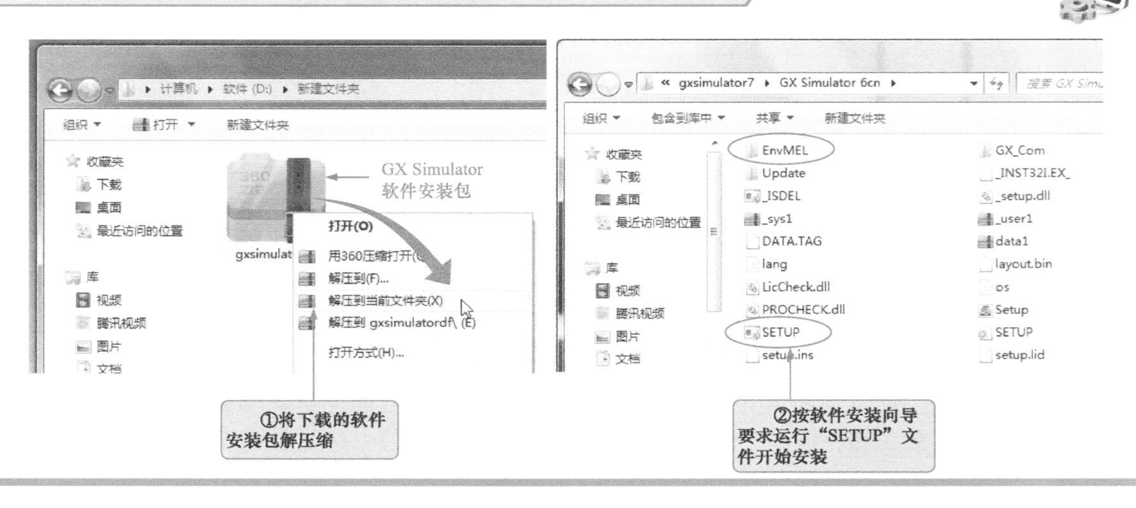

图 10-6　下载并安装 GX Simulator 软件（续）

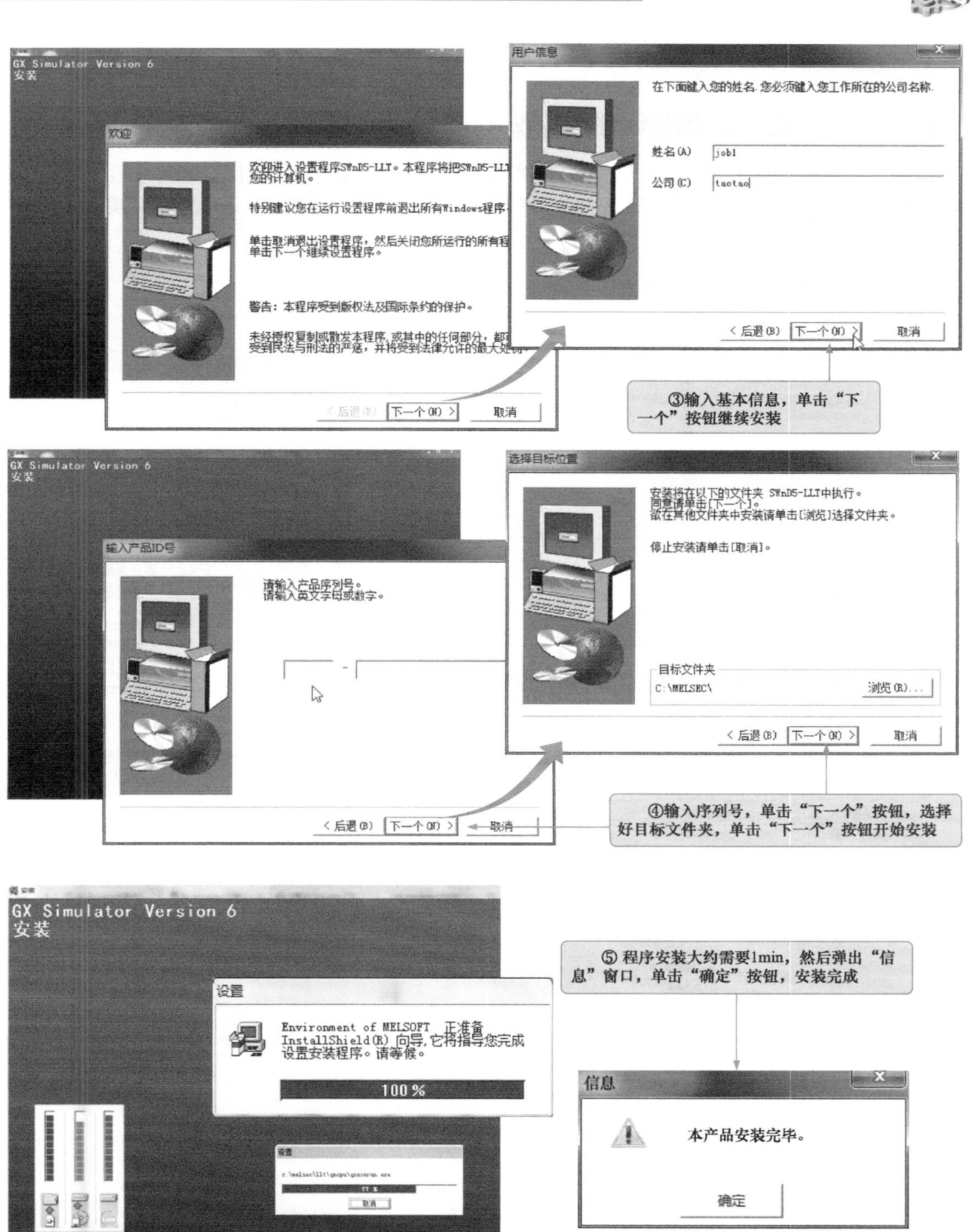




安装时，首先需要运行 EnvMEL 子目录下的 Setup. exe，再运行根目录下的 Setup. exe，根据安装向导输入相应序列号信息后完成安装。

值得注意的是，三菱 PLC 编程仿真软件 GX Simulator 应在完成编程软件安装后再进行安装。安装好之后，不会在开始菜单或桌面上添加仿真快捷方式，GX Simulator 只会作为编程软件的一个插件，反映在“工具”菜单中“梯形图逻辑测试启动（L）”功能可用。

# 10.2 三菱 PLC 编程软件使用

## 10.2.1 三菱 PLC 编程软件 GX Works2 的使用操作

首先，将已安装好的三菱 PLC 编程软件 GX Works2 启动运行。即在软件安装完成后，执行“开始”→“所有程序”→“MELSOFT 应用程序”→“GX Works2” 命令，打开软件，进入编程环境，如图 10-7 所示。

图 10-7 GX Works2 软件的启动运行

打开 GX Works2 编程软件后，了解软件中的基本编程工具，并初步熟悉其菜单、工具等工作界面分布情况，如图 10-8 所示。

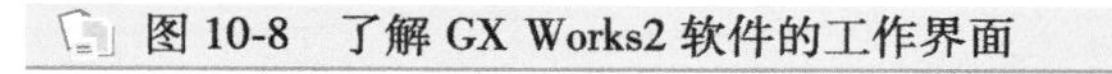

图 10-8 了解 GX Works2 软件的工作界面

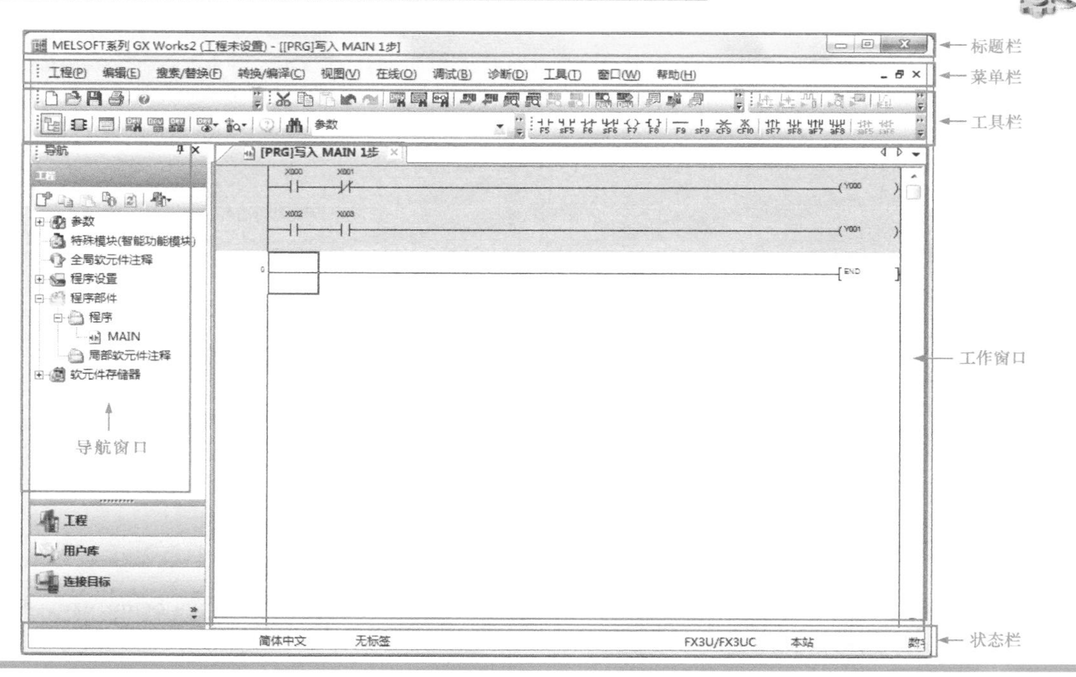

## 1 新建工程

如图 10-9 所示，编写一个程序，首先需要新建一个工程文件。打开该软件后，选择“工程”/“新建”命令或使用快捷键“Ctrl+N”进行新建工程的操作。执行该命令后，会弹出“新建”对话框。在“新建”对话框中，根据编程前期的分析来确定选用 PLC 的系列及类型。

图 10-9 在 GX Work2 软件中新建工程操作

## 2 编写程序（绘制梯形图）

编制和修改程序是 GX Work2 软件最基本的功能，也是使用该软件编程时的关键步骤。

如图 10-10 所示，以一个简单的梯形图编写为例，具体介绍该软件中梯形图程序的基本编写方法和技巧。

图 10-10 待编写的简单 PLC 梯形图

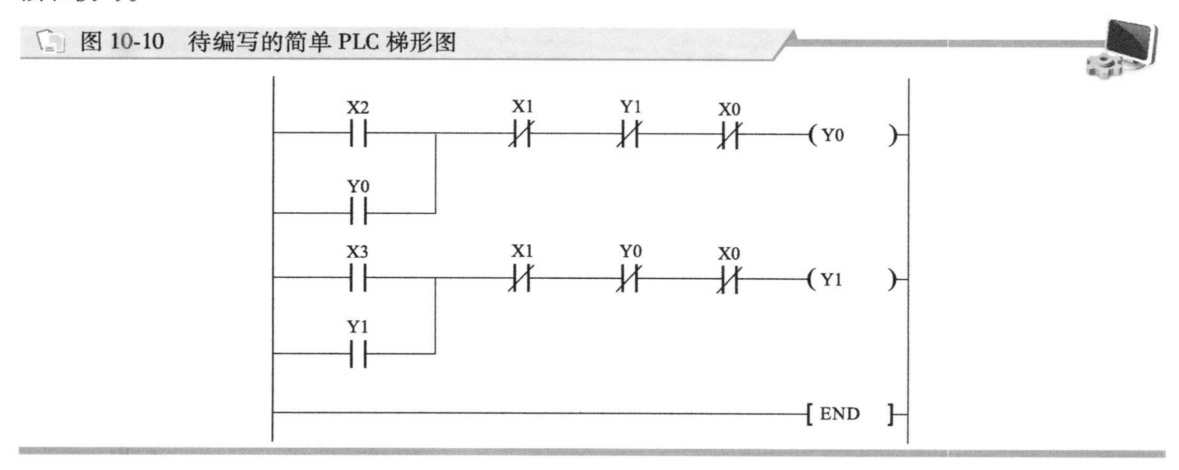


1）在软件的工具栏找到常开触点按钮，单击按钮后，弹出“梯形图输入”对话框，根据前面的梯形图，绘制表示常开触点的编程元件“X2”，如图 10-11 所示。

图 10-11　放置编程元件符号，输入编程元件地址

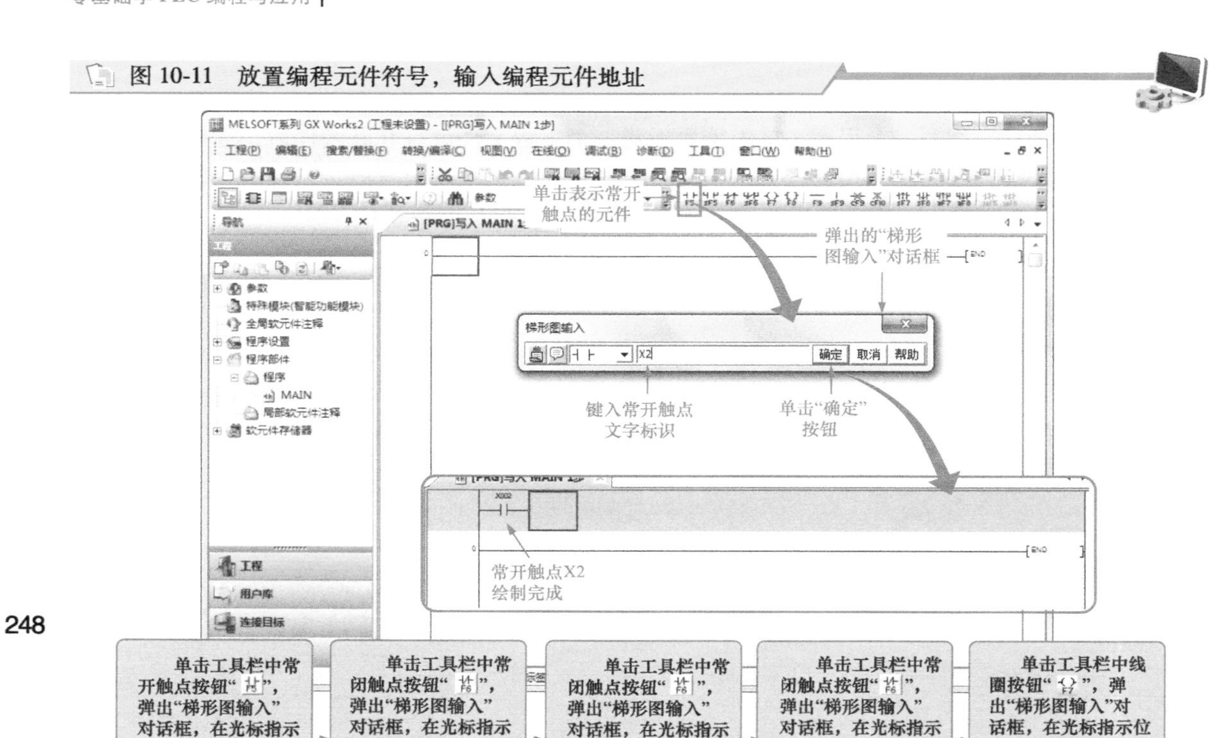




2）需要输入常开触点“X2”的并联元件“Y0”，该步骤中需要了解垂直和水平线的绘制方法，如图 10-12 所示。

图 10-12　绘制垂直和水平线

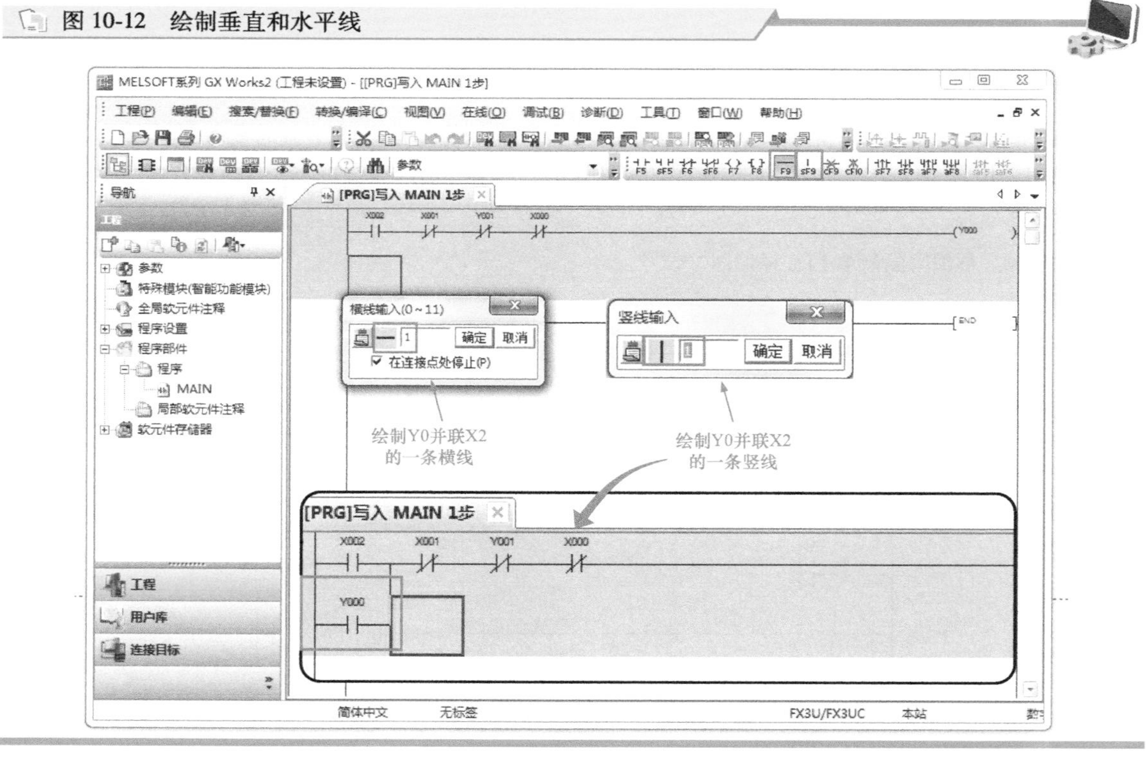

3）按照相同的操作方法绘制梯形图的第二条程序，完成梯形图的编写，如图 10-13 所示。

图 10-13　梯形图第二条程序的绘制

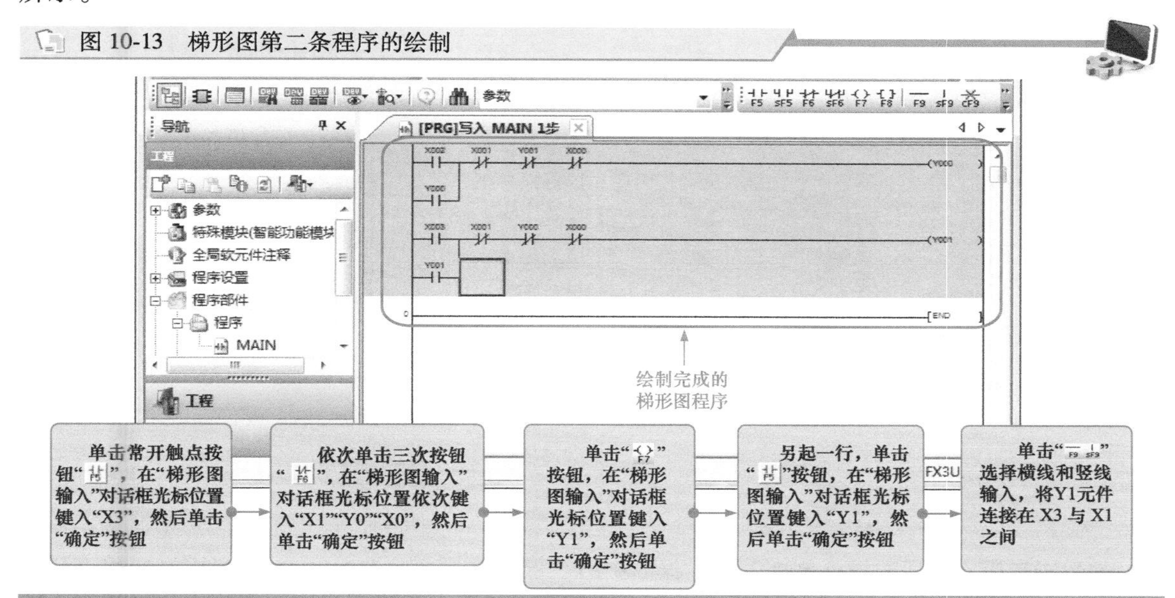




在编写程序过程中如需要对梯形图进行删除、修改或插入等操作，可在需要进行操作的位置单击鼠标左键，即可在该位置显示蓝色方框，在蓝色方框处单击鼠标右键，即可显示各种操作选项，选择相应的操作即可，如图 10-14 所示。

图 10-14　梯形图的删除、修改或插入

4）保存工程。完成梯形图程序的绘制后需要保存工程，在保存工程之前必须先执行“转换”操作，即执行菜单栏“转换/编译”中的“转换”命令，或直接按下“F4”键完成转换，此时编辑区不再是灰色状态，如图 10-15 所示。

图 10-15　在 GX Works2 软件梯形图程序的变换操作

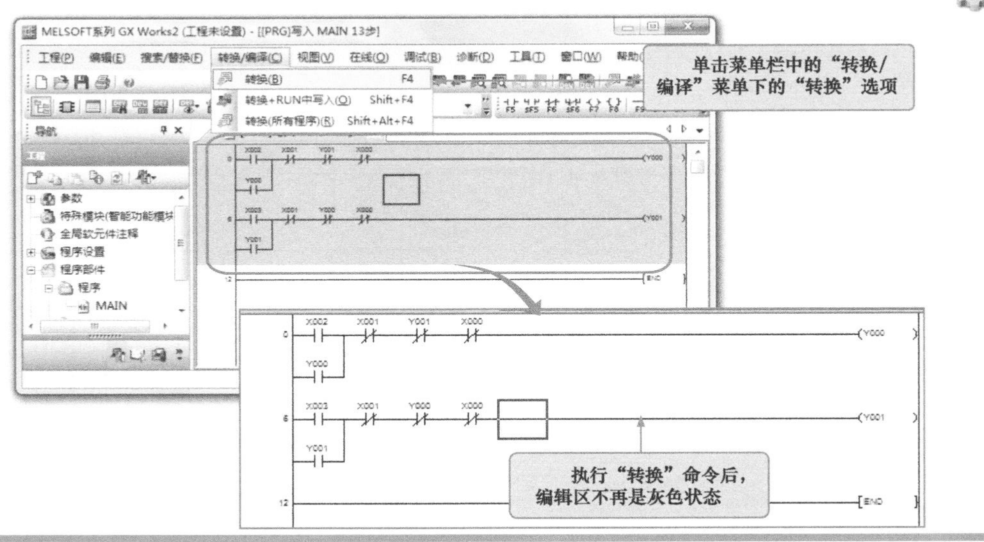




梯形图转换完成后选择菜单栏中“工程”中的“保存”或“另存为”，并在弹出对话框中单击“保存”按钮即可（若在新建工程操作中未对保存路径及工程名称进行设置，则可在该对话框中进行设置），如图 10-16 所示。

图 10-16　在 GX Works2 软件中保存工程操作

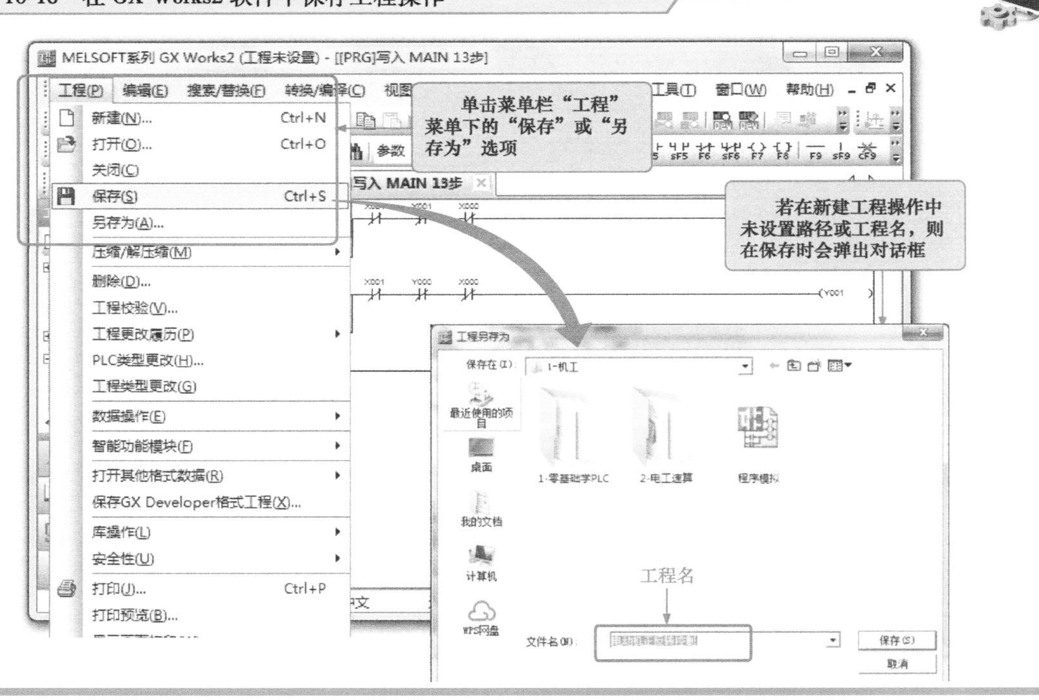


## 3　程序检查

对完成绘制的梯形图，应执行“程序检查”指令，即选择菜单栏中的“工具”菜单下的“程序检查”，在弹出的对话框中，单击“执行”按钮，即可检查绘制的梯形图是否正确，如图 10-17 所示。

图 10-17 在 GX Works2 软件中梯形图程序的检查

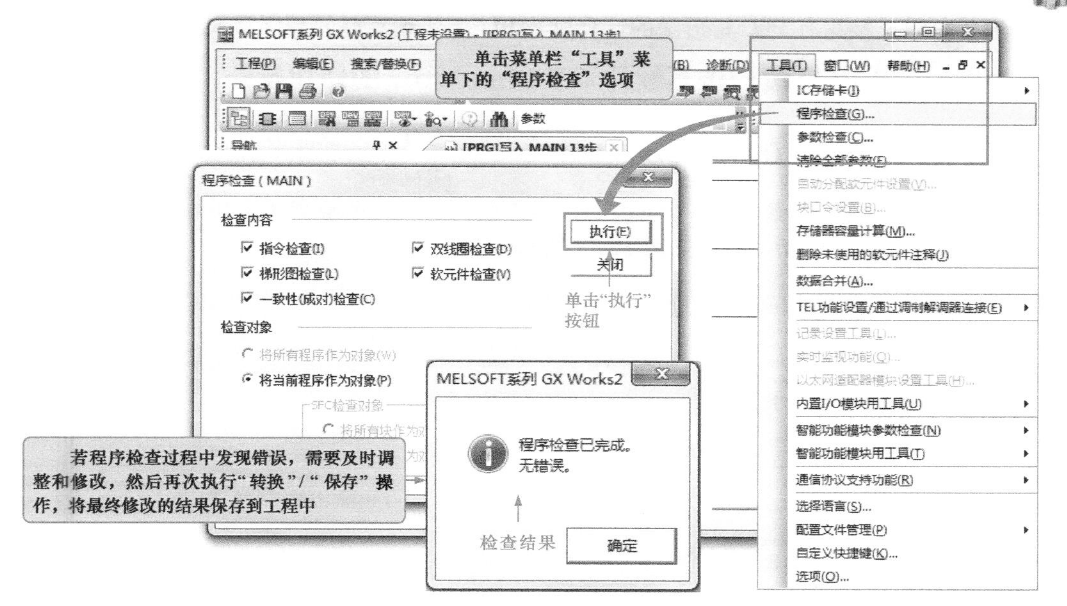




## 4 离线调试

GX Works2 具有离线模拟功能，如图 10-18 所示，对创建的顺控程序通过模拟功能可以进行离线调试。

图 10-18 在 GX Works2 软件中进行离线调试

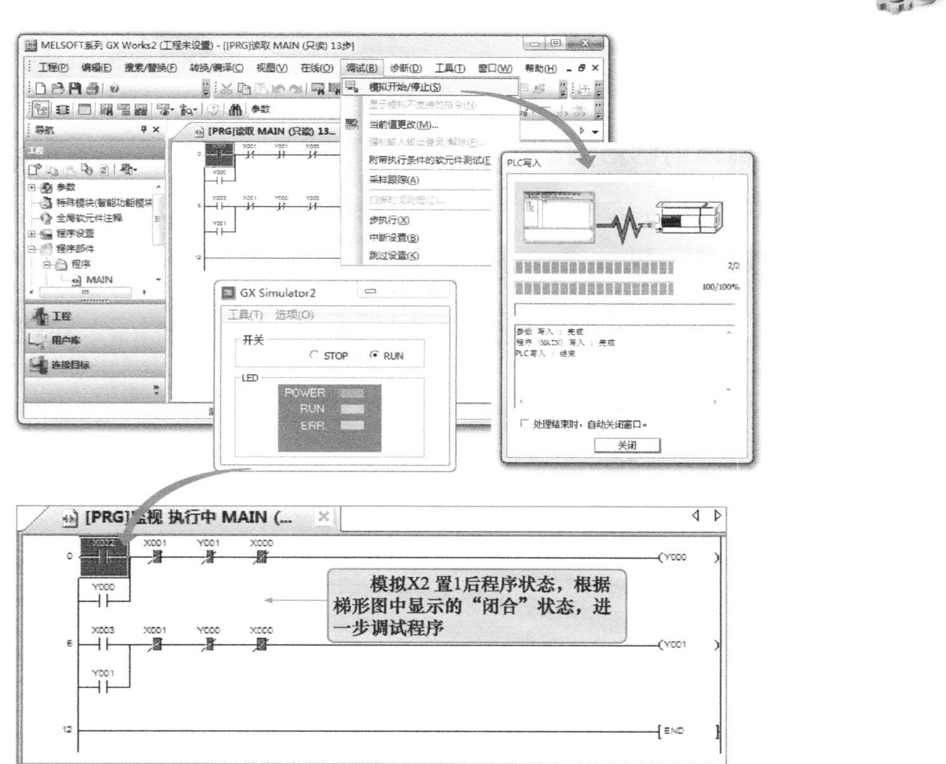

## 5 写入 PLC

借助通信电缆连接写有 PLC 梯形图的计算机与 PLC，将编写好的程序写入 PLC 内部即可。

## 10.2.2 三菱 PLC 编程仿真软件 GX Simulator 的使用操作

### 1 启动编程软件 GX Developer

使用三菱 PLC 编程仿真软件 GX Simulator，首先需要打开编程软件 GX Developer，启动编程软件 GX Developer，创建一个新工程，如图 10-19 所示。

图 10-19 首先启动 GX Developer 并创建一个新工程

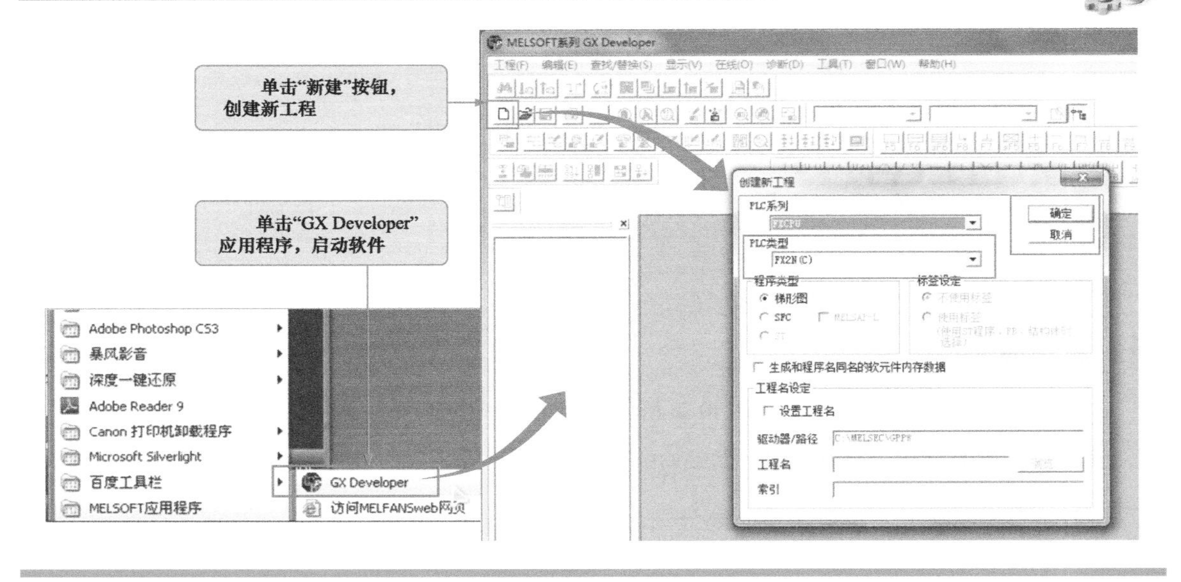




### 2 编写一个简单的梯形图

在编程软件 GX Developer 中编写一个简单的梯形图，如图 10-20 所示。

图 10-20 编写简单的梯形图

## 3 启动仿真软件 GX Simulator

如图 10-21 所示，在编程软件 GX Developer 的菜单栏中单击“工具”选项，在其下拉菜单中即可看到“梯形图逻辑测试起动”，单击该选项即可启动仿真软件 GX Simulator。

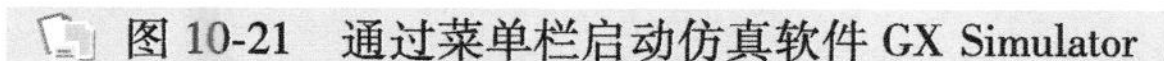

图 10-21　通过菜单栏启动仿真软件 GX Simulator

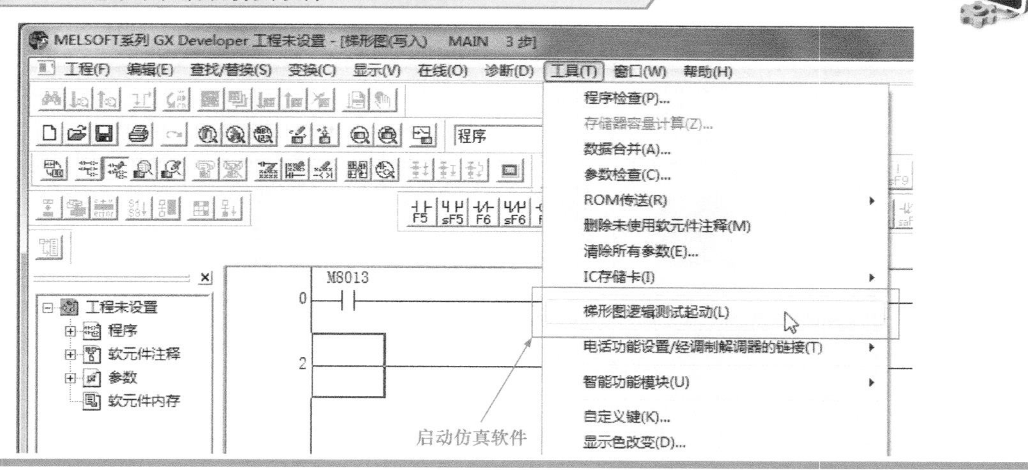




另外，也可通过编程软件 GX Developer 工具栏上的快捷图标启动仿真软件，如图 10-22 所示。

图 10-22　通过快捷图标启动仿真软件 GX Simulator

图 10-23 所示为启动仿真软件 GX Simulator 后弹出的仿真窗口，该窗口可显示运行状态。

图 10-23　启动仿真软件 GX Simulator 后弹出的仿真窗口

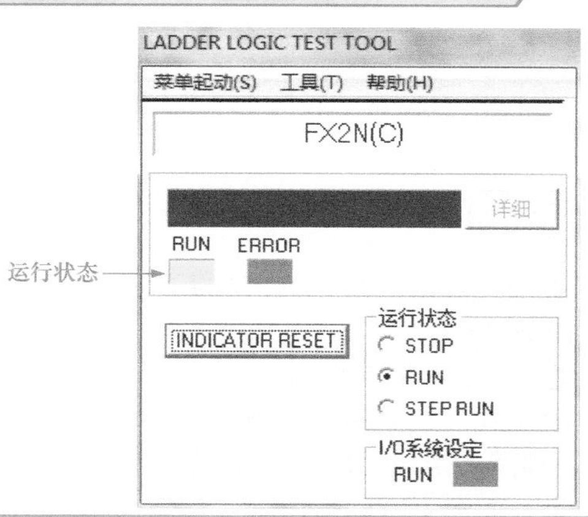

## 4 模拟 PLC 写入过程

启动仿真后，程序开始在计算机上模拟 PLC 写入过程，如图 10-24 所示。

图 10-24 模拟 PLC 写入过程

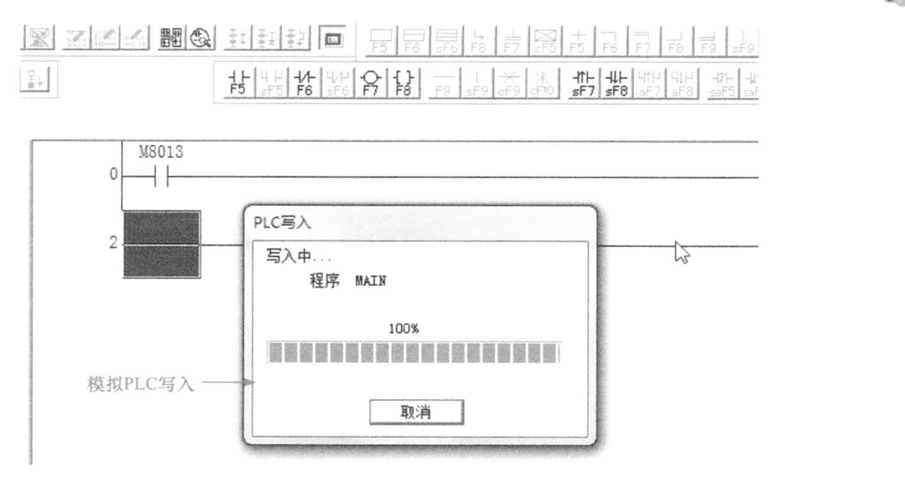




模拟写入完成后，程序开始运行，如图 10-25 所示。

图 10-25 程序运行

## 5 监控程序的运行状态

在仿真软件启动运行状态下，可以通过“在线”中的“软元件测试”来强制一些输入条件 ON 或者 OFF，监控程序的运行状态。

单击菜单栏中的“在线”选项，弹出下拉菜单，单击“调试”→“软元件测试”或者直接单击“软元件测试”快捷键，如图 10-26 所示。

弹出“软元件测试”对话框，如图 10-27 所示。

例如，在该对话框中“位软元件”栏中输入要强制的位元件，如 M8013，需要把该元件置 ON 的，就单击“强制 ON”按钮，如需要把该元件置 OFF 的，就单击“强制 OFF”按钮。同时在“执行结果”栏中显示被强制的状态，如图 10-28 所示。

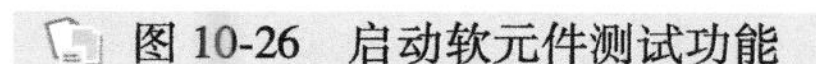
图 10-26 启动软元件测试功能

图 10-27 “软元件测试”对话框

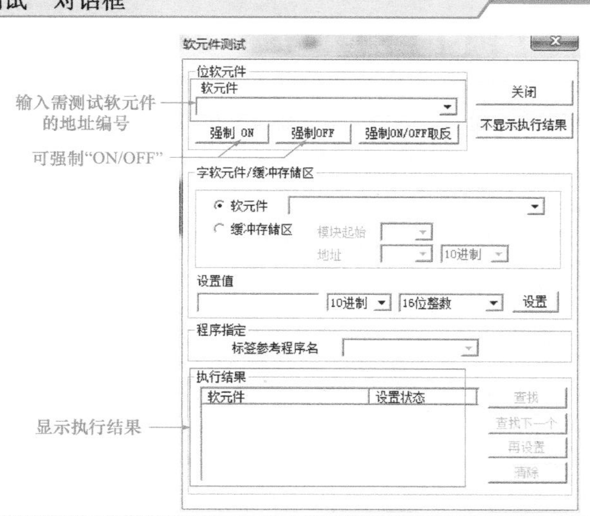


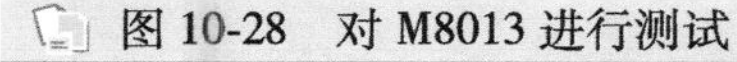
图 10-28 对 M8013 进行测试

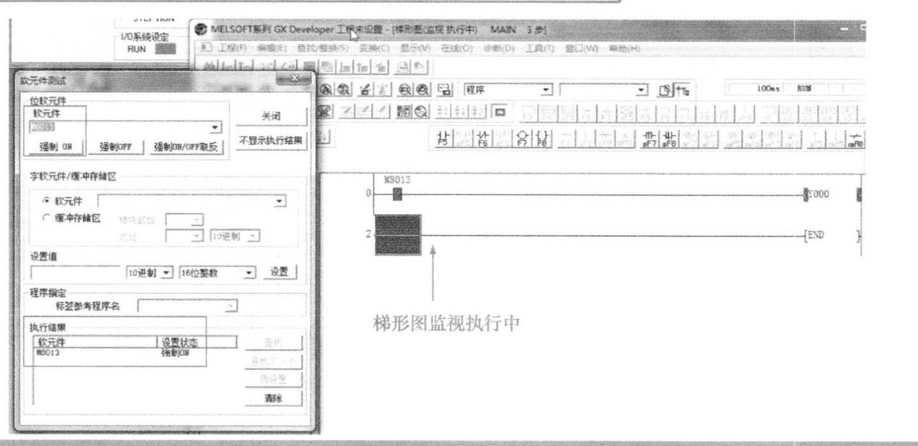

## 6 仿真软件对位元件的监控

单击仿真窗口上的“菜单起动”→“继电器内存监视”弹出如图 10-29 所示窗口。

图 10-29 继电器内存监视窗口

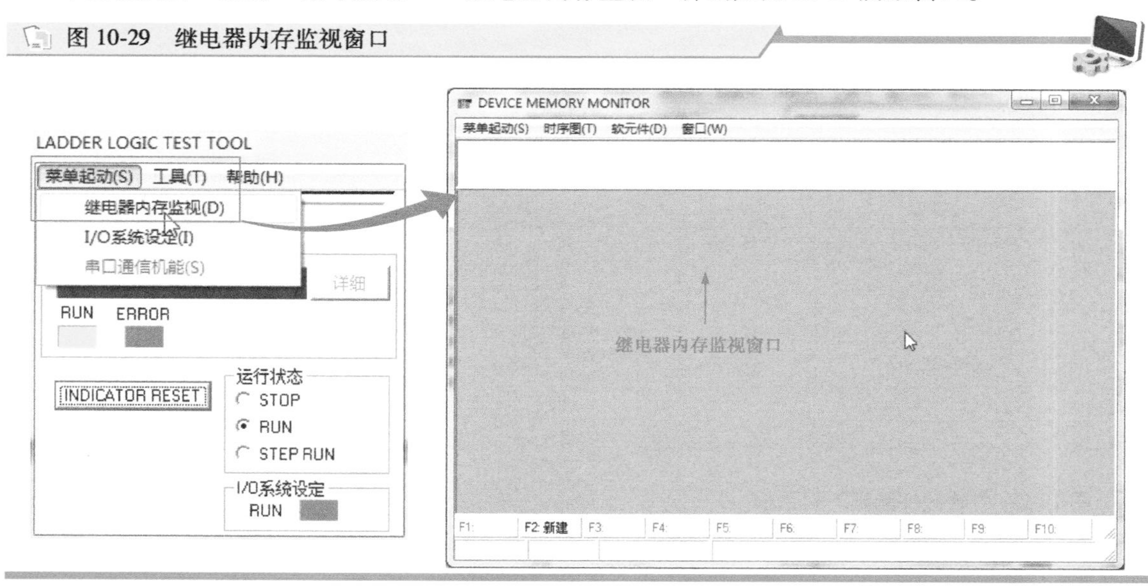


单击“软元件”→“位软元件窗口”→“Y”，如图 10-30 所示。

图 10-30 对“Y”的监视状态

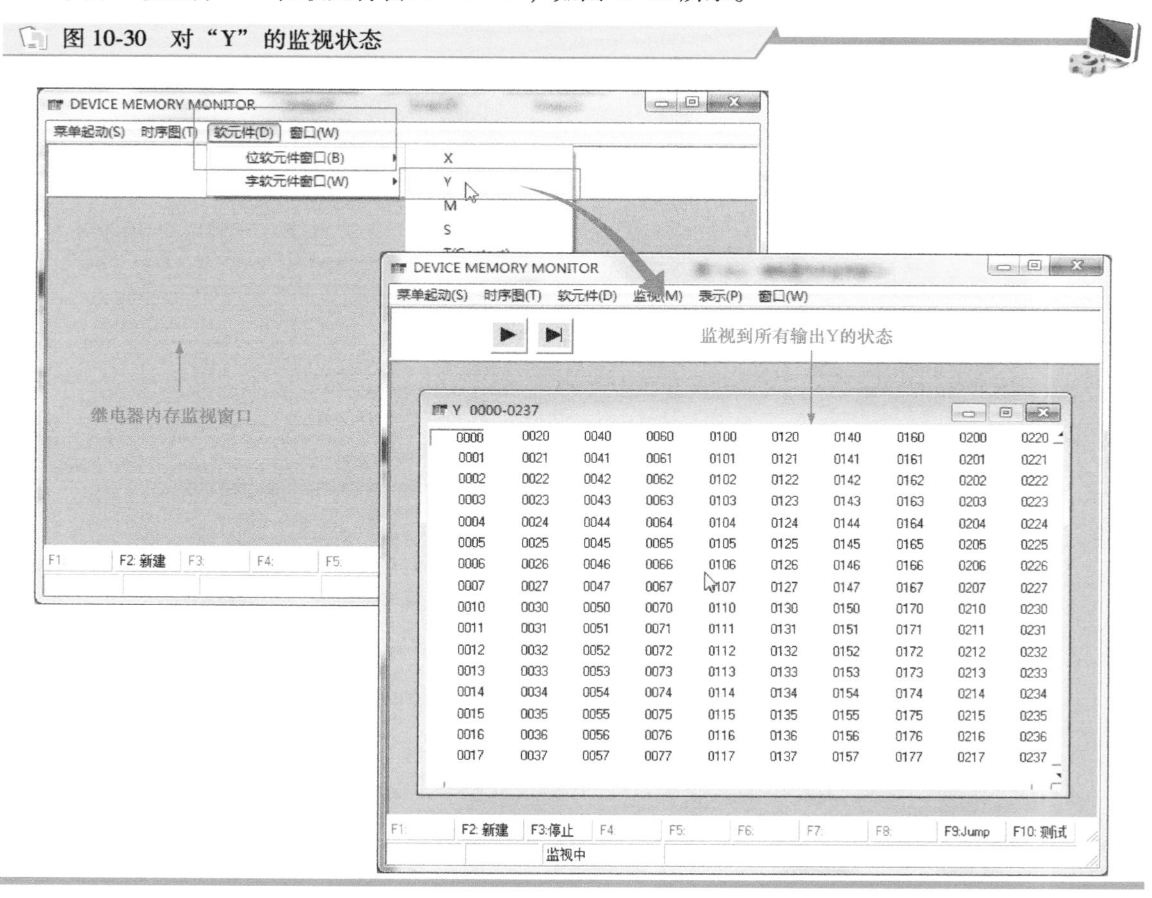

图中，可以看到监视到所有输出 Y 的状态，置 ON 的为黄色，处于 OFF 状态的不变色。同样，也可用同样的方法监视到 PLC 内所有元件的状态。位元件，用鼠标双击，可以强置 ON，再双击，可以强置 OFF；数据寄存器 D，可以直接置数；对于 T、C 也可以修改当前值，因此调试程序非常方便。

## 7 仿真软件时序图监控

单击仿真窗口的“时序图”→“起动”，弹出“时序图”监控窗口，如图 10-31 所示。

图 10-31 “时序图”监控窗口

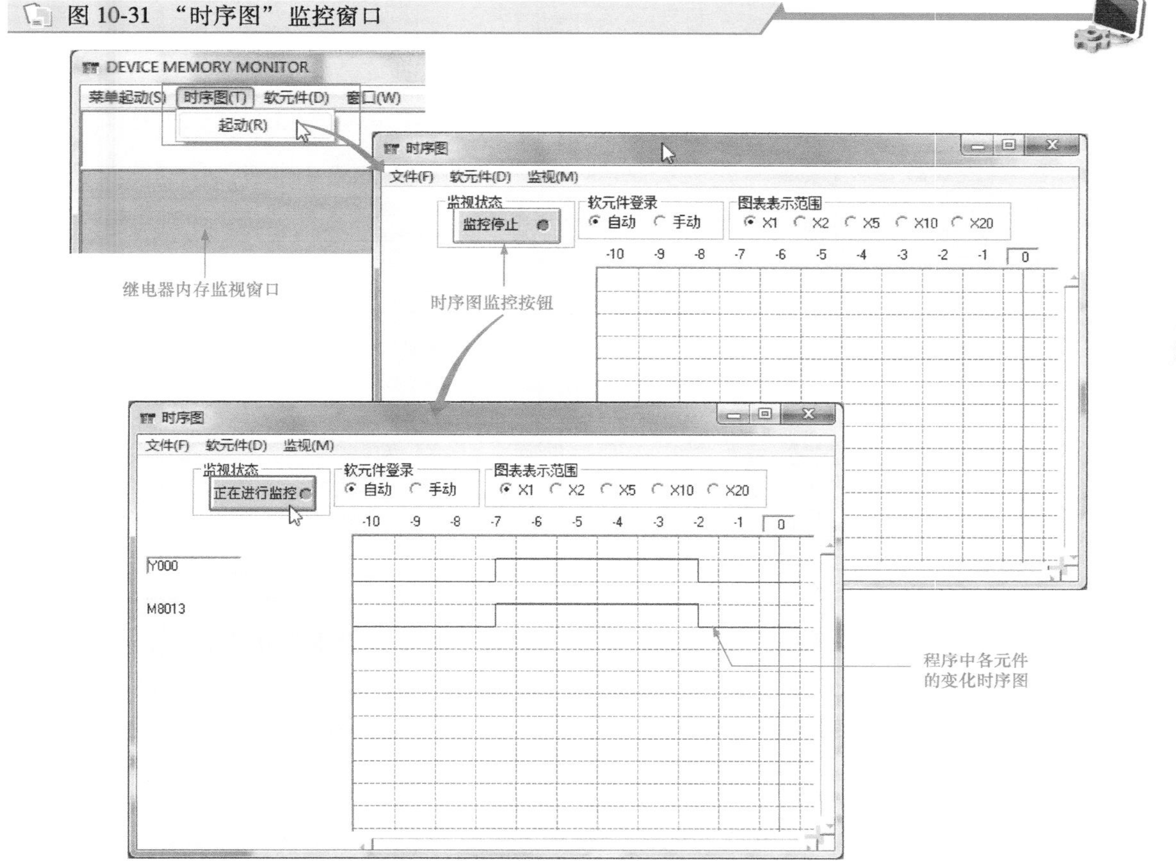




## 8 PLC 的停止和运行

单击仿真窗口中的“STOP”，PLC 就停止运行，再单击“RUN”，PLC 又运行，如图 10-32 所示。

图 10-32 在仿真窗口控制 PLC 的停止和运行

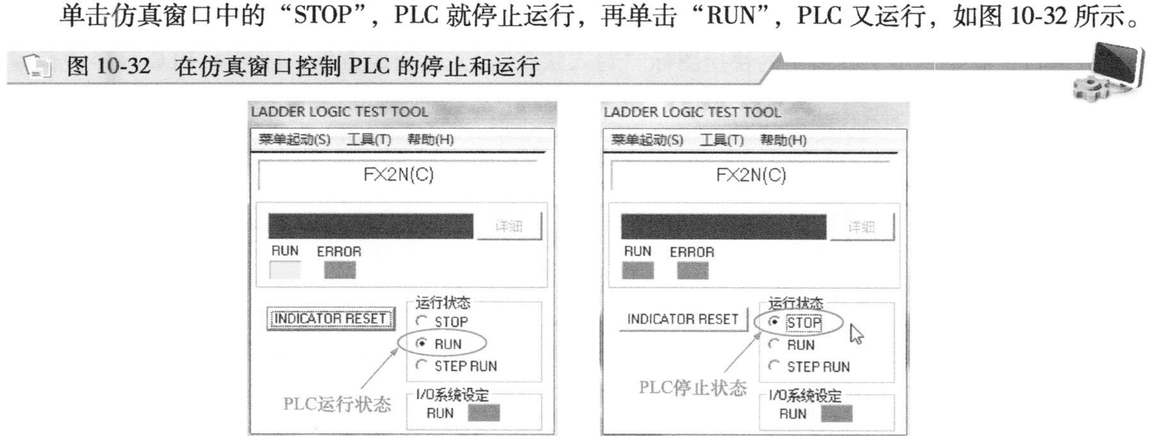

## 9 退出仿真软件

在对程序仿真测试时，通常需要对程序进行修改，这时要退出 PLC 仿真运行，重新对程序进行编辑修改。

退出仿真软件时，先单击仿真窗口中的“STOP”，然后单击“工具”中的“梯形图逻辑测试结束”，如图 10-33 所示。

图 10-33　退出仿真软件操作

弹出“停止梯形图逻辑测试”对话框，单击“确定”按钮即可退出仿真运行，如图 10-34 所示。

图 10-34　“停止梯形图逻辑测试”对话框

值得注意的是，退出仿真软件后，编程软件中的光标还是蓝块，程序处于监控状态，不能对程序进行编辑，需要单击工具栏中的快捷图标“写入状态”，光标变成方框，即可对 PLC 程序进行编辑修改。

# 第11章 触摸屏与触摸屏编程

## 11.1 西门子 SMART 700 IE V3 触摸屏

### 11.1.1 西门子 SMART 700 IE V3 触摸屏的结构

西门子触摸屏通常称为 HMI 设备，是西门子 PLC 的图形操作终端。HMI 设备用于操作和监视机器或设备。机器或设备的状态以图形对象或信号灯的形式显示在 HMI 设备上。HMI 设备的操作员控件可以对机器或设备的状态、工作过程、执行顺序等进行干预。

西门子触摸屏的规格型号较多，下面以西门子 SMART 700 IE V3 触摸屏为例介绍。西门子 SMART 700 IE V3 触摸屏适用于小型自动化系统。该规格的触摸屏采用了增强型 CPU 和存储器，性能大幅提升。图 11-1 所示为西门子 SMART 700 IE V3 触摸屏的结构组成。

图 11-1 西门子 SMART 700 IE V3 触摸屏的结构组成

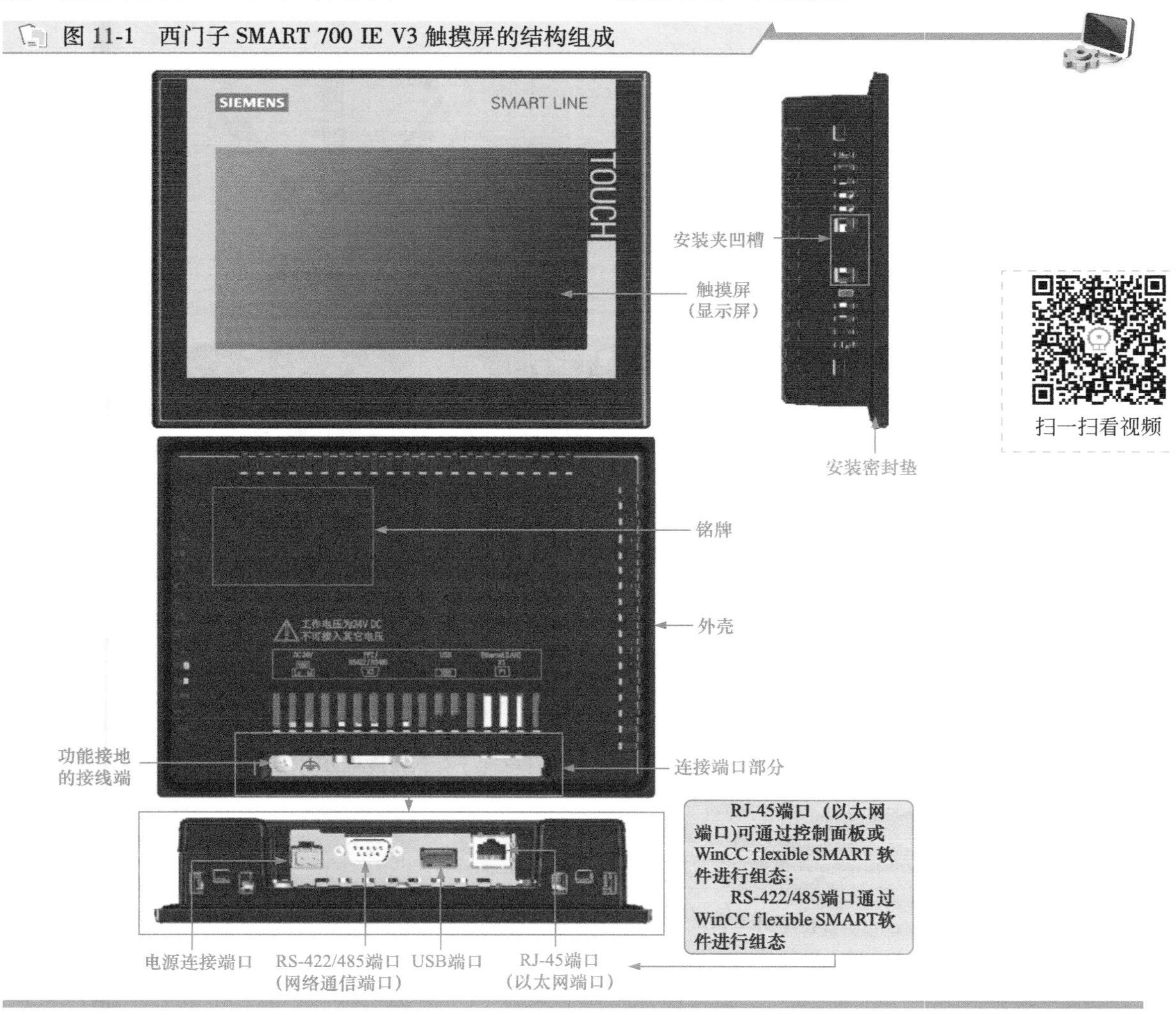


扫一扫看视频

可以看到，该触摸屏除了以触摸屏为主体外，还设有多种连接端口，如电源连接端口、RS-

422/485 端口、RJ-45 端口（以太网）和 USB 端口等。

## 11.1.2 西门子 SMART 700 IE V3 触摸屏的安装与连接

### 1 西门子 SMART 700 IE V3 触摸屏的安装

安装西门子 SMART 700 IE V3 触摸屏前，应首先了解安装的环境要求，如温度、湿度等，明确安装位置要求，如散热距离、打孔位置等，再严格按照设备安装步骤进行安装。

（1）安装环境要求

西门子 SMART 700 IE V3 触摸屏安装必须满足其基本的环境要求，其中环境温度必须满足，否则将影响设备的正常运行。图 11-2 所示为西门子 SMART 700 IE V3 触摸屏安装环境的温度要求（控制柜安装环境）。

图 11-2 西门子 SMART 700 IE V3 触摸屏安装环境的温度要求（控制柜安装环境）

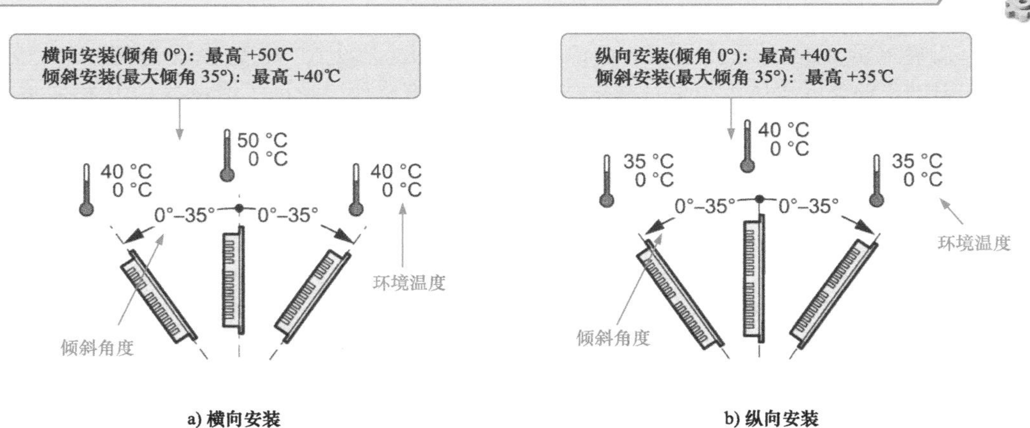


a) 横向安装　　b) 纵向安装



**提示说明**

**HMI 设备倾斜安装会减少设备承受的对流，因此会降低操作时所允许的最高环境温度。如果施加充分的通风，设备也要在不超过纵向安装所允许的最高环境温度下在倾斜的安装位置运行。否则，该设备可能会因过热而导致损坏。**

**西门子 SMART 700 IE V3 触摸屏安装环境的其他要求见表 11-1。**

表 11-1 西门子 SMART 700 IE V3 触摸屏安装环境的其他要求

| 条件类型 | 运输和存储状态下 | 运行状态下 | |
|---|---|---|---|
| 温度 | -20～+60℃ | 横向安装 | 0～50℃ |
| | | 倾斜安装，倾斜角最高 35°（横向） | 0～40 ℃ |
| | | 纵向安装 | 0～40 ℃ |
| | | 倾斜安装，倾斜角最高 35°（纵向） | 0～35 ℃ |
| 大气压 | 1080～660hPa，相当于海拔 1000～3500m | 1080～795hPa，相当于海拔 1000～2000m | |
| 相对湿度 | 10%～90%，无凝露 | | |
| 污染物浓度 | $SO_2$：<0.5ppm；相对湿度<60%，无凝露<br>$H_2S$：<0.1ppm；相对湿度<60%，无凝露 | | |

**HMI 设备在经过低温运输或暴露于剧烈的温度波动环境之后，应确保在其设备内外未出现冷凝（凝露）现象。HMI 设备在投入运行前，必须达到室温。不可为使 HMI 设备预热，而将其暴露在发热装置的直接辐射下。如果形成了结露，应在开启 HMI 设备前等待约 4h，直到设备完全变干。**

（2）安装位置要求

西门子 SMART 700 IE V3 触摸屏一般安装在控制柜中。HMI 设备是自通风设备，对安装的位置有明确要求，包括距离控制柜四周的距离、安装允许倾斜的角度等。图 11-3 所示为西门子 SMART 700 IE V3 触摸屏安装在控制柜时与四周的距离要求。

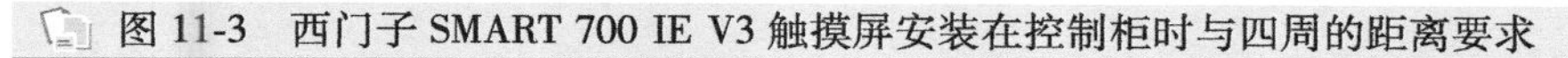

图 11-3　西门子 SMART 700 IE V3 触摸屏安装在控制柜时与四周的距离要求

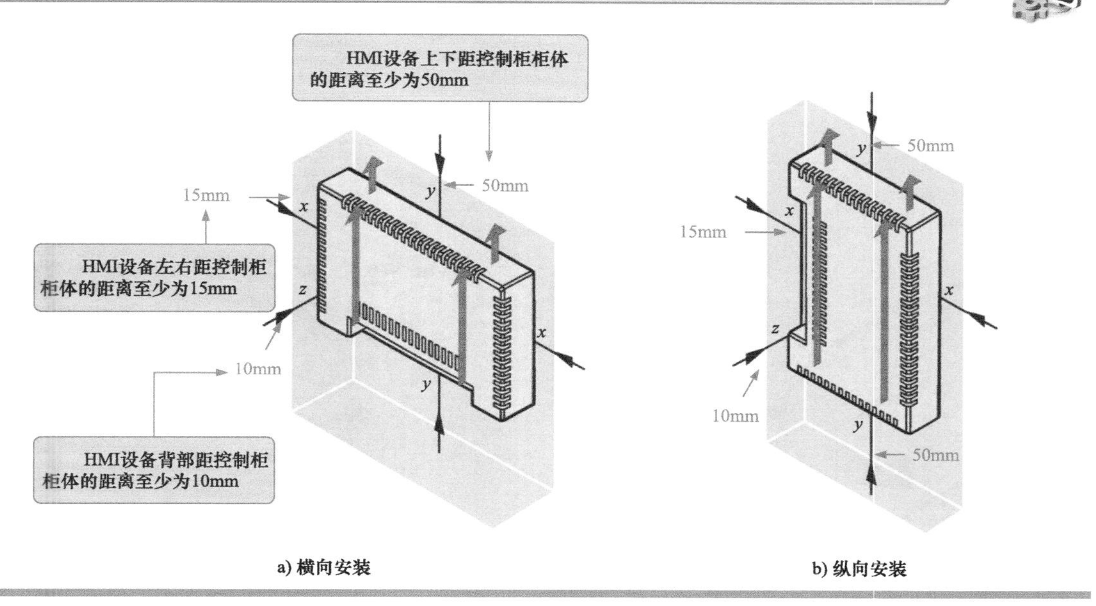


a) 横向安装　　b) 纵向安装



（3）通用控制柜中安装打孔要求

确定西门子 SMART 700 IE V3 触摸屏安装环境符合要求，接下来则应在选定的位置打孔，为安装固定做好准备。图 11-4 所示为在通用控制柜中安装西门子 SMART 700 IE V3 触摸屏的开孔尺寸要求。

图 11-4　在通用控制柜中安装西门子 SMART 700 IE V3 触摸屏的开孔尺寸要求

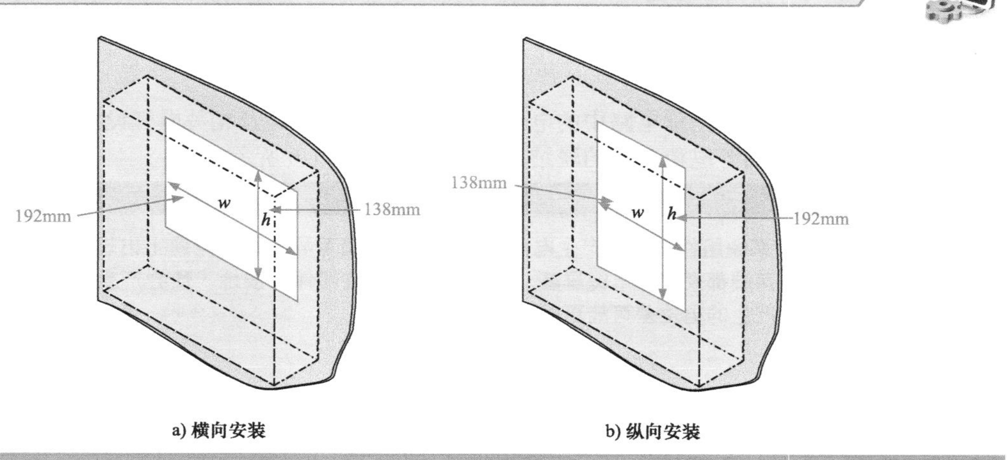


a) 横向安装　　b) 纵向安装

**提示说明**

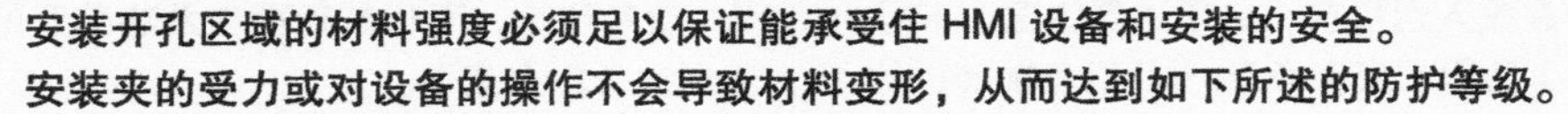

**安装开孔区域的材料强度必须足以保证能承受住 HMI 设备和安装的安全。**

**安装夹的受力或对设备的操作不会导致材料变形，从而达到如下所述的防护等级。**

- **符合防护等级为 IP65 的安装开孔处的材料厚度：2~6mm。**
- **安装开孔处允许的与平面的偏差：≤ 0. 5mm，已安装的 HMI 设备必须符合此条件。**

(4) 触摸屏的安装

控制柜开孔完成后，将触摸屏平行插入到所开安装孔中，使用安装夹固定好触摸屏。安装与固定方法如图 11-5 所示。

图 11-5　触摸屏的安装与固定

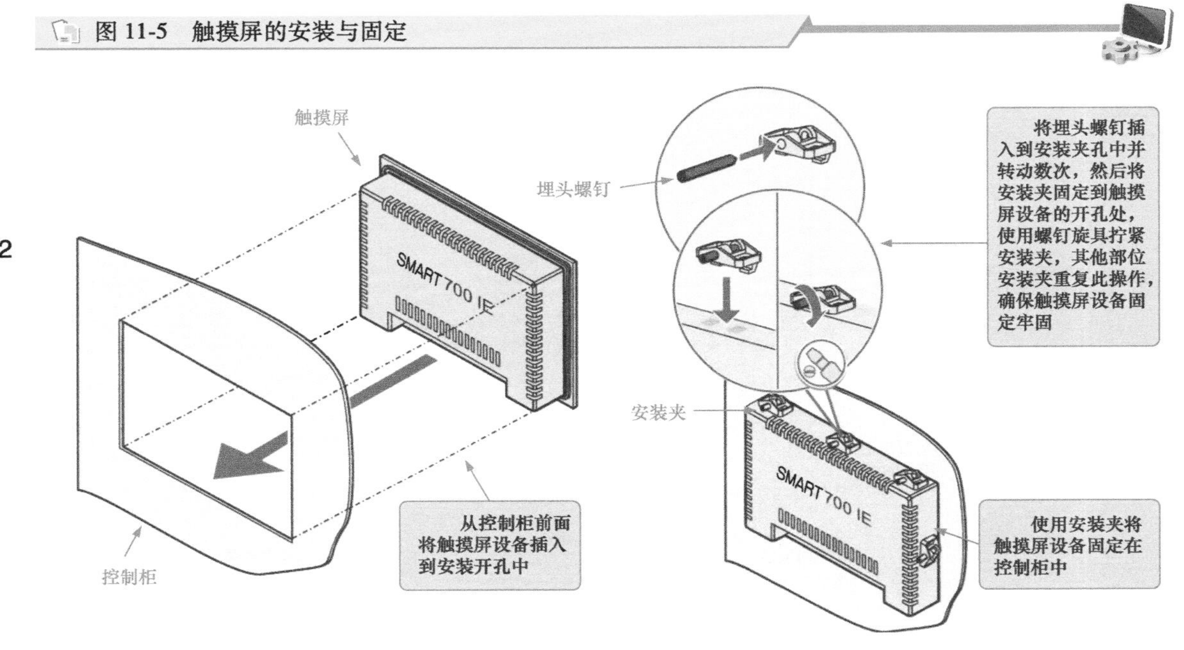




## 2　西门子 SMART 700 IE V3 触摸屏的连接

西门子 SMART 700 IE V3 触摸屏的连接包括等电位电路的联结、电源线连接、与组态计算机（PC）连接、与 PLC 设备连接等。

(1) 等电位电路的联结

等电位电路联结用于消除电路中的电位差，用以确保触摸屏及相关电气设备在运行时不会出现故障。触摸屏安装中的等电位电路的联结方法及步骤如图 11-6 所示。

**提示说明**

**在空间上分开的系统组件之间可产生电位差。这些电位差可导致数据电缆上出现高均衡电流，从而毁坏它们的接口。如果两端都采用了电缆屏蔽，并在不同的系统部件处接地，便会产生均衡电流。当系统连接到不同的电源时，产生的电位差可能更明显。**

(2) 连接电源线

触摸屏设备正常工作需要满足 DC 24V 供电。设备安装中，正确连接电源线是确保触摸屏设备正常工作的前提。图 11-7 所示为触摸屏电源线的连接方法。

## 图 11-6 触摸屏安装中的等电位电路的联结方法及步骤

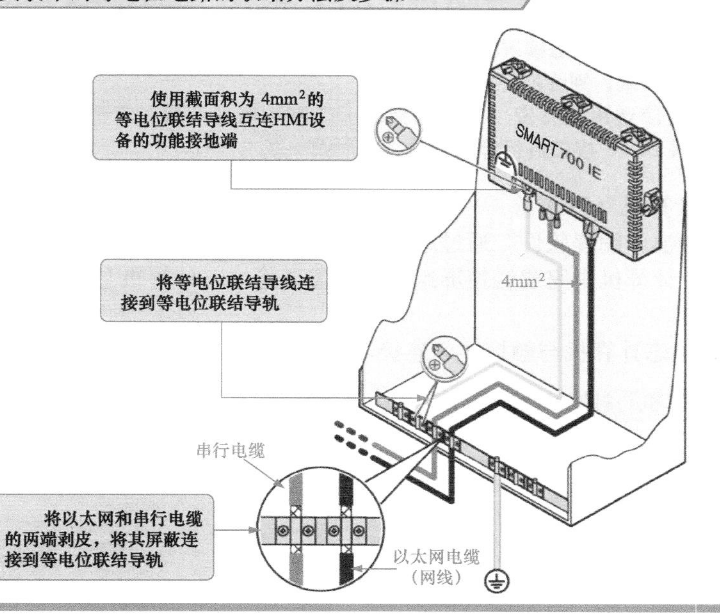




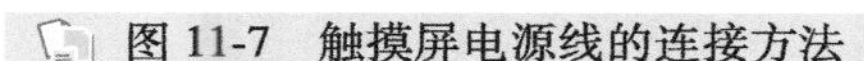

## 图 11-7 触摸屏电源线的连接方法

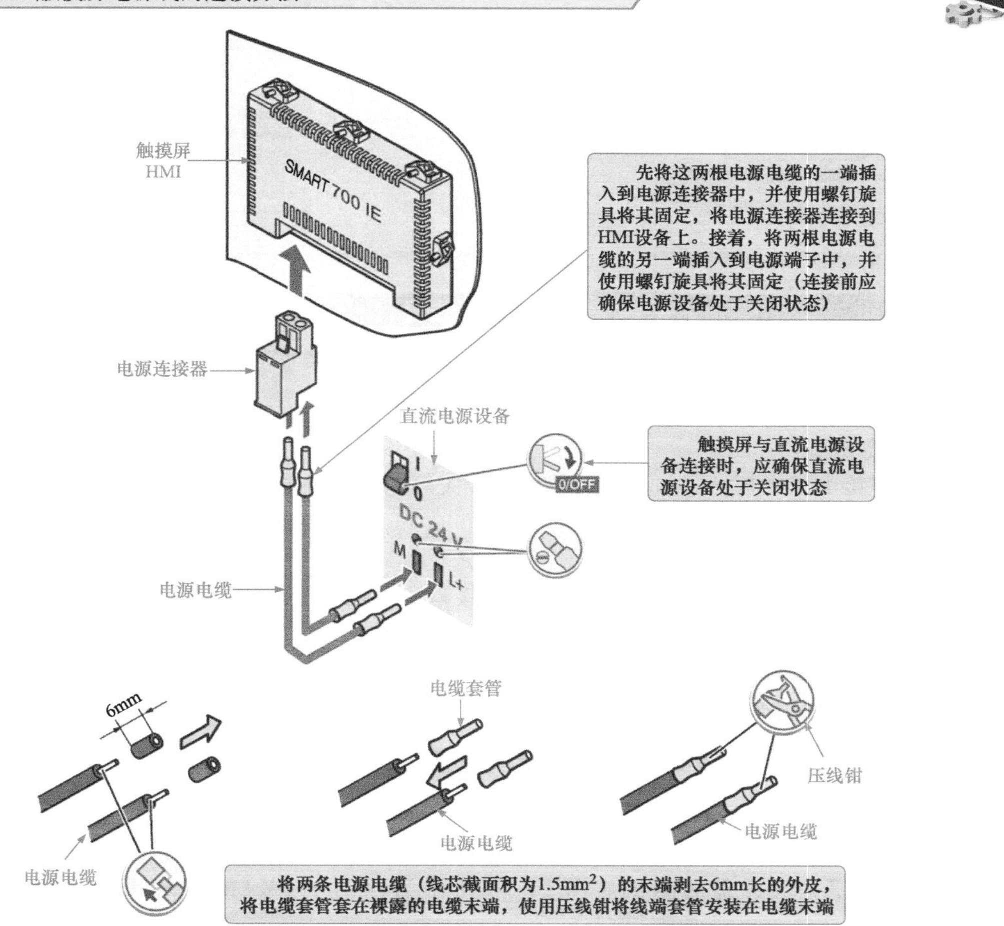

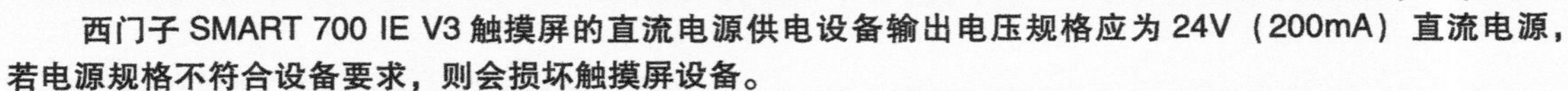

**提示说明**

**西门子 SMART 700 IE V3 触摸屏的直流电源供电设备输出电压规格应为 24V（200mA）直流电源，若电源规格不符合设备要求，则会损坏触摸屏设备。**

**直流电源供电设备应选用具有安全电气隔离的 DC 24V 电源装置；若使用非隔离系统组态，则应将 24V 电源输出端的 GN D24V 接口进行等电位联结，以统一基准电位。**

（3）连接组态计算机（PC）

计算机中安装触摸屏编程软件，通过编程软件可组态触摸屏，实现对触摸屏显示画面内容和控制功能的设计。当在计算机中完成触摸屏组态后，需要将组态计算机与触摸屏连接，以便将软件中完成的项目进行传输。

图 11-8 所示为组态计算机与触摸屏的连接。

图 11-8　组态计算机与触摸屏的连接



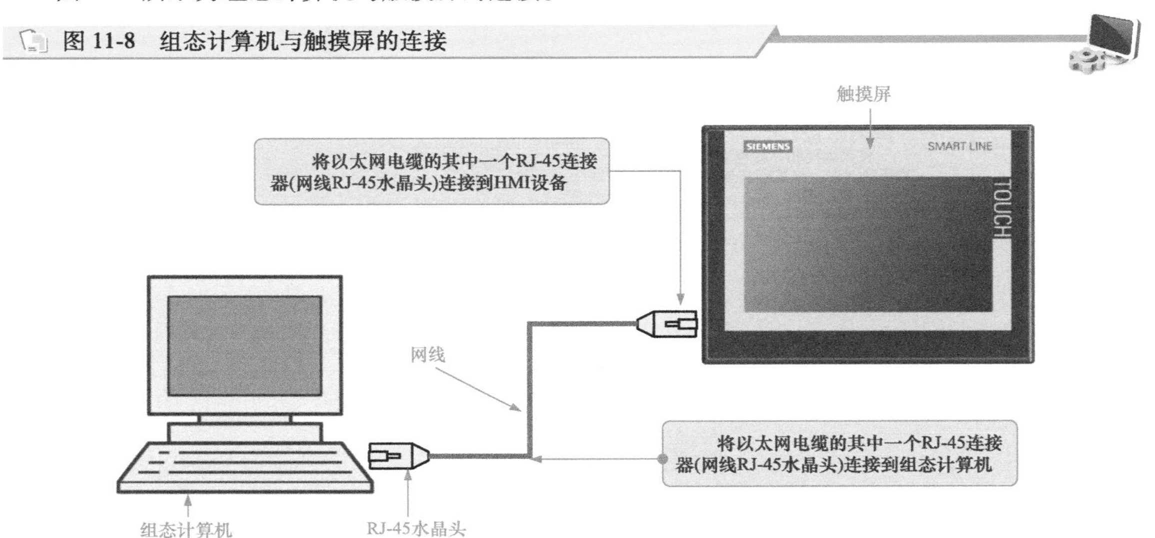


**提示说明**

**组态计算机与触摸屏连接，除了可用于传输项目外，还可传输 HMI 设备映像、将 HMI 设备复位为出厂设置、备份并还原 HMI 数据。**

（4）连接 PLC

触摸屏连接 PLC 的输入端，可代替按钮、开关等物理部件向 PLC 输入指令信息。图 11-9 所示为触摸屏与 PLC 之间的连接。

（5）连接 USB 设备

西门子 SMART 700 IE V3 触摸屏设有 USB 接口，可用于连接可用的 USB 设备，如外接鼠标、外接键盘、USB 记忆棒、USB 集线器等。

其中，连接外接鼠标和外接键盘仅可供调试和维护时使用。连接 USB 设备应注意 USB 线缆的长度不可超过 1.5m，否则不能确保安全地进行数据传输。

## 3　西门子 SMART 700 IE V3 触摸屏的测试

西门子 SMART 700 IE V3 触摸屏连接好电源后，可启动设备测试设备连接是否正常。

首先接通 HMI 设备的电源，然后按下触摸屏上的按钮或外接鼠标启动设备，通过单击不同功能的按钮完成设备的测试。图 11-10 所示为西门子 SMART 700 IE V3 触摸屏启动与测试。

图 11-9　触摸屏与 PLC 之间的连接

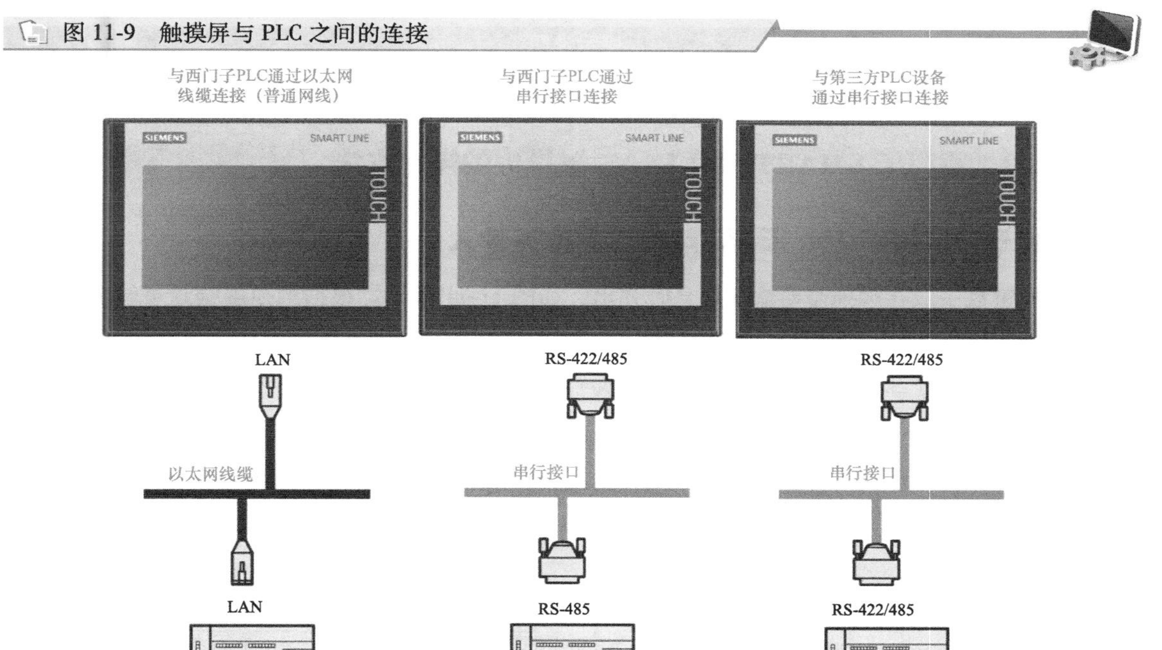

**| 提示说明 |**

**将触摸屏与 PLC 连接时，应平行敷设数据线和等电位联结导线，应将数据线的屏蔽接地。**

图 11-10　西门子 SMART 700 IE V3 触摸屏启动与测试

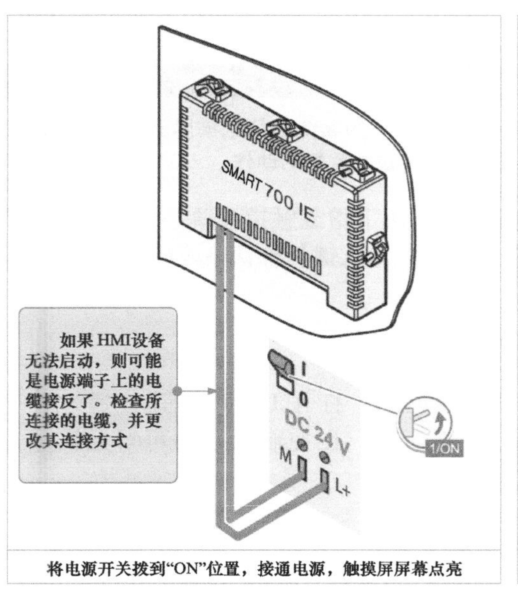


将电源开关拨到“ON”位置，接通电源，触摸屏屏幕点亮

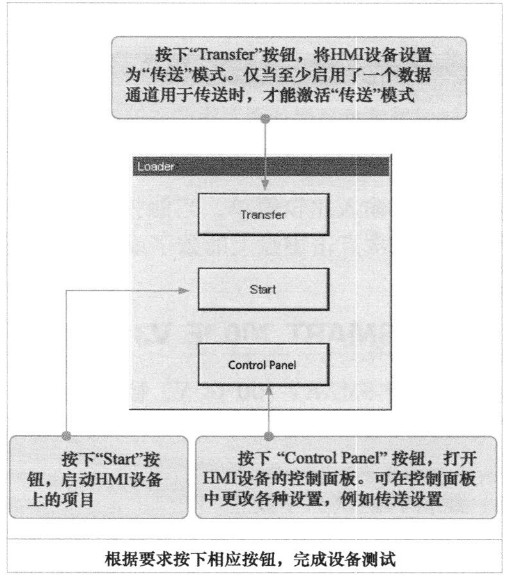


根据要求按下相应按钮，完成设备测试

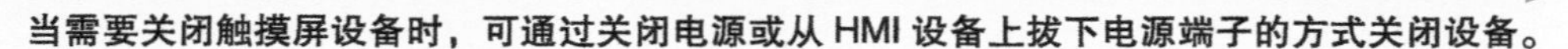

**提示说明**

**当需要关闭触摸屏设备时，可通过关闭电源或从 HMI 设备上拔下电源端子的方式关闭设备。**

## 11.1.3 西门子 SMART 700 IE V3 触摸屏的操作方法

### 1 西门子 SMART 700 IE V3 触摸屏的数据输入

触摸屏键盘一般在触摸需要输入信息时弹出，如图 11-11 所示。根据触摸屏键盘可输入相应的数字、字母等信息。

图 11-11 西门子 SMART 700 IE V3 触摸屏键盘

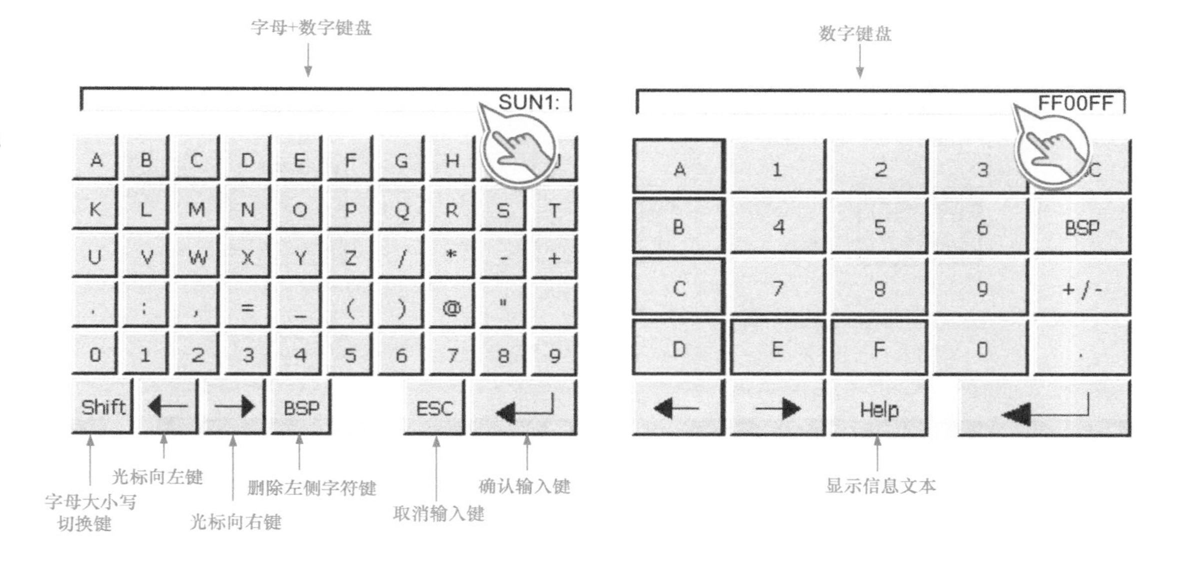


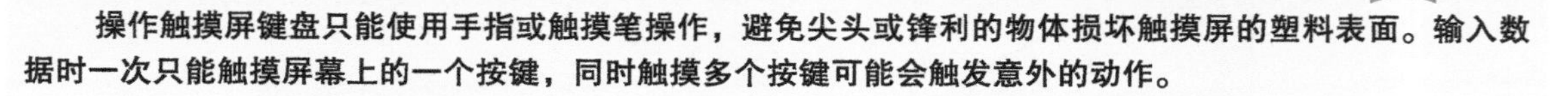

**提示说明**

**操作触摸屏键盘只能使用手指或触摸笔操作，避免尖头或锋利的物体损坏触摸屏的塑料表面。输入数据时一次只能触摸屏幕上的一个按键，同时触摸多个按键可能会触发意外的动作。**

触摸屏数据输入比较简单，当触摸屏上出现输入框，用手指或触摸笔单击输入框即可弹出键盘，根据需要顺次点击键盘上的数字或字母，最后按【确认输入键】确认输入或按“ESC”键取消输入即可。

### 2 西门子 SMART 700 IE V3 触摸屏的组态

组态西门子 SMART 700 IE V3 触摸屏，首先接通电源，打开 Loader 程序，通过程序窗口中的“Control Panel”按钮打开控制面板，如图 11-12 所示，在控制面板中可对触摸屏进行参数配置。

（1）维修和调试选项设置

在触摸屏控制面板中，维修和调试选项的主要功能是使用 USB 设备保存和下载数据。用手指或触摸笔单击该选项即可弹出“Service & Commissioning”对话框，从对话框中的“Backup”选项卡中可进行触摸屏数据的备份，如图 11-13 所示。

图 11-12 控制面板中的参数配置选项

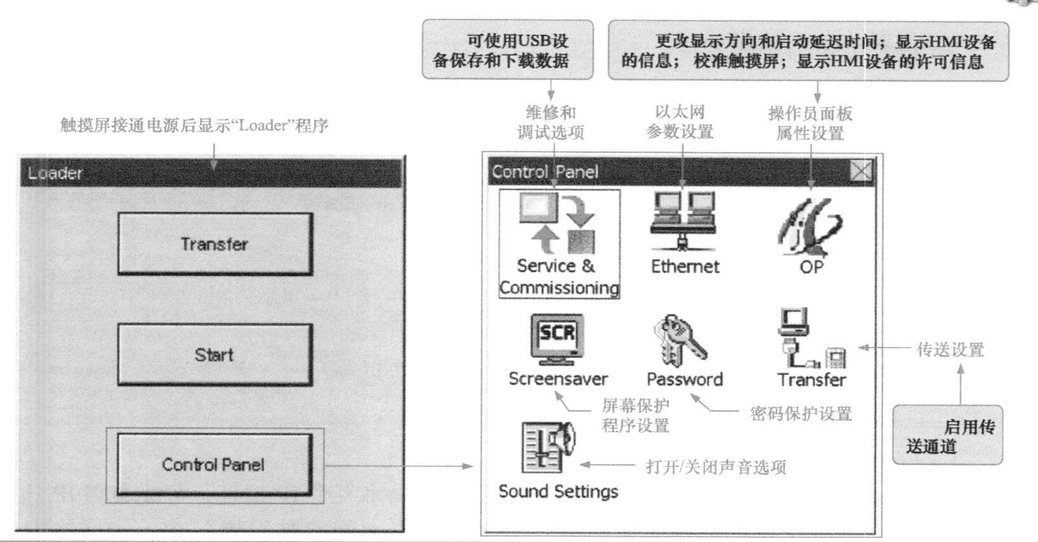

图 11-13 触摸屏数据的备份操作

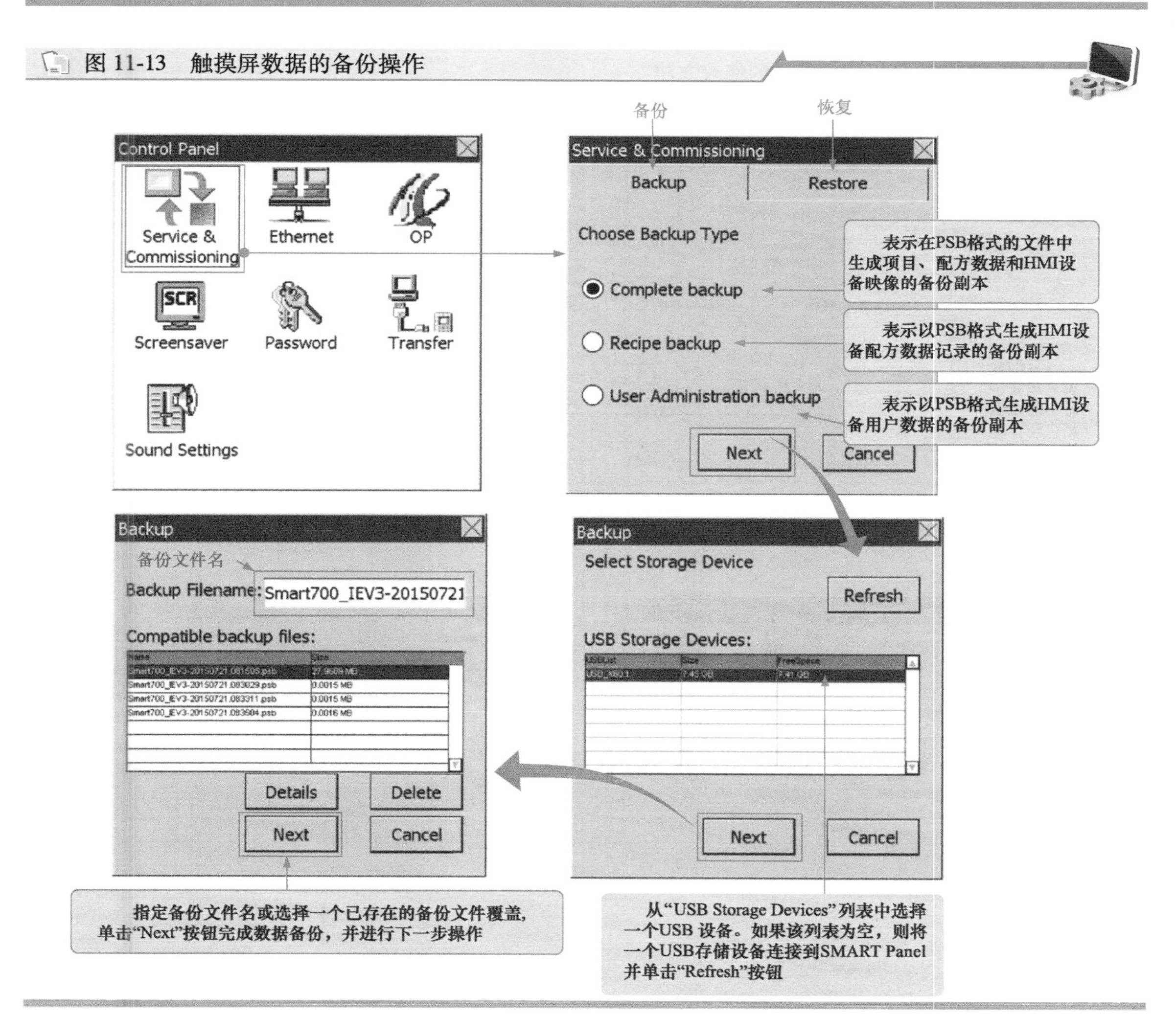

数据的恢复即使用“Service & Commissioning”功能下的“Restore”选项卡将 USB 存储设备中的备份文件加载到 HMI 设备中，如图 11-14 所示。

图 11-14　触摸屏数据的恢复操作

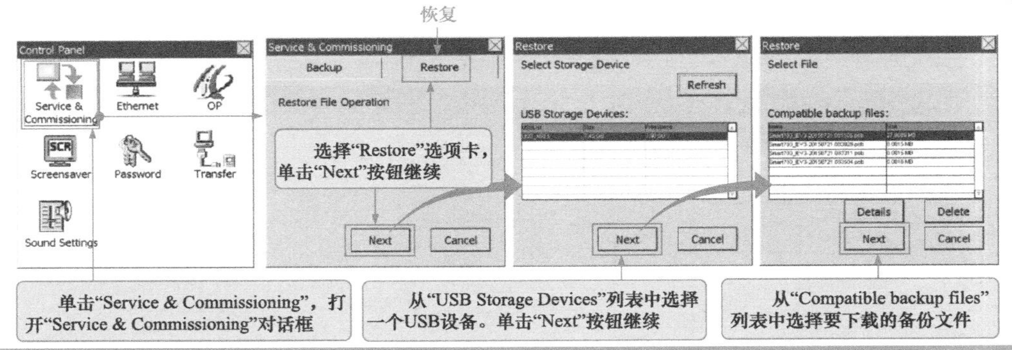


（2）以太网参数的修改

在多个 HMI 设备联网应用中，如果网络中的多个设备共享一个 IP 地址，可能会因 IP 地址冲突引起通信错误。可在 HMI 设备控制面板的第二个选项“以太网参数设置”中，为网络中每一个 HMI 设备分配一个唯一的 IP 地址。图 11-15 所示为 HMI 设备以太网参数的修改方法。



图 11-15　HMI 设备以太网参数的修改方法

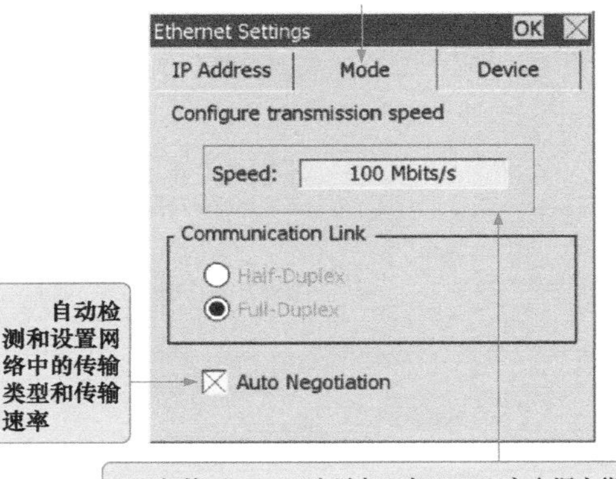


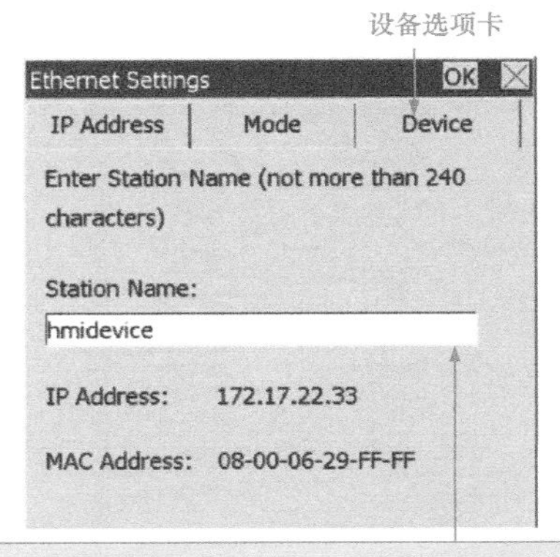


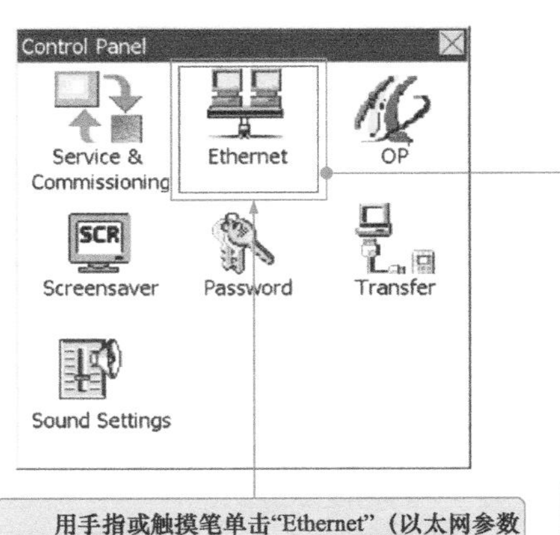


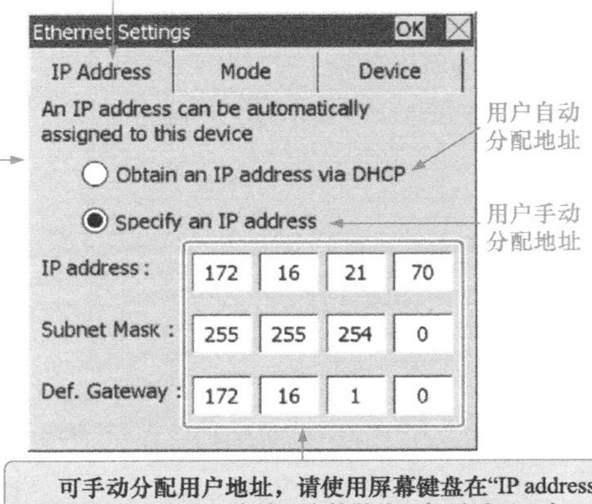

(3) HMI 其他参数设置

在 HMI 控制面板中还包括几项其他参数设置，用户可根据实际需要对不同选项中的参数进行设置。图 11-16 所示为不同参数选项中的子选项内容。

图 11-16　不同参数选项中的子选项内容

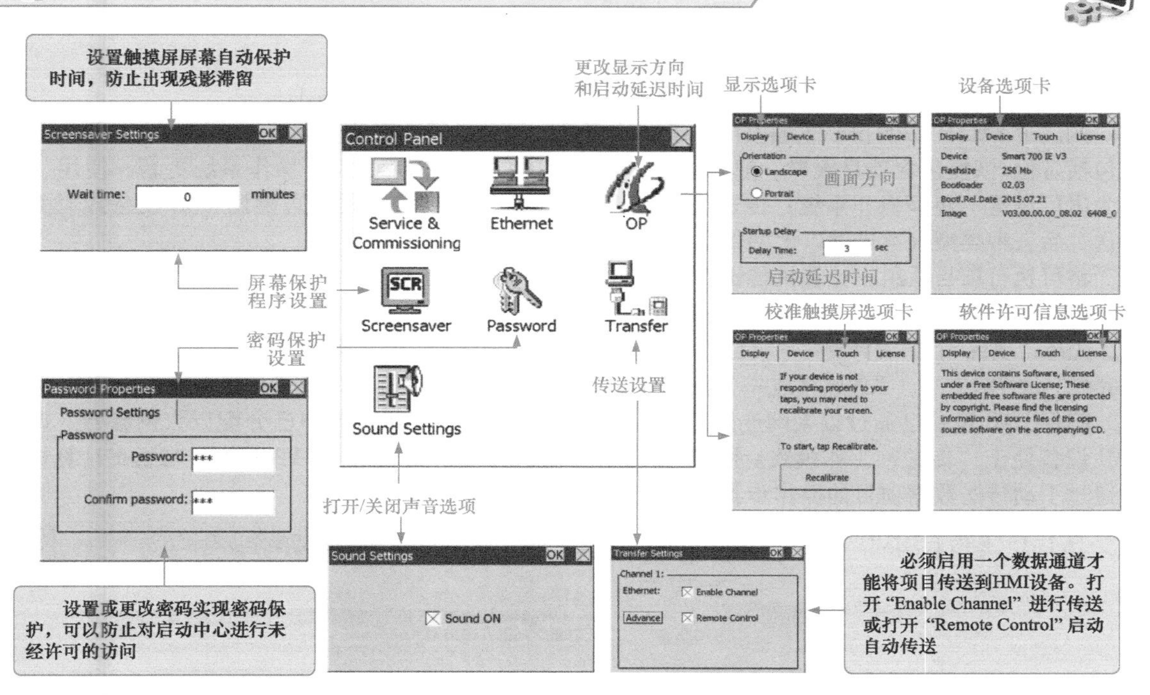


## 11.1.4　西门子 SMART 700 IE V3 触摸屏的调试与维护

### 1　西门子 SMART 700 IE V3 触摸屏的调试

(1) 西门子 SMART 700 IE V3 触摸屏的工作模式

西门子 SMART 700 IE V3 触摸屏包括三种工作模式，即离线、在线、传送。

1)“离线”工作模式。在此模式下，HMI 设备和 PLC 之间不进行任何通信。尽管可以操作 HMI 设备，但是无法与 PLC 交换数据。

2)“在线”工作模式。在此模式下，HMI 设备和 PLC 彼此进行通信。可操作 HMI 设备中的项目。

西门子 SMART 700 IE V3 触摸屏中要显示的内容（项目）通过组态计算机创建，创建好的项目传送到触摸屏中，从而使自动化工作过程实现可视化。传送到触摸屏中的项目实现过程控制需要将触摸屏设备在线连接到 PLC。

在组态计算机和 HMI 设备上均可设置“离线模式”和“在线模式”。

**| 提示说明 |**

**触摸屏设备初始启动时设备中不存在任何项目。操作系统更新完毕之后，触摸屏设备也处于这种状态。**

**触摸屏设备重新调试时，设备中已存在的所有项目都将被替换。**

3)“传送”工作模式。在此模式下，可以将项目从组态计算机传送至 HMI 设备、备份和恢复 HMI 设备数据或更新固件。

**提示说明**

**在 HMI 设备上设置“传送”工作模式的操作方法如下：**

- **HMI 设备启动时：在 HMI 设备装载程序中手动启动“传送”工作模式。**
- **操作运行期间：使用操作元素在项目中手动启动“传送”工作模式。设置自动模式且在组态计算机上启动传送后，HMI 设备会切换为“传送”工作模式。**

（2）西门子 SMART 700 IE V3 触摸屏与组态计算机的数据传送

传送操作是指将已编译的项目文件传送到要运行该项目的 HMI 设备上。

西门子 SMART 700 IE V3 触摸屏与组态计算机之间可进行数据信息的传送。可传送数据信息类型包括备份/恢复包含项目数据、配方数据、用户管理数据的映像文件；操作系统更新；使用“恢复为出厂设置”更新操作系统；传送项目等四种类型。第一种数据类型可借助 USB 设备或以太网传送，后三种类型仅可借助以太网传送。

将可执行项目从组态计算机传送到 HMI 设备中，可启动手动传送和自动传送两种。

1）启动手动传送。在 WinCC flexible SMART（触摸屏编程软件，将在下一节详细介绍）中完成组态后，选择“项目”>“编译器”>“生成”（Project>Compiler>Generate）菜单命令来验证项目的一致性。在完成一致性检查后，系统将生成一个已编译的项目文件。将已编译的项目文件传送至组态的 HMI 设备。



确保 HMI 设备已通过以太网连接到组态计算机中，且在 HMI 设备中已分配以太网参数，调整 HMI 设备处于“传送”工作模式。图 11-17 所示为西门子 SMART 700 IE V3 触摸屏与组态计算机之间通过手动传送数据项目的操作步骤和方法。

图 11-17　西门子 SMART 700 IE V3 触摸屏与组态计算机之间通过手动传送数据项目的操作步骤和方法

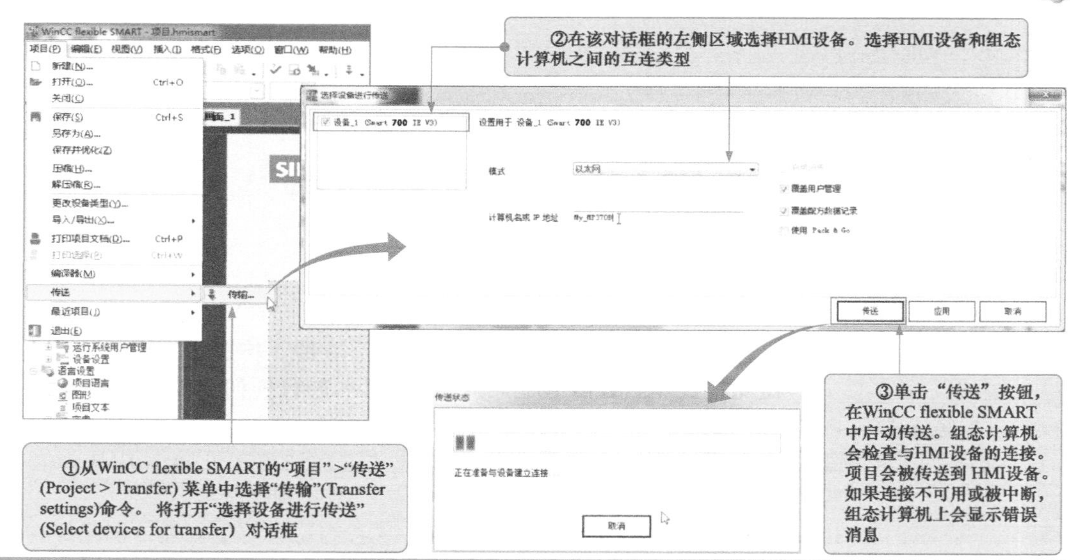


当成功完成传送后，项目即可在 HMI 设备上使用，且已传送的项目会自动启动。

**提示说明**

**向设备传送项目时，系统会检查组态的操作系统版本与 HMI 设备上的版本是否一致。如果系统发现版本不一致，则将中止传送，同时显示一条消息。**

**如果 WinCC flexible SMART 项目中和 HMI 设备上的操作系统版本不同，应更新 HMI 设备上的操作系统。**

2）启动自动传送。首先在 HMI 设备上启动自动传送，此时，只要在连接的组态计算机上启动传送，HMI 设备就会在运行时自动切换为“传送/（Transfer）”模式。

在 HMI 设备上激活自动传送且在组态计算机上启动传送后，当前正在运行的项目将自动停止。

HMI 设备随后将自动切换到“传送/(Transfer)”模式。

**| 提示说明 |**

**自动传送不适合在调试阶段后使用，避免 HMI 设备在无意中被切换到传送模式。传送模式可能触发系统的意外操作。**

**可以在控制面板中设置密码，限制对传送设置的访问，从而避免未经授权的修改。**

(3) HMI 项目的测试

测试 HMI 项目是指对 HMI 设备中将要执行的项目进行各项检查，如检查画面布局、画面导航、输入对象、输入变量值等，通过测试确保项目可以按期望的方式在 HMI 设备上运行。

测试 HMI 项目可有三种方法：在组态计算机中借助仿真器测试；在 HMI 设备上对项目进行离线测试；在 HMI 设备上对项目进行在线测试。

1）在组态计算机中借助仿真器测试。在 WinCC flexible SMART 中完成组态和编译后，选择“项目”→“编译器”→“使用仿真器启动运行系统”，如图 11-18 所示。

图 11-18　在组态计算机中借助仿真器测试触摸屏项目

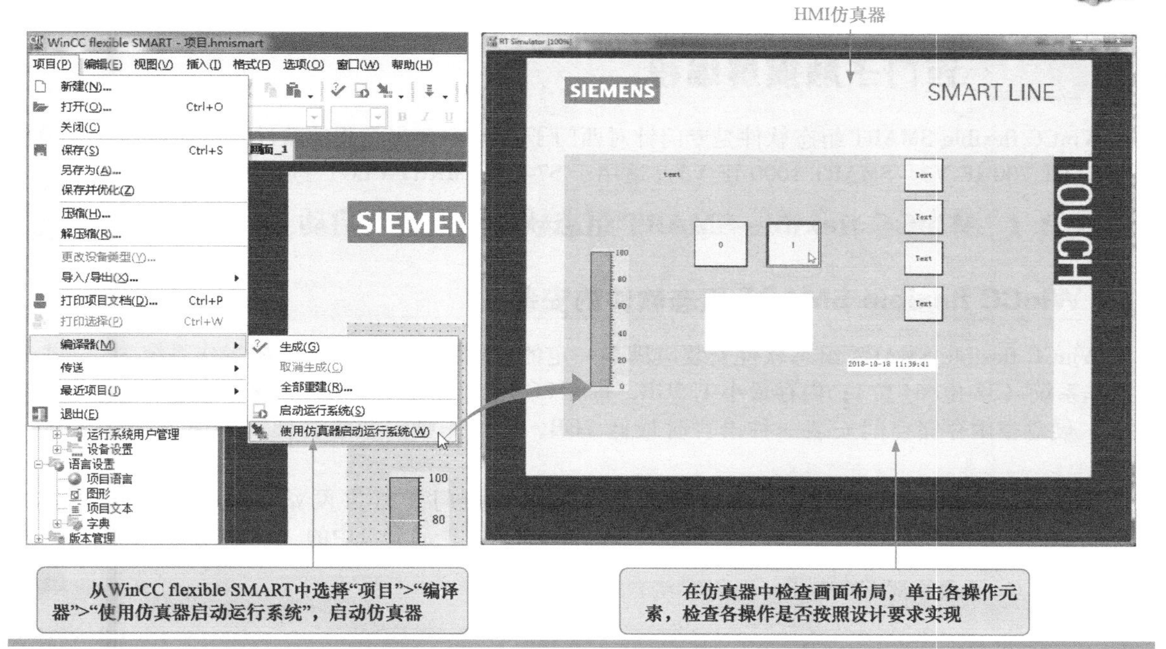


2）离线测试。离线测试是指在 HMI 设备不与 PLC 连接的状态下，测试项目的操作元素和可视化。测试的各个项目功能不受 PLC 影响，PLC 变量不更新。

3）在线测试。在线测试是指 HMI 设备与 PLC 连接并进行通信的状态下，使 HMI 设备处于“在线”工作模式中，在 HMI 设备中对各个项目功能进行测试，如报警通信功能、操作元素及视图等，测试不受 PLC 影响，但 PLC 变量将进行更新。

(4) HMI 数据的备份与恢复

为了确保 HMI 设备中数据的安全与可靠应用，可借助计算机（安装 ProSave 软件）或 USB 存储设备备份和恢复 HMI 设备内部闪存中的项目与 HMI 设备映像数据、密码列表、配方数据等数据。

## 2　西门子 SMART 700 IE V3 触摸屏的保养与维护

触摸屏承载着重要的人机交互和信息输送功能，屏幕脏污、操作不当或受到硬物撞击等均可能引起工作异常的情况。因此，在使用中应注意对触摸屏进行正确的保养和维护操作。

在日常使用中，对西门子 SMART 700 IE V3 触摸屏的保养与维护重点在于对屏幕的清洁，清洁时应按照设备清洁要求进行，如图 11-19 所示。

图 11-19 西门子 SMART 700 IE V3 触摸屏的清洁操作

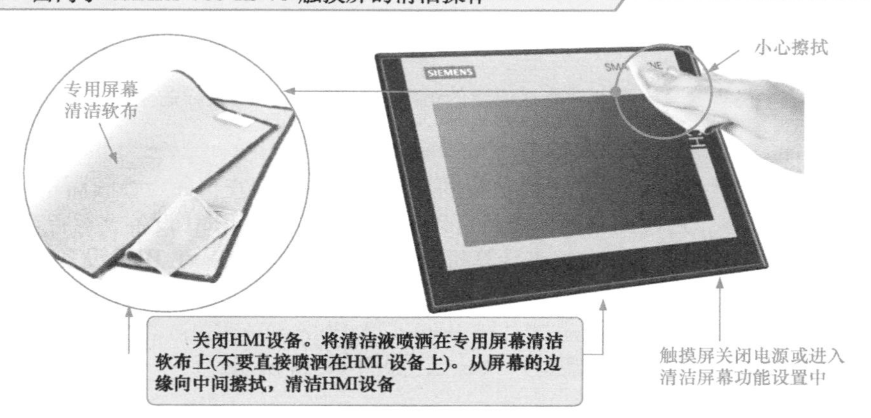




## 11.2 西门子触摸屏编程

WinCC flexible SMART 组态软件是专门针对西门子 HMI 触摸屏编程的软件，可对应西门子触摸屏 SMART 700 IE V3、SMART 1000 IE V3（适用于 S7-200 SMART PLC）进行组态。

### 11.2.1 WinCC flexible SMART 组态软件的安装与启动

#### 1 WinCC flexible SMART 组态软件的安装

WinCC flexible SMART 组态软件安装应满足一定的应用环境，要求计算机操作系统为 Windows 7 操作系统（32 位/64 位）；内存最小 1.5GB，推荐 2GB；最低要求 Pentium IV 或同等 1.6GHz 的处理器；硬盘空闲存储空间安装一种语言时最低 2GB，增加一种安装语言便需要增加 200MB 存储空间。

安装 WinCC flexible SMART 组态软件，首先需要在西门子官方网站中下载软件安装程序“setup.exe”，如图 11-20 所示，或运行 WinCC flexible SMART 产品光盘中的“setup.exe”安装程序。

图 11-20 下载的 WinCC flexible SMART 组态软件安装程序

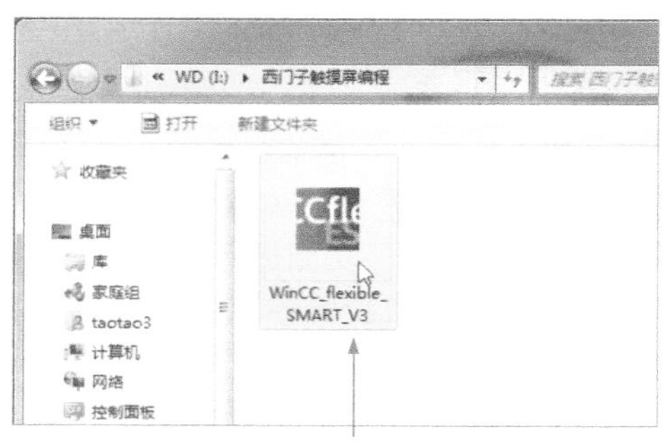


鼠标左键双击运行程序，开始安装，首先选择选择安装程序语言，根据对话框提示单击“下一步”按钮，安装程序将完成解压缩过程。

解压缩完成，在出现“欢迎”对话框中，根据对话框提示单击“下一步”按钮，分别阅读产品的注意事项、阅读并接受许可证协议等，如图 11-21 所示。

图 11-21　WinCC flexible SMART 组态软件的安装

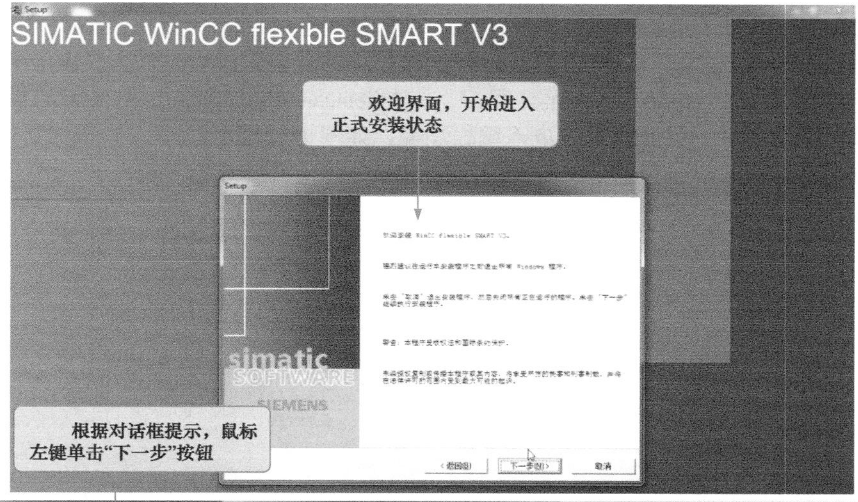


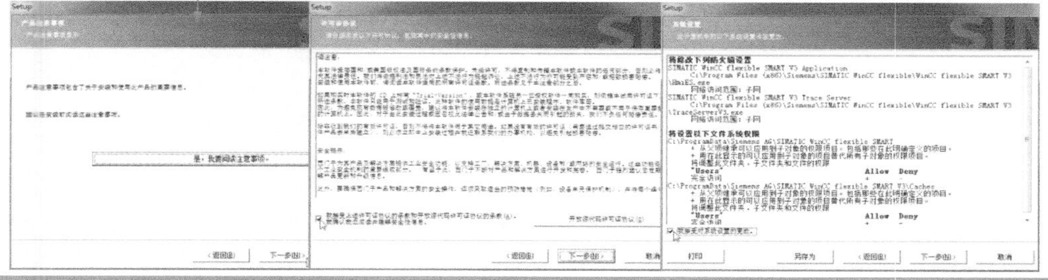



根据安装向导，单击“下一步”按钮即可开始安装程序，直至安装完成，如图 11-22 所示。

图 11-22　软件安装及安装完成

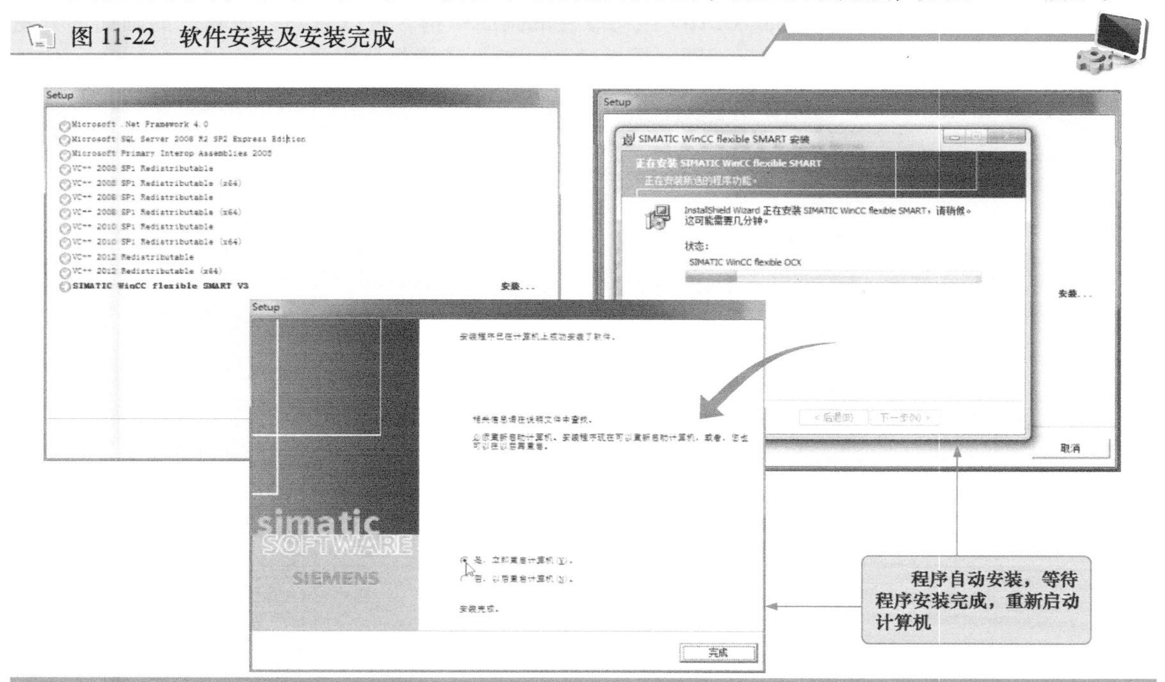


安装完成后，在计算机桌面上可看到 WinCC flexible SMART 组态软件图标。

## 2 WinCC flexible SMART 组态软件的启动

WinCC flexible SMART 组态软件用于设计西门子相关型号触摸屏画面和控制功能。使用时需要先将已安装好的 WinCC flexible SMART 启动运行。即在软件安装完成后，双击桌面上的 WinCC flexible SMART 图标或执行“开始”→“所有程序”→“Siemens Automation”→“SIMATIC”→“WinCC flexible SMART V3”命令，打开软件，进入编程环境，如图 11-23 所示。

图 11-23 WinCC flexible SMART 组态软件的启动

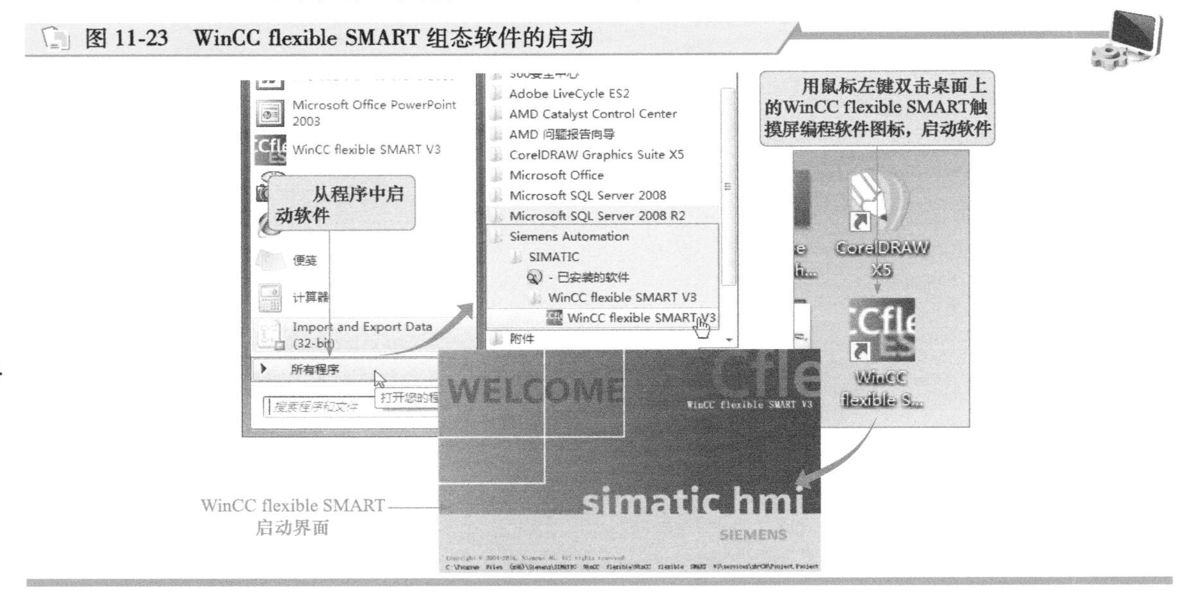




### 11.2.2 WinCC flexible SMART 组态软件的画面结构

图 11-24 所示为 WinCC flexible SMART 组态软件的画面结构。可以看到，该软件的画面部分主要由菜单栏、工具栏、工作区、项目视图、属性视图、工具箱等部分构成。

图 11-24 WinCC flexible SMART 组态软件的画面结构

### 1 菜单栏和工具栏

菜单栏和工具栏位于 WinCC flexible SMART 组态软件的上部。通过菜单和工具栏可以访问组态 HMI 设备所需的全部功能。编辑器处于激活状态时，会显示此编辑器专用的菜单命令和工具栏。当鼠标指针移到某个命令上时，将显示对应的工具提示。

### 2 工作区

工作区是 WinCC flexible SMART 组态软件画面的中心部分。每个编辑器在工作区域中以单独的选项卡控件形式打开。

### 3 项目视图

项目视图位于 WinCC flexible SMART 组态软件的左侧区域，项目视图是项目编辑的中心控制点。项目视图显示了项目的所有组件和编辑器，并且可用于打开这些组件和编辑器。

### 4 属性视图

属性视图位于 WinCC flexible SMART 组态软件工作区的下方。属性视图用于编辑从工作区中选择的对象的属性。



### 5 工具箱

工具箱位于 WinCC flexible SMART 组态软件工作区的右侧区域，工具箱中含有可以添加到画面中的简单和复杂对象选项，用于在工作区编辑时添加各种元素，如图形对象或操作元素。

## 11.2.3 WinCC flexible SMART 组态软件的操作方法

### 1 新建项目

使用 WinCC flexible SMART 组态软件进行触摸屏画面组态，首先需要进行“新建工程”操作，即新项目的创建。

从“项目”菜单中选择“新建”，随即显示“设备选择”对话框。选择相关设备，然后单击“确定”按钮关闭此对话框。在 WinCC flexible SMART 软件中创建并打开新项目，如图 11-25 所示。

图 11-25 在 WinCC flexible SMART 软件中创建并打开新项目

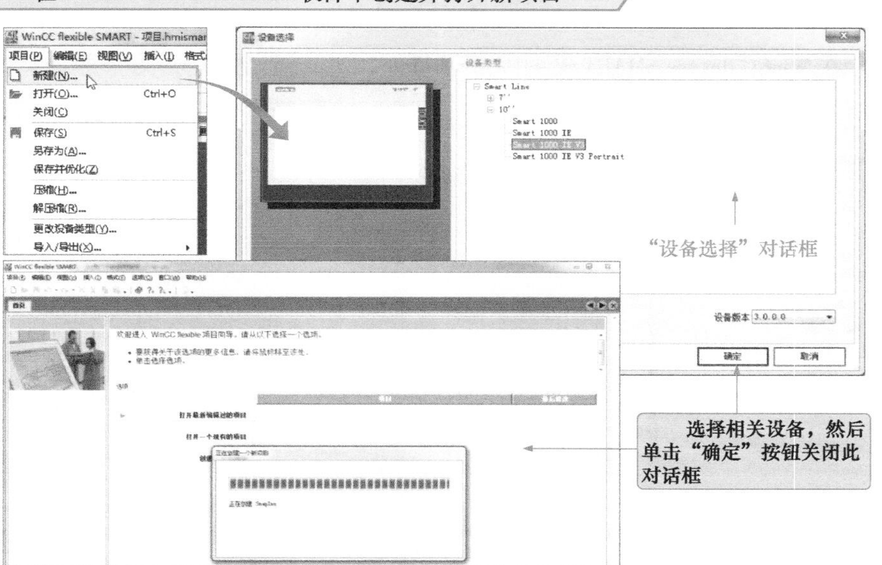

**| 提示说明 |**

**WinCC flexible SMART 中仅可打开一个项目。如果已在 WinCC flexible SMART 中打开了一个项目，但必须再创建一个新项目，系统会显示一条警告，询问用户是否保存当前项目。之后该项目将自动关闭。**

## 2 保存项目

项目中所做的更改只有在保存后才能生效。保存项目后，所有更改均写入项目文件。项目文件以扩展名 *.hmi 存储在 Windows 文件管理器中。

在“项目”菜单中选择“保存”命令来保存项目，如图 11-26 所示，首次保存项目时，将打开“将项目另存为”对话框。选择驱动器和目录，然后输入项目的名称。

图 11-26　在 WinCC flexible SMART 软件中保存项目

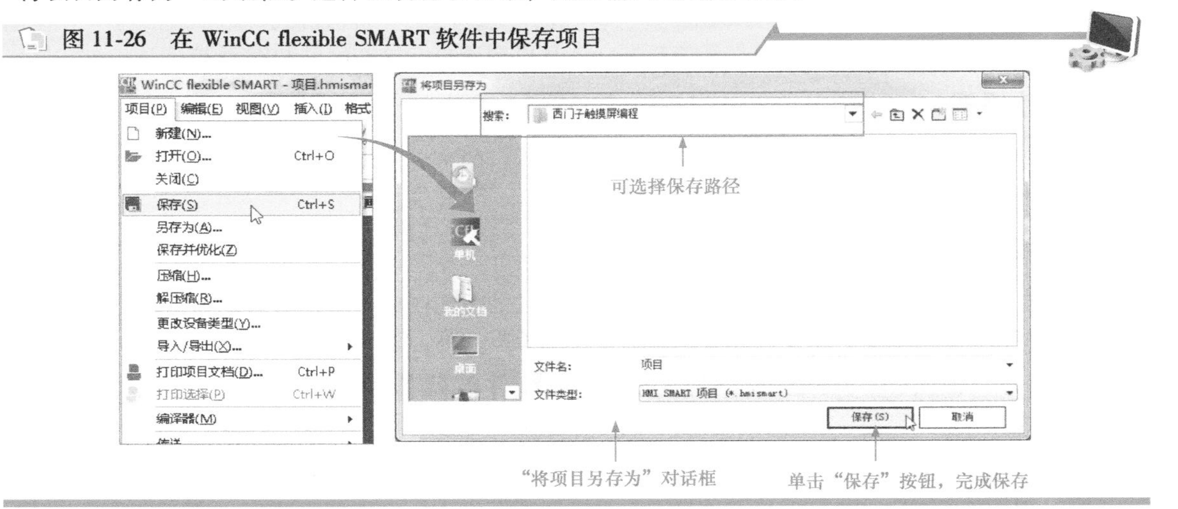




## 3 打开项目

当需要编辑现有项目时，需执行打开项目文件操作，如图 11-27 所示，在“项目”菜单中选择“打开”命令，显示“打开现有项目”对话框，选择保存项目的路径，选择文件扩展名“ *.hmi”的项目，单击“打开”按钮。

图 11-27　在 WinCC flexible SMART 软件中打开项目

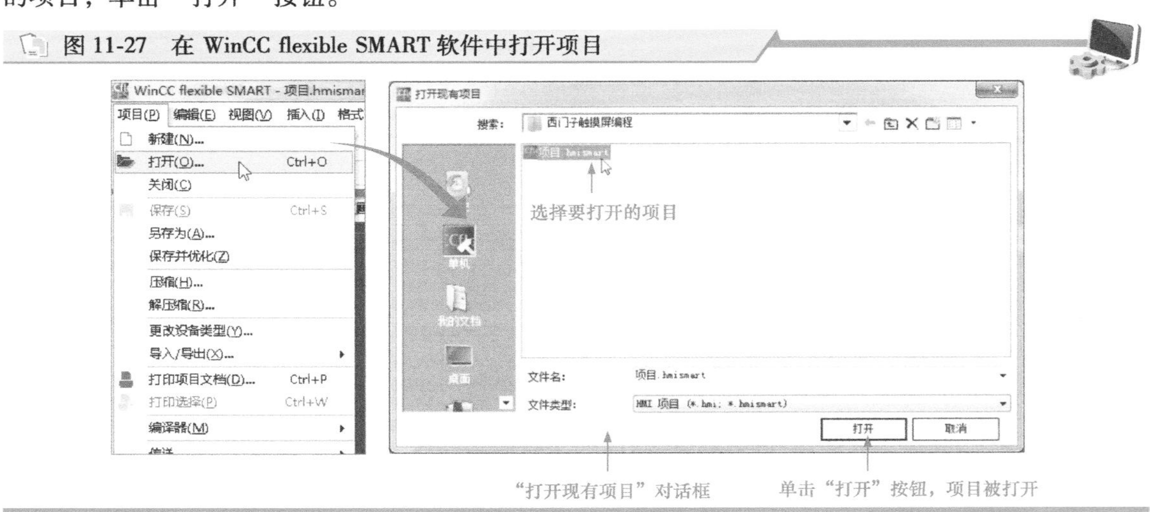

**| 提示说明 |**

WinCC flexible SMART 中仅可打开一个项目。每次并行打开另一个项目时，WinCC flexible SMART 将再次启动。不能在多个会话中打开同一个 WinCC flexible SMART 项目。打开网络驱动器上的项目时尤其要遵守这一原则。

在 WinCC flexible SMART 中打开现有项目时，将自动关闭当前项目。

## 4 创建和添加画面

在 WinCC flexible SMART 组态软件中，可以创建画面，以便让操作员控制和监视机器设备和工厂。创建画面时，可使用预定义的对象实现过程可视化和设置过程值，一般在新建项目时即可创建一个画面。

添加画面是指在原有画面的基础上再添加另外的画面。即从项目视图中选择“画面”组，从其树形结构中选择“添加画面”，画面在项目中生成并出现在视图中，如图 11-28 所示。画面属性将显示属性视图中。

图 11-28　在 WinCC flexible SMART 软件中创建和添加画面

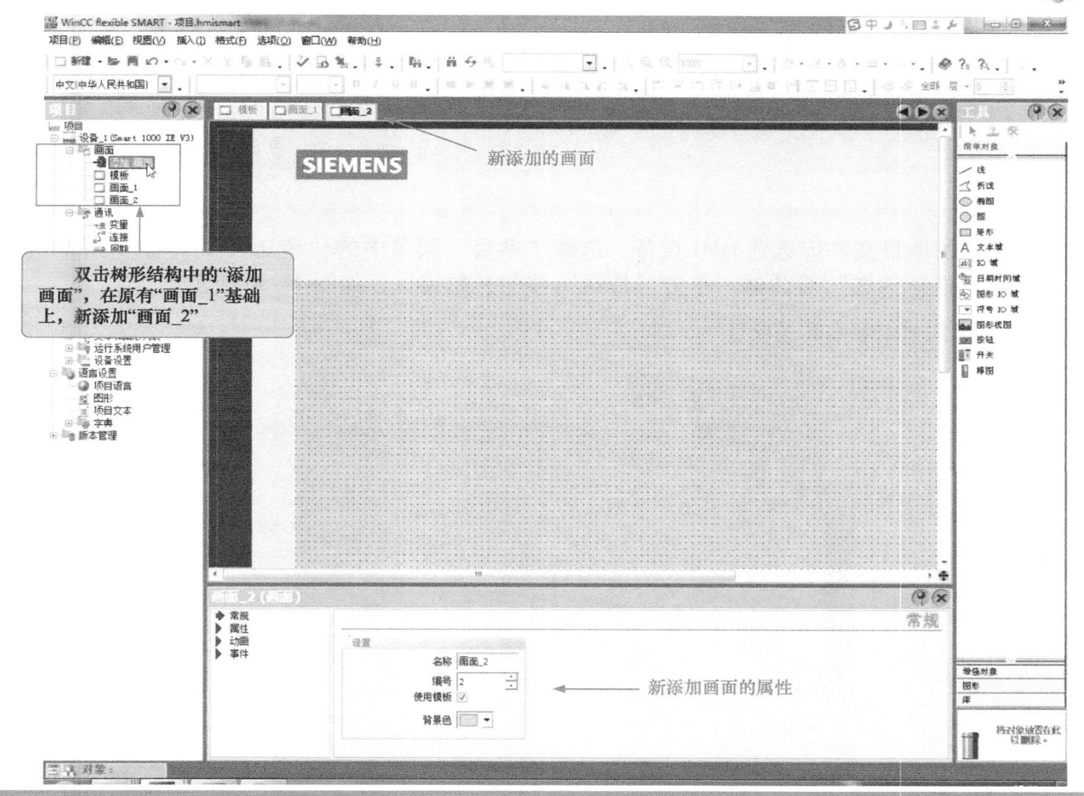


## 11.2.4 WinCC flexible SMART 组态软件的项目传送与通信

## 1 传送项目

传送项目操作是指将已编译的项目文件传送到要运行该项目的 HMI 设备上。在完成组态后，选择“项目”菜单中的“编译器”→“生成”菜单命令生成一个已编译的项目文件（用于验证项目的一致性），如图 11-29 所示。

图 11-29　项目传送前的编译操作

将已编译的项目文件传送到 HMI 设备。选择“项目”菜单中的“传送”→“传输”菜单命令弹出“选择设备进行传送”对话框，单击“传送”按钮开始传送，如图 11-30 所示。

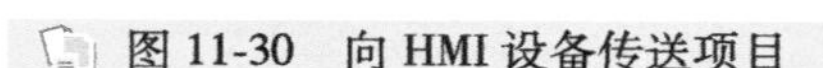

图 11-30　向 HMI 设备传送项目

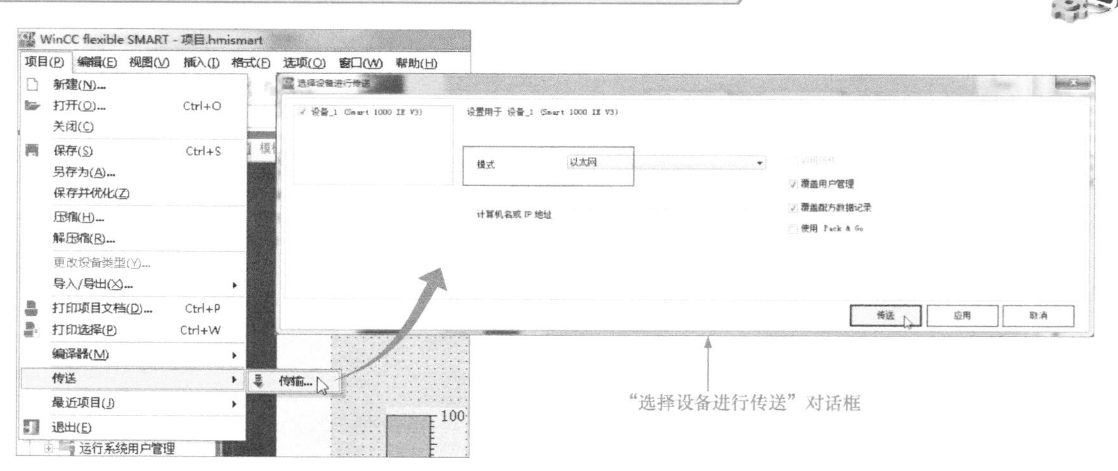

**| 提示说明 |**

**HMI 设备必须处于“传送”模式才能进行传送操作。操作员向设备传送项目时，系统会检查组态的操作系统版本与 HMI 设备上的版本是否一致。如果系统发现版本不一致，则将中止传送，同时显示提醒消息。若 WinCC flexible SMART 项目中和 HMI 设备上的操作系统版本不同，应更新 HMI 设备上的操作系统。**

**完成项目传送后，相应的 HMI 设备上的运行系统将启动并显示起始画面。输出窗口将显示与传送过程对应的消息。如果未找到 *.pwx，并且在传送数据时收到一条错误消息，应重新编译项目。**

**如果已选中“启用回传”复选框，则 *.pdz 文件已存储在 HMI 设备的外部存储器中。此文件包含项目的压缩源数据文件。**

## 2 与 PLC 通信

WinCC flexible SMART 组态软件使用变量和区域指针控制 HMI 设备和 PLC 之间的通信。

在 WinCC flexible SMART 组态软件中，变量包括外部变量和内部变量。外部变量用于通信，代表 PLC 上已定义内存位置的映像。HMI 设备和 PLC 都可以对此存储位置进行读写访问。图 11-31 所示为 WinCC flexible SMART 组态软件中的“变量”编辑器。

图 11-31 WinCC flexible SMART 组态软件中的“变量”编辑器

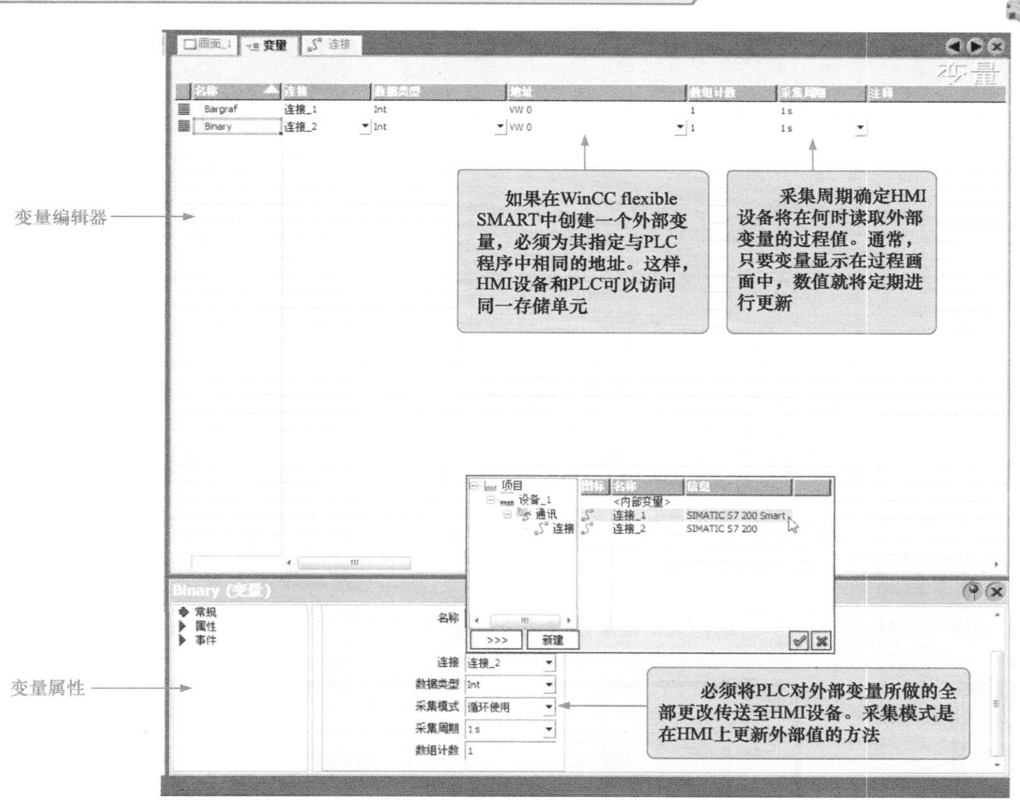




在组态中，创建指向特定 PLC 地址的变量。HMI 设备从已定义地址读取该值，然后将其显示出来。操作员还可以在 HMI 设备上输入值，以将其写入相关 PLC 地址。

## 3 与 PLC 连接

HMI 设备必须连接到 PLC 才支持操作和监视功能。HMI 设备和 PLC 之间的数据交换由连接特定的协议控制。每个连接都需要一个单独的协议。

在 WinCC flexible SMART 组态软件中，“连接”编辑器用于创建与 PLC 的连接。创建连接时，会为其分配基本组态。可以使用“连接”编辑器调整连接组态以满足项目要求。图 11-32 所示为 WinCC flexible SMART 组态软件中的“连接”编辑器。

图 11-32　WinCC flexible SMART 组态软件中的“连接”编辑器

“连接”编辑器



# 11.3　三菱 GOT-GT16 触摸屏

## 11.3.1　三菱 GOT-GT16 触摸屏的结构

三菱 GOT-GT16 系列触摸屏产品规格较多，下面以 GT1695 为例介绍。图 11-33 所示为 GT1695 触摸屏的结构及键钮和接口的分布。

图 11-33　GT1695 触摸屏的结构及键钮和接口的分布

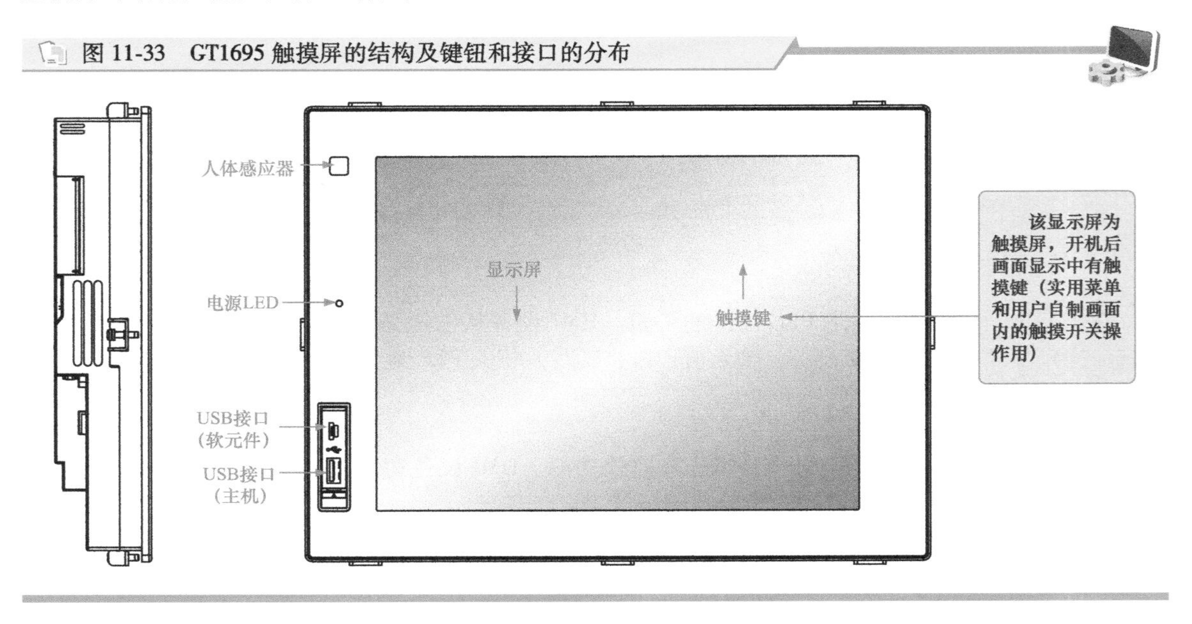

图 11-33 GT1695 触摸屏的结构及键钮和接口的分布（续）

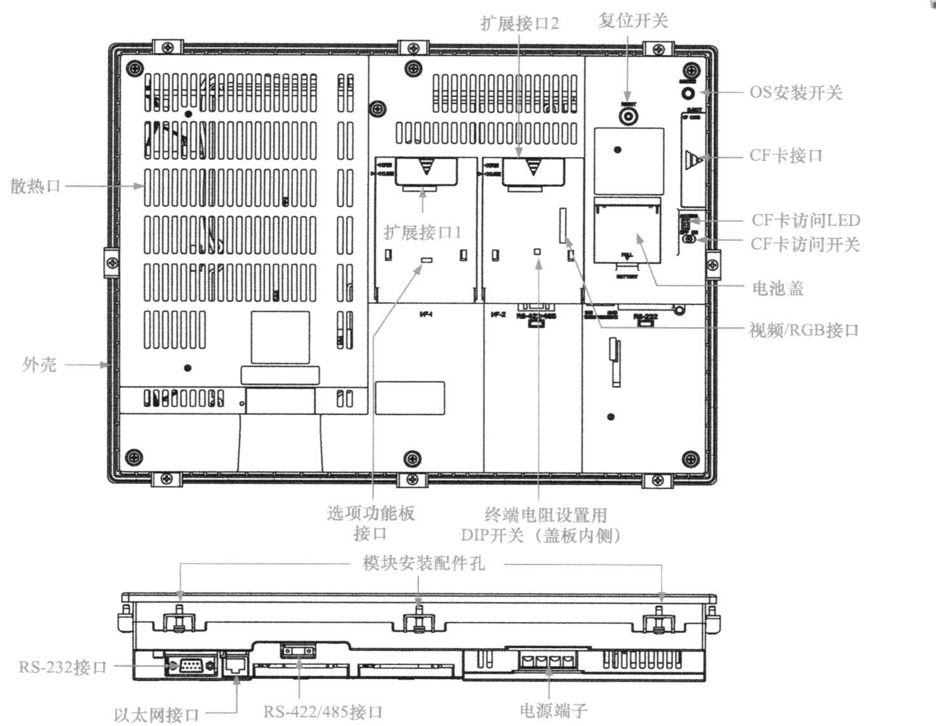




## 11.3.2 三菱 GOT-GT16 触摸屏的安装连接

在将 GT1695 安装至面板前，先将 GOT 的电池安装到电池托架上。具体操作如图 11-34 所示。打开电池盖，拆卸电池托架，将电池安装到位。

图 11-34 安装 GT1695 主机的电池

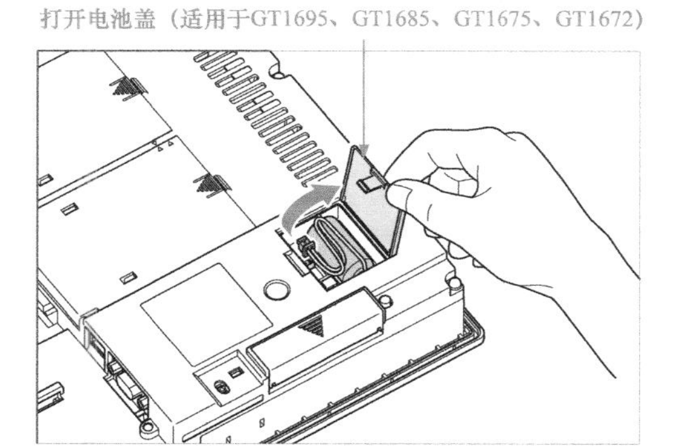


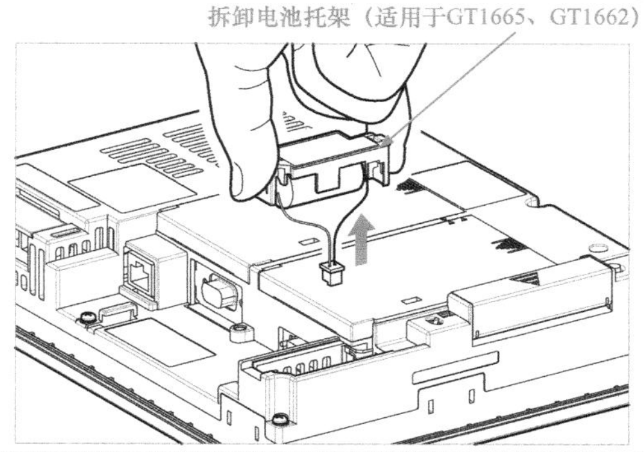


在确认电池置于电池托架中之后，按图 11-35 所示，将电池的接口插入 GOT 的接口中。

安装好之后，将 GT1695 插入面板的正面，如图 11-36 所示，将安装配件的挂钩挂入 GT1695 的固定孔内，用安装螺钉拧紧固定。

图 11-37 所示为 GT1695 背部电源端子电源线、接地线的配线连接图。配线连接时，AC100V/AC200V 线、DC24V 线应使用线径在 0.75～$2mm^2$ 的粗线。将线缆拧成麻花状，以最短距离连接设备，并且不要将 AC100V/200V 线、DC24V 线与主电路（高电压、大电流）线、输入输出信号线捆扎在一起，且保持间隔在 100mm 以上。

图 11-35　将电池接口插入 GOT 接口中

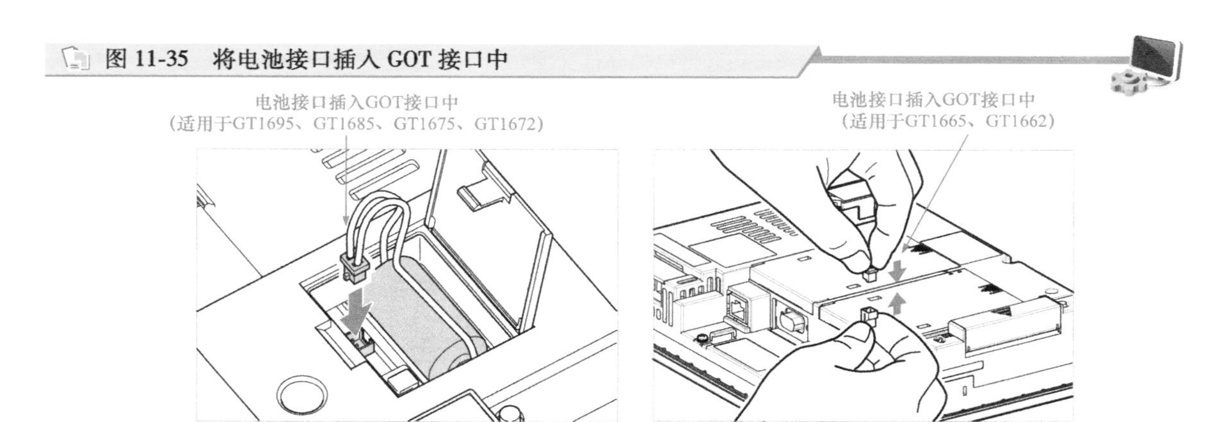


图 11-36　安装 GT1695

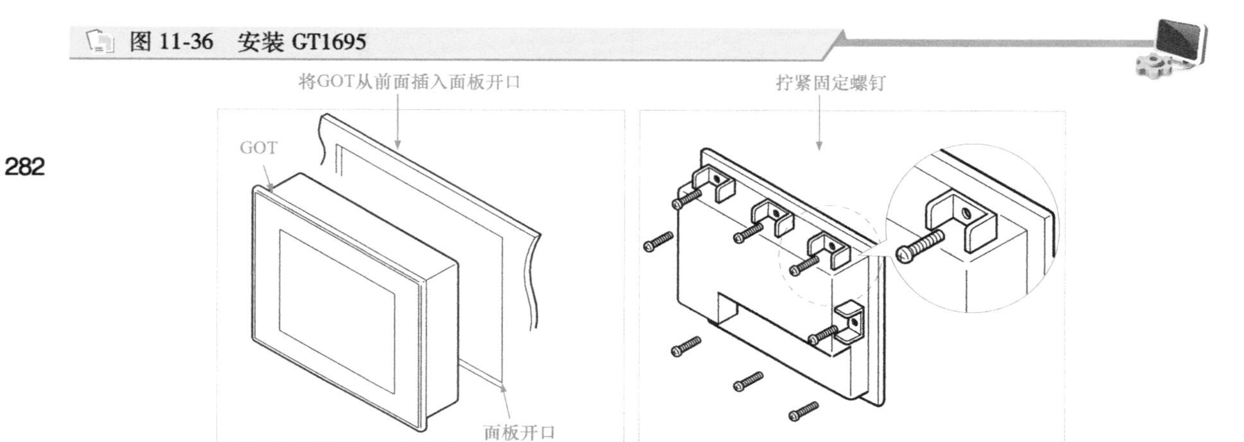




图 11-37　GT1695 背部电源端子电源线、接地线的配线连接图

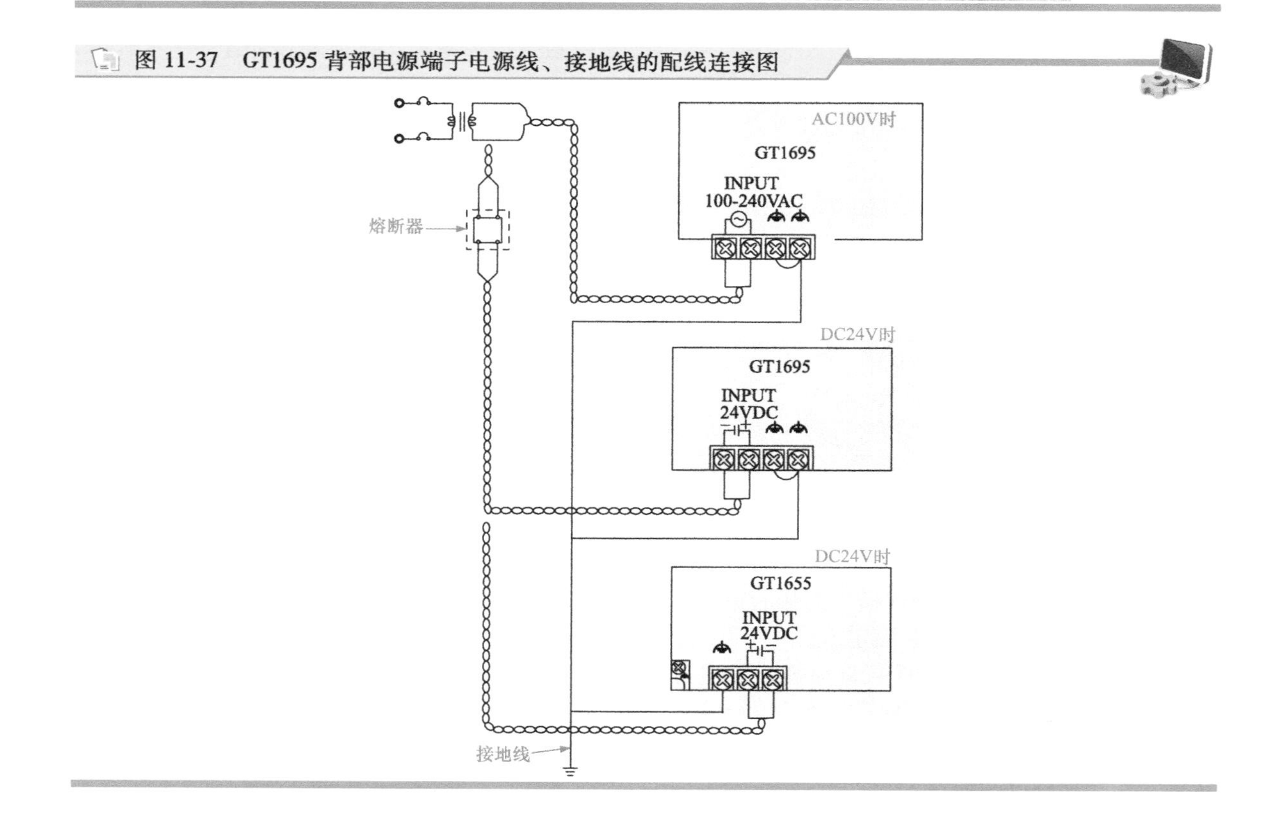

GT1695 的接地尽可能采用专用接地方式。图 11-38 所示为 GT1695 专用接地的连接方式。

图 11-38 GT1695 专用接地的连接方式

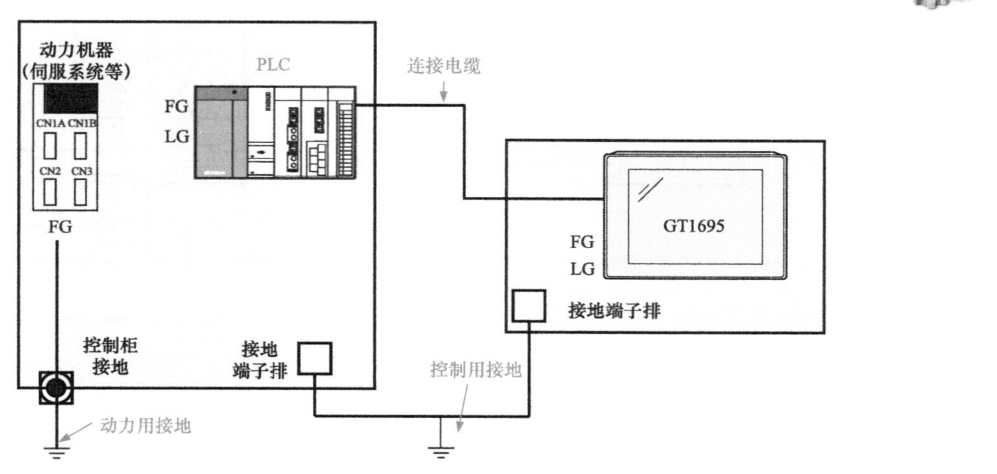




若无法对 GOT 实施专用接地方案，也可采用并联单点接地的方案。图 11-39 所示为 GT1695 并联单点接地方式。

图 11-39 GT1695 并联单点接地方式

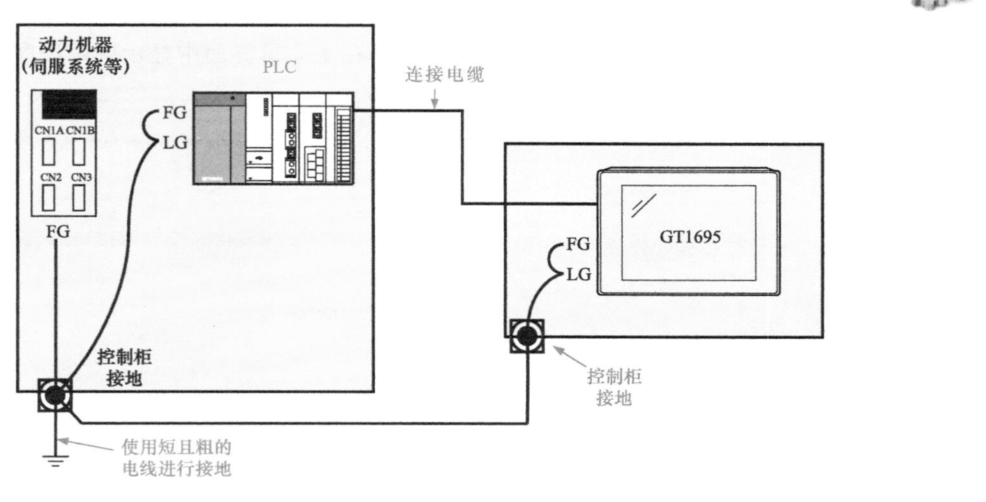


GT1695 触摸屏控制柜内配线时，不要将电源配线及伺服放大器驱动线等动力线和总线连接电缆、网络电缆等通信电缆混在一起，否则容易因干扰而引发误动作。同时，最好使用浪涌电压抑制器，避免断路器（NFB）、电磁接触器（MC）、继电器（RA）、电磁阀、感应电动机等部件的浪涌噪声干扰。

如图 11-40 所示，将动力线和通信电缆引出至控制柜外部时，应远离一定的位置分开打孔引线。

如图 11-41 所示，在敷设时，动力线导管与通信电缆导管之间要保持 100mm 以上的距离，若因配线关系不得不接近敷设时，两种线缆导管之间要加设金属制隔离物，以最大限度地降低干扰。

图 11-40　GT1695 触摸屏控制柜外配线的打孔引线示意图

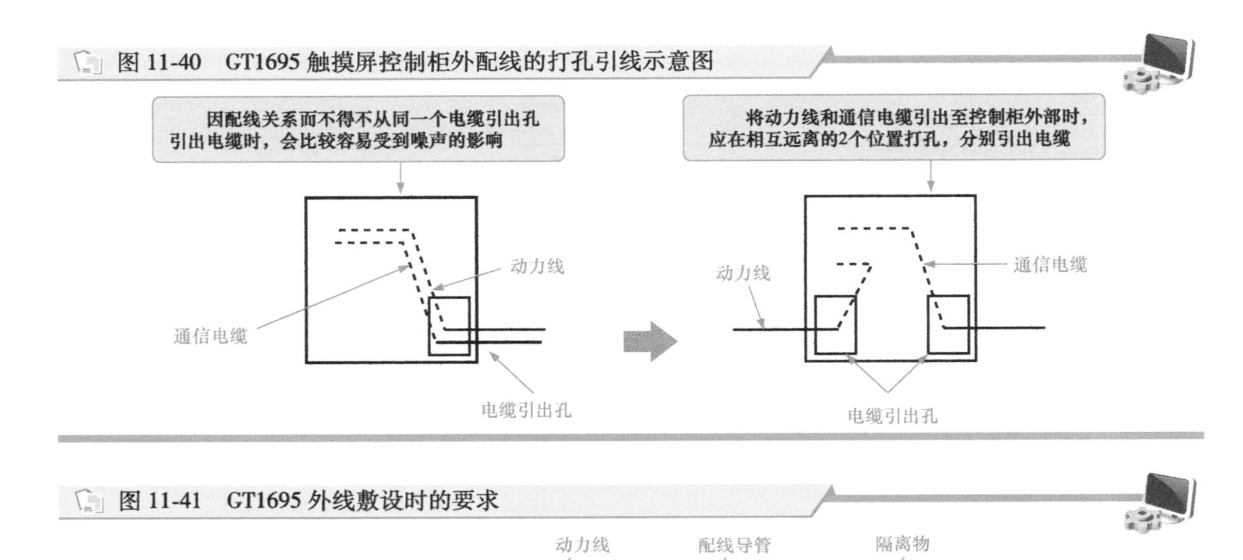


图 11-41　GT1695 外线敷设时的要求

动力线　100mm以上　信号线　配线导管　隔离物　动力线　通信电缆



## 11.3.3　三菱 GOT-GT16 触摸屏应用程序主菜单的显示

图 11-42 所示为 GT1695 应用程序的主菜单界面。在主菜单界面中显示应用程序可设置的菜单项目。触摸各功能选项，即可显示相应功能的菜单界面。

图 11-42　GT1695 应用程序的主菜单界面

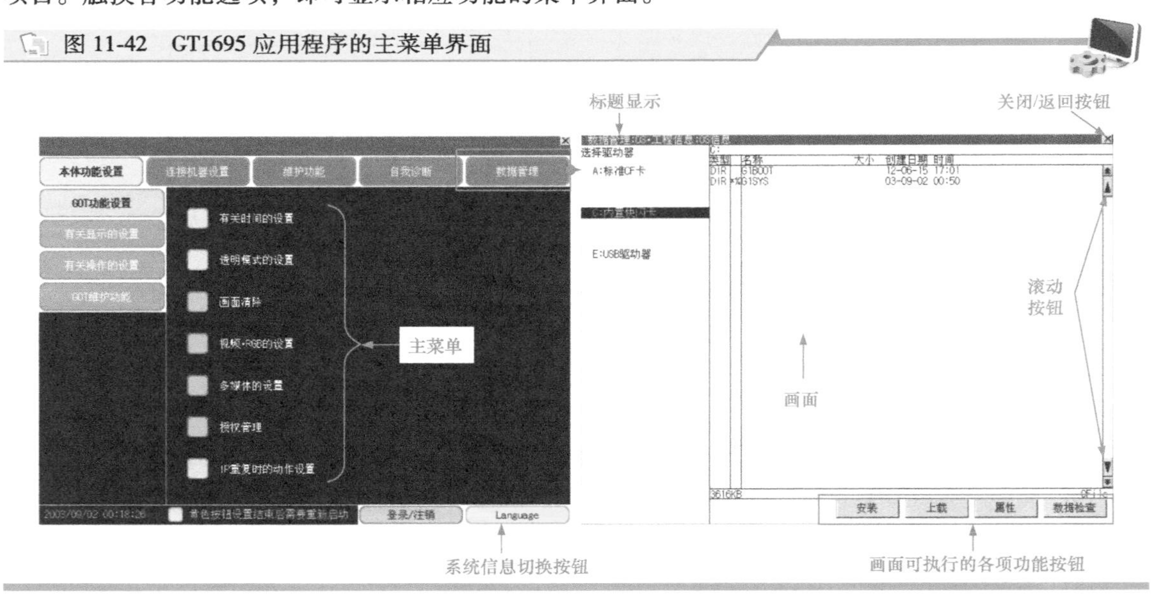


一般来说，GT1695 应用程序的主菜单可通过三种操作进行显示。

### 1　未下载工程数据时

如图 11-43 所示，接通 GOT 电源，在显示标题后会自动弹出主菜单界面。

图 11-43　未下载工程数据时的主菜单显示

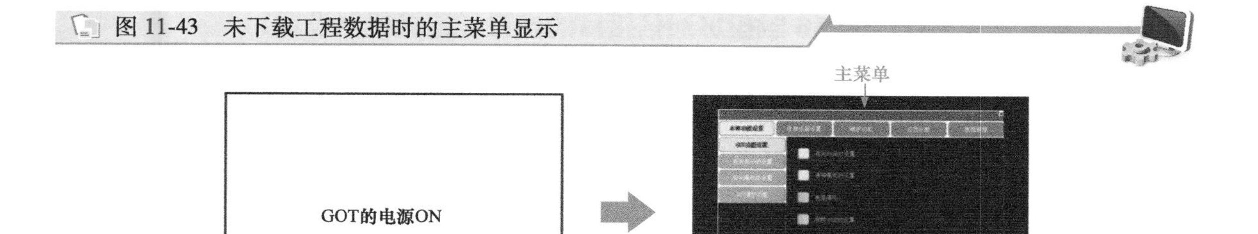


## 2　触摸应用程序调用键

如图 11-44 所示，在显示用户自制画面时，用手触摸应用程序调用键即可弹出主菜单界面。

一般来说，在出厂时，应用程序调用键的默认位置在 GOT 触摸屏画面的左上角。

图 11-44　触摸应用程序调用键弹出主菜单界面

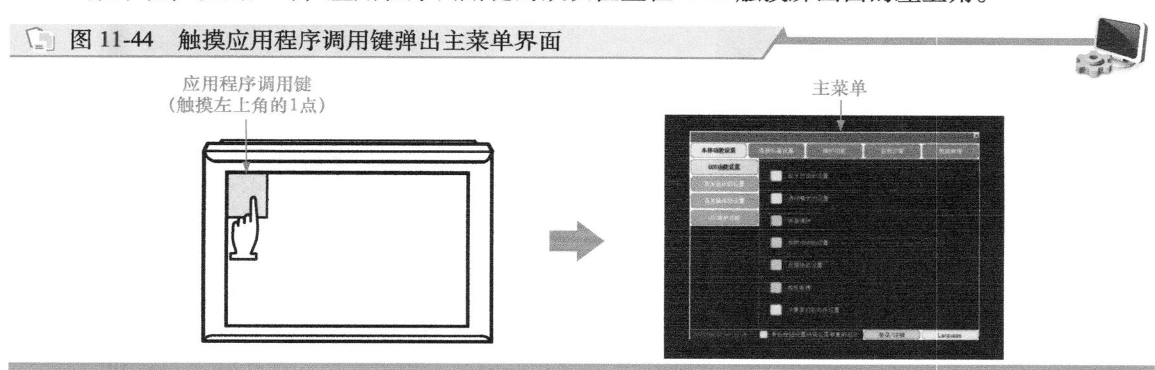


**| 提示说明 |**

**触摸显示屏时禁止同时按下 2 点以上的位置。如果同时触摸，可能未触摸的部位会发生反应。**

**在应用程序调用键的设置画面中将“按压时间”设置为 0s 以外时，按压触摸面板上的“按压时间”超过其所设定的时间后，从触摸面板上松开手指。**

## 3　触摸扩展功能开关

如图 11-45 所示，显示用户自制画面时，触摸扩展功能开关（实用菜单），程序即会弹出主菜单界面。

图 11-45　触摸扩展功能开关（实用菜单）弹出主菜单界面

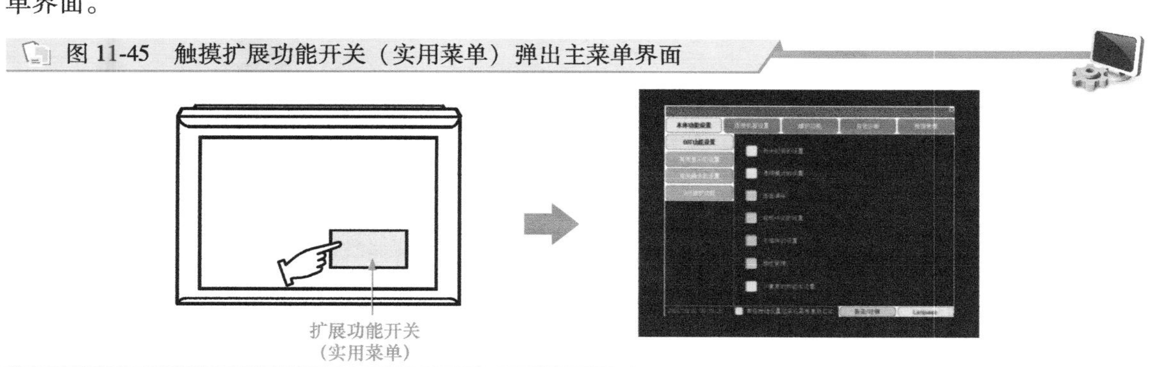

## 11.3.4 三菱 GOT-GT16 触摸屏通信接口的设置（连接机器设置）

通信接口的设置用于通信接口的名称及其关联的通信通道、通信驱动程序的显示、通道号的设置。另外，在连接设备详细设置中进行各通信接口的详细设置（通信参数的设置）。

### 1 连接机器设置的显示操作

图 11-46 所示为连接机器设置的显示操作。在连接机器设置的子菜单界面中，可以实现通信接口的名称及与之相关联的通信通道、通信驱动程序名的显示和通道编号的设置。

图 11-46 连接机器设置的显示操作



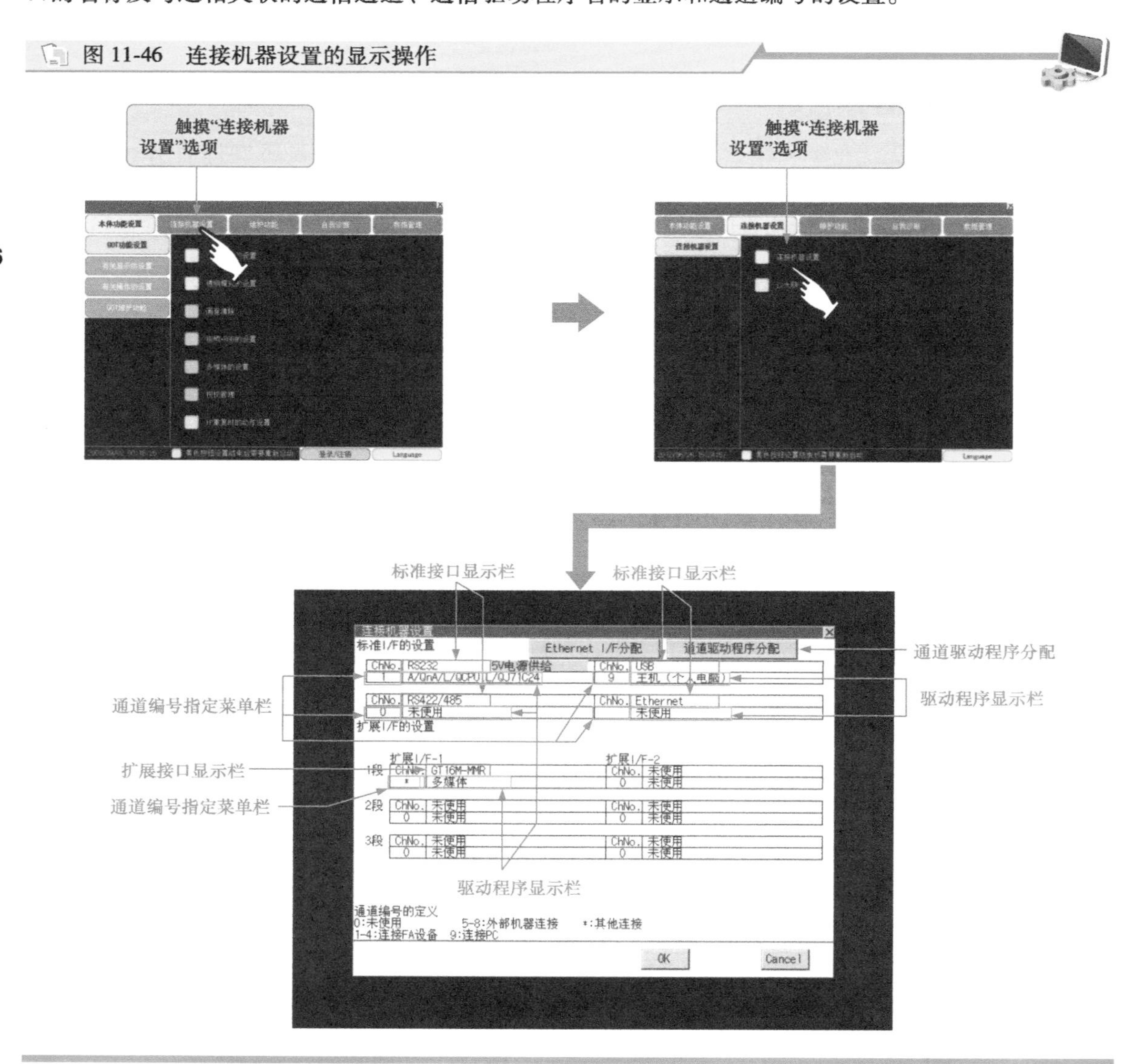


### 2 以太网设置

图 11-47 所示为以太网设置的显示操作，通过以太网设置界面可实现对网络系统的设置连接。

图 11-47　以太网设置的显示操作

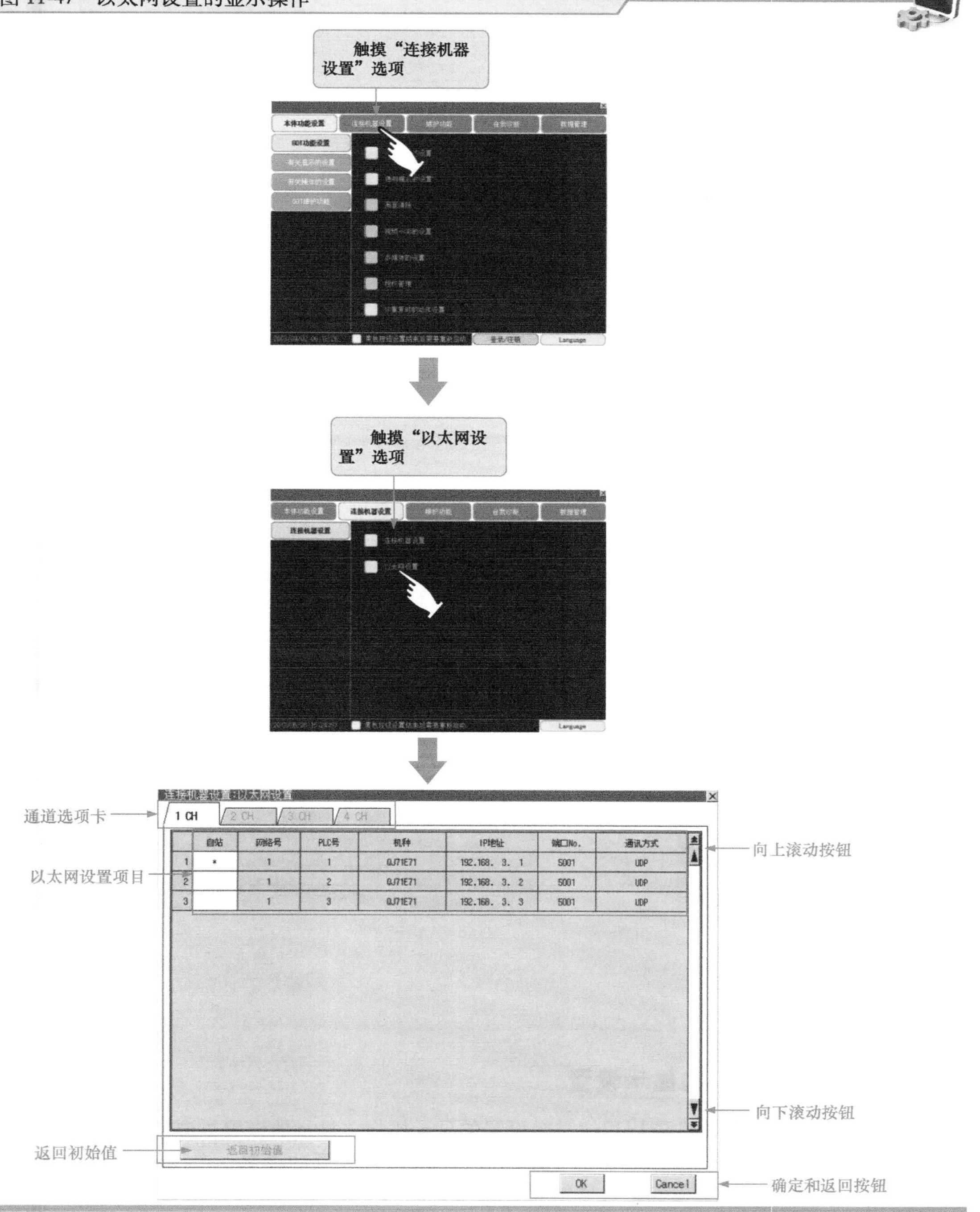




## 11.3.5　三菱 GOT-GT16 触摸屏的基本设置与操作

### 1　GT1695 视频设备的连接

连接好外部视频设备后，需要对 GT1695 进行相应的选择设置，使系统所连接的视频设备可正常显示。图 11-48 所示为视频连接设备设置的显示操作。

图 11-48 视频连接设备设置的显示操作

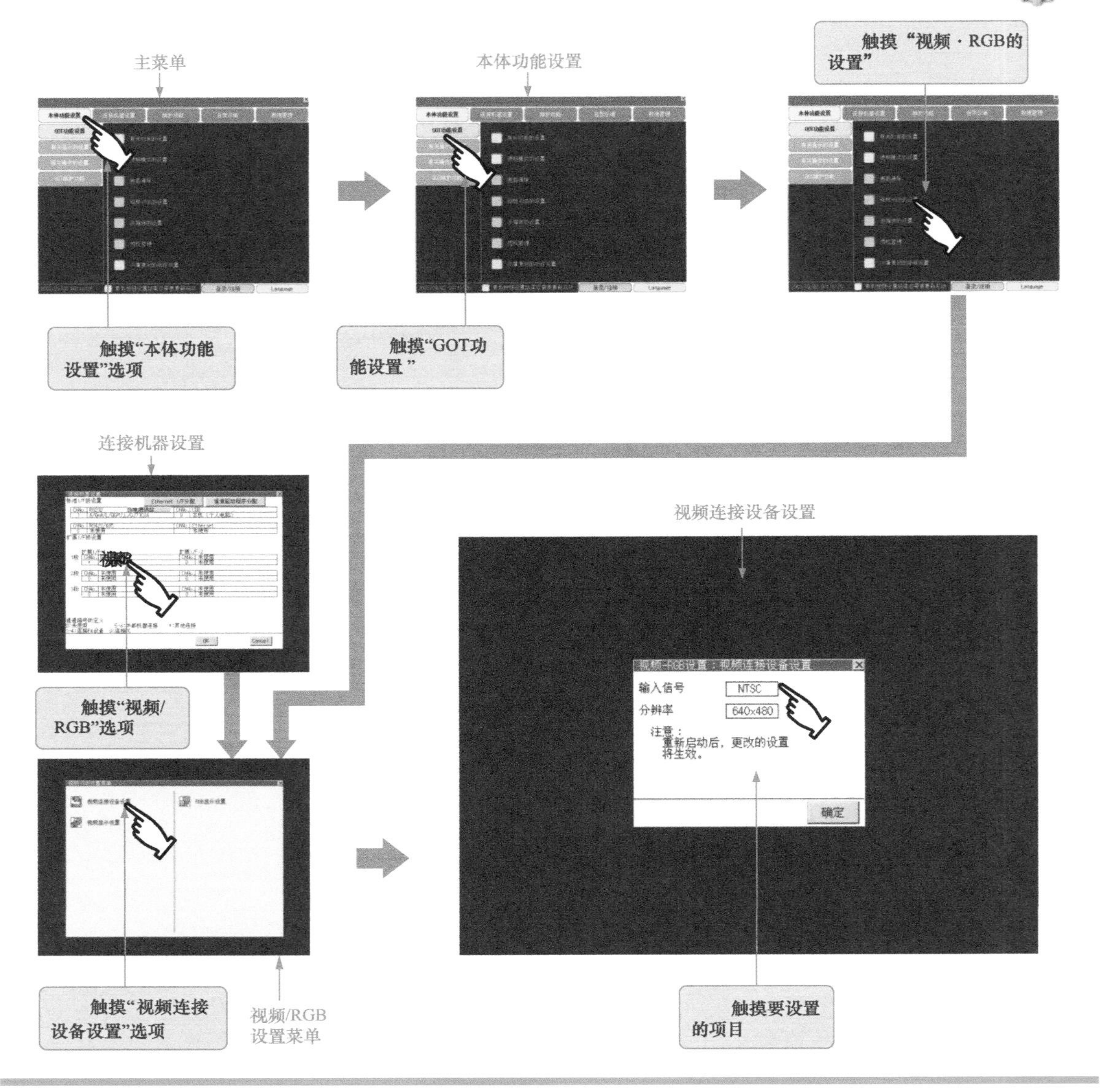




## 2 GT1695 触摸屏的显示设置

图 11-49 所示为 GT1695 应用程序显示设置的显示操作。显示的设置主要包括信息显示的设置、标题显示时间的设置、屏幕保护时间的设置、屏幕保护背光灯的设置、电池报警显示的设置、亮度/对比度调节的设置、屏幕保护人体感应器的设置、人体感应器检测灵敏度的设置和人体感应器 OFF 延迟的设置等。

## 11.3.6 三菱 GOT-GT16 触摸屏监视功能的设置

在各种监视功能中，GT1695 触摸屏应用程序提供有用于确认 PLC 软元件状态及提高 PLC 发生故障时对应效率的功能。图 11-50 所示为 GT1695 各种监视功能的显示操作。GT1695 支持的各种监视功能见表 11-2。

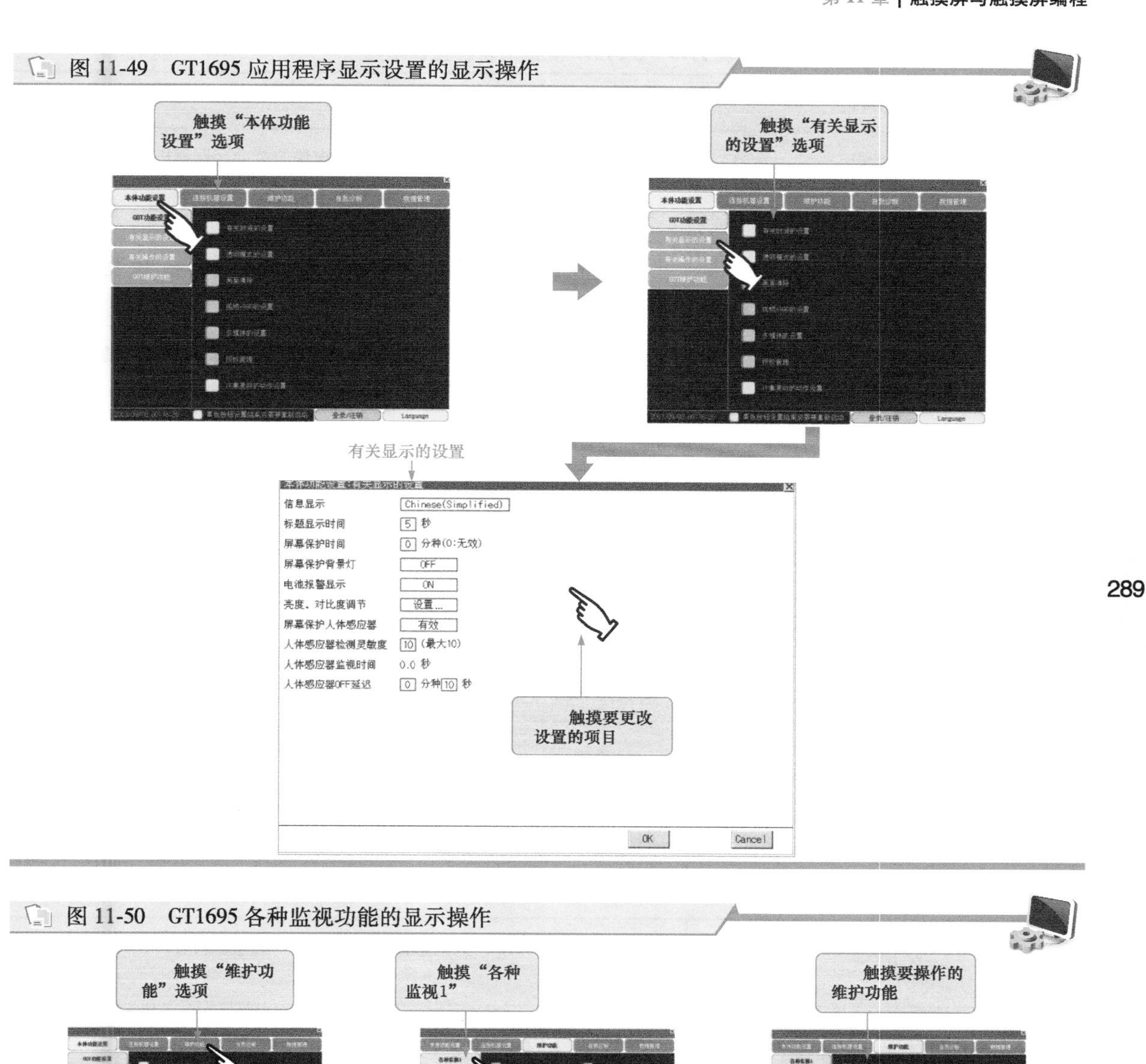


图 11-49 GT1695 应用程序显示设置的显示操作

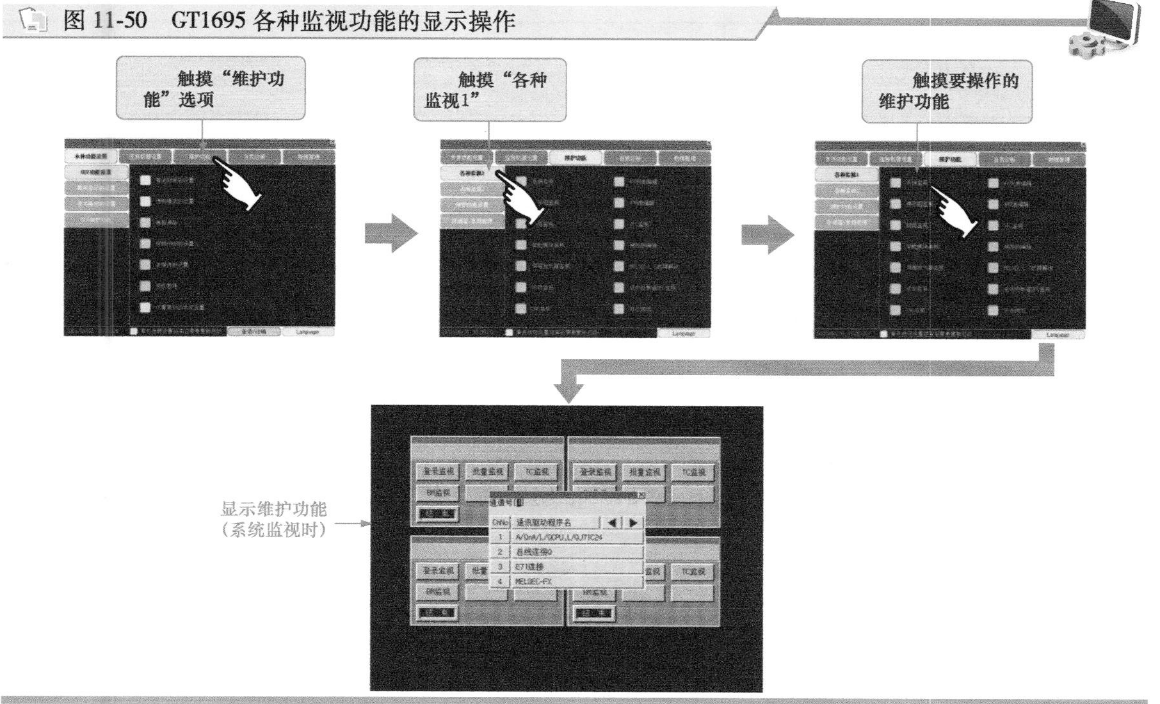


图 11-50 GT1695 各种监视功能的显示操作

表 11-2 GT1695 支持的各种监视功能

| 监视的项目 | 内容 |
| --- | --- |
| 系统监视 | 可以对 PLC CPU 的软元件、智能功能模块的缓冲存储器进行监视、测试 |
| 梯形图监视 | 可以通过梯形图方式对 PLC CPU 的程序进行监视 |
| 网络监视 | 可以监视 MELSECNET/H、MELSECNET（Ⅱ）、CC-Link IE 控制网络、CC-Link IE 现场网络的网络状态 |
| 智能模块监视 | 可以在专用画面中监视智能功能模块的缓冲存储器和更改数据。此外，还可以监视输入输出模块的信号状态 |
| 伺服放大器监视 | 可以进行伺服放大器的各种监视功能、参数更改、测试运行等 |
| 运动控制器监视 | 可以进行运动控制器 CPU（Q 系列）的伺服监视、参数设置 |
| CNC 监视 | 可以进行与 MELDAS 专用显示器相对应的位置显示监视、报警诊断监视、工具修正参数、程序监视等 |
| A 列表编辑 | 可以对 ACPU 的顺控程序进行列表编辑 |
| FX 列表编辑 | 可以对 FXCPU 的顺控程序进行列表编辑 |
| SFC 监视 | 可以通过 SFC 方式对（MELSAP3 格式、MELSAP-L 格式）PLC CPU 的 SFC 程序进行监视 |
| 梯形图编辑 | 可以对 PLC CPU 的顺控程序进行编辑 |
| MELSEC-L 故障排除 | 显示 MELSEC-L CPU 的状态显示和与故障排除有关的功能的按钮 |
| 日志阅览 | 可以阅览通过高速数据记录模块、LCPU 获取的日志数据，经由 GOT 获取日志数据 |
| 运动控制器 SFC 监视 | 可以监视运动控制器 CPU（Q 系列）内的运动控制器 SFC 程序、软元件值 |
| 运动控制器程序（SV43）编辑 | 对应运动控制器的特殊本体 OS（SV43）的功能 |



## 11.3.7 三菱 GOT-GT16 触摸屏的安全与数据管理

### 1 GT1695 数据的备份和恢复

图 11-51 所示为数据备份/恢复设置的显示操作。GT1695 在“备份/恢复”功能界面可实现备份功能（机器→GOT）、恢复功能（GOT→机器）、GOT 数据统一取得功能、备份数据删除的设置操作。

### 2 存储器和数据管理

GT1695 可通过存储器、数据管理功能对所使用的 CF 卡或 USB 存储器进行数据的备份、恢复及格式化操作。图 11-52 所示为存储器、数据管理的显示及格式化操作。

图 11-51 数据备份/恢复设置的显示操作

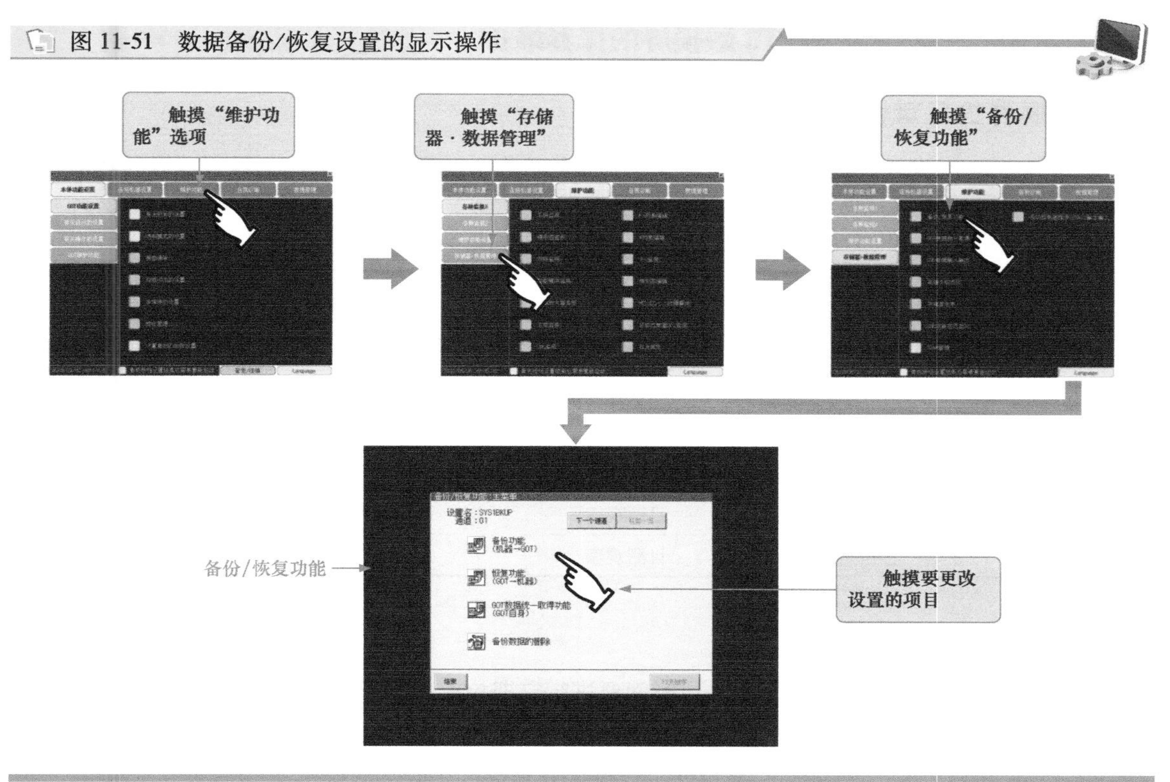

图 11-52 存储器、数据管理的显示及格式化操作

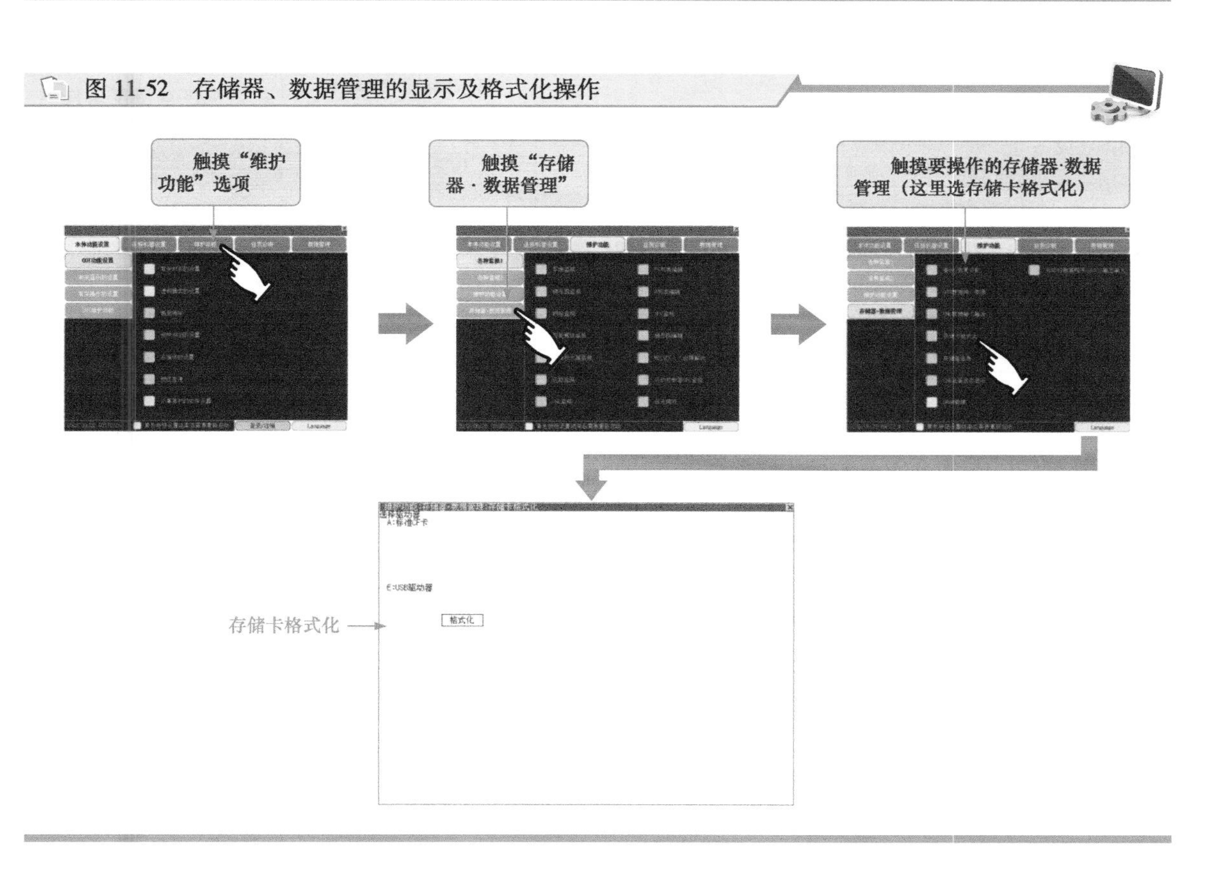

## 11.3.8 三菱 GOT-GT16 触摸屏的保养维护

### 1 触摸屏的日常检查

触摸屏的日常巡检主要包括对触摸屏安装状态的检查，触摸屏连接状态的检查以及使用状态的检查。具体日常检查项目见表 11-3。

表 11-3 触摸屏的日常检查项目

| 检查项目 | | 检查方法 | 判断标准 | 处理方法 |
|---|---|---|---|---|
| GOT 的安装状态 | | 确认安装螺栓有无松动 | 安装牢固 | 以规定的转矩加固螺栓 |
| GOT 的连接状态 | 端子螺栓的松动 | 使用螺钉旋具紧固 | 无松动 | 加固端子螺栓 |
| | 压接端子的靠近 | 目测观察 | 间隔适当 | 校正 |
| | 接口的松动 | 目测观察 | 无松动 | 加固接口固定螺栓 |
| GOT 的使用状态 | 保护膜的污损 | 目测观察 | 污损不严重 | 更换 |
| | 灰尘、异物的附着 | 目测观察 | 无附着 | 清洁，去除 |



### 2 触摸屏的定期检查

除日常检查外，触摸屏建议每隔一段时间要进行定期检查。检查内容包括周围环境的检查，电源电压的检查，安装及连接状态的检查等。具体检查项目见表 11-4。

表 11-4 触摸屏的定期检查项目

| 检查项目 | | 检查方法 | 判断标准 | 处理方法 |
|---|---|---|---|---|
| 周围环境 | 环境温度 | 使用温湿度计进行测量<br>检测腐蚀性气体 | 显示部分：0~40℃<br>其他部分：0~55℃ | 若温度或湿度条件不满足要求，应借助通风、干燥等方式使其符合要求 |
| | 环境湿度 | | 10%~90%RH | |
| | 环境 | | 无腐蚀性气体 | |
| 电源检查 | 电源为 AC100~240V 的 GOT | 检测 AC100~240V 端子间电压 | AC85~242V | 更改供电电源 |
| | 电源为 DC24V 的 GOT | 检测 DC24V 端子间电压（检查输入极性） | 左：-<br>右：+ | 更改配线 |
| GOT 的安装状态 | 检查有无松动、晃动 | 适当用力摇动一下模块 | 安装牢固 | 加固螺栓 |
| | 检查有无灰尘、异物的附着 | 目测观察 | 无附着 | 清洁，去除 |
| GOT 的连接状态 | 检查端子螺栓有无松动 | 使用螺钉旋具紧固 | 无松动 | 加固端子螺栓 |
| | 检查压接端子间距 | 目测观察 | 间隔适当 | 校正 |
| | 检查接口有无松动 | 目测观察 | 无松动 | 加固接口固定螺栓 |
| 电池 | | 对实用菜单“时间相关设置”的本体内置电池电压状态进行确认 | 未发生报警 | 即使没有电池电压过低的显示，到了规定的寿命时也应该进行更换 |

# 11.4 GT Designer3 触摸屏编程

GT Designer3 触摸屏编程软件是针对三菱触摸屏（GOT1000 系列）进行编程的软件。

## 11.4.1 GT Designer3 触摸屏编程软件的安装与启动

### 1 GT Designer3 触摸屏编程软件的安装

GT Designer3 是用于创建 GOT1000 系列的工程软件，可在 Windows XP（32 位/64 位）、Windows Vista（32 位/64 位）、Windows 7（32 位/64 位）操作系统中运行。

安装 GT Designer3 触摸屏编程软件，首先需要在三菱机电官方网站中下载软件程序，并将下载的压缩包文件解压缩。

确认安装前的准备工作完成后，找到解压后文件夹中的软件安装程序"setup"文件，双击运行程序，开始安装，如图 11-53 所示。

图 11-53 GT Designer3 触摸屏编程软件程序安装

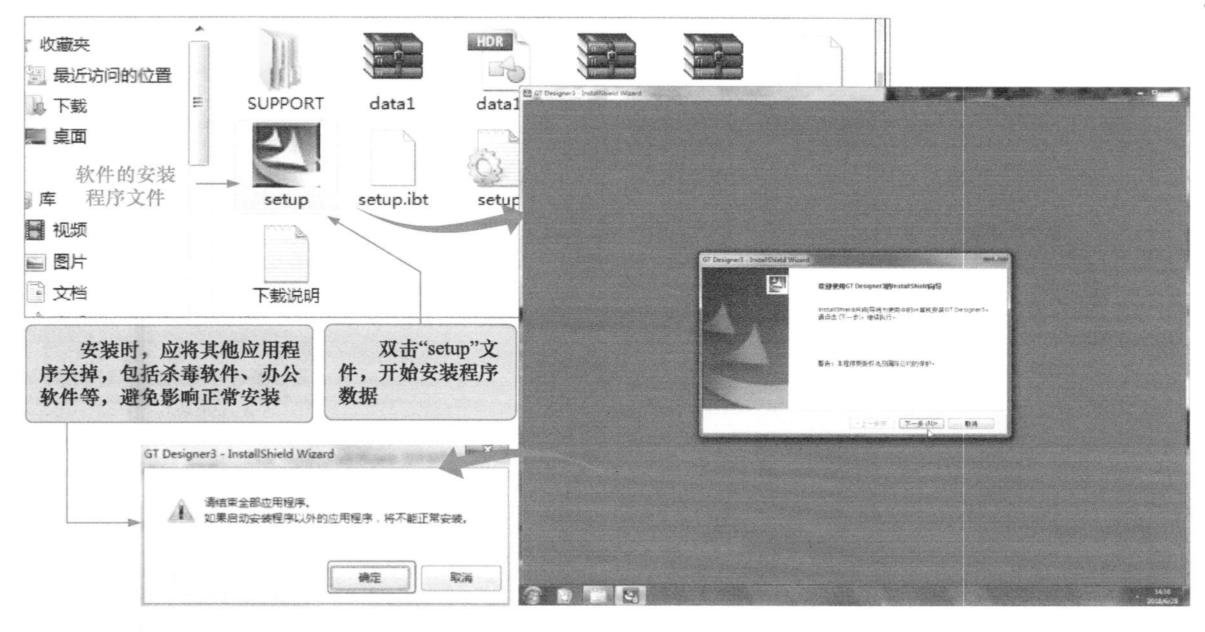


根据提示，完成整个安装过程。

安装完成后，在计算机桌面上可看到 GT Designer3 触摸屏编程软件图标，同时，由于软件包含有 GT Simulator3 仿真软件部分，在计算机桌面上同时出现 GT Simulator3 仿真软件图标，如图 11-54 所示。

### 2 GT Designer3 触摸屏编程软件的启动

GT Designer3 触摸屏编程软件用于设计三菱触摸屏画面和控制功能。使用时需要先将已安装好的 GT Designer3 启动运行。即在软件安装完成后，双击桌面上的 GT Designer3 图标或执行"开始"→"所有程序"→"MELSOFT 应用程序"→"GT Works3"→"GT Designer3"命令，打开软件，进入编程环境，如图 11-55 所示。

图 11-54 GT Designer3 触摸屏编程软件安装完成

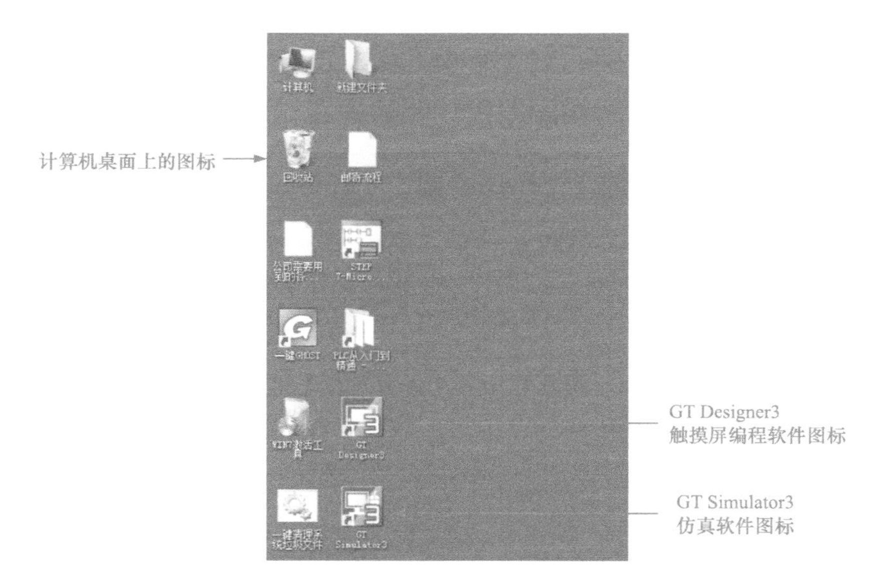

图 11-55 GT Designer3 触摸屏编程软件的启动

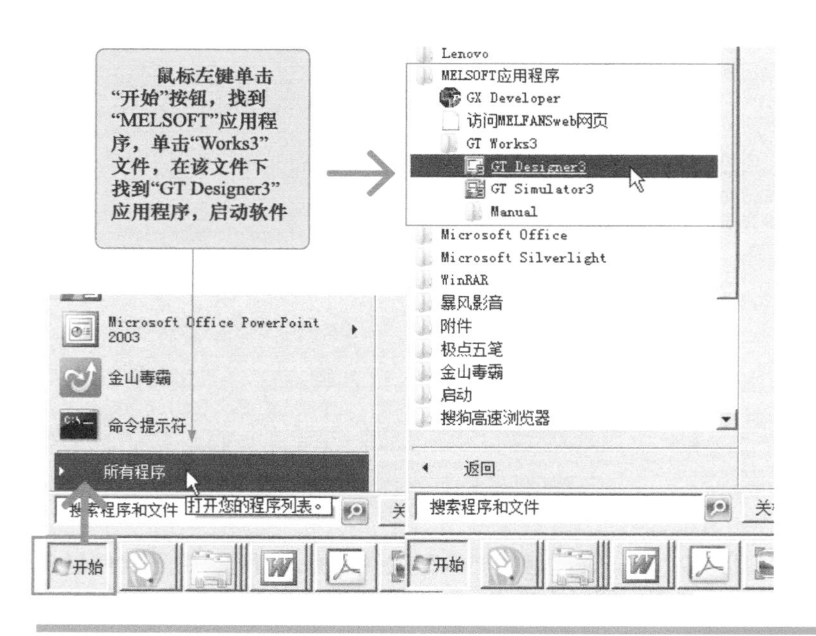


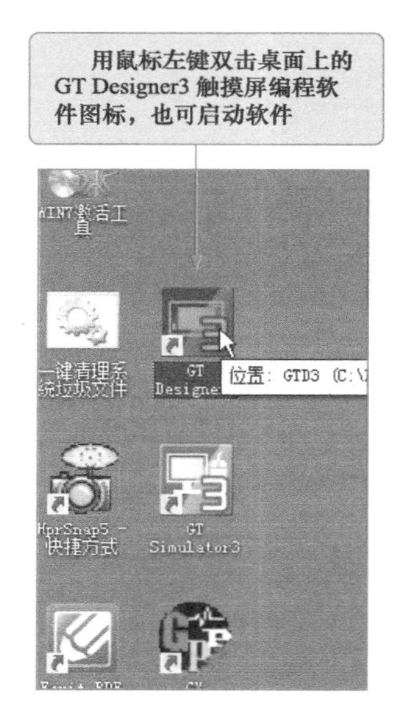


## 11.4.2 GT Designer3 触摸屏编程软件的特点

图 11-56 所示为 GT Designer3 触摸屏编程软件的画面结构。

图 11-57 所示为 GT Designer3 触摸屏编程软件的工具栏，可以通过显示菜单切换各个工具栏的显示/隐藏。

编辑器页是设计触摸屏画面内容的主要部分，位于软件画面的中间部分，一般为黑色底色。

图 11-56　GT Designer3 触摸屏编程软件的画面结构

图 11-57　GT Designer3 触摸屏编程软件的工具栏

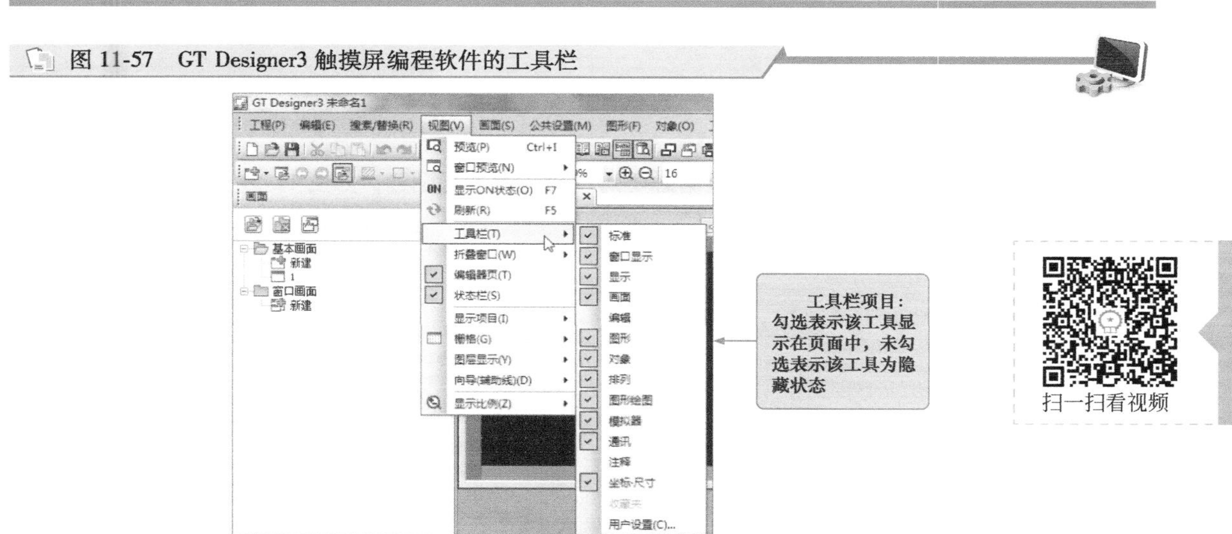


## 11.4.3　GT Designer3 触摸屏编程软件的使用方法

### 1　新建工程

使用 GT Designer3 触摸屏编程软件设计触摸屏画面，首先需要进行“新建工程”操作，即新工程的创建。一般 GT Designer3 触摸屏编程软件带有新建工程向导，可根据新建工程向导逐步建立新工程。选择“工程”→“新建”菜单或单击“工程选择”对话框的“新建”按钮，弹出“新建工程向导”对话框，如图 11-58 所示。

创建工程时，需要进行以下的设置（工程创建后也可以更改）：

- 所使用 GOT 的机种设置。

图 11-58 “新建工程向导”对话框

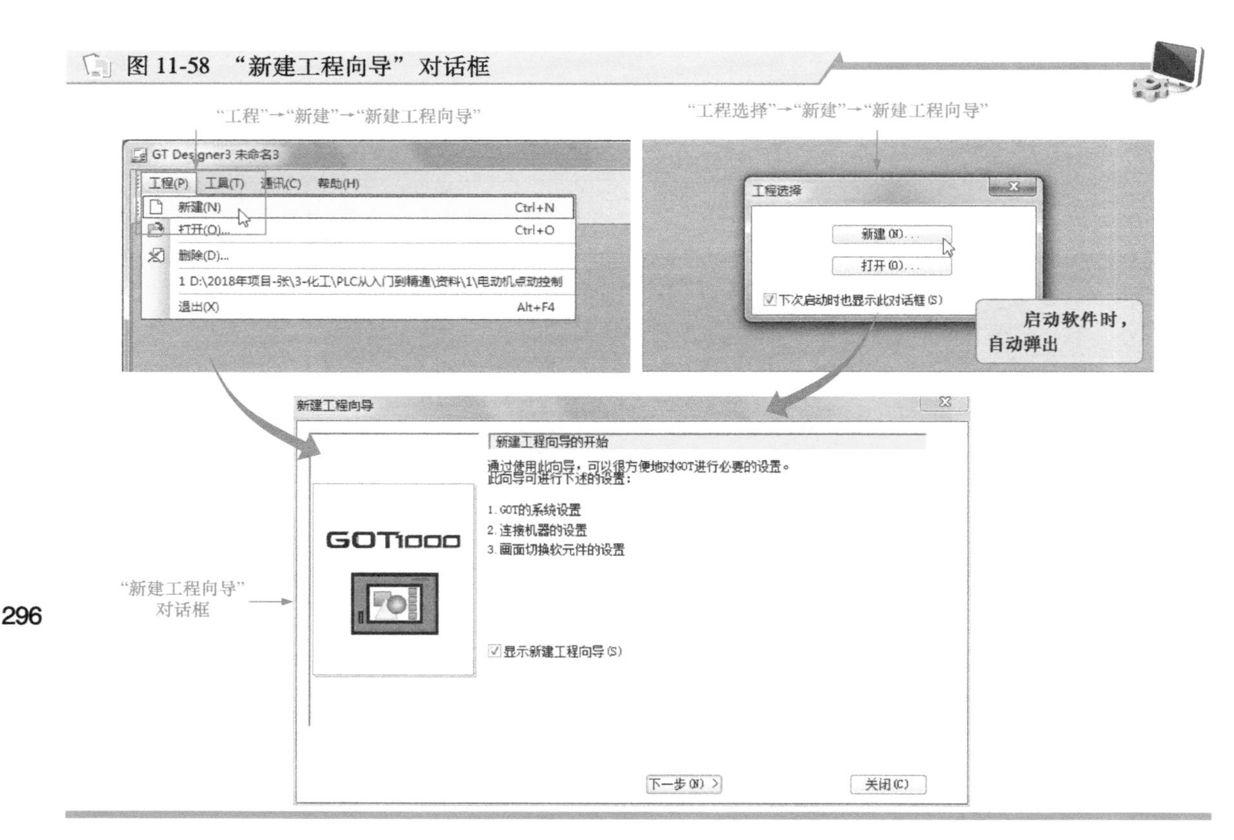




- 连接机器的设置。
- 基本画面的画面切换软元件的设置。

使用新建工程向导创建时，可以根据必要的设置流程进行设置，如图 11-59 所示。

图 11-59 创建工程时的设置

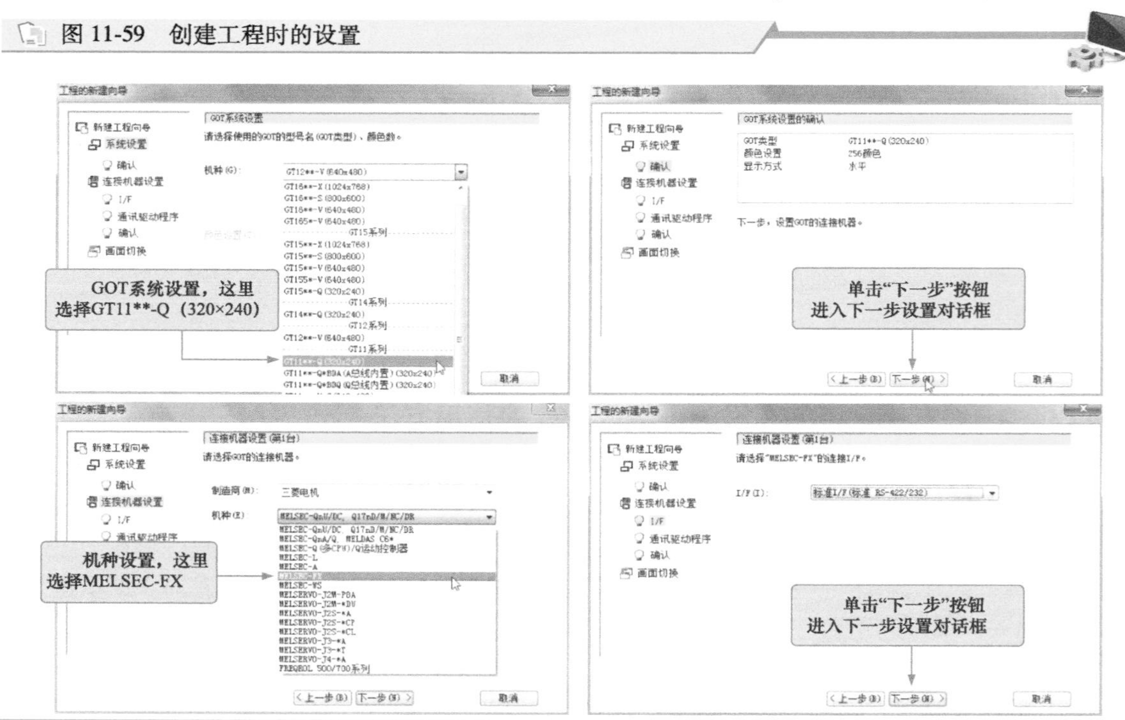

图 11-59　创建工程时的设置（续）

## 2 打开/关闭工程

选择“工程”→“打开”菜单，即弹出“打开工程”对话框。单击“打开”按钮，即打开所选择的 GT Designer3 工程，如图 11-60 所示。选择“工程”→“关闭”菜单，已打开的工程即关闭。

图 11-60　打开/关闭工程

打开工程
保存目标路径(E):
C:\User\GOT　浏览(B)...
工作区/工程一览表(L):　显示全部文件夹(A)

| 工程 | GOT类型 |
| --- | --- |
| .. | 返回工作区一览表。 |
| 温水供给控制盘 | GT16**-V(640x480) |
| Project_1 | GT16**-V(640x480) |
| Project_2 | GT16**-V(640x480) |
| Project_3 | GT16**-V(640x480) |
| Project_4 | GT16**-V(640x480) |
| test | GT16**-V(640x480) |

工作区名(W): GOT
工程名(P):
其他格式
打开压缩文件(C)...
打开GT Designer2/G1格式文件(G)...
打开(O)　取消

**| 提示说明 |**

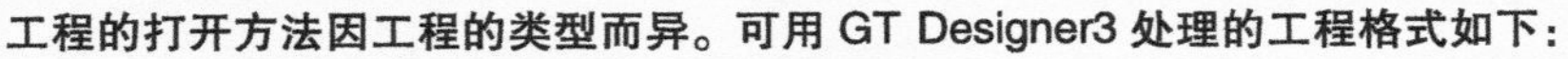

**工程的打开方法因工程的类型而异。可用 GT Designer3 处理的工程格式如下：**

- **GT Designer3 工程：打开 GT Designer3 工程。**
- **GTW 格式（*.GTW）：读取压缩文件（GTW 格式）。**
- **GTE 格式（*.GTE）、GTD 格式（*.GTD）、G1 格式（*.G1）：读取 GT Designer2/G1 格式的工程。**

## 3 创建画面

画面是完成设计触摸屏控制功能的主要工作窗口，可通过选择“画面”→“新建”→“基本画面”/“窗口画面”菜单，即弹出“画面的属性”对话框，如图 11-61 所示。

图 11-61　创建画面

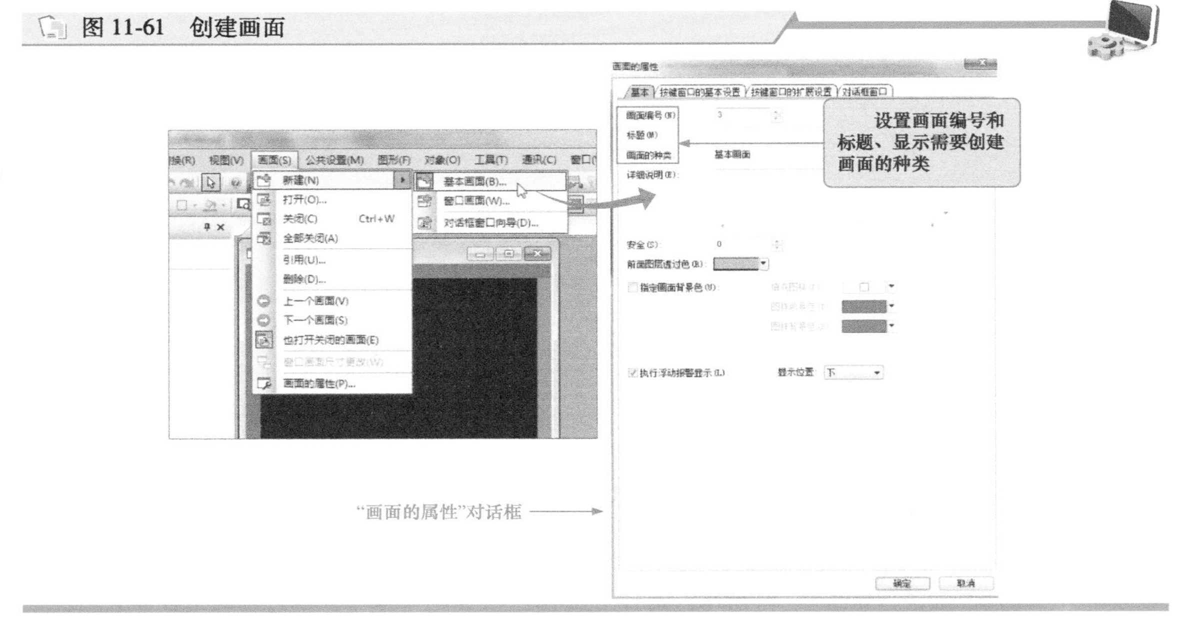


## 11.4.4 触摸屏与计算机之间的数据传输

GT Designer3 触摸屏编程软件安装在符合应用配置要求的计算机中，在计算机中创建好的工程要通过连接写入到触摸屏中进行显示，如图 11-62 所示。

图 11-62　将 GT Designer3 触摸屏编程软件中设计的工程写入到触摸屏中

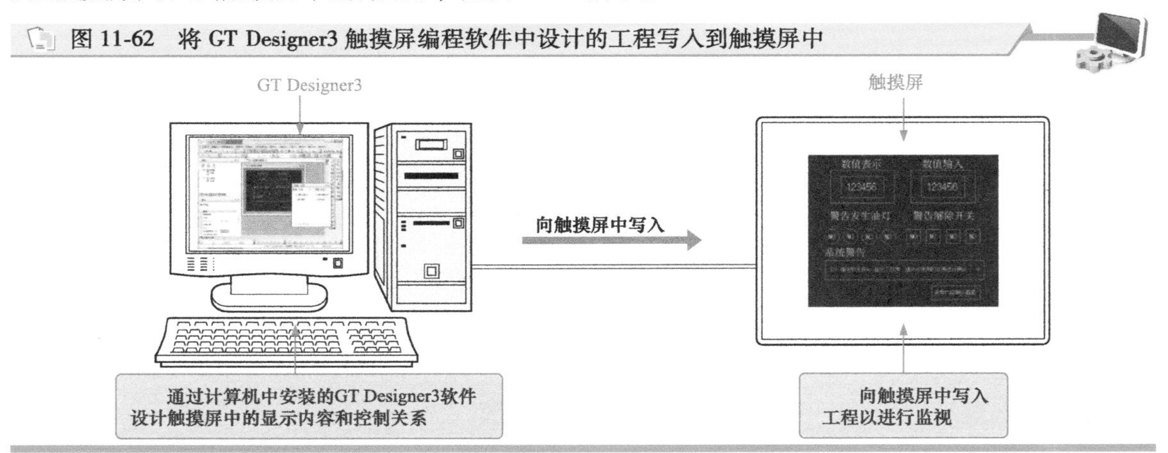

## 1 线缆的连接

将 GT Designer3 触摸屏编程软件中设计的工程写入到触摸屏中，首先需要将装有 GT Designer3 软件的计算机与触摸屏之间进行连接。一般可通过 USB 电缆、RS-232 电缆、以太网电缆（网线）进行连接，如图 11-63 所示。

图 11-63　计算机与触摸屏之间的电缆连接

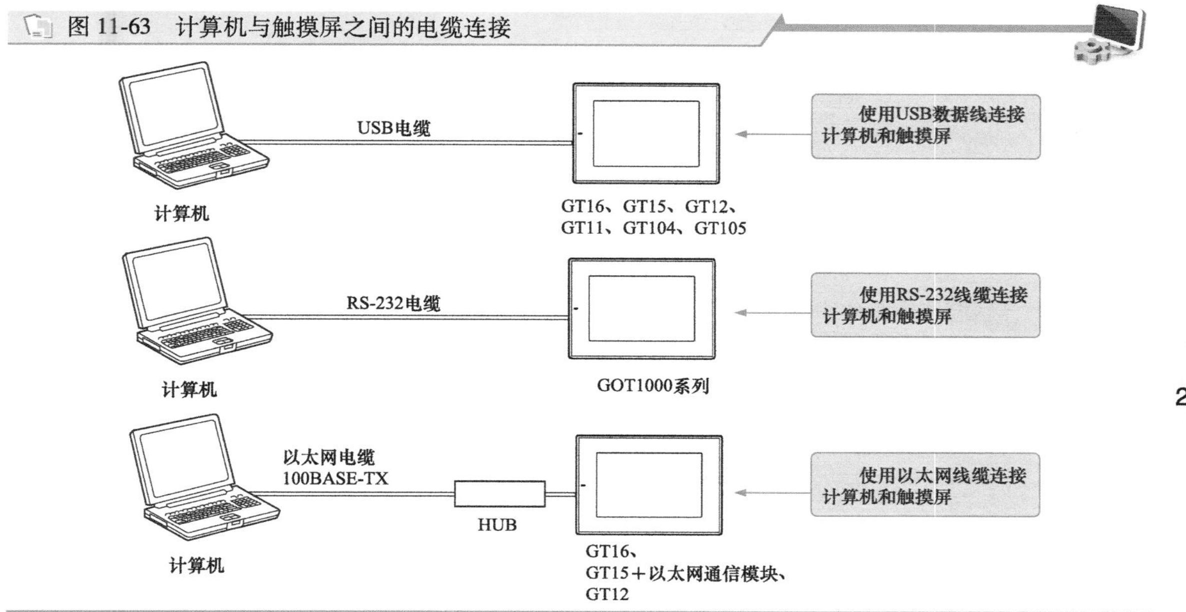




## 2 通信设置

计算机与触摸屏通过电缆连接后，接下来需要进入 GT Designer3 触摸屏编程软件中进行通信设置。

选择 GT Designer3 触摸屏编程软件菜单栏中的“通讯”菜单，调出“通讯设置”对话框，如图 11-64 所示。

图 11-64　GT Designer3 触摸屏编程软件中的通信设置

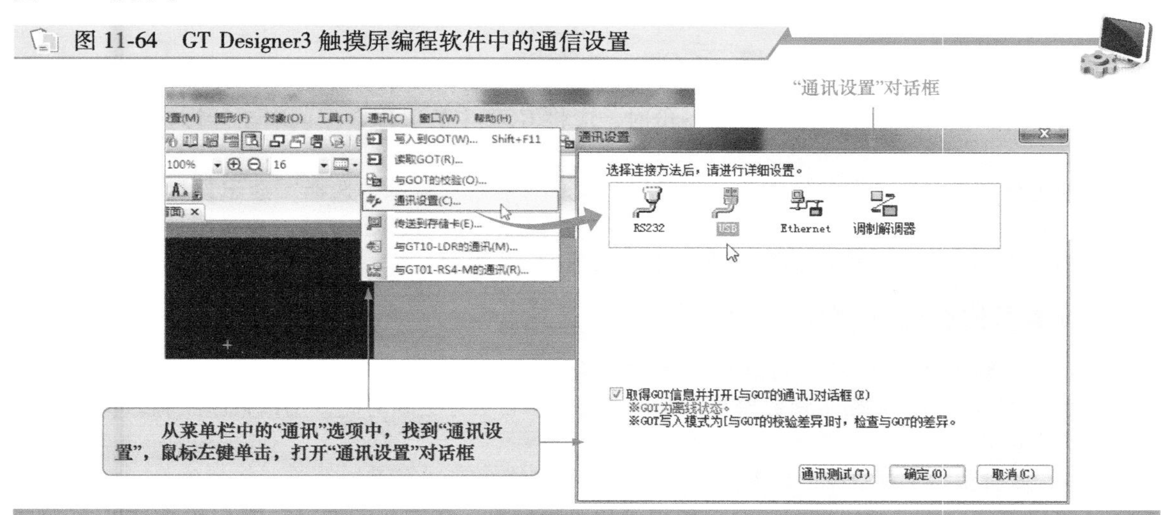


通信设置内容需要根据实际所连接线缆的类型，选择设置的项目，包括 USB（USB 数据线连接时）、RS-232（RS-232 电缆连接时）、以太网（网线连接时）、调制解调器，如图 11-65 所示。

图 11-65 通信设置相关项目

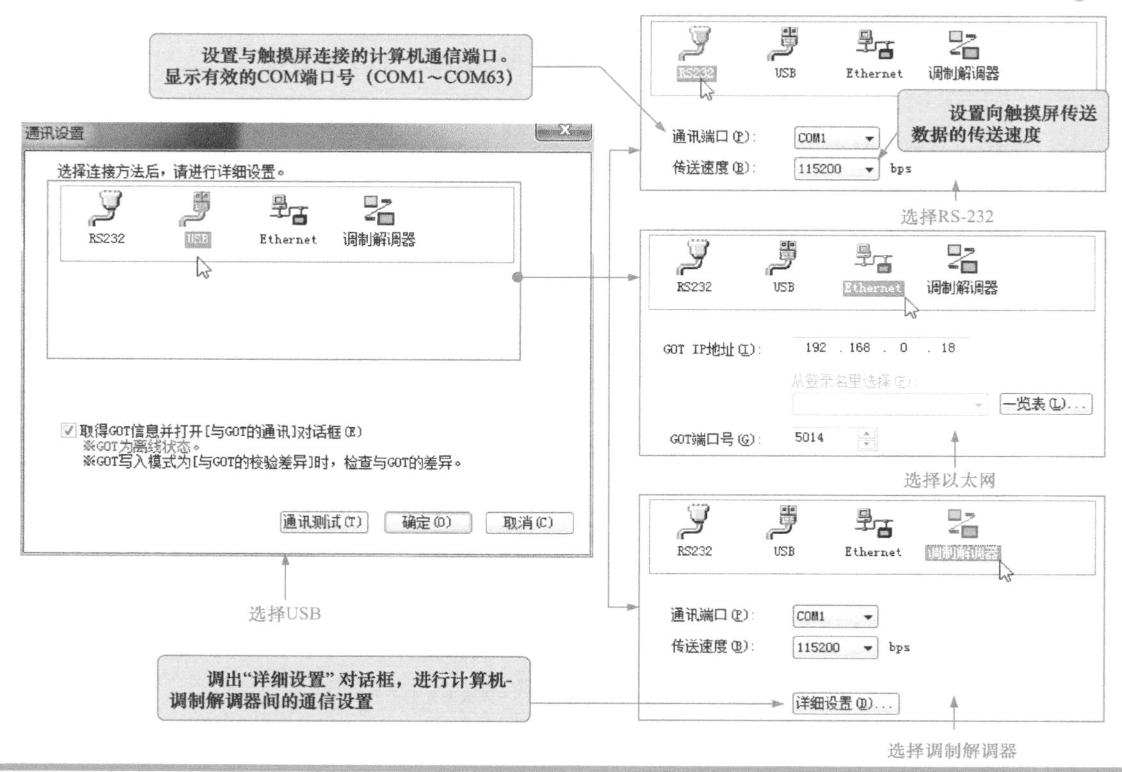




## 3 工程数据写入到触摸屏（计算机→GOT）

从 GT Designer3 触摸屏编程软件向触摸屏写入工程数据和 OS（操作系统）。

如图 11-66 所示，从菜单栏执行“通讯”→“通讯设置”菜单命令，在“通讯设置”对话框中进行通信设置。然后，选择“通讯”→“写入到 GOT”菜单命令，弹出“与 GOT 的通讯”对话框的“GOT 写入”选项卡。

## 4 从触摸屏中读取工程数据（GOT→计算机）

当需要对触摸屏中的工程数据进行备份时，应将 GOT 中的工程数据读取至计算机的硬盘中进行保存。

读取工程数据时，从菜单栏中选择“通讯”菜单，然后从菜单中选择“通讯设置”菜单命令，在“通讯设置”对话框中进行通信设置，然后选择“通讯”→“读取 GOT”，在弹出的“与 GOT 的通讯”对话框中，选择“GOT 读取”选项卡，如图 11-67 所示。

## 5 校验工程数据（GOT⟷计算机）

校验工程数据是指对 GOT 本体中的工程数据和通过 GT Designer3 打开的工程数据进行校验，包括检查数据内容，用以判断工程数据是否存在差异；检查数据更新时间，用以判断工程数据的更新时间是否存在差异。

图 11-68 所示为工程数据的校验方法。即选择菜单栏中的“通讯”菜单，在菜单中选择“通讯设置”菜单命令，在“通讯设置”对话框中进行通信设置，然后在“通讯”菜单中选择“与 GOT 的校验”菜单命令。

图 11-66　工程数据写入到触摸屏

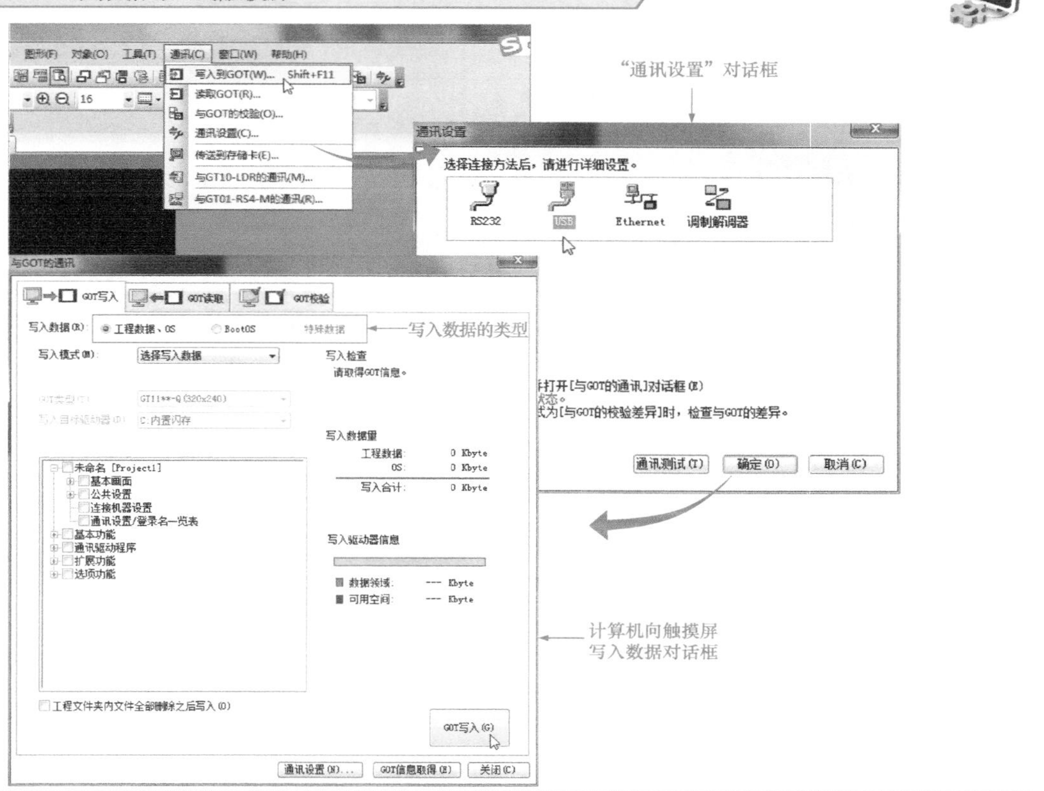


图 11-67　从触摸屏中读取工程数据操作

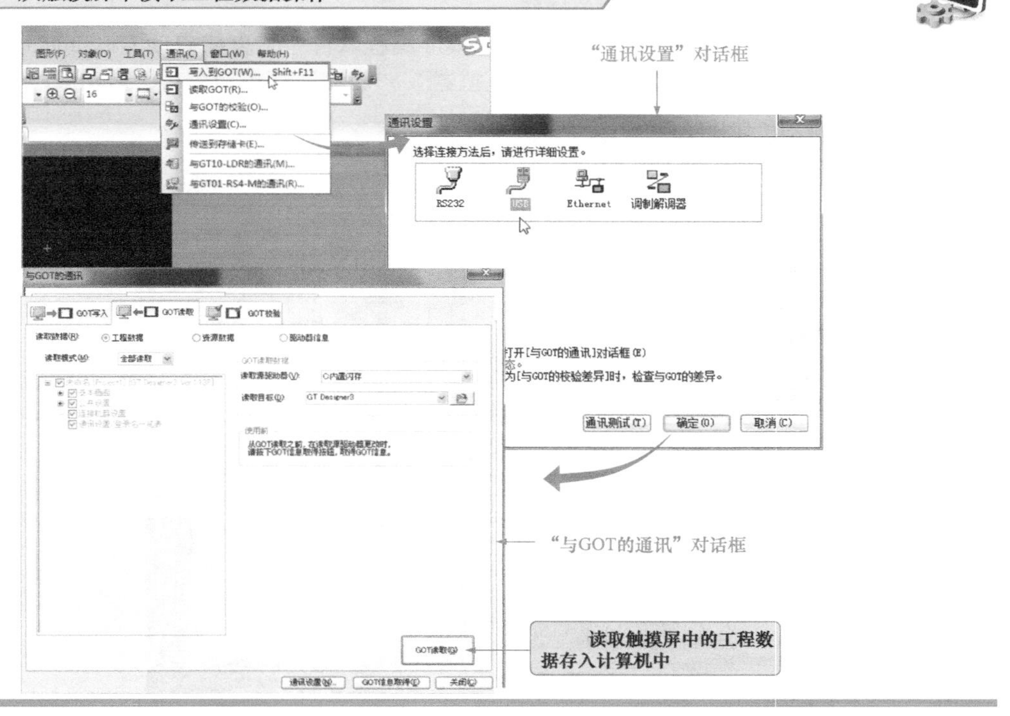

图 11-68　工程数据的校验方法

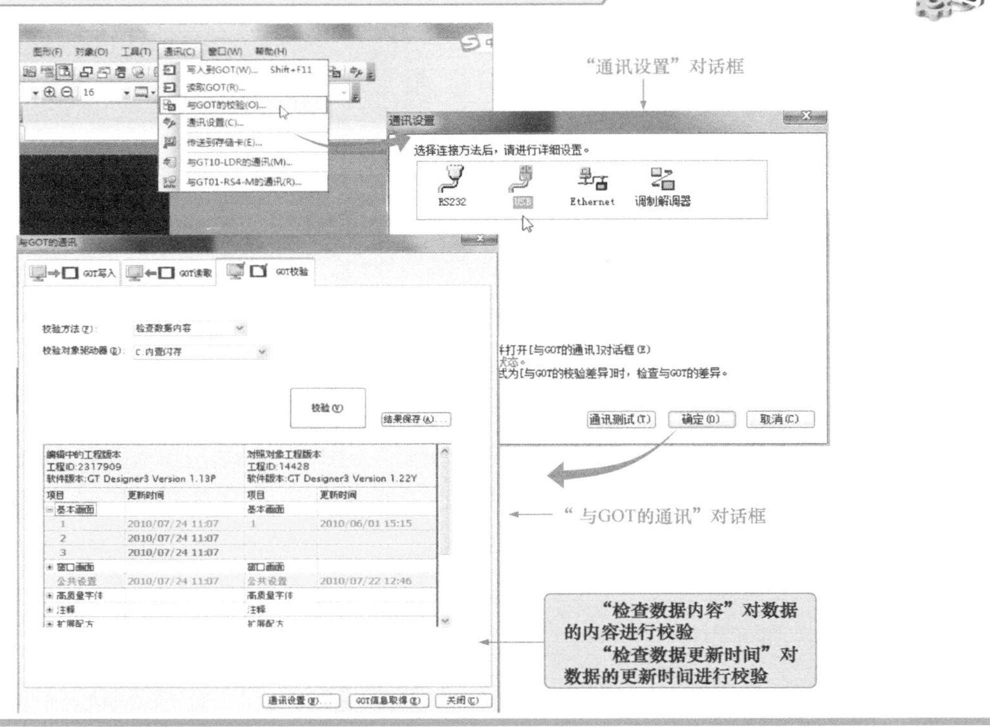




## 6　启动仿真软件 GT Simulator3

GT Simulator3 软件为触摸屏仿真软件，也称为模拟器，即用于在计算机未连接触摸屏时，作为模拟器模拟软件所设计的画面及相关操作。

如图 11-69 所示，可以从 GT Designer3 触摸屏编程软件中，直接启动 GT Simulator3。即选择菜单栏中的"工具"菜单，在菜单中选择"模拟器"→"启动"菜单命令后，启动 GT Simulator3。

图 11-69　启动仿真软件 GT Simulator3

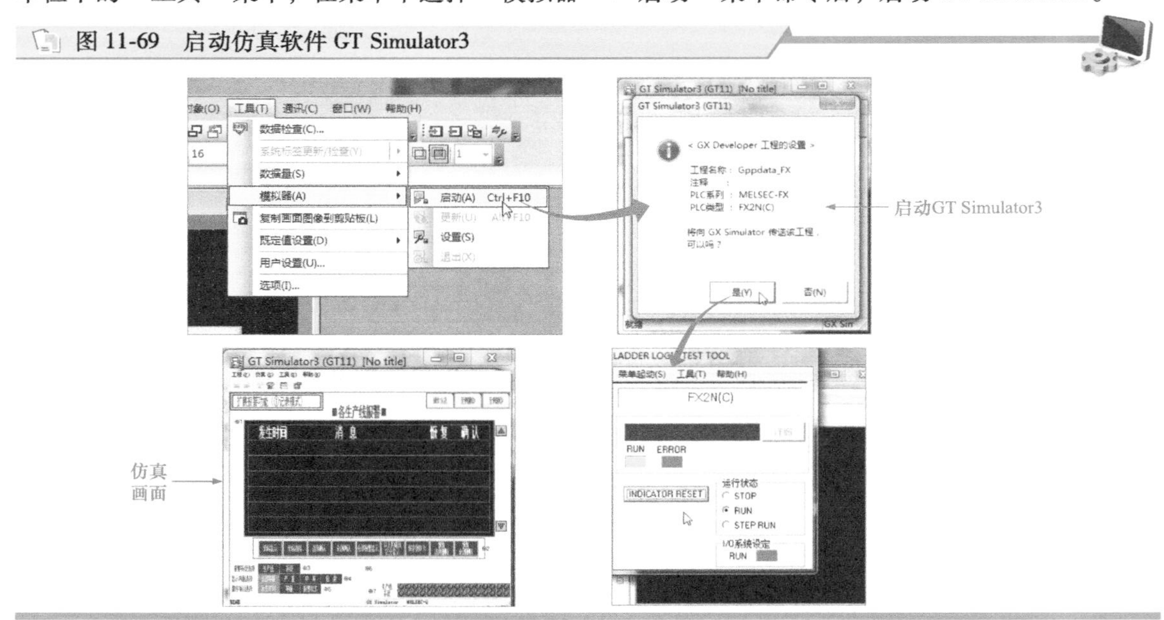

# 第12章 西门子PLC编程应用案例

## 12.1 西门子 PLC 三相交流感应电动机交替运行控制电路

### 12.1.1 三相交流感应电动机交替运行控制电路的电气结构

图 12-1 所示为电动机交替运行 PLC 控制电路的结构，该电路主要由西门子 PLC，输入设备 SB1、SB2、FR1-1、FR2-1，输出设备 KM1、KM2，电源总开关 QS，两台三相交流电动机 M1、M2 等构成。

图 12-1 电动机交替运行 PLC 控制电路的结构

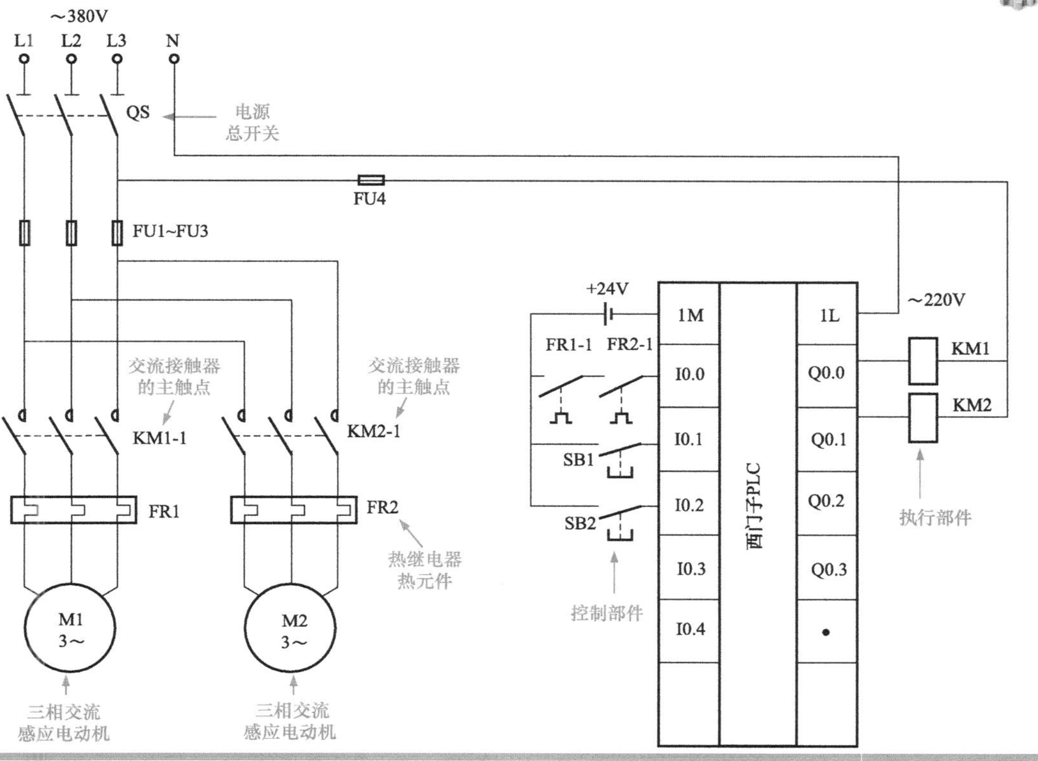


两台电动机交替运行的 PLC 控制电路输入/输出设备按 I/O 分配表进行连接分配，见表 12-1。

表 12-1 采用西门子 PLC 的两台电动机交替运行控制电路 I/O 分配表

| 输入信号及地址编号 | | | 输出信号及地址编号 | | |
|---|---|---|---|---|---|
| 名称 | 代号 | 输入点地址编号 | 名称 | 代号 | 输出点地址编号 |
| 热继电器 | FR1-1、FR2-1 | I0. 0 | 控制电动机 M1 的接触器 | KM1 | Q0. 0 |
| 起动按钮 | SB1 | I0. 1 | 控制电动机 M2 的接触器 | KM2 | Q0. 1 |
| 停止按钮 | SB2 | I0. 2 | | | |

## 12.1.2 三相交流感应电动机交替运行控制电路的 PLC 控制原理

从控制部件、梯形图程序与执行部件的控制关系入手，逐一分析各组成部件的动作状态即可弄清两台电动机在 PLC 控制下实现交替运行的控制过程，如图 12-2、图 12-3 所示。

图 12-2 两台电动机交替运行 PLC 控制电路的工作过程（一）

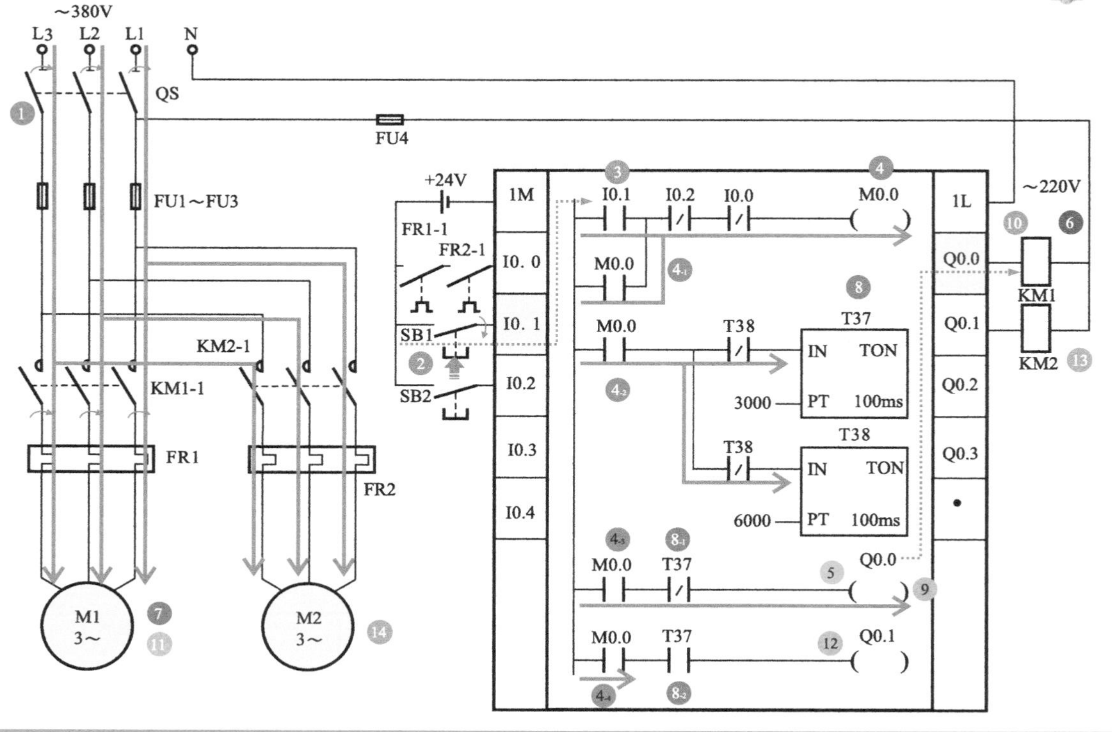




【1】合上电源总开关 QS，接通三相电源。
【2】按下电动机 M1 的起动按钮 SB1。
【3】将 PLC 程序中的输入继电器常开触点 I0. 1 置 1，即常开触点 I0. 1 闭合。
【4】辅助继电器 M0. 0 线圈得电。
【4-1】自锁常开触点 M0. 0 闭合实现自锁功能。
【4-2】控制定时器 T37、T38 的常开触点 M0. 0 闭合。
【4-3】控制输出继电器 Q0. 0 的常开触点 M0. 0 闭合。
【4-4】控制输出继电器 Q0. 1 的常开触点 M0. 0 闭合。
【4-3】→【5】程序中输出继电器 Q0. 0 线圈得电。
【6】控制 PLC 外接电动机 M1 的接触器 KM1 线圈得电，带动主电路中的主触点 KM1-1 闭合。
【7】接通 M1 电源，电动机 M1 起动运转。
【4-2】→【8】定时器 T37 线圈得电，开始计时。
【8-1】计时时间到，控制 Q0. 0 的延时断开的常闭触点 T37 断开。
【8-2】计时时间到，控制 Q0. 1 的延时闭合的常开触点 T37 闭合。
【8-1】→【9】程序中输出继电器 Q0. 0 线圈失电。
【10】程序中输出继电器 Q0. 0 线圈失电。
【11】切断电动机 M1 电源，M1 停止运转。
【8-2】→【12】该程序中输出继电器 Q0. 1 线圈得电。
【13】PLC 外接电动机 M2 的接触器 KM2 线圈得电，带动主电路中的主触点 KM2-1 闭合。

【14】接通电动机 M2 电源，M2 起动运转。

图 12-3　两台电动机交替运行 PLC 控制电路的工作过程（二）

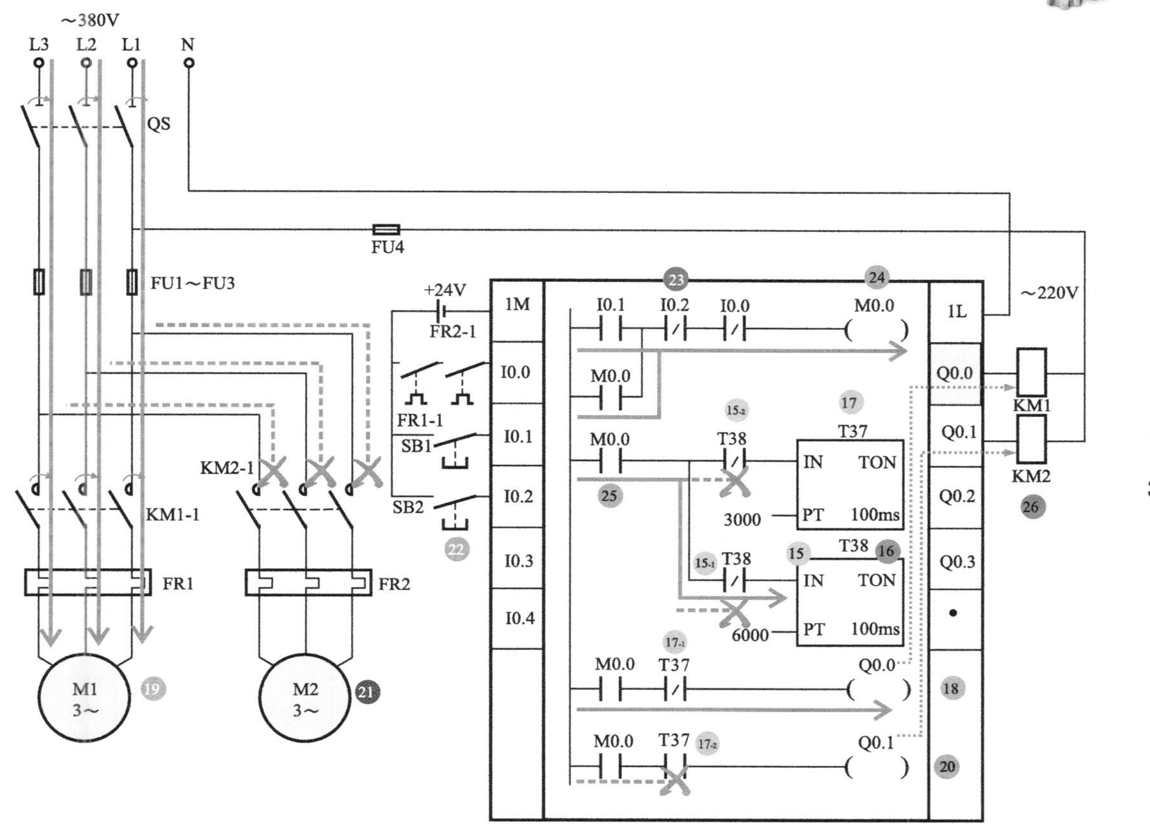




【15】定时器 T38 线圈得电，开始计时。

【$15_{-1}$】计时时间到（延时 10min），其控制定时器 T38 的延时断开的常闭触点 T38 断开。

【$15_{-2}$】计时时间到（延时 10min），其控制定时器 T38 的延时断开的常闭触点 T38 断开。

【$15_{-1}$】→【16】定时器 T38 线圈失电，将自身复位，进入下一次循环。

【17】控制该程序段中的定时器 T37 线圈失电。

【$17_{-1}$】控制输出继电器 Q0. 0 的延时断开的常闭触点 T37 复位闭合。

【$17_{-2}$】控制输出继电器 Q0. 1 的延时闭合的常开触点 T37 复位断开。

【$17_{-1}$】→【18】程序中输出继电器 Q0. 0 线圈得电。

【19】控制 PLC 外接电动机 M1 的接触器 KM1 线圈再次得电，带动主电路中的主触点闭合，接通电动机 M1 电源，电动机 M1 再次起动运转。

【$17_{-2}$】→【20】程序中输出继电器 Q0. 1 线圈失电。

【21】控制 PLC 外接电动机 M2 的接触器 KM2 线圈失电，带动主电路中的主触点复位断开，切断电动机 M2 电源，电动机 M2 停止运转。

【22】当需要两台电动机停止运转时，按下 PLC 输入接口外接的停止按钮 SB2。

【23】将 PLC 程序中的输入继电器常闭触点 I0. 1 置 0，即常闭触点 I0. 1 断开。

【24】辅助继电器 M0. 0 线圈失电，触点复位。

【25】定时器 T37、T38，输出继电器 Q0. 0、Q0. 1 线圈均失电。

【26】控制 PLC 外接电动机接触器线圈失电，带动主电路中的主触点复位断开，切断电动机电源，电动机停止循环运转。

# 12.2 西门子 PLC 三相交流感应电动机Y-△减压起动控制电路

## 12.2.1 三相交流感应电动机Y-△减压起动控制电路的电气结构

电动机Y-△减压起动是指三相交流电动机在 PLC 控制下，起动时绕组按Y（星形）联结，减压起动；起动后，自动转换成△（三角形）联结进行全压运行。图 12-4 所示为三相交流电动机Y-△减压起动 PLC 控制电路的结构。

图 12-4　三相交流电动机Y-△减压起动 PLC 控制电路的结构

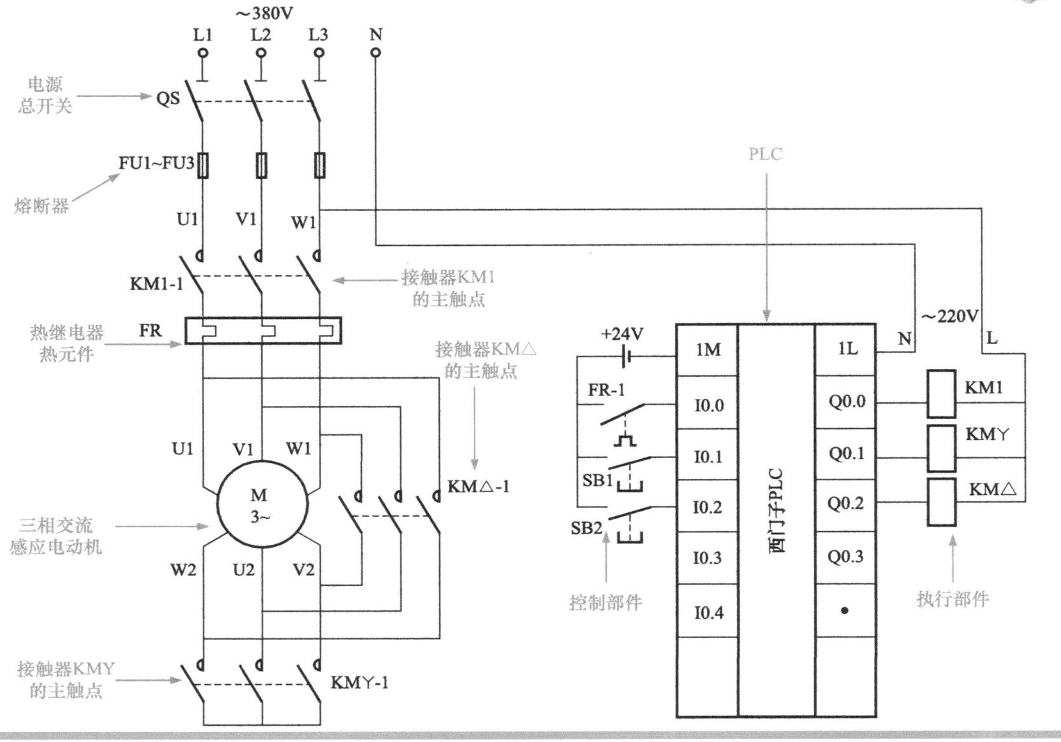




三相交流感应电动机Y-△减压起动的 PLC 控制电路中，输入/输出设备与 PLC 接口的连接按设计之初建立的 I/O 分配表分配，见表 12-2。

表 12-2　采用西门子 PLC 的三相交流电动机Y-△减压起动控制电路 I/O 地址分配表

| 输入信号及地址编号 | | | 输出信号及地址编号 | | |
|---|---|---|---|---|---|
| 名称 | 代号 | 输入点地址编号 | 名称 | 代号 | 输出点地址编号 |
| 热继电器 | FR-1 | I0.0 | 电源供电主接触器 | KM1 | Q0.0 |
| 起动按钮 | SB1 | I0.1 | Y联结接触器 | KMY | Q0.1 |
| 停止按钮 | SB2 | I0.2 | △联结接触器 | KM△ | Q0.2 |

## 12.2.2 三相交流感应电动机Y-△减压起动控制电路的 PLC 控制原理

从控制部件、梯形图程序与执行部件的控制关系入手，逐一分析各组成部件的动作状态即可搞清三相交流电动机在 PLC 控制下实现Y-△减压起动的控制过程。图 12-5、图 12-6 所示为三相交流

电动机Y-△减压起动的 PLC 控制电路的工作过程。

图 12-5　三相交流电动机Y-△减压起动的 PLC 控制电路的工作过程（一）

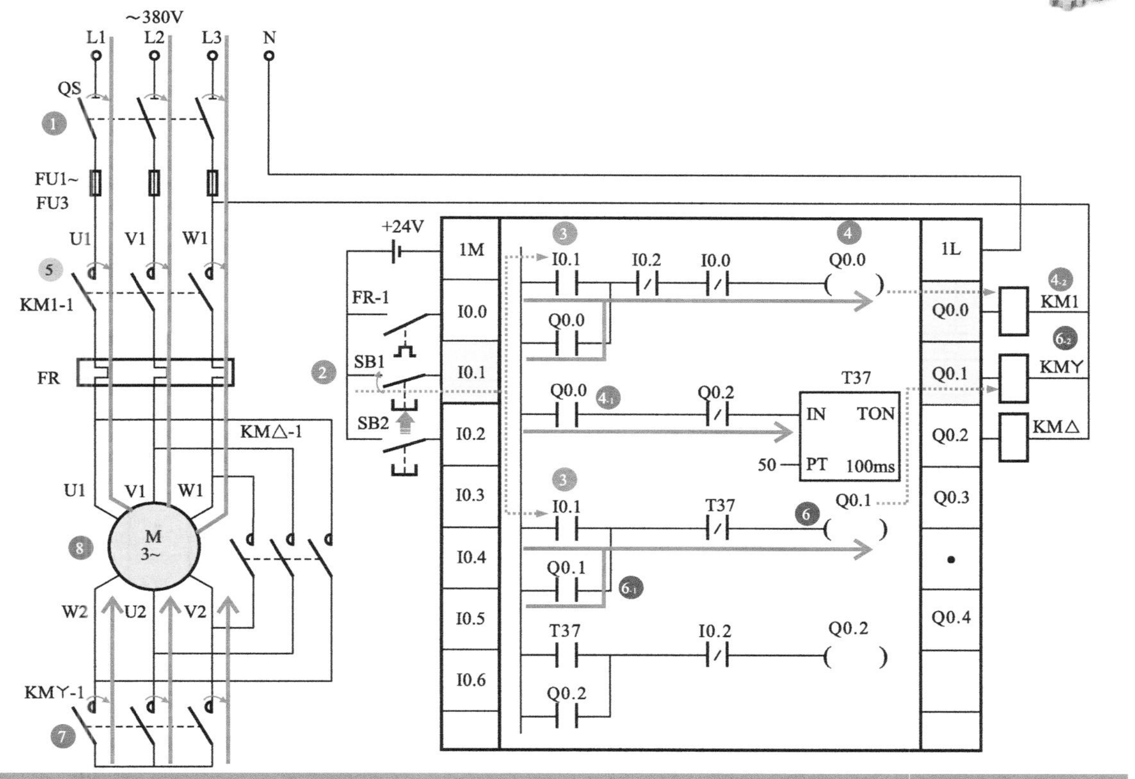


【1】合上电源总开关 QS，接通三相电源。

【2】按下电动机 M 的起动按钮 SB1。

【3】将 PLC 程序中的输入继电器常开触点 I0. 1 置 1，即常开触点 I0. 1 闭合。

【3】→【4】输出继电器 Q0. 0 线圈得电。

【4-1】自锁触点 Q0. 0 闭合自锁；同时，控制定时器 T37 的 Q0. 0 闭合，T37 线圈得电，开始计时。

【4-2】控制 PLC 输出接口端外接电源供电主接触器 KM1 线圈得电。

【4-2】→【5】带动主触点 KM1-1 闭合，接通主电路供电电源。

【3】→【6】输出继电器 Q0. 1 线圈同时得电。

【6-1】自锁触点 Q0. 1 闭合自锁。

【6-2】控制 PLC 外接Y联结接触器 KM Y线圈得电。

【6-2】→【7】接触器在主电路中主触点 KM Y-1 闭合。

【7】→【8】电动机三相绕组Y联结，接通电源，开始减压起动。

【9】定时器 T37 计时时间到（延时 5s）。

【9-1】控制输出继电器 Q0. 1 的延时断开的常闭触点 T37 断开。

【9-2】控制输出继电器 Q0. 2 的延时闭合的常开触点 T37 闭合。

【9-1】→【10】输出继电器 Q0. 1 线圈失电。

【10-1】自锁常开触点 Q0. 1 复位断开，解除自锁。

【10-2】控制 PLC 外接Y联结接触器 KM Y线圈失电。

【10-2】→【11】主触点 KM Y-1 复位断开，电动机三相绕组取消Y联结方式。

图 12-6　三相交流电动机Y-△减压起动的 PLC 控制电路的工作过程（二）

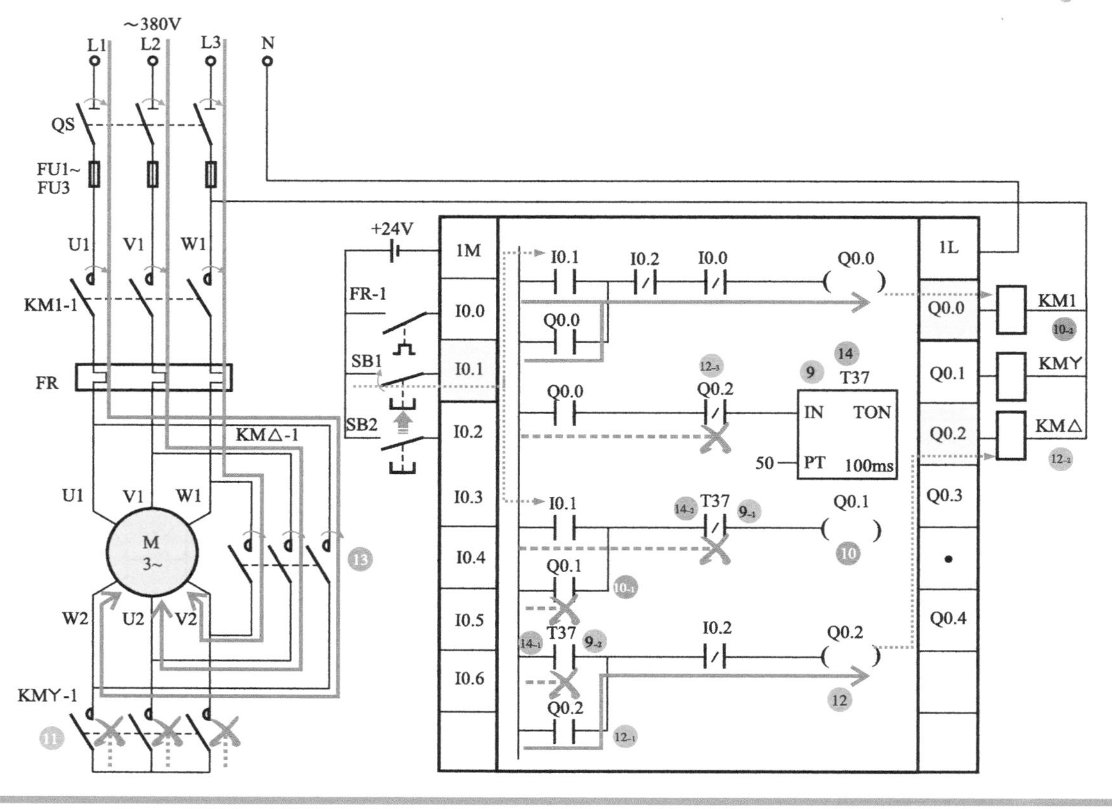




【9-2】→【12】输出继电器 Q0. 2 线圈得电。

【12-1】自锁常开触点 Q0. 2 闭合，实现自锁功能。

【12-2】控制 PLC 外接△联结接触器 KM△线圈得电。

【12-3】控制 T37 延时断开的常闭触点 Q0. 2 断开。

【12-2】→【13】主触点 KM△-1 闭合，电动机绕组接成△联结，开始全压运行。

【12-3】→【14】控制该程序中的定时器 T37 线圈失电。

【14-1】控制 Q0. 2 的延时闭合的常开触点 T37 复位断开，但由于 Q0. 2 自锁，仍保持得电状态。

【14-2】控制 Q0. 1 的延时断开的常闭触点 T37 复位闭合，为 Q0. 1 下一次得电做好准备。

**提示说明**

**当需要电动机停转时，按下停止按钮 SB2。将 PLC 程序中的输入继电器常闭触点 I0. 2 置 0，即常闭触点 I0. 2 断开。输出继电器 Q0. 0 线圈失电，自锁常开触点 Q0. 0 复位断开，解除自锁；控制定时器 T37 的常开触点 Q0. 0 复位断开；控制 PLC 外接电源供电主接触器 KM1 线圈失电，带动主电路中主触点 KM1-1 复位断开，切断主电路电源。**

**同时，输出继电器 Q0. 2 线圈失电，自锁常开触点 Q0. 2 复位断开，解除自锁；控制定时器 T37 的常闭触点 Q0. 2 复位闭合，为定时器 T37 下一次得电做好准备；控制 PLC 外接△联结接触器 KM△线圈失电，带动主电路中主触点 KM△-1 复位断开，三相交流电动机取消△联结，电动机停转。**

**三相交流电动机的接线方式主要有Y联结和△联结两种方式，如图 12-7 所示，对于接在电源电压为 380V 的电动机来说，当电动机Y联结时，电动机每相绕组承受的电压为 220V，当电动机采用△联结时，电动机每相绕组承受的电压为 380V。**

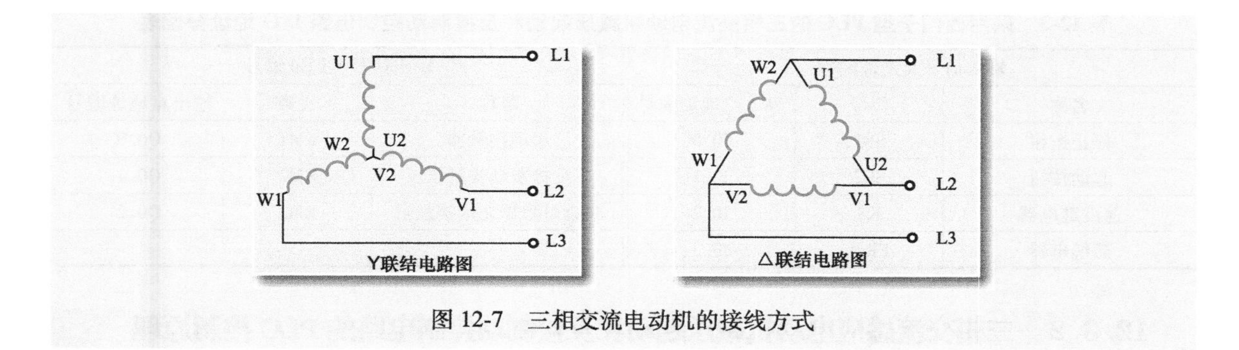


图 12-7 三相交流电动机的接线方式

# 12.3 西门子 PLC 三相交流感应电动机减压起动和反接制动控制电路

## 12.3.1 三相交流感应电动机减压起动和反接制动控制电路的结构



图 12-8 所示为三相交流感应电动机串电阻器减压起动和反接制动 PLC 控制电路的结构，该电路主要由控制部件（SB1、SB2、KS、FR-1）、西门子 PLC、执行部件（KM1～KM3）、QS、起动电阻器 R（减压起动）、三相交流电动机等构成。

图 12-8 三相交流感应电动机串电阻器减压起动和反接制动 PLC 控制电路的结构

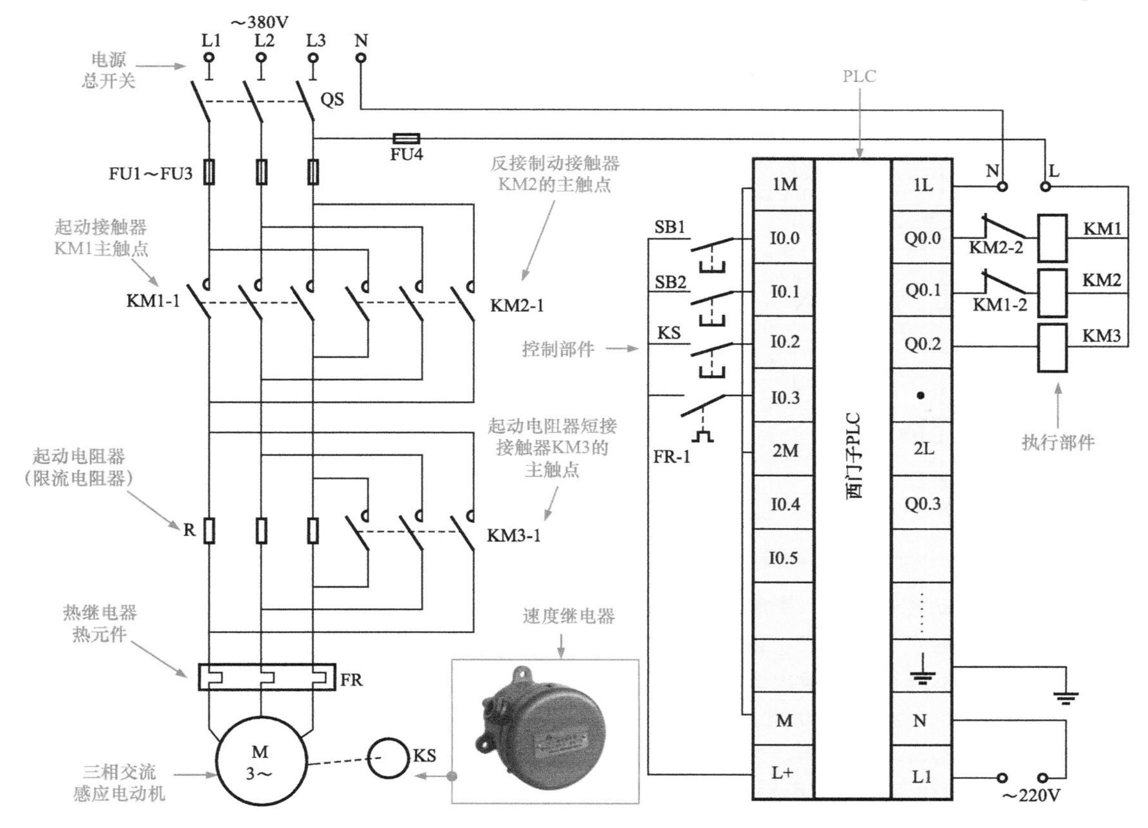


控制部件和执行部件根据 I/O 分配表连接分配，对应 PLC 内部编程地址编号，见表 12-3。

**表 12-3　采用西门子型 PLC 的三相交流电动机减压起动和反接制动控制电路 I/O 地址分配表**

| 输入信号及地址编号 | | | 输出信号及地址编号 | | |
|---|---|---|---|---|---|
| 名称 | 代号 | 输入点地址编号 | 名称 | 代号 | 输出点地址编号 |
| 停止按钮 | SB1 | I0. 0 | 起动接触器 | KM1 | Q0. 0 |
| 起动按钮 | SB2 | I0. 1 | 反接制动接触器 | KM2 | Q0. 1 |
| 速度继电器 | KS | I0. 2 | 起动电阻器短接接触器 | KM3 | Q0. 2 |
| 热继电器 | FR-1 | I0. 3 | | | |

## 12. 3. 2　三相交流感应电动机减压起动和反接制动控制电路的 PLC 控制原理

从控制部件、梯形图程序与执行部件的控制关系入手，逐一分析各组成部件的动作状态即可弄清三相交流电动机减压起动和反接制动 PLC 控制电路的控制过程。图 12-9、图 12-10 所示为三相交流电动机减压起动和反接制动 PLC 控制电路的工作过程。

图 12-9　三相交流电动机减压起动和反接制动 PLC 控制电路的工作过程（一）

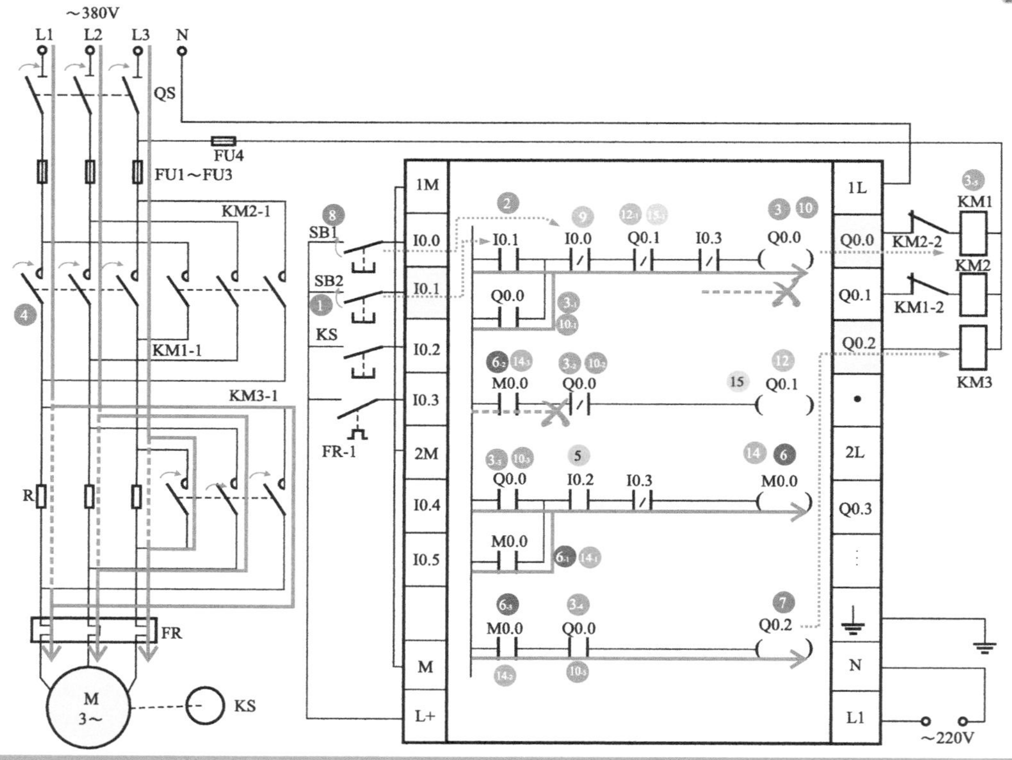


【1】按下起动按钮 SB2，其常开触点闭合。

【2】将常开触点 I0. 1 置 1，即常开触点 I0. 1 闭合。

【3】PLC 梯形图程序中输出继电器 Q0. 0 线圈得电。

【3-1】自锁常开触点 Q0. 0 闭合实现自锁功能。

【3-2】常闭触点 Q0. 0 断开，实现互锁功能，防止输出继电器 Q0. 1 线圈得电。

【3-3】程序中控制辅助继电器 M0. 0 的常开触点 Q0. 0 闭合。

【3-4】程序中控制输出继电器 Q0. 2 的常开触点 Q0. 0 闭合。

【3-5】控制 PLC 外接起动接触器 KM1 线圈得电。

【3-5】→【4】主电路中主触点 KM1-1 闭合，接通电动机电源，电动机起动运转。

【3-3】+【4】→【5】当三相交流电动机 M 的转速 $n$>100r/min 时，速度继电器触点 KS 闭合，将 PLC 程序中的输入继电器常开触点 I0.2 置 1，即常开触点 I0.2 闭合。

【6】PLC 梯形图程序中速度控制辅助继电器 M0.0 线圈得电。

【6-1】自锁常开触点 M0.0 闭合实现自锁功能。

【6-2】控制输出继电器 Q0.1 的常开触点 M0.0 闭合。

【6-3】控制输出继电器 Q0.2 的常开触点 M0.0 闭合。

【6-3】→【7】输出继电器 Q0.2 线圈得电，控制 PLC 外接起动电阻器短接接触器 KM3 线圈得电，其主触点 KM3-1 闭合，短接起动电阻器，电动机在全压状态下开始运行。

【8】按下停止按钮 SB1，其常闭触点断开。

【9】输入继电器常闭触点 I0.0 置 0，即常闭触点 I0.0 断开。

【10】输出继电器 Q0.0 线圈失电。

图 12-10　三相交流电动机减压起动和反接制动 PLC 控制电路的工作过程（二）

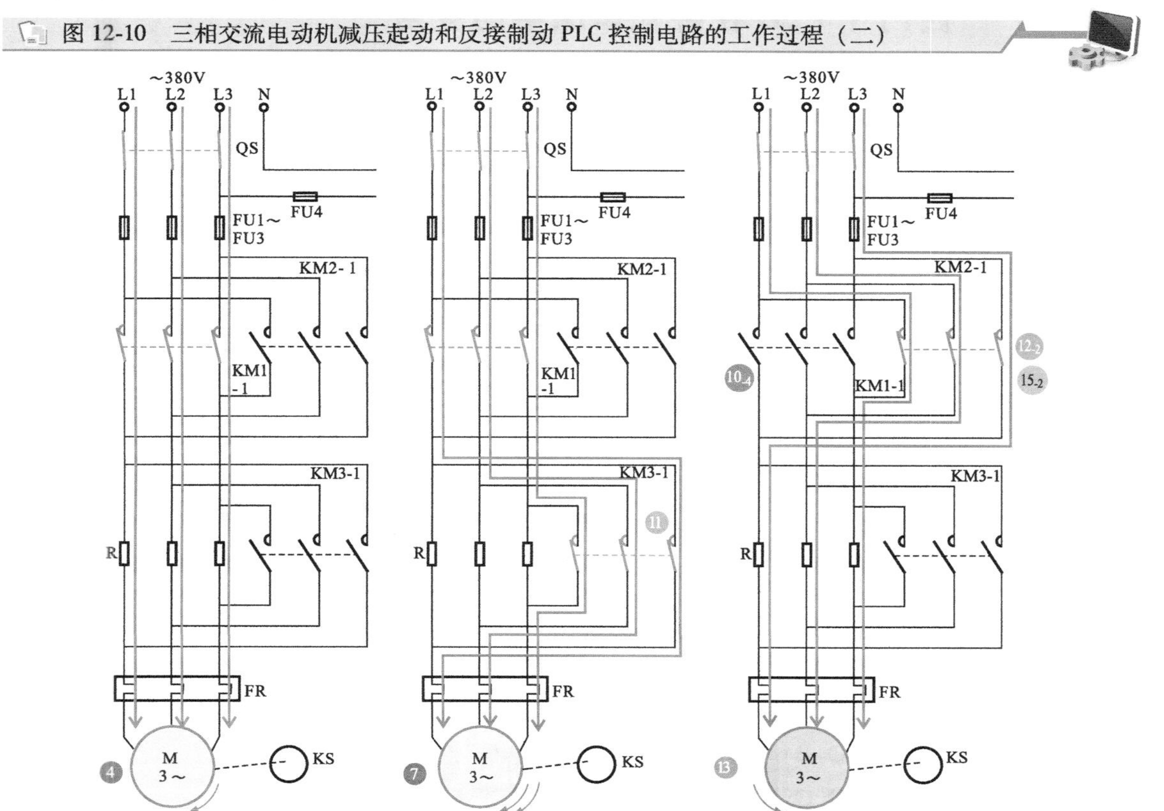




【10-1】自锁常开触点 Q0.0 复位断开。

【10-2】控制 Q0.1 的常闭触点 Q0.0 复位闭合。

【10-3】控制辅助继电器 M0.0 的常开触点 Q0.0 复位断开。

【10-4】控制 PLC 外接起动接触器 KM1 线圈失电，带动主电路中的主触点 KM1-1 复位断开，切断电动机电源，电动机做惯性运转。

【10-5】控制输出继电器 Q0.2 的常开触点 Q0.0 复位断开。

【11】输出继电器 Q0.2 线圈失电，控制 PLC 外接起动电阻器短接接触器 KM3 线圈失电，带动主电路中的主触点 KM3-1 复位断开，反向电源接入限流电阻器。

【6-2】+【10-2】→【12】控制输出继电器 Q0.1 线圈得电。

【12-1】常闭触点 Q0.1 断开，实现互锁功能，防止输出继电器 Q0.0 线圈得电。

【12-2】控制 PLC 外接反接制动接触器 KM2 线圈得电，带动主触点 KM2-1 闭合，接通反向运行电源。

【11】+【12-2】→【13】电动机串联电阻器后反接制动。当电动机转速 $n<100\text{r/min}$ 时，速度继电器触点 KS 复位断开，将 PLC 程序中的输入继电器常开触点 I0.2 置 0，即常开触点 I0.2 复位断开。

【14】速度控制辅助继电器 M0.0 线圈失电。

【14-1】自锁常开触点 M0.0 复位断开。

【14-2】控制 Q0.2 的常开触点 M0.0 复位断开。

【14-3】控制输出继电器 Q0.1 的常开触点 M0.0 复位断开。

【14-3】→【15】该程序中的输出继电器 Q0.1 线圈失电。

【15-1】控制输出继电器 Q0.0 线圈的常闭触点 Q0.1 复位闭合，为下一次起动做好准备。

【15-2】控制 PLC 外接反接制动接触器 KM2 线圈失电，带动主电路中的主触点 KM2-1 复位断开，切断反向运行电源，制动结束，电动机停止运转。

# 12.4 西门子 PLC 在卧式车床中的应用

## 12.4.1 卧式车床 PLC 控制系统的结构



由西门子 PLC 构成的机电控制电路系统控制各种工业设备，如各种机床（车床、钻床、磨床、铣床、刨床）、数控设备等，用以实现工业上的切削、钻孔、打磨、传送等生产需求。该类电路主要由 PLC、机电设备的动力部件和机械部件等构成。图 12-11 所示为典型机电设备 PLC 控制电路的结构示意图。

图 12-11 典型机电设备 PLC 控制电路的结构示意图

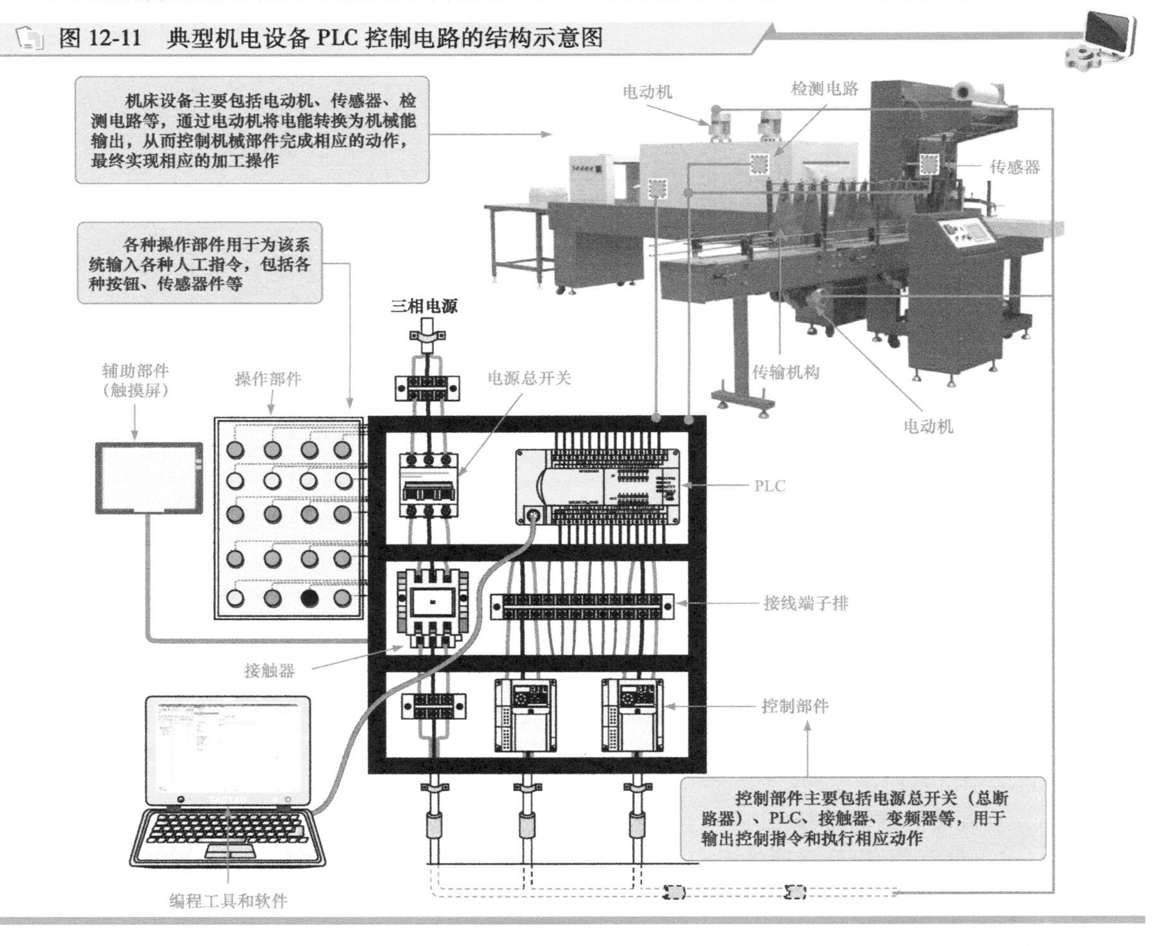


图 12-12 所示为 C650 型卧式车床 PLC 控制电路的结构，该电路主要由操作部件（控制按钮、传感器等）、PLC、执行部件（继电器、接触器、电磁阀等）和机床构成。

图 12-12 C650 型卧式车床 PLC 控制电路的结构

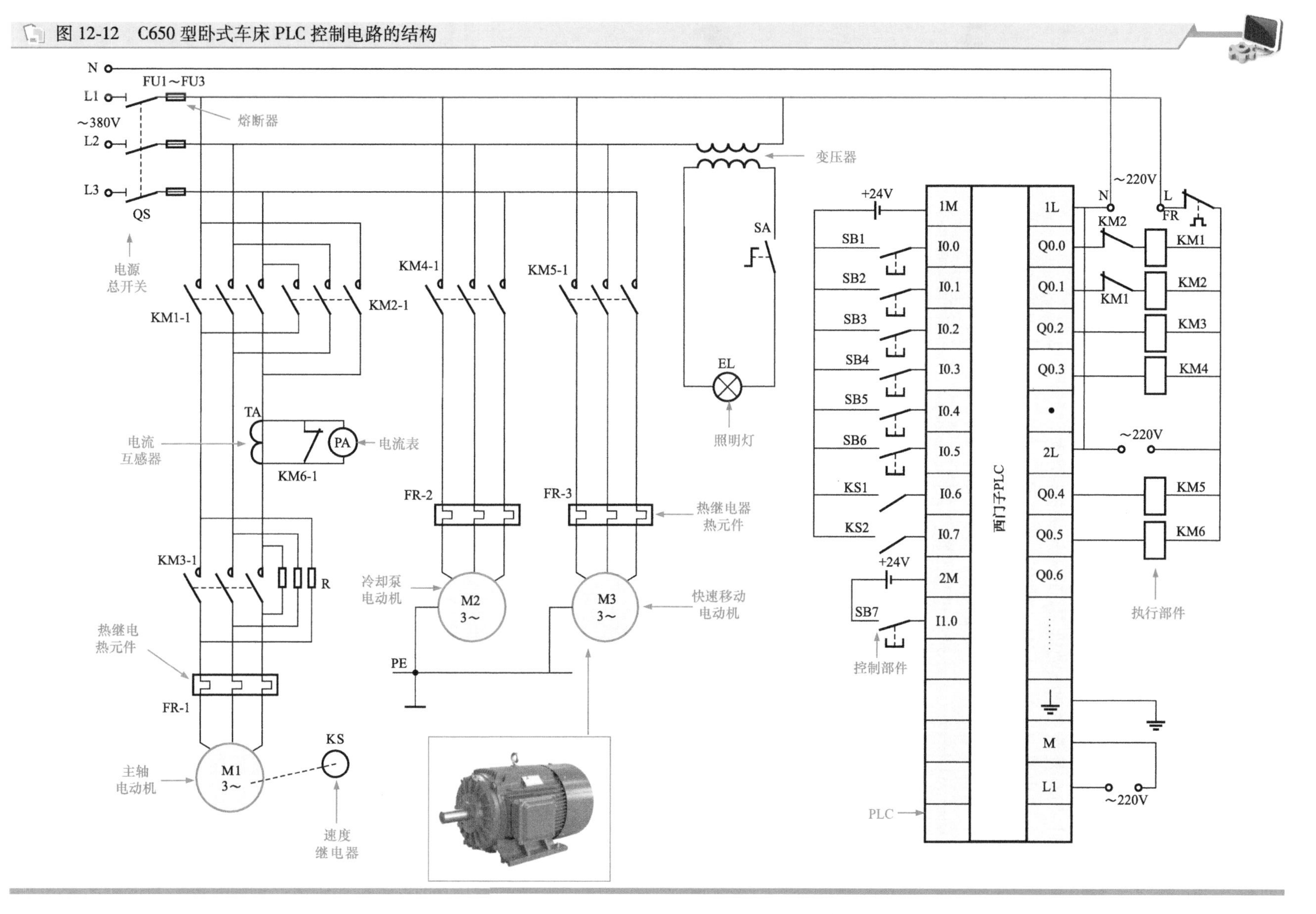

## 12.4.2 卧式车床 PLC 控制系统的控制过程

从控制部件、PLC（内部梯形图程序）与执行部件的控制关系入手，逐一分析各组成部件的动作状态即可弄清 C650 型卧式车床 PLC 控制电路的控制过程。图 12-13 所示为 C650 型卧式车床 PLC 控制电路中主轴电动机起停及正转的控制过程。

【1】按下点动按钮 SB2，其常开触点闭合。

【2】PLC 程序中的输入继电器常开触点 I0.1 置 1，即常开触点 I0.1 闭合。

【3】PLC 程序中，输出继电器 Q0.0 线圈得电。

【4】PLC 外接主轴电动机 M1 的正转接触器 KM1 线圈得电。

【5】主电路中主触点 KM1-1 闭合，接通 M1 正转电源，M1 串接电阻器 R 后，正转起动。

【6】松开点动按钮 SB2，输入继电器的常开触点 I0.1 复位置 0。

【7】输出继电器 Q0.0 线圈失电，控制 PLC 外接主轴电动机 M1 的正转接触器 KM1 线圈失电释放，电动机 M1 停转（上述控制过程主轴电动机 M1 完成一次点动控制循环。）。

【8】按下正转起动按钮 SB3，其常开触点闭合。

【9】将 PLC 程序中的输入继电器常开触点 I0.2 置 1。

【9-1】控制输出继电器 Q0.2 的常开触点 I0.2 闭合。

【9-2】控制输出继电器 Q0.0 的常开触点 I0.2 闭合。

【10】控制 PLC 程序中的输出继电器 Q0.2 线圈得电。

【10-1】自锁常开触点 Q0.2 闭合，实现自锁功能。

【10-2】控制输出继电器 Q0.0 的常开触点 Q0.2 闭合。

图 12-13　C650 型卧式车床 PLC 控制电路中主轴电动机起停及正转的控制过程

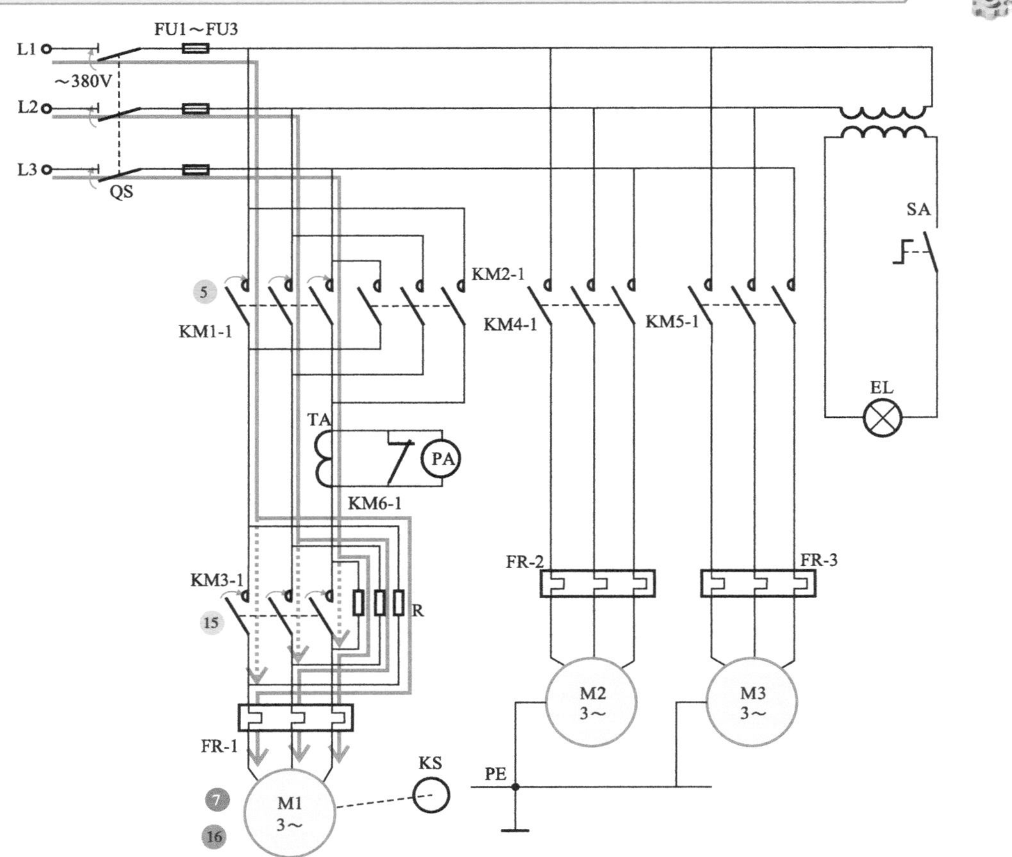

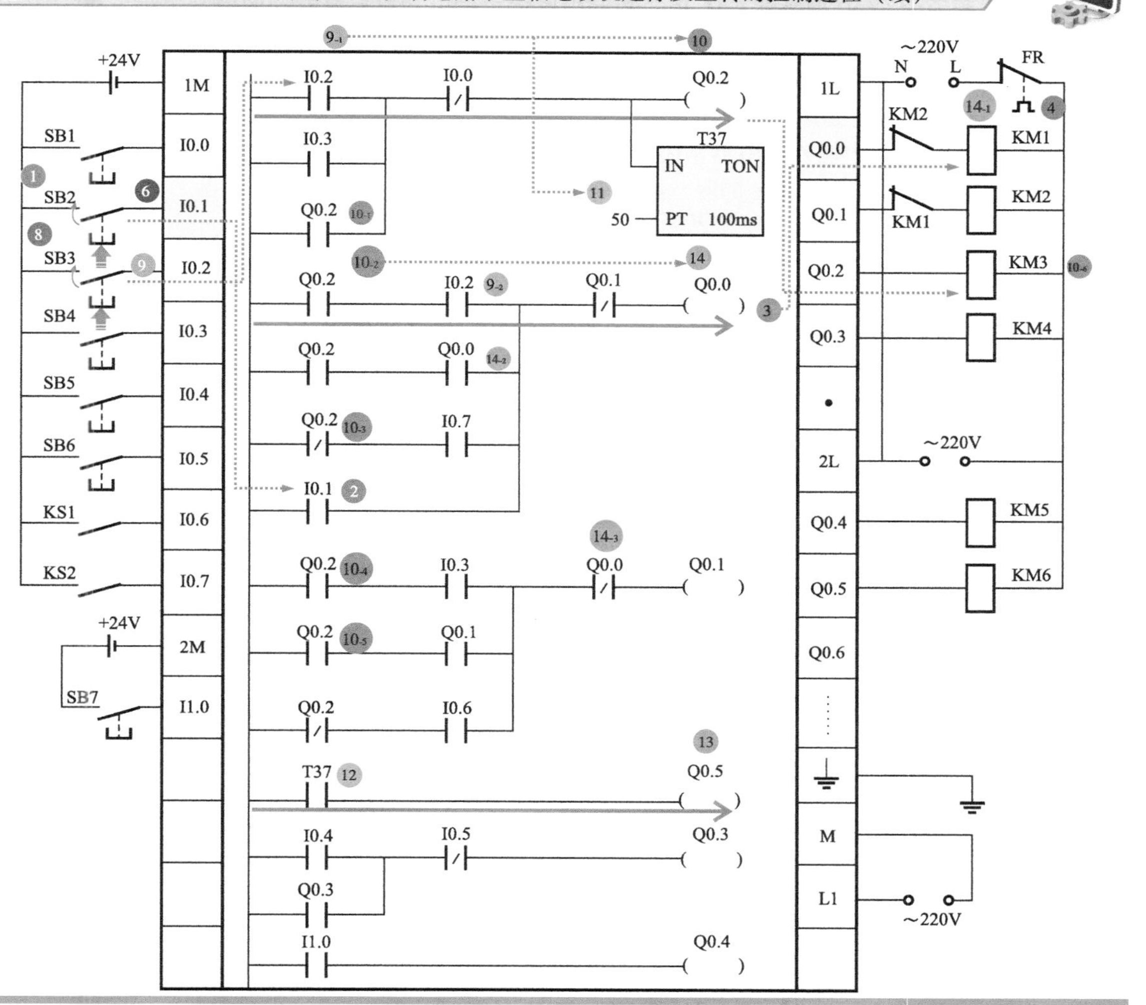

图 12-13 C650 型卧式车床 PLC 控制电路中主轴电动机起停及正转的控制过程（续）

【10-3】控制输出继电器 Q0. 0 的常闭触点 Q0. 2 断开。

【10-4】控制输出继电器 Q0. 1 的常开触点 Q0. 2 闭合。

【10-5】控制输出继电器 Q0. 1 电路中的常闭触点 Q0. 2 断开。

【10-6】PLC 输出接口外接的交流接触器 KM3 线圈得电，带动主电路中的主触点 KM3-1 闭合，短接电阻器 R。

【9-1】→【11】定时器 T37 线圈得电，开始 5s 计时。

【12】计时时间到，定时器延时闭合常开触点 T37 闭合。

【13】输出继电器 Q0. 5 线圈得电，PLC 外接接触器 KM6 线圈得电吸合，带动主电路中常闭触点断开，电流表 PA 投入使用。

【9-2】+【10-2】→【14】输出继电器 Q0. 0 线圈得电。

【14-1】PLC 外接接触器 KM1 线圈得电吸合。

【14-2】自锁常开触点 Q0. 0 闭合，实现自锁功能。

【14-3】控制输出继电器 Q0. 1 的常闭触点 Q0. 0 断开，实现互锁，防止 Q0. 1 得电。

【14-1】+【10-6】→【15】主电路中主触点 KM1-1 闭合，电动机 M1 短接电阻器 R（将 R 短路）正转起动。

【16】主轴电动机 M1 反转起动运行的控制过程与上述过程大致相同，可参照上述分析进行了

解，这里不再重复。

图 12-14 所示为 C650 型卧式车床 PLC 控制电路中主轴电动机反接制动的控制过程。

【17】主轴电动机正转起动，转速上升至 130r/min 以上后速度继电器的正转触点 KS1 闭合，将 PLC 程序中的输入继电器常开触点 I0.6 置 1，即常开触点 I0.6 闭合。

【18】按下停止按钮 SB1，其常闭触点断开。

【19】将 PLC 程序中输入继电器常闭触点 I0.0 置 1，即常闭触点 I0.0 断开。

【20】定时器线圈 T37 失电；同时，输出继电器 Q0.2 线圈失电。

【20-1】自锁常开触点 Q0.2 复位断开，解除自锁。

【20-2】控制输出继电器 Q0.0 中的常开触点 Q0.2 复位断开。

【20-3】PLC 输出接口外接的接触器 KM3 线圈失电释放。

【20-4】控制输出继电器 Q0.0 制动电路中的常闭触点 Q0.2 复位闭合。

【20-5】控制输出继电器 Q0.1 中的常开触点 Q0.2 复位断开。

【20-6】控制输出继电器 Q0.1 制动电路中的常闭触点 Q0.2 复位闭合。

【20-2】→【21】PLC 程序中输出继电器 Q0.0 线圈失电。

【21-1】PLC 外接接触器 KM1 线圈失电释放。

【21-2】自锁常开触点 Q0.0 复位断开，解除自锁。



【21-3】控制输出继电器 Q0.1 的互锁常闭触点 Q0.0 闭合。

【21-1】→【22】带动主电路中的主触点 KM1-1 复位断开。

【17】+【20-6】+【21-3】→【23】PLC 梯形图程序中，输出继电器 Q0.1 线圈得电。

【23-1】控制 PLC 外接接触器 KM2 线圈得电，电动机 M1 串电阻器 R 进行反接起动。

图 12-14 C650 型卧式车床 PLC 控制电路中主轴电动机反接制动的控制过程

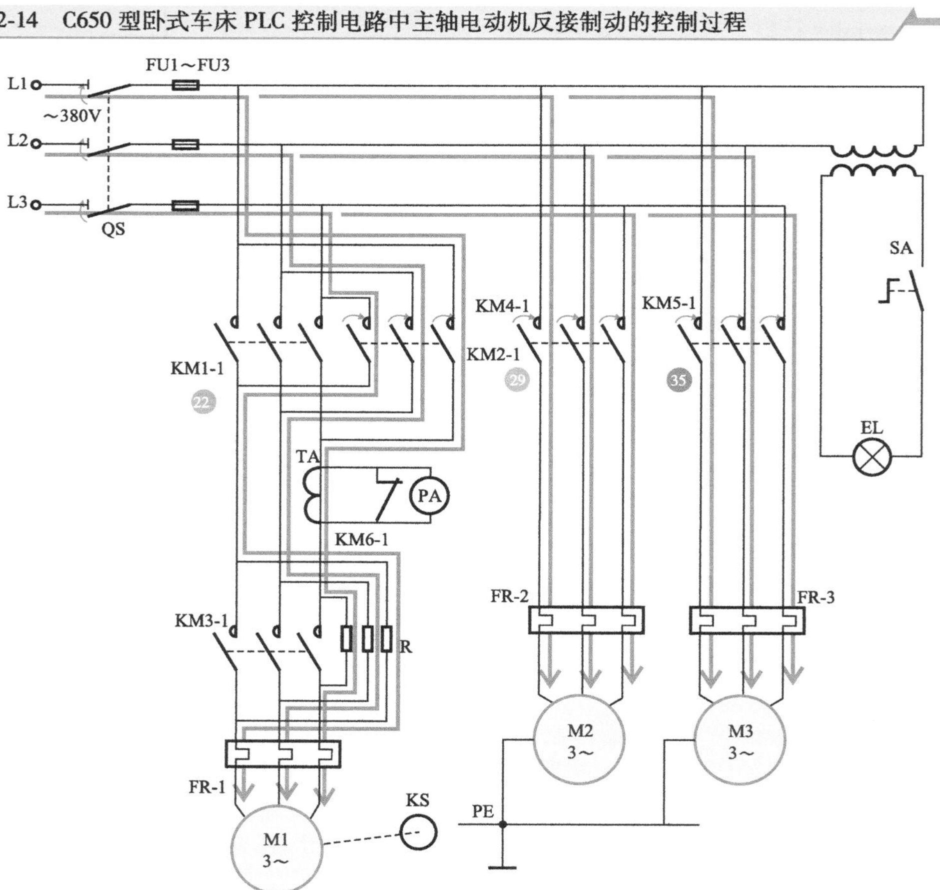

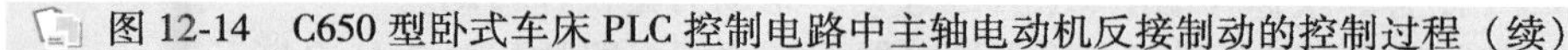

图 12-14 C650 型卧式车床 PLC 控制电路中主轴电动机反接制动的控制过程（续）

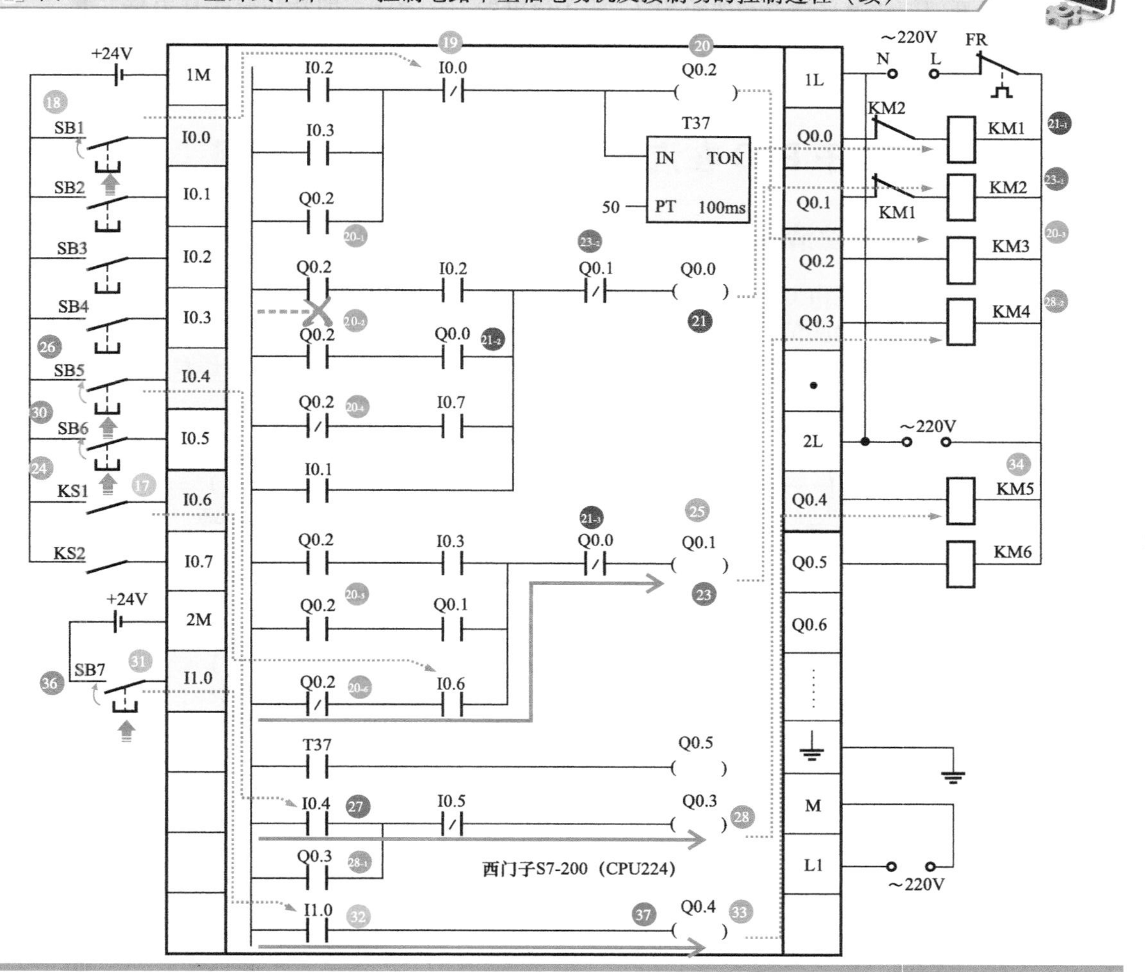


【23-2】控制输出继电器 Q0.0 的互锁常闭触点 Q0.1 断开，防止 Q0.0 得电。

【23-1】→【24】当电动机转速下降至 130r/min 以下，速度继电器正转触点 KS1 断开，输入继电器常开触点 I0.6 复位置 0，即常开触点 I0.6 断开。

【25】输出继电器 Q0.1 线圈失电，PLC 输出接口外接的接触器 KM2 线圈失电释放，电动机 M1 停转，反接制动结束。

【26】按下冷却泵起动按钮 SB5，其常开触点闭合。

【27】PLC 程序中的输入继电器常开触点 I0.4 置 1，即常开触点 I0.4 闭合。

【28】输出继电器线圈 Q0.3 得电。

【28-1】自锁常开触点 Q0.3 闭合，实现自锁功能。

【28-2】PLC 外接的接触器 KM4 线圈得电吸合。

【28-2】→【29】主触点 KM4-1 闭合，冷却泵电动机 M2 起动，提供冷却液。

【30】当需要冷却泵停止时，按下停止按钮 SB6，常闭触点 I0.5 断开，Q0.3 失电。自锁触点 Q0.3 复位断开；PLC 外接接触器 KM4 线圈失电，主触点 KM4-1 断开，冷却泵电动机 M2 停转。

【31】按下刀架快速移动点动按钮 SB7，其常开触点闭合。

【32】PLC 程序中的输入继电器常开触点 I1.0 置 1，即常开触点 I1.0 闭合。

【33】输出继电器线圈 Q0.4 得电。

【34】PLC 输出接口外接的接触器 KM5 线圈得电吸合。

【35】主触点 KM5-1 闭合，快速移动电动机 M3 起动，带动刀架快速移动。

【36】松开刀架快速移动点动按钮 SB7，输入继电器 I1.0 置 0，即常开触点 I1.0 断开。

【37】输出继电器线圈 Q0.4 失电，PLC 外接接触器 KM5 线圈失电释放，主电路中主触点断开，快速移动电动机 M3 停转。

# 12.5 西门子 PLC 在汽车自动清洗电路中的应用

## 12.5.1 汽车自动清洗 PLC 控制电路的结构

汽车自动清洗系统是由 PLC、喷淋器、刷子电动机、车辆检测器等部件组成的，当有汽车等待冲洗时，车辆检测器将检测信号送入 PLC，PLC 便会控制相应的清洗机电动机、喷淋器电磁阀以及刷子电动机动作，实现自动清洗、停止的控制。图 12-15 所示为汽车自动清洗 PLC 控制电路。

图 12-15 汽车自动清洗 PLC 控制电路

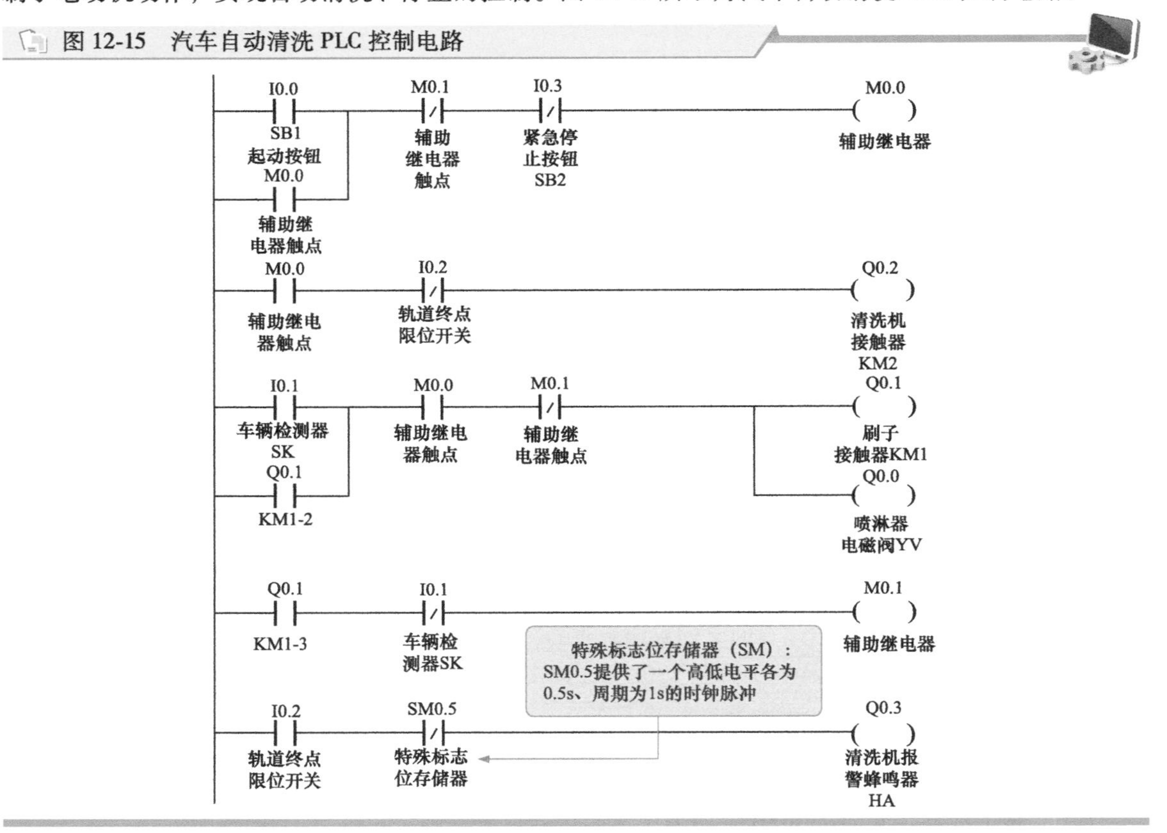




控制部件和执行部件是按照 I/O 分配表连接分配的，对应 PLC 内部程序的编程地址编号。表 12-4 所列为由西门子 PLC 控制汽车自动清洗控制电路的 I/O 分配表。

表 12-4 由西门子 PLC 控制汽车自动清洗控制电路的 I/O 分配表

| 输入信号及地址编号 | | | 输出信号及地址编号 | | |
|---|---|---|---|---|---|
| 名称 | 代号 | 输入点地址编号 | 名称 | 代号 | 输出点地址编号 |
| 起动按钮 | SB1 | I0.0 | 喷淋器电磁阀 | YV | Q0.0 |
| 车辆检测器 | SK | I0.1 | 刷子接触器 | KM1 | Q0.1 |
| 轨道终点限位开关 | FR | I0.2 | 清洗机接触器 | KM2 | Q0.2 |
| 紧急停止按钮 | SB2 | I0.3 | 清洗机报警蜂鸣器 | HA | Q0.3 |

## 12.5.2 汽车自动清洗 PLC 控制电路的控制过程

从控制部件、梯形图程序与执行部件的控制关系入手，逐一分析各组成部件的动作状态即可弄清汽车自动清洗 PLC 控制电路的控制过程。图 12-16 所示为汽车自动清洗 PLC 控制电路的工作过程。

图 12-16 汽车自动清洗 PLC 控制电路的工作过程

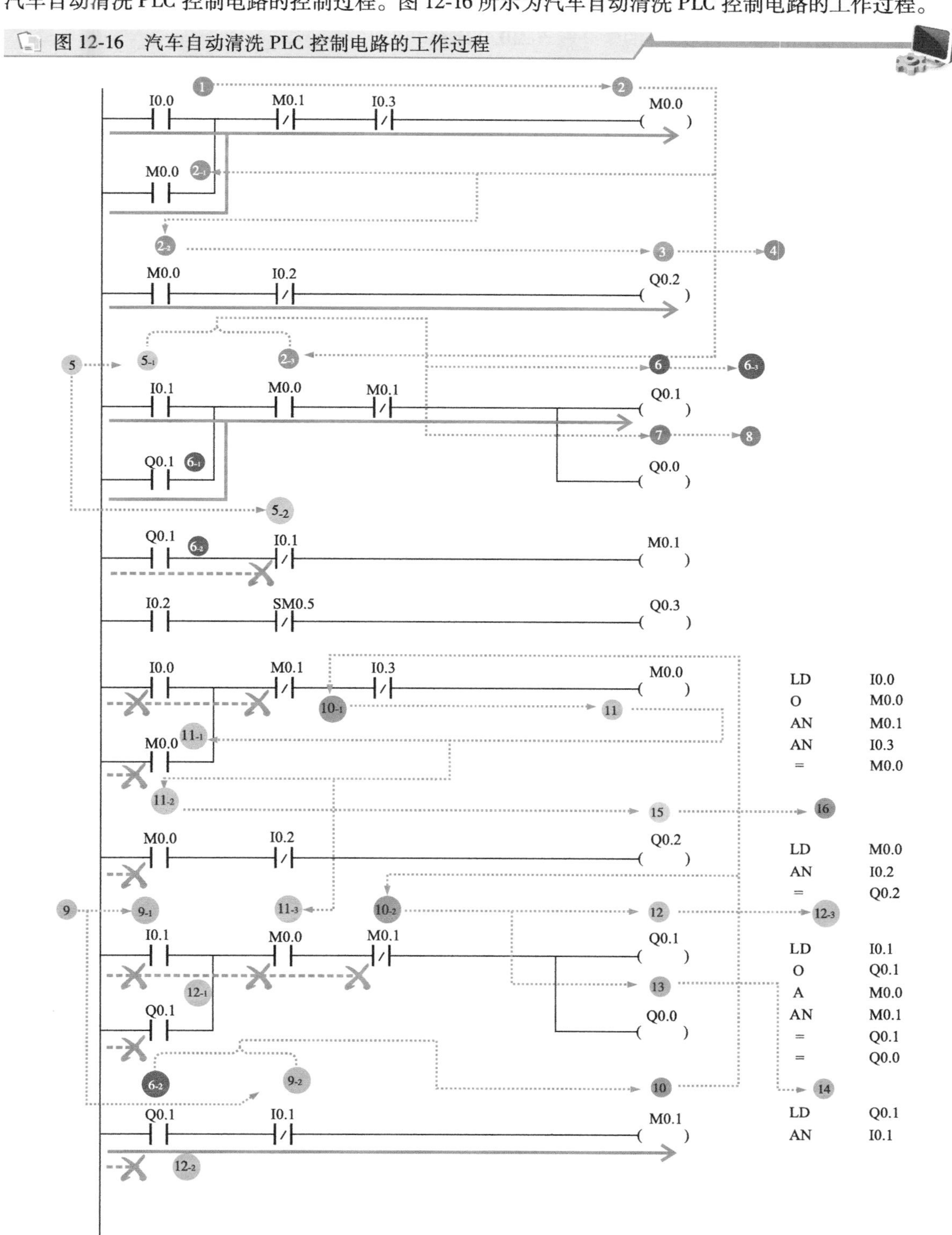

【1】按下起动按钮 SB1，将 PLC 程序中的输入继电器常开触点 I0.0 置 1，即常开触点 I0.0 闭合。

【2】辅助继电器 M0.0 线圈得电。

【2-1】自锁常开触点 M0.0 闭合实现自锁功能。

【2-2】控制输出继电器 Q0.2 的常开触点 M0.0 闭合。

【2-3】控制输出继电器 Q0.1、Q0.0 的常开触点 M0.0 闭合。

【2-2】→【3】输出继电器 Q0.2 线圈得电。

【4】控制 PLC 外接接触器 KM1 线圈得电，带动主电路中的主触点闭合，接通清洗机电动机电源，清洗机电动机开始运转，并带动清洗机沿导轨移动。

【5】当车辆检测器 SK 检测到有待清洗的汽车时，SK 闭合，将 PLC 程序中的输入继电器常开触点 I0.1 置 1，常闭触点 I0.1 置 0。

【5-1】常开触点 I0.1 闭合。

【5-2】常闭触点 I0.1 断开。

【2-3】+【5-2】→【6】输出继电器 Q0.1 线圈得电。

【6-1】自锁常开触点 Q0.1 闭合实现自锁功能。



【6-2】控制辅助继电器 M0.1 的常开触点 Q0.1 闭合。

【6-3】控制 PLC 外接接触器 KM1 线圈得电，带动主电路中的主触点闭合，接通刷子电动机电源，刷子电动机开始运转，并带动刷子进行刷洗操作。

【2-3】+【5-1】→【7】输出继电器 Q0.0 线圈得电。

【8】控制 PLC 外接喷淋器电磁阀 YV 线圈得电，打开喷淋器电磁阀，进行喷水操作，这样清洗机一边移动，一边进行清洗操作。

【9】汽车清洗完成后，汽车移出清洗机，车辆检测器 SK 检测到没有待清洗的汽车时，SK 复位断开，PLC 程序中的输入继电器常开触点 I0.1 复位置 0，常闭触点 I0.1 复位置 1。

【9-1】常开触点 I0.1 复位断开。

【9-2】常闭触点 I0.1 复位闭合。

【6-2】+【9-2】→【10】辅助继电器 M0.1 线圈得电。

【10-1】控制辅助继电器 M0.0 的常闭触点 M0.1 断开。

【10-2】控制输出继电器 Q0.1、Q0.0 的常闭触点 M0.1 断开。

【10-1】→【11】辅助继电器 M0.0 失电。

【11-1】自锁常开触点 M0.0 复位断开。

【11-2】控制输出继电器 Q0.2 的常开触点 M0.0 复位断开。

【11-3】控制输出继电器 Q0.1、Q0.0 的常开触点 M0.0 复位断开。

【10-2】→【12】输出继电器 Q0.1 线圈失电。

【12-1】自锁常开触点 Q0.1 复位断开。

【12-2】控制辅助继电器 M0.1 的常开触点 Q0.1 复位断开。

【12-3】控制 PLC 外接接触器 KM1 线圈失电，带动主电路中的主触点复位断开，切断刷子电动机电源，刷子电动机停止运转，刷子停止刷洗操作。

【10-2】→【13】输出继电器 Q0.0 线圈失电。

【14】控制 PLC 外接喷淋器电磁阀 YV 线圈失电，喷淋器电磁阀关闭，停止喷水操作。

【11-2】→【15】输出继电器 Q0.2 线圈失电。

【16】控制 PLC 外接接触器 KM1 线圈失电，带动主电路中的主触点复位断开，切断清洗机电动机电源，清洗机电动机停止运转，清洗机停止移动。

**| 提示说明 |**

若汽车在清洗过程中碰到轨道终点限位开关 SQ2，SQ2 闭合，将 PLC 程序中的输入继电器常闭触点 I0. 2 置 0，常开触点 I0. 2 置 1，常闭触点 I0. 2 断开，常开触点 I0. 2 闭合。输出继电器 Q0. 2 线圈失电，控制 PLC 外接接触器 KM1 线圈失电，带动主电路中的主触点复位断开，切断清洗机电动机电源，清洗机电动机停止运转，清洗机停止移动。1s 脉冲发生器 SM0. 5 动作，输出继电器 Q0. 3 间断接通，控制 PLC 外接蜂鸣器 HA 间断发出报警信号。

# 12. 6 西门子 PLC 液压动力滑台控制系统

## 12. 6. 1 液压动力滑台 PLC 控制电路的电气结构

液压动力滑台也称为组合机床，是一种针对特定工件进行特定工序加工的机床设备。

图 12-17 所示为液压动力滑台 PLC 控制电路的电气结构。该电路主要是由西门子 PLC、按钮、限位开关、继电器、电磁换向阀等部分构成的。



图 12-17 液压动力滑台 PLC 控制电路的电气结构

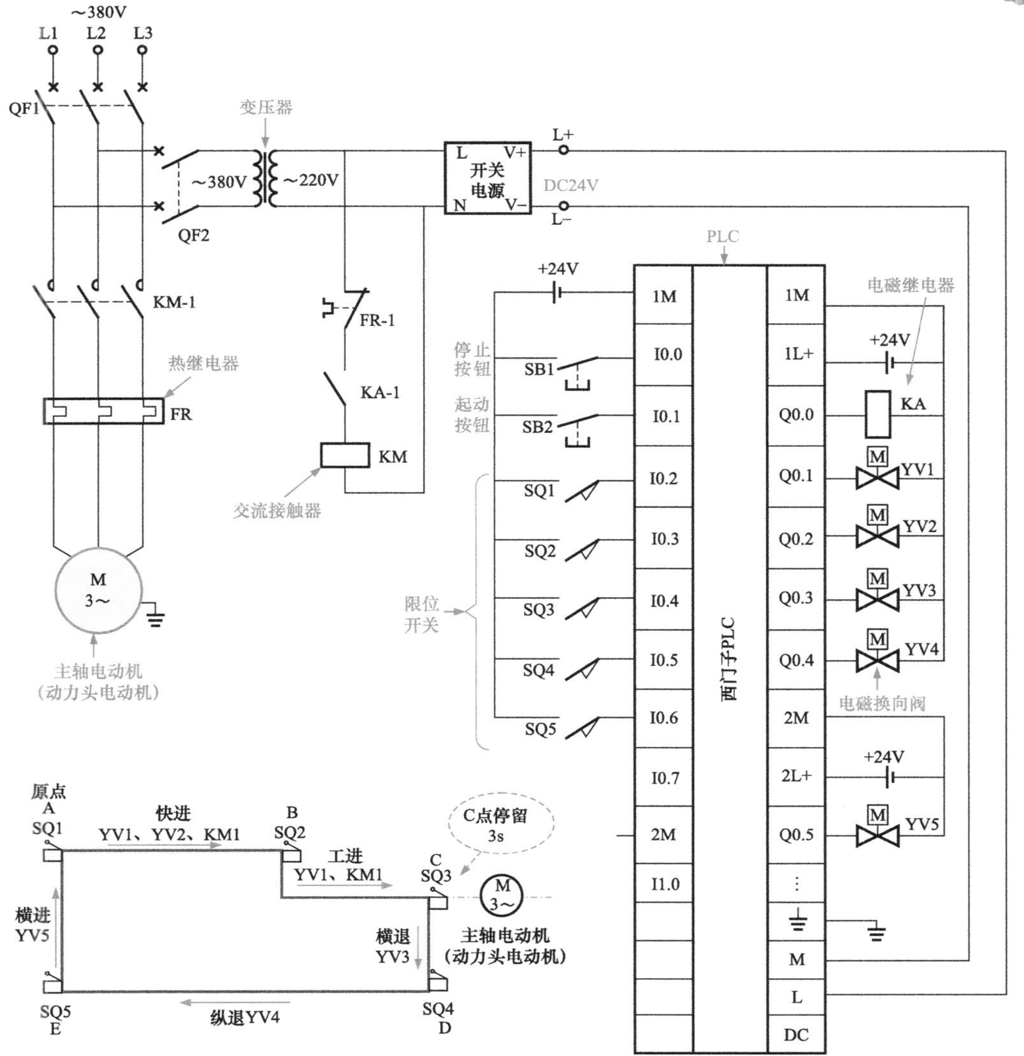

输入设备和输出设备分别连接到 PLC 输入接口相应的 I/O 接口上，其所连接接口名称根据 PLC 系统设计之初建立的 I/O 分配表分配，对应 PLC 内部程序的编程地址编号。表 12-5 所列为液压动力滑台 PLC 控制电路的 I/O 分配表。

**表 12-5　液压动力滑台 PLC 控制电路的 I/O 分配表**

| 输入信号及地址编号 | | | 输出信号及地址编号 | | |
|---|---|---|---|---|---|
| 名称 | 代号 | 输入点地址编号 | 名称 | 代号 | 输出点地址编号 |
| 停止按钮 | SB1 | I0.0 | 主轴电动机接触器的控制电磁继电器 | KA | Q0.0 |
| 起动按钮 | SB2 | I0.1 | 工进电磁换向阀 | YV1 | Q0.1 |
| A 点限位开关 | SQ1 | I0.2 | 快进电磁换向阀 | YV2 | Q0.2 |
| B 点限位开关 | SQ2 | I0.3 | 横退电磁换向阀 | YV3 | Q0.3 |
| C 点限位开关 | SQ3 | I0.4 | 纵退电磁换向阀 | YV4 | Q0.4 |
| D 点限位开关 | SQ4 | I0.5 | 横进电磁换向阀 | YV5 | Q0.5 |
| E 点限位开关 | SQ5 | I0.6 | | | |



图 12-18 所示为液压动力滑台 PLC 控制电路的梯形图。

图 12-18　液压动力滑台 PLC 控制电路的梯形图

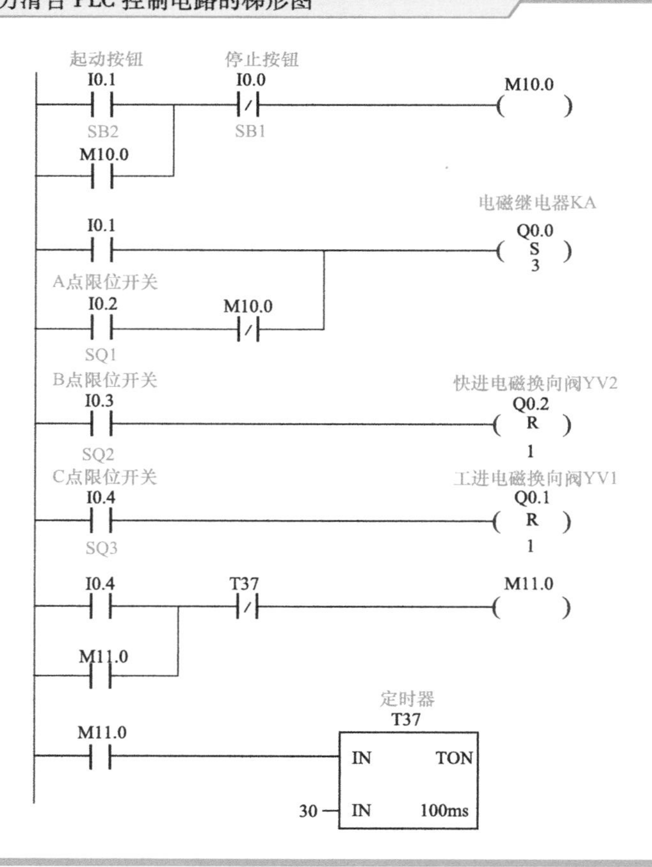

图 12-18 液压动力滑台 PLC 控制电路的梯形图（续）

T37 —— Q0.3 ( S ) 1 横退电磁换向阀YV3
　　 —— Q0.0 ( R ) 1

I0.5 —— Q0.3 ( R ) 1 横退电磁换向阀YV3
　　 —— Q0.4 ( S ) 1 纵退电磁换向阀YV4

I0.6 —— Q0.4 ( R ) 1
　　 —— Q0.5 ( S ) 1

I0.2 —— Q0.5 ( R ) 1 横进电磁换向阀YV5



## 12.6.2 液压动力滑台 PLC 控制电路的控制过程

结合 PLC 内部梯形图程序及 PLC 外接输入、输出设备分析电路工作过程，如图 12-19 所示。

【1】接通电源开关 QF1、QF2，为电路提供工作条件。
【2】当滑台在原始位置 A 点时，按下起动按钮 SB2，其常开触点闭合。
【3】PLC 内输入继电器 I0.1 置 1。
【3-1】控制辅助继电器 M10.0 的常开触点 I0.1 闭合。
【3-2】控制输出继电器 Q0.0 线圈的常开触点 I0.1 闭合。
【3-2】→【4】从地址 Q0.0 开始的 3 个线圈均置位，即 Q0.0~Q0.2 均置位。
【4】→【5】输出继电器 Q0.0~Q0.2 线圈得电。
【5-1】电磁继电器 KA 线圈得电，其常开触点 KA-1 闭合。
【5-2】工进电磁换向阀 YV1 得电。
【5-3】快进电磁换向阀 YV2 得电。
【5-1】→【6】交流接触器 KM 线圈得电，其常开主触点 KM-1 闭合。
【6】→【7】主轴电动机（动力头电动机）得电起动运转。
【5-2】+【5-3】→【8】滑台以快进状态运行。
【9】当滑台到达 B 点时，限位开关 SQ2 被触发，其常开触点闭合。
【9】→【10】PLC 内输入继电器 I0.3 置 1，即常开触点 I0.3 闭合。
【11】输出继电器 Q0.2 线圈被复位，失电。
【11】→【12】快进电磁换向阀 YV2 失电。
【8】+【12】→【13】滑台由快进变为工进，进行切削加工。
【14】当滑台到达 C 点时，限位开关 SQ3 被触发，其常开触点闭合。
【14】→【15】PLC 内常开触点 I0.4 置 1。
【15-1】控制输出继电器 Q0.1 线圈的常开触点 I0.4 闭合。
【15-2】控制中间继电器 M11.0 的常开触点 I0.4 闭合。
【15-1】→【16】输出继电器 Q0.1 线圈被复位。

图 12-19　液压动力滑台 PLC 控制电路的控制过程

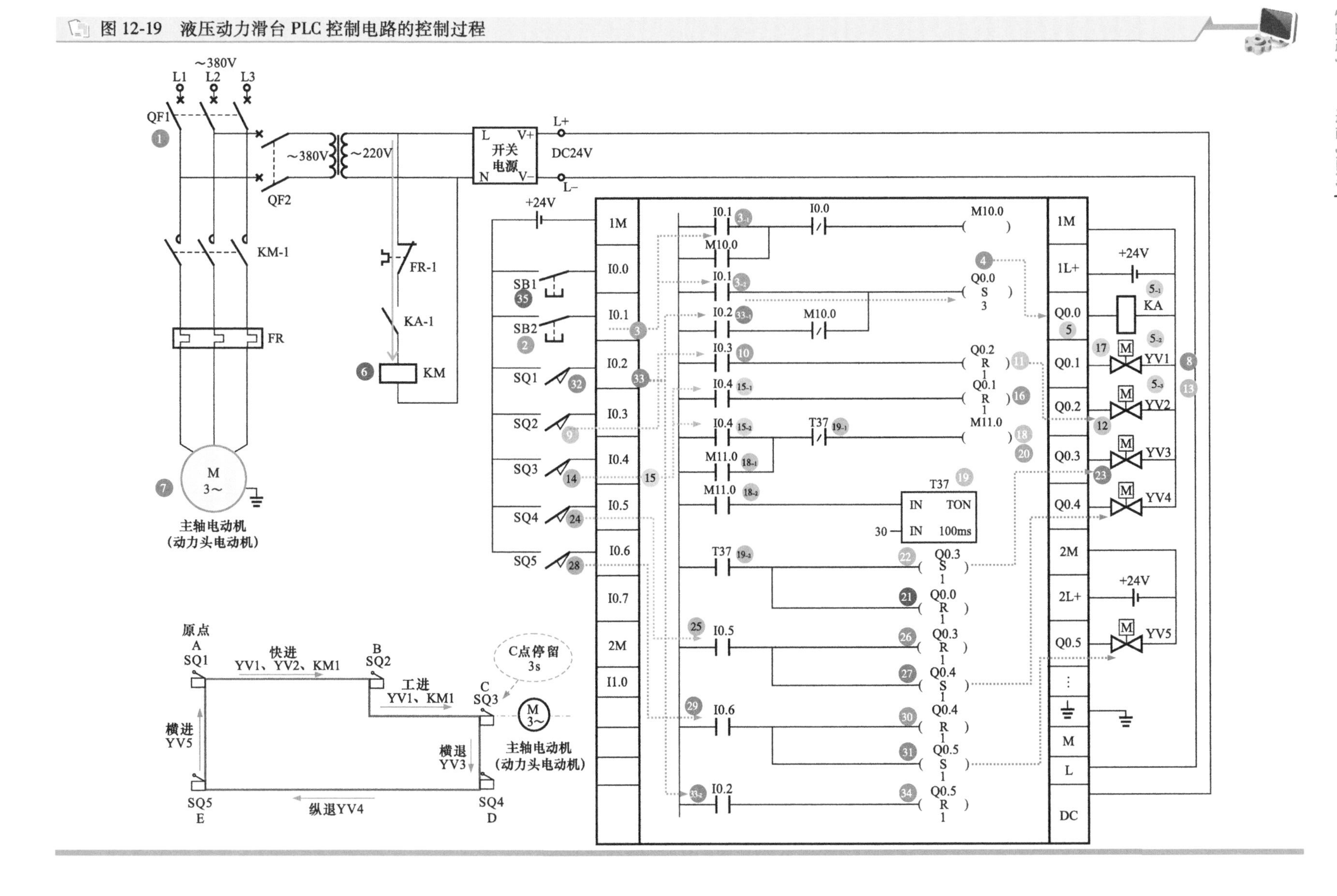

【16】→【17】电磁换向阀 YV1 失电，滑台工进结束。

【15-2】→【18】中间继电器 M11.0 线圈得电。

【18-1】自锁常开触点 M11.0 闭合自锁。

【18-2】控制定时器 T37 的常开触点 M11.0 闭合。

【18-2】→【19】定时器 T37 线圈得电，开始计时，滑台停留 3s 后定时时间到。

【19-1】延时断开的常闭触点 T37 断开。

【19-2】延时闭合的常开触点 T37 闭合。

【19-1】→【20】中间继电器 M11.0 线圈失电，其触点全部复位。

【19-2】→【21】输出继电器 Q0.0 被复位，失电。中间继电器 KA 线圈失电，其常开触点复位，交流接触器 KM 线圈失电，主触点 KM-1 复位，主轴电动机停止运转。

【19-2】→【22】同时输出继电器 Q0.3 被置位，输出继电器 Q0.3 线圈得电。

【22】→【23】PLC 外横退电磁换向阀 YV3 得电，滑台横向退刀。

【24】当滑台到达 D 点，限位开关 SQ4 被触发，其常开触点闭合。

【24】→【25】PLC 内常开触点 I0.5 置 1，其常开触点闭合。

【25】→【26】输出继电器 Q0.3 被复位，线圈失电，PLC 外横退电磁换向阀 YV3 失电，滑台横向退刀结束。

【25】→【27】输出继电器 Q0.4 被置位，线圈得电，PLC 外纵退电磁换向阀 YV4 得电，滑台纵向退刀。



【28】当滑台到达 E 点，限位开关 SQ5 被触发，其常开触点闭合。

【28】→【29】PLC 内常开触点 I0.6 置 1，其常开触点闭合。

【29】→【30】输出继电器 Q0.4 被复位，线圈失电，PLC 外横退电磁换向阀 YV4 失电，滑台纵向退刀结束。

【29】→【31】输出继电器 Q0.5 被置位，线圈得电，PLC 外横进电磁换向阀 YV5 得电，滑台横进运行。

【32】当滑台横向进给到原点 A 时，限位开关 SQ1 被触点，其常开触点闭合。

【32】→【33】PLC 输入继电器 I0.2 置 1。

【33-1】与 M10.0 常闭触点串联的常开触点 I0.2 闭合，为下一次循环做好准备。

【33-2】控制输出继电器 Q0.5 的常开触点 I0.2 闭合。

【33-2】→【34】输出继电器 Q0.5 被复位，线圈失电，横进电磁换向 YV5 失电，滑台完成一次循环工作。

【35】滑台起动后，连续循环动作。按下停止按钮 SB1，滑台要返回原点才能停止工作。

## 12.7 西门子 PLC 液压剪板机控制系统

### 12.7.1 液压剪板机 PLC 控制电路的电气结构

液压剪板机是一种板料剪切加工设备。工作时可精确控制金属板材加工尺寸，将大块金属板进行自动循环剪切加工，并运送到下一个工序。图 12-20 所示为液压剪板机 PLC 控制电路的电气结构。

控制要求：

液压剪板机主要由压块、剪刀和送料机等部分构成。板料的压紧和剪切由两个液压缸驱动，两个液压缸的运动方向分别由二位四通电磁换向阀控制。

当剪板机未工作时，压块在上部位置，压块原位限位开关 SQ2 被触发；剪刀也在上部，剪刀原位限位开关 SQ4 被触发，即触点闭合。SQ1、SQ3、SQ5 均为常开状态。

当剪板机进入工作状态，板料放在送料机上，当物料送至规定的剪切长度时，板料到位限位开关 SQ1 被触发，即触点闭合，送料机停止。二位四通电磁换向阀 1K 驱动液压缸带动压块下落，压块到位限位开关 SQ3 被触发，即触点闭合。

图 12-20 液压剪板机 PLC 控制电路的电气结构

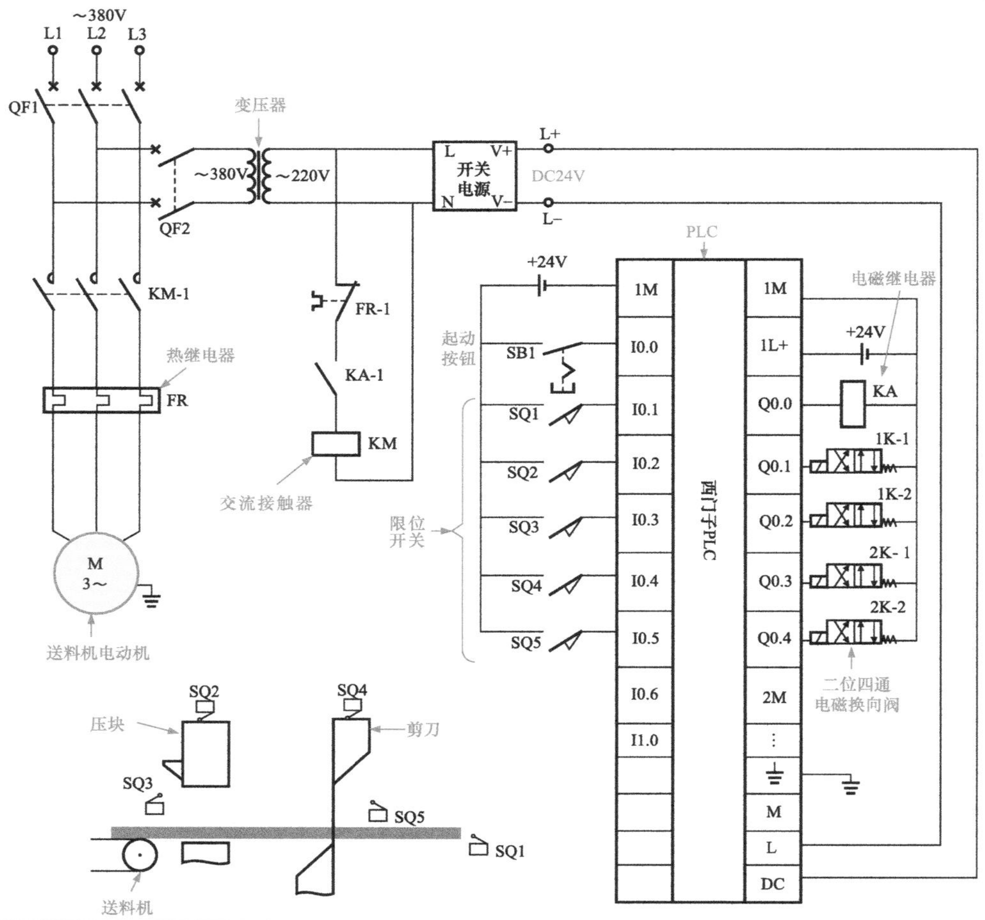




当压块到位限位开关 SQ3 被触发时，二位四通电磁换向阀 2K 驱动另一液压缸带动剪刀下落，剪刀剪切到位限位开关 SQ5 被触发，即触点闭合。剪刀切断板料，板料下落。压块和剪刀分别回程复位，开始下一次循环。

表 12-6 所列为液压剪板机 PLC 控制电路的 I/O 分配表。

**表 12-6　液压剪板机 PLC 控制电路的 I/O 分配表**

| 输入信号及地址编号 | | | 输出信号及地址编号 | | |
|---|---|---|---|---|---|
| 名称 | 代号 | 输入点地址编号 | 名称 | 代号 | 输出点地址编号 |
| 起动按钮 | SB1 | I0. 0 | 板料送料电动机继电器 | KA | Q0. 0 |
| 板料到位限位开关 | SQ1 | I0. 1 | 压块压行液压缸二位四通电磁磁阀 | 1K-1 | Q0. 1 |
| 压块原位限位开关 | SQ2 | I0. 2 | 压块返回液压缸二位四通电磁磁阀 | 1K-2 | Q0. 2 |
| 压块到位限位开关 | SQ3 | I0. 3 | 剪刀剪行液压缸二位四通电磁磁阀 | 2K-1 | Q0. 3 |
| 剪刀原位限位开关 | SQ4 | I0. 4 | 剪刀返回液压缸二位四通电磁磁阀 | 2K-2 | Q0. 4 |
| 剪刀剪切到位限位开关 | SQ5 | I0. 5 | | | |

图 12-21 所示为液压剪板机 PLC 控制电路的梯形图。

图 12-21 液压剪板机 PLC 控制电路的梯形图

特殊标志位寄存器
中间继电器
SM0.1
M10.0 ( S ) 1
SM0.1:该位在第一个扫描周期接通，然后断开
M10.0 I0.0
起动按钮SB1
M10.1 ( S ) 1
M10.0 ( R ) 1
M10.1 I0.1
板料到位限位开关SQ1
M10.2 ( S ) 1
M10.1 ( R ) 1
M10.2 I0.3
压块到位限位开关SQ3
M10.3 ( S ) 1
M10.2 ( R ) 1
M10.3 I0.5
剪刀剪切到位限位开关SQ5
M10.4 ( S ) 1
M10.6 ( S ) 1
M10.3 ( R ) 1
M10.4 I0.2
压块原位限位开关SQ2
M10.5 ( S ) 1
M10.4 ( R ) 1
M10.6 I0.4
剪刀原位限位开关SQ4
M10.7 ( S ) 1
M10.6 ( R ) 1
M10.1
Q0.0 ( ) 板料送料电动机继电器KA
M10.2
M10.3
Q0.1 ( ) 压块压行液压缸二位四通电磁电磁阀1K-1
M10.3
Q0.3 ( ) 剪刀剪行液压缸二位四通电磁电磁阀2K-1
M10.4
Q0.2 ( ) 压块压行液压缸二位四通电磁电磁阀1K-2
M10.6
Q0.4 ( ) 剪刀剪行液压缸二位四通电磁电磁阀2K-2
M10.5 M10.7
M10.5 ( R ) 1
M10.7 ( R ) 1
M10.0 ( S ) 1

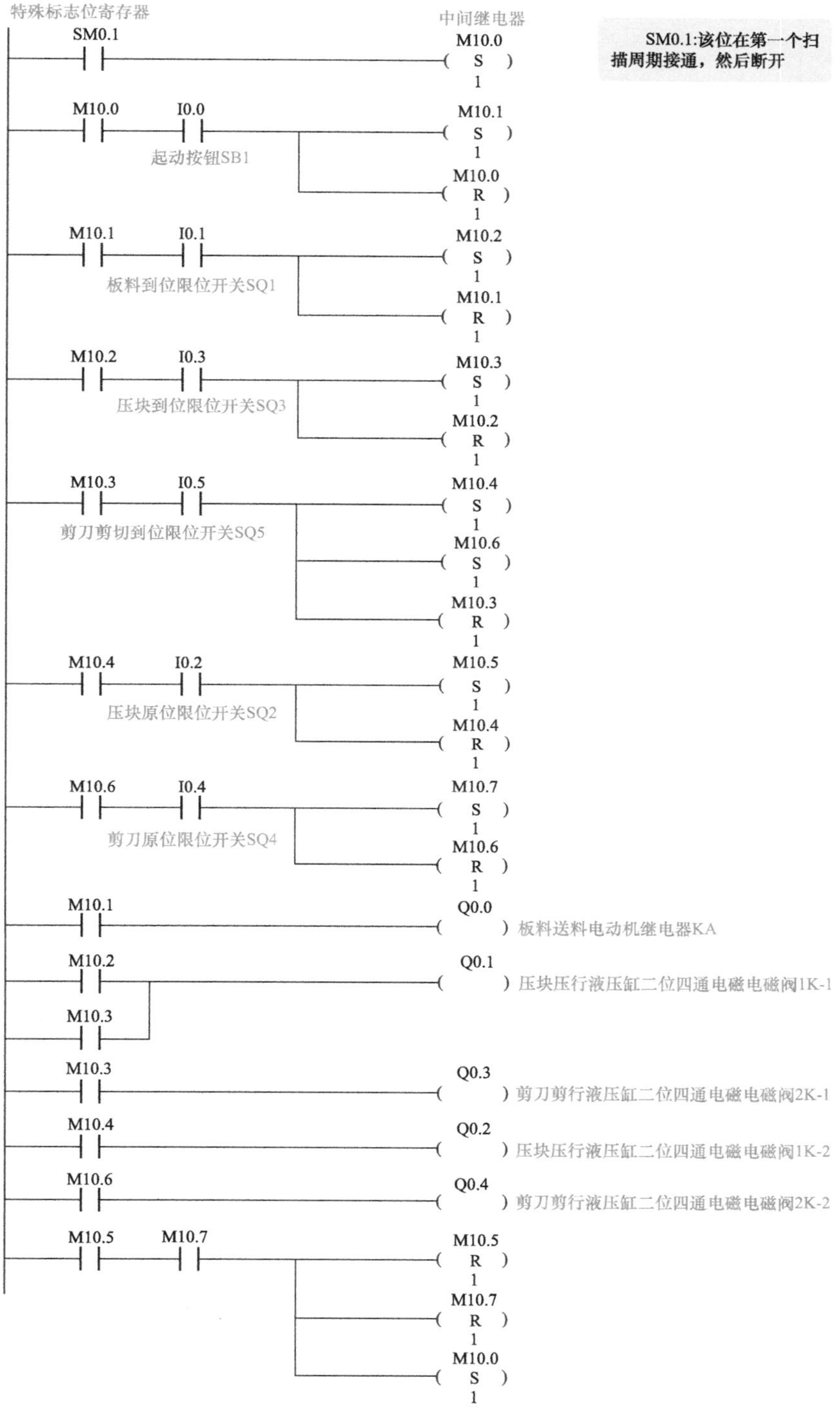

## 12.7.2 液压剪板机 PLC 控制电路的控制过程

结合 PLC 内部梯形图程序及 PLC 外接输入、输出设备分析电路工作过程，如图 12-22 所示。

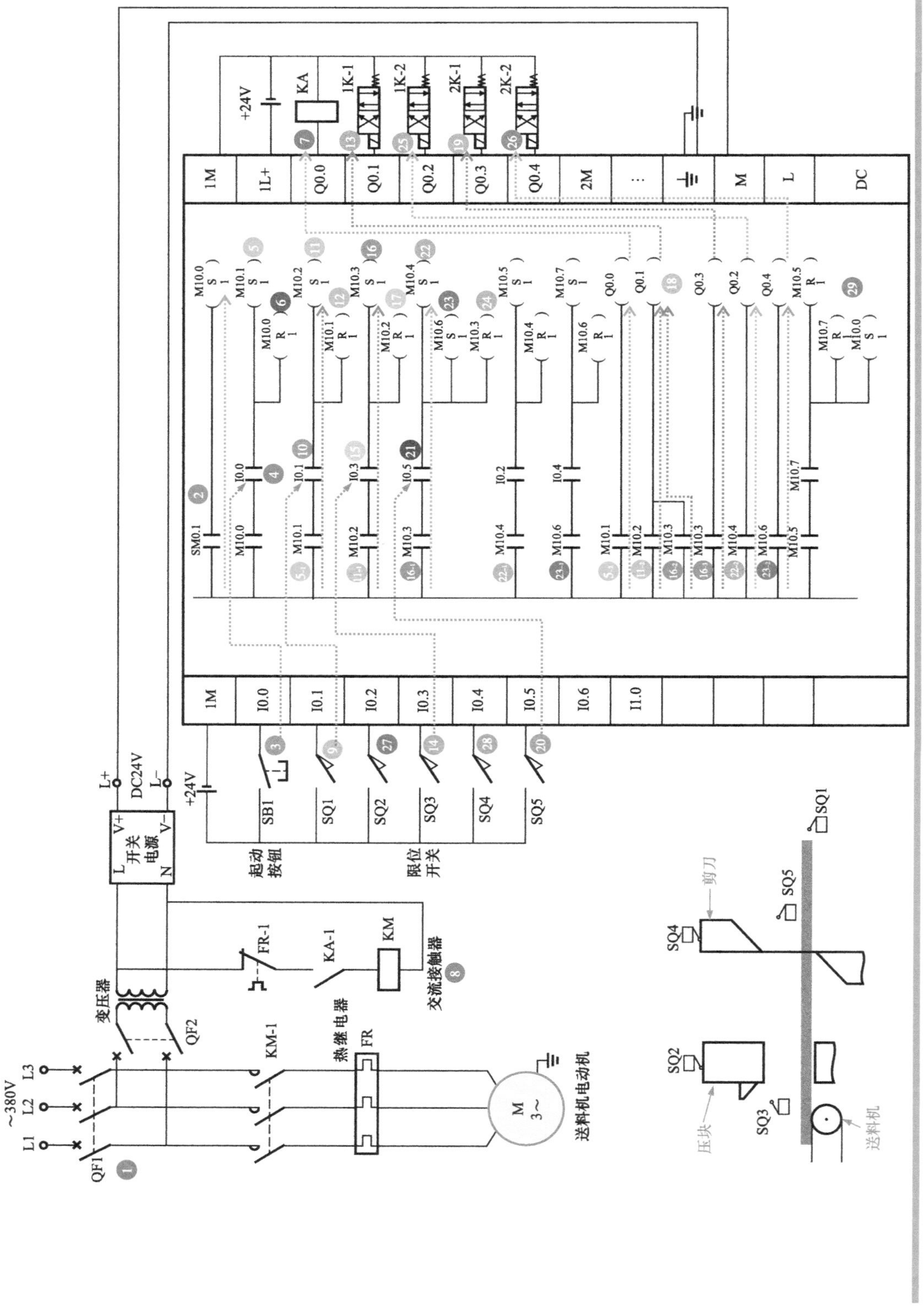

图 12-22 液压剪板机 PLC 控制电路的工作过程

【1】闭合电源开关 QF1、QF2，接通电路电源。

【2】PLC 内第一个扫描周期 SM0.1 闭合，中间继电器 M10.0 线圈置位，其常开触点闭合。

【3】按下起动按钮 SB1，其常开触点闭合。

【4】PLC 内输入继电器 I0.0 置 1，即常开触点 I0.0 闭合。

【2】+【4】→【5】中间继电器 M10.1 线圈置位。

【$5_{-1}$】控制中间继电器 M10.2 线圈的常开触点 M10.1 闭合。

【$5_{-2}$】控制输出继电器 Q0.0 线圈的常开触点 M10.1 闭合。

【2】+【4】→【6】中间继电器 M10.0 线圈复位，其触点复位。

【$5_{-2}$】→【7】输出继电器 Q0.0 线圈得电，PLC 外接电磁继电器 KA 线圈得电，其常开触点 KA-1 闭合。

【7】→【8】交流接触器 KM 线圈得电，其常开主触点 KM-1 闭合，送料电动机得电起动运转。

【9】当物料送至规定的剪切长度时，板料到位限位开关 SQ1 被触发，即触点闭合。

【10】PLC 内输入继电器 I0.1 置 1，即常开触点 I0.1 闭合。

【$5_{-1}$】+【10】→【11】中间继电器 M10.2 线圈置位。

【$11_{-1}$】控制中间继电器 M10.3 线圈的常开触点 M10.2 闭合。

【$11_{-2}$】控制输出继电器 Q0.1 线圈的常开触点 M10.2 闭合。

【$5_{-1}$】+【10】→【8】中间继电器 M10.1 线圈复位，其所有触点复位。

【$11_{-2}$】→【13】输出继电器 Q0.1 线圈得电，PLC 外接的压块压行液压缸二位四通电磁电磁阀 1K-1 的得电，驱动液压缸带动压块下落。



【14】当压块到位，限位开关 SQ3 被触发，即其触点闭合。

【15】PLC 内输入继电器 I0.3 置 1，即常开触点 I0.3 闭合。

【$11_{-1}$】+【15】→【16】中间继电器 M10.3 线圈置位。

【$16_{-1}$】控制中间继电器 M10.4 线圈的常开触点 M10.3 闭合。

【$16_{-2}$】控制输出继电器 Q0.2 线圈的常开触点 M10.3 闭合。

【$16_{-3}$】控制输出继电器 Q0.3 线圈的常开触点 M10.3 闭合。

【$11_{-1}$】+【15】→【17】中间继电器 M10.2 线圈复位，其所有触点复位。

【$16_{-2}$】→【18】输出继电器 Q0.1 线圈保持得电，压块继续压紧板料。

【$16_{-3}$】→【19】输出继电器 Q0.3 线圈得电，PLC 外接的剪刀剪行液压缸二位四通电磁电磁阀 2K-1 的得电，另一液压缸带动剪刀下落，剪刀切断板料，板料下落。

【18】+【19】→【20】剪刀剪切到位限位开关 SQ5 被触发，即触点闭合。

【21】PLC 内输入继电器 I0.5 置 1，即常开触点 I0.5 闭合。

【$16_{-1}$】+【21】→【22】中间继电器 M10.4 线圈置位。

【$22_{-1}$】控制中间继电器 M10.5 线圈的常开触点 M10.4 闭合。

【$22_{-2}$】控制输出继电器 Q0.2 线圈的常开触点 M10.4 闭合。

【$16_{-1}$】+【21】→【23】中间继电器 M10.6 线圈置位。

【$23_{-1}$】控制中间继电器 M10.7 线圈的常开触点 M10.6 闭合。

【$23_{-2}$】控制输出继电器 Q0.4 线圈的常开触点 M10.6 闭合。

【$16_{-1}$】+【21】→【24】中间继电器 M10.3 线圈复位，其所有触点均复位。

【$22_{-2}$】→【25】输出继电器 Q0.2 线圈得电，PLC 外接的压块返回液压缸二位四通电磁电磁阀 1K-2 的得电，驱动液压缸带动压块返回原位。

【$23_{-2}$】→【26】输出继电器 Q0.4 线圈得电，PLC 外接的剪刀返回液压缸二位四通电磁电磁阀 2K-2 的得电，驱动液压缸带动剪刀返回原位。

【25】→【27】压块原位限位开关 SQ2 被触发，其触点闭合。

【25】→【28】剪刀原位限位开关 SQ4 被触发，其触点闭合。

【27】+【28】→【29】PLC 相应触点被置 1，即常开触点 I0.2、I0.4 闭合，PLC 内相应触点置位和复位，压块和剪刀分别回程复位，准备开始下一次循环。

# 12.8 西门子 PLC 自动轧钢机控制系统

## 12.8.1 自动轧钢机 PLC 控制电路的电气结构

自动轧钢机是一种在旋转的轧辊之间对钢件进行轧制的设备，通过 PLC 和电气检测装置配合可实现轧钢机的自动控制。图 12-23 所示为自动轧钢机 PLC 控制电路的电气结构。

图 12-23　自动轧钢机 PLC 控制电路的电气结构

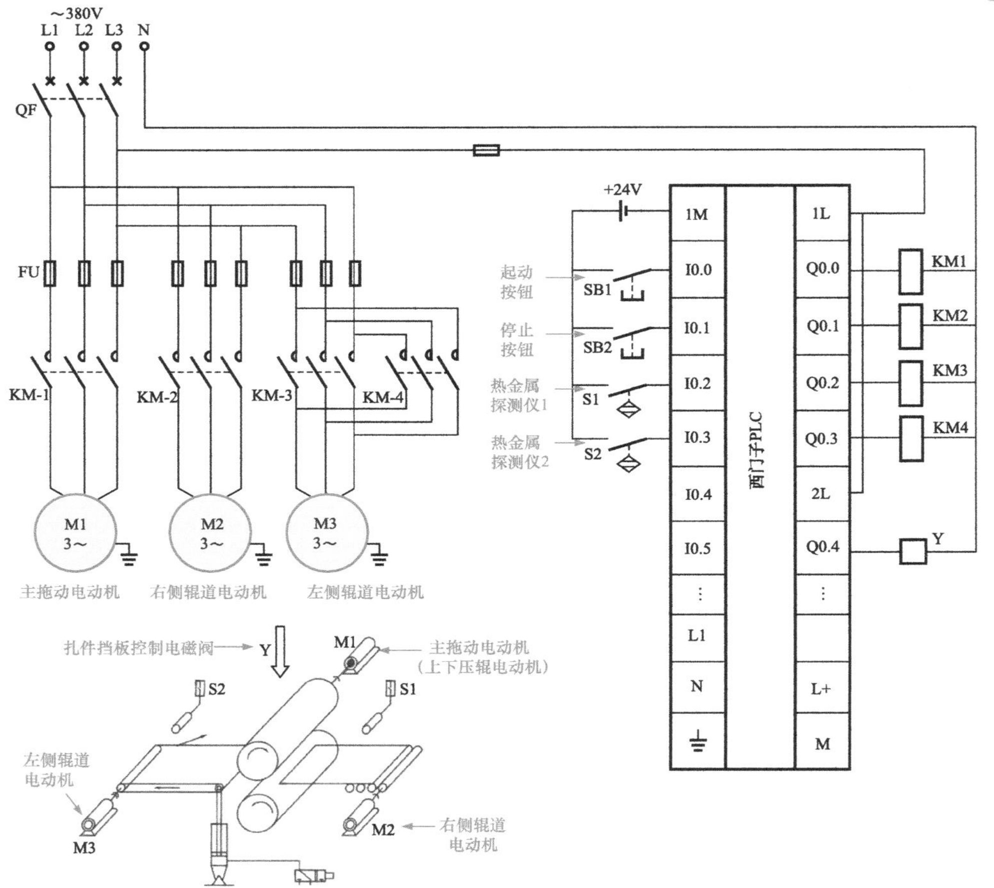




输入设备和输出设备分别连接到 PLC 输入接口相应的 I/O 接口上，其所连接接口名称根据 PLC 系统设计之初建立的 I/O 分配表分配，对应 PLC 内部程序的编程地址编号。表 12-7 所列为自动轧钢机 PLC 控制电路的 I/O 分配表。

表 12-7　自动轧钢机 PLC 控制电路的 I/O 分配表

| 输入信号及地址编号 | | | 输出信号及地址编号 | | |
|---|---|---|---|---|---|
| 名称 | 代号 | 输入点地址编号 | 名称 | 代号 | 输出点地址编号 |
| 起动按钮 | SB1 | I0. 0 | 主拖动电动机 M1 接触器 | KM1 | Q0. 0 |
| 停止按钮 | SB2 | I0. 1 | 右侧辊道电动机 M2 接触器 | KM2 | Q0. 1 |
| 热金属探测仪 1 | S1 | I0. 2 | 左侧辊道电动机 M3 正转接触器 | KM3 | Q0. 2 |
| 热金属探测仪 2 | S2 | I0. 3 | 左侧辊道电动机 M3 反转接触器 | KM4 | Q0. 3 |
| | | | 扎件挡板控制电磁阀 | Y | Q0. 4 |

图 12-24 所示为自动轧钢机 PLC 控制电路的梯形图。

图 12-24　自动轧钢机 PLC 控制电路的梯形图

起动按钮 I0.0
停止按钮 I0.1
中间继电器 M10.0
T37
M10.0
I0.0　I0.1　M10.0　Q0.0
Q0.0　Q0.1
T37
热金属探测仪1 I0.2　I0.1　热金属探测仪2 I0.3　M10.0　Q0.2
Q0.2　M10.1 S 1　中间继电器M10.1的置位指令
I0.1　M10.1 R 1　中间继电器M10.1的复位指令
C0
I0.3　I0.1　I0.2　M10.0　M10.1　Q0.3
Q0.3　Q0.4
计数器 C0
Q0.3　CU　CTU
T37　R
+4　PV
计数器累计计数为4时，计数器动作
定时器 T37
C0　IN　TON
30　PT　100ms
定时时间：30×100ms=3000ms=3s
Q0.0 R 4　输出继电器Q0.0、Q0.1、Q0.2、Q0.3线圈的复位指令

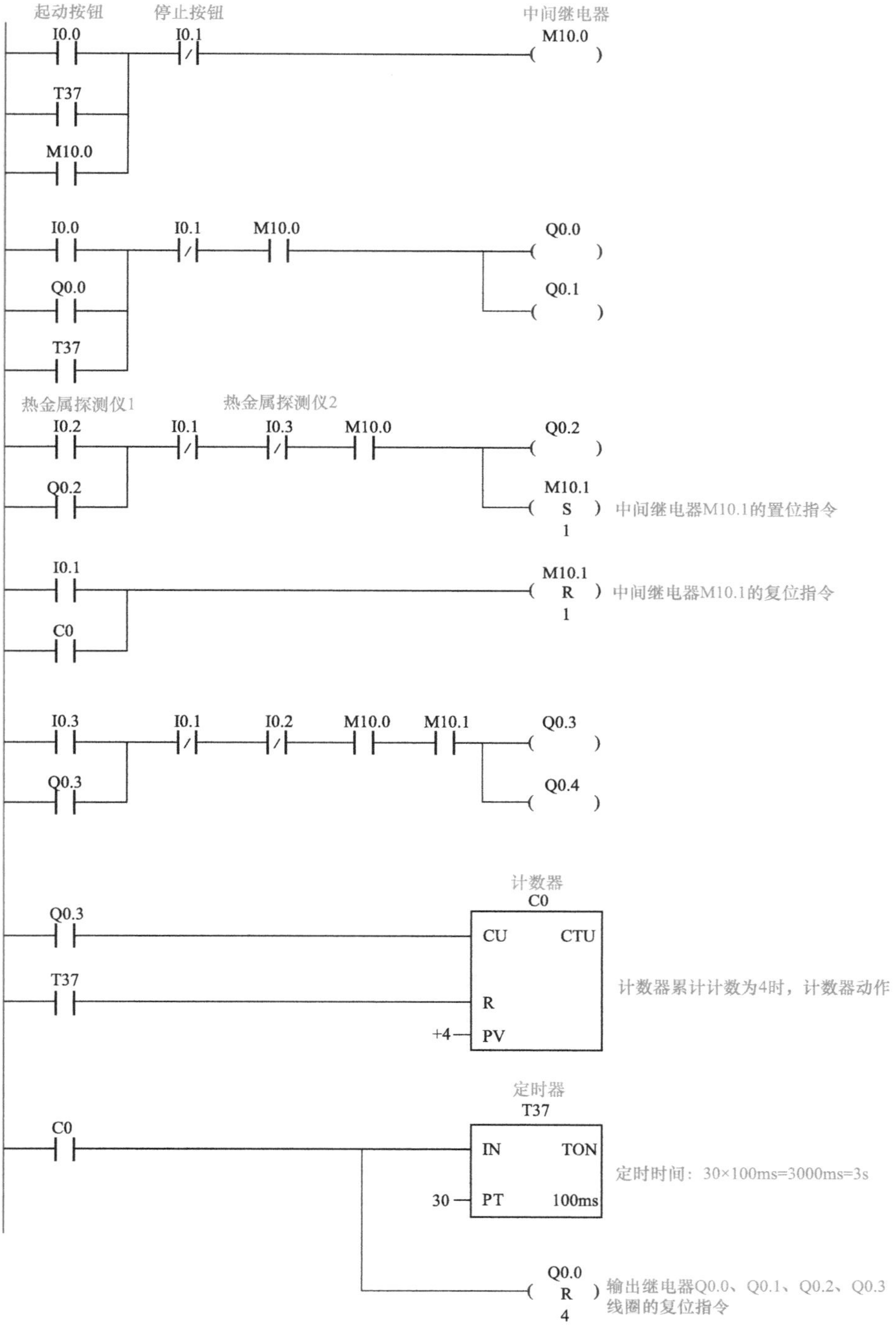

## 12.8.2　自动轧钢机 PLC 控制电路的控制过程

结合 PLC 内部梯形图程序及 PLC 外接输入、输出设备分析电路工作过程。图 12-25 所示为自动轧钢机 PLC 控制电路的工作过程。

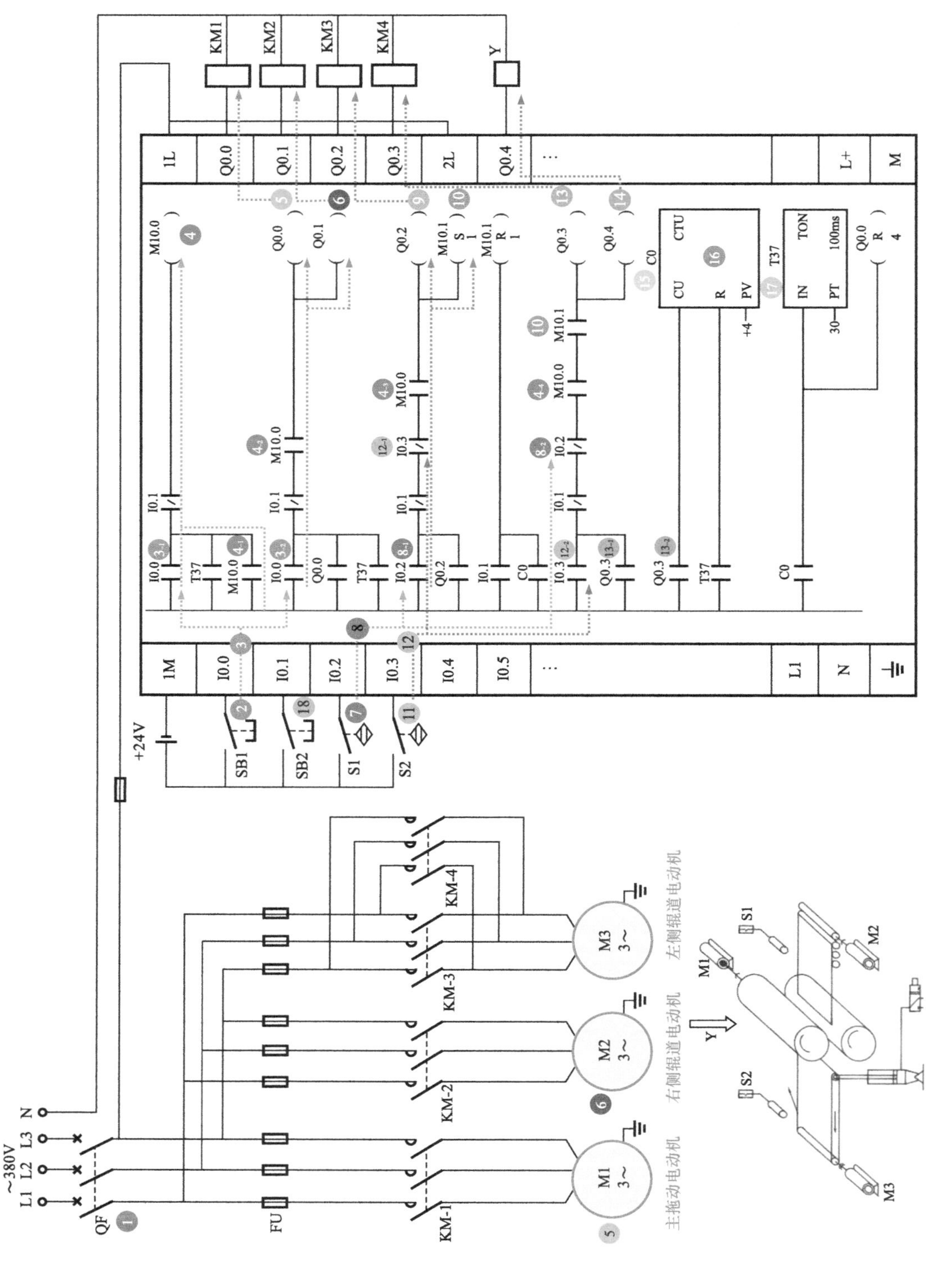

图 12-25　自动轧钢机 PLC 控制电路的工作过程

【1】闭合电源开关 QF，接通电源。

【2】按下起动按钮 SB1，其常开触点闭合。

【3】PLC 内输入继电器 I0.0 置 1，即常开触点 I0.0 闭合。

【3-1】控制中间继电器 M10.0 的常开触点 I0.0 闭合。

【3-2】控制输出继电器 Q0.0、Q0.1 的常开触点 I0.0 闭合。

【3-1】→【4】中间继电器 M10.0 线圈得电。

【4-1】M10.0 的自锁常开触点闭合实现自锁。

【4-2】控制 Q0.0、Q0.1 的常开触点 M10.0 闭合。

【4-3】控制 Q0.2、M10.1 的常开触点 M10.0 闭合。

【4-4】控制 Q0.3、Q0.4 的常开触点 M10.0 闭合。

【3-2】+【4-2】→【5】输出继电器 Q0.0 线圈得电，其自锁常开触点 Q0.0 闭合自锁。同时，PLC 外接交流接触器 KM1 线圈得电，其主触点 KM-1 闭合，主拖动电动机（上下压辊电动机）M1 起动运转，轧制方向为从右向左。

【3-2】+【4-2】→【6】输出继电器 Q0.1 线圈得电，PLC 外接交流接触器 KM2 线圈得电，其主触点 KM-2 闭合，右侧辊道电动机 M2 起动逆时针运转，向左输送。

【7】当热金属探测仪 1 检测有等待的扎件时，S1 触点闭合。

【7】→【8】PLC 内输入继电器 I0.2 置 1。



【8-1】控制 Q0.2、M10.1 的常开触点 I0.2 闭合。

【8-2】控制 Q0.3、Q0.4 的常闭触点 I0.2 断开。

【8-1】+【4-3】→【9】输出继电器 Q0.2 线圈得电，其自锁常开触点 Q0.2 闭合自锁。同时，PLC 外接交流接触器 KM3 线圈得电，其主触点 KM-3 闭合，左侧辊道电动机 M3 起动正转。

【8-1】+【4-3】→【10】中间继电器 M10.1 置位，其常开触点 M10.1 闭合。

【11】当热金属探测仪 2 检测有等待的扎件时，S2 触点闭合。

【12】PLC 内输入继电器 I0.3 置 1，即常开触点 I0.3 闭合。

【12-1】控制 Q0.2、M10.1 的常闭触点 I0.3 断开，相应线圈失电，触点复位。

【12-2】控制 Q0.3、Q0.4 的常开触点 I0.3 闭合。

【12-2】+【8-2】+【4-4】+【10】→【13】输出继电器 Q0.3 线圈得电，PLC 外接交流接触器 KM4 线圈得电，其主触点 KM-4 闭合，左侧辊道电动机 M3 反转。

【13-1】自锁常开触点 Q0.3 闭合自锁。

【13-2】控制计数器 C0 的常开触点 Q0.3 闭合。

【12-2】+【8-2】+【4-4】+【10】→【14】输出继电器 Q0.4 线圈得电，PLC 外接扎件挡板控制电磁阀得电，带动扎件挡板动作。

【13-2】→【15】计数器当前值加 1。

【16】上述过程，即 S1 检测到扎件，M3 正转；S2 检测到扎件，M3 反转，同时电磁阀 Y 动作，扎件被轧辊重复轧制 3 次，当 S2 再次检测到扎件时，计数器当前值为 4，计数器常开触点 C0 闭合。

【17】定时器 T37 线圈得电，定时 3s，即轧制停机 3s，待取出成品后，继续运行，不需要按起动按钮。另外，定时器 T37 得电后，其常开触点 T37 延迟 3s 后闭合，复位计数器 C0，同时为 M10.0、Q0.0、Q0.1 提供下一次工作的条件。

【18】当需要自动轧钢机停机时，按下停止按钮 SB2，其常开触点闭合，PLC 内所有的常闭触点 I0.1 均断开，电动机 M1、M2、M3，电磁阀 Y 全部停止工作。若需要自动轧钢机再次运行，则必须按下起动按钮 SB1 才可运行。

# 第13章 三菱PLC编程应用案例

## 13.1 三菱 PLC 三相交流感应电动机起停控制电路

### 13.1.1 三相交流感应电动机起停 PLC 控制电路的电气结构

图 13-1 所示为电动机起停 PLC 控制电路的结构，该电路主要由 $FX_{3U}$-16MR 型 PLC，输入设备 SB1、SB2、FR，输出设备 KM、HL1、HL2 及电源总开关 QF、三相交流电动机 M 等构成。

图 13-1 电动机起停 PLC 控制电路的结构

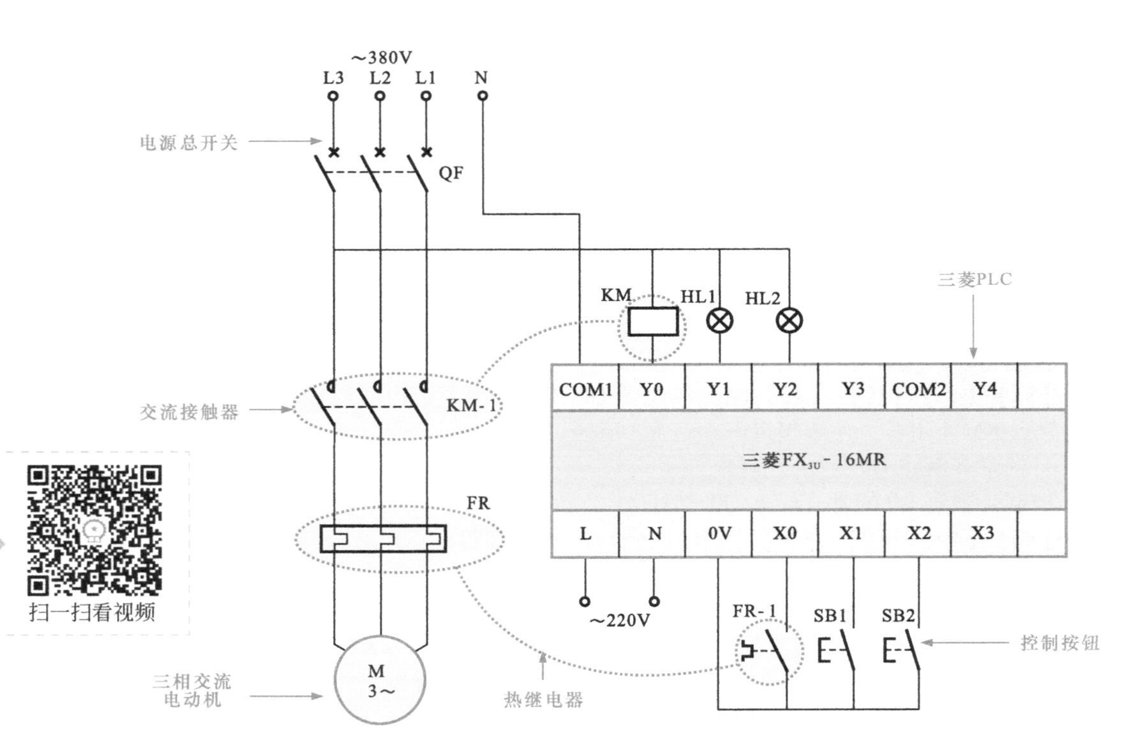


**提 示**

**注：图中 PLC 端子排未使用的端子省略未画图，图为示意图，如需接线需要根据相应型号和 CPU 版本、输入/输出形式要求查证 PLC 实际接线手册进行，下同。**

输入设备和输出设备分别连接到 PLC 相应的 I/O 接口上，它是根据 PLC 控制系统设计之初建立的 I/O 分配表进行连接分配的，所连接的接口名称对应 PLC 内部程序的编程地址编号。表 13-1 为电动机起停 PLC 控制电路中 PLC（三菱 $FX_{3U}$系列）I/O 分配表。

表 13-1　电动机起停 PLC 控制电路中 PLC（三菱 $FX_{3U}$ 系列）I/O 分配表

| 输入信号及地址编号 | | | 输出信号及地址编号 | | |
|---|---|---|---|---|---|
| 名称 | 代号 | 输入点地址编号 | 名称 | 代号 | 输出点地址编号 |
| 热继电器 | FR-1 | X0 | 交流接触器 | KM | Y0 |
| 起动按钮 | SB1 | X1 | 运行指示灯 | HL1 | Y1 |
| 停止按钮 | SB2 | X2 | 停机指示灯 | HL2 | Y2 |

## 13.1.2　三相交流感应电动机起停控制电路的 PLC 控制原理

从控制部件、梯形图程序与执行部件的控制关系入手，逐一分析各组成部件的动作状态即可弄清电动机起停 PLC 控制电路的控制过程，如图 13-2 所示。

图 13-2　电动机起停 PLC 控制电路的控制过程

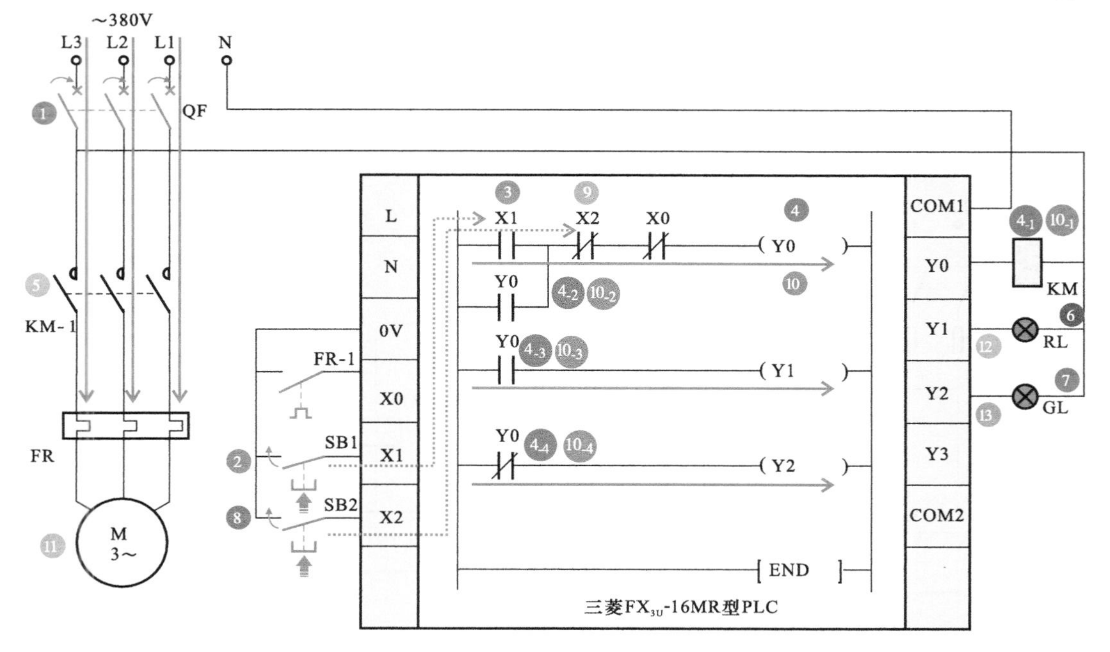


【1】合上电源总开关 QF，接通三相电源。
【2】按下起动按钮 SB1，其触点闭合。
【3】将输入继电器常开触点 X1 置 1，即常开触点 X1 闭合。
【4】输出继电器线圈 Y0 得电。
【4-1】控制 PLC 外接交流接触器 KM 线圈得电。
【4-2】自锁常开触点 Y0 闭合自锁。
【4-3】控制输出继电器 Y1 的常开触点 Y0 闭合。
【4-4】控制输出继电器 Y2 的常闭触点 Y0 断开。
→【5】主电路中的主触点 KM-1 闭合，接通电动机 M 电源，电动机 M 起动运转。
→【6】Y1 得电，运行指示灯 RL 点亮。
→【7】Y2 失电，停机指示灯 GL 熄灭。

【8】当需要停机时，按下停止按钮 SB2，其触点闭合。
【9】输入继电器常闭触点 X2 置 0，即常闭触点 X2 断开。
【10】输出继电器 Y0 失电。
【10-1】控制 PLC 外接交流接触器 KM 线圈失电。
【10-2】自锁常开触点 Y0 复位断开解除自锁。
【10-3】控制输出继电器 Y1 的常开触点 Y0 断开。
【10-4】控制输出继电器 Y2 的常闭触点 Y0 闭合。
【10-1】→【11】主电路中的主触点 KM-1 复位断开，切断电动机 M 电源，电动机 M 失电停转。
【10-3】→【12】Y1 失电，运行指示灯 RL 熄灭。
【10-4】→【13】Y2 得电，停机指示灯 GL 点亮。

# 13.2 三菱 PLC 三相交流感应电动机反接制动控制电路

## 13.2.1 三相交流感应电动机反接制动 PLC 控制电路的电气结构



图 13-3 所示为电动机反接制动 PLC 控制电路的结构，该电路主要由三菱 $FX_{3U}$-16MR 型 PLC，输入设备 SB1、SB2、KS-1、FR-1，输出设备 KM1、KM2 及电源总开关 QF、三相交流电动机 M 等构成。

图 13-3 电动机反接制动 PLC 控制电路的结构

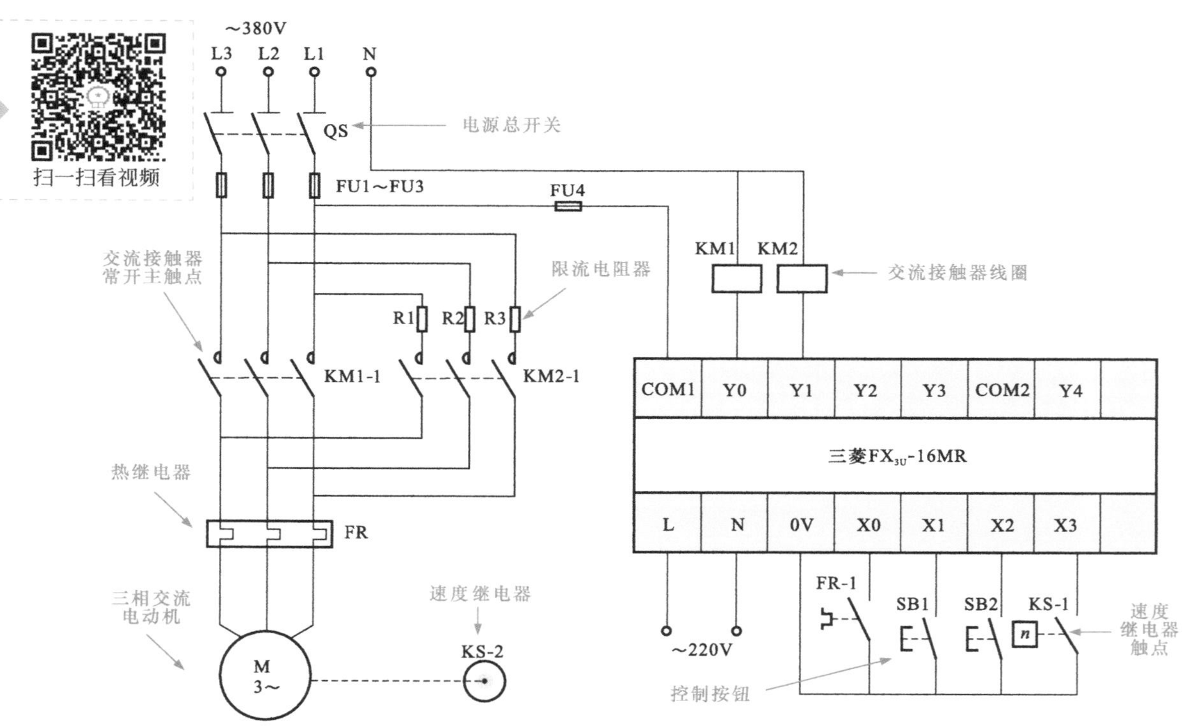


输入设备和输出设备分别连接到 PLC 相应的 I/O 接口上，它是根据 PLC 控制系统设计之初建立的 I/O 分配表进行连接分配的，所连接的接口名称对应 PLC 内部程序的编程地址编号。表 13-2 为电动机反接制动 PLC 控制电路中 PLC（三菱 $FX_{3U}$-16MR）I/O 分配表。

表 13-2 电动机反接制动 PLC 控制电路中 PLC（三菱 $FX_{3U}$-16MR）I/O 分配表

| 输入信号及地址编号 | | | 输出信号及地址编号 | | |
|---|---|---|---|---|---|
| 名称 | 代号 | 输入点地址编号 | 名称 | 代号 | 输出点地址编号 |
| 热继电器常闭触点 | FR-1 | X0 | 交流接触器 | KM1 | Y0 |
| 起动按钮 | SB1 | X1 | 交流接触器 | KM2 | Y1 |
| 停止按钮 | SB2 | X2 | | | |
| 速度继电器常开触点 | KS-1 | X3 | | | |

## 13.2.2 三相交流感应电动机反接制动控制电路的 PLC 控制原理

从控制部件、梯形图程序与执行部件的控制关系入手，逐一分析各组成部件的动作状态即可弄清电动机在 PLC 控制下实现反接制动的控制过程。

图 13-4 所示为电动机反接制动 PLC 控制电路的控制过程。

图 13-4 电动机反接制动 PLC 控制电路的控制过程

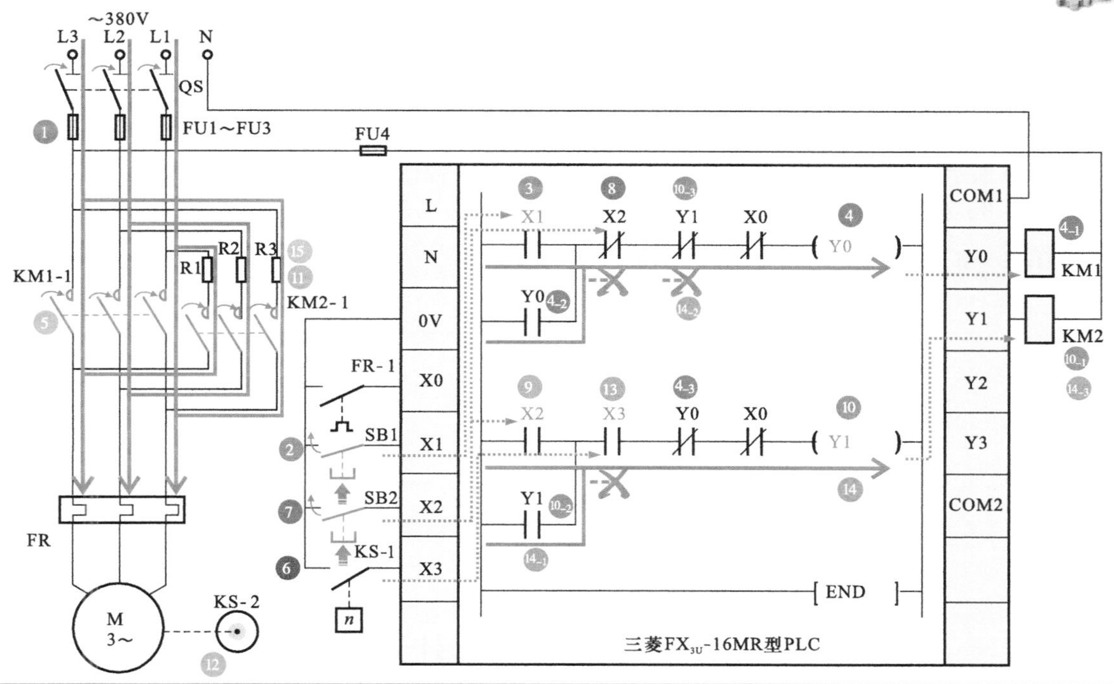


【1】闭合电源总开关 QS，接通三相电源。

【2】按下起动按钮 SB1，其常开触点闭合。

【3】将 PLC 内的 X1 置 1，该触点接通。

【4】输出继电器 Y0 得电。

【4-1】控制 PLC 外接交流接触器线圈 KM1 得电。

【4-2】自锁常开触点 Y0 闭合自锁，使松开的起动按钮仍保持接通。

【4-3】常闭触点 Y0 断开，防止 Y2 得电，即防止接触器线圈 KM2 得电。

【4-1】→【5】主电路中的常开主触点 KM1-1 闭合，接通电动机电源，电动机起动运转。

【4-1】→【6】同时速度继电器 KS-2 与电动机连轴同速运转，KS-1 接通，PLC 内部触点 X3 接通。

电动机的制动过程：

【7】按下停止按钮 SB2，其常闭触点断开，控制 PLC 内输入继电器 X2 触点动作。

【7】→【8】控制输出继电器 Y0 线圈的常闭触点 X2 断开，输出继电器 Y0 线圈失电，控制 PLC 外接交流接触器线圈 KM1 失电，带动主电路中主触点 KM1-1 复位断开，电动机断电作惯性运转。

【7】→【9】控制输出继电器 Y1 线圈的常开触点 X2 闭合。

【10】输出继电器 Y1 线圈得电。

【10-1】控制 PLC 外接交流接触器线圈 KM2 得电。自锁常开主触点 Y1 接通，实现自锁功能。

【10-2】控制输出继电器 Y0 线圈的常闭触点 Y1 断开，防止 Y0 得电，即防止接触器 KM1 线圈得电。

【10-1】→【11】带动主电路中常开主触点 KM2-1 闭合，电动机串联限流电阻器 R1~R3 后反接制动。

【12】当制动作用使电动机转速减小到零时，速度继电器 KS-1 断开。

【13】将 PLC 内输入继电器 X3 置 0，即控制输出继电器 Y1 线圈的常开触点 X3 断开。

【14】输出继电器 Y1 线圈失电。

【14-1】常开触点 Y1 断开，解除自锁。

【14-2】常闭触点 Y1 接通复位，为 Y0 下次得电做好准备。

【14-3】PLC 外接的交流接触器 KM2 线圈失电。

【14-3】→【15】常开主触点 KM2-1 断开，电动机切断电源，制动结束，电动机停止运转。



# 13.3 三菱 PLC 声光报警系统

## 13.3.1 声光报警系统 PLC 控制电路的电气结构

图 13-5 所示为用 PLC 控制的声光报警器的结构，可以看到该电路主要是由报警触发开关 SA、报警扬声器 B、报警指示灯 HL、三菱 PLC 等构成的。

图 13-5 用 PLC 控制的声光报警器的结构

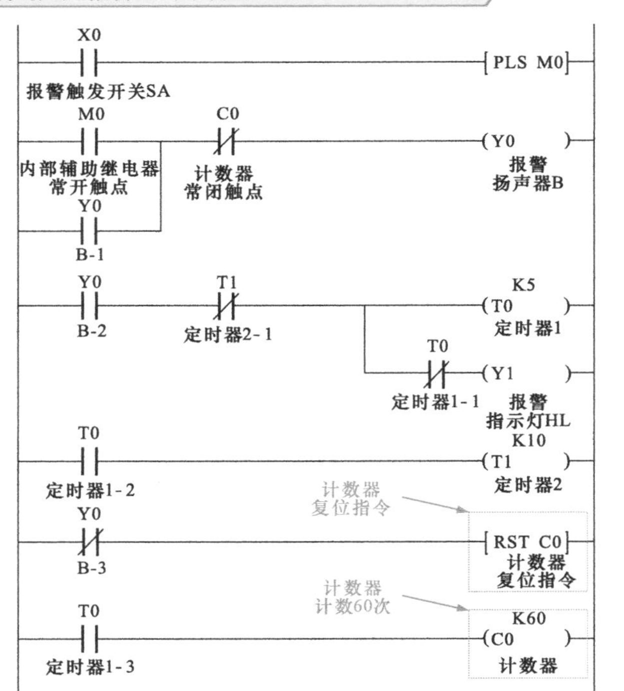

输入设备和输出设备分别连接到 PLC 输入接口相应的 I/O 接口上，其所连接接口名称由 I/O 地址分配表确定，也对应于 PLC 内部程序的编程地址编号。

表 13-3 所列为声光报警 PLC 控制电路中 PLC（三菱 FX 系列）I/O 分配表。

**表 13-3　声光报警 PLC 控制电路中 PLC（三菱 FX 系列）I/O 分配表**

| 输入信号及地址编号 | | | 输出信号及地址编号 | | |
|---|---|---|---|---|---|
| 名称 | 代号 | 输入点地址编号 | 名称 | 代号 | 输出点地址编号 |
| 报警触发开关 | SA | X0 | 报警扬声器 | B | Y0 |
| | | | 报警指示灯 | HL | Y1 |

## 13.3.2　声光报警系统控制电路的 PLC 控制原理

用 PLC 控制声光报警器，用以实现报警器受触发后自动起动报警扬声器和报警闪烁灯进行声光报警的功能。

图 13-6、图 13-7 所示为 PLC 控制声光报警系统的工作过程。

图 13-6　PLC 控制声光报警系统的工作过程（一）

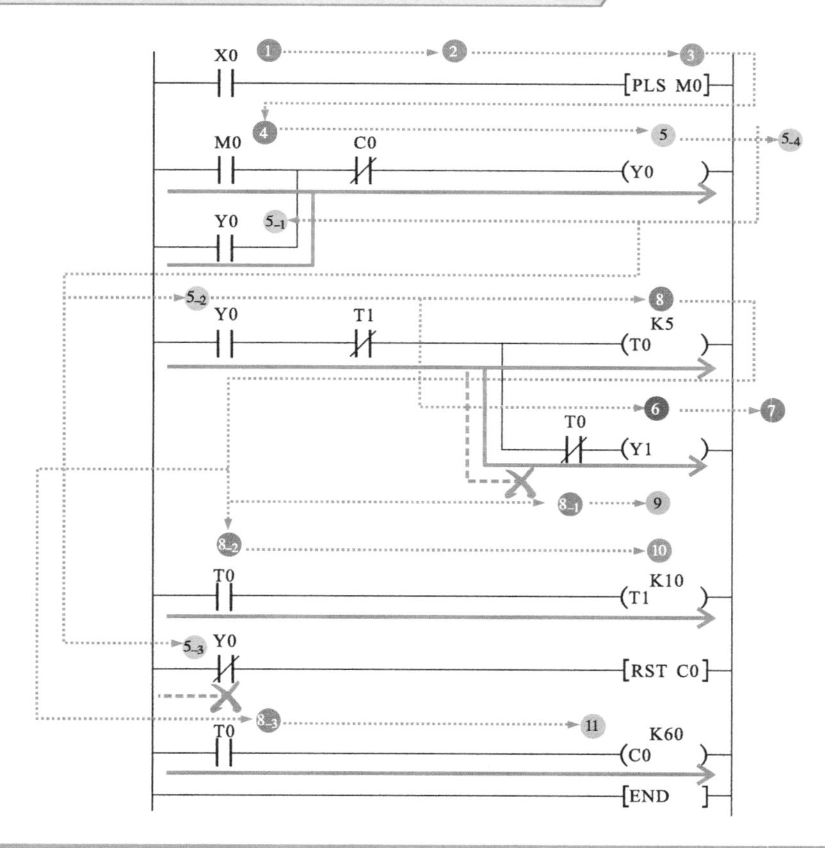


【1】当报警触发开关 SA 受触发闭合时，将 PLC 程序中输入继电器常开触点 X0 置 1，即常开触点 X0 闭合。

【2】输入信号由 ON 变为 OFF，PLS 指令产生一个扫描周期的脉冲输出。

【3】在一个扫描周期内，辅助继电器 M0.0 线圈得电。

【4】控制输出继电器 Y0 的常开触点 M0.0 闭合。
【5】输出继电器 Y0 线圈得电。
【5-1】自锁常开触点 Y0 闭合，实现自锁功能。
【5-2】控制定时器 T0 和输出继电器 Y1 的常开触点 Y0 闭合。
【5-3】控制计数器复位指令的常闭触点 Y0 断开，使计数器无法复位。
【5-4】控制 PLC 外接报警扬声器 B 得电，发出报警声。
【5-2】→【6】输出继电器 Y1 得电。
【7】控制 PLC 外接报警指示灯 HL 点亮。
【5-2】→【8】定时器 T0 线圈得电，开始 0.5s 计时。
【8-1】计时时间到，控制输出继电器 Y1 的延时断开常闭触点 T0 断开。
【8-2】计时时间到，控制定时器 T1 的延时闭合常开触点 T0 闭合。
【8-3】计时时间到，控制计数器 C0 的延时闭合常开触点 T0 闭合。
【8-1】→【9】输出继电器 Y1 线圈失电，控制 PLC 外接报警指示灯 HL 熄灭。

图 13-7 PLC 控制声光报警系统的工作过程（二）



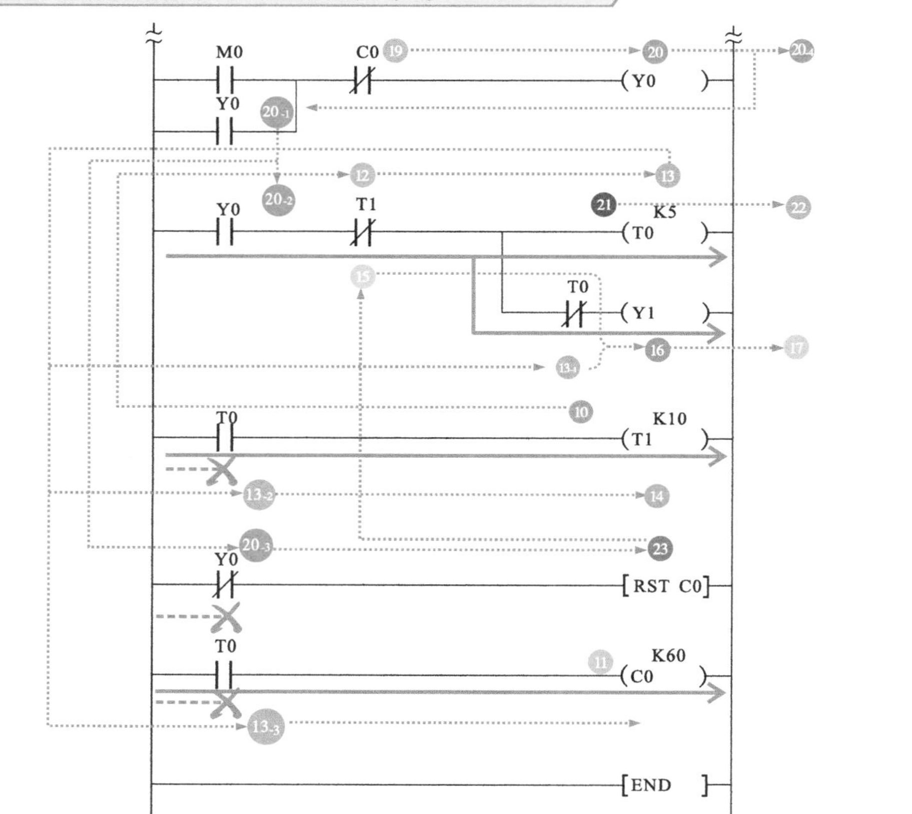


【8-2】→【10】定时器 T1 线圈得电，开始 1s 计时。
【8-3】→【11】计数器 C0 计数 1 次，当前值为 1。
【10】→【12】计时时间到，控制定时器 T0 和输出继电器 Y1 的常闭触点 T1 断开。
【13】定时器 T0 线圈失电。
【13-1】控制输出继电器 Y1 的延时断开常闭触点 T0，立即复位闭合。
【13-2】控制定时器 T1 的延时闭合常开触点 T0，立即复位断开。
【13-3】控制计数器 C0 的延时闭合常开触点 T0，立即复位断开。
【13-2】→【14】定时器 T1 线圈失电。

【15】控制定时器 T0 和 Y1 的常闭触点 T1，立即复位闭合。
【15】+【13-1】→【16】输出继电器 Y1 线圈再次得电。
【17】控制 PLC 外接报警指示灯 HL 熄灭 1s 后再次点亮。
【18】报警指示灯每亮灭循环一次，计数器当前值加 1。
【19】当达到其设定值 60 时，控制输出继电器 Y0 的常闭触点 C0 断开。
【20】输出继电器 Y0 线圈失电。
【20-1】自锁常开触点 Y0 复位断开，解除自锁。
【20-2】控制定时器 T0 和输出继电器 Y1 的常开触点 Y0 复位断开。
【20-3】控制计数器 C0 复位指令的常闭触点 Y0 复位闭合。
【20-4】控制 PLC 外接报警扬声器 B 失电，停止发出报警声。
【20-2】→【21】定时器 T0 线圈失电；输出继电器 Y1 线圈失电。
【22】控制 PLC 外接报警指示灯 HL 停止闪烁。
【20-3】→【23】复位指令使计数器复位，为下一次计数做好准备。

# 13.4 三菱 PLC 自动门系统



## 13.4.1 自动门 PLC 控制电路的电气结构

图 13-8 所示为自动门 PLC 控制电路的电气结构。该电路主要是由三菱 FX 系列 PLC、按钮、位置检测开关、开/关门接触器线圈和常开主触点、报警灯、交流电动机等部分构成的。

图 13-8 自动门 PLC 控制电路的电气结构

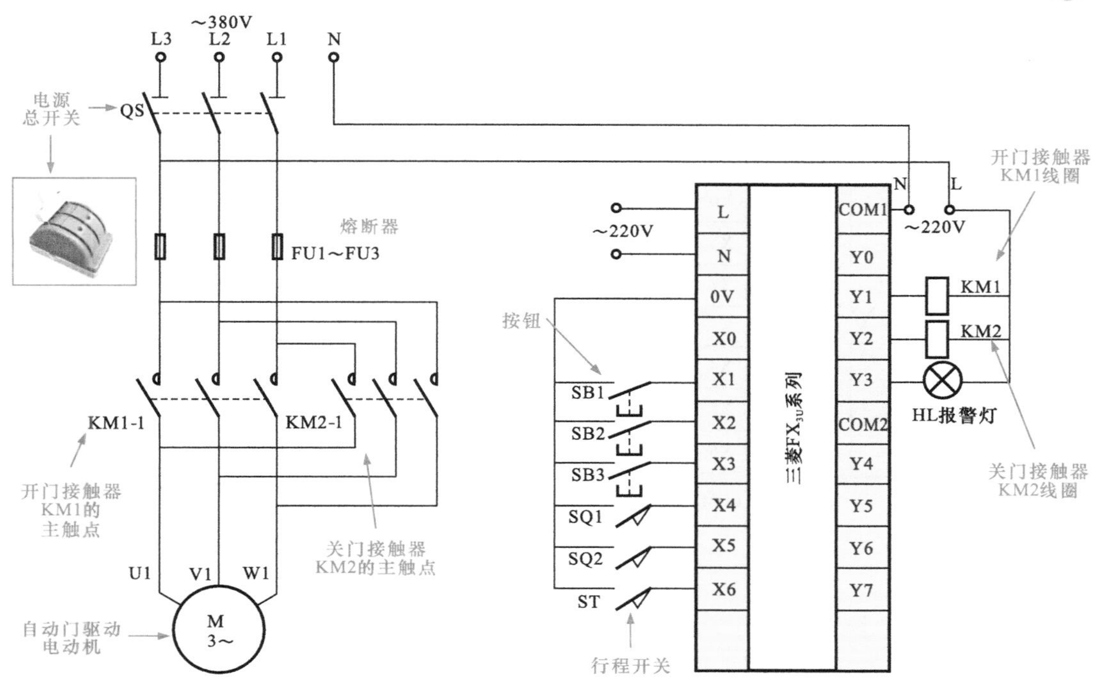


输入设备和输出设备分别连接到 PLC 输入接口相应的 I/O 接口上，其所连接接口名称根据 PLC 系统设计之初建立的 I/O 分配表分配，对应 PLC 内部程序的编程地址编号。

表 13-4 为自动门 PLC 控制电路的 I/O 分配表。

表 13-4　自动门 PLC 控制电路的 I/O 分配表

| 输入信号及地址编号 | | | 输出信号及地址编号 | | |
|---|---|---|---|---|---|
| 名称 | 代号 | 输入点地址编号 | 名称 | 代号 | 输出点地址编号 |
| 开门按钮 | SB1 | X1 | 关门接触器 | KM1 | Y1 |
| 关门按钮 | SB2 | X2 | 开门接触器 | KM2 | Y2 |
| 停止按钮 | SB3 | X3 | 报警灯 | HL | Y3 |
| 开门限位开关 | SQ1 | X4 | | | |
| 关门限位开关 | SQ2 | X5 | | | |
| 行程开关 | ST | X6 | | | |

## 13.4.2　自动门控制电路的 PLC 控制原理

结合 PLC 内部梯形图程序及 PLC 外接输入、输出设备分析电路工作过程，如图 13-9、图 13-10 所示。

图 13-9　PLC 控制下自动门开门的控制过程（一）

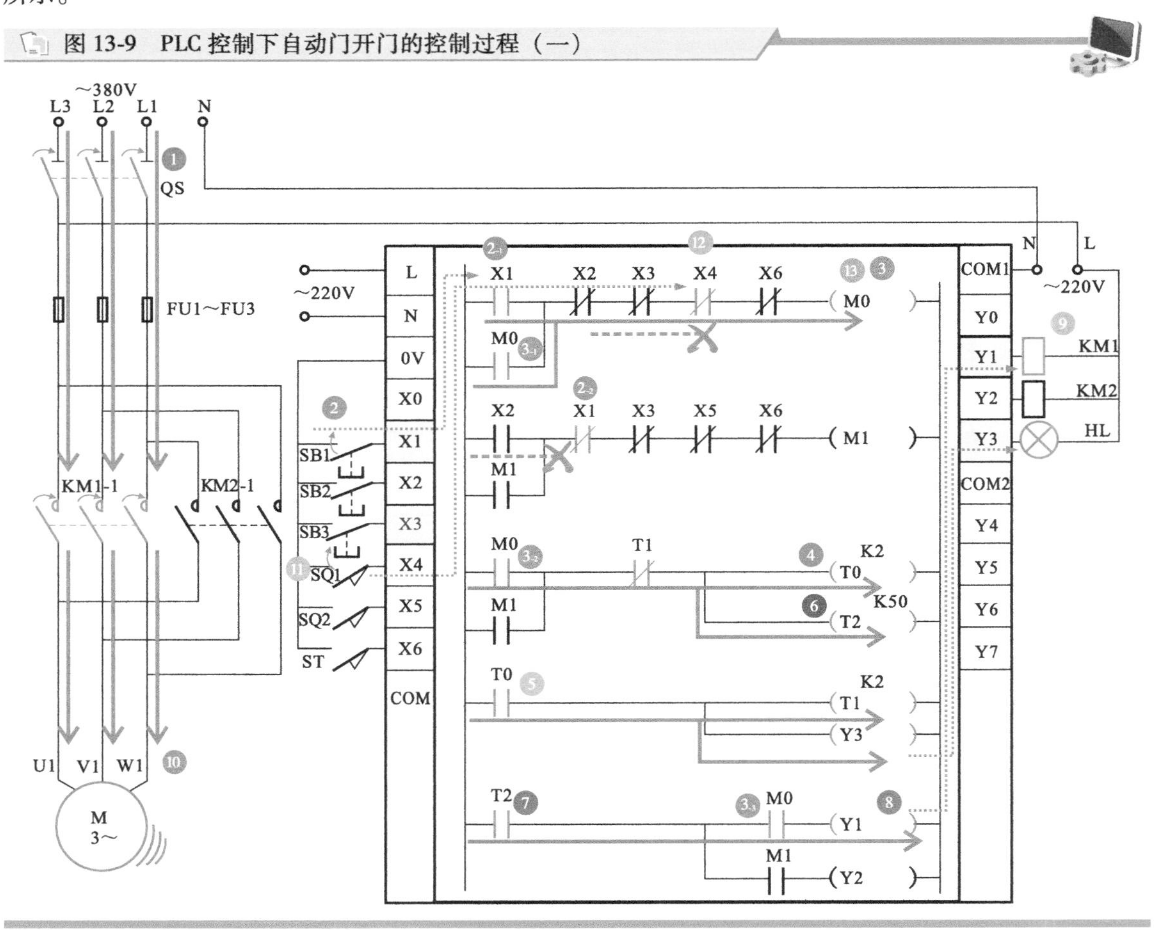


【1】合上电源总开关 QS，接通三相电源。

【2】按下开门开关 SB1。

【2-1】PLC 内部的输入继电器 X1 常开触点置 1，控制辅助继电器 M0 的常开触点 X1 闭合。

【2-2】PLC 内部控制 M1 的常闭触点 X1 置 0，防止 M1 得电。

【2-1】→【3】辅助继电器 M0 线圈得电。

【3-1】控制 M0 电路的常开触点 M0 闭合实现自锁。

【3-2】控制时间继电器 T0、T2 的常开触点 M0 闭合。

【3-3】控制输出继电器 Y1 的常开触点 M0 闭合。

【3-2】→【4】时间继电器 T0 得电。

【5】延时 0.2s 后，T0 的常开触点闭合，为定时器 T1 和 Y3 供电，使报警灯 HL 以 0.4s 为周期进行闪烁。

【3-2】→【6】时间继电器 T2 得电。

【7】延时 5s 后，控制 Y1 电路中的 T2 常开触点闭合。

【8】输出继电器 Y1 线圈得电。

【9】PLC 外接的开门接触器 KM1 线圈得电吸合。

【10】带动其常开主触点 KM1-1 闭合，接通电动机三相电源，电动机正转，控制大门打开。

【11】当碰到开门限位开关 SQ1 后，SQ1 动作。

【12】X4 置 0（断开）。

【13】辅助继电器 M0 失电，所有触点复位，所有关联部件复位，电动机停止转动，门停止移动。



图 13-10　PLC 控制下自动门开门的控制过程（二）

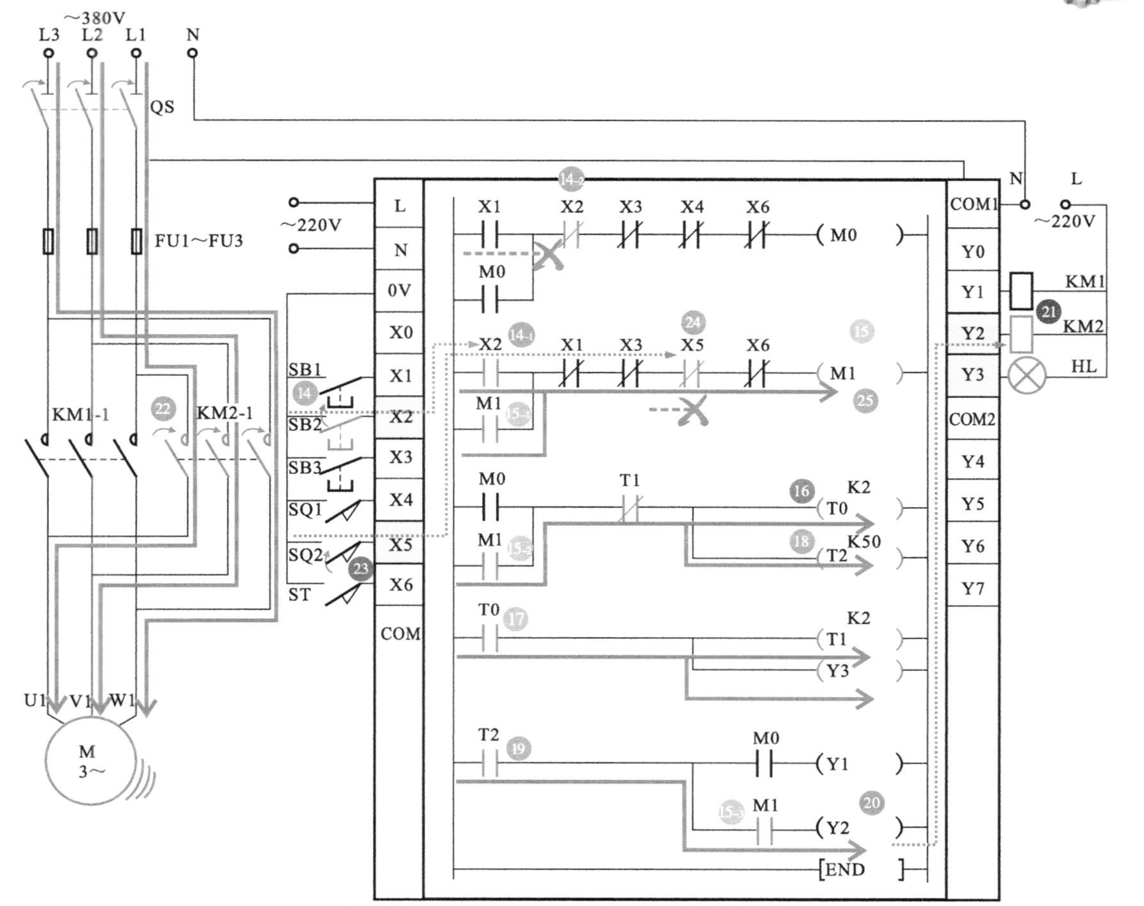

【14】当需要关门时，按下关门开关 SB2，其内部的常闭触点断开。向 PLC 内送入控制指令，

梯形图中的输入继电器触点 X2 动作。

【14-1】PLC 内部控制 M1 的常开触点 X2 置 1，即触点闭合。

【14-2】PLC 内部控制 M0 的常闭触点 X2 置 0，防止 M0 得电。

【14-1】→【15】辅助继电器 M1 线圈得电。

【15-1】控制 M1 电路的常开触点 M1 闭合实现自锁。

【15-2】控制时间继电器 T0、T2 的常开触点 M1 闭合。

【15-3】控制输出继电器 Y2 的常开触点 M1 闭合。

【15-2】→【16】时间继电器 T0 线圈得电。

【17】延时 0.2s 后，T0 的常开触点闭合，为定时器 T1 和 Y3 供电，使报警灯 HL 以 0.4s 为周期进行闪烁。

【15-2】→【18】时间继电器 T2 线圈得电。

【19】延时 5s 后，控制 Y2 电路中的 T2 常开触点闭合。

【20】输出继电器 Y2 得电。

【21】外接的开门接触器 KM2 线圈得电吸合。

【22】带动其常开主触点 KM2-1 闭合，反相接通电动机三相电源，电动机反转，控制大门关闭。



【23】当碰到开门限位开关 SQ2 后，SQ2 动作。

【24】PLC 内输入继电器 X5 置 0（断开）。

【25】辅助继电器 M1 失电，所有触点复位，所有关联部件复位，电动机停止转动，门停止移动。

# 13.5 三菱 PLC 雨水利用控制电路

## 13.5.1 雨水利用 PLC 控制电路的电气结构

雨水利用 PLC 控制电路的功能结构如图 13-11 所示。

图 13-11 雨水利用 PLC 控制电路的功能结构

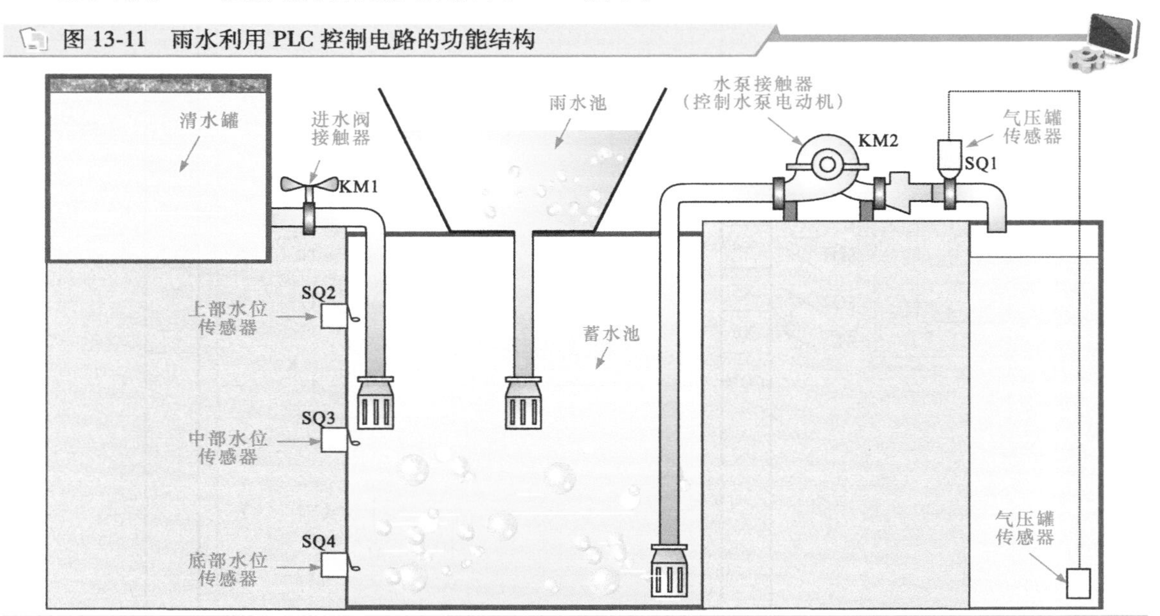


在水泵和进水阀接触器的控制下，实现雨水和清水的混合，合理地利用水资源。该电路的控制要求如下：

1）气压罐的压力值低于设定值时，且蓄水池的液面高于底部水位传感器 SQ4 时，气压罐传感器 SQ1 无动作，水泵接触器 KM2 得电，控制水泵工作。当气压罐的压力值高于设定值时，气压罐传感器动作，10s 后水泵停止工作。

2）蓄水池的液面低于底部水位传感器 SQ4 时，水泵不工作。

3）蓄水池的液面低于中部水位传感器 SQ3 时，进水阀接触器 KM1 开始工作，为蓄水池注入清水。

4）蓄水池的液面高于上部水位传感器 SQ2 时，进水阀接触器 KM1 停止工作，停止注入清水。

雨水利用 PLC 控制电路的电路结构如图 13-12 所示。

图 13-12　雨水利用 PLC 控制电路的电路结构

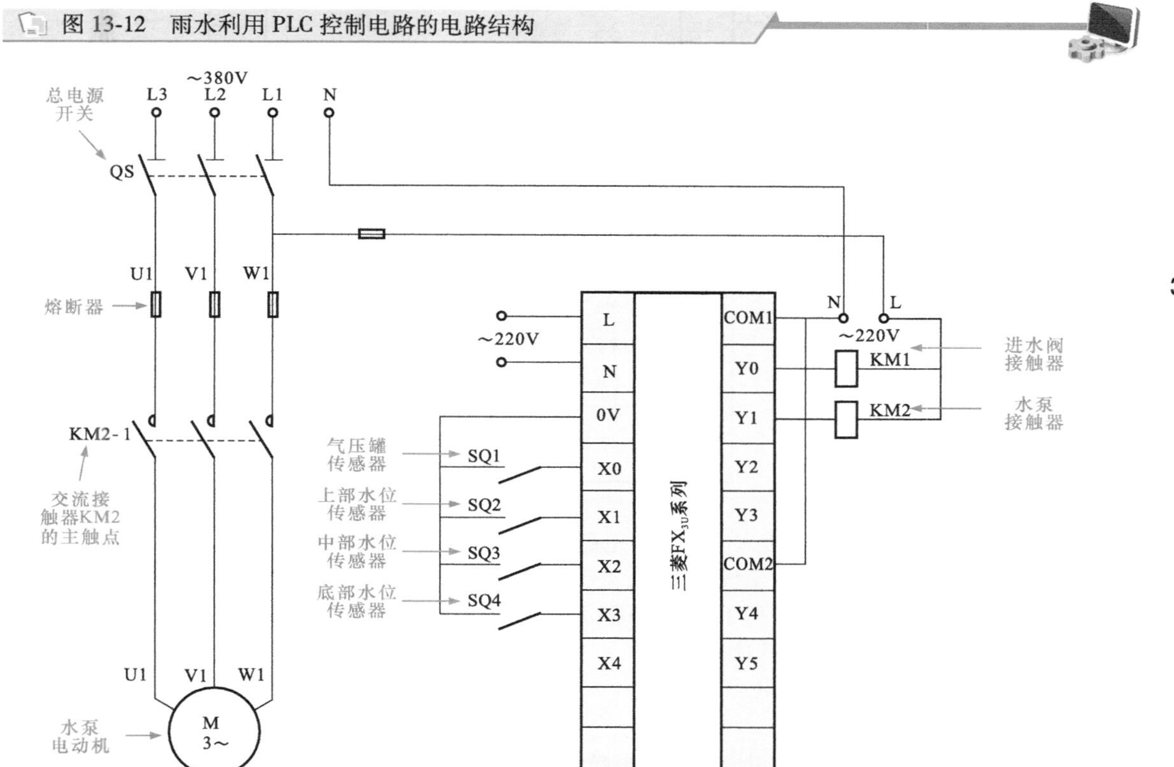




该控制电路采用三菱 $FX_{3U}$系列 PLC，电路中 PLC 控制 I/O 分配表见表 13-5。

**表 13-5　雨水利用 PLC 控制线路中 PLC 的 I/O 分配表**

| 输入信号及地址编号 | | | 输出信号及地址编号 | | |
|---|---|---|---|---|---|
| 名称 | 代号 | 输入点地址编号 | 名称 | 代号 | 输出点地址编号 |
| 气压罐传感器 | SQ1 | X0 | 进水阀接触器 | KM1 | Y0 |
| 上部水位传感器 | SQ2 | X1 | 水泵接触器 | KM2 | Y1 |
| 中部水位传感器 | SQ3 | X2 | | | |
| 底部水位传感器 | SQ4 | X3 | | | |

## 13.5.2　雨水利用控制电路的 PLC 控制原理

结合 PLC 内的梯形图程序，了解雨水利用 PLC 控制线路的控制过程如图 13-13 所示。

图 13-13　雨水利用 PLC 控制线路的控制过程

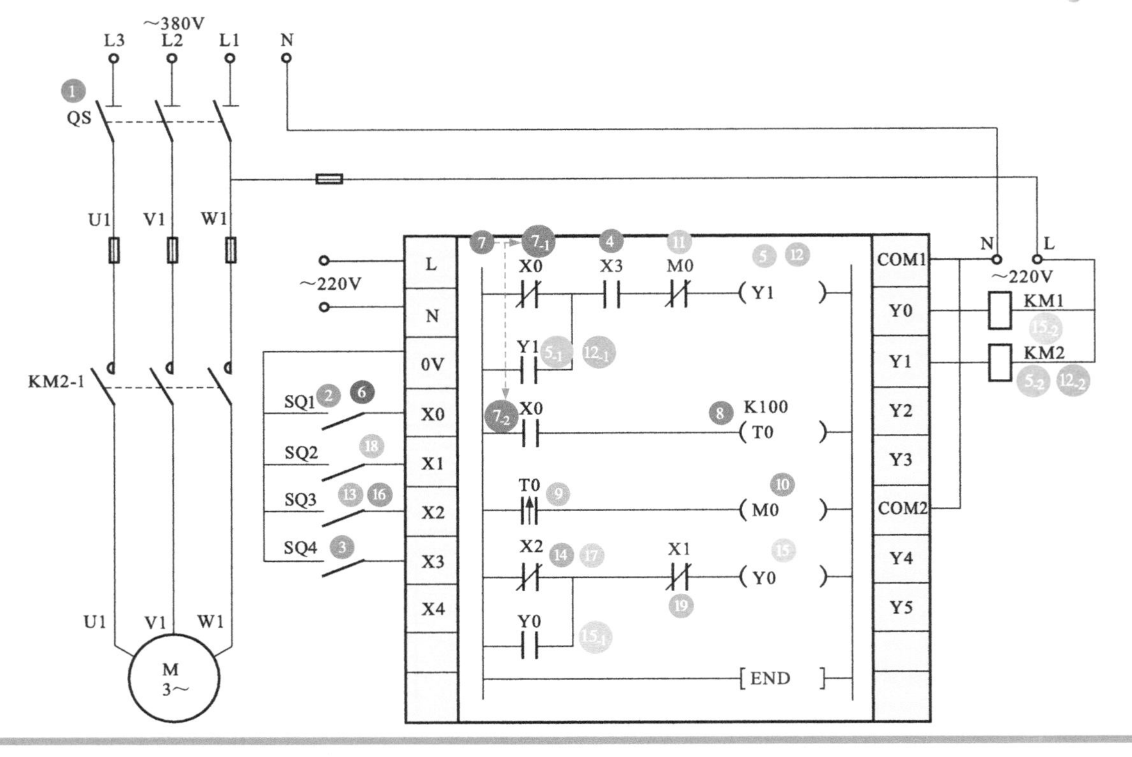




【1】闭合电源总开关 QS，接入电源，为电路工作做好准备。

【2】当气压罐中的压力值低于设定值时，SQ1 不动作，即 PLC 输入端外接 S1 不动作。

【3】此时若蓄水池中的水位高于 SQ4，SQ4 动作，即 PLC 输入端外接 S4 闭合。

【4】PLC 内部的常开触点 X3 闭合。

【5】输出继电器 Y1 线圈得电。

【5-1】Y1 常开触点闭合自锁。

【5-2】PLC 外接的 KM2 线圈得电，其主电路的常开主触点闭合，水泵电动机得电，开始旋转。

【6】若气压罐压力高于设定值时，SQ1 动作。

【7】对应 PLC 内部的触点 X0 动作。

【7-1】控制输出继电器 Y1 的常闭触点 X0 断开。

【7-2】控制时间继电器 T0 的常开触点 X0 闭合。

【7-2】→【8】定时器 T0 线圈得电。

【9】10s 后定时器 T0 的常开触点闭合。

【9】→【10】辅助继电器 M0 得电。

【11】辅助继电器 M0 的常闭触点断开。

【11】→【12】输出继电器 Y1 线圈失电。

【12-1】Y1 的常开触点断开，解除自锁。

【12-2】PLC 外接的 KM2 线圈失电，触点复位，水泵电动机停止旋转。

进水阀主要用来在雨水不足的情况下，控制清水池为蓄水池注入清水，保持水泵电动机的工作以及气压罐中的压力。

【13】当蓄水池中的水低于中部水位时，SQ3 不动作。

【14】PLC 内部的 X2 和 X1 均处于闭合状态。

【15】输出继电器 Y0 线圈得电。

【15-1】Y0 的常开触点闭合自锁。

【15-2】PLC 外接的接触器 KM1 动作，其常开触点闭合，进水阀打开，清水由清水池流入蓄水池中。

【16】当蓄水池中的水位高于中部水位时，SQ3 动作，对应 PLC 梯形图中的常闭触点 X2 断开。

【17】由于 Y0 的常开触点闭合自锁，X2 虽然断开，Y0 继续得电，KM1 保持动作状态。

【18】当蓄水池中的水位高于上部水位时，SQ2 动作。

【19】对应 PLC 内梯形图中的常闭触点 X1 断开，Y0 失电，KM1 失电，进水阀关闭，停止进水。

# 13.6 三菱 PLC 摇臂钻床控制电路

## 13.6.1 摇臂钻床 PLC 控制电路的电气结构

摇臂钻床是一种对工件进行钻孔、扩孔以及攻螺纹等的工控设备。由 PLC 与外接电气部件构成控制电路，实现电动机的起停、换向，从而实现设备的进给、升降等控制。

图 13-14 所示为摇臂钻床 PLC 控制电路的结构组成。



摇臂钻床 PLC 控制电路中，采用三菱 $FX_{3U}$ 系列 PLC，外部的按钮、开关、限位开关触点和接触器线圈是根据 PLC 控制电路设计之初建立的 I/O 分配表进行连接分配的，其所连接接口名称也将对应于 PLC 内部程序的编程地址编号。

表 13-6 为采用三菱 $FX_{3U}$ 系列 PLC 的摇臂钻床控制电路 I/O 分配表。

表 13-6 采用三菱 $FX_{3U}$ 系列 PLC 的摇臂钻床控制电路 I/O 分配表

| 输入信号及地址编号 | | | 输出信号及地址编号 | | |
|---|---|---|---|---|---|
| 名称 | 代号 | 输入点地址编号 | 名称 | 代号 | 输出点地址编号 |
| 电压继电器触点 | KV-1 | X0 | 电压继电器 | KV | Y0 |
| 十字开关的控制电路电源接通触点 | SA1-1 | X1 | 主轴电动机 M1 接触器 | KM1 | Y1 |
| 十字开关的主轴运转触点 | SA1-2 | X2 | 摇臂升降电动机 M3 上升接触器 | KM2 | Y2 |
| 十字开关的摇臂上升触点 | SA1-3 | X3 | 摇臂升降电动机 M3 下降接触器 | KM3 | Y3 |
| 十字开关的摇臂下降触点 | SA1-4 | X4 | 立柱松紧电动机 M4 放松接触器 | KM4 | Y4 |
| 立柱放松按钮 | SB1 | X5 | 立柱松紧电动机 M4 夹紧接触器 | KM5 | Y5 |
| 立柱夹紧按钮 | SB2 | X6 | | | |
| 摇臂上升上限位开关 | SQ1 | X7 | | | |
| 摇臂下降下限位开关 | SQ2 | X10 | | | |
| 摇臂下降夹紧行程开关 | SQ3 | X11 | | | |
| 摇臂上升夹紧行程开关 | SQ4 | X12 | | | |

摇臂钻床的具体控制过程，由 PLC 内编写的程序控制。图 13-15 所示为摇臂钻床 PLC 控制电路中的梯形图程序。

## 13.6.2 摇臂钻床控制电路的 PLC 控制原理

将 PLC 内部梯形图与外部电气部件控制关系结合，分析摇臂钻床 PLC 控制电路。图 13-16 所示为摇臂钻床 PLC 控制电路的控制过程。

图 13-14 摇臂钻床PLC控制电路的结构组成

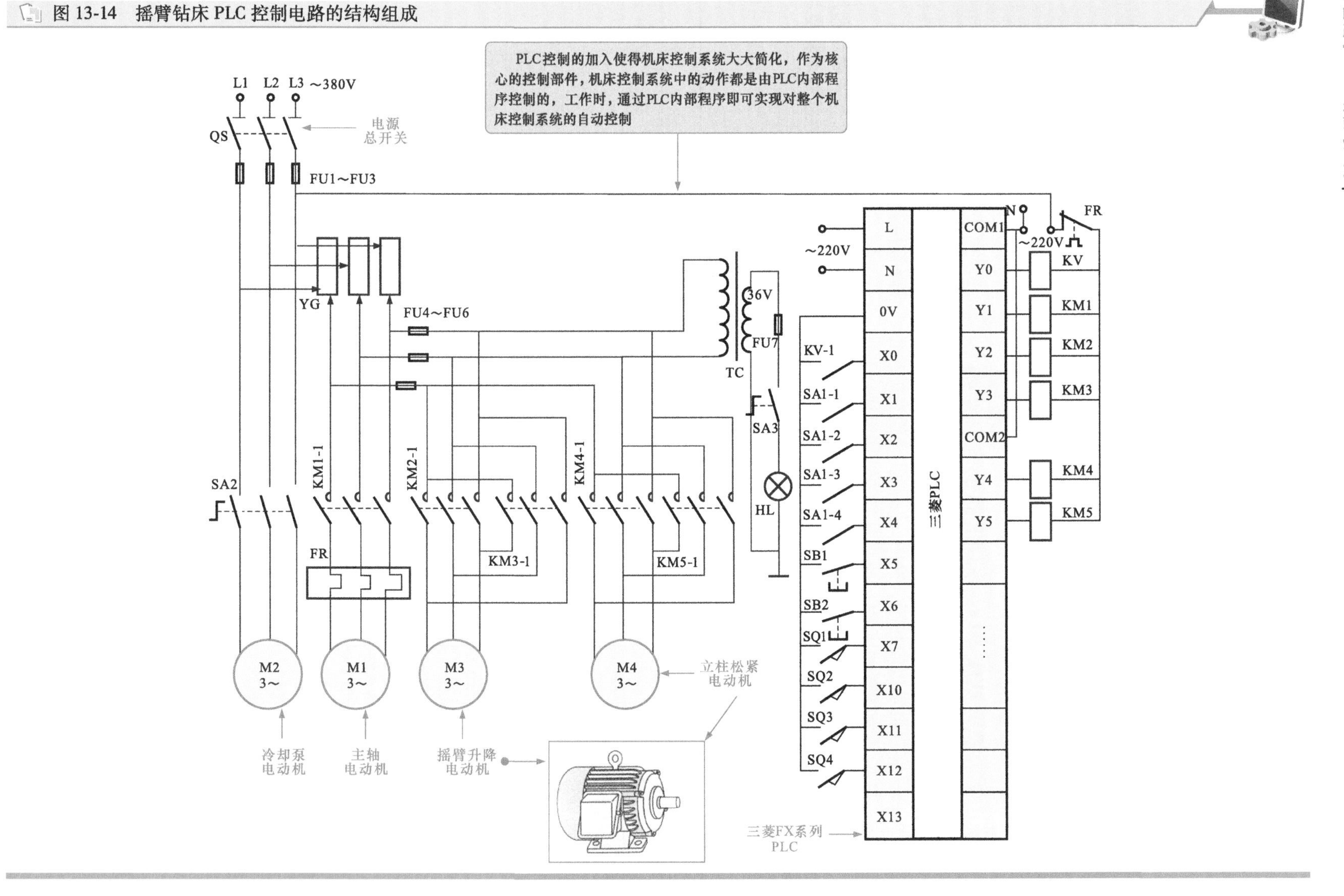

图 13-15　摇臂钻床 PLC 控制电路中的梯形图程序

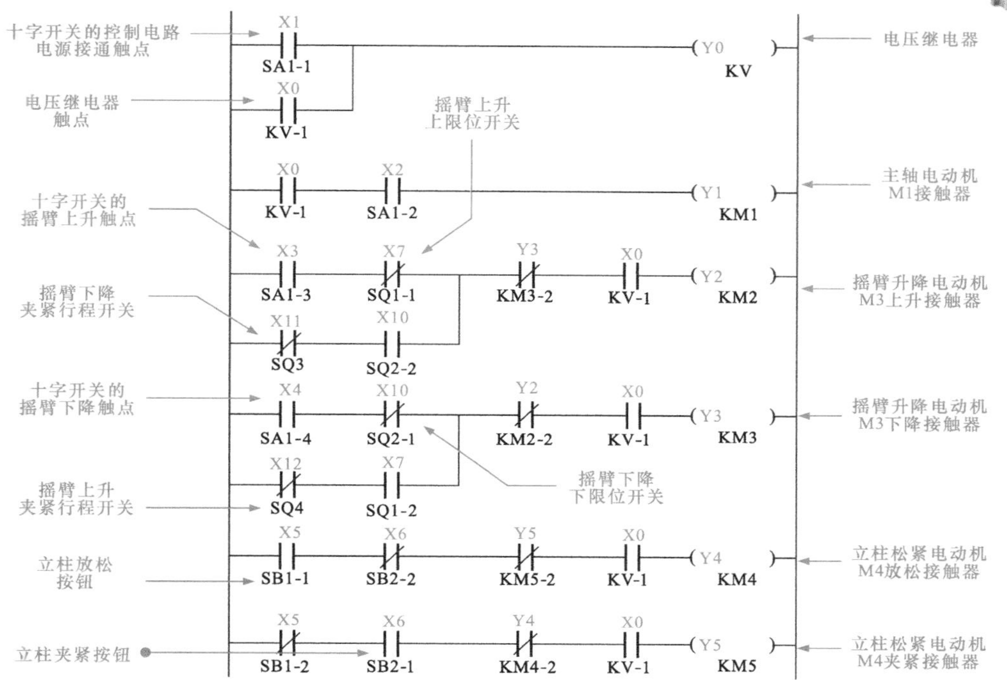

图 13-16　摇臂钻床 PLC 控制电路的控制过程

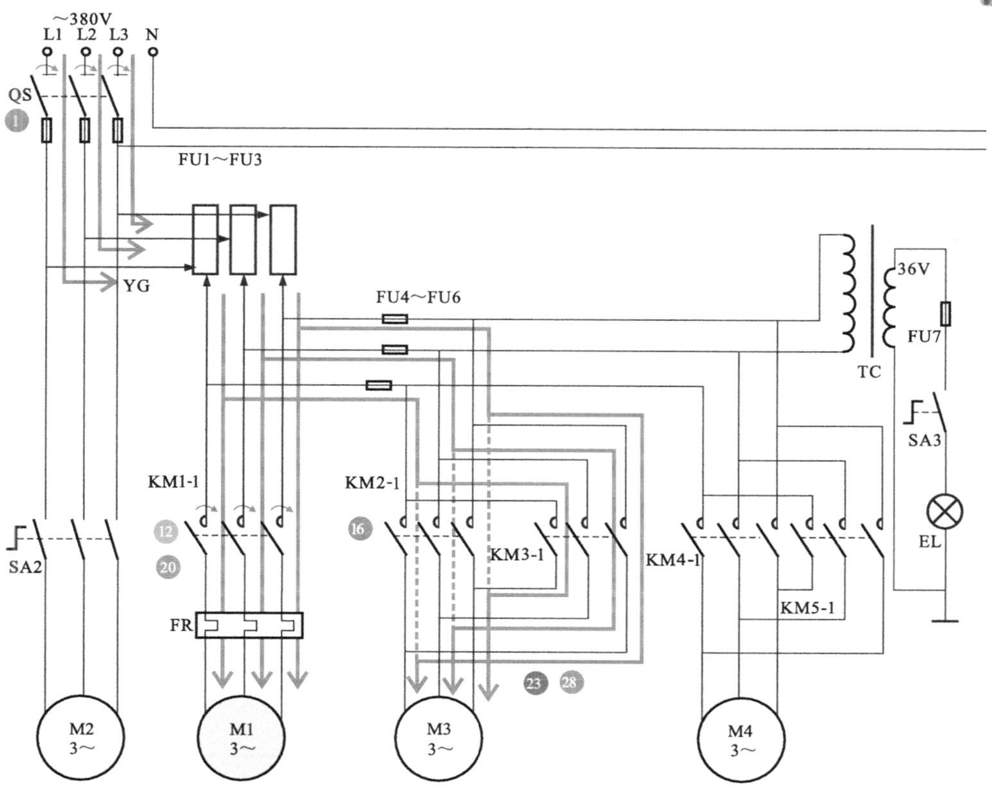

图 13-16　摇臂钻床 PLC 控制电路的控制过程（续）

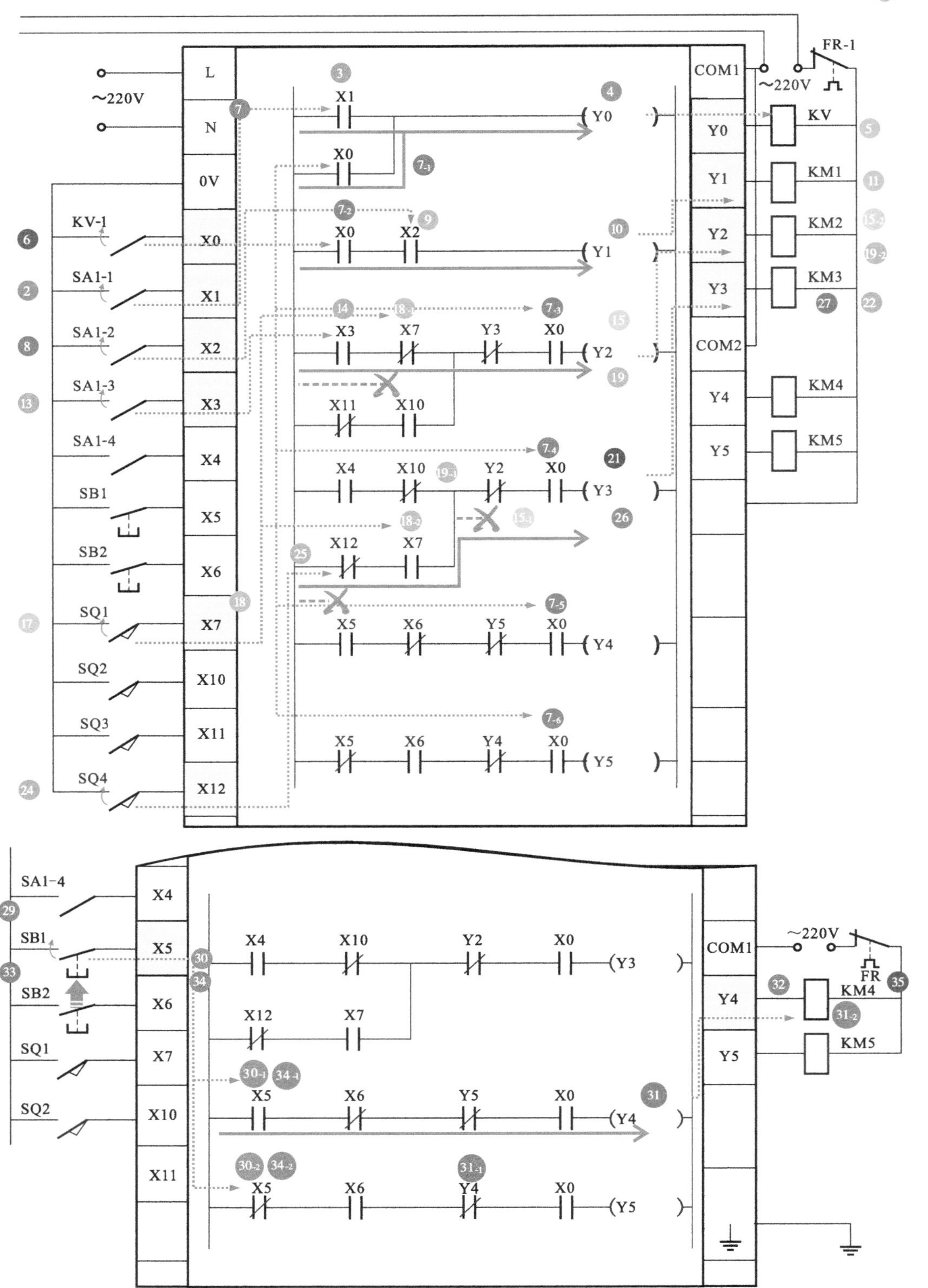

【1】闭合电源总开关 QS，接通控制电路三相电源。
【2】将十字开关拨至左端，常开触点 SA1-1 闭合。
【3】将 PLC 程序中输入继电器常开触点 X1 置 1，即常开触点 X1 闭合。
【4】输出继电器 Y0 线圈得电。
【5】控制 PLC 外接电压继电器 KV 线圈得电。
【6】电压继电器常开触点 KV-1 闭合。
【7】将 PLC 程序中输入继电器常开触点 X0 置 1。
【7-1】自锁常开触点 X0 闭合，实现自锁功能。
【7-2】控制输出继电器 Y1 的常开触点 X0 闭合，为其得电做好准备。
【7-3】控制输出继电器 Y2 的常开触点 X0 闭合，为其得电做好准备。
【7-4】控制输出继电器 Y3 的常开触点 X0 闭合，为其得电做好准备。
【7-5】控制输出继电器 Y4 的常开触点 X0 闭合，为其得电做好准备。
【7-6】控制输出继电器 Y5 的常开触点 X0 闭合，为其得电做好准备。
【8】将十字开关拨至右端，常开触点 SA1-2 闭合。
【9】将 PLC 程序中输入继电器常开触点 X2 置 1，即常开触点 X2 闭合。
【7-2】+【9】→【10】输出继电器 Y1 线圈得电。
【11】控制 PLC 外接接触器 KM1 线圈得电。
【12】主电路中的主触点 KM1-1 闭合，接通主轴电动机 M1 电源，主轴电动机 M1 起动运转。
【13】将十字开关拨至上端，常开触点 SA1-3 闭合。
【14】将 PLC 程序中输入继电器常开触点 X3 置 1，即常开触点 X3 闭合。
【15】输出继电器 Y2 线圈得电。
【15-1】控制输出继电器 Y3 的常闭触点 Y2 断开，实现互锁控制。
【15-2】控制 PLC 外接接触器 KM2 线圈得电。
【15-2】→【16】主触点 KM2-1 闭合，接通电动机 M3 电源，摇臂升降电动机 M3 起动运转，摇臂开始上升。
【17】当电动机 M3 上升到预定高度时，触动限位开关 SQ1 动作。
【18】将 PLC 程序中输入继电器 X7 相应动作。
【18-1】常闭触点 X7 置 0，即常闭触点 X7 断开。
【18-2】常开触点 X7 置 1，即常开触点 X7 闭合。
【18-1】→【19】输出继电器 Y2 线圈失电。
【19-1】控制输出继电器 Y3 的常闭触点 Y2 复位闭合。
【19-2】控制 PLC 外接接触器 KM2 线圈失电。
【19-2】→【20】主触点 KM2-1 复位断开，切断 M3 电源，摇臂升降电动机 M3 停止运转，摇臂停止上升。
【18-2】+【19-1】+【7-4】→【21】输出继电器 Y3 线圈得电。
【22】控制 PLC 外接接触器 KM3 线圈得电。
【23】带动主电路中的主触点 KM3-1 闭合，接通升降电动机 M3 反转电源，摇臂升降电动机 M3 起动反向运转，将摇臂夹紧。
【24】当摇臂完全夹紧后，夹紧限位开关 SQ4 动作。
【25】将输入继电器常闭触点 X12 置 0，即常闭触点 X12 断开。
【26】输出继电器 Y3 线圈失电。
【27】控制 PLC 外接接触器 KM3 线圈失电。
【28】主电路中的主触点 KM3-1 复位断开，电动机 M3 停转，摇臂升降电动机 M3 自动上升并夹紧的控制过程结束。（十字开关拨至下端，常开触点 SA1-4 闭合，摇臂升降电动机 M3 下降并自动夹紧的工作过程与上述过程相似，可参照上述分析过程。）
【29】按下立柱放松按钮 SB1。

【30】PLC 程序中的输入继电器 X5 动作。

【30-1】控制输出继电器 Y4 的常开触点 X5 闭合。

【30-2】控制输出继电器 Y5 的常闭触点 X5 断开，防止 Y5 线圈得电，实现互锁。

【30-1】→【31】输出继电器 Y4 线圈得电。

【31-1】控制输出继电器 Y5 的常闭触点 Y4 断开，实现互锁。

【31-2】控制 PLC 外接交流接触器 KM4 线圈得电。

【31-2】→【32】主电路中的主触点 KM4-1 闭合，接通电动机 M4 正向电源，立柱松紧电动机 M4 正向起动运转，立柱松开。

【33】松开按钮 SB1。

【34】PLC 程序中的输入继电器 X5 复位。

【34-1】常开触点 X5 复位断开。

【34-2】常闭触点 X5 复位闭合。

【34-1】→【35】PLC 外接接触器 KM4 线圈失电，主电路中的主触点 KM4-1 复位断开，电动机 M4 停转。（按下按钮 SB2 将控制立柱松紧电动机反转，立柱将夹紧，其控制过程与立柱松开的控制过程基本相同，可参照上述分析过程了解。）



## 13.7 三菱 PLC 混凝土搅拌机控制电路

### 13.7.1 混凝土搅拌机 PLC 控制电路的结构

混凝土搅拌机用于将一些沙石料进行搅拌加工，变成工程建筑物所用的混凝土。混凝土搅拌机的 PLC 控制电路如图 13-17 所示，可以看到，该电路主要由三菱系列 PLC、控制按钮、交流接触器、搅拌机电动机、热继电器等部分构成。

在该电路中，PLC 控制器采用的是三菱 $FX_{3U}$-16MR 型 PLC，外部的控制部件和执行部件都是通过 PLC 控制器预留的 I/O 接口连接到 PLC 上的，各部件之间没有复杂的连接关系。

PLC 输入接口外接的按钮、开关等控制部件和交流接触器线圈（即执行部件）分别连接到 PLC 相应的 I/O 接口上，它是根据 PLC 控制系统设计之初建立的 I/O 分配表进行连接分配的，其所连接的接口名称也将对应于 PLC 内部程序的编程地址编号。

表 13-7 为由三菱 $FX_{3U}$-16MR 型 PLC 控制的混凝土搅拌机控制系统 I/O 分配表。

**表 13-7 由三菱 $FX_{3U}$-16MR 型 PLC 控制的混凝土搅拌机控制系统 I/O 分配表**

| 输入信号及地址编号 | | | 输出信号及地址编号 | | |
|---|---|---|---|---|---|
| 名称 | 代号 | 输入点地址编号 | 名称 | 代号 | 输出点地址编号 |
| 热继电器 | FR | X0 | 搅拌、上料电动机 M1 正向转动接触器 | KM1 | Y0 |
| 搅拌、上料电动机 M1 停止按钮 | SB1 | X1 | 搅拌、上料电动机 M1 反向转动接触器 | KM2 | Y1 |
| 搅拌、上料电动机 M1 正向起动按钮 | SB2 | X2 | 水泵电动机 M2 接触器 | KM3 | Y2 |
| 搅拌、上料电动机 M1 反向起动按钮 | SB3 | X3 | | | |
| 水泵电动机 M2 停止按钮 | SB4 | X4 | | | |
| 水泵电动机 M2 起动按钮 | SB5 | X5 | | | |

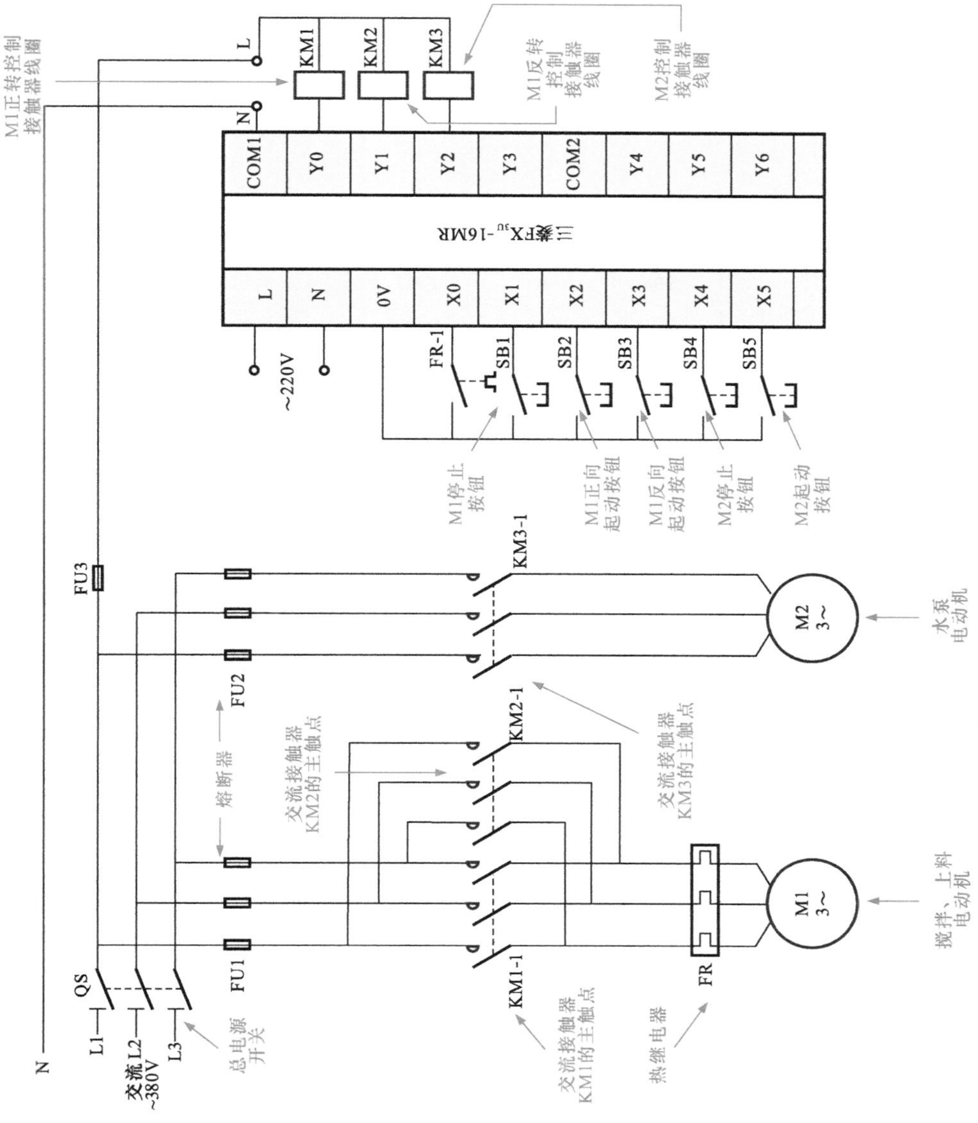

图 13-17 混凝土搅拌机 PLC 控制电路的结构组成

混凝土搅拌机的具体控制过程，由 PLC 内编写的程序决定。为了方便了解，在梯形图各编程元件下方标注了其对应在传统控制系统中相应的按钮、交流接触器的触点、线圈等字母标识。

图 13-18 所示为混凝土搅拌机 PLC 控制电路中 PLC 内部梯形图程序。

图 13-18 混凝土搅拌机 PLC 控制电路中 PLC 内部梯形图程序

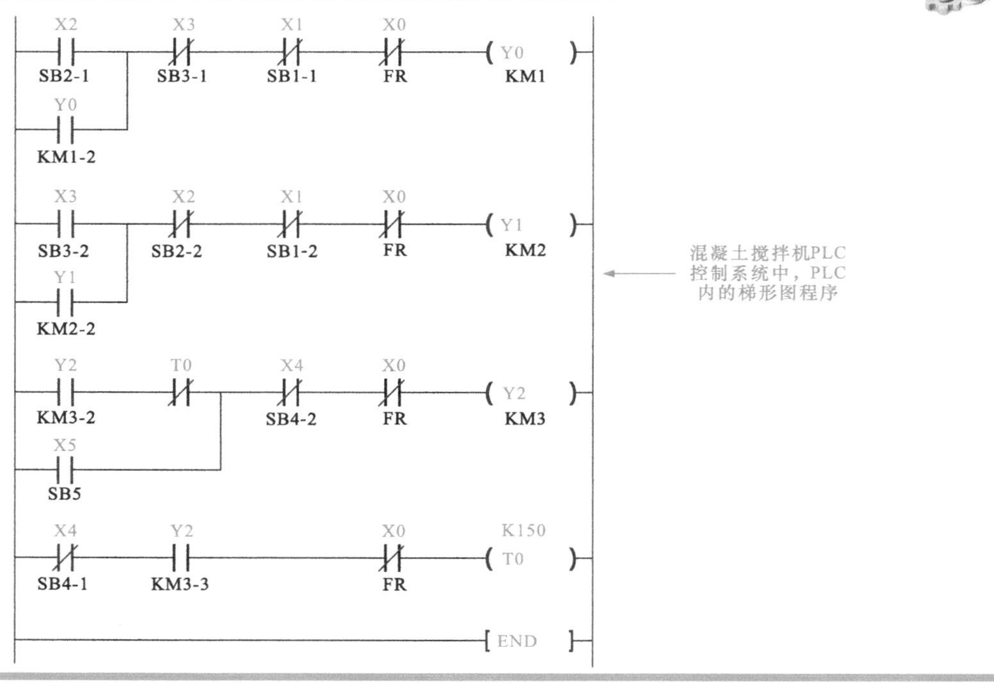




## 13.7.2 混凝土搅拌机 PLC 控制电路的控制过程

将 PLC 输入设备的动作状态与梯形图程序结合，了解 PLC 外接输出设备与电动机主电路之间的控制关系，以及混凝土搅拌机的具体控制过程。

图 13-19 所示为在三菱 PLC 控制下混凝土搅拌机的工作过程。

【1】合上电源总开关 QS，接通三相电源。

【2】按下正向起动按钮 SB2，其触点闭合。

【3】将 PLC 内 X2 的常开触点置 1，即该触点闭合。

【4】PLC 内输出继电器 Y0 线圈得电。

【4-1】输出继电器 Y0 的常开自锁触点 Y0 闭合自锁，确保在松开正向起动按钮 SB2 时，Y0 仍保持得电。

【4-2】控制 PLC 输出接口外接交流接触器 KM1 线圈得电。

【4-2】→【5】带动主电路中交流接触器 KM1 主触点 KM1-1 闭合。

【6】此时电动机接通的相序为 L1、L2、L3，电动机 M1 正向起动运转。

【7】当需要电动机反向运转时，按下反向起动按钮 SB3，PLC 内输入继电器 X3 置“1”。

【7-1】X3 的常闭触点断开。

【7-2】X3 的常开触点闭合。

【7-1】→【8】PLC 内输出继电器 Y0 线圈失电。

【9】KM1 线圈失电，其触点全部复位。

【7-2】→【10】PLC 内输出继电器 Y1 线圈得电。

【10-1】输出继电器 Y1 的常开自锁触点 Y1 闭合自锁，确保松开正向起动按钮 SB3 时，Y1 仍保持得电。

图 13-19　在三菱 PLC 控制下混凝土搅拌机的工作过程

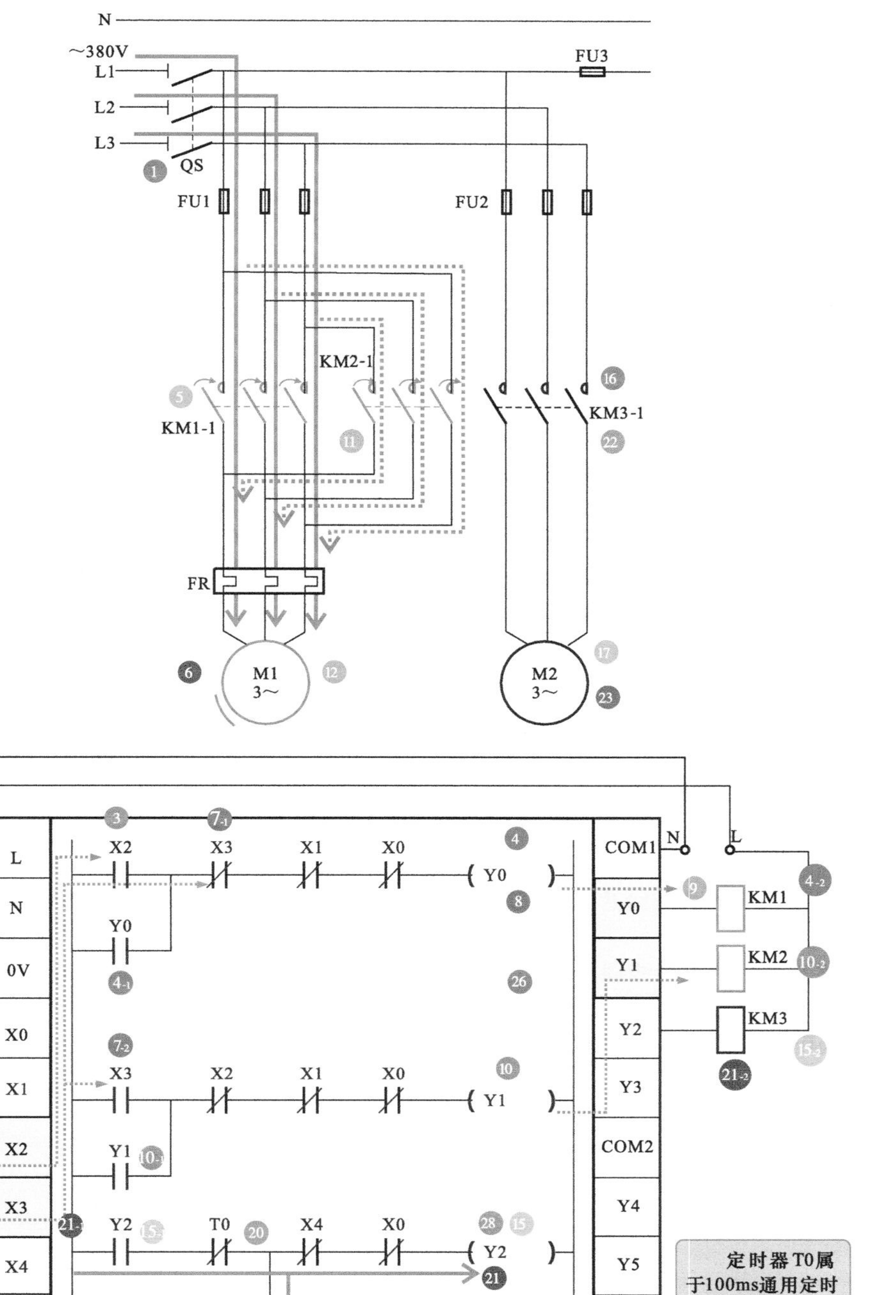


定时器 T0属于100ms通用定时器。当定时器得电后，定时器 T0从0开始对100ms时钟脉冲进行累积计数，当计数值与设定值K150相等时，定时器的常闭触点T0断开，经过的时间为150×0.1s=15s

【10-2】控制 PLC 输出接口外接交流接触器 KM2 线圈得电。

【10-2】→【11】带动主电路中交流接触器 KM2 主触点 KM2-1 闭合。

【12】此时电动机接通的相序为 L3、L2、L1，电动机 M1 反向起动运转。

【13】按下电动机 M2 起动按钮 SB5，其触点闭合。

【14】将 PLC 内输入继电器 X5 置“1”，即 X5 的常开触点闭合。

【15】PLC 内输出继电器 Y2 线圈得电。

【15-1】输出继电器 Y2 的常开自锁触点 Y2 闭合自锁，确保松开正向起动按钮 SB5 时，Y2 仍保持得电。

【15-2】控制 PLC 输出接口外接交流接触器 KM3 线圈得电。

【15-3】控制时间继电器 T0 的常开触点 Y2 闭合。

【15-1】→【16】带动主电路中交流接触器 KM3 主触点 KM3-1 闭合。

【17】此时电动机 M2 接通三相电源，电动机 M2 起动运转，开始注水。

【15-3】→【18】时间继电器 T0 线圈得电。

【19】定时器开始为注水时间计时，计时 15s 后，定时器计时时间到。

【20】定时器控制输出继电器 Y2 的常闭触点断开。

【21】PLC 内输出继电器 Y2 线圈失电。



【21-1】输出继电器 Y2 的常开自锁触点 Y2 复位断开，解除自锁控制，为下一次起动做好准备。

【21-2】控制 PLC 输出接口外接交流接触器 KM3 线圈失电。

【21-3】控制时间继电器 T0 的常开触点 Y2 复位断开。

【21-2】→【22】交流接触器 KM3 主触点 KM3-1 复位断开。

【23】水泵电动机 M2 失电，停转，停止注水操作。

【21-3】→【24】时间继电器 T0 线圈失电，时间继电器所有触点复位，为下一次计时做好准备。

【25】当按下搅拌、上料停机按钮 SB1 时，其将 PLC 内的输入继电器 X1 置 1，即 X1 的常闭触点断开。

【26】输出继电器线圈 Y0 或 Y1 失电，同时常开触点复位断开，PLC 外接交流接触器线圈 KM1 或 KM2 失电，主电路中的主触点复位断开，切断电动机 M1 电源，电动机 M1 停止正向或反向运转。

【27】当按下水泵停止按钮 SB4 时，其将 PLC 内的输入继电器 X4 置 1，即 X4 的常闭触点断开。

【28】输出继电器线圈 Y2 失电，同时其常开触点复位断开，PLC 外接交流接触器线圈 KM3 失电，主电路中的主触点复位断开，切断水泵电动机 M2 电源，停止对滚筒内部进行注水。同时定时器 T0 失电复位。

# 第14章 PLC、变频器与触摸屏综合控制应用

## 14.1 电动机起停 PLC、变频器和触摸屏综合控制系统

### 14.1.1 电动机起停 PLC、变频器与触摸屏综合控制系统的结构

图 14-1 所示为电动机起停 PLC、变频器与触摸屏综合控制系统的结构。

图 14-1 电动机起停 PLC、变频器与触摸屏综合控制系统的结构

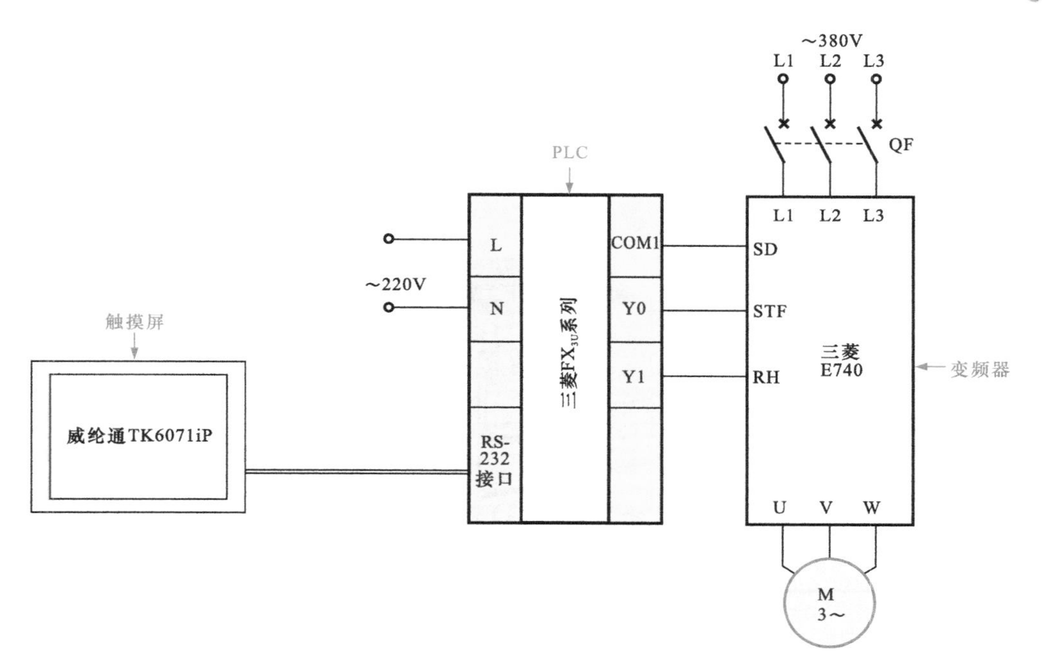


图 14-1 中，触摸屏通过通信接口与 PLC 连接并进行通信，PLC 输出端与变频器控制端子通信连接。在触摸屏上将控制指令输入到 PLC 来控制变频器参数，从而使变频器输出端输出频率符合要求的电源，控制电动机按功能需求运转。

图 14-2 所示为电动机起停 PLC、变频器与触摸屏综合控制系统的接线图。

**| 相关资料 |**

**变频器参数设置：上限频率：50Hz，下限频率：0Hz，加速时间：3s，减速时间：2s。**

#### 1 触摸屏画面各元件对应的 PLC 地址及触摸屏编程

根据控制系统需求，设计触摸屏画面。本案例采用的触摸屏为威纶通 TK6071iP 型，根据触摸屏型号选择相应的组态软件进行画面设计，如图 14-3 所示，并为触摸屏上各元件分配对应的 PLC 地址。

图 14-2　电动机起停 PLC、变频器与触摸屏综合控制系统的接线图

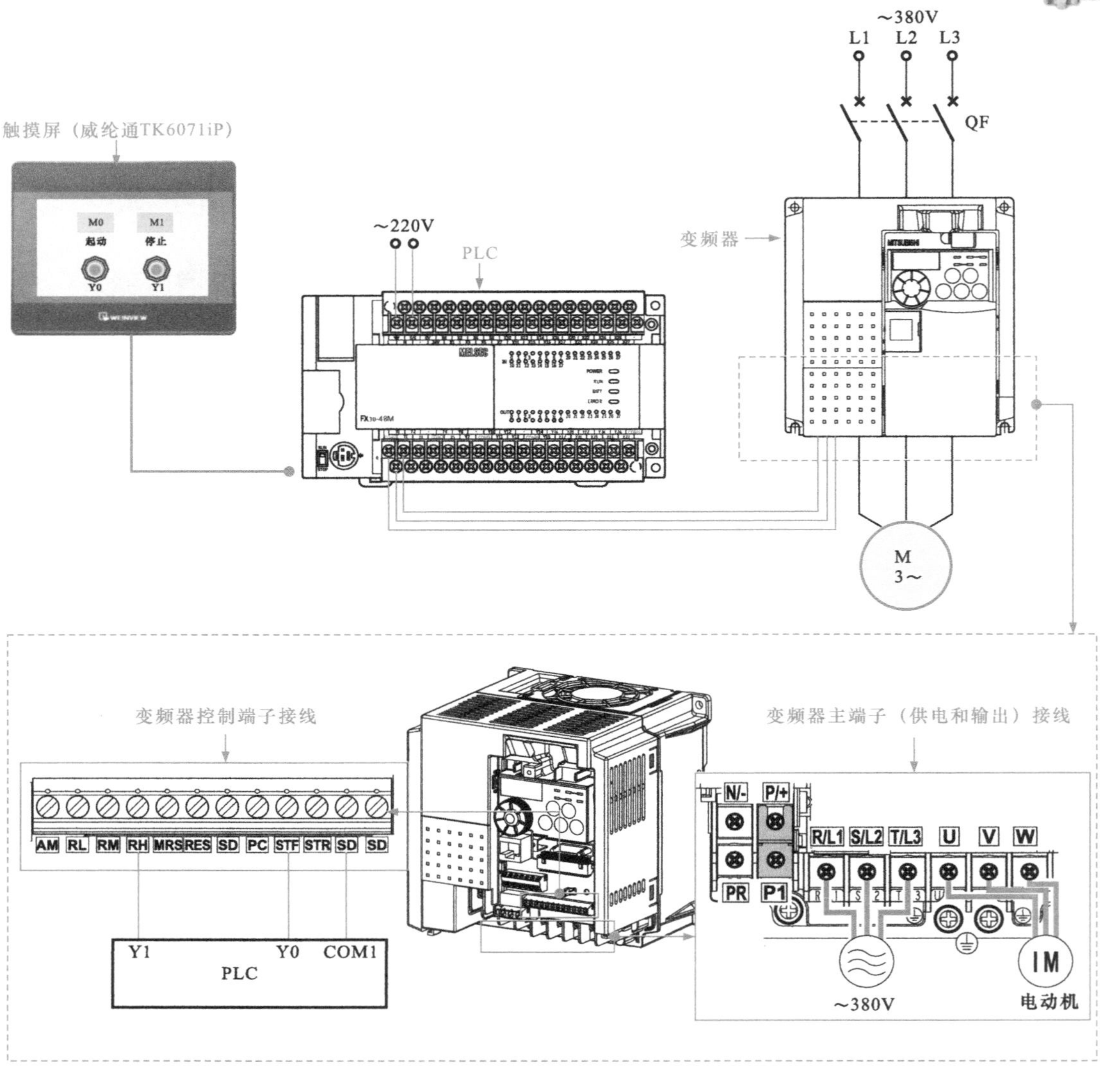
~380V
L1
L2
L3
QF
触摸屏（威纶通TK6071iP）
M0
起动
M1
停止
Y0
Y1
~220V
PLC
FX3U-48M
变频器
M
3~
变频器控制端子接线
AM RL RM RH MRS RES SD PC STF STR SD SD
Y1
Y0
COM1
PLC
变频器主端子（供电和输出）接线
N/-
P/+
PR
P1
R/L1 S/L2 T/L3 U V W
~380V
IM
电动机



图 14-3　电动机起停综合控制系统

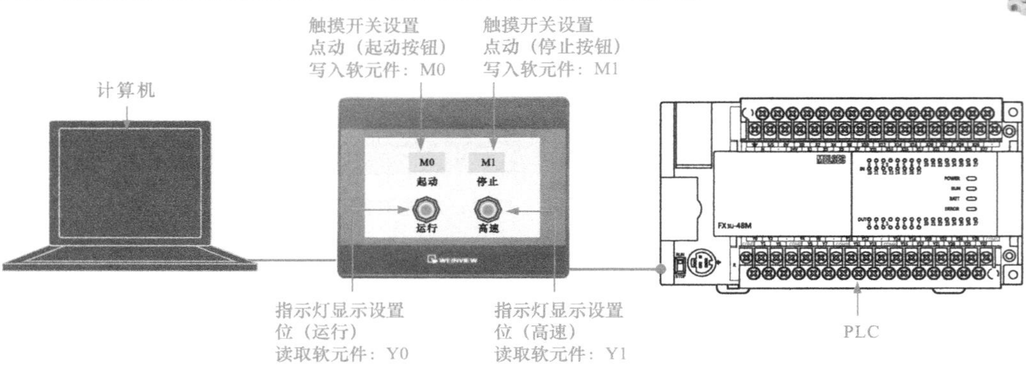
计算机
触摸开关设置
点动（起动按钮）
写入软元件：M0
触摸开关设置
点动（停止按钮）
写入软元件：M1
M0
起动
M1
停止
运行
高速
FX3U-48M
指示灯显示设置
位（运行）
读取软元件：Y0
指示灯显示设置
位（高速）
读取软元件：Y1
PLC

## 2 PLC 的 I/O 分配表和梯形图 PLC 程序

表 14-1 为电动机起停 PLC、变频器与触摸屏综合控制系统的 I/O 分配表。

表 14-1 电动机起停 PLC、变频器与触摸屏综合控制系统的 I/O 分配表

| 输入信号及地址编号 | | | 输出信号及地址编号 | | |
|---|---|---|---|---|---|
| 名称 | 代号 | 输入地址编号 | 名称 | 代号 | 输出地址编号 |
| 触摸屏上的起动按钮 | SB1 | M0 | 变频器正转起动端 | STF | Y0 |
| 触摸屏上的停止按钮 | SB2 | M1 | 变频器高速端 | RH | Y1 |

图 14-4 所示为电动机起停 PLC、变频器与触摸屏综合控制系统中 PLC 内的梯形图。

图 14-4 PLC 控制电动机起停的梯形图

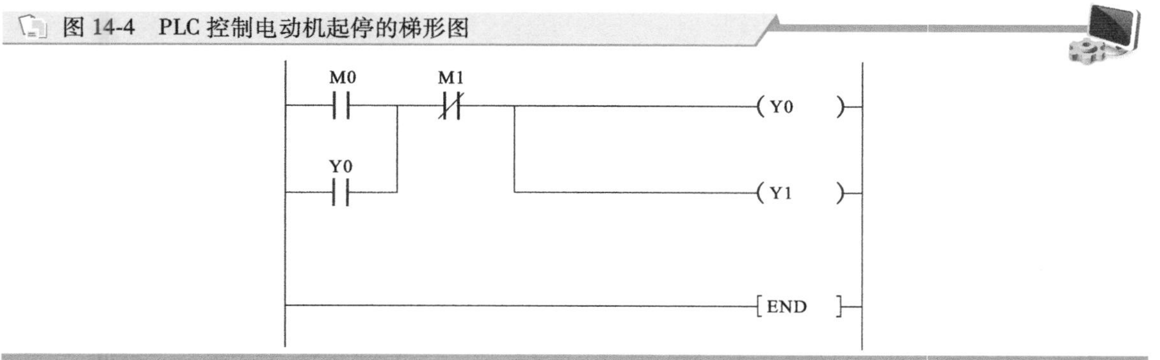




### 14.1.2 电动机起停 PLC、变频器与触摸屏综合控制系统的控制过程

图 14-5 所示为电动机起停 PLC、变频器与触摸屏综合控制系统的控制过程。

图 14-5 电动机起停 PLC、变频器与触摸屏综合控制系统的控制过程

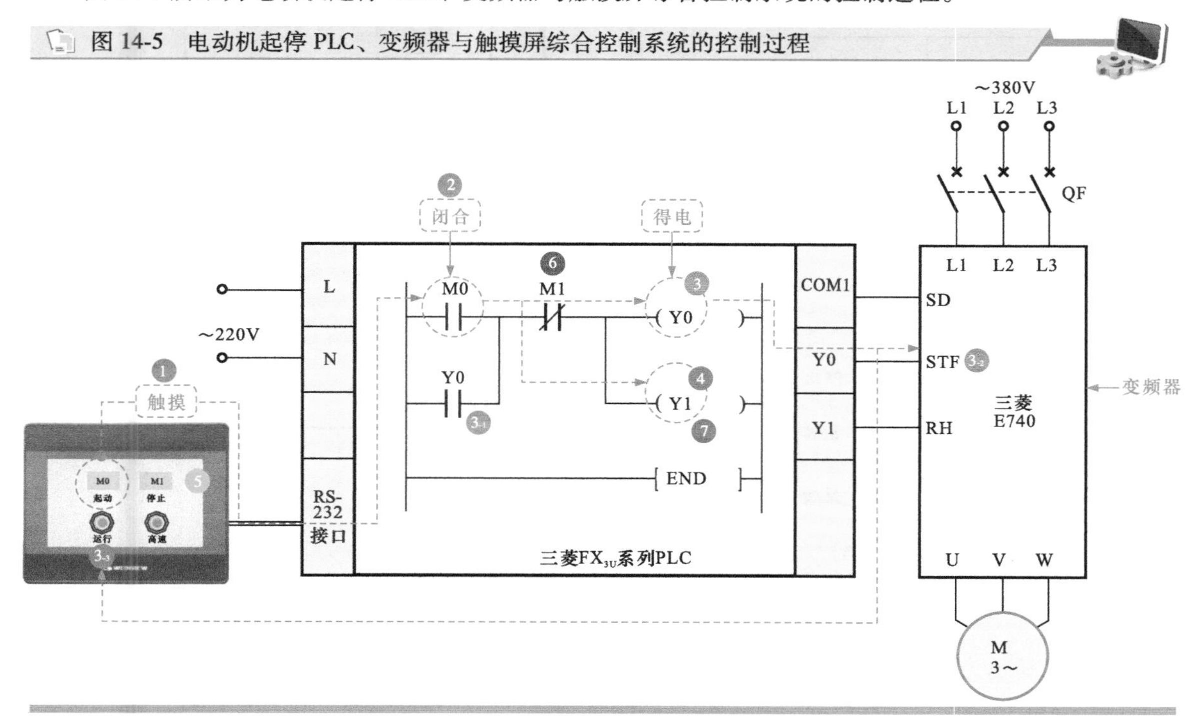

【1】按下触摸屏上的起动按钮 M0，由触摸屏向 PLC 输入起动指令。

【2】将 PLC 内的常开触点 M0 置 1，常开触点 M0 闭合。

【2】→【3】输出继电器 Y0 线圈得电。

【3-1】输出继电器 Y0 的常开触点闭合自锁。

【3-2】PLC 的 Y0 端输出控制信号到变频器的 STF（正转起动）端，由变频器输出起动信号，控制电动机起动运转。

【3-3】触摸屏上的运行指示灯亮。

【2】→【4】输出继电器 Y1 线圈得电。PLC 的 Y1 端输出控制信号到变频器的 RH（高速）端，由变频器输出高速运转驱动信号，控制电动机高速运转。

【5】当需要电动机停机时，按下触摸屏上的停机按钮 M1，由触摸屏向 PLC 输入停止。

【6】将 PLC 内的常闭触点 M1 置 1，常闭触点 M1 断开。

【7】输出继电器 Y0 线圈和输出继电器 Y1 线圈失电，变频器控制端信号消失，输出端停止输出，电动机停止运转。

## 14.2 电动机正反转 PLC、变频器和触摸屏综合控制系统

### 14.2.1 电动机正反转 PLC、变频器与触摸屏综合控制系统的结构

图 14-6 所示为电动机正反转 PLC、变频器与触摸屏综合控制系统的结构。

图 14-6 电动机正反转 PLC、变频器与触摸屏综合控制系统的结构

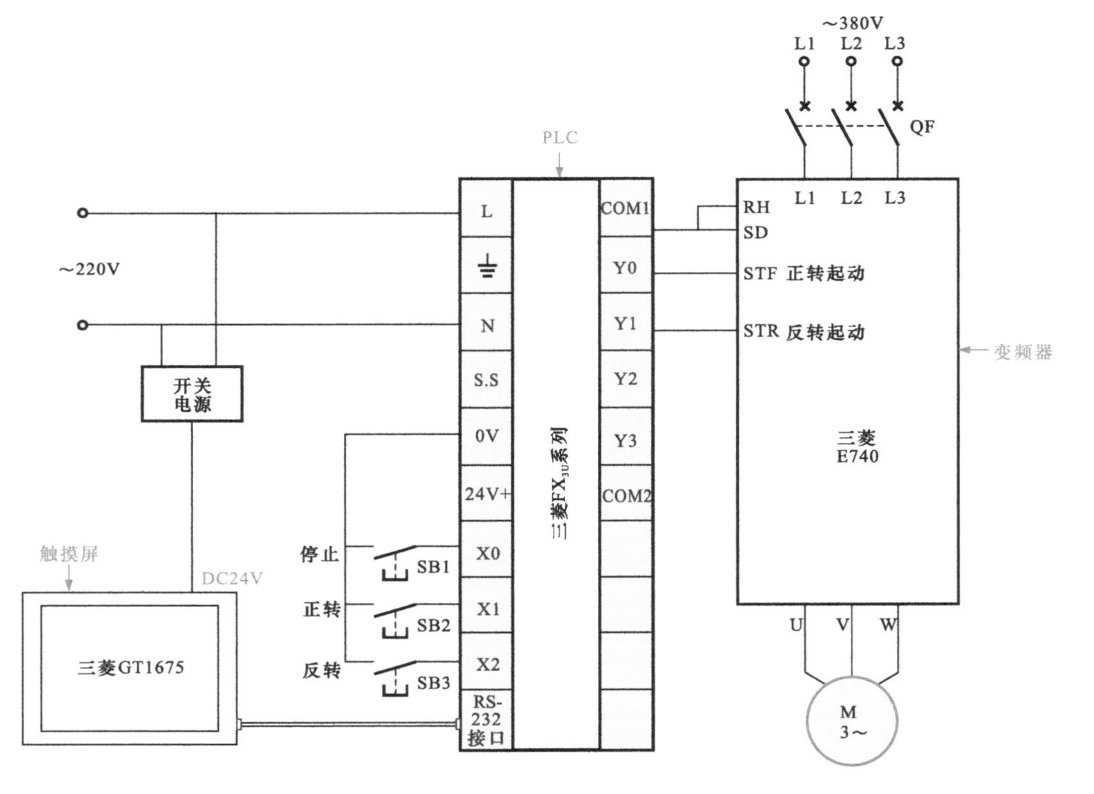


图 14-7 所示为电动机正反转 PLC、变频器与触摸屏综合控制系统的接线图。

图 14-7 电动机正反转 PLC、变频器与触摸屏综合控制系统的接线图

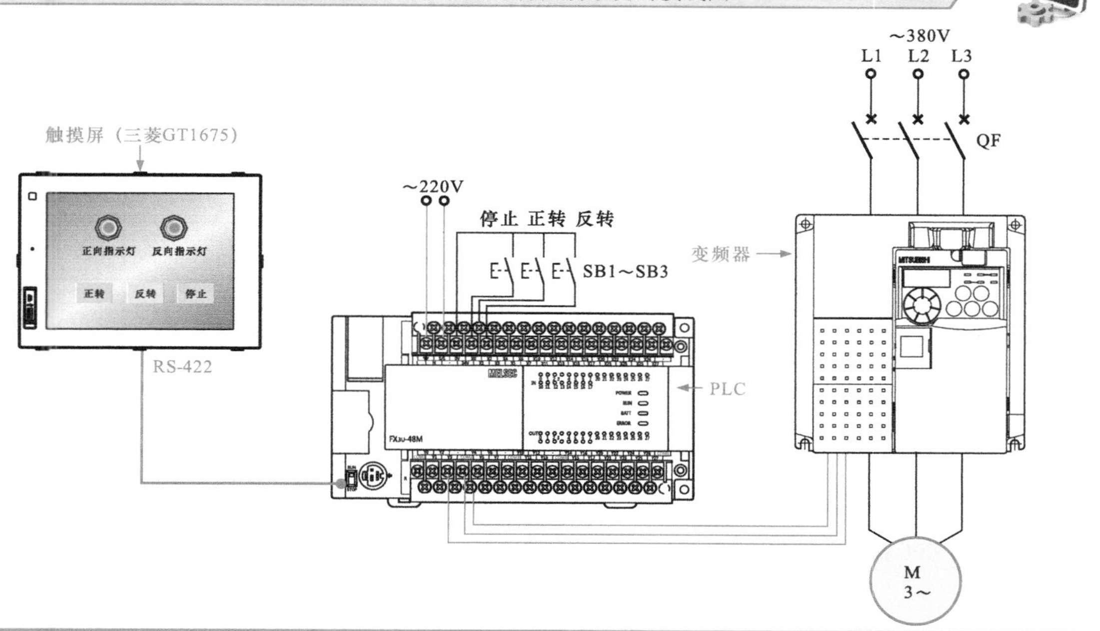




**| 相关资料 |**

设置变频器的各项参数：按变频器操作面板上的“MODE”按钮进入参数设置模式，将 Pr. 79 设置为“2”，即外部操作模式，起动信号由外部端子（STF、STR）输入，转速调节由外部端子输入。连续按“MODE”按钮，退出参数设置模式。

## 1 触摸屏画面各元件对应的 PLC 地址及触摸屏编程

根据控制系统需求，设计触摸屏画面。本案例采用的触摸屏为三菱 GT1675 型，根据触摸屏型号选择相应的组态软件进行画面设计，如图 14-8 所示，并为触摸屏上各元件分配对应的 PLC 地址。

图 14-8 电动机正反转综合控制系统触摸屏画面

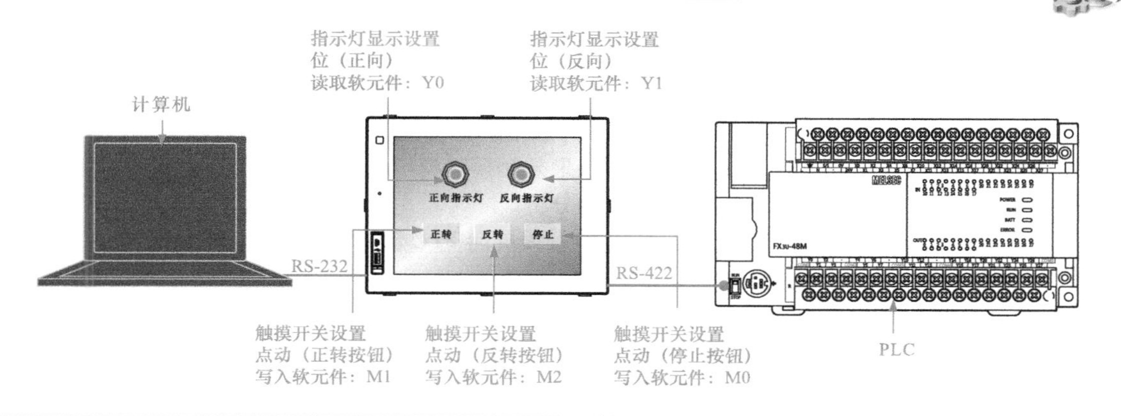


## 2 PLC 的 I/O 分配表和梯形图 PLC 程序

表 14-2 为电动机正反转 PLC、变频器与触摸屏综合控制系统的 I/O 分配表。

表 14-2 电动机正反转 PLC、变频器与触摸屏综合控制系统的 I/O 分配表

| 输入信号及地址编号 | | | 输出信号及地址编号 | | |
|---|---|---|---|---|---|
| 名称 | 代号 | 输入地址编号 | 名称 | 代号 | 输出地址编号 |
| 停止按钮 | SB1 | X0 | 变频器正转起动端 | STF | Y0 |
| 正转按钮 | SB2 | X1 | 变频器反转起动端 | STR | Y1 |
| 反转按钮 | SB3 | X2 | 触摸屏上的正向指示灯 | | Y0 |
| 触摸屏上的停止按钮 | SB4 | M0 | 触摸屏上的反向指示灯 | | Y1 |
| 触摸屏上的正转按钮 | SB5 | M1 | | | |
| 触摸屏上的反转按钮 | SB6 | M2 | | | |

图 14-9 所示为电动机正反转 PLC、变频器与触摸屏综合控制系统中 PLC 内的梯形图。



图 14-9 PLC 控制电动机正反转的梯形图

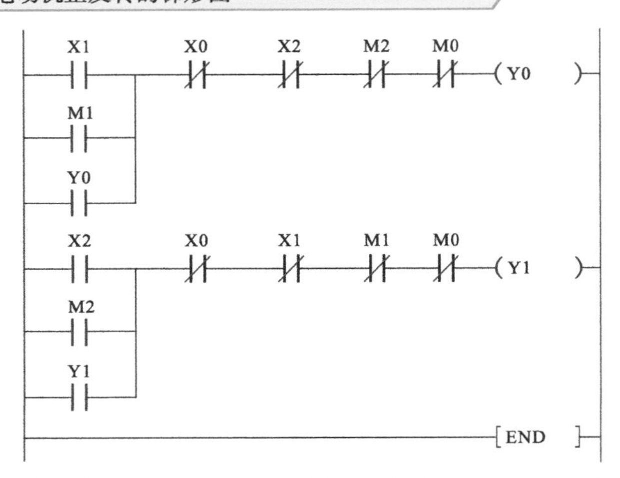


## 14.2.2 电动机正反转 PLC、变频器与触摸屏综合控制系统的控制过程

图 14-10 所示为电动机正反转 PLC、变频器与触摸屏综合控制系统的控制过程。

图 14-10 中，按下按钮 SB1、SB2、SB3 的效果与触摸触摸屏上的“停止”“正转”“反转”按钮的效果一样，下面以触摸屏控制为例进行电路分析。

【1】触摸触摸屏上的“正转”按钮 SB2，由触摸屏向 PLC 输入起动指令。

【2】将 PLC 内的触点 M1 置 1。

【2-1】常开触点 M1 闭合。

【2-2】常闭触点 M1 断开，防止在正转状态下按动反转按钮。

【2-1】→【3】输出继电器 Y0 线圈得电。

【3-1】输出继电器 Y0 的常开触点闭合自锁。

【3-2】PLC 的 Y0 端输出控制信号到变频器的 STF（正转起动）端，由变频器输出正转起动信号，控制电动机正向起动运转。

【3-3】触摸屏上的正转指示灯亮。

【4】触摸触摸屏上的“反转”按钮 SB3，由触摸屏向 PLC 输入起动指令。

图 14-10 电动机正反转 PLC、变频器与触摸屏综合控制系统的控制过程

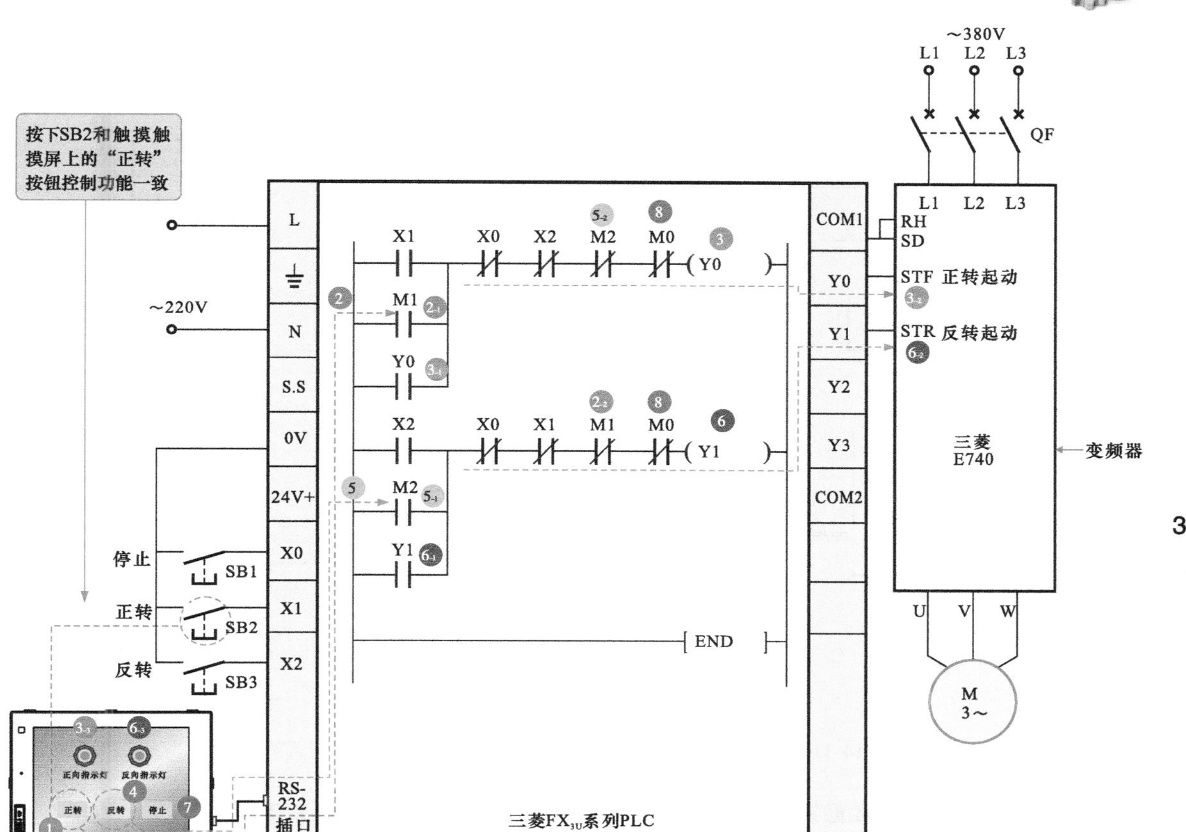




【5】将 PLC 内的触点 M2 置 1。

【5-1】常开触点 M2 闭合。

【5-2】常闭触点 M2 断开，防止在反转状态下按动正转按钮。

【5-1】→【6】输出继电器 Y1 线圈得电。

【6-1】输出继电器 Y1 的常开触点闭合自锁。

【6-2】PLC 的 Y1 端输出控制信号到变频器的 STR（反转起动）端，由变频器输出反转起动信号，控制电动机反向起动运转。

【6-3】触摸屏上的反转指示灯亮。

【7】当需要电动机停止运转时，无论是电动机处于正转还是反转状态，触摸触摸屏上的“停止”按钮 SB1，由触摸屏向 PLC 输入起动指令。

【8】将 PLC 内的常闭触点 M0 置 1，常闭触点 M0 断开，PLC 输出继电器 Y0 或 Y1 失电，变频器停止输出，电动机停转。

**| 相关资料 |**

**图 14-10 所示电路是简单的、控制功能较单一的触摸屏与 PLC、变频器组合控制系统，在实际应用中，触摸屏与 PLC、变频器组合控制系统根据控制需求不同，相对复杂一些，也更具备实用性。例如图 14-11 所示的由触摸屏、PLC 和变频器控制的电动机正反转系统的结构，表 14-3 为其 PLC 的 I/O 分配表，图 14-12 所示为其 PLC 梯形图，由梯形图也可以看出，该系统控制功能更完整丰富。**

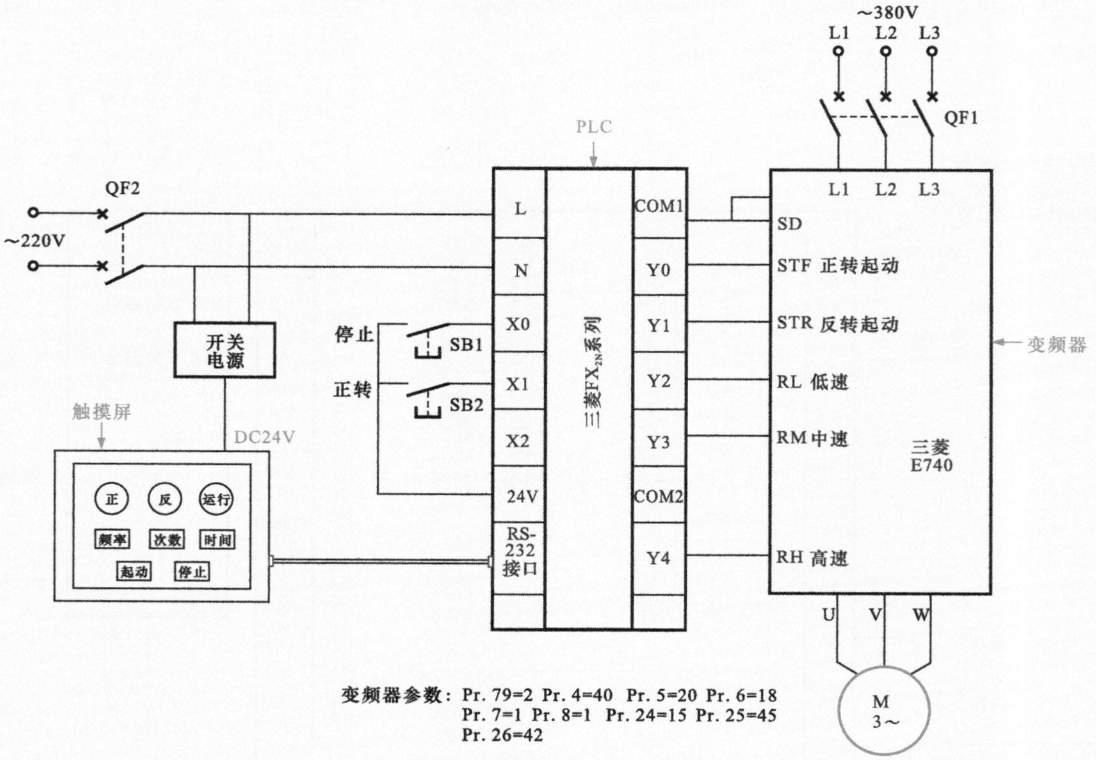

变频器参数：Pr. 79=2 Pr. 4=40 Pr. 5=20 Pr. 6=18
Pr. 7=1 Pr. 8=1 Pr. 24=15 Pr. 25=45
Pr. 26=42

图 14-11　由触摸屏、PLC 和变频器控制的电动机正反转系统

**表 14-3　由触摸屏、PLC 和变频器控制的电动机正反转系统的 I/O 分配表**

| 输入信号及地址编号 | | | 输出信号及地址编号 | | |
|---|---|---|---|---|---|
| 名称 | 代号 | 输入地址编号 | 名称 | 代号 | 输出地址编号 |
| 停止按钮 | SB1 | X0 | 正转 | STF | Y0 |
| 正转按钮 | SB2 | X1 | 反转 | STR | Y1 |
| 触摸屏上的起动按钮 | SB4 | M0（开关量） | 低速 | RL | Y2 |
| 触摸屏上的停止按钮 | SB5 | M1（开关量） | 中速 | RM | Y3 |
| | | | 高速 | RH | Y4 |
| | | | 触摸屏上的正转指示 | | Y0（开关量） |
| | | | 触摸屏上的反转指示 | | Y1（开关量） |
| | | | 触摸屏上的运行指示 | | M2（开关量） |
| | | | 触摸屏上的频率显示 | | D0（数字量） |
| | | | 触摸屏上的运行时间显示 | | T0（数字量） |
| | | | 触摸屏上的运行次数显示 | | C0（数字量） |

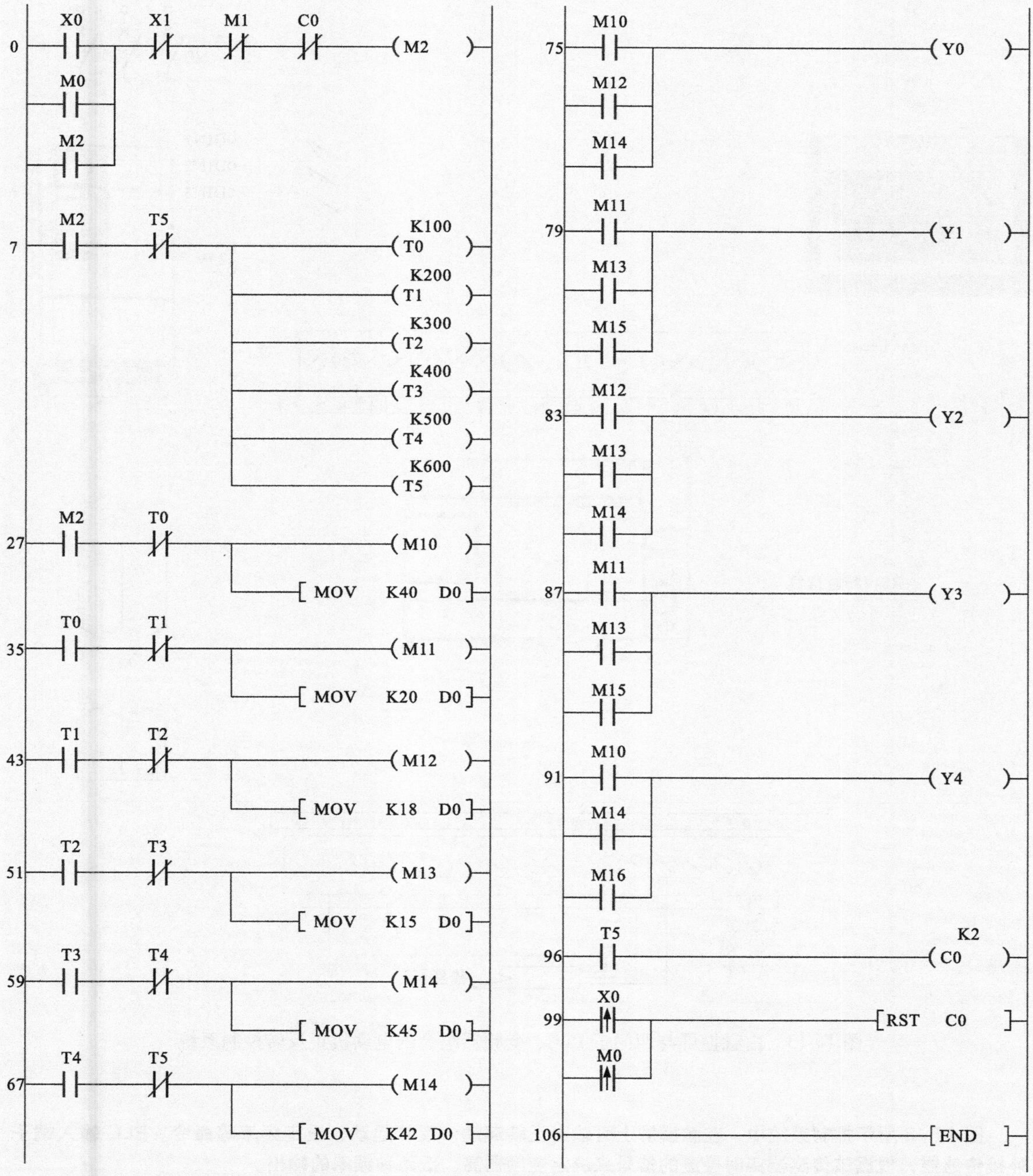

```
0    X0 ┤├ (M0 ┤├, M2 ┤├ 并联) — X1 ┤/├ — M1 ┤/├ — C0 ┤/├ —(M2)
7    M2 ┤├ — T5 ┤/├ —(T0 K100) —(T1 K200) —(T2 K300) —(T3 K400) —(T4 K500) —(T5 K600)
27   M2 ┤├ — T0 ┤/├ —(M10)  —[MOV K40 D0]
35   T0 ┤├ — T1 ┤/├ —(M11)  —[MOV K20 D0]
43   T1 ┤├ — T2 ┤/├ —(M12)  —[MOV K18 D0]
51   T2 ┤├ — T3 ┤/├ —(M13)  —[MOV K15 D0]
59   T3 ┤├ — T4 ┤/├ —(M14)  —[MOV K45 D0]
67   T4 ┤├ — T5 ┤/├ —(M14)  —[MOV K42 D0]
75   M10 ┤├ / M12 ┤├ / M14 ┤├ —(Y0)
79   M11 ┤├ / M13 ┤├ / M15 ┤├ —(Y1)
83   M12 ┤├ / M13 ┤├ / M14 ┤├ —(Y2)
87   M11 ┤├ / M13 ┤├ / M15 ┤├ —(Y3)
91   M10 ┤├ / M14 ┤├ / M16 ┤├ —(Y4)
96   T5 ┤├ —(C0 K2)
99   X0 ┤↑├ / M0 ┤↑├ —[RST C0]
106  —[END]
```

图 14-12 由触摸屏、PLC 和变频器控制的电动机正反转系统中的 PLC 梯形图

不同品牌和型号触摸屏与 PLC、变频器组合，可构成不同的电动机正反转控制系统，如图 14-13、图 14-14 所示。

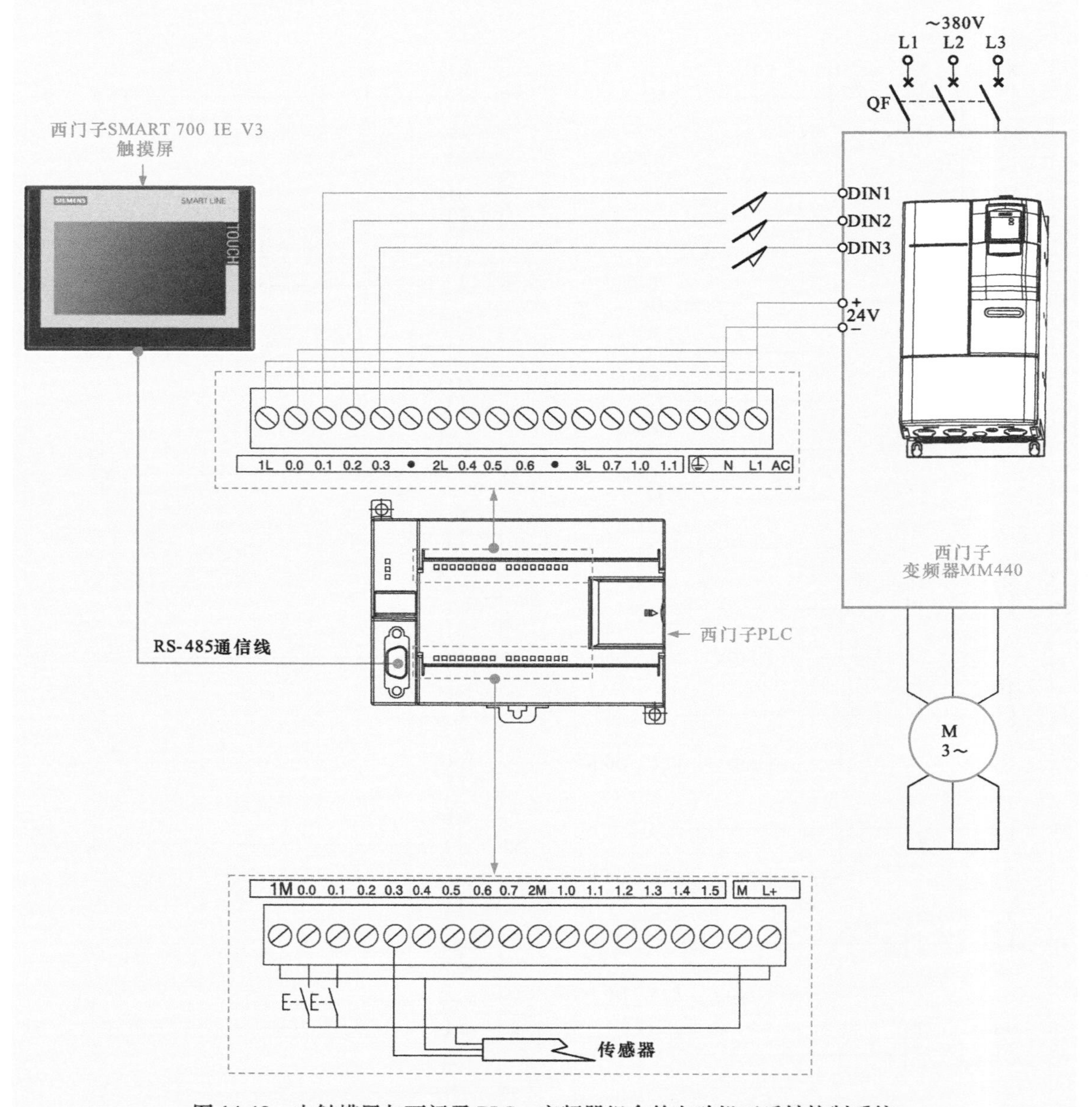


图 14-13 由触摸屏与西门子 PLC、变频器组合的电动机正反转控制系统

图 14-13 所示控制系统中，在触摸屏上可输出正转起动、反转起动、设定频率等命令。PLC 输入端子外接传感器，根据该传感器实时检测的信号来决定变频器高、低两种频率的输出。

图 14-14 所示控制系统中，在触摸屏上可输出正转起动、反转起动、设定频率等命令。PLC 主机与模拟量扩展模块 EM235 连接，并通过相应输出端子与变频器关联。该控制系统可通过触摸屏进行正转起动、反转起动和设定频率等操作，且触摸屏可显示出变频器当前的输出频率及输出的电动机驱动方向。

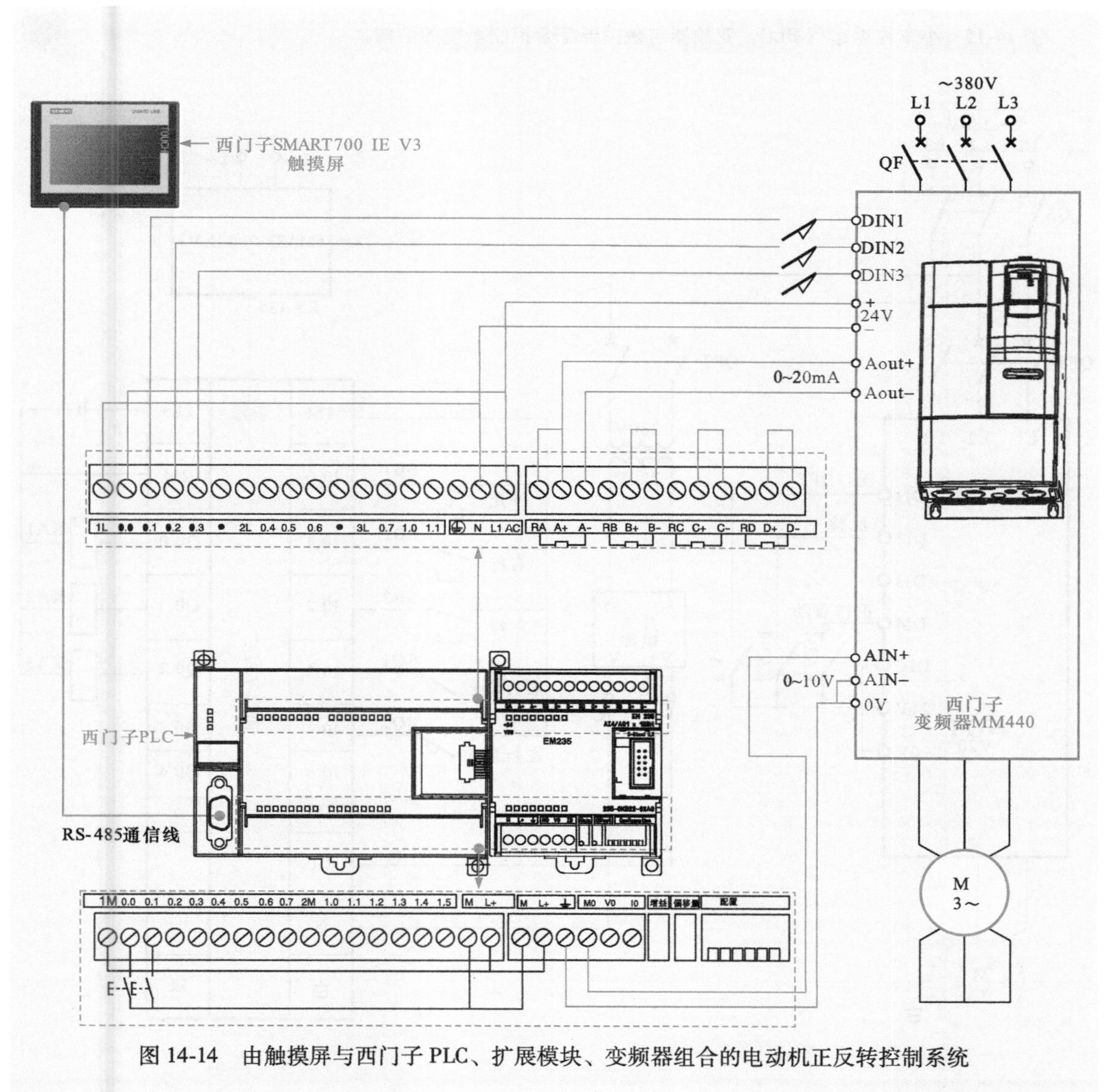


图 14-14 由触摸屏与西门子 PLC、扩展模块、变频器组合的电动机正反转控制系统



## 14.3 小车往返运行 PLC、变频器与触摸屏综合控制系统

### 14.3.1 小车往返运行 PLC、变频器与触摸屏综合控制系统的结构

小车往返运行综合控制系统中，要求按下向右按钮，小车向右行驶，当右行到终点时，碰到限位开关 SQ1，小车停止。停留一段时间后，自动向左行驶，当左行到起点时，碰到限位开关 SQ2，小车停止。停留一段时间后，又开始自动向右行驶，如此往返运行。当按下停止按钮时，小车立即停止。通过触摸屏操作可实现上述控制功能，小车在起点，终点两地的停留时间可通过触摸屏设定。图 14-15 所示为小车往返运行 PLC、变频器与触摸屏综合控制系统的结构。

图 14-15 小车往返运行 PLC、变频器与触摸屏综合控制系统的结构

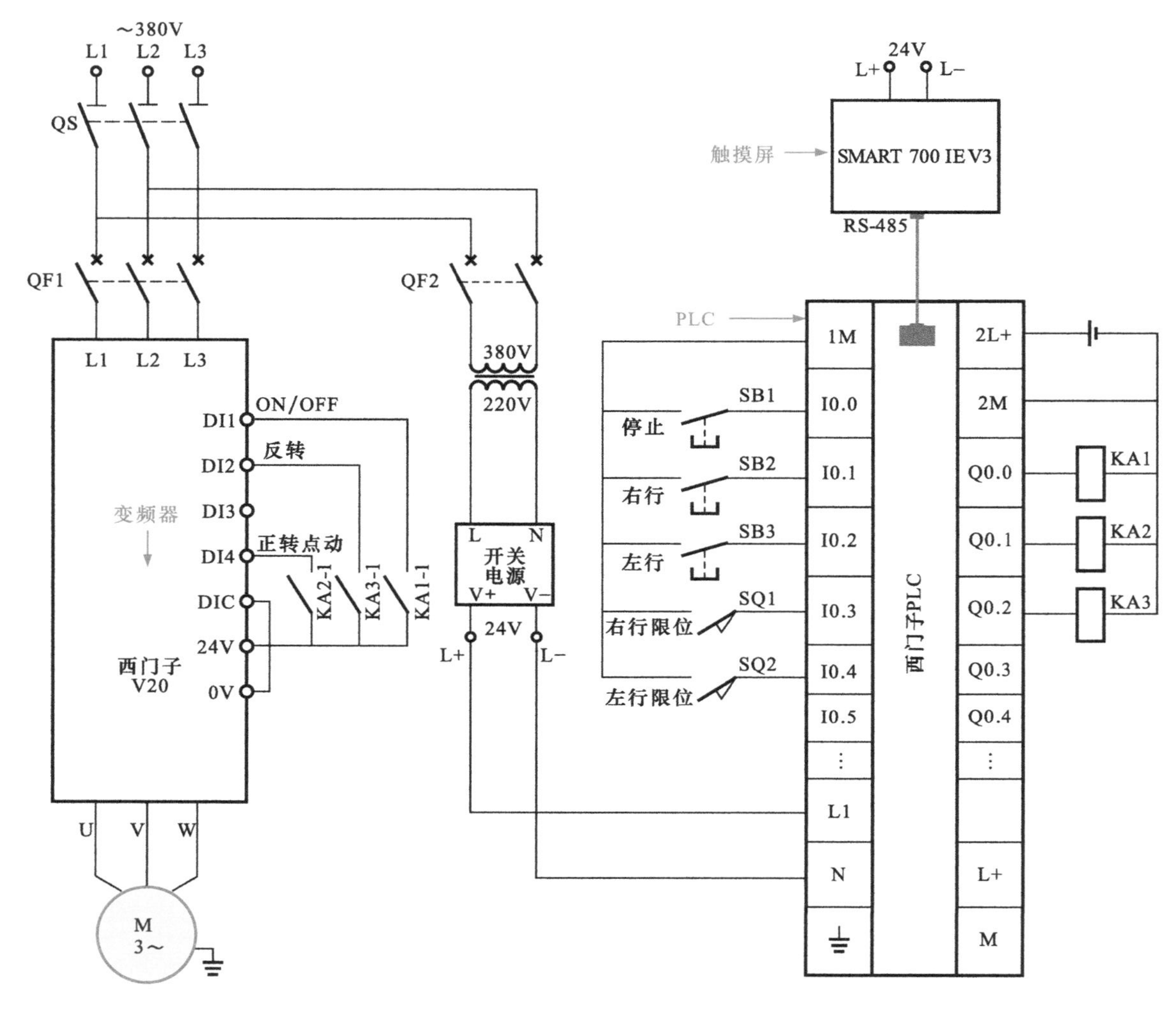




图 14-16 所示为小车往返运行 PLC、变频器与触摸屏综合控制系统的接线图。

**| 相关资料 |**

**图 14-16 所示控制系统中，PLC 采用西门子 PLC，其 CPU 集成 1 个 RS-485 接口，可以与变频器、触摸屏等第三方设备通信，具有 24 个输入端口、16 个输出端口，输出模式为晶体管输出，响应快。**

**触摸屏采用西门子 SMART 700 IE V3，适用于小型自动化系统。该触摸屏采用增强型 CPU 和存储器，性能大幅提升。**

**变频器采用经济、可靠的西门子 SINAMICS V20，该变频器可通过简单的参数设定实现预定功能。**

**图 14-15、图 14-16 所示控制系统中，变频器的各项参数设置如下：**

**P0700［0］（选择命令源）：2（以端子为命令源），P1000［0］（选择频率）：3，P0701［0］（数字量输入 1 的功能）：1（ON/OFF 命令），P0702［0］（数字量输入 2 的功能）：12（反转），P0704［0］（数字量输入 4 的功能）：10（正转点动）。**

**图 14-17 所示为西门子 SINAMICS V20 变频器接线示意图。**

图 14-16 小车往返运行 PLC、变频器与触摸屏综合控制系统的接线图

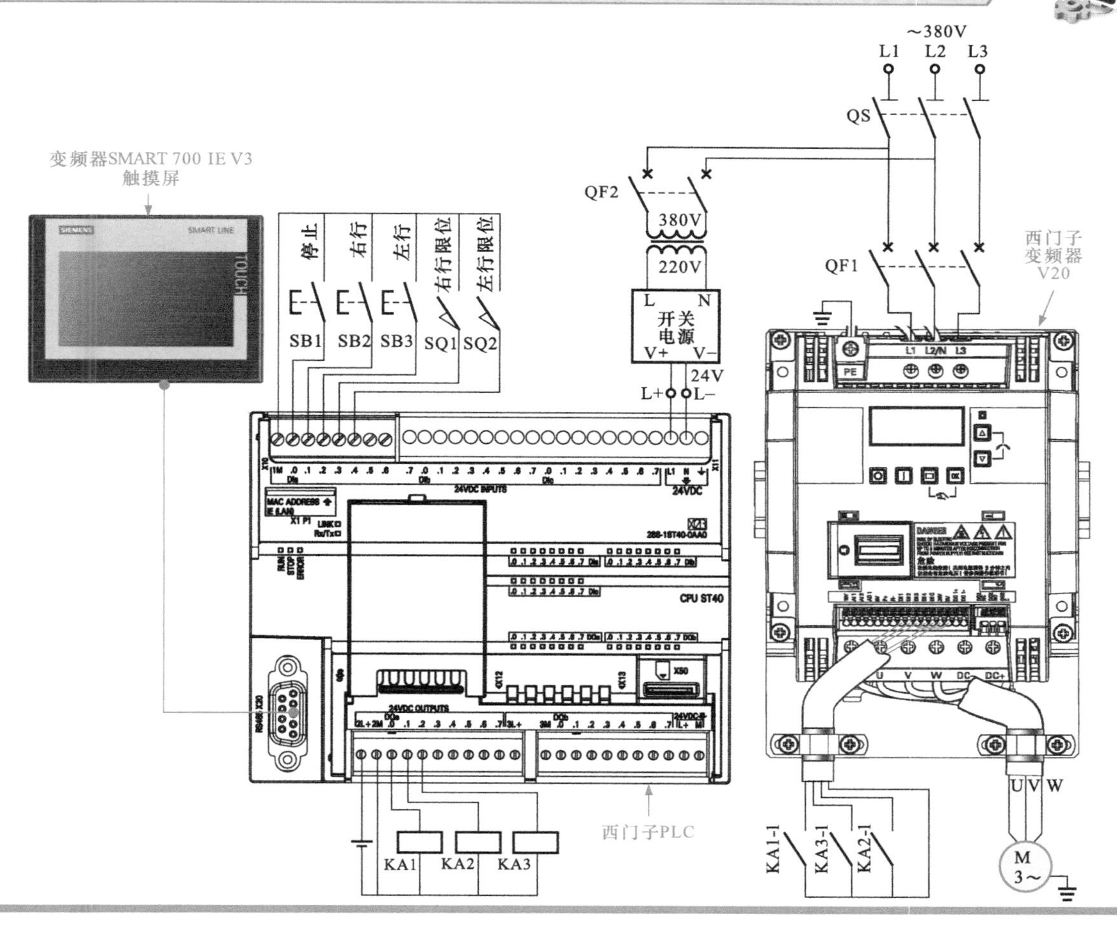




图 14-17 西门子 SINAMICS V20 变频器接线示意图

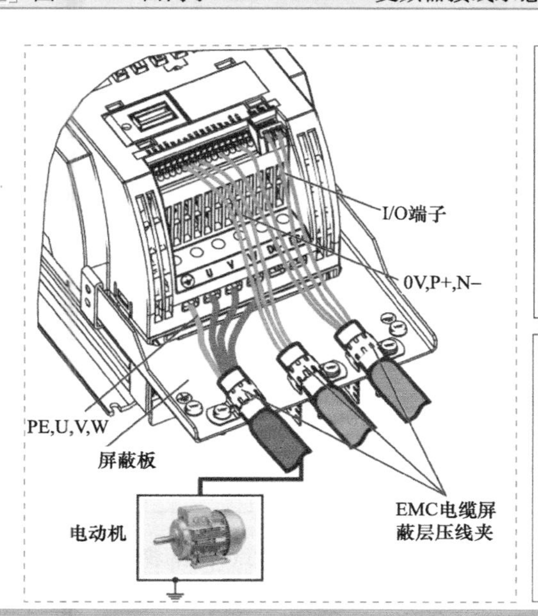


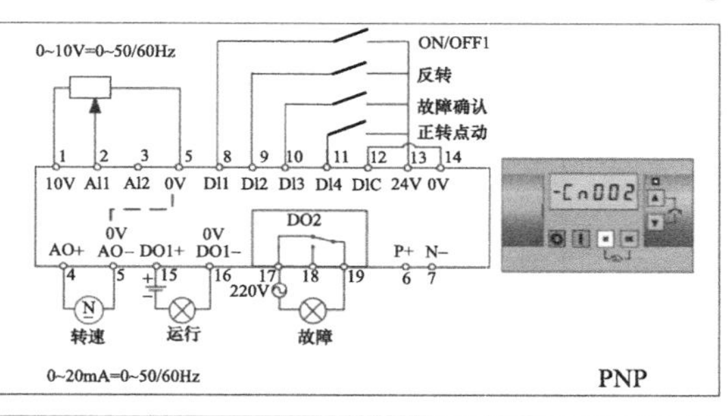


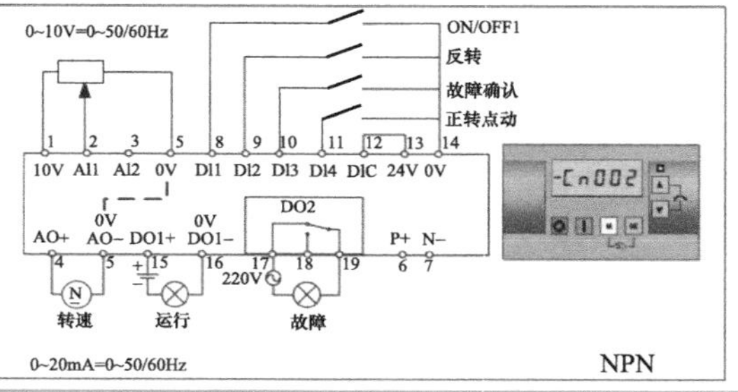

## 1 触摸屏画面各元件对应的 PLC 地址及触摸屏编程

根据控制系统需求，设计触摸屏画面。本案例采用的触摸屏为西门子 SMART 700 IE V3 型，根据触摸屏型号选择相应的组态软件进行画面设计，如图 14-18 所示，并为触摸屏上各元件分配对应的 PLC 地址。

图 14-18 小车往返运行综合控制系统触摸屏画面

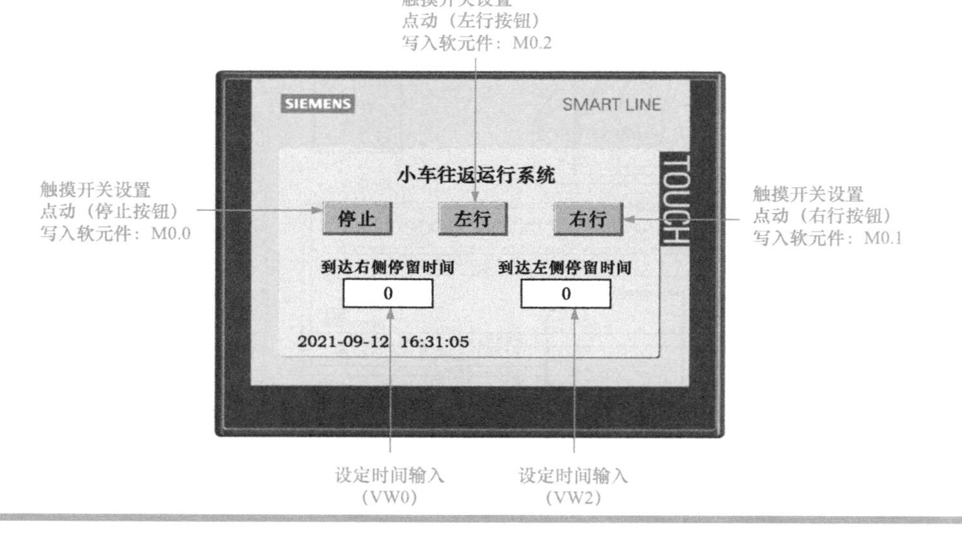




## 2 PLC 的 I/O 分配表和梯形图 PLC 程序

表 14-4 为小车往返运行 PLC、变频器与触摸屏综合控制系统的 I/O 分配表。

表 14-4 小车往返运行 PLC、变频器与触摸屏综合控制系统的 I/O 分配表

| 输入信号及地址编号 | | | 输出信号及地址编号 | | |
|---|---|---|---|---|---|
| 名称 | 代号 | 输入地址编号 | 名称 | 代号 | 输出地址编号 |
| 停止按钮 | SB1 | I0. 0 | 变频器起动 | | Q0. 0 |
| 右行按钮 | SB2 | I0. 1 | 变频器正转点动控制 | | Q0. 1 |
| 左行按钮 | SB3 | I0. 2 | 变频器反转控制 | | Q0. 2 |
| 右行限位开关 | SQ1 | I0. 3 | 触摸屏到达右侧停留时间设定 | | VW0 |
| 左行限位开关 | SQ2 | I0. 4 | 触摸屏到达左侧停留时间设定 | | VW2 |
| 触摸屏上的停止按钮 | | M0. 0 | | | |
| 触摸屏上的右行按钮 | | M0. 1 | | | |
| 触摸屏上的左行按钮 | | M0. 2 | | | |

图 14-19 所示为小车往返运行 PLC、变频器与触摸屏综合控制系统中 PLC 内的梯形图。

图 14-19 小车往返运行 PLC、变频器与触摸屏综合控制系统中 PLC 内的梯形图

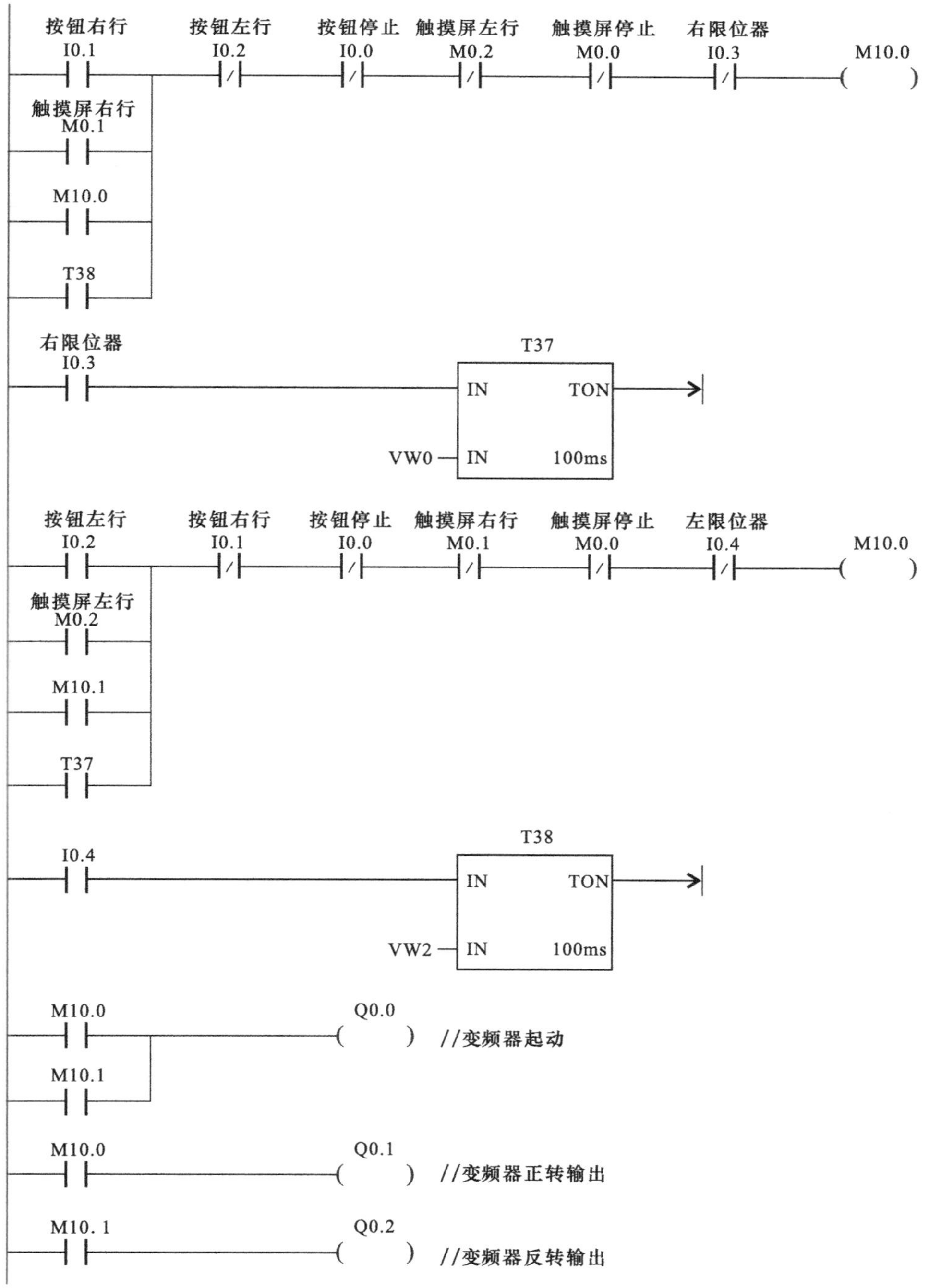

按钮右行 I0.1 / 触摸屏右行 M0.1 / M10.0 / T38 — 按钮左行 I0.2 — 按钮停止 I0.0 — 触摸屏左行 M0.2 — 触摸屏停止 M0.0 — 右限位器 I0.3 — M10.0

右限位器 I0.3 — T37 IN TON; VW0 — IN 100ms

按钮左行 I0.2 / 触摸屏左行 M0.2 / M10.1 / T37 — 按钮右行 I0.1 — 按钮停止 I0.0 — 触摸屏右行 M0.1 — 触摸屏停止 M0.0 — 左限位器 I0.4 — M10.0

I0.4 — T38 IN TON; VW2 — IN 100ms

M10.0 / M10.1 — Q0.0 //变频器起动

M10.0 — Q0.1 //变频器正转输出

M10. 1 — Q0.2 //变频器反转输出



## 14.3.2 小车往返运行 PLC、变频器与触摸屏综合控制系统的工作过程

图 14-20 所示为小车往返运行 PLC、变频器与触摸屏综合控制系统的控制过程。

图 14-20 小车往返运行 PLC、变频器与触摸屏综合控制系统的控制过程

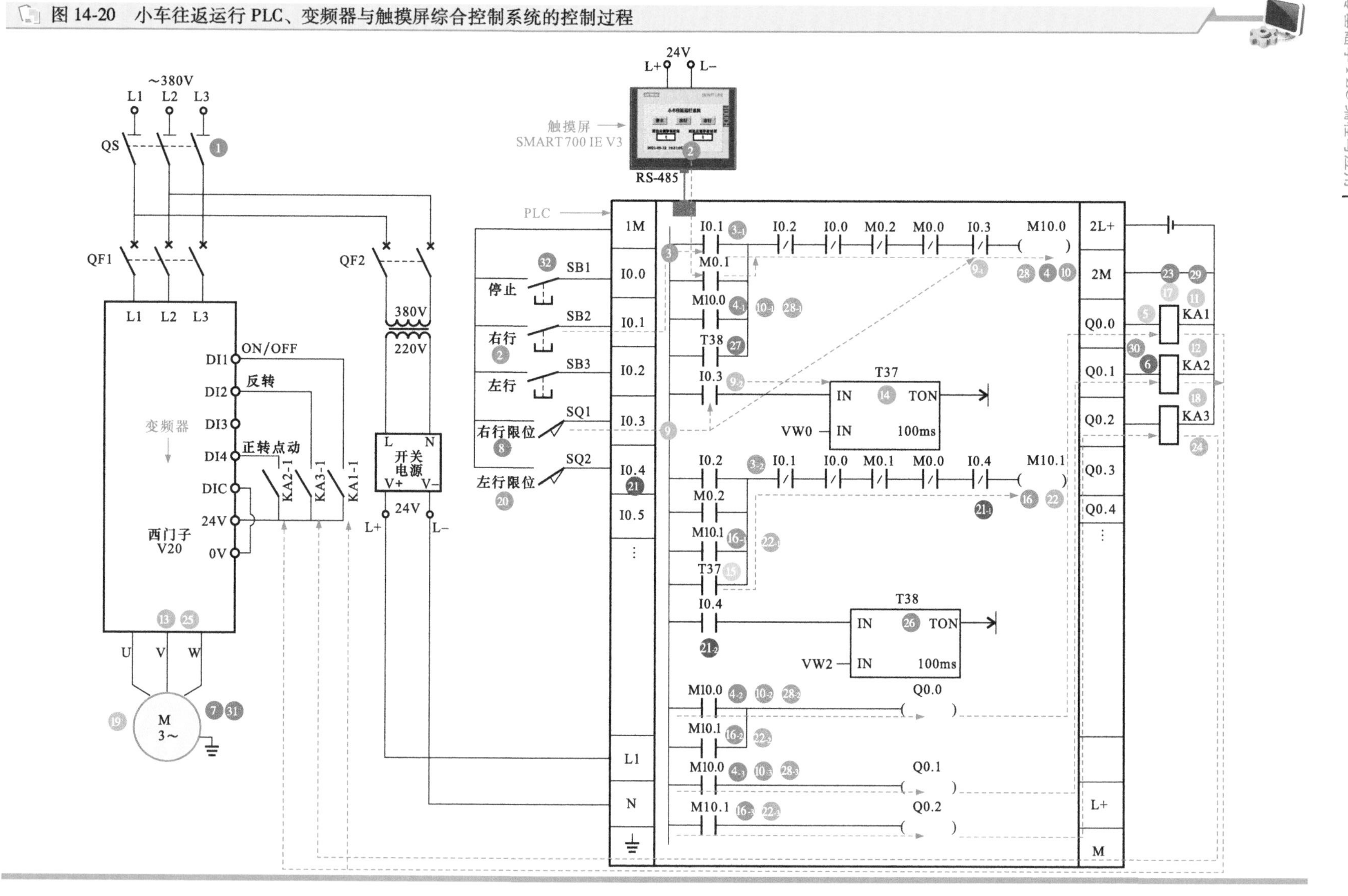

【1】闭合电源总开关 QS，闭合断路器 QF1、QF2，电路系统得电。
【2】触摸触摸屏上的“右行”按钮，或按下 PLC 输入端子外接的右行控制按钮 SB2。
【2】→【3】将 PLC 内输入继电器 M0.1 或 I0.1 置 1。
【3-1】M0.1 或 I0.1 的常开触点闭合。
【3-2】M0.1 或 I0.1 的常闭触点断开，防止误操作。
【3-1】→【4】PLC 内部寄存器 M10.0 线圈得电。
【4-1】自锁常开触点 M10.0 闭合，实现自锁控制。
【4-2】控制输出继电器 Q0.0 的常开触点 M10.0 闭合。
【4-3】控制输出继电器 Q0.1 的常开触点 M10.0 闭合。
【4-2】→【5】PLC 外接中间继电器 KA1 线圈得电，其常开触点 KA1-1 闭合。
【4-3】→【6】PLC 外接中间继电器 KA2 线圈得电，其常开触点 KA2-1 闭合。
【5】+【6】→【7】变频器起动，并输出正转控制信号，驱动电动机正向起动运转，带动小车向右侧运行。
【8】当小车向右运行到限位开关 SQ1 位置时，PLC 外接 SQ1 触点闭合。
【9】PLC 内输入继电器 I0.3 动作。



【9-1】常闭触点 I0.3 断开。
【9-2】常开触点 I0.3 闭合。
【9-1】→【10】PLC 内部寄存器 M10.0 失电。
【10-1】自锁常开触点 M10.0 复位断开，解除自锁。
【10-2】控制输出继电器 Q0.0 的常开触点 M10.0 复位断开。
【10-3】控制输出继电器 Q0.1 的常开触点 M10.0 复位断开。
【10-2】→【11】PLC 外接中间继电器 KA1 线圈失电，其常开触点 KA1-1 复位断开。
【10-3】→【12】PLC 外接中间继电器 KA2 线圈失电，其常开触点 KA2-1 复位断开。
【11】+【12】→【13】变频器停止输出，电动机停转。
【9-2】→【14】定时器 T37 线圈得电。开机计时（计时时间由触摸屏设定）。
【15】当计时时间到，即小车在右侧停留设定的时间后，定时器 T37 延时闭合的常开触点 T37 闭合。
【15】→【16】PLC 内部寄存器 M10.1 线圈得电。
【16-1】自锁常开触点 M10.1 闭合，实现自锁控制。
【16-2】控制输出继电器 Q0.0 的常开触点 M10.1 闭合。
【16-3】控制输出继电器 Q0.2 的常开触点 M10.1 闭合。
【16-2】→【17】PLC 外接中间继电器 KA1 线圈得电，其常开触点 KA1-1 闭合。
【16-3】→【18】PLC 外接中间继电器 KA3 线圈得电，其常开触点 KA3-1 闭合。
【17】+【18】→【19】变频器起动，并输出反转控制信号，驱动电动机反向起动运转，带动小车向左侧运行。
【20】当小车向左运行到限位开关 SQ2 位置时，PLC 外接 SQ2 触点闭合。
【21】PLC 内输入继电器 I0.4 动作。
【21-1】常闭触点 I0.4 断开。
【21-2】常开触点 I0.4 闭合。
【21-1】→【22】PLC 内部寄存器 M10.1 失电。
【22-1】自锁常开触点 M10.1 复位断开，解除自锁。
【22-2】控制输出继电器 Q0.0 的常开触点 M10.1 复位断开。
【22-3】控制输出继电器 Q0.2 的常开触点 M10.1 复位断开。
【22-2】→【23】PLC 外接中间继电器 KA1 线圈失电，其常开触点 KA1-1 复位断开。

【22-3】→【24】PLC 外接中间继电器 KA3 线圈失电，其常开触点 KA3-1 复位断开。

【23】+【24】→【25】变频器停止输出，电动机停转。

【21-2】→【26】定时器 T38 线圈得电。开机计时（计时时间由触摸屏设定）。

【27】当计时时间到，即小车在右侧停留设定的时间后，定时器 T38 延时闭合的常开触点 T38 闭合。

【27】→【28】PLC 内部寄存器 M10.0 线圈得电。

【28-1】自锁常开触点 M10.0 闭合，实现自锁控制。

【28-2】控制输出继电器 Q0.0 的常开触点 M10.0 闭合。

【28-3】控制输出继电器 Q0.1 的常开触点 M10.0 闭合。

【28-2】→【29】PLC 外接中间继电器 KA1 线圈得电，其常开触点 KA1-1 闭合。

【28-3】→【30】PLC 外接中间继电器 KA2 线圈得电，其常开触点 KA2-1 闭合。

【29】+【30】→【31】变频器起动，并输出正转控制信号，驱动电动机正向起动运转，带动小车再次向右侧运行，如此自动往返运行。

【32】当小车运行中需要停机时，触摸触摸屏上的“停止”按钮，或按下 PLC 输入端子外接的停止控制按钮 SB1，PLC 内部常闭触点 M0.0 或 I0.0 断开，PLC 无输出，变频器停止输出，电动机停转，小车停止运行。



## 14.4 自动滑台机床 PLC、变频器与触摸屏综合控制系统

自动滑台机床是一种组合机床设备。由 PLC、变频器与触摸屏综合控制的自动滑台机床主要实现工作台工进、横向退刀、纵向退刀，横进四个操作，并自动连续循环这四个操作。

### 14.4.1 自动滑台机床 PLC、变频器与触摸屏综合控制系统的结构

图 14-21 所示为自动滑台机床 PLC、变频器与触摸屏综合控制系统的结构。

图 14-21 所示电路中，当自动滑台机床的滑台在 A 点（原始位置）时，按下起动按钮，工进电动机以 35Hz 正转运行，进行切削加工，同时由接触器 KM 控制的主轴电动机（动力头电动机）起动。2s 后滑台到达 B 点，SQ2 动作，工进结束，工进电动机停止，同时主轴电动机（动力头电动机）停止工作。滑台停止 2s 后，横退电磁阀 YV1 得电，滑台横向退刀，1s 后，滑台到达 C 点，SQ3 被压合，电磁阀 YV1 失电，横退结束。接着，纵退电动机以 45Hz 反转运行，滑台纵向退刀。2s 后，滑台退到 D 点，SQ4 被压合，纵向退刀结束，滑台横进电磁阀 YV2 得电，1s 后，滑台横进到 A 点，当碰到 SQ1 时，SQ1 被压合，YV2 失电，完成一次循环，自动进入下一次循环，连续运行。

按下停止按钮，滑台停止，根据加工工艺要求，滑台回到原点，压合 SQ1 后停止；当需要再次起动时，按下起动按钮，重新开始循环连续运行。

图 14-22 所示为自动机械滑台 PLC、变频器与触摸屏综合控制系统的接线图。

**相关资料**

**三菱 FR-D740 变频器参数设置：Pr. 7（加速时间）= 2s，Pr. 8（减速时间）= 1s；Pr. 4（高速）= 45Hz，Pr. 5（中速）= 35Hz。**

#### 1 触摸屏画面各元件对应的 PLC 地址及触摸屏编程

根据控制系统需求，设计触摸屏画面。本案例采用的触摸屏为昆仑通态 TPC7062TX 型，根据触摸屏型号选择相应的组态软件进行画面设计，如图 14-23 所示，并为触摸屏上各元件分配对应的 PLC 地址。

图 14-21 自动滑台机床 PLC、变频器与触摸屏综合控制系统的结构

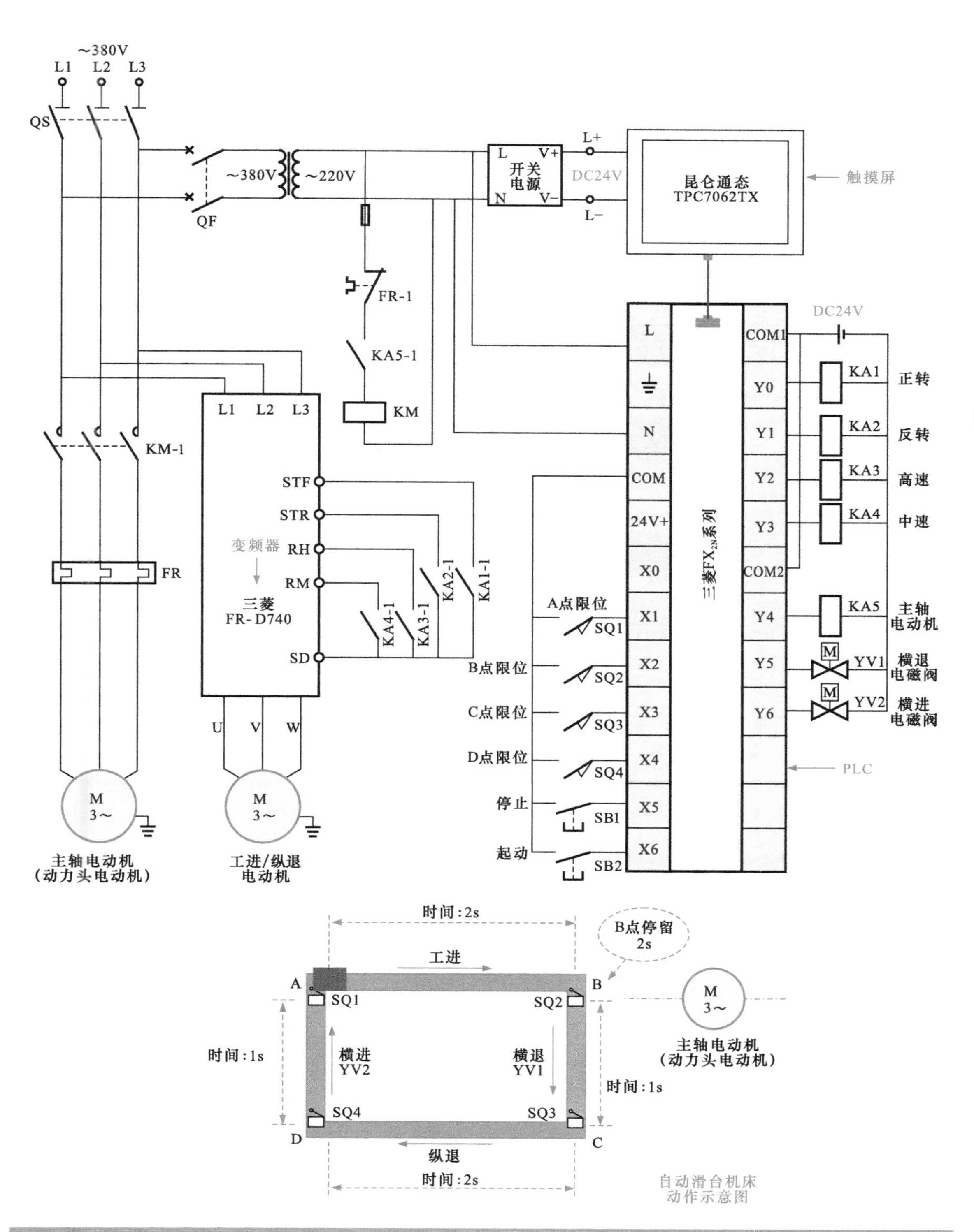

图 14-22　自动机械滑台 PLC、变频器与触摸屏综合控制系统的接线图

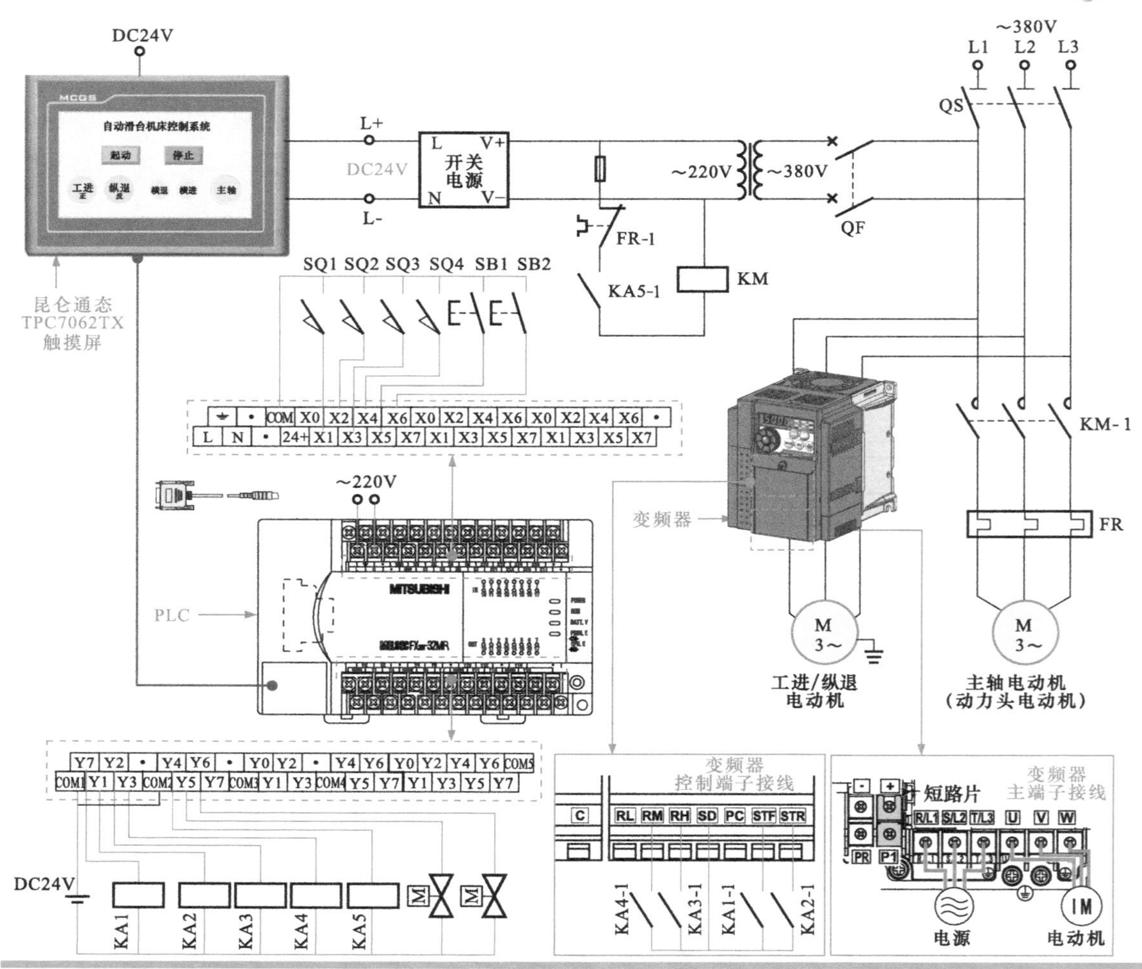

图 14-23　自动滑台机床综合控制系统触摸屏画面

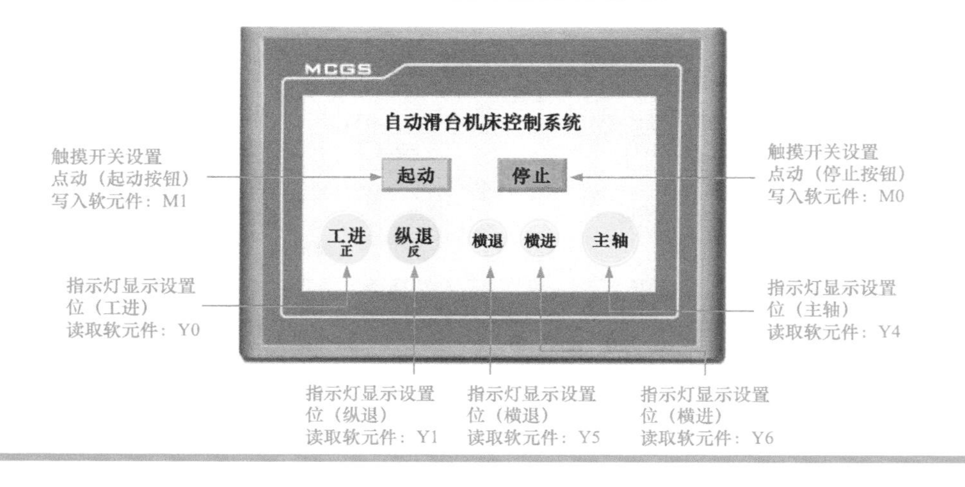

## 2 PLC 的 I/O 分配表和梯形图 PLC 程序

表 14-5 为自动滑台机床 PLC、变频器与触摸屏综合控制系统的 I/O 分配表。

表 14-5 自动滑台机床 PLC、变频器与触摸屏综合控制系统的 I/O 分配表

| 输入信号及地址编号 | | | 输出信号及地址编号 | | |
|---|---|---|---|---|---|
| 名称 | 代号 | 输入地址编号 | 名称 | 代号 | 输出地址编号 |
| 停止按钮 | SB1 | X5 | 工进正转继电器 | KA1 | Y0 |
| 起动按钮 | SB2 | X6 | 纵退反转继电器 | KA2 | Y1 |
| A 点限位开关 | SQ1 | X1 | 反转高速控制继电器 | KA3 | Y2 |
| B 点限位开关 | SQ2 | X2 | 正转中速控制继电器 | KA4 | Y3 |
| C 点限位开关 | SQ3 | X3 | 主轴电动机继电器 | KA5 | Y4 |
| D 点限位开关 | SQ4 | X4 | 横退电磁阀 | YV1 | Y5 |
| 触摸屏上的停止按钮 | | M0 | 横进电磁阀 | YV2 | Y6 |
| 触摸屏上的起动按钮 | | M1 | 触摸屏上的工进正转指示灯 | | Y0 |
| | | | 触摸屏上的纵退反转指示灯 | | Y1 |
| | | | 触摸屏上的横退指示灯 | | Y5 |
| | | | 触摸屏上的横进指示灯 | | Y6 |
| | | | 触摸屏上的主轴电动机运行状态指示灯 | | Y4 |



图 14-24 所示为自动滑台机床 PLC、变频器与触摸屏综合控制系统中 PLC 内的梯形图。

图 14-24 自动滑台机床 PLC、变频器与触摸屏综合控制系统中 PLC 内的梯形图

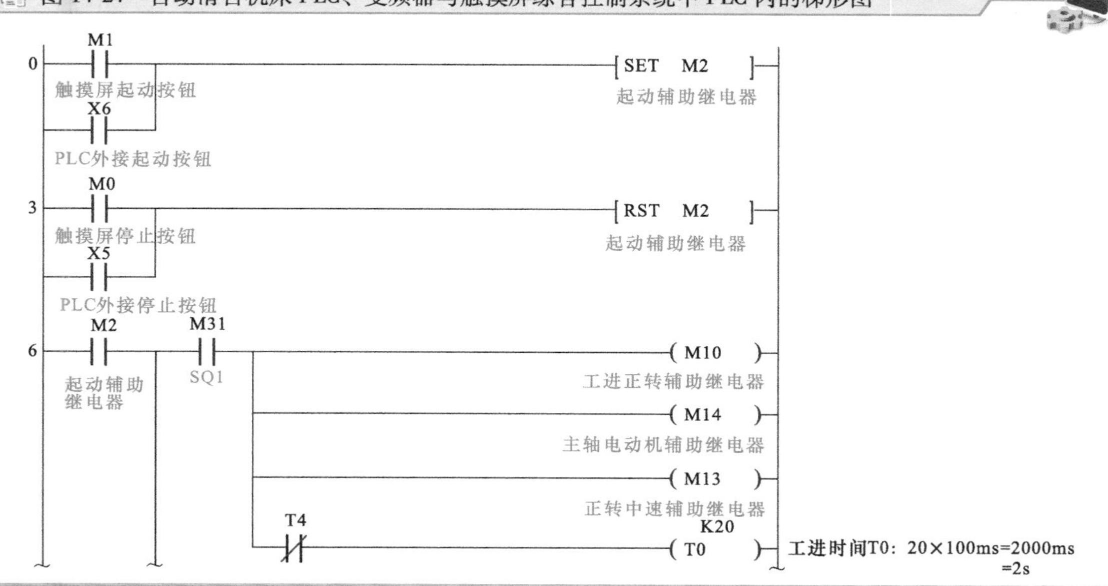

## 图 14-24 自动滑台机床 PLC、变频器与触摸屏综合控制系统中 PLC 内的梯形图（续）

T0 T4 M20

M20

M20 M32 SQ2 K20 T1 B点停留时间T1：20×100ms=2000ms =2s

T1 M15 横退辅助继电器YV1

T4 K10 T2 横退时间T2：10×100ms=1000ms =1s

T2 T4 M21

M21

M21 M33 SQ3 M11 反转纵退辅助继电器

M12 反转高速辅助继电器

T4 K20 T3 纵退时间T3：20×100ms=2000ms =2s

T3 T4 M22

M22

M22 M34 SQ4 M16 横进辅助继电器YV2

T4 K10 T4 横进时间T4：10×100ms=1000ms =1s

64 M2 M10 Y0 工进正转继电器KA1

M11 Y1 纵退反转继电器KA2

M12 Y2 反转高速继电器KA3

M13 Y3 正转中速继电器KA4

M14 Y4 主轴电动机继电器KA5

M15 Y5 横退电磁阀YV1

M16 Y6 横进电磁阀YV2

图 14-24 自动滑台机床 PLC、变频器与触摸屏综合控制系统中 PLC 内的梯形图（续）

86 M2 X1 X2 (M31) SQ1辅助继电器
M31
X2 X3 (M32) SQ2辅助继电器
M32
X3 X4 (M33) SQ3辅助继电器
M33
X4 T4 (M34) SQ4辅助继电器
M34
111 [END]



## 14.4.2 自动滑台机床 PLC、变频器与触摸屏综合控制系统的工作过程

结合 PLC 外接的触摸屏和变频器分析 PLC 梯形图。图 14-25 所示为自动滑台机床 PLC、变频器与触摸屏综合控制系统的控制过程。

【1】滑台初始位于 A 点，当前状态下，SQ1 被压合。

【2】PLC 内的常开触点 X1 闭合。

【3】当按下起动按钮 SB2 或触摸屏上的“起动”按钮，向 PLC 内送入控制信号。

【4】PLC 内的常开触点 X6 或 M1 闭合。

【5】M2 置位，即使松开 SB1 后，M2 仍保持得电状态。

【5-1】控制滑台动作的常开触点 M2 闭合。

【5-2】控制输出继电器线圈的常开触点 M2 闭合。

【5-3】控制限位开关辅助继电器的常开触点 M2 闭合。

【2】+【5-3】→【6】SQ1 辅助继电器 M31 线圈得电。

【6-1】自锁常开触点 M31 闭合自锁。

【6-2】控制 M10、M14、M13 和定时器 T0 的常开触点 M31 闭合。

【5-1】+【6-2】→【7】工进正转辅助继电器 M10 线圈得电，控制 Y0 线圈的常开触点 M10 闭合。

【5-1】+【6-2】→【8】主轴电动机辅助继电器 M14 线圈得电，控制 Y4 线圈的常开触点 M14 闭合。

【5-1】+【6-2】→【9】正转中速辅助继电器 M13 线圈得电，控制 Y3 线圈的常开触点 M13 闭合。

【5-1】+【6-2】→【10】定时器 T0 线圈得电，开始计时。

【5-2】+【7】→【11】输出继电器 Y0 线圈得电，控制 PLC 外接工进正转继电器 KA1 线圈得电，其常开触点 KA1-1 闭合，为变频器送入正转起动控制信号，工进电动机正向起动运转。同时，触摸屏上的工进正转指示灯点亮。

【5-2】+【8】→【12】输出继电器 Y4 线圈得电，控制 PLC 外接工进正转继电器 KA5 线圈得电，其常开触点 KA5-1 闭合，交流接触器 KM 线圈得电，其常开主触点 KM-1 闭合，主轴电动机（动力头电动机）起动运转。同时，触摸屏上的主轴电动机运行状态指示灯点亮。

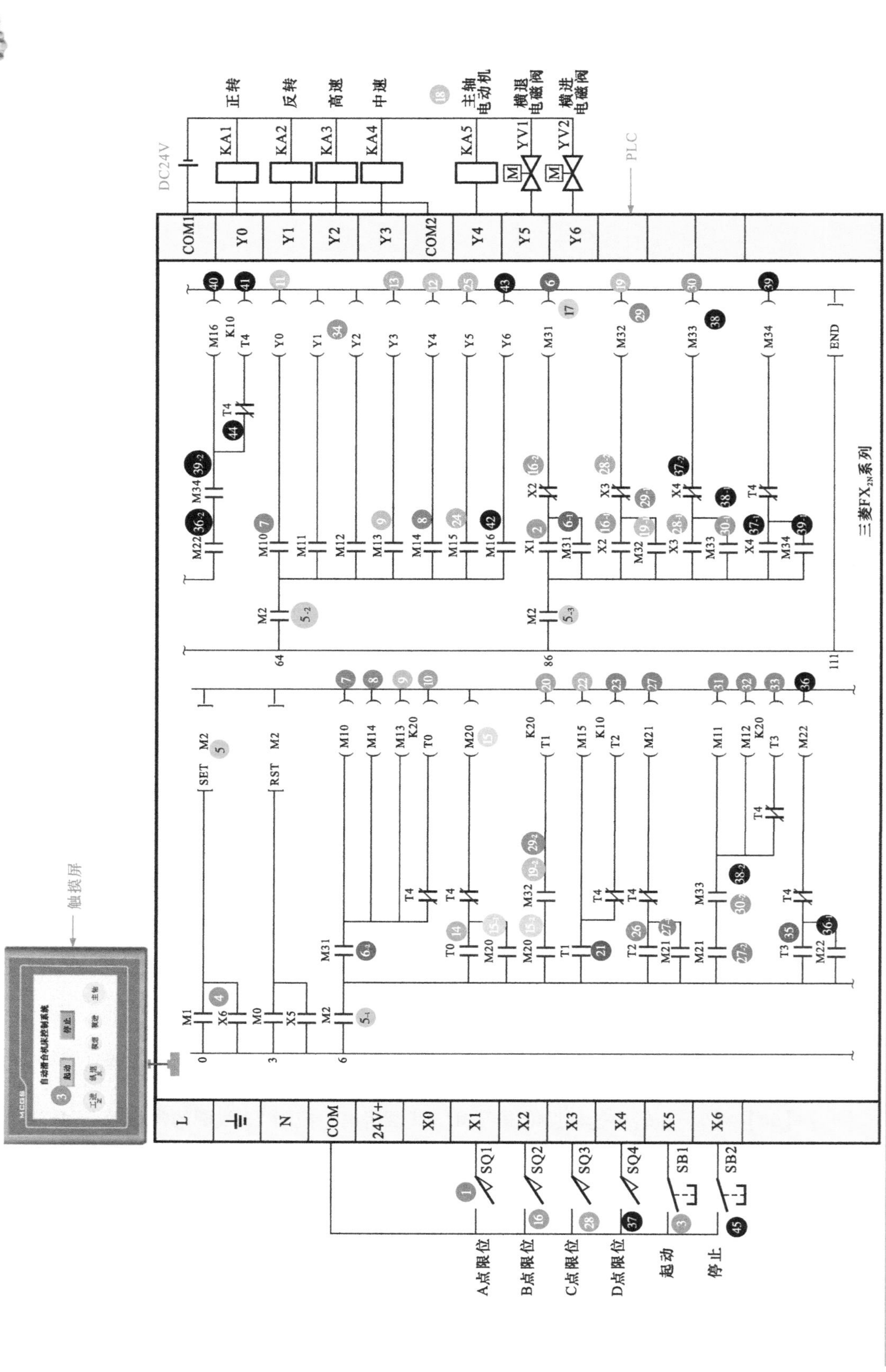

图 14-25　自动滑台机床 PLC、变频器与触摸屏综合控制系统的控制过程

【5-2】+【9】→【13】输出继电器 Y3 线圈得电，控制 PLC 外接工进正转继电器 KA4 线圈得电，其常开触点 KA4-1 闭合，变频器中速信号控制端送入控制信号，工进电动机正向中速运转。

【10】→【14】2s 后，定时器定时时间到，其常开触点 T0 闭合，滑台运行到 B 点。

【5-1】+【14】→【15】辅助继电器 M20 线圈得电。

【15-1】自锁常开触点 M20 闭合自锁。

【15-2】控制定时器 T1 的常开触点 M20 闭合。

【14】→【16】当滑台工进电动机运行到 B 点，限位开关 SQ2 被压合。

【16-1】PLC 内的常开触点 X2 闭合。

【16-2】PLC 内的常闭触点 X2 断开。

【16-2】→【17】SQ1 辅助继电器 M31 线圈失电。

【17-1】自锁常开触点 M31 复位断开。

【17-2】控制 M10、M14、M13 和定时器 T0 的常开触点 M31 复位断开。

【17-2】→【18】M10、M14、M13 线圈失电，控制 Y0、Y04、Y3 线圈的常开触点 M10、M14、M13 复位断开，继电器 KA1、KA2、KA3 线圈失电，其常开触点全部复位，变频器停止输出，工进电动机停止运转，触摸屏上工进电动机指示灯熄灭。同时，主轴电动机停转，触摸屏上主轴电动机运行状态指示灯熄灭。



【5-3】+【16-1】→【19】SQ2 辅助继电器 M32 线圈得电。

【19-1】自锁常开触点 M32 闭合自锁。

【19-2】控制定时器 T1 的常开触点 M32 闭合。

【5-1】+【15-2】+【19-2】→【20】定时器 T1 线圈得电，开始计时，此时滑台在 B 点停留。

【21】滑台停留 2s 后，定时器 T1 的常开触点 T1 闭合。

【5-1】+【21】→【22】横退辅助继电器 M15 线圈得电。

【21】→【23】定时器 T2 线圈得电，开始计时，

【22】→【24】控制横退继电器 Y5 的常开触点 M15 闭合。

【24】→【25】横退继电器 Y5 线圈得电，PLC 外接电磁阀 YV1 得电，滑台开始横向退刀，同时，触摸屏上横退指示灯点亮。

【26】1s 后，定时器 T2 定时时间到，其常开触点 T2 闭合，滑台运行到 C 点。

【5-1】+【26】→【27】辅助继电器 M21 线圈得电。

【27-1】自锁常开触点 M21 闭合自锁。

【27-2】控制 M11、M12、T3 的常开触点 M21 闭合。

【26】→【28】滑台运行到 C 点时，行程开关 SQ3 被压合。

【28-1】PLC 内的常开触点 X3 闭合。

【28-2】PLC 内的常闭触点 X3 断开。

【28-2】→【29】SQ2 辅助继电器 M32 线圈失电。

【29-1】自锁常开触点 M32 复位断开，解除自锁。

【29-2】控制定时器 T1 的常开触点 M32 复位断开，定时器线圈失电，M15 线圈失电，输出继电器 Y5 线圈失电，PLC 外接电磁阀 YV1 失电，滑台停止横向退刀，同时，触摸屏上横退指示灯熄灭。

【5-3】+【28-1】→【30】SQ3 辅助继电器 M33 线圈得电。

【30-1】自锁常开触点 M33 闭合自锁。

【30-2】控制 M11、M12、T3 的常开触点 M33 闭合。

【5-1】+【27-2】+【30-2】→【31】反转纵退辅助继电器 M11 线圈得电，其常开触点 M11 闭合。

【5-1】+【27-2】+【30-2】→【32】反转高速辅助继电器 M12 线圈得电，其常开触点 M12 闭合。

【5-1】+【27-2】+【30-2】→【33】定时器 T3 线圈得电，开始计时。

【31】+【32】→【34】输出继电器 Y1、Y2 线圈得电，PLC 外接继电器 KA2、KA3 得电，接在变频器控制端子外的常开触点 KA2-1、KA3-1 闭合，纵退电动机开始反转高速运转，同时触摸屏上的

纵退反转指示灯点亮。

【35】2s 后，定时器 T3 定时时间到，其常开触点 T3 闭合，滑台运行到 D 点。

【5-1】+【35】→【36】辅助继电器 M22 线圈得电。

【36-1】自锁常开触点 M22 闭合自锁。

【36-2】控制 M16、T4 的常开触点 M21 闭合。

【35】→【37】滑台运行到 D 点时，行程开关 SQ4 被压合。

【37-1】PLC 内的常开触点 X4 闭合。

【37-2】PLC 内的常闭触点 X4 断开。

【37-2】→【38】SQ3 辅助继电器 M33 线圈失电。

【38-1】自锁常开触点 M33 复位断开，解除自锁。

【38-2】控制 M11、M12、T3 的常开触点 M32 复位断开，线圈失电，其相应触点全部复位，触摸屏上的纵退反转指示灯熄灭。

【5-3】+【37-1】→【39】SQ4 辅助继电器 M34 线圈得电。

【39-1】自锁常开触点 M34 闭合自锁。

【39-2】控制 M16、T4 的常开触点 M34 闭合。

【5-1】+【36-2】+【39-2】→【40】横进辅助继电器线圈 M16。



【5-1】+【36-2】+【39-2】→【41】定时器 T4 线圈得电，开始计时。

【40】→【42】控制横进继电器 Y6 的常开触点 M16 闭合。

【42】→【43】横进继电器 Y6 线圈得电，PLC 外接电磁阀 YV2 得电，滑台开始横向进刀，同时触摸屏上的横进指示灯点亮。

【44】1s 后，定时器 T4 计时时间到，其常闭触点 T4 全部断开。滑台回到原始位置 A 点。受定时器 T4 常闭触点控制的继电器线圈全部失电，相应触点全部复位，定时器 T4 线圈也失电，常闭触点复位闭合，为下一个循环做好准备。

【45】滑台机床运行中，按下停止按钮 SB2 或触摸屏上的“停止”按钮，其 PLC 内常开触点 X5 或 M0 闭合，辅助继电器 M2 复位，其触点断开，滑台停止工作。